Elektrotechnik
Aufgabensammlung

AF705956

Elektrotechnik Aufgabensammlung

2., aktualisierte Auflage

Manfred Albach
Janina Fischer

Pearson

Bibliografische Information der Deutschen Nationalbibliothek

Die Deutsche Nationalbibliothek verzeichnet diese Publikation in der Deutschen Nationalbibliografie; detaillierte bibliografische Daten sind im Internet über *http://dnb.dnb.de* abrufbar.

Alle Rechte vorbehalten, auch die der fotomechanischen Wiedergabe und der Speicherung in elektronischen Medien.
Die gewerbliche Nutzung der in diesem Produkt gezeigten Modelle und Arbeiten ist nicht zulässig.

Der Umwelt zuliebe verzichten wir auf Einschweißfolie.

10 9 8 7 6 5 4 3 2

28 27 26 25 24

ISBN 978-3-86894-397-9 (Buch)
ISBN 978-3-86326-893-0 (E-Book)

© 2020 by Pearson Benelux B.V. (Zweigniederlassung Deutschland)
St.-Martin-Straße 82, D-81541 München
Alle Rechte vorbehalten
www.pearson.de
A part of Pearson plc worldwide

Programmleitung: Birger Peil, bpeil@pearson.de
Korrektorat: Katharina Pieper
Coverabbildung: Siemens AG, Munich/Berlin
Herstellung: Philipp Burkart, pburkart@pearson.de
Satz: Gerhard Alfes, mediaService, Siegen (www.mediaservice.tv)
Druck und Verarbeitung: Ovimex, Deventer

Printed in the Netherlands

Inhaltsverzeichnis

Vorwort

Das vorliegende Übungsbuch enthält eine umfangreiche Sammlung von Aufgaben mit Lösungen zu den Lehrinhalten in den bisher erschienenen Büchern *Grundlagen der Elektrotechnik 1 (Erfahrungssätze, Bauelemente, Gleichstromschaltungen)* und *Grundlagen der Elektrotechnik 2 (Periodische und nicht periodische Signalformen)* sowie im Gesamtband *Elektrotechnik*. Die inhaltliche Aufteilung in elf Kapitel entspricht dem Aufbau der genannten Bücher.

Jedes Kapitel enthält fünf Abschnitte. Einer jeweils vorangestellten Formelsammlung folgt ein Abschnitt mit leichten Verständnisaufgaben, die nachdem das entsprechende Kapitel durchgearbeitet wurde, ohne weitere Voraussetzungen gelöst werden können. In den letzten drei Abschnitten steht die rechnerische Bearbeitung der gestellten Probleme im Vordergrund, wobei die Aufgaben ihrem Schwierigkeitsgrad gemäß gestaffelt sind. Während die Aufgaben bei *Level 3* eher praxisorientiert und daher fast zwangsläufig auch umfangreicher sind, handelt es sich bei den Aufgaben in den Abschnitten *Level 1* und *Level 2* vielfach um Klausuraufgaben, mit deren Hilfe eine zielgerichtete Vorbereitung auf anstehende Prüfungen möglich ist.

Hinweise zur Handhabung des Buches

Der Notation in den genannten Büchern folgend werden auch in diesem Übungsbuch die Bezeichnungen für die Koordinaten steil gesetzt. Verwechslungen wie z.B. zwischen der Zylinderkoordinate $\mathrm{\rho}$ und der Raumladungsdichte ρ können damit vermieden werden.

Bei manchen Rechnungen wird auf Formeln aus den Lehrbüchern zurückgegriffen. Der Hinweis (1.36) über einem Gleichheitszeichen in einer Formel bedeutet z.B., dass hier auf die Formel (1.36) aus Kapitel 1 des Lehrbuchs Bezug genommen wird. Diese Nummern stimmen mit den aktuellen Auflagen der Lehrbücher überein. Im Falle älterer Auflagen kann es bei einigen Kapiteln zu Abweichungen kommen. Bei den Formelnummern im Übungsbuch wird die Kapitelnummer nicht vorangestellt, sodass auch hier keine Verwechslungen möglich sind.

Hinweis für Studierende

Die Vorgehensweise bei der Bearbeitung der Übungsaufgaben hat maßgeblichen Einfluss auf die spätere Fähigkeit, Aufgaben (insbesondere auch Klausuraufgaben) eigenständig und erfolgreich zu lösen. Das einfache Nachlesen in den Lösungen ist zwar bequem, offenbart aber nicht die Wissenslücken und bietet daher keine geeignete Vorbereitung für den Ernstfall. Die Aufgaben sollten im eigenen Interesse ohne Zuhilfenahme der Lösung bearbeitet werden, auch wenn es anfangs Mühe bereitet und erhöhten Zeitaufwand bedeutet. Die Autoren hoffen jedenfalls, dass möglichst viele Studierende diese Chancen ergreifen und dem erfolgreichen Studienabschluss einen Schritt näher kommen.

Erlangen

Manfred Albach
Janina Fischer

Vorwort zur 2. Auflage

Neben einigen kleineren Korrekturen wurden bei dieser 2. Auflage, verursacht durch inhaltliche Erweiterungen in den bisher erschienenen Büchern *Grundlagen der Elektrotechnik 1 (Erfahrungssätze, Bauelemente, Gleichstromschaltungen)* und *Grundlagen der Elektrotechnik 2 (Periodische und nicht periodische Signalformen)* sowie in dem Gesamtband *Elektrotechnik*, zusätzliche Aufgaben in das Übungsbuch aufgenommen.

Sofern auf Formeln in den genannten Büchern Bezug genommen wird, sind die angegebenen Nummern in diesem Übungsbuch in Übereinstimmung mit den **folgenden aktuellen Auflagen**:

Elektrotechnik 1 (4. Auflage), Elektrotechnik 2 (3. Auflage), Elektrotechnik (2. Auflage). Änderungen gegenüber älteren Auflagen betreffen ausschließlich Formelnummern in den Kapiteln 3 und 8.

Erlangen

M. Albach
J. Fischer

Das elektrostatische Feld

Wichtige Formeln

1

Feldstärke von Punktladungen	$\vec{\mathbf{E}}(\vec{\mathbf{r}}_P) = \frac{1}{4\pi\varepsilon_0} \sum_{i=1,2,\ldots} Q_i \frac{\vec{\mathbf{r}}_i}{r_i^3}, \quad \vec{\mathbf{e}}_{r_i} = \frac{\vec{\mathbf{r}}_i}{r} = \frac{\vec{\mathbf{r}}_P - \vec{\mathbf{r}}_{Q_i}}{\lvert\vec{\mathbf{r}}_i\rvert}$
Coulomb'sches Gesetz	$\vec{\mathbf{F}} = Q\vec{\mathbf{E}}$ Kraft auf eine Punktladung Q
Potential und Spannung	$\int_{P_1}^{P_2} \vec{\mathbf{E}} \cdot d\vec{\mathbf{s}} = \varphi_e(P_1) - \varphi_e(P_2) = U_{12} \longrightarrow \oint_C \vec{\mathbf{E}} \cdot d\vec{\mathbf{s}} = 0$
Arbeit	$W_e = -\int_{P_1}^{P_2} \vec{\mathbf{F}} \cdot d\vec{\mathbf{s}} = -Q \int_{P_1}^{P_2} \vec{\mathbf{E}} \cdot d\vec{\mathbf{s}}$
Elektrische Flussdichte	$\vec{\mathbf{D}} = \varepsilon\vec{\mathbf{E}} = \varepsilon_0\varepsilon_r\vec{\mathbf{E}} \longleftarrow \varepsilon_0 = 8{,}854 \cdot 10^{-12} \frac{\text{As}}{\text{Vm}}$
Elektrischer Fluss	$\Psi = \iint_A \vec{\mathbf{D}} \cdot d\vec{\mathbf{A}} \longrightarrow Q = \oiint_A \vec{\mathbf{D}} \cdot d\vec{\mathbf{A}}$
Durchgang durch Flächenladung	$D_{n2} - D_{n1} = \sigma$, $E_{t1} = E_{t2}$ $\longrightarrow$ Oberfläche metallischer Körper $D_n = \sigma, \quad D_t = 0$
Feldgrößen bei ε - Sprung	$D_{n1} = D_{n2}$, $E_{t1} = E_{t2}$
Kapazität	$Q = CU \longrightarrow$ Parallelschaltung $C_{ges} = \sum_k C_k$; Reihenschaltung $\frac{1}{C_{ges}} = \sum_k \frac{1}{C_k}$; Plattenkondensator $C = \frac{\varepsilon A}{d}$
Energie	$W_e = \frac{1}{2}CU^2 = \frac{1}{2}\iiint_V \vec{\mathbf{E}} \cdot \vec{\mathbf{D}}\, dV$

1.1 Verständnisaufgaben

1. In einem von der Oberfläche A eingeschlossenen Volumen befinden sich eine Punktladung $-Q$ sowie eine auf einer Fläche mit dem Flächeninhalt a^2 homogen verteilte Flächenladung σ. Welcher Fluss tritt durch die Oberfläche des Volumens nach außen?

2. Für die Punkte P_1 und P_2 gilt $\int_{P_1}^{P_2} \vec{\mathbf{E}} \cdot d\vec{\mathbf{s}} = 0$. Überprüfen Sie die folgenden Aussagen:

	trifft **immer** zu	**kann** zutreffen	trifft **nicht** zu
Die Punkte P_1 und P_2 sind identisch.	☐	☐	☐
Das Potential in beiden Punkten ist gleich.	☐	☐	☐
P_1 und P_2 liegen auf der gleichen Äquipotentialfläche.	☐	☐	☐
Es ist kein elektrisches Feld vorhanden.	☐	☐	☐

3. Ein Würfel der Kantenlänge a liegt parallel zu den Achsen des kartesischen Koordinatensystems. Er umfasst den Bereich $0 \le x \le a$, $0 \le y \le a$ und $0 \le z \le a$. Auf seiner Oberfläche wird die elektrische Feldstärke

$$\vec{\mathbf{E}} = \begin{cases} \vec{\mathbf{e}}_x E_0 + \vec{\mathbf{e}}_y E_0 & \text{für} \quad y > a/2 \\ \vec{\mathbf{e}}_x E_0 - \vec{\mathbf{e}}_y E_0 & \phantom{\text{für}} \quad y \le a/2 \end{cases}$$

gemessen. Die Dielektrizitätskonstante sei ε_0. Wie groß ist die Gesamtladung des Würfels?

4. Sie haben ermittelt, dass das über die geschlossene Oberfläche A eines Volumens V berechnete Integral der elektrischen Flussdichte verschwindet. Überprüfen Sie die folgenden Aussagen:

	trifft **immer** zu	**kann** zutreffen	trifft **nicht** zu
Im Volumen V sind keine Ladungen vorhanden.	☐	☐	☐
An jedem Punkt der Oberfläche A ist die elektrische Feldstärke null.	☐	☐	☐
Die Summe aller Ladungen im Volumen V ist null.	☐	☐	☐

5. Die folgende Abbildung zeigt in der xy-Ebene (z = 0) das Feldbild zweier Ladungsanordnungen, und zwar von einer im Koordinatenursprung angebrachten Punktladung Q sowie einer entlang der z-Achse verlaufenden unendlich langen Linienladung λ.

Überprüfen Sie in beiden Fällen, ob die Dichte der Feldlinien dem Betrag der Feldstärke entspricht.

6. Eine metallische Kugel vom Radius a trägt eine Ladung $2Q$. Innerhalb dieser Kugel befinden sich entsprechend der Abbildung drei nebeneinander liegende kugelförmige, luftgefüllte Hohlräume der Radien $b < a/3$. Im Mittelpunkt des rechten Hohlraums befindet sich eine Punktladung $-Q$, im Mittelpunkt des linken Hohlraums befindet sich eine Punktladung $+Q$.

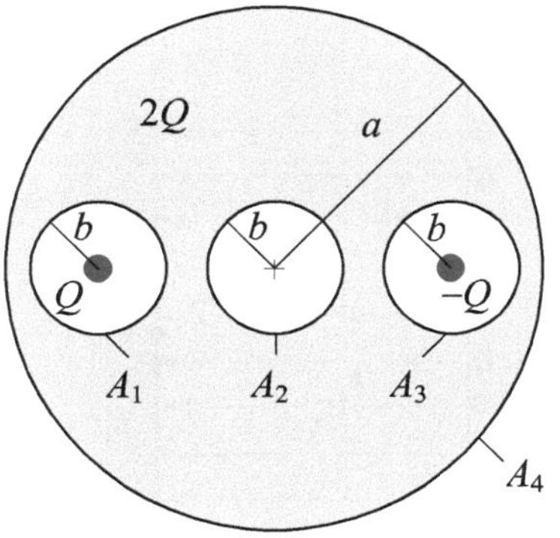

Welche Flächenladungsdichten σ_1 bis σ_4 stellen sich an den Trennflächen A_1 bis A_4 zwischen Metall und Luft ein?

Wir betrachten jetzt den Mittelpunkt der großen Kugel als Ursprung des Kugelkoordinatensystems. Welche elektrische Feldstärke $\vec{\mathbf{E}}$ liegt außerhalb der Kugel, d.h. im Bereich $r > a$ vor?

7. Die Platten eines Kondensators tragen die Ladungen $\pm Q$. Wie ändern sich die nachstehend angegebenen Größen, wenn zwischen die Platten ein Dielektrikum mit $\varepsilon_r > 1$ eingefügt wird?

	wird **kleiner**	bleibt **gleich**	wird **größer**
Die Spannung	☐	☐	☐
Die Ladung	☐	☐	☐
Die Kapazität	☐	☐	☐
Die Feldstärke	☐	☐	☐
Die Flussdichte	☐	☐	☐
Die gespeicherte Energie	☐	☐	☐

8. Zwischen den Platten eines Plattenkondensators wird ein homogenes elektrisches Feld angenommen. Die Koordinaten der Punkte $P_i(x_i, y_i)$ ebenso wie der Betrag der elektrischen Feldstärke E sind bekannt.

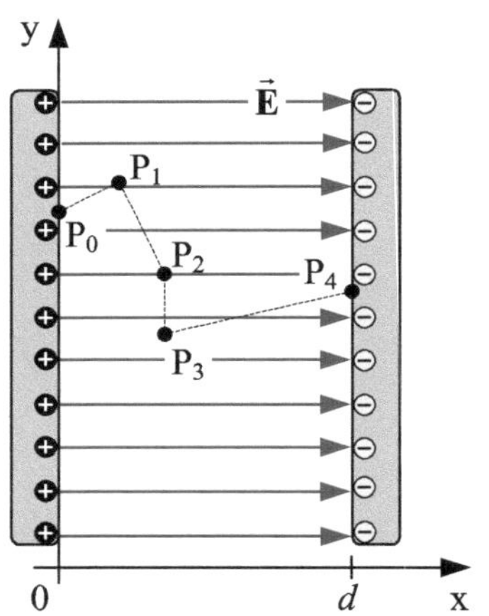

1. Skizzieren Sie grafisch die Verläufe der elektrischen Feldstärke sowie des elektrostatischen Potentials innerhalb des Plattenkondensators als Funktion der Koordinate x.
2. Berechnen Sie das elektrostatische Potential im Plattenkondensator an den Punkten P_1 bis P_4. An der Stelle $x = 0$ gelte $\varphi_e(0) = \varphi_{e0}$.
3. Bestimmen Sie die Spannungen U_{03} und U_{24} zwischen den jeweiligen Punkten.

9. Welchen Wert hat die Gesamtkapazität C_{ges} des nachstehenden Netzwerks?

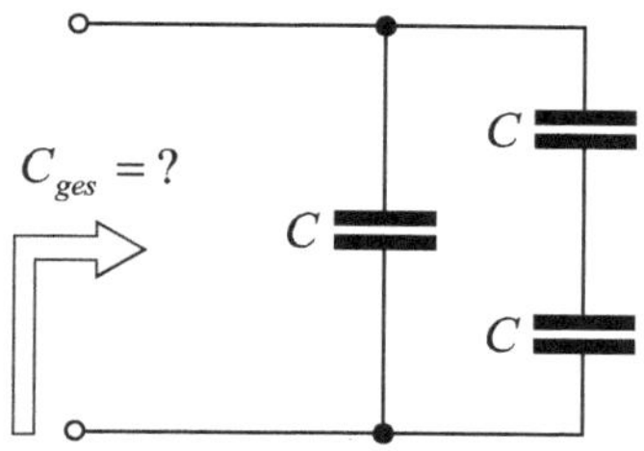

10. Gegeben sei ein idealer Plattenkondensator. Die Platten haben einen Abstand d = 3 mm. Zwischen den Platten befindet sich entweder Luft oder ein Isolationsmaterial wie z.B. Hartpapier (Pertinax). Die Durchschlagsfestigkeit von Luft beträgt $E_{max,L}$ = 30 kV/cm, die von Pertinax $E_{max,P}$ = 5 kV/mm.

1. Was wird unter einem idealen Plattenkondensator verstanden?
2. Welche maximale Spannung $U_{max,L}$ darf an den Kondensator angelegt werden, wenn sich zwischen den Platten Luft befindet?
3. Welche maximale Spannung $U_{max,P}$ darf an den Kondensator angelegt werden, wenn Pertinax als Isolierstoff verwendet wird?

11. Gegeben ist das nachstehende Netzwerk mit den beiden Kondensatoren.

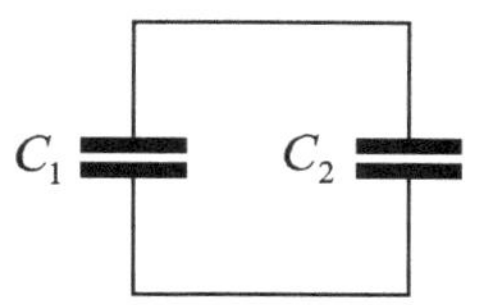

Sind die beiden Kondensatoren in Reihe oder parallel geschaltet?

12. Gegeben sind fünf Kondensatornetzwerke. Jeder Kondensator hat dieselbe Kapazität C.

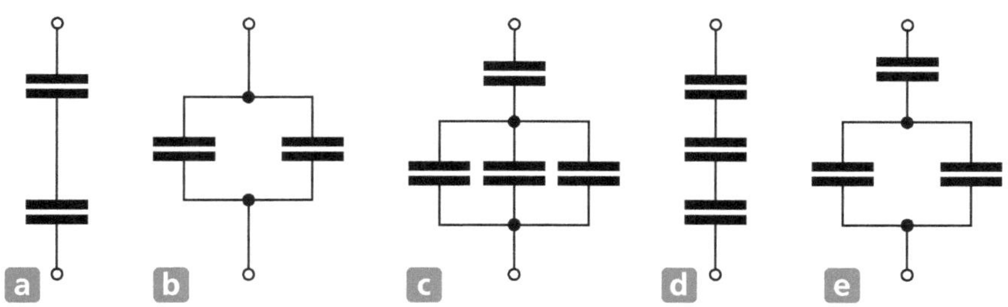

Ordnen Sie die Netzwerke nach steigender Gesamtkapazität.

Lösung zur Aufgabe 1:

Der Fluss entspricht der eingeschlossenen Gesamtladung: $\Psi = \sigma a^2 - Q$.

Lösung zur Aufgabe 2:

	trifft **immer** zu	**kann** zutreffen	trifft **nicht** zu
Die Punkte P_1 und P_2 sind identisch.	☐	x	☐
Das Potential in beiden Punkten ist gleich.	x	☐	☐
P_1 und P_2 liegen auf der gleichen Äquipotentialfläche.	☐	x	☐
Es ist kein elektrisches Feld vorhanden.	☐	x	☐

Lösung zur Aufgabe 3:

In den Ebenen z = 0 und z = a tritt kein Fluss durch die Oberfläche. Die x-Komponente der Feldstärke tritt bei x = 0 in den Würfel ein und bei x = a wieder aus dem Würfel heraus, liefert also insgesamt keinen Beitrag zum Fluss durch die Würfeloberfläche. Zur Flussberechnung genügt die Betrachtung der Ebenen y = 0 und y = a. Mit der Flächennormalen $-\vec{\mathbf{e}}_y$ in der Ebene y = 0 und $+\vec{\mathbf{e}}_y$ in der Ebene y = a gilt

$$Q = \oiint \vec{\mathbf{D}} \cdot \mathrm{d}\vec{\mathbf{A}} = \varepsilon_0 \int_{z=0}^{a} \int_{x=0}^{a} \left(-\vec{\mathbf{e}}_y E_0\right) \cdot \left(-\vec{\mathbf{e}}_y \mathrm{d}x\, \mathrm{d}z\right) + \varepsilon_0 \int_{z=0}^{a} \int_{x=0}^{a} \left(\vec{\mathbf{e}}_y E_0\right) \cdot \left(\vec{\mathbf{e}}_y \mathrm{d}x\, \mathrm{d}z\right) = 2\varepsilon_0 E_0 a^2 .$$

Lösung zur Aufgabe 4:

	trifft **immer** zu	**kann** zutreffen	trifft **nicht** zu
Im Volumen V sind keine Ladungen vorhanden.	☐	x	☐
An jedem Punkt der Oberfläche A ist die elektrische Feldstärke null.	☐	x	☐
Die Summe aller Ladungen im Volumen V ist null.	x	☐	☐

Lösung zur Aufgabe 5:

Für die Feldstärke der Punktladung gilt

$$\vec{\mathbf{E}} = \vec{\mathbf{e}}_\mathrm{r} \frac{Q}{4\pi\varepsilon_0 \mathrm{r}^2} \quad \rightarrow \quad \left|\vec{\mathbf{E}}\right| = E \sim \frac{1}{\mathrm{r}^2} .$$

Der Betrag der Feldstärke nimmt also mit dem Quadrat des Abstandes von der Punktladung ab. Zeichnen wir nun einen Kreis um die Punktladung mit dem Radius r, dann wird der Kreisumfang bei n Feldlinien in n gleiche Teile von der Größe $2\pi\mathrm{r}/n$ geteilt, d.h., der Abstand zwischen den Feldlinien wächst mit zunehmendem Abstand r von der Punktladung linear mit r. Die Feldliniendichte in der Abbildung ist somit proportional zu 1/r. Dagegen ist die Feldstärke der Punktladung proportional zu $1/\mathrm{r}^2$.

Für die Feldstärke der Linienladung gilt nach Gl. (1.39) bzw. nach Aufgabe 1.12

$$\vec{\mathbf{E}} = \vec{\mathbf{e}}_\rho \frac{\lambda}{2\pi\varepsilon_0 \rho} \quad \rightarrow \quad \left|\vec{\mathbf{E}}\right| = E \sim \frac{1}{\rho} .$$

In diesem Fall sind sowohl der Betrag der Feldstärke als auch die Feldliniendichte in der Abbildung proportional zu $1/\rho$.

Schlussfolgerung

Beim Feldbild der Linienladung λ ist die Dichte der dargestellten Feldlinien proportional zum Betrag der Feldstärke, und zwar unabhängig vom Abstand zur Ladung. Beim Feldbild der Punktladung gilt dieser Zusammenhang nicht. Hier klingt die Feldstärke betragsmäßig mit wachsendem Abstand von der Ladung Q viel schneller ab.

Lösung zur Aufgabe 6:

In Analogie zur Gl. (1.56) gilt

$$\sigma_1 = -\frac{Q}{4\pi b^2}, \quad \sigma_2 = 0, \quad \sigma_3 = +\frac{Q}{4\pi b^2}, \quad \sigma_4 = +\frac{2Q}{4\pi a^2} .$$

Das Feld entspricht dem Feld einer im Kugelmittelpunkt angebrachten Gesamtladung:

$$\vec{\mathbf{E}} = \vec{\mathbf{e}}_\mathrm{r} \frac{2Q}{4\pi\varepsilon_0 \mathrm{r}^2} .$$

Lösung zur Aufgabe 7:

	wird **kleiner**	bleibt **gleich**	wird **größer**
Die Spannung	x	☐	☐
Die Ladung	☐	x	☐
Die Kapazität	☐	☐	x
Die Feldstärke	x	☐	☐
Die Flussdichte	☐	x	☐
Die gespeicherte Energie	x	☐	☐

Lösung zur Teilaufgabe 8.1:

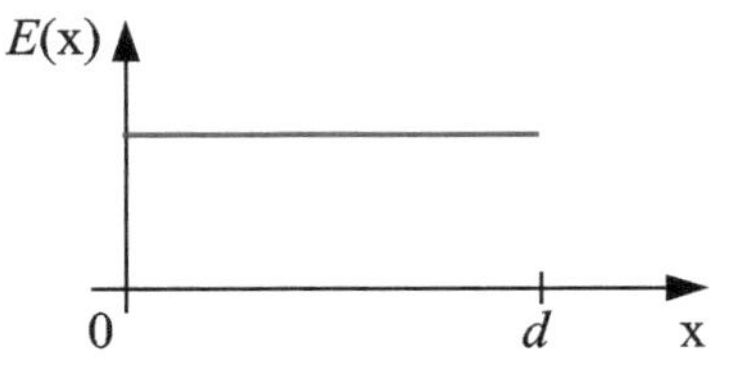

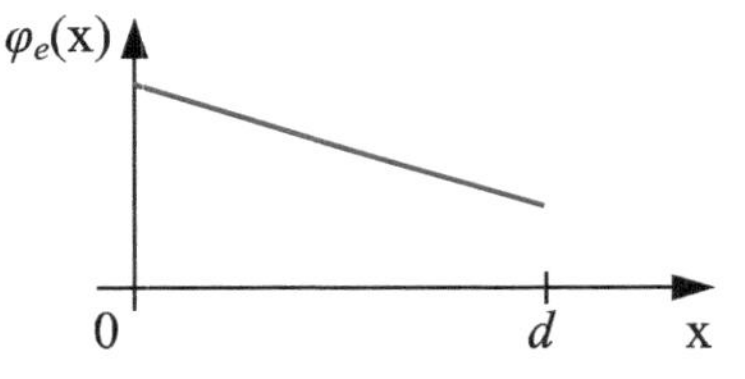

Im homogenen Feld ist die Feldstärke konstant, im vorliegenden Fall also unabhängig von der Koordinate x. Da die Feldstärke in Richtung abnehmenden Potentials zeigt, erhalten wir den im rechten Bild dargestellten Potentialverlauf. Zwei Bemerkungen sind an dieser Stelle notwendig:

- Wegen der konstanten Feldstärke ändert sich das Potential linear mit der Koordinate x.
- Da durch die Feldstärke nur die Potentialänderung festgelegt ist, kann zu der Kurve $\varphi_e(x)$ eine beliebige Konstante addiert werden. Erst durch Vorgabe des Potentials an einer beliebigen Stelle, z.B. $\varphi_e(0) = \varphi_{e0}$ ist der Gesamtverlauf eindeutig bestimmt.

Lösung zur Teilaufgabe 8.2:

$$\varphi_{e1} - \varphi_{e0} = \int_{P_1}^{0} \vec{\mathbf{E}} \cdot d\vec{\mathbf{s}} = -\int_{0}^{P_1} \vec{\mathbf{E}} \cdot d\vec{\mathbf{s}} = -\int_{0}^{x_1} \vec{\mathbf{e}}_x E \cdot \vec{\mathbf{e}}_x dx = -Ex_1 \quad \to \quad \varphi_{e1} = \varphi_{e0} - Ex_1$$

Analog: $\varphi_{e2} = \varphi_{e0} - Ex_2, \quad \varphi_{e3} = \varphi_{e0} - Ex_3, \quad \varphi_{e4} = \varphi_{e0} - Ex_4.$

Lösung zur Teilaufgabe 8.3:

$$U_{03} = \varphi_{e0} - \varphi_{e3} = Ex_3$$
$$U_{24} = \varphi_{e2} - \varphi_{e4} = (\varphi_{e0} - Ex_2) - (\varphi_{e0} - Ex_4) = E(x_4 - x_2)$$

Lösung zur Aufgabe 9:

$$C_{ges} = C + \frac{C}{2} = \frac{3}{2}C$$

Lösung zur Teilaufgabe 10.1:

Idealisierte Verhältnisse beim Plattenkondensator bedeuten, dass

- die Flächenladungen auf den einander gegenüberliegenden Flächen der beiden Platten jeweils homogen verteilt sind,
- das elektrische Feld zwischen den Platten senkrecht zu diesen verläuft und ebenfalls homogen ist,
- das elektrische Feld außerhalb des Plattenkondensators verschwindet,
- die Abmessungen der Plattenflächen groß gegenüber dem Plattenabstand sein müssen.

Lösung zur Teilaufgabe 10.2:

$$U_{max,L} = E_{max,L}\, d = 30\frac{\text{kV}}{\text{cm}} 3\,\text{mm} = 9\,\text{kV}$$

Lösung zur Teilaufgabe 10.3:

$$U_{max,P} = E_{max,P}\, d = 5\frac{\text{kV}}{\text{mm}} 3\,\text{mm} = 15\,\text{kV}$$

Lösung zur Aufgabe 11:

Ausgehend von dem Netzwerk kann diese Entscheidung nicht getroffen werden. Dazu ist eine weitere Information nötig, nämlich bezüglich welcher Anschlussklemmen das Netzwerk zu betrachten ist. Zur Verdeutlichung zeigt die nachstehende Abbildung zwei Möglichkeiten.

Bezüglich der eingetragenen Anschlussklemmen liegen die beiden Kondensatoren im linken Teilbild parallel. Wird also eine Spannung U an die Klemmen angelegt, dann liegt diese Spannung an beiden Kondensatoren an. Die Ladungen betragen dann $Q_1 = C_1 U$ und $Q_2 = C_2 U$. Im rechten Teilbild liegen die beiden Kondensatoren in Reihe. Wird eine Spannung U an die Anschlussklemmen angelegt, dann haben beide Kondensatoren die gleiche Ladung Q. Die Spannung verteilt sich auf die beiden Kondensatoren, wobei die Einzelspannungen aus den Beziehungen $U = U_1 + U_2$ und $Q = C_1 U_1 = C_2 U_2$ berechnet werden können.

Lösung zur Aufgabe 12:

Der Index bei den folgenden Kapazitäten bezieht sich auf das jeweilige Netzwerk.

$$C_a = \frac{1}{2}C, \quad C_b = 2C, \quad C_c = \frac{C \cdot 3C}{C + 3C} = \frac{3}{4}C, \quad C_d = \frac{1}{3}C, \quad C_e = \frac{2}{3}C$$

Damit folgt: $C_d < C_a < C_e < C_c < C_b$.

1.2 Level 1

Aufgabe 1.1 Punktladung an beliebiger Position

Eine Punktladung Q_1 befindet sich in der Ebene z = 0 an der Stelle x = a, y = b.

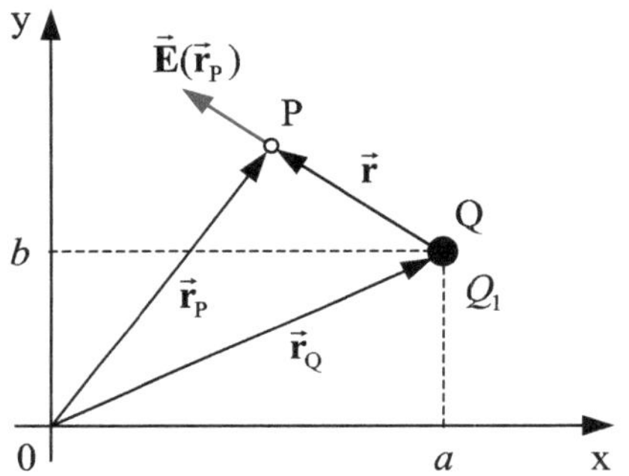

Abbildung 1: Punktladung an beliebiger Position

1. Skizzieren Sie stichpunktartig die Vorgehensweise, um die elektrische Feldstärke ausgehend von der Punktladung Q_1 im allgemeinen Raumpunkt P(x,y,z) zu berechnen.
2. Bestimmen Sie die elektrische Feldstärke im allgemeinen Raumpunkt P(x,y,z).

Lösung zur Teilaufgabe 1:

Zur Berechnung der elektrischen Feldstärke werden folgende Schritte durchgeführt:

- Das Problem wird in kartesischen Koordinaten gelöst.
- Die Feldstärke einer Punktladung im Ursprung wird in kartesischen Koordinaten bestimmt.
- Die Verschiebung der Punktladung an die beliebige Position x_Q, y_Q, z_Q erfordert eine Koordinatentransformation, erkennbar beim Übergang von Gl. (2) zu Gl. (3), wobei x durch x − x_Q, y durch y − y_Q und z durch z − z_Q ersetzt werden muss.

Lösung zur Teilaufgabe 2:

Ausgangspunkt ist die elektrische Feldstärke einer Punktladung im Quellpunkt Q, berechnet am Beobachtungspunkt P:

$$\vec{\mathbf{E}}(\vec{\mathbf{r}}_P) = \frac{Q_1}{4\pi\varepsilon_0} \frac{\vec{\mathbf{r}}}{r^3} = \vec{\mathbf{e}}_r \frac{Q_1}{4\pi\varepsilon_0 r^2}. \tag{1}$$

Der Einheitsvektor $\vec{\mathbf{e}}_r$ zeigt radial von der Punktladung weg. Die Position der Punktladung wird durch den Vektor $\vec{\mathbf{r}}_\mathrm{Q}$ vom Ursprung zum Quellpunkt Q beschrieben. Entsprechend wird die Position des Punktes P, in dem die Feldstärke berechnet werden soll, durch den Ortsvektor $\vec{\mathbf{r}}_\mathrm{P}$ beschrieben. Für den Abstandsvektor $\vec{\mathbf{r}}$ zwischen den Punkten P und Q gilt $\vec{\mathbf{r}} = \vec{\mathbf{r}}_\mathrm{P} - \vec{\mathbf{r}}_\mathrm{Q}$. Seine Länge ist durch den Betrag $r = |\vec{\mathbf{r}}_\mathrm{P} - \vec{\mathbf{r}}_\mathrm{Q}|$ gegeben.

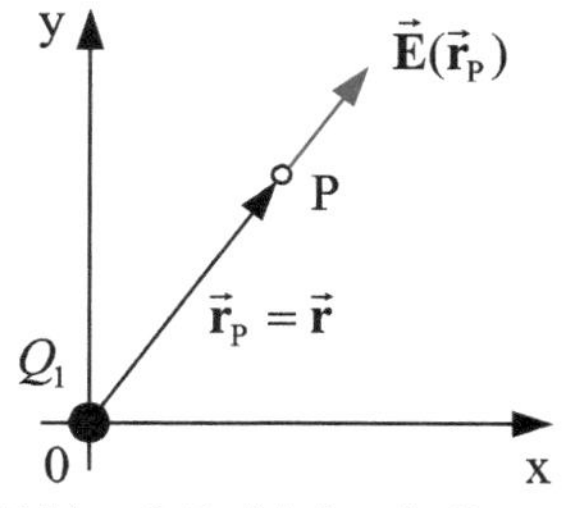

Abbildung 2: Punktladung im Ursprung

Wir betrachten zunächst den Sonderfall in Abb. 2 mit einer Punktladung im Ursprung. Wegen $\vec{\mathbf{r}}_\mathrm{Q} = \vec{\mathbf{0}}$ gilt der vereinfachte Zusammenhang $\vec{\mathbf{r}} = \vec{\mathbf{r}}_\mathrm{P} - \vec{\mathbf{r}}_\mathrm{Q} = \vec{\mathbf{r}}_\mathrm{P} = \vec{\mathbf{e}}_r r$, in dem $\vec{\mathbf{e}}_r$ dem radialen Einheitsvektor des Kugelkoordinatensystems und r dem Abstand des Punktes P vom Ursprung entspricht. Die Beziehung (1) lässt sich in diesem Fall in kartesischen Koordinaten folgendermaßen darstellen:

$$\vec{\mathbf{E}}(\vec{\mathbf{r}}) = \frac{Q_1}{4\pi\varepsilon_0}\frac{\vec{\mathbf{r}}}{r^3} = \frac{Q_1}{4\pi\varepsilon_0}\frac{\vec{\mathbf{e}}_\mathrm{x}\mathrm{x} + \vec{\mathbf{e}}_\mathrm{y}\mathrm{y} + \vec{\mathbf{e}}_\mathrm{z}\mathrm{z}}{\sqrt{\mathrm{x}^2 + \mathrm{y}^2 + \mathrm{z}^2}^3}. \qquad (2)$$

Befindet sich die Punktladung Q_1 jetzt an der Stelle Q, dann nimmt die Gl. (1) die verallgemeinerte Form

$$\vec{\mathbf{E}}(\vec{\mathbf{r}}_\mathrm{P}) = \frac{Q_1}{4\pi\varepsilon_0}\frac{\vec{\mathbf{r}}}{r^3} = \frac{Q_1}{4\pi\varepsilon_0}\frac{\vec{\mathbf{r}}_\mathrm{P} - \vec{\mathbf{r}}_\mathrm{Q}}{\left|\vec{\mathbf{r}}_\mathrm{P} - \vec{\mathbf{r}}_\mathrm{Q}\right|^3} = \frac{Q_1}{4\pi\varepsilon_0}\frac{\left(\vec{\mathbf{e}}_\mathrm{x}\mathrm{x}_\mathrm{P} + \vec{\mathbf{e}}_\mathrm{y}\mathrm{y}_\mathrm{P} + \vec{\mathbf{e}}_\mathrm{z}\mathrm{z}_\mathrm{P}\right) - \left(\vec{\mathbf{e}}_\mathrm{x}\mathrm{x}_\mathrm{Q} + \vec{\mathbf{e}}_\mathrm{y}\mathrm{y}_\mathrm{Q} + \vec{\mathbf{e}}_\mathrm{z}\mathrm{z}_\mathrm{Q}\right)}{\left|\left(\vec{\mathbf{e}}_\mathrm{x}\mathrm{x}_\mathrm{P} + \vec{\mathbf{e}}_\mathrm{y}\mathrm{y}_\mathrm{P} + \vec{\mathbf{e}}_\mathrm{z}\mathrm{z}_\mathrm{P}\right) - \left(\vec{\mathbf{e}}_\mathrm{x}\mathrm{x}_\mathrm{Q} + \vec{\mathbf{e}}_\mathrm{y}\mathrm{y}_\mathrm{Q} + \vec{\mathbf{e}}_\mathrm{z}\mathrm{z}_\mathrm{Q}\right)\right|^3}$$

$$= \frac{Q_1}{4\pi\varepsilon_0}\frac{\vec{\mathbf{e}}_\mathrm{x}\left(\mathrm{x}_\mathrm{P} - \mathrm{x}_\mathrm{Q}\right) + \vec{\mathbf{e}}_\mathrm{y}\left(\mathrm{y}_\mathrm{P} - \mathrm{y}_\mathrm{Q}\right) + \vec{\mathbf{e}}_\mathrm{z}\left(\mathrm{z}_\mathrm{P} - \mathrm{z}_\mathrm{Q}\right)}{\sqrt{\left(\mathrm{x}_\mathrm{P} - \mathrm{x}_\mathrm{Q}\right)^2 + \left(\mathrm{y}_\mathrm{P} - \mathrm{y}_\mathrm{Q}\right)^2 + \left(\mathrm{z}_\mathrm{P} - \mathrm{z}_\mathrm{Q}\right)^2}^3}$$

an. Häufig wird der Index P des Aufpunktes (Beobachtungspunktes) zur Vereinfachung bzw. wegen der besseren Übersicht weggelassen, sodass wir folgende Darstellung erhalten:

$$\vec{\mathbf{E}}(\vec{\mathbf{r}}_\mathrm{P}) = \frac{Q_1}{4\pi\varepsilon_0}\frac{\vec{\mathbf{e}}_\mathrm{x}\left(\mathrm{x} - \mathrm{x}_\mathrm{Q}\right) + \vec{\mathbf{e}}_\mathrm{y}\left(\mathrm{y} - \mathrm{y}_\mathrm{Q}\right) + \vec{\mathbf{e}}_\mathrm{z}\left(\mathrm{z} - \mathrm{z}_\mathrm{Q}\right)}{\sqrt{\left(\mathrm{x} - \mathrm{x}_\mathrm{Q}\right)^2 + \left(\mathrm{y} - \mathrm{y}_\mathrm{Q}\right)^2 + \left(\mathrm{z} - \mathrm{z}_\mathrm{Q}\right)^2}^3}. \qquad (3)$$

Für die eingangs gestellte Aufgabe gilt dann

$$\vec{\mathbf{E}}(\mathrm{x,y,z}) = \frac{Q_1}{4\pi\varepsilon_0}\frac{\vec{\mathbf{e}}_\mathrm{x}\left(\mathrm{x} - a\right) + \vec{\mathbf{e}}_\mathrm{y}\left(\mathrm{y} - b\right) + \vec{\mathbf{e}}_\mathrm{z}\mathrm{z}}{\sqrt{\left(\mathrm{x} - a\right)^2 + \left(\mathrm{y} - b\right)^2 + \mathrm{z}^2}^3}.$$

Aufgabe 1.2 Kraft auf Punktladungen

Vier von null verschiedene Punktladungen Q, Q_1, Q_2 und Q_3 liegen in der Ebene z = 0 an den Ecken eines Quadrats der Seitenlänge a, wobei sich die Punktladung Q im Ursprung des kartesischen Koordinatensystems und die Punktladung Q_2 auf der y-Achse befindet. Die Dielektrizitätskonstante des umgebenden Raumes sei ε_0.

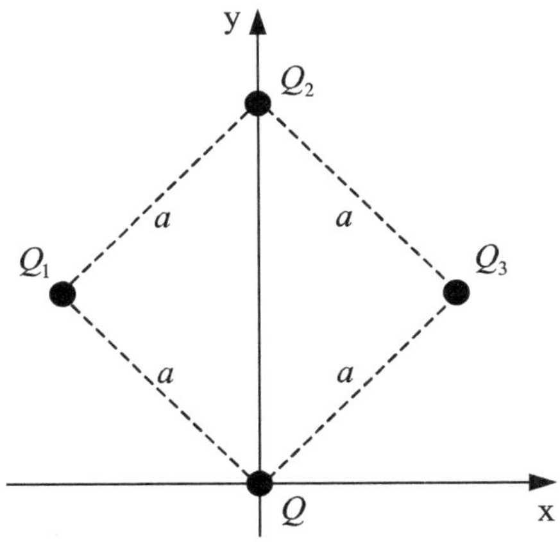

Abbildung 1: Punktladungsanordnung

1. Welche Kraft $\vec{\mathbf{F}}$ wirkt auf die Punktladung Q im Ursprung?
2. Welche Bedingungen müssen die Punktladungen Q_2 und Q_3 erfüllen, damit die Kraft auf die Ladung Q verschwindet?
3. Welche Arbeit muss aufgewendet werden, um die Punktladung Q_2 an den Ort x = 0, y = a zu bringen, wenn $Q_1 = Q_3 = 0$ gilt?

Lösung zur Teilaufgabe 1:

Die Gesamtkraft auf die Ladung Q setzt sich aus drei Beiträgen infolge der anderen drei Ladungen zusammen:

$$\vec{\mathbf{F}} = \sum_{i=1}^{3} \vec{\mathbf{F}}_i = Q \sum_{i=1}^{3} \vec{\mathbf{E}}_{Q_i} = Q \sum_{i=1}^{3} \frac{Q_i}{4\pi\varepsilon_0} \frac{\vec{\mathbf{r}}_i}{r_i^3} .$$

Die Abstände zwischen den Ladungen lassen sich mithilfe des Satzes von Pythagoras berechnen:

$$r_1 = a\,, \qquad r_2 = \sqrt{a^2 + a^2} = \sqrt{2}a, \qquad r_3 = a.$$

Damit ergibt sich für die Kraft auf die Punktladung

$$\vec{\mathbf{F}} = \vec{\mathbf{F}}_1 + \vec{\mathbf{F}}_2 + \vec{\mathbf{F}}_3 = \frac{Q}{4\pi\varepsilon_0}\left[Q_1 \frac{\vec{\mathbf{r}}_1}{a^3} + Q_2 \frac{\vec{\mathbf{r}}_2}{\left(\sqrt{2}a\right)^3} + Q_3 \frac{\vec{\mathbf{r}}_3}{a^3}\right].$$

Für die Abstandsvektoren gilt

$$\vec{\mathbf{r}}_1 = \vec{\mathbf{r}}_P - \vec{\mathbf{r}}_{Q_1} = \vec{\mathbf{0}} - \left(-\frac{a}{\sqrt{2}}\vec{\mathbf{e}}_x + \frac{a}{\sqrt{2}}\vec{\mathbf{e}}_y\right) = \frac{a}{\sqrt{2}}\vec{\mathbf{e}}_x - \frac{a}{\sqrt{2}}\vec{\mathbf{e}}_y\,,$$

$$\vec{\mathbf{r}}_2 = \vec{\mathbf{r}}_P - \vec{\mathbf{r}}_{Q_2} = \vec{\mathbf{0}} - \left(\sqrt{2}\,a\,\vec{\mathbf{e}}_y\right) = -\sqrt{2}\,a\,\vec{\mathbf{e}}_y,$$

$$\vec{\mathbf{r}}_3 = \vec{\mathbf{r}}_P - \vec{\mathbf{r}}_{Q_3} = \vec{\mathbf{0}} - \quad \frac{a}{\sqrt{2}}\vec{\mathbf{e}}_x + \frac{a}{\sqrt{2}}\vec{\mathbf{e}}_y \quad = -\frac{a}{\sqrt{2}}\vec{\mathbf{e}}_x - \frac{a}{\sqrt{2}}\vec{\mathbf{e}}_y.$$

Eingesetzt in die Ausgangsgleichung ergibt sich die Kraft der drei Ladungen auf die Punktladung Q:

$$\vec{\mathbf{F}} = \frac{Q}{4\pi\varepsilon_0}\left[\frac{Q_1}{a^2\sqrt{2}}\left(\vec{\mathbf{e}}_x - \vec{\mathbf{e}}_y\right) + \frac{Q_2}{\left(\sqrt{2}a\right)^2}\left(-\vec{\mathbf{e}}_y\right) + \frac{Q_3}{a^2\sqrt{2}}\left(-\vec{\mathbf{e}}_x - \vec{\mathbf{e}}_y\right)\right]$$
$$= \frac{Q}{4\pi\varepsilon_0 a^2\sqrt{2}}\left[\vec{\mathbf{e}}_x\left(Q_1 - Q_3\right) - \vec{\mathbf{e}}_y\left(Q_1 + \frac{Q_2}{\sqrt{2}} + Q_3\right)\right].$$

Lösung zur Teilaufgabe 2:

Die Kraft auf die Ladung Q verschwindet, wenn beide Komponenten F_x und F_y verschwinden. Dabei soll die Punktladung Q_1 unangetastet bleiben und nur deren Einfluss durch eine geeignete Wahl von Q_2 und Q_3 aufgehoben werden:

$$F_x \overset{!}{=} 0 \quad \rightarrow \quad Q_3 = Q_1$$

$$F_y \overset{!}{=} 0 \quad \rightarrow \quad Q_1 + \frac{Q_2}{\sqrt{2}} + Q_3 = 0 \quad \rightarrow \quad Q_2 = \sqrt{2}\left(-Q_1 - Q_3\right) = -2\sqrt{2}\,Q_1.$$

Lösung zur Teilaufgabe 3:

Die Ladung Q_2 befindet sich in dem von der Punktladung Q erzeugten Feld. Damit muss Arbeit aufgewendet werden, um die Ladung gegen die Kraft, die auf diese Ladung wirkt, zu bewegen:

$$W_e = -Q_2\int \vec{\mathbf{E}}\cdot d\vec{\mathbf{s}} = -\int_{\sqrt{2}a}^{a}\frac{QQ_2}{4\pi\varepsilon_0 y^2}\vec{\mathbf{e}}_y\cdot\vec{\mathbf{e}}_y dy = -\frac{QQ_2}{4\pi\varepsilon_0}\left[\frac{-1}{y}\right]\Bigg|_{\sqrt{2}a}^{a} = -\frac{QQ_2}{4\pi\varepsilon_0}\left(-\frac{1}{a} + \frac{1}{\sqrt{2}\,a}\right).$$

Aufgabe 1.3 Influenzladungen, Feldstärkeberechnung

Eine metallische Kugel mit Radius a trägt die Gesamtladung Q. Der Kugelmittelpunkt befindet sich im Ursprung des Kugelkoordinatensystems. Eine ungeladene metallische Hohlkugel mit Innenradius $b > a$ und Außenradius $c > b$ ist konzentrisch um die erste Kugel angeordnet.

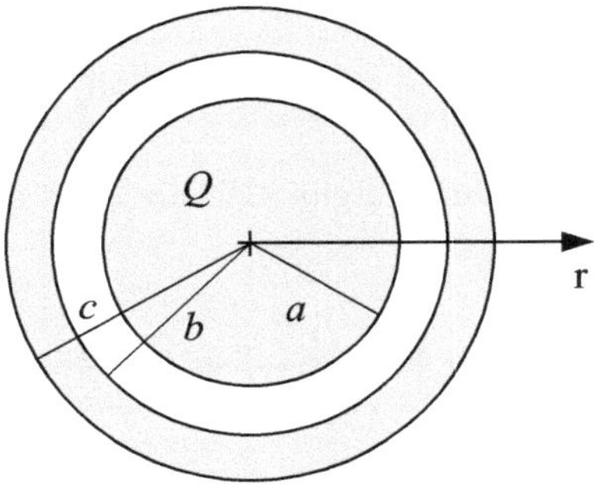

Abbildung 1: Leitende geladene Kugel mit umgebender leitender Hohlkugel

1. Geben Sie die elektrische Feldstärke $\vec{\mathbf{E}}$ im gesamten Raum $0 \leq \mathrm{r} < \infty$ an.
2. Welche Ladungsverteilung stellt sich ein, wenn die beiden Kugeln leitend miteinander verbunden werden?
3. Wie ändert sich der Verlauf der elektrischen Feldstärke in diesem Fall?
4. Geben Sie für die beiden Fälle das Potential $\varphi_e(\mathrm{r})$ an. Als Bezugswert kann $\varphi_e(\infty) = 0$ angenommen werden.

Lösung zur Teilaufgabe 1:

Der gesamte Raum besteht aus vier Teilbereichen: $0 \leq \mathrm{r} < a$, $a < \mathrm{r} < b$, $b < \mathrm{r} < c$, $c < \mathrm{r} < \infty$.

Bereich 1: $0 \leq \mathrm{r} < a$
Die Feldstärke ist wegen der Kugelsymmetrie immer radial gerichtet $\vec{\mathbf{E}} = \vec{\mathbf{e}}_\mathrm{r} E(\mathrm{r})$. Die Ladung ist als Flächenladung auf der Oberfläche verteilt. Wie alle metallischen Körper ist die Kugel im Inneren feldfrei:

$$\vec{\mathbf{E}}(\mathrm{r}) = \vec{\mathbf{0}} \qquad \text{für} \qquad 0 \leq \mathrm{r} < a.$$

Bereich 2: $a < \mathrm{r} < b$
Bei Abwesenheit der Hohlkugel entspricht das Feld außerhalb der Kugel, d.h. im gesamten Bereich $a < \mathrm{r}$ dem Feld einer Punktladung Q im Mittelpunkt der Kugel. Da die Hohlkugel das Feld im Bereich $\mathrm{r} < b$ nicht beeinflusst, ist hier das Feld identisch zum Feld der Punktladung:

$$\vec{\mathbf{E}}(\mathrm{r}) = \vec{\mathbf{e}}_\mathrm{r} \frac{Q}{4\pi\varepsilon_0 \mathrm{r}^2} \qquad \text{für} \qquad a < \mathrm{r} < b.$$

Bereich 3: $b < \mathrm{r} < c$

Auf der Oberfläche der Hohlkugel, d.h. bei $\mathrm{r} = b$ und $\mathrm{r} = c$, bilden sich Influenzladungen aus, sodass der Bereich innerhalb der Hohlkugel ebenfalls feldfrei wird:

$$\vec{\mathbf{E}}(\mathrm{r}) = \vec{\mathbf{0}} \qquad \text{für} \qquad b < \mathrm{r} < c.$$

Bereich 4: $c < \mathrm{r} < \infty$

Das Feld außerhalb der Hohlkugel entspricht wieder dem Feld der Punktladung:

$$\vec{\mathbf{E}}(\mathrm{r}) = \vec{\mathbf{e}}_\mathrm{r} \frac{Q}{4\pi\varepsilon_0 \mathrm{r}^2} \qquad \text{für} \qquad c < \mathrm{r} < \infty.$$

Insgesamt lässt sich das Feld im gesamten Gebiet wie folgt angeben (vgl. auch Kap. 1.13.2):

$$\vec{\mathbf{E}}(\mathrm{r}) = \vec{\mathbf{e}}_\mathrm{r} \begin{cases} 0 \\ \dfrac{Q}{4\pi\varepsilon_0 \mathrm{r}^2} \end{cases} \text{für} \quad \begin{array}{l} 0 \le \mathrm{r} < a \quad \text{und} \quad b < \mathrm{r} < c \\ a < \mathrm{r} < b \quad \text{und} \quad c < \mathrm{r} < \infty . \end{array}$$

Schlussfolgerung

Metallische Körper sind in ihrem Inneren feldfrei. Die Ladung ist als Flächenladung auf der Oberfläche verteilt. Das Feld außerhalb einer mit der Gesamtladung Q geladenen metallischen Kugel entspricht dem Feld einer im Mittelpunkt der Kugel angeordneten Punktladung Q.

Aufgrund der an der Metalloberfläche vorhandenen Flächenladungen springt die normal gerichtete elektrische Feldstärke, im vorliegenden Beispiel in den Ebenen $\mathrm{r} = a$, $\mathrm{r} = b$ und $\mathrm{r} = c$.

Lösung zur Teilaufgabe 2:

Bei leitender Verbindung verteilt sich die Ladung Q als Flächenladung $\sigma = Q/4\pi c^2$ auf der Oberfläche $\mathrm{r} = c$. Es macht keinen Unterschied, ob die Kugel in ihrem Inneren komplett mit Metall ausgefüllt ist oder Luftzwischenräume enthält.

Lösung zur Teilaufgabe 3:

Der gesamte Innenbereich $\mathrm{r} < c$ wird in diesem Fall feldfrei:

$$\vec{\mathbf{E}}(\mathrm{r}) = \vec{\mathbf{e}}_\mathrm{r} \begin{cases} 0 \\ \dfrac{Q}{4\pi\varepsilon_0 \mathrm{r}^2} \end{cases} \text{für} \quad \begin{array}{l} 0 \le \mathrm{r} < c \\ c < \mathrm{r} < \infty . \end{array}$$

Lösung zur Teilaufgabe 4:

Die Potentialdifferenz berechnet sich nach Gl. (1.30) aus

$$\varphi_e(\mathrm{P}_1) - \varphi_e(\mathrm{P}_2) = \int_{\mathrm{P}_1}^{\mathrm{P}_2} \vec{\mathbf{E}} \cdot \mathrm{d}\vec{\mathbf{s}}.$$

Mit dem Bezugswert $\varphi_e(\infty) = 0$ kann das Potential zunächst im Bereich $c < \mathrm{r} < \infty$ bestimmt werden:

$$\varphi_e(\mathrm{r}) - \underbrace{\varphi_e(\infty)}_{0} = \varphi_e(\mathrm{r}) = \int_{\mathrm{r}}^{\infty} \vec{\mathbf{E}} \cdot d\vec{\mathbf{s}} = \int_{\mathrm{r}}^{\infty} \vec{\mathbf{e}}_{\mathrm{r}} \frac{Q}{4\pi\varepsilon_0 \mathrm{r}^2} \cdot \vec{\mathbf{e}}_{\mathrm{r}} d\mathrm{r} = \frac{Q}{4\pi\varepsilon_0} \int_{\mathrm{r}}^{\infty} \frac{1}{\mathrm{r}^2} d\mathrm{r} = \frac{Q}{4\pi\varepsilon_0} \left[-\frac{1}{\mathrm{r}} \right] \Bigg|_{\mathrm{r}}^{\infty}$$

$$= \frac{Q}{4\pi\varepsilon_0 \mathrm{r}}.$$

Somit entspricht das Potential im Außenraum dem Potential der im Mittelpunkt angebrachten Punktladung. An der äußeren Oberfläche der Hohlkugel liegt also das Potential $\varphi_e(c) = Q/4\pi\varepsilon_0 c$ vor. Innerhalb der metallischen Körper ist wegen der verschwindenden elektrischen Feldstärke auch die Potentialdifferenz null, d.h., das Potential ist konstant. Für die Anordnung aus Teilaufgabe 2, bei der die Kugeln leitend verbunden sind, gilt also

$$\varphi_e(\mathrm{r}) = \frac{Q}{4\pi\varepsilon_0 c} \quad \text{für} \quad 0 \le \mathrm{r} \le c.$$

Bei den nicht leitend miteinander verbundenen Kugeln gilt dieses Ergebnis nur innerhalb der Hohlkugel:

$$\varphi_e(\mathrm{r}) = \frac{Q}{4\pi\varepsilon_0 c} \quad \text{für} \quad b \le \mathrm{r} \le c.$$

Mit der im Bereich 2 vorhandenen Feldstärke erhalten wir für das Potential den Verlauf

$$\varphi_e(\mathrm{r}) - \varphi_e(b) = \varphi_e(\mathrm{r}) - \frac{Q}{4\pi\varepsilon_0 c} = \frac{Q}{4\pi\varepsilon_0} \int_{\mathrm{r}}^{b} \frac{1}{\mathrm{r}^2} d\mathrm{r} = \frac{Q}{4\pi\varepsilon_0} \left[-\frac{1}{\mathrm{r}} \right] \Bigg|_{\mathrm{r}}^{b} = -\frac{Q}{4\pi\varepsilon_0 b} + \frac{Q}{4\pi\varepsilon_0 \mathrm{r}}$$

$$\varphi_e(\mathrm{r}) = \frac{Q}{4\pi\varepsilon_0} \left(\frac{1}{c} - \frac{1}{b} + \frac{1}{\mathrm{r}} \right) \quad \text{für} \quad a \le \mathrm{r} \le b.$$

Im Inneren der Kugel liegt dann wieder das gleiche konstante Potential wie auf der Kugeloberfläche $\mathrm{r} = a$ vor:

$$\varphi_e(\mathrm{r}) = \frac{Q}{4\pi\varepsilon_0} \left(\frac{1}{c} - \frac{1}{b} + \frac{1}{a} \right) \quad \text{für} \quad 0 \le \mathrm{r} \le a.$$

Aufgabe 1.4 | Kondensator, Ladungsträgeranzahl

An einen Plattenkondensator der Fläche $A = 4\ \mathrm{cm}^2$ und des Plattenabstands $d = 1\ \mathrm{mm}$ mit Luftzwischenraum wird eine Spannung $U = 100\ \mathrm{V}$ angelegt.

1. Bestimmen Sie die Kapazität des Kondensators.
2. Bestimmen Sie die Gesamtladung auf der positiv geladenen Platte.
3. Bestimmen Sie die Anzahl der Ladungsträger n auf der positiv geladenen Platte.
4. Wie viele Ladungsträger befinden sich auf der Fläche von $1\ \mathrm{mm}^2$? Welche Schlussfolgerung kann daraus gezogen werden?

Lösung zur Teilaufgabe 1:

Für die Kapazität eines Plattenkondensators gilt

$$C = \varepsilon_0 \frac{A}{d} = 8,854 \cdot 10^{-12} \frac{\text{As}}{\text{Vm}} \frac{4\,\text{cm}^2}{1\,\text{mm}} = 8,854 \cdot 10^{-12} \frac{\text{As}}{\text{V}} \frac{4}{10} = 3,54 \cdot 10^{-12} \frac{\text{As}}{\text{V}} = 3,54\,\text{pF}.$$

Lösung zur Teilaufgabe 2:

Für die Ladung auf der positiv geladenen Platte erhalten wir

$$Q = CU = 3,54 \cdot 10^{-12} \frac{\text{As}}{\text{V}} 100\,\text{V} = 3,54 \cdot 10^{-10}\,\text{As}.$$

Lösung zur Teilaufgabe 3:

Die Gesamtladung entspricht dem Produkt aus der Anzahl der Ladungsträger n mit dem Wert der Elementarladung $e = 1{,}602 \cdot 10^{-19}$ As:

$$n = \frac{Q}{e} = \frac{3,54 \cdot 10^{-10}}{1,602 \cdot 10^{-19}} \frac{\text{As}}{\text{As}} = 2,21 \cdot 10^9.$$

Lösung zur Teilaufgabe 4:

Die n Ladungsträger befinden sich auf der Fläche A = 4 cm^2. Für die Anzahl Ladungsträger pro mm^2 gilt dann $2{,}21 \cdot 10^9/400 = 5{,}525 \cdot 10^6$.

Schlussfolgerung

Auf einem mm^2 befinden sich bei diesem Zahlenbeispiel rund 5,5 Millionen Ladungsträger, d.h., bei der Berechnung der Feldverteilung darf von einer homogenen Ladungsverteilung, in diesem Fall von einer homogenen Flächenladungsdichte σ, auf den Platten des Kondensators ausgegangen werden.

Aufgabe 1.5 | Kapazitätsberechnung

Im linken Teilbild der Abbildung sind zwei halbkreisförmige, parallel liegende Leiterplatten dargestellt. Die gesamte Anordnung befindet sich in Luft (ε_r = 1). Ein elektrisches Feld zwischen den Platten kann als homogen angenommen werden. Das Feld außerhalb der Platten wird vernachlässigt.

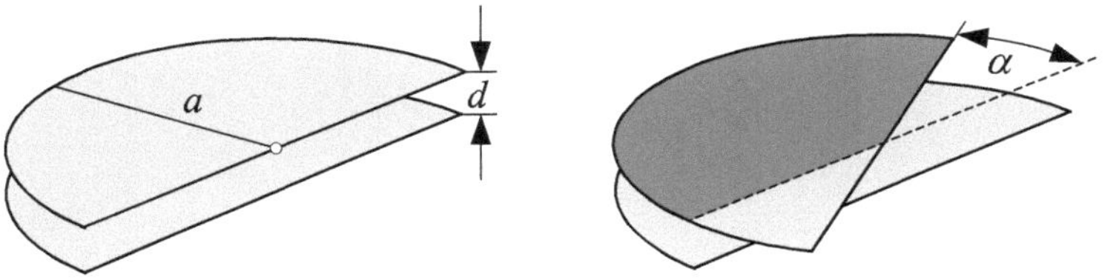

Abbildung 1: Plattenkondensator

Wir betrachten zunächst nur die Anordnung im linken Teilbild.

1. Wie groß ist die Kapazität C dieses Kondensators in Abhängigkeit vom Abstand d und dem Radius a?
2. Wie groß ist der Betrag der Flächenladungsdichte σ_0 auf den Platten, wenn zwischen den Platten eine Spannung U_0 anliegt?

Die obere Platte wird nun, wie im rechten Teilbild dargestellt, um den Winkel α mit $0 \le \alpha < \pi$ gegenüber der unteren Platte verdreht. Zur Vereinfachung kann angenommen werden, dass nur im Raum zwischen den sich überlappenden Teilen der Platten ein homogenes elektrisches Feld vorhanden ist.

3. Wie groß ist nun die Kapazität $C(\alpha)$ in Abhängigkeit vom Winkel α, dem Abstand d und dem Radius a?
4. Wie groß ist die Spannung $U(\alpha)$ zwischen den Kondensatorplatten, wenn $U(0) = U_0$ ist und beim Verdrehen die Gesamtladung konstant bleibt?

Lösung zur Teilaufgabe 1:

Die Kapazität eines Plattenkondensators ist gegeben durch die Beziehung

$$C \overset{(1.77)}{=} \varepsilon_0 \frac{A}{d} = \varepsilon_0 \frac{\pi a^2}{2d}.$$

Lösung zur Teilaufgabe 2:

Für den Zusammenhang zwischen Flächenladungsdichte und angelegter Spannung gilt

$$\sigma_0 = \frac{Q}{A} = \frac{CU_0}{A} = \varepsilon_0 \frac{U_0}{d}.$$

Lösung zur Teilaufgabe 3:

Gegenüber der Situation im linken Teilbild ändert sich jetzt die wirksame Fläche. Die Größe der sich gegenüberstehenden Flächen reduziert sich entsprechend der Auslenkung:

$$A(\alpha) = (\pi - \alpha)\frac{a^2}{2} \quad \rightarrow \quad C(\alpha) = \varepsilon_0 (\pi - \alpha)\frac{a^2}{2d}.$$

Lösung zur Teilaufgabe 4:

Wegen der nicht geänderten Gesamtladung gilt die Beziehung

$$Q = C(\alpha)U(\alpha) = C(0)U_0,$$

d.h., bei abnehmender Kapazität steigt die Spannung:

$$U(\alpha) = \frac{C(0)}{C(\alpha)}U_0 = \frac{\pi}{\pi - \alpha}U_0.$$

Aufgabe 1.6 Berechnung eines einfachen Kondensatornetzwerks

Gegeben ist ein Kondensatornetzwerk aus sechs Kondensatoren. Alle Kondensatoren haben denselben Wert C. Zwischen den Klemmen A und B liegt die Spannung U_{AB} an.

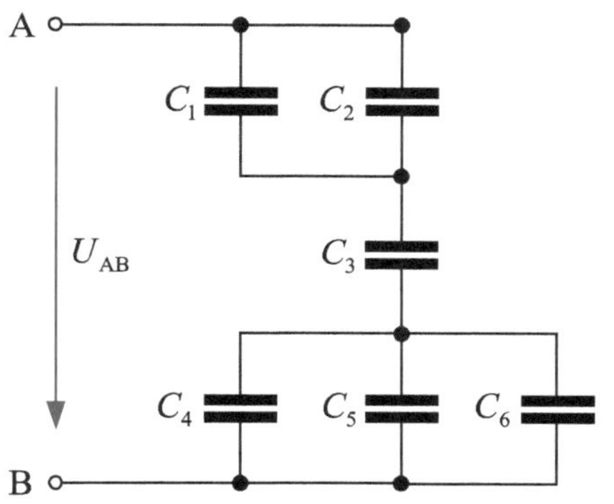

Abbildung 1: Kondensatornetzwerk

1. Zeichnen Sie ein Ersatznetzwerk, in dem die Kondensatoren C_1 und C_2 zur Kapazität C_{12} sowie C_4 bis C_6 zur Kapazität C_{456} zusammengefasst sind, und berechnen Sie die Kapazitäten C_{12} und C_{456} in Abhängigkeit von C.
2. Zeichnen Sie ein Ersatznetzwerk, in dem die Kondensatoren C_{12}, C_3 und C_{456} zu einer Gesamtkapazität C_{ges} zusammengefasst sind, und berechnen Sie den Wert dieser Gesamtkapazität in Abhängigkeit von C.

Lösung zur Teilaufgabe 1:

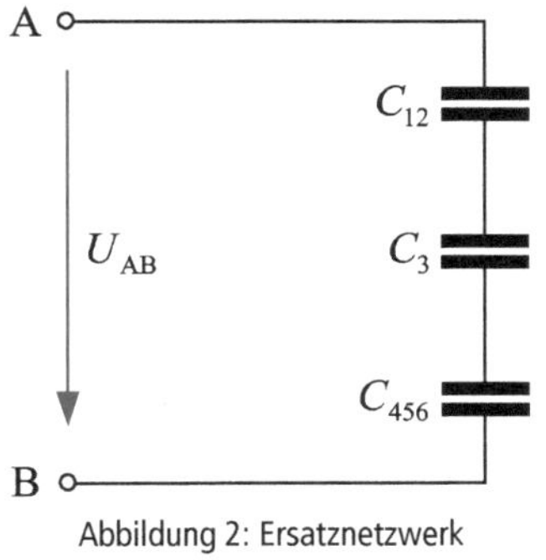

Abbildung 2: Ersatznetzwerk

Aus der Parallelschaltung der Kondensatoren ergibt sich $C_{12} = C_1+C_2 = 2C$ und $C_{456} = C_4+C_5+C_6 = 3C$.

Lösung zur Teilaufgabe 2:

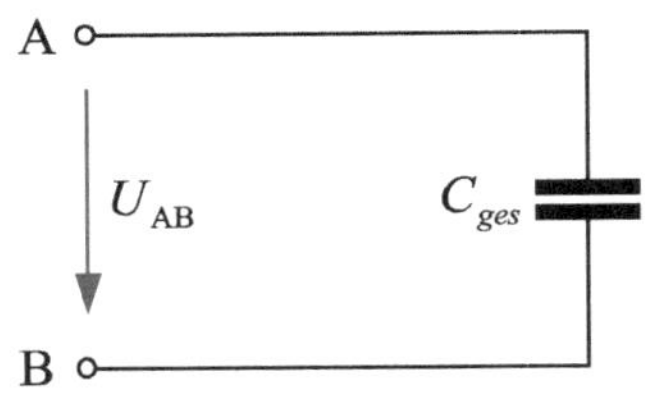

Abbildung 3: Resultierendes Ersatznetzwerk

Die Reihenschaltung aus drei Kondensatoren führt mit Gl. (1.86) zu folgendem Ergebnis für die Gesamtkapazität:

$$\frac{1}{C_{ges}} = \frac{1}{C_{12}} + \frac{1}{C_3} + \frac{1}{C_{456}} = \frac{1}{2C} + \frac{1}{C} + \frac{1}{3C} = \frac{11}{6C} \quad \rightarrow \quad C_{ges} = \frac{6}{11}C.$$

1.3 Level 2

Aufgabe 1.7 Punktladungsanordnung, Kraftberechnung

Drei Punktladungen liegen in der Ebene z = 0. Die erste Punktladung Q_1 befindet sich im Ursprung des kartesischen Koordinatensystems, die zweite Punktladung Q_2 liegt an der Stelle x = 0, y = $-a$ und die dritte Punktladung Q_3 auf einem Kreis um den Ursprung mit dem Radius a. Die Position der dritten Punktladung Q_3 wird durch den Winkel φ beschrieben.

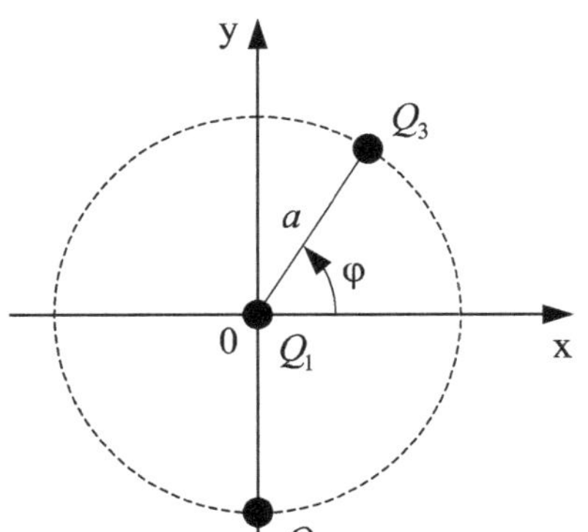

Abbildung 1: Punktladungsanordnung

1. Welche Kraft $\vec{F}$ wirkt auf die Punktladung Q_1 im Ursprung?
2. Bestimmen Sie für den Sonderfall $Q_2 = Q_3$ alle Winkel $\varphi = \varphi_0$ so, dass der Betrag der Kraft $|\vec{F}_0|$ auf die Punktladung Q_1 infolge der Punktladung Q_2 allein genauso groß ist wie der Betrag der Kraft $|\vec{F}|$ infolge der beiden Punktladungen Q_2 und Q_3 zusammen.

Lösung zur Teilaufgabe 1:

Die Kraft auf die Punktladung Q_1 im Ursprung ist durch das Produkt aus dem Wert der Ladung Q_1 und der von den beiden anderen Ladungen an der Stelle von Q_1 hervorgerufenen elektrischen Feldstärke gegeben:

$$\vec{\mathbf{F}} = Q_1\left(\vec{\mathbf{E}}_2 + \vec{\mathbf{E}}_3\right).$$

Die elektrische Feldstärke im Ursprung infolge der beiden Punktladungen Q_2 und Q_3 ist gegeben durch

$$\vec{\mathbf{E}}_2 = \vec{\mathbf{e}}_\mathrm{y}\frac{Q_2}{4\pi\varepsilon_0 a^2} \quad \text{und} \quad \vec{\mathbf{E}}_3 = \left(-\vec{\mathbf{e}}_\rho\right)\frac{Q_3}{4\pi\varepsilon_0 a^2} = \frac{Q_3}{4\pi\varepsilon_0 a^2}\left(-\vec{\mathbf{e}}_\mathrm{x}\cos\varphi - \vec{\mathbf{e}}_\mathrm{y}\sin\varphi\right).$$

Ergebnis:

$$\vec{\mathbf{F}} = \frac{Q_1}{4\pi\varepsilon_0 a^2}\quad -\vec{\mathbf{e}}_\mathrm{x} Q_3\cos\varphi + \vec{\mathbf{e}}_\mathrm{y}\left(Q_2 - Q_3\sin\varphi\right)\ . \tag{1}$$

Lösung zur Teilaufgabe 2:

Der Betrag der Kraft $\vec{\mathbf{F}}$ auf die Punktladung Q_1 infolge der beiden Ladungen für den Sonderfall $Q_2 = Q_3$ ist

$$\left|\vec{\mathbf{F}}\right| = \frac{|Q_1 Q_2|}{4\pi\varepsilon_0 a^2}\sqrt{(\cos\varphi)^2 + (1-\sin\varphi)^2}$$

$$= \frac{|Q_1 Q_2|}{4\pi\varepsilon_0 a^2}\sqrt{(\cos\varphi)^2 + 1 - 2\sin\varphi + (\sin\varphi)^2} = \frac{|Q_1 Q_2|}{4\pi\varepsilon_0 a^2}\sqrt{2 - 2\sin\varphi}\ .$$

Der Betrag der Kraft $\vec{\mathbf{F}}_0$ auf die Punktladung Q_1 infolge der Ladung Q_2 (Gl. (1) mit $Q_3 = 0$) ist

$$\left|\vec{\mathbf{F}}_0\right| = \frac{|Q_1 Q_2|}{4\pi\varepsilon_0 a^2}\ .$$

Damit können die Winkel $\varphi = \varphi_0$ aus der vorgegebenen Bedingung $|\vec{\mathbf{F}}| = |\vec{\mathbf{F}}_0|$ bestimmt werden:

$$\sqrt{2 - 2\sin\varphi_0} = 1 \quad \rightarrow \quad \sin\varphi_0 = \frac{1}{2} \quad \rightarrow \quad \varphi_0 = \frac{\pi}{6} \quad \text{und} \quad \varphi_0 = \frac{5\pi}{6}.$$

In Abb. 2 ist unmittelbar zu erkennen, dass die beiden Kräfte $\vec{\mathbf{F}}$ und $\vec{\mathbf{F}}_0$ für das Beispiel $\varphi_0 = 30°$ den gleichen Wert besitzen.

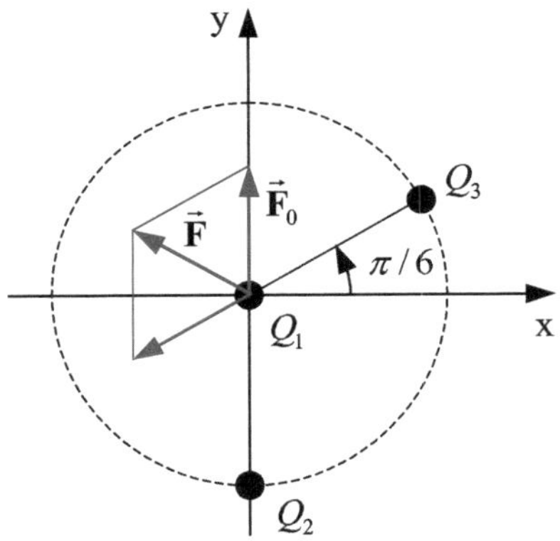

Abbildung 2: Kräfteparallelogramm für das Beispiel $\varphi_0 = 30°$

Aufgabe 1.8 Randbedingungen und Energiedichte

Die Halbräume y > 0 und y < 0 besitzen die Dielektrizitätskonstanten ε_1 bzw. ε_2. Im Raum 1 liegt eine homogene elektrische Feldstärke $\vec{\mathbf{E}}_1$ vor. Diese trifft unter einem Winkel α auf die Grenzschicht.

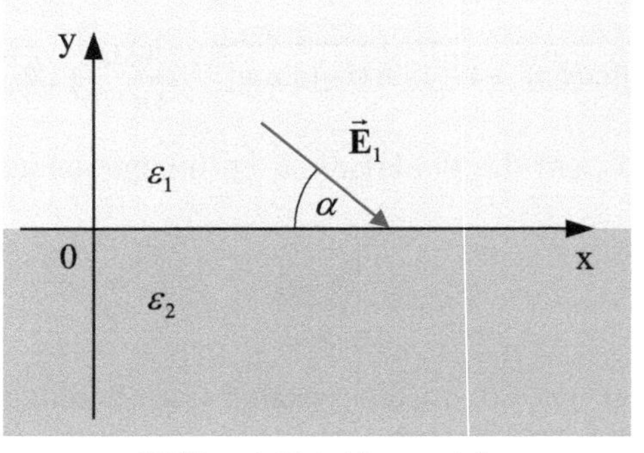

Abbildung 1: Materialsprungstelle

1. Bestimmen Sie die Komponenten E_{x1} und E_{y1} des Vektors $\vec{\mathbf{E}}_1 = \vec{\mathbf{e}}_x E_{x1} + \vec{\mathbf{e}}_y E_{y1}$ im kartesischen Koordinatensystem.
2. Bestimmen Sie die Energiedichte im Raum 1.
3. Bestimmen Sie die Komponenten von Flussdichte- und Feldstärkevektor im Raum 2.
4. Bestimmen Sie die Energiedichte im Raum 2.
5. Für die Dielektrizitätszahlen soll gelten $\varepsilon_1 = k\varepsilon_2$. In welchem Verhältnis stehen die beiden Energiedichten in Abhängigkeit vom Winkel α und dem Verhältnis k?

Lösung zur Teilaufgabe 1:

Die Beträge der elektrischen Feldstärke sind

$$E_{x1} = E_1 \cos\alpha \qquad \text{und} \qquad E_{y1} = -E_1 \sin\alpha .$$

Lösung zur Teilaufgabe 2:

Aus dem elektrischen Feld ergibt sich die Energiedichte im Raum 1:

$$w_{e1} \overset{(1.101)}{=} \frac{1}{2}\vec{\mathbf{E}}_1 \cdot \vec{\mathbf{D}}_1 = \frac{1}{2}\varepsilon_1\left(\vec{\mathbf{E}}_1 \cdot \vec{\mathbf{E}}_1\right) = \frac{1}{2}\varepsilon_1\left(E_{x1}{}^2 + E_{y1}{}^2\right) = \frac{1}{2}\varepsilon_1 E_1{}^2\left(\cos^2\alpha + \sin^2\alpha\right) = \frac{1}{2}\varepsilon_1 E_1{}^2 .$$

Bemerkung:
Wegen $\vec{\mathbf{E}}_1 \cdot \vec{\mathbf{E}}_1 = E_1{}^2$ könnte das Ergebnis in der vorstehenden Gleichung direkt ohne den Umweg über die kartesischen Komponenten angegeben werden.

Lösung zur Teilaufgabe 3:

An der Trennstelle müssen die entsprechenden Randbedingungen erfüllt werden. Für die Normalkomponenten gilt:

$$D_{y2} = D_{y1} = -\varepsilon_1 E_1 \sin\alpha , \qquad E_{y2} = \frac{D_{y2}}{\varepsilon_2} = -\frac{\varepsilon_1}{\varepsilon_2} E_1 \sin\alpha .$$

Für die Tangentialkomponenten gilt:

$$E_{x2} = E_{x1} = E_1 \cos\alpha , \qquad D_{x2} = \varepsilon_2 E_{x2} = \varepsilon_2 E_1 \cos\alpha .$$

Zusammengefasst erhalten wir im unteren Teilraum die homogene elektrische Feldstärke

$$\vec{\mathbf{E}}_2 = \vec{\mathbf{e}}_x E_{x2} + \vec{\mathbf{e}}_y E_{y2} = \vec{\mathbf{e}}_x E_1 \cos\alpha - \vec{\mathbf{e}}_y \frac{\varepsilon_1}{\varepsilon_2} E_1 \sin\alpha$$

und die homogene elektrische Flussdichte

$$\vec{\mathbf{D}}_2 = \vec{\mathbf{e}}_x D_{x2} + \vec{\mathbf{e}}_y D_{y2} = \vec{\mathbf{e}}_x \varepsilon_2 E_1 \cos\alpha - \vec{\mathbf{e}}_y \varepsilon_1 E_1 \sin\alpha .$$

Lösung zur Teilaufgabe 4:

Die Energiedichte im Raum 2 ist

$$w_{e2} = \frac{1}{2}\vec{\mathbf{E}}_2 \cdot \vec{\mathbf{D}}_2 = \frac{1}{2}\left(E_{x2}D_{x2} + E_{y2}D_{y2}\right) = \frac{1}{2}E_1{}^2\left(\varepsilon_2 \cos^2\alpha + \frac{\varepsilon_1{}^2}{\varepsilon_2}\sin^2\alpha\right)$$

$$= w_{e1}\left(\frac{\varepsilon_2}{\varepsilon_1}\cos^2\alpha + \frac{\varepsilon_1}{\varepsilon_2}\sin^2\alpha\right).$$

Lösung zur Teilaufgabe 5:

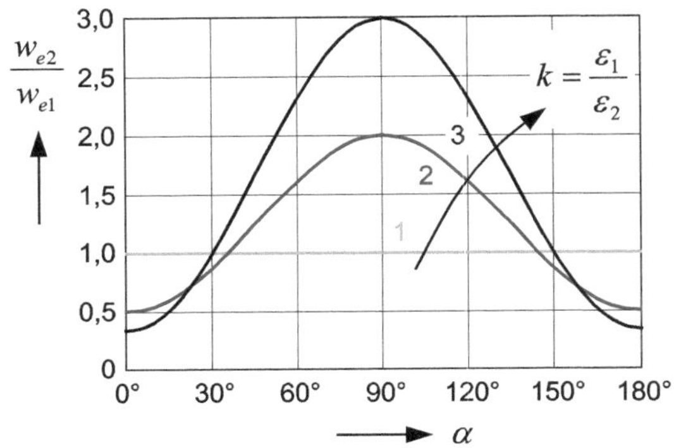

Abbildung 2: Verhältnis der Energiedichten

Aus der Abbildung ist zu erkennen, dass der Einfallswinkel α festlegt, in welchem der beiden Teilräume die Energiedichte größer ist. Wir diskutieren im Folgenden die beiden Grenzfälle $\alpha = 0°$ und $\alpha = 90°$. Verläuft die Feldstärke bzw. die Flussdichte tangential zur Trennebene, dann ist die Feldstärke stetig. Wegen der zur Dielektrizitätszahl proportionalen Flussdichte ist $\vec{\mathbf{D}} = \varepsilon\vec{\mathbf{E}}$ in dem Teilraum mit größerem ε-Wert größer. Für $\varepsilon_1 = 3\varepsilon_2$ gilt $\vec{\mathbf{D}}_1 = 3\vec{\mathbf{D}}_2$ und damit auch $w_{e1} = 3w_{e2}$ bzw. $w_{e2}/w_{e1} = 1/3$.

Trifft die Feldstärke bzw. die Flussdichte dagegen senkrecht auf die Trennebene, dann ist die Flussdichte stetig. Die Feldstärke und damit auch die Energiedichte ist jetzt aber in dem Bereich mit dem größeren ε-Wert kleiner.

Aufgabe 1.9 | Energie im Plattenkondensator

Auf den Platten eines Kondensators mit der Fläche A und dem Abstand d befinden sich die Ladungen $\pm Q$. Zur Vereinfachung der Berechnung kann von einem idealen Plattenkondensator ausgegangen werden, d.h., das Feld zwischen den Platten wird als homogen angesehen und das Streufeld im Außenbereich wird vernachlässigt.

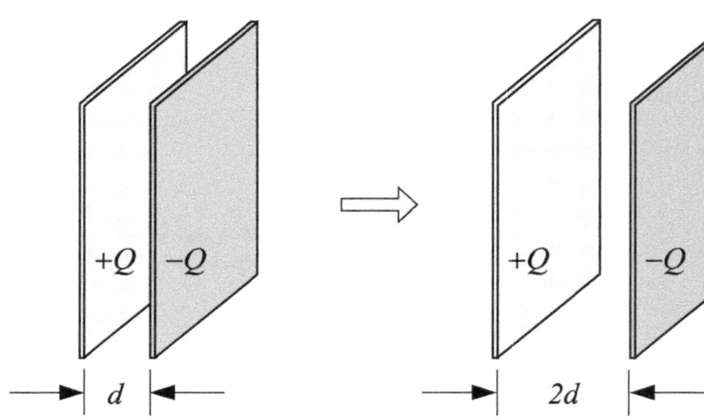

Abbildung 1: Abstandsänderung beim Plattenkondensator

1. Wie ändert sich die Energie, wenn der Plattenabstand bei konstant gehaltener Ladung verdoppelt wird?
2. Wodurch wird diese Energieänderung verursacht?
3. Welche Kraft wirkt zwischen den Platten des Kondensators?
4. Wie ändert sich die Spannung, wenn der Plattenabstand verdoppelt wird?

Lösung zur Teilaufgabe 1:

Unter der vereinfachenden Annahme eines homogenen Feldes zwischen den Platten und des verschwindenden Feldes außerhalb der Platten beträgt die im Kondensator gespeicherte Energie

$$W_e = \frac{1}{2}CU^2 = \frac{1}{2}\frac{Q^2}{C} = \frac{1}{2}\frac{Q^2}{\varepsilon_0 A}d.$$

Bei einer Änderung des Plattenabstands um Δd ändert sich die Energie um

$$\Delta W_e = \frac{1}{2}\frac{Q^2}{\varepsilon_0 A}\Delta d, \qquad (1)$$

bei doppeltem Abstand also um den Faktor 2.

Lösung zur Teilaufgabe 2:

Beim Auseinanderziehen der Platten wird mechanische Arbeit geleistet, d.h., dem System Plattenkondensator wird Energie zugeführt. Dieser Energiezuwachs kann aus dem Wegintegral der Kraft berechnet werden:

$$W_e = -\int_{P_0}^{P_1} \vec{\mathbf{F}} \cdot \mathrm{d}\vec{\mathbf{s}}.$$

Lösung zur Teilaufgabe 3:

Da sich die Gesamtladung und damit auch die Flächenladungsdichte σ bei der Abstandsänderung nicht ändert, müssen die senkrecht auf der Plattenoberfläche stehenden Komponenten von Flussdichte und Feldstärke ebenfalls gleich bleiben. Damit ist auch die Kraft auf die Platten unabhängig vom Plattenabstand. Das Wegintegral vereinfacht sich zu einer Multiplikation $\Delta W_e = F\Delta d$, sodass die Kraft F unmittelbar angegeben werden kann:

$$F = \frac{\Delta W_e}{\Delta d} \overset{(1)}{=} \frac{Q^2}{2\varepsilon_0 A} = \frac{Q\sigma}{2\varepsilon_0} = \frac{1}{2}QE.$$

Lösung zur Teilaufgabe 4:

Die Spannung als das Integral der elektrischen Feldstärke wird sich wegen der konstanten Feldstärke von Ed auf $2Ed$ ebenfalls verdoppeln.

Aufgabe 1.10 Flussberechnung

Gegeben ist ein homogenes elektrisches Feld $\vec{\mathbf{E}} = E_x \vec{\mathbf{e}}_x$. Das Feld durchsetzt eine senkrecht dazu angeordnete halbkugelförmige Fläche A_K mit der Flächennormalen $\vec{\mathbf{n}} = \vec{\mathbf{e}}_r$ und dem Kugelradius a. Der Mittelpunkt dieser halbkugelförmigen Fläche A_K liegt im Ursprung eines Kugelkoordinatensystems (r,ϑ,φ). Auf der z-Achse befindet sich an der Stelle $z = a/2$ eine Punktladung Q.

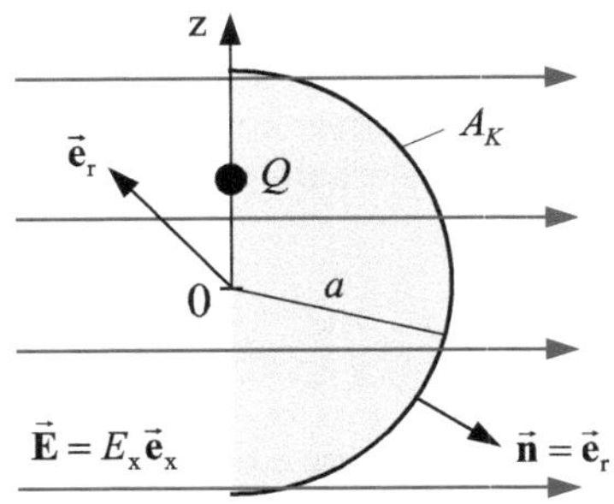

Abbildung 1: Fluss durch Hüllfläche

Welchen Wert muss die Punktladung annehmen, damit der elektrische Fluss Ψ durch die Fläche A_K insgesamt verschwindet?

Lösung

Wir berechnen zunächst den Fluss Ψ_E durch die halbkugelförmige Fläche A_K infolge des homogenen Feldes. Dazu betrachten wir die in Abb. 2 dargestellte Halbkugel.

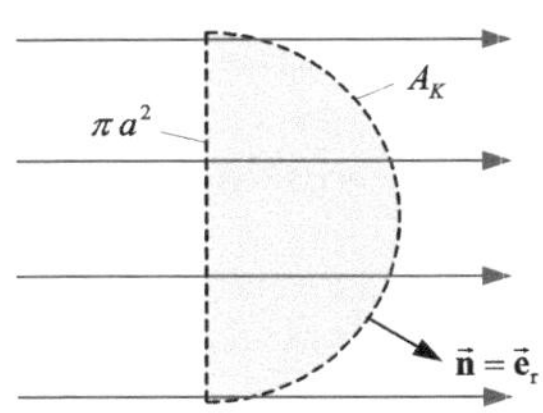

Abbildung 2: Fluss durch A_K infolge des homogenen Feldes

Da sich keine Ladungen innerhalb der Halbkugel befinden, muss der durch die Fläche A_K nach außen hindurchtretende Fluss gleich sein zu dem Fluss, der durch die kreisförmige Bodenfläche πa^2 in die Halbkugel eintritt:

$$\Psi_E = \iint\limits_{Bodenfläche} \vec{\mathbf{D}} \cdot d\vec{\mathbf{A}} = \varepsilon_0 E_x \pi a^2 .$$

Bemerkung:
Die umständlichere Rechnung durch Integration über A_K führt zu dem gleichen Ergebnis:

$$\Psi_E = \iint\limits_{A_K} \vec{\mathbf{D}} \cdot d\vec{\mathbf{A}} = \iint\limits_{A_K} \vec{\mathbf{e}}_x \varepsilon_0 E_x \cdot d\vec{\mathbf{A}} = \varepsilon_0 E_x \iint\limits_{A_K} \underbrace{\vec{\mathbf{e}}_x \cdot \vec{\mathbf{e}}_r}_{\sin\vartheta\,\cos\varphi} a^2 \sin\vartheta \, d\vartheta \, d\varphi$$

$$= \varepsilon_0 E_x a^2 \int\limits_{-\pi/2}^{\pi/2} \cos(\varphi) \underbrace{\int\limits_0^{\pi} \sin^2(\vartheta) d\vartheta}_{\pi/2} \, d\varphi = \varepsilon_0 E_x a^2 \frac{\pi}{2} \underbrace{\int\limits_{-\pi/2}^{\pi/2} \cos(\varphi) d\varphi}_{2} = \varepsilon_0 E_x \pi a^2 \; .$$

Benötigte Zwischenschritte:

$$\vec{\mathbf{e}}_x \cdot \vec{\mathbf{e}}_r = \vec{\mathbf{e}}_x \cdot \left(\vec{\mathbf{e}}_x \sin\vartheta\cos\varphi + \vec{\mathbf{e}}_y \sin\vartheta\sin\varphi + \vec{\mathbf{e}}_z \cos\vartheta\right) = \sin\vartheta\cos\varphi,$$

$$\int_0^\pi \sin^2(x)\,\mathrm{d}x = \frac{1}{2}\left[x - \sin x \cos x\right]\Big|_0^\pi = \frac{\pi}{2}.$$

Im nächsten Schritt wird der Fluss Ψ_Q durch A_K infolge der Punktladung Q berechnet. Anhand der Beziehung

$$\Psi = \oiint \vec{\mathbf{D}} \cdot \mathrm{d}\vec{\mathbf{A}} = Q$$

wird deutlich, dass bei einer Vollkugel der Fluss $\Psi_Q = Q$ durch die Oberfläche A_K tritt. Aus Symmetriegründen tritt somit durch die rechte Halbkugel der Fluss $\Psi_Q = Q/2$. Der Wert der Ladung Q kann aus der Forderung

$$\Psi = \Psi_E + \Psi_Q = \varepsilon_0 E_x \pi a^2 + Q/2 \overset{!}{=} 0$$

bestimmt werden und liefert das Ergebnis

$$Q = -2\varepsilon_0 E_x \pi a^2.$$

Aufgabe 1.11 Kondensatoren mit abschnittsweise unterschiedlichem Dielektrikum

Zwei Plattenkondensatoren mit gleichen Abmessungen sind jeweils zur Hälfte mit unterschiedlichen Materialien der Dielektrizitätskonstanten ε_1 bzw. ε_2 ausgefüllt.

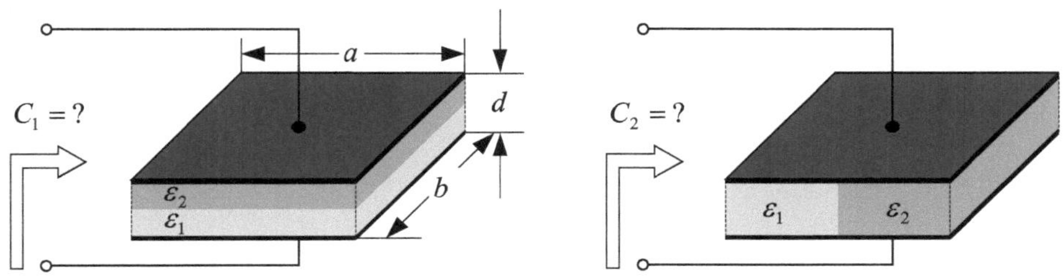

Abbildung 1: Kondensatoren mit bereichsweise unterschiedlichem Dielektrikum

1. Berechnen Sie die Kapazität C_1 für den Fall, dass die Materialien übereinander angeordnet sind. Die Streufelder im Außenbereich sollen dabei vernachlässigt werden.
2. Berechnen Sie unter der gleichen vereinfachenden Annahme die Kapazität C_2 für den Fall, dass die Materialien nebeneinander angeordnet sind.
3. Welcher Kondensator besitzt für $\varepsilon_1 \neq \varepsilon_2$ die größere Kapazität?
4. In welchem Verhältnis stehen die Energiedichten in den Dielektrika der beiden Kondensatoren, wenn an die Eingangsklemmen eine Spannung U angelegt wird?

Lösung zur Teilaufgabe 1:

Ausgangspunkt für die Berechnung der Kapazität ist die Beziehung $C = Q/U$. Wir müssen also entweder die Ladung Q ($+Q$ auf der einen Platte und $-Q$ auf der anderen Platte) vorgeben und die zugehörige Spannung U berechnen oder umgekehrt. Die Ladungen werden sich als Flächenladungen $\pm\sigma$ auf den Platten verteilen. Die von den Ladungen hervorgerufene Flussdichte steht senkrecht auf den Platten und zeigt von der positiv geladenen Platte zur negativ geladenen Platte. An der Übergangsstelle zwischen leitender Platte und Dielektrikum nimmt die Flussdichte den Wert der Flächenladung an.

Die Materialsprungstelle erfordert von den Feldgrößen die Erfüllung weiterer Randbedingungen. Im linken Teilbild steht die Flussdichte senkrecht auf der Trennebene zwischen den beiden Materialien und muss, da es sich um eine Normalkomponente handelt, an der Materialsprungstelle stetig sein, d.h., die Flussdichte nimmt in beiden Materialien den gleichen Wert an:

$$D_1 = D_2 = \sigma = \frac{Q}{ab}.$$

Zur Berechnung der Spannung zwischen den Platten müssen wir die elektrische Feldstärke von der positiv geladenen Platte zur negativ geladenen Platte integrieren. Aufgrund der unterschiedlichen Dielektrizitätszahlen erhalten wir für die Feldstärken in den beiden Materialien die unterschiedlichen Werte

$$E_1 = \frac{D_1}{\varepsilon_1} \quad \text{und} \quad E_2 = \frac{D_2}{\varepsilon_2}.$$

Da die Feldstärke innerhalb eines Materials einen konstanten Wert aufweist, geht die Integration in eine einfache Multiplikation der Feldstärke mit der jeweiligen Länge über:

$$U = \int_0^{d/2} E_1 \,\mathrm{d}s + \int_{d/2}^{d} E_2 \,\mathrm{d}s = E_{n1}\frac{d}{2} + E_{n2}\frac{d}{2} = \left(\frac{D_{n1}}{\varepsilon_1} + \frac{D_{n2}}{\varepsilon_2}\right)\frac{d}{2} = \frac{Q}{ab}\left(\frac{1}{\varepsilon_1} + \frac{1}{\varepsilon_2}\right)\frac{d}{2}.$$

Für die Kapazität gilt dann

$$C_1 = \frac{Q}{U} = \frac{2ab}{d}\left(\frac{1}{\varepsilon_1} + \frac{1}{\varepsilon_2}\right)^{-1} = \frac{2ab}{d}\frac{\varepsilon_1\varepsilon_2}{\varepsilon_1 + \varepsilon_2}. \tag{1}$$

Bemerkung:
Wir hätten die Kapazität auch auf andere Weise berechnen können. Da die Trennfläche zwischen den beiden Materialien eine Äquipotentialfläche darstellt, dürfen wir in diese Trennfläche eine dünne leitende Folie einlegen, ohne dass sich die Feldverteilung dabei ändert. Damit können wir den Kondensator im linken Teilbild als eine Reihenschaltung von zwei Kondensatoren ansehen. Der erste besitzt den Plattenabstand $d/2$ und ist mit dem Material ε_1 gefüllt, der zweite besitzt den gleichen Plattenabstand und ist mit dem Material ε_2 gefüllt. Die beiden bekannten Kapazitäten

$$C_1' = \frac{\varepsilon_1 ab}{d/2} \quad \text{und} \quad C_1'' = \frac{\varepsilon_2 ab}{d/2}$$

werden in Reihe geschaltet und liefern das gleiche Ergebnis

$$C_1 = \frac{C_1' \cdot C_1''}{C_1' + C_1''} = \frac{2ab}{d} \frac{\varepsilon_1 \varepsilon_2}{\varepsilon_1 + \varepsilon_2}.$$

Lösung zur Teilaufgabe 2:

Betrachten wir nun den Kondensator im rechten Teilbild. Jetzt verläuft die Materialtrennschicht tangential zu den Feldlinien. In diesem Fall muss die elektrische Feldstärke an der Trennschicht stetig sein. Da die Feldstärke auch nicht von dem Abstand zu den beiden Platten abhängig ist, liegt im gesamten Bereich die gleiche elektrische Feldstärke vor:

$$E_1 = E_2 = \frac{U}{d}.$$

Als Konsequenz erhalten wir in den beiden Teilräumen unterschiedliche Flussdichten

$$D_1 = \varepsilon_1 E_1 \quad \text{und} \quad D_2 = \varepsilon_2 E_2$$

und wegen Gl. (1.54) auch unterschiedliche Flächenladungsdichten auf der linken und rechten Plattenhälfte:

$$\sigma_1 = D_1 = \varepsilon_1 E_1 = \varepsilon_1 \frac{U}{d} \quad \text{und} \quad \sigma_2 = \varepsilon_2 \frac{U}{d}.$$

Die Gesamtladung kann wegen der innerhalb der Plattenhälften jeweils konstanten Flächenladungsdichten durch einfache Multiplikation bestimmt werden:

$$Q = \sigma_1 \frac{ab}{2} + \sigma_2 \frac{ab}{2} = (\varepsilon_1 + \varepsilon_2) \frac{U}{d} \frac{ab}{2}.$$

Damit ist auch die Kapazität dieses Kondensators bekannt:

$$C_2 = \frac{Q}{U} = (\varepsilon_1 + \varepsilon_2) \frac{ab}{2d}. \tag{2}$$

Bemerkung:
Auch in diesem Fall können wir die Ausgangsanordnung auffassen als Zusammenschaltung (in diesem Fall Parallelschaltung) zweier Kondensatoren mit jeweils halber Plattenbreite $ab/2$ und gleichem Plattenabstand d. Der erste ist nur mit dem Material ε_1 ausgefüllt, der zweite nur mit dem Material ε_2. Die beiden Einzelkapazitäten

$$C_1' = \frac{\varepsilon_1 ab}{2d} \quad \text{und} \quad C_1'' = \frac{\varepsilon_2 ab}{2d}$$

werden parallel geschaltet und liefern infolge der Addition das Ergebnis (2).

Zum Abschluss können wir die Ergebnisse noch kontrollieren, indem wir den Sonderfall gleicher Materialien $\varepsilon_1 = \varepsilon_2 = \varepsilon$ betrachten. Aus beiden Gleichungen (1) und (2) erhalten wir das bekannte Ergebnis $C = \varepsilon ab/d$.

Lösung zur Teilaufgabe 3:

Die Aussage $\varepsilon_1 \neq \varepsilon_2$ lässt sich auch folgendermaßen formulieren: $\varepsilon_1 = k\varepsilon_2$ mit $k \neq 1$. Für das Verhältnis der beiden Kapazitäten erhalten wir mit den Gln. (1) und (2) den Ausdruck

$$\frac{C_1}{C_2} = \frac{2ab}{d}\frac{\varepsilon_1\varepsilon_2}{(\varepsilon_1+\varepsilon_2)^2}\frac{2d}{ab} = \frac{4\varepsilon_1\varepsilon_2}{(\varepsilon_1+\varepsilon_2)^2} = \frac{4k}{(k+1)^2}.$$

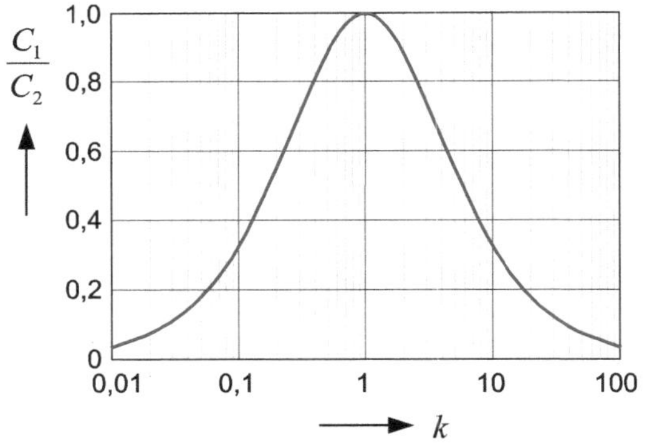

Abbildung 2: Verhältnis der beiden Kapazitäten

Schlussfolgerung

Obwohl der Materialaufwand bei beiden Kondensatoren in Abb. 1 identisch ist, ist die Kapazität C_1 des linken Kondensators mit den übereinandergeschichteten Dielektrika immer kleiner als die Kapazität C_2 des rechten Kondensators mit den nebeneinander angeordneten Dielektrika. Lediglich im Sonderfall gleicher Materialien $\varepsilon_1 = \varepsilon_2$ sind beide Kapazitäten gleich.

Lösung zur Teilaufgabe 4:

In den folgenden Gleichungen werden wir die Indizes l und r verwenden, um die Zugehörigkeit der Ergebnisse zur Anordnung im linken bzw. rechten Teilbild der Abb. 1 zu kennzeichnen. Wir betrachten zunächst wieder den Kondensator im linken Teilbild. Mit den Feldstärken und Flussdichten aus Teilaufgabe 1 erhalten wir die Energiedichten

$$w_{e1,l} \overset{(1.101)}{=} \frac{1}{2}E_1D_1 = \frac{1}{2\varepsilon_1}\left(\frac{Q}{ab}\right)^2 \quad \text{und} \quad w_{e2,l} = \frac{1}{2}E_2D_2 = \frac{1}{2\varepsilon_2}\left(\frac{Q}{ab}\right)^2$$

in Abhängigkeit der Ladungen. Die Abhängigkeit von der angelegten Spannung erhalten wir mithilfe der Gl. (1):

$$w_{e1,l} = \frac{1}{2\varepsilon_1}\left(\frac{2}{d}\frac{\varepsilon_1\varepsilon_2}{\varepsilon_1+\varepsilon_2}U\right)^2 \quad \text{und} \quad w_{e2,l} = \frac{1}{2\varepsilon_2}\left(\frac{2}{d}\frac{\varepsilon_1\varepsilon_2}{\varepsilon_1+\varepsilon_2}U\right)^2.$$

Für den Kondensator im rechten Teilbild erhalten wir mit den Ergebnissen der Teilaufgabe 2 die Energiedichten

$$w_{e1,r} = \frac{\varepsilon_1}{2} E_1^{\,2} = \frac{\varepsilon_1}{2}\left(\frac{U}{d}\right)^2 \quad \text{und} \quad w_{e2,r} = \frac{\varepsilon_2}{2} E_2^{\,2} = \frac{\varepsilon_2}{2}\left(\frac{U}{d}\right)^2 .$$

Schlussfolgerung

Beim Kondensator C_1 gilt $w_{e2,l}/w_{e1,l} = \varepsilon_1/\varepsilon_2$, d.h., die Energiedichten stehen im umgekehrten Verhältnis der Dielektrizitätszahlen. Beim Kondensator C_2 gilt $w_{e2,r}/w_{e1,r} = \varepsilon_2/\varepsilon_1$, d.h., die Energiedichten stehen hier im gleichen Verhältnis wie die Dielektrizitätszahlen.

1.4 Level 3

Aufgabe 1.12 | Linienladungsanordnung, Feldstärkeberechnung

Die folgende Abbildung zeigt zwei Fälle mit einer in z-Richtung unendlich ausgedehnten homogenen Linienladung λ, die sich im ersten Fall im Koordinatenursprung x = 0, y = 0 und im zweiten Fall an der Stelle x = a, y = b befindet.

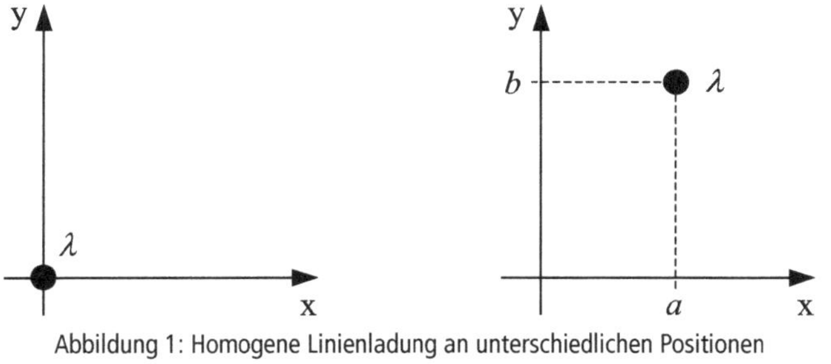

Abbildung 1: Homogene Linienladung an unterschiedlichen Positionen

1. Bestimmen Sie die elektrische Feldstärke $\vec{\mathbf{E}}$ einer homogenen Linienladung λ auf der z-Achse (linker Teil der Abb. 1).
2. Bestimmen Sie die elektrische Feldstärke $\vec{\mathbf{E}}$ einer homogenen Linienladung λ, die an die Stelle x = a und y = b verschoben ist (rechter Teil der Abb. 1).

Als Erweiterung der Aufgabenstellung betrachten wir zwei in z-Richtung unendlich ausgedehnte homogene Linienladungen λ_1 und λ_2, die sich gemäß Abb. 2 in der Ebene y = 0 an den Stellen $x_{Q1} = a$ und $x_{Q2} = -b$ befinden.

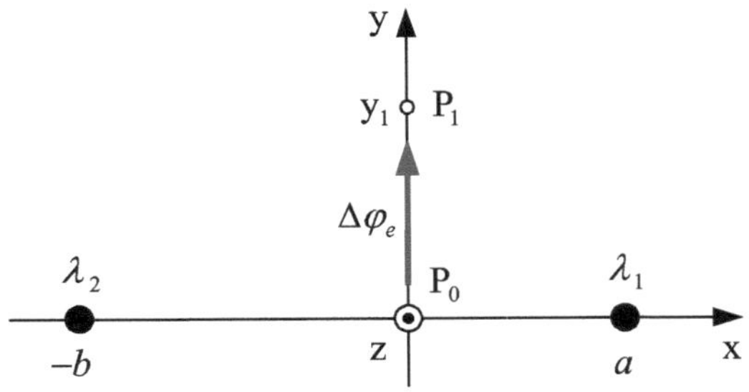

Abbildung 2: Anordnung aus zwei Linienladungen

3. Bestimmen Sie die elektrische Feldstärke $\vec{\mathbf{E}}$ im gesamten Raum.

4. Berechnen Sie die Potentialdifferenz $\Delta\varphi_e$ zwischen dem Punkt P_0 im Ursprung und einem beliebigen Punkt P_1 auf der y-Achse mit den Koordinaten $(0,y_1,0)$.

$$\textit{Hinweis:}\quad \int \frac{x}{a^2+x^2}\,dx = \frac{1}{2}\ln\left(a^2+x^2\right).$$

Lösung zur Teilaufgabe 1:

Die von der Koordinate z unabhängige Linienladung ruft eine ρ-gerichtete Flussdichte hervor, die aufgrund der rotationssymmetrischen Anordnung auch nur vom Abstand zur Linienladung abhängt: $\vec{\mathbf{D}} = \vec{\mathbf{e}}_\rho D(\rho)$. Zur Bestimmung dieser Flussdichte wird als Hüllfläche ein die Linienladung λ konzentrisch umschließender kreisförmiger Zylinder angenommen. Die Integration der Flussdichte ist über die Mantelfläche des Zylinders, d.h. über die Koordinaten φ und z auszuführen. Da aber die Flussdichte von diesen beiden Koordinaten unabhängig ist, kann die Integration durch eine Multiplikation der Flussdichte mit der Zylinderfläche ersetzt werden:

$$Q = \oiint_A \vec{\mathbf{D}}\cdot d\vec{\mathbf{A}} = \iint_{Mantel} \vec{\mathbf{e}}_\rho D(\rho)\cdot\vec{\mathbf{e}}_\rho dA = \int_{z=0}^{l}\int_{\varphi=0}^{2\pi} D(\rho)\,\rho\,d\varphi\,dz = D(\rho)\rho\int_{z=0}^{l}\int_{\varphi=0}^{2\pi} d\varphi\,dz = D(\rho)2\pi\rho\,l.$$

Mit der innerhalb der Länge l befindlichen Ladung $Q = \lambda l$ kann die Flussdichte und damit auch die Feldstärke durch die Linienladung ausgedrückt werden:

$$D(\rho) = \frac{Q}{2\pi\rho\,l} = \frac{\lambda}{2\pi\rho} \quad\to\quad \vec{\mathbf{D}} = \vec{\mathbf{e}}_\rho\frac{\lambda}{2\pi\rho}, \quad \vec{\mathbf{E}} = \frac{1}{\varepsilon_0}\vec{\mathbf{D}} = \vec{\mathbf{e}}_\rho\frac{\lambda}{2\pi\varepsilon_0\rho}.$$

Lösung zur Teilaufgabe 2:

Mit den Erkenntnissen aus Aufgabe 1.1 stellen wir zunächst die Flussdichte einer Linienladung im Ursprung in kartesischen Koordinaten dar,

$$\vec{\mathbf{D}} = \vec{\mathbf{e}}_\rho \frac{\lambda}{2\pi\rho} = \left(\vec{\mathbf{e}}_x \cos\varphi + \vec{\mathbf{e}}_y \sin\varphi\right) \frac{\lambda}{2\pi\rho} = \frac{\lambda}{2\pi} \frac{\vec{\mathbf{e}}_x x + \vec{\mathbf{e}}_y y}{\rho^2} = \frac{\lambda}{2\pi} \frac{\vec{\mathbf{e}}_x x + \vec{\mathbf{e}}_y y}{x^2 + y^2}$$

und führen anschließend die Koordinatentransformation durch. Damit erhalten wir das Feld einer an die Stelle $x = a$ und $y = b$ verschobenen homogenen Linienladung:

$$\vec{\mathbf{E}} = \frac{\lambda}{2\pi\varepsilon_0} \frac{\vec{\mathbf{e}}_x (x-a) + \vec{\mathbf{e}}_y (y-b)}{(x-a)^2 + (y-b)^2}.$$

Lösung zur Teilaufgabe 3:

Befinden sich nun zwei Linienladungen an unterschiedlichen Stellen auf der x-Achse, so werden die Felder der einzelnen Ladungen überlagert. Mit $x_{Q1} = a$ für das elektrische Feld $\vec{\mathbf{E}}_1$ der Linienladung λ_1 sowie $x_{Q2} = -b$ für das elektrische Feld $\vec{\mathbf{E}}_2$ der Linienladung λ_2 liefert die Überlagerung

$$\begin{aligned}\vec{\mathbf{E}} &= \vec{\mathbf{E}}_1 + \vec{\mathbf{E}}_2 \\ &= \frac{1}{2\pi\varepsilon_0}\left[\vec{\mathbf{e}}_x\left(\frac{\lambda_1 (x-a)}{(x-a)^2 + y^2} + \frac{\lambda_2 (x+b)}{(x+b)^2 + y^2}\right) + \vec{\mathbf{e}}_y\left(\frac{\lambda_1 y}{(x-a)^2 + y^2} + \frac{\lambda_2 y}{(x+b)^2 + y^2}\right)\right].\end{aligned} \tag{1}$$

Lösung zur Teilaufgabe 4:

Die Potentialdifferenz kann durch Integration der Feldstärke vom Punkt P_0 zum Punkt P_1 berechnet werden. Dabei wird die y-Komponente des elektrischen Feldes bei $x = 0$ eingesetzt:

$$\begin{aligned}\Delta\varphi_e &= \int_{P_0}^{P_1} \vec{\mathbf{E}} \cdot d\vec{\mathbf{s}} = \int_0^{y_1} \vec{\mathbf{E}} \cdot \vec{\mathbf{e}}_y dy = \frac{1}{2\pi\varepsilon_0} \int_0^{y_1} \left(\frac{\lambda_1 y}{a^2 + y^2} + \frac{\lambda_2 y}{b^2 + y^2}\right) dy \\ &= \frac{1}{2\pi\varepsilon_0}\left[\lambda_1 \left[\frac{1}{2}\ln\left(a^2 + y^2\right)\right]\Bigg|_0^{y_1} + \lambda_2 \left[\frac{1}{2}\ln\left(b^2 + y^2\right)\right]\Bigg|_0^{y_1}\right] \\ &= \frac{1}{4\pi\varepsilon_0}\left[\lambda_1 \ln\left(\frac{a^2 + {y_1}^2}{a^2}\right) + \lambda_2 \ln\left(\frac{b^2 + {y_1}^2}{b^2}\right)\right].\end{aligned}$$

Aufgabe 1.13 Feldstärke- und Energieberechnung

Abb. 1a zeigt eine leitende Kugel mit Radius a, auf die eine Gesamtladung Q aufgebracht ist. In Abb. 1b ist die gleiche Gesamtladung homogen im Vakuum verteilt, und zwar ebenfalls in einem kugelförmigen Bereich mit Radius a.

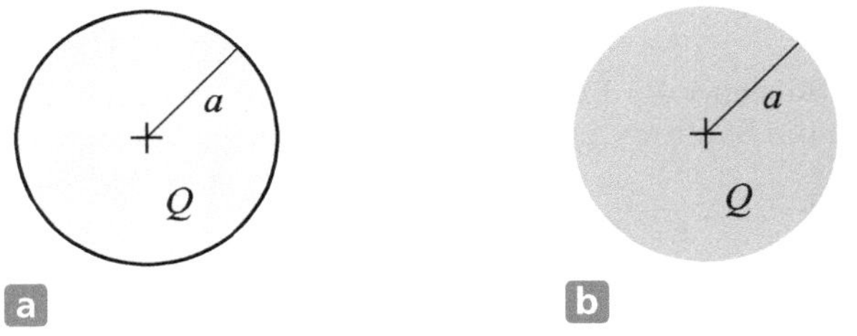

Abbildung 1: Ladungsverteilungen

1. Wie ist die Ladung auf der Kugel in Abb. 1a verteilt? Geben Sie die Ladungsdichte an.
2. Wie ist die Ladung in Abb. 1b verteilt? Geben Sie die Ladungsdichte an.
3. Geben Sie für beide Anordnungen die elektrische Feldstärke in jedem beliebigen Punkt P an.
4. Geben Sie für beide Anordnungen das elektrostatische Potential in jedem beliebigen Punkt P an. Verwenden Sie als Bezugspotential $\varphi_e(\mathrm{r} \to \infty) = 0$.
5. Berechnen Sie jeweils die in den beiden Anordnungen gespeicherte Energie.

Lösung zur Teilaufgabe 1:

Die Ladung verteilt sich als Flächenladungsdichte gleichmäßig auf der Kugeloberfläche:

$$\sigma = \frac{Q}{A} = \frac{Q}{4\pi a^2}.$$

Lösung zur Teilaufgabe 2:

Die Ladung verteilt sich im Volumen als Raumladungsdichte:

$$\rho = \frac{Q}{V} = \frac{Q}{\frac{4}{3}\pi a^3} = \frac{3Q}{4\pi a^3}. \tag{1}$$

Lösung zur Teilaufgabe 3:

Anordnung a:
Das Innere der leitenden Kugel ist ladungs- und auch feldfrei: $\vec{\mathbf{E}} = \vec{\mathbf{0}}$ für $\mathrm{r} < a$.
Im Außenraum verhält sich das Feld wie bei einer Punktladung Q im Kugelmittelpunkt:

$$\vec{\mathbf{E}} = \vec{\mathbf{e}}_\mathrm{r} \frac{Q}{4\pi\varepsilon_0 \mathrm{r}^2} \qquad \text{für} \qquad \mathrm{r} > a.$$

In der Ebene $\mathrm{r} = a$ springt die Feldstärke infolge der Flächenladung.

Anordnung b:
Die Anordnung ist kugelsymmetrisch, d.h., die Flussdichte besitzt nur eine von der Koordinate r abhängige Radialkomponente $\vec{\mathbf{D}} = \vec{\mathbf{e}}_r D(\mathrm{r})$. Für den Fluss durch die Oberfläche einer Kugel erhalten wir damit allgemein

$$\Psi = \oiint_A \vec{\mathbf{D}} \cdot \mathrm{d}\vec{\mathbf{A}} = \iint_{\text{Kugeloberfläche}} \vec{\mathbf{e}}_r D(\mathrm{r}) \cdot \vec{\mathbf{e}}_r \mathrm{d}A = D(\mathrm{r}) \iint_{\text{Kugeloberfläche}} \mathrm{d}A = 4\pi \mathrm{r}^2 D(\mathrm{r}).$$

Da dieser Fluss jeweils der innerhalb der Kugel mit Radius r enthaltenen Gesamtladung entspricht, muss eine Fallunterscheidung in die Bereiche $\mathrm{r} \le a$ und $\mathrm{r} > a$ vorgenommen werden.

Bereich $\mathrm{r} \le a$:

$$\Psi = 4\pi \mathrm{r}^2 D(\mathrm{r}) \overset{(1.16)}{=} \iiint_V \rho \,\mathrm{d}V = \rho \iiint_V \mathrm{d}V = \rho \frac{4}{3}\pi \mathrm{r}^3 \quad \rightarrow \quad D(\mathrm{r}) = \rho \frac{\mathrm{r}}{3}. \tag{2}$$

Für die elektrische Feldstärke ergibt sich somit

$$\vec{\mathbf{E}} = \vec{\mathbf{e}}_r \frac{D(\mathrm{r})}{\varepsilon_0} = \vec{\mathbf{e}}_r \frac{\rho \mathrm{r}}{3\varepsilon_0} \overset{(1)}{=} \vec{\mathbf{e}}_r \frac{Q}{4\pi\varepsilon_0} \frac{\mathrm{r}}{a^3} \quad \text{für} \quad \mathrm{r} \le a. \tag{3}$$

Bereich $\mathrm{r} > a$:
Sobald der Integrationsbereich zur Berechnung des elektrischen Flusses außerhalb der ladungsbesetzten Kugel liegt, wird immer die Gesamtladung Q eingeschlossen. Formelmäßig ergibt sich dieses Ergebnis, da bei der Integration der Raumladungsdichte über die Koordinate r nur der Bereich $\mathrm{r} \le a$ einen Beitrag zum Integral liefert:

$$\Psi = 4\pi \mathrm{r}^2 D(\mathrm{r}) \overset{(1.16)}{=} \iiint_V \rho \,\mathrm{d}V = \rho \frac{4}{3}\pi a^3 = Q \quad \rightarrow \quad D(\mathrm{r}) = \rho \frac{a^3}{3\mathrm{r}^2} = \frac{Q}{4\pi \mathrm{r}^2},$$

$$\vec{\mathbf{E}} = \vec{\mathbf{e}}_r \frac{D(\mathrm{r})}{\varepsilon_0} = \vec{\mathbf{e}}_r \frac{\rho a^3}{3\varepsilon_0 \mathrm{r}^2} = \vec{\mathbf{e}}_r \frac{Q}{4\pi\varepsilon_0 \mathrm{r}^2} \quad \text{für} \quad \mathrm{r} > a.$$

Innerhalb der Raumladungskugel steigt die Feldstärke linear vom Wert 0 im Mittelpunkt bis zum Wert $Q/4\pi\varepsilon_0 a^2$ auf dem Radius $\mathrm{r} = a$ an. Außerhalb der Kugel gilt die gleiche Lösung wie bei der Anordnung a. Auf der Kugeloberfläche ist die Feldstärke stetig.

Die Abb. 2 zeigt den von der Koordinate r abhängigen Feldstärkeverlauf für die beiden betrachteten Ladungsanordnungen.

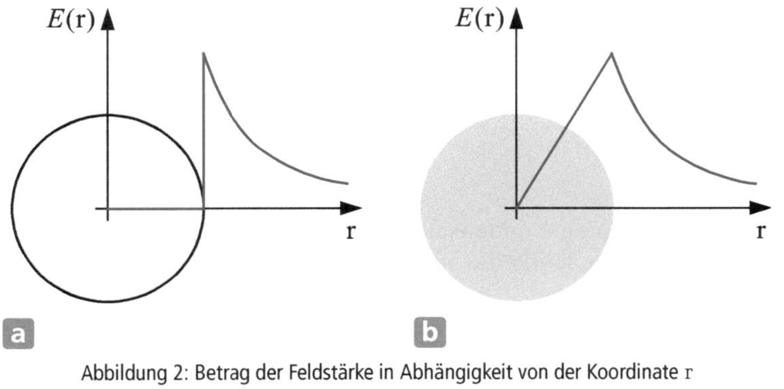

Abbildung 2: Betrag der Feldstärke in Abhängigkeit von der Koordinate r

Lösung zur Teilaufgabe 4:

Im Außenraum $\mathrm{r} > a$ erhalten wir bei beiden Anordnungen das gleiche Potential wie bei einer Punktladung im Ursprung:

$$\varphi_e(\mathrm{r}) \overset{(1.27)}{=} \frac{Q}{4\pi\varepsilon_0 \mathrm{r}}. \tag{4}$$

Bei der leitenden Kugel in Anordnung a verschwindet die Feldstärke im Innenbereich, das Potential als das Integral der Feldstärke ändert sich daher nicht und ist im gesamten Innenbereich identisch zu dem Potential auf der Kugeloberfläche. Ein leitender Körper hat im elektrostatischen Feld ein konstantes Potential.

Betrachten wir jetzt die Anordnung b. Das Potential in einem Punkt $\mathrm{r_P} < a$ erhalten wir durch

$$\varphi_e(\mathrm{r_P}) - \varphi_e(a) = \int_{\mathrm{r_P}}^{a} \vec{\mathbf{E}} \cdot \mathrm{d}\vec{\mathbf{r}} \overset{(3)}{=} \int_{\mathrm{r_P}}^{a} \vec{\mathbf{e}}_\mathrm{r} \frac{Q}{4\pi\varepsilon_0} \frac{\mathrm{r}}{a^3} \cdot \vec{\mathbf{e}}_\mathrm{r} \mathrm{dr}$$

$$= \frac{Q}{4\pi\varepsilon_0 a^3} \int_{\mathrm{r_P}}^{a} \mathrm{r\,dr} = \frac{Q}{4\pi\varepsilon_0 a^3} \left[\frac{\mathrm{r}^2}{2}\right]\Bigg|_{\mathrm{r_P}}^{a} = \frac{Q}{8\pi\varepsilon_0 a^3}\left(a^2 - \mathrm{r_P}^2\right).$$

Ersetzen wir wieder $\mathrm{r_P}$ durch r, dann gilt resultierend

$$\varphi_e(\mathrm{r}) = \varphi_e(a) + \frac{Q}{8\pi\varepsilon_0 a^3}\left(a^2 - \mathrm{r}^2\right) \overset{(4)}{=} \frac{Q}{4\pi\varepsilon_0 a} + \frac{Q}{8\pi\varepsilon_0 a^3}\left(a^2 - \mathrm{r}^2\right) = \frac{Q}{4\pi\varepsilon_0 a}\left(\frac{3}{2} - \frac{\mathrm{r}^2}{2a^2}\right).$$

Die Abb. 3 zeigt den Verlauf des elektrostatischen Potentials für die beiden Anordnungen.

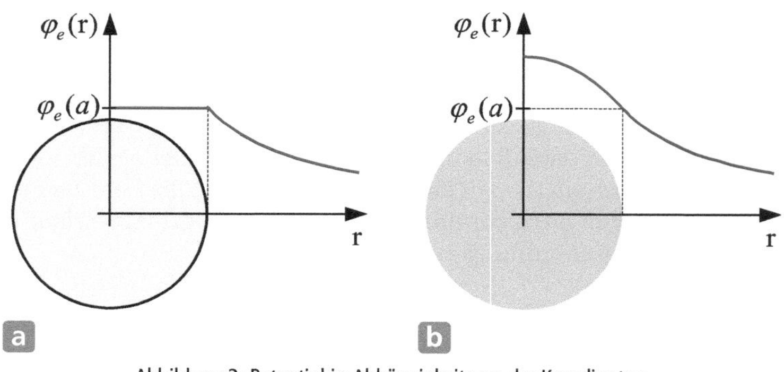

Abbildung 3: Potential in Abhängigkeit von der Koordinate r

Lösung zur Teilaufgabe 5:

Anordnung a:
Die Anordnung stellt einen Kondensator dar. Die Kugeloberfläche ist die eine Elektrode, die unendlich ferne Hülle die andere Elektrode. Die Energie berechnet sich aus

$$W_e = \frac{1}{2}CU^2 = \frac{1}{2}\frac{Q^2}{C} \overset{(1.82)}{=} \frac{1}{2}\frac{Q^2}{4\pi\varepsilon_0 a}.$$

Alternativ kann auch von der in einem Kugelkondensator gespeicherten Energie nach Gl. (1.105) ausgegangen werden, wobei $\varepsilon = \varepsilon_0$ gesetzt und der Grenzübergang $b \to \infty$ durchgeführt werden muss.

Anordnung b:
Im Bereich r > a ist die gleiche Energie wie in Anordnung a gespeichert. Allerdings kommt bei Anordnung b noch die Energie innerhalb des kugelförmigen Bereichs hinzu:

$$W_e = \frac{1}{2}\iiint_V E D \, \mathrm{d}V \overset{(2)}{=} \frac{1}{2\varepsilon_0}\iiint_V \frac{\rho^2 \mathrm{r}^2}{9} \mathrm{d}V = \frac{\rho^2}{18\varepsilon_0}\int_0^{2\pi}\int_0^{\pi}\int_0^{a} \mathrm{r}^2\,\mathrm{r}^2\,\mathrm{d}\mathrm{r}\sin\vartheta\,\mathrm{d}\vartheta\,\mathrm{d}\varphi = \frac{\rho^2}{18\varepsilon_0}\frac{a^5}{5} 2\cdot 2\pi .$$

Die Gesamtenergie ist bei der Anordnung b gemäß

$$W_{e,\,ges} = \frac{Q^2}{8\pi\varepsilon_0 a} + \frac{\rho^2 a^5}{45\varepsilon_0} 2\pi \overset{(1)}{=} \frac{Q^2}{8\pi\varepsilon_0 a}\left(1 + \frac{1}{5}\right)$$

um den Faktor 1,2 größer.

Aufgabe 1.14 Kapazitätsberechnung

Zwei Metallkugeln mit den Radien r_1 und r_2 befinden sich im Mittelpunktsabstand a mit $a >> r_1$ und $a >> r_2$. Die Dielektrizitätskonstante des umgebenden Raumes sei ε_0.

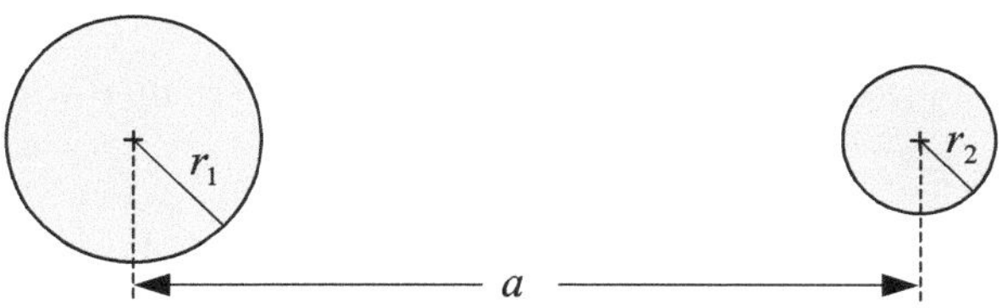

Abbildung 1: Zwei leitende Kugeln

1. Bestimmen Sie die Teilkapazität zwischen den beiden Metallkugeln.
2. Welche Arbeit muss geleistet werden, wenn die beiden Kugeln die Ladungen $\pm Q$ tragen und der Abstand zwischen den Kugeln auf $2a$ verdoppelt werden soll? (Für die Berechnung können die Ladungen als Punktladungen in den Kugelmittelpunkten angenommen werden.)

Lösung zur Teilaufgabe 1:

Zur Berechnung der Teilkapazität werden die Ladungen $\pm Q$ auf den beiden Kugeln angenommen und die sich einstellende Potentialdifferenz zwischen den beiden Kugeln berechnet. Das Koordinatensystem wird so gewählt, dass der Mittelpunkt der linken Kugel mit dem Ursprung zusammenfällt.

Eine geladene Metallkugel mit der Ladung Q erzeugt in ihrem Außenraum das gleiche Feld wie eine Punktladung Q im Mittelpunkt der Metallkugel.

Somit ergibt sich das elektrische Feld $\vec{\mathbf{E}}_1$ infolge der linken Metallkugel auf der x-Achse im Bereich $x > r_1$[1] zu

$$\vec{\mathbf{E}}_1 = \vec{\mathbf{e}}_x \frac{Q}{4\pi\varepsilon_0 x^2}$$

sowie das elektrische Feld $\vec{\mathbf{E}}_2$ infolge der rechten Metallkugel auf der x-Achse im Bereich $x < a - r_2$ zu

$$\vec{\mathbf{E}}_2 = (-\vec{\mathbf{e}}_x)\frac{-Q}{4\pi\varepsilon_0 (a-x)^2} = \vec{\mathbf{e}}_x \frac{Q}{4\pi\varepsilon_0 (a-x)^2}.$$

Mit der Überlagerung der beiden Beiträge

$$\vec{\mathbf{E}} = \vec{\mathbf{E}}_1 + \vec{\mathbf{E}}_2 = \vec{\mathbf{e}}_x \frac{Q}{4\pi\varepsilon_0}\left[\frac{1}{x^2} + \frac{1}{(a-x)^2}\right]$$

berechnet sich die Spannung aus der Potentialdifferenz:

$$U = \int_{P_1}^{P_2} \vec{\mathbf{E}} \cdot d\vec{\mathbf{s}} = \frac{Q}{4\pi\varepsilon_0} \int_{r_1}^{a-r_2} \left[\frac{1}{x^2} + \frac{1}{(a-x)^2}\right] \vec{\mathbf{e}}_x \cdot \vec{\mathbf{e}}_x dx$$

$$= \frac{Q}{4\pi\varepsilon_0}\left[-\frac{1}{x} + \frac{1}{a-x}\right]\Bigg|_{r_1}^{a-r_2} = \frac{Q}{4\pi\varepsilon_0}\left(-\frac{1}{a-r_2} + \frac{1}{r_1} + \frac{1}{r_2} - \frac{1}{a-r_1}\right).$$

Für die Teilkapazität zwischen den beiden Metallkugeln erhalten wir das Ergebnis

$$C = \frac{Q}{U} = 4\pi\varepsilon_0 \left(\frac{1}{r_1} - \frac{1}{a-r_2} + \frac{1}{r_2} - \frac{1}{a-r_1}\right)^{-1}$$

$$\overset{a \gg r_1,\, a \gg r_2}{\approx} 4\pi\varepsilon_0 \left(\frac{1}{r_1} + \frac{1}{r_2} - \frac{2}{a}\right)^{-1} = \frac{4\pi\varepsilon_0 a r_1 r_2}{a(r_1 + r_2) - 2r_1 r_2}. \tag{1}$$

Lösung zur Teilaufgabe 2:

Eine erste Möglichkeit besteht darin, das Wegintegral der Kraft zu berechnen. Die linke Kugel mit der Ladung Q befinde sich mit ihrem Mittelpunkt im Ursprung des kartesischen Koordinatensystems. Die rechte Kugel mit der Ladung $-Q$ wird vom Punkt $x = a$ zum Punkt $x = 2a$ bewegt. Dafür ist folgende Energie nötig:

$$W_e = -\int_a^{2a} \vec{\mathbf{F}} \cdot \vec{\mathbf{e}}_x dx = -\int_a^{2a} \left(-Q\vec{\mathbf{E}}_1\right) \cdot \vec{\mathbf{e}}_x dx = \int_a^{2a} \vec{\mathbf{e}}_x \frac{Q^2}{4\pi\varepsilon_0 x^2} \cdot \vec{\mathbf{e}}_x dx = \frac{Q^2}{4\pi\varepsilon_0} \int_a^{2a} \frac{1}{x^2} dx$$

$$= \frac{Q^2}{4\pi\varepsilon_0}\left[-\frac{1}{x}\right]\Bigg|_a^{2a} = \frac{Q^2}{4\pi\varepsilon_0}\left[-\frac{1}{2a} + \frac{1}{a}\right] = \frac{Q^2}{8\pi\varepsilon_0 a}.$$

---

1 Die Feldstärke $\vec{\mathbf{E}}_1$ ist im Bereich der rechten Kugel $a - r_2 \le x \le a + r_2$ ungleich null, d.h., es werden Ladungen auf der Oberfläche der rechten Kugel influenziert, um diese Kugel zur Äquipotentialfläche bzw. die Feldstärke im Inneren dieser Kugel zu null zu machen. Der Beitrag dieser influenzierten Ladungen zur Spannung zwischen den beiden Kugeln kann aber unter den gemachten Voraussetzungen $a \gg r_1$ und $a \gg r_2$ vernachlässigt werden. Bei einem geringen Abstand zwischen den beiden Kugeln muss dieser Einfluss berücksichtigt werden und die Rechnung wird wesentlich komplizierter.

Alternativ kann auch die Differenz der in den beiden Zuständen im System gespeicherten Energie berechnet werden. Im Ausgangszustand gilt

$$W_{e1} \overset{(1.94)}{=} \frac{1}{2}\frac{Q^2}{C} \overset{(1)}{=} \frac{Q^2}{2}\frac{1}{4\pi\varepsilon_0}\left(\frac{1}{r_1}+\frac{1}{r_2}-\frac{2}{a}\right).$$

Bei doppeltem Abstand erhalten wir die Energie

$$W_{e2} = \frac{Q^2}{2}\frac{1}{4\pi\varepsilon_0}\left(\frac{1}{r_1}+\frac{1}{r_2}-\frac{2}{2a}\right).$$

Die zu leistende Arbeit entspricht der Differenz

$$W_e = W_{e2} - W_{e1} = \frac{Q^2}{8\pi\varepsilon_0 a}.$$

Aufgabe 1.15 | Flussberechnung

Im Ursprung des zylindrischen Koordinatensystems (ρ,φ,z) befindet sich eine Punktladung Q.

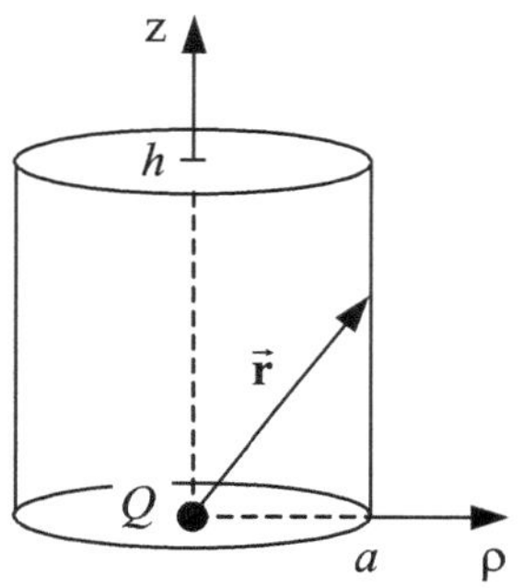

Abbildung 1: Punktladung im Ursprung

1. Bestimmen Sie den elektrischen Fluss Ψ_M durch die Mantelfläche $\rho = a$ im Bereich $0 \le z \le h$.
2. Bestimmen Sie den elektrischen Fluss Ψ_D durch die Deckfläche in der Ebene $z = h$.
3. Stellen Sie den auf die Ladung Q bezogenen Fluss Ψ_M in Abhängigkeit der bezogenen Abmessung h/a grafisch dar.

Hinweis: $\int \frac{\mathrm{d}x}{\left(a^2+x^2\right)^{3/2}} = \frac{x}{a^2\sqrt{a^2+x^2}}, \qquad \int \frac{x\,\mathrm{d}x}{\left(a^2+x^2\right)^{3/2}} = -\frac{1}{\sqrt{a^2+x^2}}.$

Lösung zur Teilaufgabe 1:

Mit dem Fluss durch die Mantelfläche

$$\Psi_M = \iint_A \vec{\mathbf{D}}\cdot\mathrm{d}\vec{\mathbf{A}} = \varepsilon_0\iint_A \vec{\mathbf{E}}\cdot\mathrm{d}\vec{\mathbf{A}} = \varepsilon_0\iint_A \underbrace{\frac{Q}{4\pi\varepsilon_0}\frac{\vec{\mathbf{r}}}{r^3}}_{\vec{\mathbf{E}}}\cdot\underbrace{\vec{\mathbf{e}}_\rho a\,\mathrm{d}\varphi\,\mathrm{d}z}_{\mathrm{d}\vec{\mathbf{A}}} \tag{1}$$

und dem in der Abbildung eingetragenen Vektor

$$\vec{\mathbf{r}} = \vec{\mathbf{r}}_P - \vec{\mathbf{r}}_Q = \vec{\mathbf{r}}_P - \vec{\mathbf{0}} = \vec{\mathbf{e}}_\rho a + \vec{\mathbf{e}}_z z, \qquad r = |\vec{\mathbf{r}}| = \sqrt{a^2 + z^2}, \qquad \vec{\mathbf{r}} \cdot \vec{\mathbf{e}}_\rho = a$$

gilt:

$$\Psi_M = \frac{Q}{4\pi}\int_0^h\int_0^{2\pi} \frac{a^2 \mathrm{d}\varphi \mathrm{d}z}{\left(a^2 + z^2\right)^{3/2}} = \frac{Qa^2}{2}\int_0^h \frac{\mathrm{d}z}{\left(a^2 + z^2\right)^{3/2}} = \frac{Qa^2}{2}\left[\frac{z}{a^2\sqrt{a^2 + z^2}}\right]_0^h = \frac{Q}{2}\frac{h}{\sqrt{a^2 + h^2}}. \tag{2}$$

Lösung zur Teilaufgabe 2:

Für den Fluss durch die Deckfläche gilt in Analogie zur Gl. (1)

$$\Psi_D = \varepsilon_0 \iint_A \underbrace{\frac{Q}{4\pi\varepsilon_0}\frac{\vec{\mathbf{r}}}{r^3}}_{\vec{\mathbf{E}}} \cdot \underbrace{\vec{\mathbf{e}}_z \rho \,\mathrm{d}\rho\, \mathrm{d}\varphi}_{\mathrm{d}\vec{\mathbf{A}}}$$

und mit

$$\vec{\mathbf{r}} = \vec{\mathbf{r}}_P - \vec{\mathbf{0}} = \vec{\mathbf{e}}_\rho \rho + \vec{\mathbf{e}}_z h, \qquad r = |\vec{\mathbf{r}}| = \sqrt{\rho^2 + h^2}, \qquad \vec{\mathbf{r}} \cdot \vec{\mathbf{e}}_z = h$$

folgt:

$$\Psi_D = \frac{Q}{4\pi}\int_0^a\int_0^{2\pi} \frac{h\rho \,\mathrm{d}\varphi \mathrm{d}\rho}{\left(\rho^2 + h^2\right)^{3/2}} = \frac{Qh}{2}\int_0^a \frac{\rho \,\mathrm{d}\rho}{\left(\rho^2 + h^2\right)^{3/2}} = \frac{Qh}{2}\left[-\frac{1}{\sqrt{\rho^2 + h^2}}\right]_0^a$$

$$= \frac{Qh}{2}\left[-\frac{1}{\sqrt{a^2 + h^2}} + \frac{1}{\sqrt{h^2}}\right] = \frac{Q}{2}\left[1 - \frac{h}{\sqrt{a^2 + h^2}}\right].$$

Bemerkung:
Der von der Punktladung insgesamt ausgehende Fluss entspricht nach Gl. (1.36) dem Wert der Ladung. Wir haben die gesamte Flussdichte über den oberen Halbraum integriert, sodass $\Psi_M + \Psi_D = Q/2$ gelten muss.

Lösung zur Teilaufgabe 3:

Für die Auswertung wird die Beziehung (2) in der normierten Form

$$\frac{\Psi_M}{Q} = \frac{1}{2}\frac{h/a}{\sqrt{1 + (h/a)^2}}$$

zugrunde gelegt. Die beiden Grenzfälle ergeben sich durch eine Grenzwertbildung:

$$\lim_{h\to 0}\frac{\Psi_M}{Q} = \lim_{h\to 0}\frac{1}{2}\frac{h/a}{\sqrt{1 + (h/a)^2}} = 0, \qquad \lim_{h\to \infty}\frac{\Psi_M}{Q} = \lim_{h\to \infty}\frac{1}{2}\frac{h/a}{\sqrt{1 + (h/a)^2}} = \frac{1}{2}.$$

Die Abb. 2 zeigt die Flussverteilung bezogen auf die Ladung. Insgesamt kann der Zylinder mit maximal der Hälfte des Flusses durchsetzt werden, da die andere Hälfte des Flusses den Bereich $z \le 0$ durchsetzt. Mit wachsender Höhe des Zylinders tritt mehr

Fluss durch die Mantelfläche und entsprechend weniger durch die Deckfläche, die Summe aus beiden Flüssen ist aber immer $Q/2$.

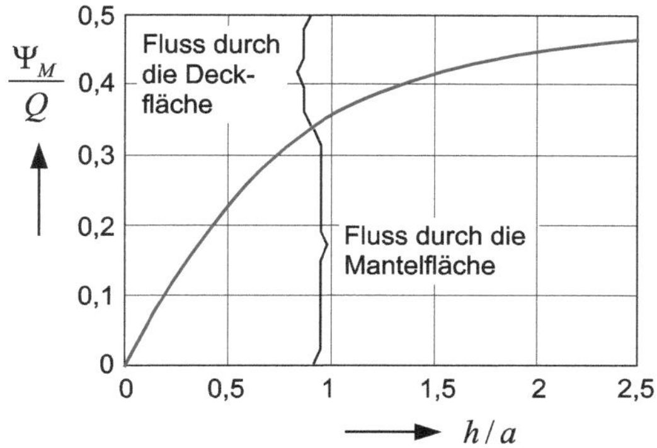

Abbildung 2: Flussaufteilung zwischen Mantel- und Deckfläche

Aufgabe 1.16 Raumladungsverteilung, Feldstärkeberechnung

Innerhalb einer Kugel vom Radius b mit der homogenen Raumladungsdichte ρ_1 befindet sich ein kugelförmiger Bereich mit dem Radius $a < b$, in dem die Raumladungsdichte den um ρ_0 geänderten Wert $\rho_1 + \rho_0$ aufweist. Der Mittelpunktsabstand der beiden Kugeln ist $c < b-a$. Die z-Achse eines Koordinatensystems wird so gewählt, dass die Mittelpunkte der beiden Kugeln auf der Achse liegen. Es gelten die dielektrischen Eigenschaften des Vakuums.

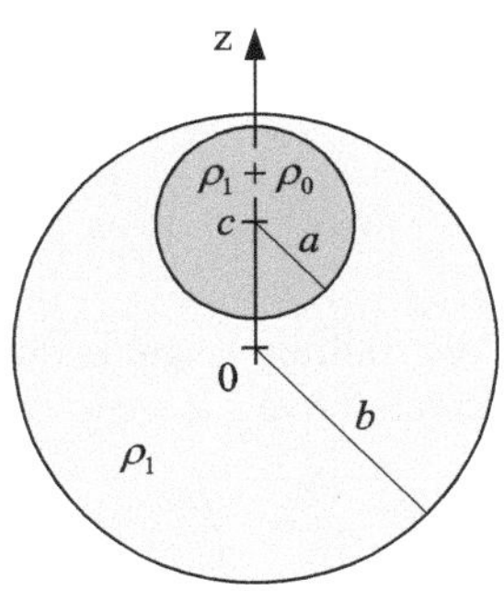

Abbildung 1: Raumladungsverteilung

1. Geben Sie die elektrische Feldstärke in kartesischen Koordinaten an, die alleine von der Raumladungsdichte ρ_1 auf der z-Achse im Bereich $-b < z < b$ hervorgerufen wird.
2. Geben Sie die elektrische Feldstärke in kartesischen Koordinaten an, die alleine von der Raumladungsdichte ρ_0 auf der z-Achse im Bereich $-b < z < b$ hervorgerufen wird. Unterscheiden Sie dabei die Bereiche 1. $-b < z < c-a$, 2. $c-a < z < c+a$ und 3. $c+a < z < b$.
3. Wie lautet die gesamte elektrische Feldstärke auf der z-Achse im Bereich $c-a < z < c+a$ für den Fall, dass die kleine Kugel mit Radius a raumladungsfrei ist?

Lösung zur Teilaufgabe 1:

Die elektrische Feldstärke können wir aus Aufgabe 1.13 Gl. (3) übernehmen, wobei hier die Bezeichnungen $\vec{\mathbf{e}}_\mathrm{r}\mathrm{r}$ durch $\vec{\mathbf{e}}_\mathrm{z}\mathrm{z}$ und ρ durch ρ_1 zu ersetzen sind:

$$\vec{\mathbf{E}}_{\mathrm{z}1} = \vec{\mathbf{e}}_\mathrm{z} \frac{\rho_1}{3\varepsilon_0} \mathrm{z} \qquad \text{für} \qquad -b < \mathrm{z} < b.$$

Lösung zur Teilaufgabe 2:

Bereich 2: $c-a < \mathrm{z} < c+a$ (innerhalb der Raumladungskugel ρ_0)

Im Bereich innerhalb der Raumladung ρ_0 gilt dieselbe Formel wie in Teilaufgabe 1, wobei jetzt aber aufgrund der auf der z-Achse verschobenen Raumladung $\vec{\mathbf{e}}_\mathrm{r}\mathrm{r}$ durch $\vec{\mathbf{e}}_\mathrm{z}(\mathrm{z}-c)$ zu ersetzen ist:

$$\vec{\mathbf{E}}_{\mathrm{z}0} = \vec{\mathbf{e}}_\mathrm{z} \frac{\rho_0}{3\varepsilon_0} (\mathrm{z}-c) \qquad \text{für} \qquad c-a < \mathrm{z} < c+a.$$

Bereiche 1 und 3: (außerhalb der Raumladungskugel ρ_0)

Das elektrische Feld außerhalb einer Raumladungskugel vom Radius a entspricht allgemein dem Feld einer im Mittelpunkt angebrachten Gesamtladung, d.h. einer Punktladung:

$$\vec{\mathbf{E}} = \vec{\mathbf{e}}_\mathrm{r} \frac{Q}{4\pi\varepsilon_0 \mathrm{r}^2} = \vec{\mathbf{e}}_\mathrm{r} \frac{\rho_0 V}{4\pi\varepsilon_0 \mathrm{r}^2} = \vec{\mathbf{e}}_\mathrm{r} \frac{\rho_0}{4\pi\varepsilon_0 \mathrm{r}^2} \frac{4\pi a^3}{3} = \vec{\mathbf{e}}_\mathrm{r} \frac{\rho_0}{3\varepsilon_0} \frac{a^3}{\mathrm{r}^2}.$$

Mit den Bezeichnungen der vorliegenden Aufgabe gilt $\mathrm{r}^2 = (\mathrm{z}-c)^2$. Im Bereich 1, d.h. für $\mathrm{z} < c-a$, ist $\vec{\mathbf{e}}_\mathrm{r}$ durch $-\vec{\mathbf{e}}_\mathrm{z}$, im Bereich 3, d.h. für $\mathrm{z} > c+a$, ist $\vec{\mathbf{e}}_\mathrm{r}$ durch $+\vec{\mathbf{e}}_\mathrm{z}$ zu ersetzen, sodass wir das folgende Ergebnis erhalten:

$$\vec{\mathbf{E}}_{\mathrm{z}0} = \pm\vec{\mathbf{e}}_\mathrm{z} \frac{\rho_0}{3\varepsilon_0} \frac{a^3}{(\mathrm{z}-c)^2} \qquad \text{für} \qquad \begin{matrix} \mathrm{z} > c+a \\ \mathrm{z} < c-a\,. \end{matrix}$$

Lösung zur Teilaufgabe 3:

Raumladungsfreiheit innerhalb der kleinen Kugel bedeutet $\rho_0 = -\rho_1$. Die Überlagerung für diesen Sonderfall ergibt im Bereich $c-a < \mathrm{z} < c+a$ eine Feldstärke auf der z-Achse

$$\vec{\mathbf{E}} = \vec{\mathbf{E}}_{\mathrm{z}1} + \vec{\mathbf{E}}_{\mathrm{z}0} = \vec{\mathbf{e}}_\mathrm{z} \frac{\rho_1}{3\varepsilon_0} \mathrm{z} + \vec{\mathbf{e}}_\mathrm{z} \frac{-\rho_1}{3\varepsilon_0} (\mathrm{z}-c) = \vec{\mathbf{e}}_\mathrm{z} \frac{\rho_1}{3\varepsilon_0} c.$$

die unabhängig von der Koordinate z ist!

Aufgabe 1.17 | Kapazitätsberechnung, Füllstandsanzeige

Die beiden Platten eines Kondensators mit den Abmessungen a (in y-Richtung) und b (in z-Richtung) und dem Plattenabstand d sind an eine Gleichspannung U angeschlossen. Bis zur Höhe h befindet sich der Plattenkondensator in einer nichtleitenden Flüssigkeit mit $\varepsilon = \varepsilon_r \varepsilon_0$ ($\varepsilon_r > 1$), sonst in Luft ($\varepsilon_r = 1$).

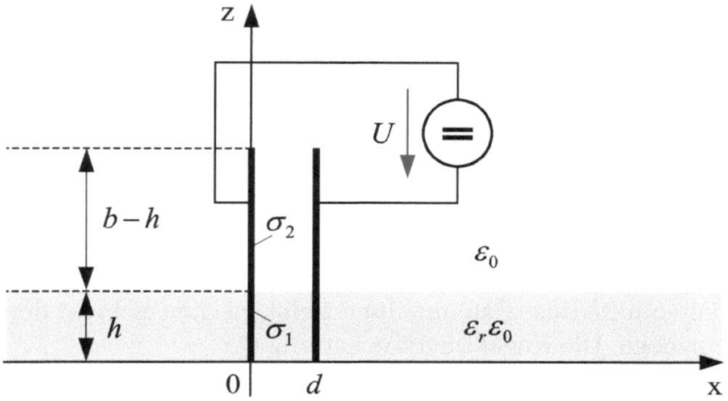

Abbildung 1: Kondensator mit bereichsweise unterschiedlichen Dielektrika

1. Geben Sie die Flächenladungsdichten σ_1 und σ_2 auf der Innenseite der linken Platte an.
2. Berechnen Sie die Kapazität C des Plattenkondensators unter Vernachlässigung der Streufelder am Rand.

Lösung zur Teilaufgabe 1:

Die Flächenladungsdichte erhalten wir aus der Normalkomponente der Flussdichte:

$$\sigma = \vec{\mathbf{e}}_x \cdot \vec{\mathbf{D}}\big|_{x=0} = D_x\big|_{x=0} = \varepsilon E_x\big|_{x=0}.$$

Die elektrische Feldstärke zwischen den beiden Kondensatorplatten ist unabhängig von der Koordinate x. Damit gilt

$$U = E_x d.$$

Aus diesen beiden Gleichungen lassen sich unmittelbar die Flächenladungsdichten auf der linken Platte angeben. Es gilt

$$\sigma_1 = \varepsilon_r \varepsilon_0 \frac{U}{d} \quad \text{im Bereich} \quad 0 \le z < h$$

und

$$\sigma_2 = \varepsilon_0 \frac{U}{d} \quad \text{im Bereich} \quad h \le z \le b.$$

Lösung zur Teilaufgabe 2:

Die Kapazität des Plattenkondensators kann mit $C = Q/U$ berechnet werden. Mit der Gesamtladung auf der linken Platte

$$Q = \sigma_1 a h + \sigma_2 a (b - h) = \varepsilon_0 \frac{U}{d} a (\varepsilon_r h + b - h)$$

folgt das Ergebnis

$$C = \frac{\varepsilon_0 a}{d}\left[(\varepsilon_r - 1) h + b\right].$$

Bei bekannter Dielektrizitätszahl ε_r der Flüssigkeit kann aus dem gemessenen Wert C die Füllstandshöhe h bestimmt werden.

Aufgabe 1.18 Feldstärke-, Energie- und Kapazitätsberechnung

Eine Metallkugel vom Radius a ist von einer dielektrischen Schicht der Dicke $d = b - a$ konzentrisch umgeben. Die Kugel trägt die Ladung Q.

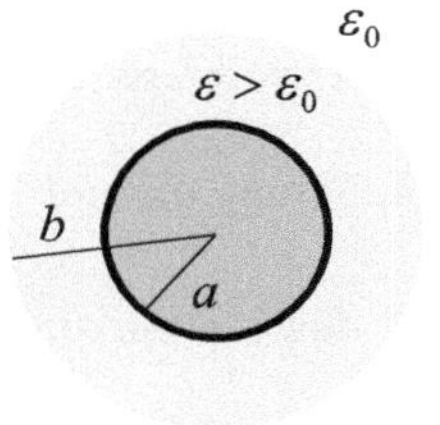

Abbildung 1: Metallkugel mit dielektrischer Schicht

1. Geben Sie die elektrische Feldstärke $\vec{\mathbf{E}}$ und die elektrische Flussdichte $\vec{\mathbf{D}}$ im gesamten Raum an.
2. Um welchen Betrag ΔW ändert sich die elektrische Energie durch das Anbringen der Hohlkugel aus dielektrischem Material?
3. Berechnen Sie die Kapazität C zwischen der Metallkugel und der unendlich fernen Hülle.

Lösung zur Teilaufgabe 1:

Entsprechend den Bereichen mit unterschiedlichen Materialeigenschaften müssen für die Berechnung der elektrischen Feldstärke $\vec{\mathbf{E}}$ und der elektrischen Flussdichte $\vec{\mathbf{D}}$ die drei Teilräume $\mathrm{r} < a$, $a < \mathrm{r} < b$ und $b < \mathrm{r}$ unterschieden werden.

Bereich $\mathrm{r} < a$:
In der Elektrostatik gilt allgemein, dass ein elektrischer Leiter in seinem Inneren feldfrei ist. Es folgt daher $\vec{\mathbf{E}} = \vec{\mathbf{0}}$ und $\vec{\mathbf{D}} = \vec{\mathbf{0}}$.

Bereich $a < \mathrm{r} < b$:
Alle Bereiche mit $\mathrm{r} > a$ schließen die ladungsbesetzte Kugel komplett ein, sodass mit dem Ansatz für die nur von der Koordinate r abhängige, radial gerichtete elektrische Flussdichte $\vec{\mathbf{D}} = \vec{\mathbf{e}}_{\mathrm{r}} D(\mathrm{r})$ der folgende Zusammenhang gilt:

$$Q = \oiint_{Kugel} \vec{\mathbf{D}} \cdot \mathrm{d}\vec{\mathbf{A}} = D(\mathrm{r}) 4\pi \mathrm{r}^2 \quad \rightarrow \quad \vec{\mathbf{D}} = \vec{\mathbf{e}}_{\mathrm{r}} D(\mathrm{r}) = \vec{\mathbf{e}}_{\mathrm{r}} \frac{Q}{4\pi \mathrm{r}^2} \quad \text{und} \quad \vec{\mathbf{E}} = \frac{1}{\varepsilon} \vec{\mathbf{D}} = \vec{\mathbf{e}}_{\mathrm{r}} \frac{Q}{4\pi \varepsilon \mathrm{r}^2}.$$

Das Feld entspricht dem Feld einer Punktladung im Ursprung.

Bereich $b < \mathrm{r}$:
Hier kann die Lösung aus dem vorhergehenden Bereich übernommen werden, wenn ε durch ε_0 ersetzt wird:

$$\vec{\mathbf{D}} = \vec{\mathbf{e}}_{\mathrm{r}} D(\mathrm{r}) = \vec{\mathbf{e}}_{\mathrm{r}} \frac{Q}{4\pi \mathrm{r}^2} \quad \text{und} \quad \vec{\mathbf{E}} = \frac{1}{\varepsilon_0} \vec{\mathbf{D}} = \vec{\mathbf{e}}_{\mathrm{r}} \frac{Q}{4\pi \varepsilon_0 \mathrm{r}^2}.$$

Lösung zur Teilaufgabe 2:

Durch die dielektrische Schicht wird ausschließlich die Feldstärke im Bereich $a < \mathrm{r} < b$ geändert. Für die elektrische Energie in diesem Bereich gilt für den Fall mit Dielektrikum die Beziehung

$$W_e = \iiint_{Schicht} \frac{1}{2} \vec{\mathbf{E}} \cdot \vec{\mathbf{D}} \, \mathrm{d}V = \frac{1}{2\varepsilon} \left(\frac{Q}{4\pi} \right)^2 \int_a^b \int_0^{2\pi} \int_0^{\pi} \frac{\mathrm{r}^2 \sin\vartheta}{\mathrm{r}^4} \mathrm{d}\vartheta \, \mathrm{d}\varphi \, \mathrm{d}\mathrm{r} = \frac{1}{2\varepsilon} \left(\frac{Q}{4\pi} \right)^2 4\pi \int_a^b \frac{1}{\mathrm{r}^2} \mathrm{d}\mathrm{r}$$

$$= \frac{Q^2}{8\pi\varepsilon} \left[-\frac{1}{\mathrm{r}} \right] \Bigg|_a^b = \frac{Q^2}{8\pi\varepsilon} \left[-\frac{1}{b} + \frac{1}{a} \right] = \frac{Q^2}{8\pi\varepsilon} \frac{b-a}{ab}. \tag{1}$$

Zur Berechnung der Energie für den Fall ohne Dielektrikum muss in dieser Gleichung lediglich ε durch ε_0 ersetzt werden. Für die gesuchte Energieänderung erhalten wir dann das Ergebnis

$$\Delta W = \frac{Q^2}{8\pi} \frac{b-a}{ab} \left[\frac{1}{\varepsilon} - \frac{1}{\varepsilon_0} \right] = \frac{Q^2}{8\pi} \frac{b-a}{ab} \frac{\varepsilon_0 - \varepsilon}{\varepsilon \varepsilon_0} < 0.$$

Die Energie wird durch das Einbringen des Dielektrikums *geringer*.

Lösung zur Teilaufgabe 3:

Aus der elektrischen Energie kann durch folgenden Zusammenhang die Kapazität der Anordnung bestimmt werden:

$$W_{e,\,ges} \overset{(1.94)}{=} \frac{1}{2C} Q^2 \quad \rightarrow \quad C = \frac{1}{2} \frac{Q^2}{W_{e,\,ges}}. \tag{2}$$

In dieser Gleichung bezeichnet $W_{e,ges}$ die gesamte außerhalb der Kugel, d.h. im Bereich $\mathrm{r} > a$, gespeicherte Energie. C ist die Kapazität zwischen der Kugel mit Radius a und der unendlich fernen Hülle.

Die Gesamtenergie setzt sich zusammen aus der Energie in der Schicht nach Gl. (1) sowie der Energie im Bereich $b < \mathrm{r}$. Dieser 2. Anteil lässt sich mit der gleichen Rechnung wie in Teilaufgabe 2 bestimmen:

$$W_e = \iiint\limits_{Schicht} \frac{1}{2}\vec{\mathbf{E}}\cdot\vec{\mathbf{D}}\,\mathrm{d}V = \frac{1}{2\varepsilon_0}\left(\frac{Q}{4\pi}\right)^2 \int\limits_b^{\infty}\int\limits_0^{2\pi}\int\limits_0^{\pi}\frac{\mathrm{r}^2\sin\vartheta}{\mathrm{r}^4}\,\mathrm{d}\vartheta\,\mathrm{d}\varphi\,\mathrm{dr} = \frac{1}{2\varepsilon_0}\left(\frac{Q}{4\pi}\right)^2 4\pi\int\limits_b^{\infty}\frac{1}{\mathrm{r}^2}\mathrm{dr} = \frac{Q^2}{8\pi\varepsilon_0}\frac{1}{b}.$$

Aus der Gesamtenergie

$$W_{e,ges} = \frac{Q^2}{8\pi\varepsilon}\frac{b-a}{ab} + \frac{Q^2}{8\pi\varepsilon_0}\frac{1}{b} = \frac{Q^2}{8\pi\varepsilon_0 b}\left(\frac{b-a}{a}\frac{\varepsilon_0}{\varepsilon}+1\right)$$

erhalten wir mit Gl. (2) die Kapazität

$$C = \frac{1}{2}\frac{Q^2}{W_{e,ges}} = 4\pi\varepsilon_0 b\frac{a\varepsilon}{(b-a)\varepsilon_0 + a\varepsilon}.$$

Bemerkung:
Die Kapazität kann auch aus der Reihenschaltung von zwei Einzelkapazitäten berechnet werden. Da die Trennfläche $\mathrm{r} = b$ eine Äquipotentialfläche darstellt, die wir als leitende Folie ausführen können, erhalten wir den ersten Kugelkondensator zwischen den Elektroden $\mathrm{r} = a$ und $\mathrm{r} = b$ mit der Kapazität nach Gl. (1.80) sowie den zweiten Kugelkondensator zwischen den Elektroden $\mathrm{r} = b$ und $\mathrm{r} \to \infty$ mit der Kapazität $4\pi\varepsilon_0 b$ entsprechend Gl. (1.82). Die Reihenschaltung liefert

$$C = \frac{4\pi\varepsilon\dfrac{ba}{b-a}\cdot 4\pi\varepsilon_0 b}{4\pi\varepsilon\dfrac{ba}{b-a} + 4\pi\varepsilon_0 b} = 4\pi\varepsilon_0 b\frac{a\varepsilon}{(b-a)\varepsilon_0 + a\varepsilon}.$$

Aufgabe 1.19 | Kondensatornetzwerk

Alle Kondensatoren in dem nachstehenden Netzwerk sind zunächst ungeladen und besitzen die gleiche Kapazität C.

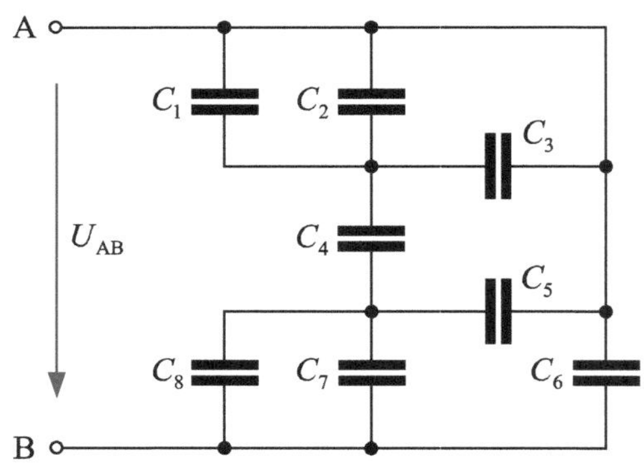

Abbildung 1: Kapazitätsnetzwerk

1. Bestimmen Sie die Gesamtkapazität bezüglich der Klemmen A-B.

2. An die Klemmen A-B wird eine Spannung U_{AB} angelegt. Wie groß sind die Spannungen U_1 bis U_8 an den einzelnen Kondensatoren?

Lösung zur Teilaufgabe 1:

Zur Bestimmung der Gesamtkapazität wird das Netzwerk schrittweise vereinfacht. Die Parallelschaltung von C_1, C_2 und C_3 ergibt $3C$. Die Parallelschaltung von C_7 und C_8 ergibt $2C$. Das Zwischenergebnis ist auf der linken Seite in Abb. 2 dargestellt.

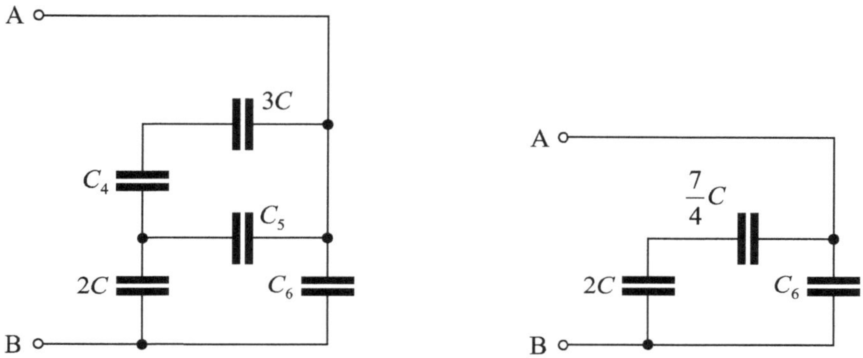

Abbildung 2: Schrittweise Netzwerkvereinfachung

Die Reihenschaltung von $3C$ und C_4 liefert die Kapazität

$$\frac{3C \cdot C}{3C + C} = \frac{3}{4}C.$$

Die Parallelschaltung dieser Kapazität mit C_5 ergibt

$$\frac{3}{4}C + C = \frac{7}{4}C.$$

Das neue Zwischenergebnis ist auf der rechten Seite in Abb. 2 dargestellt. Die Reihenschaltung von $7C/4$ und $2C$ ergibt

$$\frac{\frac{7}{4}C \cdot 2C}{\frac{7}{4}C + 2C} = \frac{14C}{7+8} = \frac{14}{15}C.$$

Die Parallelschaltung mit C_6 liefert das Ergebnis

$$C_{AB} = \frac{14}{15}C + C = \frac{29}{15}C.$$

Lösung zur Teilaufgabe 2:

Wir betrachten die Abb. 3 mit den eingetragenen Bezeichnungen für die Spannungen.

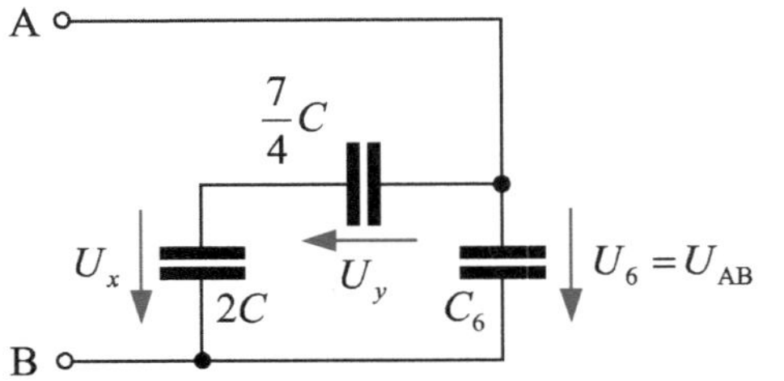

Abbildung 3: Spannungsbezeichnungen

An den beiden parallel liegenden Zweigen liegt jeweils die Spannung U_{AB} an. Auf den in Reihe liegenden Kondensatoren befinden sich gleiche Ladungen:

$$Q = \frac{7}{4}C \cdot U_y = 2C \cdot U_x \quad \rightarrow \quad U_x = \frac{7}{8}U_y.$$

Mit $U_x + U_y = U_{AB}$ folgt

$$U_x = \frac{7}{15}U_{AB} \quad \text{und} \quad U_y = \frac{8}{15}U_{AB}.$$

Damit sind bereits die folgenden Spannungen bekannt:

$$U_5 = U_y = \frac{8}{15}U_{AB}, \quad U_6 = U_{AB} \quad \text{und} \quad U_7 = U_8 = U_x = \frac{7}{15}U_{AB}.$$

Die Spannung U_y liegt an der Reihenschaltung $3C$ und $C_4 = C$

$$U_4 = \frac{3}{4}U_y = \frac{6}{15}U_{AB}$$

und an der Parallelschaltung $3C$ liegt $U_y/4$

$$U_1 = U_2 = U_3 = \frac{2}{15}U_{AB}.$$

Aufgabe 1.20 Kapazitätsberechnung

Der im Querschnitt gezeichnete Vielschichtkondensator ist abwechselnd mit einem Dielektrikum und mit Luft gefüllt. Die Breite der einzelnen Zellen beträgt jeweils a, die Dicke sei $d << a$. Senkrecht zur Zeichenebene besitzt der Kondensator die Länge l.

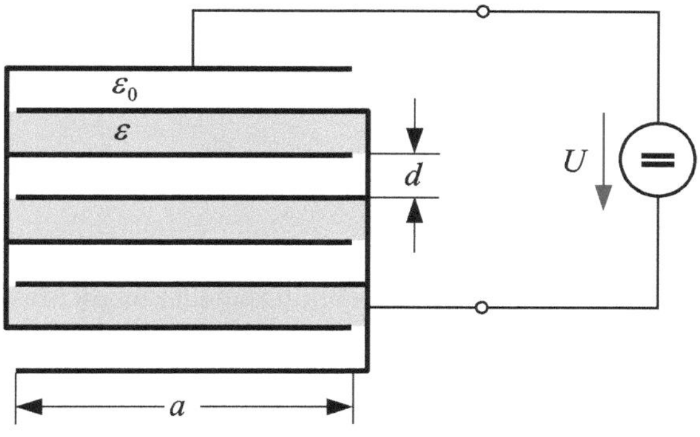

Abbildung 1: Vielschichtkondensator

1. Skizzieren Sie für dieses Bauelement ein Ersatzschaltbild, in dem jede einzelne Zelle durch einen Kondensator beschrieben wird.
2. Bestimmen Sie die Gesamtkapazität dieses Bauelements unter Vernachlässigung der Streueffekte im Randbereich.
3. Welche Ladungen befinden sich auf den einzelnen Platten, wenn das Bauelement an eine Gleichspannungsquelle U angeschlossen wird?

Lösung zur Teilaufgabe 1:

Da die einzelnen Kondensatoren parallel geschaltet sind, ergibt sich das Ersatznetzwerk auf der rechten Seite der Abb. 2. Zur Verdeutlichung sind die Platten mit unterschiedlichen Potentialen auch unterschiedlich dargestellt. Die Kondensatoren mit geradzahligem Index sind mit Dielektrikum gefüllt, die anderen mit Luft.

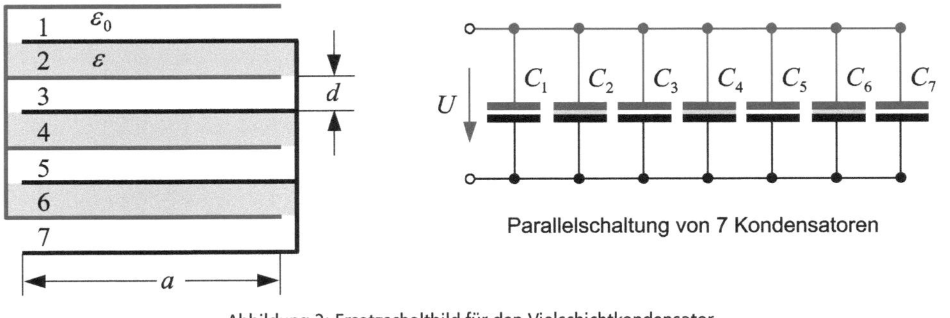

Abbildung 2: Ersatzschaltbild für den Vielschichtkondensator

Lösung zur Teilaufgabe 2:

Zur Berechnung der einzelnen Kapazitätswerte ist eine Fallunterscheidung zu treffen. Für die Kondensatoren mit Luftzwischenraum C_L und die Kondensatoren mit Dielektrikum C_D gilt

$$C_L = \varepsilon_0 \frac{al}{d} \qquad \text{und} \qquad C_D = \varepsilon \frac{al}{d} = \varepsilon_r C_L .$$

Für die Parallelschaltung gilt

$$C_{ges} = 4C_L + 3C_D = C_L \left(4 + 3\varepsilon_r\right).$$

Lösung zur Teilaufgabe 3:

Wir betrachten die an den Pluspol der Spannungsquelle angeschlossenen Platten. Die Ladung auf der einem Luftzwischenraum zugewandten Plattenoberfläche beträgt $Q = C_L U$ und für die Ladung auf der dem Dielektrikum zugewandten Plattenoberfläche gilt entsprechend $Q = C_D U$. Bezeichnen wir die Gesamtladung auf einer Platte, die sich zwischen den beiden Teilräumen i und k befindet mit Q_{ik}, dann gilt

$$Q_{23} = Q_{45} = Q_{67} = \left(C_L + C_D\right) U = C_L \left(1 + \varepsilon_r\right) U .$$

Analog dazu gilt

$$Q_{12} = Q_{34} = Q_{56} = -\left(C_L + C_D\right) U = -C_L \left(1 + \varepsilon_r\right) U .$$

Auf den beiden äußeren Platten befinden sich Ladungen $Q = \pm C_L U$.

Zur Kontrolle kann die Gesamtladung auf den an den Pluspol der Spannungsquelle angeschlossenen Platten berechnet werden:

$$Q_{ges} = C_L U + Q_{23} + Q_{45} + Q_{67} = C_L \left(1 + 3 + 3\varepsilon_r\right) U \overset{!}{=} C_{ges} U .$$

Das stationäre elektrische Strömungsfeld

Wichtige Formeln

2

Ohm'sches Gesetz

Differentielle Form	**Integrale Form**
$\vec{\mathbf{J}} = \kappa \vec{\mathbf{E}}$	$R = \dfrac{U}{I} = \dfrac{1}{G}$
↕	↕
$\rho_R(T) = \rho_{R,20°C}\left[1 + \alpha(T - 20°C)\right]$	$R(T) = R_{20°C}\left[1 + \alpha(T - 20°C)\right]$
↕	↕
$\rho_R = \dfrac{1}{\kappa}$	$R = \dfrac{l}{\kappa A}$
Spezifischer Widerstand	**Elektrischer Widerstand**

Strom	$I = \iint\limits_A \vec{\mathbf{J}} \cdot \mathrm{d}\vec{\mathbf{A}}$ →	$I = \dfrac{\Delta Q}{\Delta t}$
Verhalten bei κ - Sprung	$J_{n1} = J_{n2}$ $E_{t1} = E_{t2}$ →	$\kappa_2 = 0 \;:\; J_{n1}\big\rvert_A = E_{n1}\big\rvert_A = 0$ $\kappa_2 \to \infty :\; J_{t1}\big\rvert_A = E_{t1}\big\rvert_A = 0$
Energie	$W_e = \int\limits_t P \,\mathrm{d}t$	
Leistung	$P = U\,I = \iiint\limits_V p_v \,\mathrm{d}V = \iiint\limits_V \vec{\mathbf{E}} \cdot \vec{\mathbf{J}} \,\mathrm{d}V$	

2.1 Verständnisaufgaben

1. Sie haben zwei ohmsche Widerstände, wovon einer ein Kohlewiderstand und der andere ein Metallschichtwiderstand ist. Bei Zimmertemperatur T_0 = 293 K messen Sie R_{Kohle} = 2 kΩ und R_{Metall} = 200 Ω ($\alpha_{Kohle} = -0{,}2 \cdot 10^{-3}$/K, $\alpha_{Metall} = 4{,}0 \cdot 10^{-3}$/K).

Die Temperatur beider Widerstände wird nun um 7 K erhöht. Wie wirkt sich dies auf die beiden Widerstände aus?

	wird **kleiner**	bleibt **gleich**	wird **größer**
Der Kohlewiderstand	☐	☐	☐
Der Metallschichtwiderstand	☐	☐	☐

2. Sie besitzen zwei Lämpchen mit der Aufschrift 2 W/6 V und 1 W/6 V. Beide Lämpchen werden jeweils mit einer 6-V-Batterie verbunden. Welche der folgenden Aussagen ist richtig?

a) In beiden Lämpchen fließt derselbe Strom.
b) Im 2W/6V-Lämpchen fließt mehr Strom.
c) Im 1W/6V-Lämpchen fließt mehr Strom.

3. In der Querschnittsfläche bei x = 0, $a \le y \le b$, $0 \le z \le h$ eines gebogenen Leiters gilt mit der Konstanten k für die Stromdichte $\vec{\mathbf{J}} = \vec{\mathbf{e}}_x J(y) = \vec{\mathbf{e}}_x k/y$. Welchen Wert hat der in $\vec{\mathbf{e}}_x$-Richtung orientierte Gesamtstrom I im Leiter?

a) $I = kh\ln\left(\frac{b}{a}\right)$ b) $I = kh\ln\left(\frac{a}{b}\right)$ c) $I = kh(b-a)$ d) $I = kh(a-b)$

4. In einem leitfähigen Kreiszylinder mit Radius r_0 herrscht entlang der Zylinderachse die homogene Stromdichte $\vec{\mathbf{J}}$. Welchen Wert muss der Zylinderradius r annehmen, damit der ohmsche Widerstand des Zylinders unverändert bleibt, wenn die Leitfähigkeit verdoppelt wird?

a) $r = \frac{r_0}{2}$ b) $r = 2r_0$ c) $r = 4r_0$ d) $r = \frac{r_0}{\sqrt{2}}$

Lösung zur Aufgabe 1:

Bei einer Temperaturerhöhung um 7 K ergibt sich folgende Widerstandsänderung:

$$R(T > T_0) = R(T_0)\ 1 + \alpha \Delta T$$

$$R_{Kohle}(300\,\text{K}) = 2\,\text{k}\Omega\left[1 - 0,2 \cdot 10^{-3}\frac{1}{\text{K}}7\,\text{K}\right] = 1,9972\,\text{k}\Omega$$

$$R_{Metall}(300\,\text{K}) = 200\,\Omega\left[1 + 4 \cdot 10^{-3}\frac{1}{\text{K}}7\,\text{K}\right] = 205,6\,\Omega\ .$$

	wird **kleiner**	bleibt **gleich**	wird **größer**
Der Kohlewiderstand	x	☐	☐
Der Metallschichtwiderstand	☐	☐	x

Lösung zur Aufgabe 2:

Mit den Grundformeln für die elektrische Leistung lassen sich die Ströme berechnen, die durch die beiden Lämpchen fließen:

$$P_{R_1} = U_{R_1} I_{R_1} \quad \rightarrow \quad I_{R_1} = \frac{P_{R_1}}{U_{R_1}} = \frac{2\,\text{W}}{6\,\text{V}} = \frac{1}{3}\text{A}$$

$$P_{R_2} = U_{R_2} I_{R_2} \quad \rightarrow \quad I_{R_2} = \frac{P_{R_2}}{U_{R_2}} = \frac{1\,\text{W}}{6\,\text{V}} = \frac{1}{6}\text{A}\ .$$

Damit ist Antwort b) richtig, im 2W/6V-Lämpchen fließt mehr Strom.

Lösung zur Aufgabe 3:

Für den Strom im Leiter gilt Antwort a):

$$I = \iint_A \vec{\mathbf{J}} \cdot \mathrm{d}\vec{\mathbf{A}} = \int_{z=0}^{h} \int_{y=a}^{b} \frac{k}{y} \vec{\mathbf{e}}_x \cdot \vec{\mathbf{e}}_x \mathrm{d}y\,\mathrm{d}z = kh \ln\frac{b}{a}\ .$$

Lösung zur Aufgabe 4:

Der Widerstand eines kreiszylindrischen Leiters ist gegeben durch die Beziehung $R = l/(\kappa A)$ mit der Leitfähigkeit κ und der Querschnittsfläche A. Um den Widerstand bei einer Verdopplung der Leitfähigkeit konstant zu halten, muss die Querschnittsfläche halbiert werden. Die entsprechende Forderung führt unmittelbar auf die Antwort d):

$$\kappa \pi r_0^{\,2} = 2\kappa \pi r^2 \quad \rightarrow \quad r = \frac{r_0}{\sqrt{2}}\ .$$

2.2 Level 1

Aufgabe 2.1 Materialien unterschiedlicher Leitfähigkeit

Zwei Materialstücke (Querschnittsfläche A, Länge l_1 bzw. l_2, Leitfähigkeit κ_1 bzw. κ_2) werden von einem bekannten Gleichstrom I in der gezeichneten Weise durchflossen. Innerhalb der Materialstücke kann die Stromdichte $\vec{\mathbf{J}}$ als homogen angenommen werden. Die Zuleitungen und die Verbindung zwischen den beiden Materialstücken können bei allen Rechnungen vernachlässigt werden.

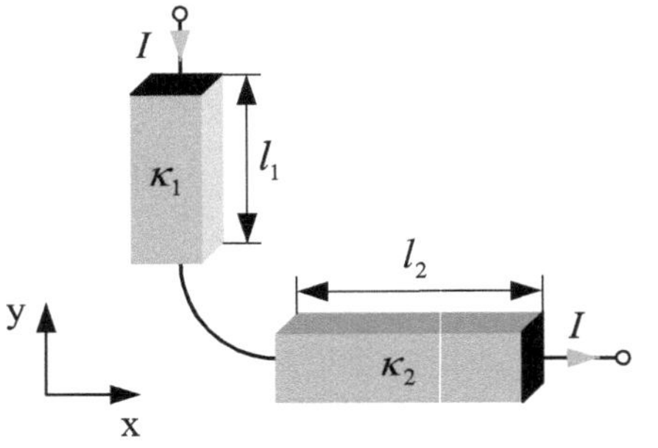

Abbildung 1: Materialien unterschiedlicher Leitfähigkeiten

1. Geben Sie die Stromdichte $\vec{\mathbf{J}}$ innerhalb der Materialien an.
2. Wie groß ist die elektrische Feldstärke $\vec{\mathbf{E}}$ im Bereich der Materialstücke?
3. Welche Spannung U tritt zwischen den beiden Anschlussklemmen auf?
4. Bestimmen Sie den Gesamtwiderstand R und den Gesamtleitwert G der Anordnung.

Lösung zur Teilaufgabe 1:

Beide Materialstücke haben die gleiche Querschnittsfläche und werden vom gleichen Strom durchflossen. Damit ist der Betrag der Stromdichte $J = I/A$ in beiden Materialien gleich, nur die Richtung der Stromdichte ist unterschiedlich:

$$\vec{\mathbf{J}}_1 = -\vec{\mathbf{e}}_y \frac{I}{A} \quad \text{und} \quad \vec{\mathbf{J}}_2 = \vec{\mathbf{e}}_x \frac{I}{A}.$$

Lösung zur Teilaufgabe 2:

Die Feldstärken erhalten wir aus dem Ohm'schen Gesetz:

$$\vec{\mathbf{E}}_1 = \frac{\vec{\mathbf{J}}_1}{\kappa_1} = -\vec{\mathbf{e}}_y \frac{I}{\kappa_1 A} \quad \text{und} \quad \vec{\mathbf{E}}_2 = \frac{\vec{\mathbf{J}}_2}{\kappa_2} = \vec{\mathbf{e}}_x \frac{I}{\kappa_2 A}.$$

Lösung zur Teilaufgabe 3:

Um die Spannung zwischen den beiden Anschlussklemmen zu berechnen, wird die Feldstärke über die beiden Bereiche integriert:

$$U = \int \vec{\mathbf{E}}_1 \cdot \mathrm{d}\vec{\mathbf{s}}_1 + \int \vec{\mathbf{E}}_2 \cdot \mathrm{d}\vec{\mathbf{s}}_2 = \int \frac{I}{\kappa_1 A}\left(-\vec{\mathbf{e}}_y\right) \cdot \mathrm{d}\vec{\mathbf{s}}_1 + \int \frac{I}{\kappa_2 A}\vec{\mathbf{e}}_x \cdot \mathrm{d}\vec{\mathbf{s}}_2 = \frac{I}{A}\left(\frac{l_1}{\kappa_1} + \frac{l_2}{\kappa_2}\right).$$

Lösung zur Teilaufgabe 4:

Aus dem Ohm'schen Gesetz berechnet sich der Gesamtwiderstand der beiden Materialstücke zu

$$R = \frac{U}{I} = \frac{l_1}{\kappa_1 A} + \frac{l_2}{\kappa_2 A}.$$

Der Leitwert ist als Kehrwert des Widerstandes definiert:

$$G = \frac{1}{R} = \left(\frac{l_1}{\kappa_1 A} + \frac{l_2}{\kappa_2 A}\right)^{-1} = \left(\frac{l_1 \kappa_2 + l_2 \kappa_1}{\kappa_1 \kappa_2 A}\right)^{-1} = \frac{\kappa_1 \kappa_2 A}{l_1 \kappa_2 + l_2 \kappa_1}.$$

Aufgabe 2.2 | Temperaturabhängige Widerstände

Ein Kupferrunddraht hat den Radius a = 0,6 mm. Er ist von einer Silberschicht der Dicke b = 0,2 mm umgeben. Für die Leitfähigkeiten und Temperaturkoeffizienten der beiden Materialien können folgende Werte verwendet werden:
Kupfer: κ = 56 m/(Ωmm^2) und α = 3,9 ·10^{-3}/°C
Silber: κ = 62,5 m/(Ωmm^2) und α = 3,8 ·10^{-3}/°C.

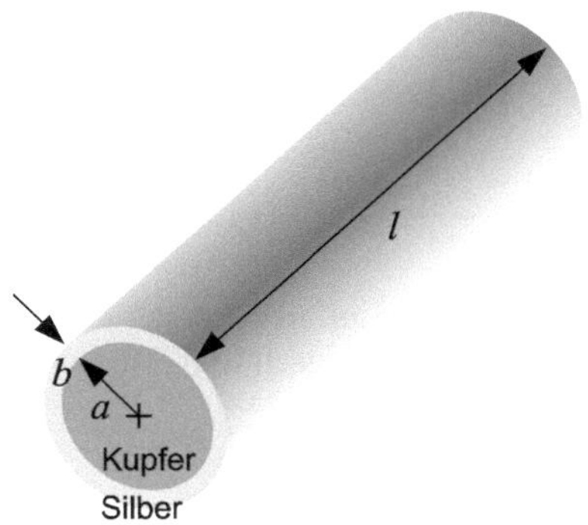

Abbildung 1: Querschnitt durch den Draht

1. Welchen Gleichstromwiderstand haben der Kupferleiter und der Silbermantel bei 20°C, wenn der Draht eine Länge l = 1 m besitzt?
2. Wie ändert sich der Gleichstromwiderstand jeweils bei einer Temperaturerhöhung auf 100°C?

Lösung zur Teilaufgabe 1:

Da der Draht aus zwei Materialien unterschiedlicher Leitfähigkeit besteht, müssen die Teilwiderstände getrennt berechnet werden. Der Widerstand eines 1 m langen Kupferdrahtes ohne Silberschicht beträgt

$$R_{Ku} = \frac{l}{\kappa_{Ku} A} = \frac{1\,\text{m}}{\frac{56\,\text{m}}{\Omega\,\text{mm}^2} \cdot \pi \cdot 0{,}36\,\text{mm}^2} = \frac{1}{56 \cdot \pi \cdot 0{,}36}\Omega = 15{,}79\,\text{m}\Omega.$$

Für den Widerstand der Silberschicht wird die Querschnittsfläche der Silberummantelung benötigt:

$$A = \pi(a+b)^2 - \pi a^2 = \pi \cdot [0{,}64 - 0{,}36]\,\text{mm}^2 = \pi \cdot 0{,}28\,\text{mm}^2.$$

Damit ergibt sich der Widerstand der Silberschicht zu

$$R_{Si} = \frac{1\,\text{m}}{\frac{62{,}5\,\text{m}}{\Omega\,\text{mm}^2} \cdot \pi \cdot 0{,}28\,\text{mm}^2} = \frac{1}{62{,}5 \cdot \pi \cdot 0{,}28}\Omega = 18{,}19\,\text{m}\Omega.$$

Lösung zur Teilaufgabe 2:

Da die beiden Materialien unterschiedliche Temperaturkoeffizienten haben, wird die Temperaturerhöhung einzeln berücksichtigt.

Widerstand des Kupferdrahtes bei 100°C:

$$R_{Ku}(100°\text{C}) = R_{Ku}(20°\text{C})[1 + \alpha_{Ku}\Delta T] = 15{,}79\,\text{m}\Omega \cdot \left[1 + \frac{3{,}9}{10^3\,°\text{C}} 80°\text{C}\right] = 20{,}71\,\text{m}\Omega.$$

Widerstand des Silberdrahtes bei 100°C:

$$R_{Si}(100°\text{C}) = 18{,}19\,\text{m}\Omega \cdot \left[1 + \frac{3{,}8}{10^3\,°\text{C}} 80°\text{C}\right] = 23{,}72\,\text{m}\Omega.$$

Aufgabe 2.3 | Randbedingungen

In der Trennebene zwischen zwei Materialien unterschiedlicher Leitfähigkeiten κ_1 und κ_2 haben die Stromlinien den in Abb. 1 dargestellten Verlauf. Es gelten folgende Daten:

$\alpha_1 = 30°$, $\alpha_2 = 45°$, $\kappa_2 = 10\,\text{m}/(\Omega\text{mm}^2)$, $|\vec{J}_2| = 1\,\text{A/mm}^2$.

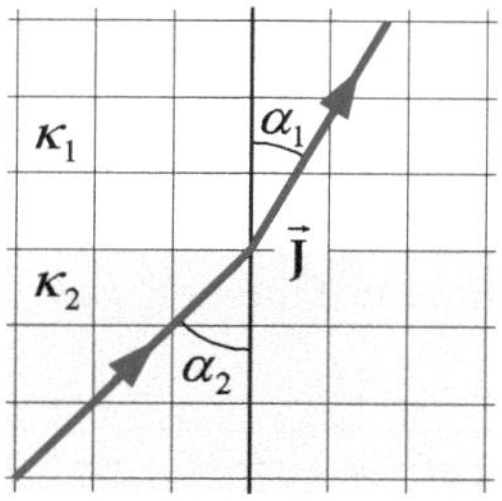

Abbildung 1: Verhalten der Stromdichte an der Materialsprungstelle

1. Berechnen Sie die Leitfähigkeit κ_1.
2. Berechnen Sie die Normal- und Tangentialkomponenten der elektrischen Feldstärke $\vec{\mathbf{E}}$ und der Stromdichte $\vec{\mathbf{J}}$.
3. Berechnen Sie den Betrag von $\vec{\mathbf{J}}_1$.

Lösung zur Teilaufgabe 1:

Nach Gl. (2.42) gilt der Zusammenhang

$$\kappa_1 = \kappa_2 \frac{\tan\alpha_1}{\tan\alpha_2} = \kappa_2 \frac{\tan 30°}{\tan 45°} = \frac{1/\sqrt{3}}{1}\kappa_2 = \frac{10}{\sqrt{3}} \frac{\text{m}}{\Omega\text{mm}^2}.$$

Lösung zur Teilaufgabe 2:

Aus der Vorgabe folgt

$$J_{n2} = J_{t2} = \frac{1}{\sqrt{2}} \frac{\text{A}}{\text{mm}^2} \quad \text{und} \quad E_{n2} = E_{t2} = \frac{1}{\kappa_2} J_{n2} = \frac{1}{10} \frac{\Omega\text{mm}^2}{\text{m}} \frac{1}{\sqrt{2}} \frac{\text{A}}{\text{mm}^2} = \frac{1}{10\sqrt{2}} \frac{\text{V}}{\text{m}}.$$

Die Feldgrößen im Raum 1 erhalten wir aus den Randbedingungen:

$$J_{n1} \overset{(2.37)}{=} J_{n2} = \frac{1}{\sqrt{2}} \frac{\text{A}}{\text{mm}^2} \quad \text{und} \quad E_{n1} \overset{(2.38)}{=} \frac{\kappa_2}{\kappa_1} E_{n2} = \sqrt{3}\, E_{n2} = \frac{\sqrt{1{,}5}}{10} \frac{\text{V}}{\text{m}},$$

$$J_{t1} \overset{(2.40)}{=} \frac{\kappa_1}{\kappa_2} J_{t2} = \frac{1}{\sqrt{3}} \frac{1}{\sqrt{2}} \frac{\text{A}}{\text{mm}^2} = \frac{1}{\sqrt{6}} \frac{\text{A}}{\text{mm}^2} \quad \text{und} \quad E_{t1} \overset{(2.39)}{=} E_{t2} = \sqrt{3}\, E_{n2} = \frac{1}{10\sqrt{2}} \frac{\text{V}}{\text{m}}.$$

Lösung zur Teilaufgabe 3:

Für die Betragsbildung werden die Normal- und Tangentialkomponente benötigt:

$$|\vec{\mathbf{J}}_1| = \sqrt{J_{n1}{}^2 + J_{t1}{}^2} = \sqrt{\frac{1}{2} + \frac{1}{6}} \frac{\text{A}}{\text{mm}^2} = \sqrt{\frac{2}{3}} \frac{\text{A}}{\text{mm}^2} = 0{,}816 \frac{\text{A}}{\text{mm}^2}.$$

Aufgabe 2.4 Widerstands- und Leistungsberechnung

Zwischen ideal leitfähigen Elektroden ($\kappa \to \infty$) befinden sich quaderförmige Leiter mit der Breite b und der Höhe h. Die Leiter werden in x-Richtung vom Gleichstrom I durchflossen. Das Leitermaterial besitzt im Bereich (1) der Länge l_1 die Leitfähigkeit κ_1 und im Bereich (2) der Länge l_2 die Leitfähigkeit κ_2.

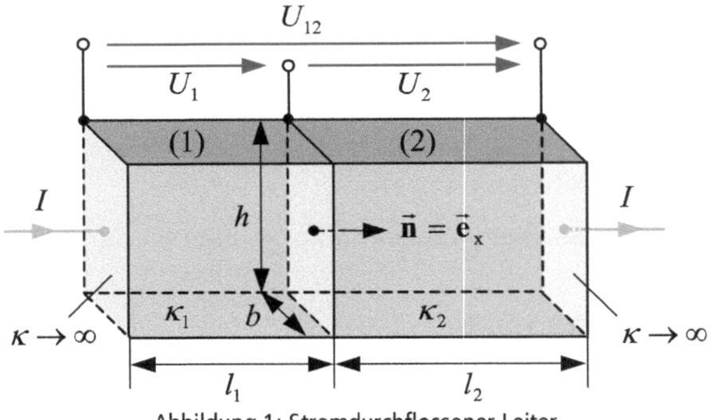

Abbildung 1: Stromdurchflossener Leiter

1. Bestimmen Sie die Stromdichte $\vec{\mathbf{J}}$ in den beiden Bereichen (1) und (2).
2. Geben Sie die elektrische Feldstärke $\vec{\mathbf{E}}$ in den beiden Bereichen (1) und (2) an.
3. Berechnen Sie die Spannung U_{12} abhängig vom Gesamtstrom I.
4. Geben Sie den ohmschen Widerstand R_{12} zwischen den beiden äußeren Elektroden abhängig von den gegebenen Abmessungen und den Materialeigenschaften an.
5. Wie viel Leistung wird in den beiden Bereichen in Wärme umgesetzt?

Lösung zur Teilaufgabe 1:

Die Stromdichte besitzt nur eine x-Komponente und steht daher senkrecht auf der Trennebene zwischen den beiden Materialien. Wegen der Stetigkeit der Normalkomponente $J_{n1} = J_{n2}$ erhalten wir in den beiden Bereichen (1) und (2) die gleiche Stromdichte:

$$I = \iint \vec{\mathbf{J}} \cdot \mathrm{d}\vec{\mathbf{A}} = \int_0^h \int_0^b J\,\vec{\mathbf{e}}_x \cdot \vec{\mathbf{e}}_x \mathrm{d}y\,\mathrm{d}z = Jbh \quad \rightarrow \quad \vec{\mathbf{J}} = \vec{\mathbf{e}}_x \frac{I}{bh}.$$

Lösung zur Teilaufgabe 2:

Aufgrund der verschiedenen Materialeigenschaften ergeben sich unterschiedliche Feldstärken:

$$\vec{\mathbf{E}}_1 = \frac{\vec{\mathbf{J}}}{\kappa_1} = \vec{\mathbf{e}}_x \frac{I}{\kappa_1 bh} \quad \text{bzw.} \quad \vec{\mathbf{E}}_2 = \frac{\vec{\mathbf{J}}}{\kappa_2} = \vec{\mathbf{e}}_x \frac{I}{\kappa_2 bh}.$$

Lösung zur Teilaufgabe 3:

Für die Spannung werden die unterschiedlichen Feldstärken über die entsprechenden Bereiche integriert:

$$U_{12} = \int_0^{l_1} \vec{\mathbf{E}}_1 \cdot \vec{\mathbf{e}}_x \mathrm{d}x + \int_{l_1}^{l_1+l_2} \vec{\mathbf{E}}_2 \cdot \vec{\mathbf{e}}_x \mathrm{d}x = \frac{I}{bh}\left(\frac{l_1}{\kappa_1} + \frac{l_2}{\kappa_2}\right).$$

Lösung zur Teilaufgabe 4:

Der Widerstand wird mit dem Ohm'schen Gesetz bestimmt:

$$R_{12} = \frac{U_{12}}{I} = \frac{1}{bh}\left(\frac{l_1}{\kappa_1} + \frac{l_2}{\kappa_2}\right) = \frac{l_1}{\kappa_1 bh} + \frac{l_2}{\kappa_2 bh}.$$

Lösung zur Teilaufgabe 5:

In den beiden Bereichen wird folgende Leistung in Wärme umgesetzt:

$$P_1 = U_1 I = \frac{l_1}{\kappa_1 bh} I^2 \quad \text{bzw.} \quad P_2 = U_2 I = \frac{l_2}{\kappa_2 bh} I^2 .$$

2.3 Level 2

Aufgabe 2.5 | Widerstandsberechnung

Zwischen zwei ideal leitfähigen Elektroden ($\kappa \to \infty$) befindet sich ein kreisförmig gebogener Leiter mit dem Innenradius a_1, dem Außenradius a_2 und der Höhe h. Der Leiter ist konzentrisch zur z-Achse des in Abb. 1 dargestellten Zylinderkoordinatensystems angeordnet und wird in φ-Richtung von dem Strom I durchflossen.

Das Leitermaterial besitzt im Bereich (1) ($0 \le \varphi < \varphi_1$) die Leitfähigkeit κ_1 und im Bereich (2) ($\varphi_1 \le \varphi \le \varphi_2$) die Leitfähigkeit κ_2.

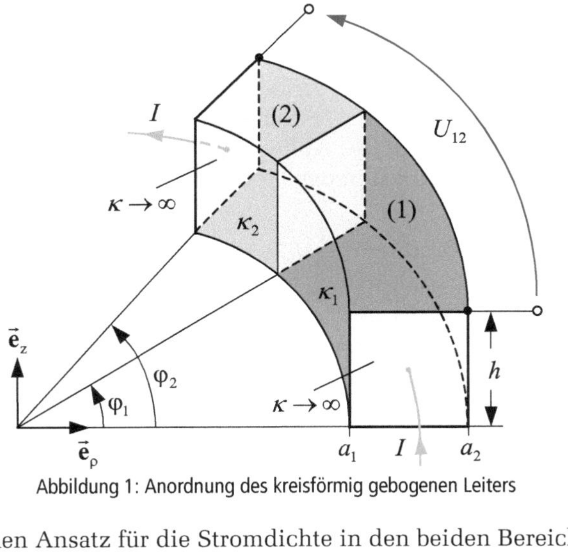

Abbildung 1: Anordnung des kreisförmig gebogenen Leiters

1. Stellen Sie einen Ansatz für die Stromdichte in den beiden Bereichen auf.
2. Drücken Sie die elektrische Feldstärke $\vec{E}$ in den beiden Bereichen (1) und (2) durch die Stromdichte $\vec{J}$ aus.
3. Berechnen Sie die Spannung U_{12} in Abhängigkeit von der Stromdichte $\vec{J}$.
4. Berechnen Sie mit dem Ergebnis aus Teilaufgabe 3 den Gesamtstrom I als Funktion der Spannung U_{12}. Geben Sie die Beziehung für den ohmschen Widerstand R zwischen den beiden Elektroden an.

Lösung zur Teilaufgabe 1:

An den beiden perfekt leitenden Elektroden kann keine Tangentialkomponente der Stromdichte auftreten, d.h., die Stromdichte ist in diesen Ebenen φ-gerichtet. Da der Strom an den übrigen vier Berandungen nicht in den umgebenden Luftraum eintreten kann, ist die Stromdichte dort ebenfalls φ-gerichtet. Wenn angenommen wird, dass die Stromdichte insgesamt nur φ-gerichtet ist, dann muss überprüft werden, ob die Randbedingungen in der Ebene $\varphi = \varphi_1$, in der sich die Leitfähigkeit sprungartig von dem Wert κ_1 auf den Wert κ_2 ändert, mit dieser Annahme erfüllt werden können. Eine φ-gerichtete Stromdichte steht senkrecht auf der Materialsprungstelle $\varphi = \varphi_1$. Die Normalkomponente der Stromdichte ist an einer Sprungstelle der Leitfähigkeit stetig, sodass sie bei der betrachteten Anordnung durch den Leitfähigkeitssprung nicht beeinflusst wird. Damit gilt aber auch die Aussage, dass die φ-gerichtete Stromdichte unabhängig von dem Sprung der Leitfähigkeit und damit unabhängig von der Koordinate φ ist. Da sie ebenfalls unabhängig von der Koordinate z sein muss, folgt der resultierende Ansatz $\vec{\mathbf{J}} = \vec{\mathbf{e}}_\varphi J_\varphi(\rho)$.

Lösung zur Teilaufgabe 2:

Mit dem Ohm'schen Gesetz $\vec{\mathbf{J}} = \kappa\vec{\mathbf{E}}$ gilt in den beiden Teilräumen

$$\vec{\mathbf{E}}_1 = \frac{1}{\kappa_1}\vec{\mathbf{J}} = \vec{\mathbf{e}}_\varphi \frac{1}{\kappa_1} J_\varphi(\rho) \quad \text{bzw.} \quad \vec{\mathbf{E}}_2 = \frac{1}{\kappa_2}\vec{\mathbf{J}} = \vec{\mathbf{e}}_\varphi \frac{1}{\kappa_2} J_\varphi(\rho).$$

Lösung zur Teilaufgabe 3:

Zur Berechnung der Spannung wird die elektrische Feldstärke von einem beliebigen Punkt innerhalb der Elektrode bei $\varphi = 0$ bis zu einem beliebigen Punkt innerhalb der Elektrode bei $\varphi = \varphi_2$ integriert. Wegen der φ-gerichteten Feldstärke wird auch der Integrationsweg entlang der Koordinate φ festgelegt. Mit dem entsprechenden vektoriellen Wegelement $d\vec{\mathbf{r}} = \vec{\mathbf{e}}_\varphi \rho d\varphi$ und mit der Aufteilung des Integrationsweges entsprechend der unterschiedlichen Feldstärken in den beiden Teilräumen gilt die Beziehung

$$U_{12} = \int_0^{\varphi_1} \vec{\mathbf{E}}_1 \cdot \vec{\mathbf{e}}_\varphi \rho\, d\varphi + \int_{\varphi_1}^{\varphi_2} \vec{\mathbf{E}}_2 \cdot \vec{\mathbf{e}}_\varphi \rho\, d\varphi = \int_0^{\varphi_1} \frac{1}{\kappa_1} J_\varphi(\rho) \underbrace{\vec{\mathbf{e}}_\varphi \cdot \vec{\mathbf{e}}_\varphi}_{=1} \rho\, d\varphi + \int_{\varphi_1}^{\varphi_2} \frac{1}{\kappa_2} J_\varphi(\rho) \underbrace{\vec{\mathbf{e}}_\varphi \cdot \vec{\mathbf{e}}_\varphi}_{=1} \rho\, d\varphi$$

$$= \frac{\rho}{\kappa_1} J_\varphi(\rho) \int_0^{\varphi_1} d\varphi + \frac{\rho}{\kappa_2} J_\varphi(\rho) \int_{\varphi_1}^{\varphi_2} d\varphi = \rho J_\varphi(\rho) \left(\frac{\varphi_1}{\kappa_1} + \frac{\varphi_2 - \varphi_1}{\kappa_2} \right).$$

Lösung zur Teilaufgabe 4:

Zur Berechnung des Gesamtstromes muss die Stromdichte über den Leiterquerschnitt integriert werden:

$$I = \iint_A \vec{\mathbf{J}} \cdot d\vec{\mathbf{A}} = \int_{z=0}^{h} \int_{\rho=a_1}^{a_2} J_\varphi(\rho) \underbrace{\vec{\mathbf{e}}_\varphi \cdot \vec{\mathbf{e}}_\varphi}_{=1} d\rho\, dz = h \int_{a_1}^{a_2} J_\varphi(\rho)\, d\rho\,.$$

Die von der Koordinate ρ abhängige Stromdichte $J_\varphi(\rho)$ kann mit dem Ergebnis aus Teilaufgabe 3 durch die Spannung U_{12} ausgedrückt werden:

$$J_\varphi(\rho) = \frac{U_{12}}{\rho}\left(\frac{\varphi_1}{\kappa_1} + \frac{\varphi_2 - \varphi_1}{\kappa_2}\right)^{-1} = \frac{U_{12}}{\rho}\left(\frac{\kappa_2\varphi_1 + \kappa_1(\varphi_2 - \varphi_1)}{\kappa_1\kappa_2}\right)^{-1} = \frac{U_{12}}{\rho}\frac{\kappa_1\kappa_2}{\kappa_2\varphi_1 + \kappa_1(\varphi_2 - \varphi_1)}.$$

Durch Einsetzen in die vorherige Gleichung ergibt sich der Zusammenhang zwischen Gesamtstrom I und Spannung U_{12}:

$$I = h\int_{a_1}^{a_2} J_\varphi(\rho)\,d\rho = hU_{12}\frac{\kappa_1\kappa_2}{\kappa_2\varphi_1 + \kappa_1(\varphi_2 - \varphi_1)}\int_{a_1}^{a_2}\frac{1}{\rho}d\rho = hU_{12}\frac{\kappa_1\kappa_2}{\kappa_2\varphi_1 + \kappa_1(\varphi_2 - \varphi_1)}\ln(\rho)\Big|_{a_1}^{a_2}$$

$$= hU_{12}\frac{\kappa_1\kappa_2}{\kappa_2\varphi_1 + \kappa_1(\varphi_2 - \varphi_1)}(\ln a_2 - \ln a_1) = hU_{12}\frac{\kappa_1\kappa_2}{\kappa_2\varphi_1 + \kappa_1(\varphi_2 - \varphi_1)}\ln\frac{a_2}{a_1},$$

woraus der Widerstand R des Leiters mit dem Ohm'schen Gesetz berechnet werden kann:

$$R = \frac{U_{12}}{I} = \frac{1}{h\ln(a_2/a_1)}\frac{\kappa_2\varphi_1 + \kappa_1(\varphi_2 - \varphi_1)}{\kappa_1\kappa_2}.$$

Aufgabe 2.6 | Widerstands- und Leistungsberechnung bei einem Koaxialkabel

In einem Koaxialkabel ist der Bereich zwischen Innen- und Außenleiter mit leitfähigem Material gefüllt. Der Bereich $0 \le \varphi < \alpha$ besteht aus einem Material der Leitfähigkeit κ_1, der Bereich $\alpha \le \varphi < 2\pi$ aus einem Material der Leitfähigkeit κ_2. Innenleiter und Außenleiter sind ideal leitfähig.

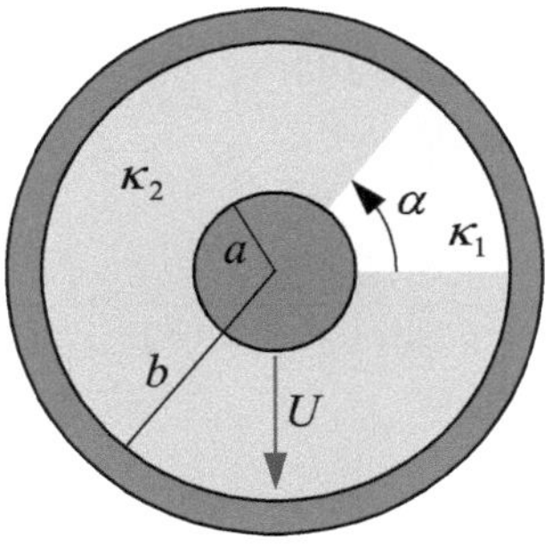

Abbildung 1: Koaxialkabel

1. Ermitteln Sie den Widerstand zwischen Innen- und Außenleiter für ein Leiterstück der Länge l in Abhängigkeit der gegebenen Größen.
2. Welche Gesamtleistung P wird verbraucht, wenn auf einer Länge l ein Gesamtstrom I vom Innen- zum Außenleiter fließt? Wie teilt sich hierbei die Leistung auf die beiden Materialbereiche auf?
3. Welche Energie wird in Wärme umgewandelt, wenn das Koaxialkabel für einen Zeitabschnitt Δt an die Spannung U angeschlossen ist?

Lösung zur Teilaufgabe 1:

Den Widerstand erhalten wir aus dem Ohm'schen Gesetz $R = U/I$, d.h., wir benötigen den Gesamtstrom I zwischen Innen- und Außenleiter, der sich infolge der angenommenen Spannung U einstellt. In den beiden unterschiedlichen Materialien stellt sich eine radial gerichtete Stromdichte

$$\vec{\mathbf{J}}_1(\rho) = \vec{\mathbf{e}}_\rho J_1(\rho) = \vec{\mathbf{e}}_\rho \kappa_1 E(\rho) \qquad \text{bzw.} \qquad \vec{\mathbf{J}}_2(\rho) = \vec{\mathbf{e}}_\rho J_2(\rho) = \vec{\mathbf{e}}_\rho \kappa_2 E(\rho)$$

ein. Während die Tangentialkomponente des elektrischen Feldes an einer Materialsprungstelle mit unterschiedlichen Leitfähigkeiten stetig ist, weist die Normalkomponente einen Sprung auf. In diesem Beispiel existiert bezüglich der Materialsprungstelle nur eine Tangentialkomponente der elektrischen Feldstärke. Damit ist die elektrische Feldstärke in beiden Materialien gleich und ihr Integral vom Innen- zum Außenleiter entspricht der Spannung U.

Den Gesamtstrom für ein Leiterstück der Länge l erhalten wir durch Integration der Stromdichte über die zylinderförmige Fläche:

$$I = \int_{z=0}^{l} \int_{\varphi=0}^{\alpha} \vec{\mathbf{J}}_1(\rho) \cdot \vec{\mathbf{e}}_\rho \rho \, d\varphi \, dz + \int_{z=0}^{l} \int_{\varphi=\alpha}^{2\pi} \vec{\mathbf{J}}_2(\rho) \cdot \vec{\mathbf{e}}_\rho \rho \, d\varphi \, dz = l \rho \left[\kappa_1 \alpha + \kappa_2 (2\pi - \alpha)\right] E(\rho) \, .$$

Aufgelöst nach der elektrischen Feldstärke ergibt sich

$$\vec{\mathbf{E}} = \vec{\mathbf{e}}_\rho E(\rho) = \vec{\mathbf{e}}_\rho \frac{1}{l\rho} \frac{I}{\kappa_1 \alpha + \kappa_2 (2\pi - \alpha)} \, .$$

Mit dem Zusammenhang zwischen Spannung und Feldstärke

$$U = \int_{\rho=a}^{b} \vec{\mathbf{e}}_\rho E(\rho) \cdot \vec{\mathbf{e}}_\rho d\rho = \int_a^b E(\rho) d\rho = \frac{1}{l} \frac{I}{\kappa_1 \alpha + \kappa_2 (2\pi - \alpha)} \ln\left(\frac{b}{a}\right)$$

erhalten wir den Widerstand

$$R = \frac{U}{I} = \frac{1}{l} \frac{1}{\kappa_1 \alpha + \kappa_2 (2\pi - \alpha)} \ln\left(\frac{b}{a}\right)$$

zwischen Innen- und Außenleiter.

Lösung zur Teilaufgabe 2:

Die gesamte verbrauchte Leistung berechnet sich mit

$$P = U\,I = \frac{1}{l} \frac{I^2}{\kappa_1 \alpha + \kappa_2 (2\pi - \alpha)} \ln\left(\frac{b}{a}\right) .$$

Die Leistungsaufteilung zwischen den Materialien entspricht der Stromaufteilung:

$$I_1 = \int_{z=0}^{l} \int_{\varphi=0}^{\alpha} \vec{\mathbf{J}}_1(\rho) \cdot \vec{\mathbf{e}}_\rho \rho \, d\varphi \, dz = \frac{I \, \kappa_1 \alpha}{\kappa_1 \alpha + \kappa_2 (2\pi - \alpha)} \quad \rightarrow \quad \frac{P_1}{P} = \frac{I_1 U}{IU} = \frac{\kappa_1 \alpha}{\kappa_1 \alpha + \kappa_2 (2\pi - \alpha)}$$

$$I_2 = \int_{z=0}^{l} \int_{\varphi=\alpha}^{2\pi} \vec{\mathbf{J}}_2(\rho) \cdot \vec{\mathbf{e}}_\rho \rho \, d\varphi \, dz = \frac{I \, \kappa_2 (2\pi - \alpha)}{\kappa_1 \alpha + \kappa_2 (2\pi - \alpha)} \quad \rightarrow \quad \frac{P_2}{P} = \frac{I_2 U}{IU} = \frac{\kappa_2 (2\pi - \alpha)}{\kappa_1 \alpha + \kappa_2 (2\pi - \alpha)} \, .$$

Lösung zur Teilaufgabe 3:

Nach der Zeit Δt wird folgende Energie in Wärme umgesetzt:

$$W_e = \int_t P\,\mathrm{d}t = \frac{\Delta t}{l}\frac{I^2}{\kappa_1\alpha + \kappa_2(2\pi - \alpha)}\ln\left(\frac{b}{a}\right).$$

2.4 Level 3

Aufgabe 2.7 | Widerstandsberechnung bei ortsabhängiger Leitfähigkeit

Wir betrachten eine ähnliche Anordnung wie in Aufgabe 2.6. Der Unterschied besteht darin, dass die Anordnung jetzt unabhängig von der Koordinate φ ist und die Leitfähigkeit des Materials zwischen den beiden Zylinderflächen entsprechend der Angabe in Abb. 1 von der Koordinate ρ abhängig ist.

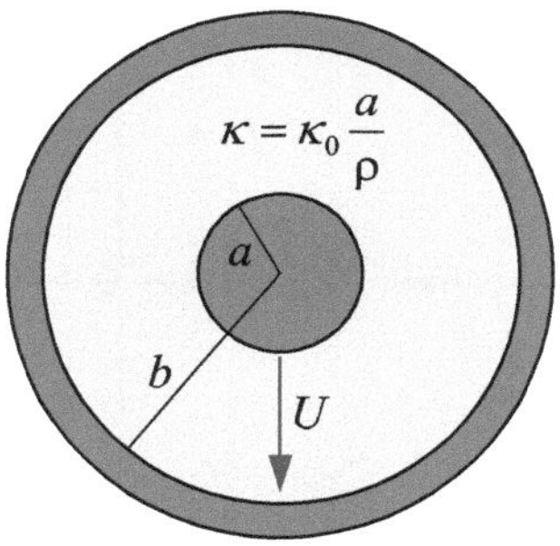

Abbildung 1: Koaxialkabel

Ermitteln Sie den Widerstand zwischen Innen- und Außenleiter für ein Leiterstück der Länge l in Abhängigkeit der gegebenen Größen.

Lösung

Infolge der angelegten Spannung wird ein Strom vom Innenzylinder zum Außenzylinder fließen. Die ρ-gerichtete Stromdichte hängt nur von der Koordinate ρ ab: $\vec{\mathbf{J}} = \vec{\mathbf{e}}_\rho J(\rho)$. Wir bezeichnen den Strom, der pro Länge l vom Innenzylinder zum Außenzylinder fließt, mit I. Da das Integral der Stromdichte über einen Zylinder vom Radius ρ mit $a \le \rho \le b$ und mit der Länge l den Strom I ergibt, kann die Stromdichte direkt angegeben werden:

$$\iint\limits_{Zylinderfläche} \vec{\mathbf{J}}(\rho)\cdot \mathrm{d}\vec{\mathbf{A}} = \int_0^l \int_0^{2\pi} \vec{\mathbf{e}}_\rho J(\rho)\cdot \vec{\mathbf{e}}_\rho \rho\,\mathrm{d}\varphi\,\mathrm{d}z = J(\rho)2\pi\rho l = I \quad \rightarrow \quad \vec{\mathbf{J}}(\rho) = \vec{\mathbf{e}}_\rho \frac{I}{2\pi\rho l}.$$

Die elektrische Feldstärke erhalten wir aus dem Ohm'schen Gesetz:

$$\vec{\mathbf{E}}(\rho) = \frac{1}{\kappa(\rho)}\vec{\mathbf{J}}(\rho) = \frac{\rho}{\kappa_0 a}\vec{\mathbf{e}}_\rho \frac{I}{2\pi\rho l} = \vec{\mathbf{e}}_\rho \frac{I}{\kappa_0 2\pi a l}.$$

Aufgrund der besonderen Abhängigkeit der Leitfähigkeit von der Koordinate ρ ist die Feldstärke unabhängig von ρ. Der letzte Schritt besteht darin, die Spannung aus dem Integral der Feldstärke zu berechnen und damit den gesuchten Zusammenhang zu erhalten, aus dem der ohmsche Widerstand direkt angegeben werden kann:

$$U=\int_a^b \vec{\mathbf{E}}\cdot d\vec{\mathbf{s}}=\int_a^b \vec{\mathbf{e}}_\rho \frac{I}{\kappa_0 2\pi a l}\cdot\vec{\mathbf{e}}_\rho d\rho=\frac{I}{\kappa_0 2\pi a l}\int_a^b d\rho=\frac{I(b-a)}{\kappa_0 2\pi a l} \quad\rightarrow\quad R=\frac{U}{I}=\frac{b-a}{\kappa_0 2\pi a l}.$$

Aufgabe 2.8 Zusammengesetzte Leiterbahnen

Zwei Leiterbahnstücke der Dicke d und der Breite b besitzen die Form eines Viertelkreises mit Innenradius a und Außenradius $a+b$. Sie bestehen aus Materialien der Leitfähigkeiten κ_1 und κ_2 und besitzen an ihren Enden dünne, perfekt leitfähige Elektroden. Diese Leiterbahnstücke sind entsprechend den Teilbildern a und b in Abb. 1 auf unterschiedliche Art und Weise in Reihe geschaltet.

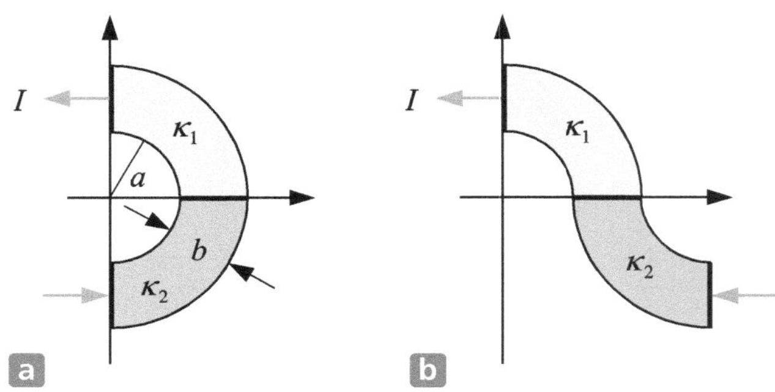

Abbildung 1: Reihenschaltung kreisförmiger Leiterbahnen

1. Geben Sie die Widerstände R_1 und R_2 der einzelnen Kreisbögen an.
2. Berechnen Sie die Stromdichteverteilung $\vec{\mathbf{J}}=\vec{\mathbf{e}}_\varphi J_\varphi(\rho)$ innerhalb der Leiterbahn mit der Leitfähigkeit κ_1.
3. Wie groß sind die Gesamtwiderstände der in Reihe liegenden Leiterbahnen, wenn an der Übergangsstelle zwischen den beiden Teilen die perfekt leitende Schicht vorhanden ist?
4. Jetzt wird die perfekt leitende Schicht zwischen den beiden Teilbereichen entfernt. Ändern sich die Gesamtwiderstände durch diese Maßnahme oder bleiben sie gleich? Überprüfen Sie zur Beantwortung dieser Frage die Randbedingungen in der Trennebene.

Lösung zur Teilaufgabe 1:

Die Widerstände R_1 und R_2 können aus Aufgabe 2.5 übernommen werden. Mit $\varphi_1=\varphi_2=\pi/2$ und unter Berücksichtigung der entsprechenden Bezeichnungen folgt aus der letzten Formel in Aufgabe 2.5

$$R_1=\frac{1}{d\ln(1+b/a)}\frac{\pi}{2\kappa_1} \quad \text{und} \quad R_2=\frac{1}{d\ln(1+b/a)}\frac{\pi}{2\kappa_2}.$$

Lösung zur Teilaufgabe 2:

Wie bereits in Aufgabe 2.5 erläutert, besitzt die Stromdichte bei einem solchen kreisförmigen Leiter mit perfekt leitenden Elektroden an den Stirnseiten nur eine von der Koordinate ρ abhängige φ-Komponente. Wegen $\vec{\mathbf{J}} = \kappa\vec{\mathbf{E}}$ besitzt auch die elektrische Feldstärke nur eine von der Koordinate ρ abhängige φ-Komponente. Da die in Abb. 2 eingezeichnete Spannung zwischen den beiden Elektroden unabhängig von der Koordinate ρ den gleichen Wert aufweist, gilt

$$U_1 = \int_0^{\pi/2} \vec{\mathbf{e}}_\varphi E(\rho)\cdot\vec{\mathbf{e}}_\varphi \rho\,\mathrm{d}\varphi = \int_0^{\pi/2} E(\rho)\rho\,\mathrm{d}\varphi = E(\rho)\rho\int_0^{\pi/2}\mathrm{d}\varphi = \rho\frac{\pi}{2}E(\rho) \quad\rightarrow\quad E(\rho) = \frac{2U_1}{\pi\rho}.$$

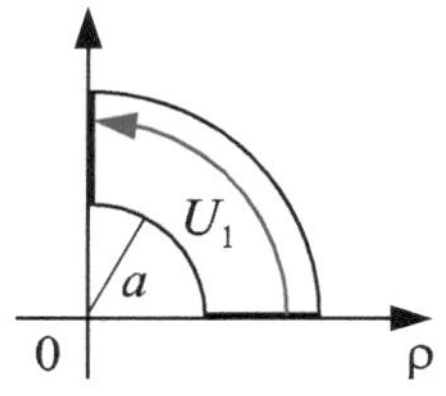

Abbildung 2: Zur Berechnung der Feldstärke

Für die Stromdichteverteilung erhalten wir mit dem Ohm'schen Gesetz

$$\vec{\mathbf{J}}_1 = \kappa_1\vec{\mathbf{E}}_1 = \vec{\mathbf{e}}_\varphi\frac{2\kappa_1 U_1}{\pi\rho} = \vec{\mathbf{e}}_\varphi\frac{2\kappa_1}{\pi\rho}R_1 I = \vec{\mathbf{e}}_\varphi\frac{1}{\rho}\frac{1}{d\ln(1+b/a)}I\,. \qquad (1)$$

Lösung zur Teilaufgabe 3:

Die perfekt leitfähigen Elektroden an den Enden stellen Äquipotentialflächen dar, auf denen die elektrische Feldstärke und die Stromdichte senkrecht stehen. Das ändert sich auch nicht durch die Zusammenschaltung, weder in Teilbild a noch in Teilbild b. Die beiden Leiterbahnabschnitte beeinflussen sich nicht gegenseitig und der Widerstand der Gesamtanordnung entspricht der Summe der Einzelwiderstände:[1] $R_{ges} = R_1 + R_2$.

Lösung zur Teilaufgabe 4:

An der Trennstelle zwischen Materialien unterschiedlicher Leitfähigkeiten gelten die Randbedingungen $J_{n1} = J_{n2}$ und $E_{t1} = E_{t2}$. Wenn wir davon ausgehen, dass sich die bisherige Stromdichteverteilung nach Entfernen der perfekt leitenden Schicht in der Trennebene nicht ändert, d.h., die beiden Randbedingungen werden von der bisherigen Lösung erfüllt, dann werden sich die Gesamtwiderstände auch nicht ändern. Die bisherige Lösung aus Teilaufgabe 2 enthält keine tangentiale, d.h. ρ-gerichtete Stromdichtekomponente. Damit verschwindet auch die tangentiale Feldstärkekomponente und es gilt in beiden Teilbildern a und b der Abb. 1 in der Trennebene die Aussage $E_{t1} = E_{t2} = 0$.

Damit verbleibt noch die Überprüfung der zweiten Randbedingung, nämlich der senkrecht auf der Trennfläche stehenden φ-gerichteten Stromdichteverteilung. Die bisherige Forderung, dass die Stromdichte senkrecht auf der perfekt leitenden Elektrode stehen muss, wird jetzt durch die Forderung nach der Stetigkeit der Normalkomponente der

1 Vgl. die Reihenschaltung von Widerständen in Kap. 3.

Stromdichte ersetzt. Nach Gl. (1) ist die Stromdichte abhängig von der Koordinate ρ, sie besitzt den größten Wert an der Innenseite bei $\rho = a$ und den kleinsten Wert an der Außenseite bei $\rho = a+b$. In dem kreisförmigen Leiter der Materialeigenschaft κ_2 erhalten wir den gleichen Zusammenhang.

Betrachten wir jetzt die Hintereinanderschaltung der beiden Kreisbögen gemäß Abb. 1a, dann erhalten wir in beiden Teilräumen die gleiche Abhängigkeit

$$J_{n1} = \frac{1}{\rho} \frac{1}{d \ln(1+b/a)} I = J_{n2},$$

d.h., die geforderte Bedingung ist erfüllt und es gilt weiterhin $R_{ges} = R_1 + R_2$.

In der Anordnung nach Teilbild b ist die Situation aber völlig anders. Hier trifft der Bereich mit der großen Stromdichte im unteren Kreisbogen auf den Bereich mit der niedrigen Stromdichte im oberen Kreisbogen und umgekehrt. In der Abb. 3 ist diese Situation veranschaulicht. Im bisher betrachteten Fall mit der perfekt leitenden Elektrode zwischen den Bereichen gleichen sich die unterschiedlichen Stromdichten oberhalb und unterhalb der Trennebene dadurch aus, dass ein flächenhaft verteilter Strom K in der Elektrode fließt. Diese wirkt wie ein Kurzschluss.

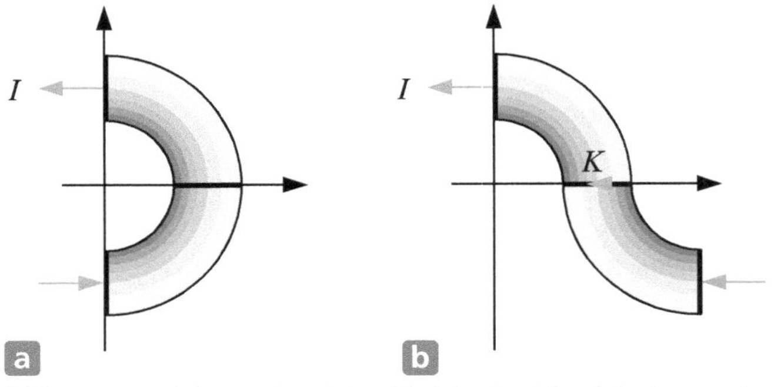

Abbildung 3: Stromdichteverteilung bei perfekt leitender Elektrode in der Trennebene

Wird die Elektrode entfernt, dann tritt dieser Kurzschlussstrom nicht mehr auf und die neue Forderung bezüglich der Stetigkeit der Normalkomponente der Stromdichte $J_{n1} = J_{n2}$ ist nicht für die gesamte Trennebene gewährleistet, d.h., die bisherige allein von ρ abhängige φ-gerichtete Stromdichteverteilung nach Gl. (1) muss sich gegenüber der Situation mit perfekt leitender Elektrode in der Trennebene ändern. Dadurch wird sich auch der Gesamtwiderstand ändern, im vorliegenden Beispiel wird er größer werden: $R_{ges} > R_1 + R_2$.

Aufgabe 2.9 Leiteranordnung, Stromdichteberechnung

Um die z-Achse eines Zylinderkoordinatensystems ist ein unendlich langer zylindrischer Hohlleiter kreisförmigen Querschnitts mit Innenradius r_i und Außenradius r_a angeordnet. Der Hohlleiter besteht aus drei gleichen Teilkörpern (1), (2) und (3) der Leitfähigkeit κ. Zwischen den Teilkörpern sind dünne, dem zylindrischen Aufbau angepasste metallische Elektroden ($\kappa \to \infty$) eingebracht. Die Dicke der metallischen Elektroden ist gegenüber den anderen Abmessungen zu vernachlässigen.

An die Elektroden, die den Bereich (3) einschließen, wird entsprechend Abb. 1 die Gleichspannung U_q angelegt, sodass die Anordnung pro Längeneinheit der Koordinate z vom Strom I durchflossen wird.

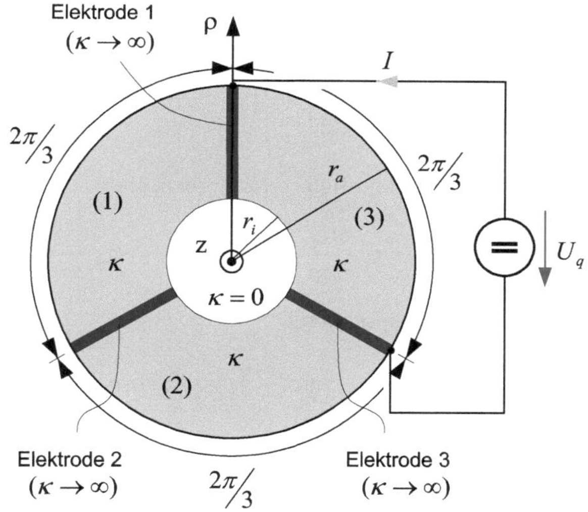

Abbildung 1: Zylindrischer Hohlleiter

1. Stellen Sie einen Ansatz für die Stromdichte in den drei Bereichen auf.
2. Bestimmen Sie die elektrische Feldstärke $\vec{\mathbf{E}}$ sowie die Stromdichte $\vec{\mathbf{J}}$ in den Bereichen (1), (2) und (3).
3. Bestimmen Sie den Gesamtstrom I, der pro Längeneinheit durch die Anordnung fließt, sowie den Widerstand pro Längeneinheit.

Lösung zur Teilaufgabe 1:

Auf perfekt leitenden Flächen steht die Stromdichte senkrecht, die Tangentialkomponente verschwindet. Dagegen verschwindet die Normalkomponente beim Übergang zu nichtleitfähigen Gebieten. Da die Stromdichte also senkrecht aus den Elektroden austritt und tangential zu den Berandungen verläuft, besitzt sie nur eine Komponente in φ-Richtung. Damit gilt in den Teilbereichen i = 1,2,3 der Ansatz $\vec{\mathbf{J}}_i = \vec{\mathbf{e}}_\varphi J_i(\rho)$.

Lösung zur Teilaufgabe 2:

Das elektrische Feld besitzt die gleiche Orientierung wie die Stromdichte, sodass der Ansatz $\vec{\mathbf{E}}_i = \vec{\mathbf{e}}_\varphi\, E_i(\rho)$ gilt:

$$\text{Teilbereich (1):}\quad \int_{Elektrode\,1}^{Elektrode\,2} \vec{\mathbf{E}}_1 \cdot d\vec{\mathbf{s}} = \int_{\varphi=0}^{\frac{2\pi}{3}} E_1(\rho)\underbrace{\vec{\mathbf{e}}_\varphi \cdot \vec{\mathbf{e}}_\varphi}_{=1}\rho\, d\varphi = \frac{E_1(\rho)\, 2\pi\rho}{3} = \frac{U_q}{2}$$

$$\text{Teilbereich (2):}\quad \int_{Elektrode\,2}^{Elektrode\,3} \vec{\mathbf{E}}_2 \cdot d\vec{\mathbf{s}} = \int_{\varphi=\frac{2\pi}{3}}^{\frac{4\pi}{3}} E_2(\rho)\vec{\mathbf{e}}_\varphi \cdot \vec{\mathbf{e}}_\varphi\rho\, d\varphi = \frac{E_2(\rho)\, 2\pi\rho}{3} = \frac{U_q}{2}$$

$$\text{Teilbereich (3):}\quad \int_{Elektrode\,3}^{Elektrode\,1} \vec{\mathbf{E}}_3 \cdot d\vec{\mathbf{s}} = \int_{\varphi=\frac{4\pi}{3}}^{2\pi} E_3(\rho)\vec{\mathbf{e}}_\varphi \cdot \vec{\mathbf{e}}_\varphi\rho\, d\varphi = \frac{E_3(\rho)\, 2\pi\rho}{3} = -U_q\,.$$

Die Umstellung nach den Feldstärken liefert die Ergebnisse

$$\vec{\mathbf{E}}_1 = \vec{\mathbf{e}}_\varphi \frac{3U_q}{4\pi\rho}, \qquad \vec{\mathbf{E}}_2 = \vec{\mathbf{e}}_\varphi \frac{3U_q}{4\pi\rho} \qquad \text{und} \qquad \vec{\mathbf{E}}_3 = -\vec{\mathbf{e}}_\varphi \frac{3U_q}{2\pi\rho}\,.$$

Für die Stromdichten gilt dementsprechend

$$\vec{\mathbf{J}}_1 = \vec{\mathbf{J}}_2 = \kappa\vec{\mathbf{E}}_1 = \vec{\mathbf{e}}_\varphi \frac{3\kappa}{4\pi\rho} U_q \qquad \text{und} \qquad \vec{\mathbf{J}}_3 = \kappa\vec{\mathbf{E}}_3 = -\vec{\mathbf{e}}_\varphi \frac{3\kappa}{2\pi\rho} U_q\,.$$

Lösung zur Teilaufgabe 3:

Der Strom pro Längeneinheit lässt sich aus der Stromdichte bestimmen:

$$I_i = \iint_A \vec{\mathbf{J}}_i \cdot d\vec{\mathbf{A}} = \int_{z=0}^{l} \int_{\rho=r_i}^{r_a} J_i(\rho)\vec{\mathbf{e}}_\varphi \cdot \vec{\mathbf{e}}_\varphi d\rho\, dz = l\int_{r_i}^{r_a} J_i(\rho)\, d\rho\,.$$

Da in den Bereichen 1 und 3 unterschiedliche Stromdichten berechnet wurden, fließen hier auch unterschiedliche Ströme:

$$\frac{I_1}{l} = \frac{I_2}{l} = \int_{r_i}^{r_a} J_1(\rho)\, d\rho = \int_{r_i}^{r_a} \frac{3\kappa U_q}{4\pi\rho} d\rho = \frac{3\kappa U_q}{4\pi}\int_{r_i}^{r_a} \frac{1}{\rho} d\rho = \frac{3\kappa U_q}{4\pi} \ln\frac{r_a}{r_i}$$

$$\frac{I_3}{l} = \int_{r_i}^{r_a} J_3(\rho)\, d\rho = \int_{r_i}^{r_a} 2J_1(\rho)\, d\rho = \frac{3\kappa U_q}{2\pi} \ln\frac{r_a}{r_i} = 2\frac{I_1}{l}\,.$$

Resultierend erhalten wir den Gesamtstrom pro Längeneinheit

$$\frac{I}{l} = \frac{I_1}{l} + \frac{I_3}{l} = 3\frac{I_1}{l} = \frac{9\kappa U_q}{4\pi} \ln\frac{r_a}{r_i}$$

und daraus den Widerstand

$$R = \frac{U_q}{I} = \frac{4\pi}{9\kappa l \ln(r_a / r_i)} .$$

Aufgabe 2.10 Leiteranordnung, Stromdichte- und Widerstandsberechnung

Um die z-Achse eines zylindrischen Koordinatensystems (ρ,φ,z) ist ein Koaxialleiter mit den Abmessungen a (Radius des Innenleiters) und b (Innenradius des Außenleiters) konzentrisch angeordnet. Zwei rotationssymmetrische Bereiche sind auf der Länge h_1 bzw. h_2 mit Materialien der Leitfähigkeiten κ_1 und κ_2 ausgefüllt.

Die Innen- und Außenleiter sind perfekt leitfähig. Infolge der Spannung U fließt vom Innenleiter der Gesamtstrom I durch die zwei Widerstandsmaterialien zu dem Außenleiter.

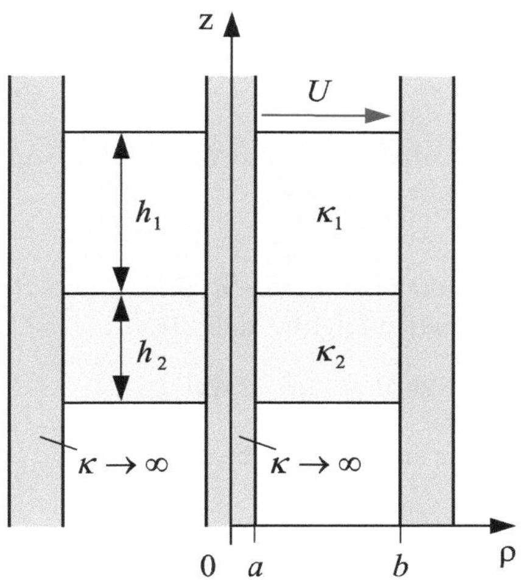

Abbildung 1: Querschnitt der zylindrischen Anordnung

1. Stellen Sie einen Ansatz für die Stromdichte in den beiden Bereichen auf.
2. In welchem Zusammenhang stehen die beiden Stromdichten $\vec{J}_1$ und $\vec{J}_2$?
3. Berechnen Sie den Gesamtstrom I in Abhängigkeit von den Stromdichten $J_{\rho 1}(\rho)$ und $J_{\rho 2}(\rho)$, dem Radius ρ sowie den Längen h_1 und h_2. Bestimmen Sie mithilfe des Ergebnisses der Teilaufgabe 2 die Stromdichten $\vec{J}_1$ und $\vec{J}_2$ in Abhängigkeit des Gesamtstromes I.
4. Welche Spannung U herrscht zwischen Innen- und Außenleiter?
5. Bestimmen Sie den Widerstand R dieser Anordnung in Abhängigkeit von den Geometriedaten und den Leitfähigkeiten κ_1 und κ_2.

Lösung zur Teilaufgabe 1:

Für die elektrischen Stromdichten $\vec{\mathbf{J}}_1$ und $\vec{\mathbf{J}}_2$ in den Widerstandsmaterialien der Leitfähigkeiten κ_1 bzw. κ_2 gelten die Ansätze

$$\vec{\mathbf{J}}_1 = \vec{\mathbf{e}}_\rho J_{\rho 1}(\rho) \qquad \text{und} \qquad \vec{\mathbf{J}}_2 = \vec{\mathbf{e}}_\rho J_{\rho 2}(\rho) \,.$$

Lösung zur Teilaufgabe 2:

In der Trennebene zwischen den beiden Materialien ist die tangential gerichtete elektrische Feldstärke stetig, d.h., es gilt $E_{\rho 1} = E_{\rho 2}$. Mit dem Ohm'schen Gesetz folgt unmittelbar der gesuchte Zusammenhang:

$$E_{\rho 1} = \frac{1}{\kappa_1} J_{\rho 1} = E_{\rho 2} = \frac{1}{\kappa_2} J_{\rho 2} \quad \to \quad \vec{\mathbf{J}}_2 = \frac{\kappa_2}{\kappa_1} \vec{\mathbf{J}}_1 \,.$$

Lösung zur Teilaufgabe 3:

Der Gesamtstrom berechnet sich aus der Integration der beiden Stromdichten über die Gesamtfläche:

$$I = \iint\limits_{\substack{\text{Zylinder-}\\ \text{mantel}}} \vec{\mathbf{J}} \cdot \mathrm{d}\vec{\mathbf{A}} = \iint\limits_{\substack{\text{Zylinder-}\\ \text{mantel der}\\ \text{Höhe } h_1}} \vec{\mathbf{J}}_1 \cdot \mathrm{d}\vec{\mathbf{A}} + \iint\limits_{\substack{\text{Zylinder-}\\ \text{mantel der}\\ \text{Höhe } h_2}} \vec{\mathbf{J}}_2 \cdot \mathrm{d}\vec{\mathbf{A}} \,.$$

Mit dem vektoriellen Flächenelement $\mathrm{d}\vec{\mathbf{A}} = \vec{\mathbf{e}}_\rho \, \rho \mathrm{d}\varphi \mathrm{d}z$ und der auf der Zylindermantelfläche konstanten Koordinate ρ folgt für den Strom

$$I = 2\pi\rho h_1 J_{\rho 1}(\rho) + 2\pi\rho h_2 J_{\rho 2}(\rho)$$

und mit dem Zusammenhang aus Teilaufgabe 1

$$I = 2\pi\rho \left(h_1 + \frac{\kappa_2}{\kappa_1} h_2 \right) J_{\rho 1}(\rho) \,.$$

Damit gilt für die Stromdichten

$$\vec{\mathbf{J}}_1 = \vec{\mathbf{e}}_\rho \frac{\kappa_1 I}{2\pi\rho(\kappa_1 h_1 + \kappa_2 h_2)} \qquad \text{und} \qquad \vec{\mathbf{J}}_2 = \frac{\kappa_2}{\kappa_1} \vec{\mathbf{J}}_1 = \vec{\mathbf{e}}_\rho \frac{\kappa_2 I}{2\pi\rho(\kappa_1 h_1 + \kappa_2 h_2)} \,.$$

Lösung zur Teilaufgabe 4:

Zur Berechnung der Spannung wird die elektrische Feldstärke benötigt:

$$\vec{\mathbf{E}} = \frac{1}{\kappa_1} \vec{\mathbf{J}}_1 = \frac{1}{\kappa_2} \vec{\mathbf{J}}_2 = \vec{\mathbf{e}}_\rho \frac{I}{2\pi\rho(\kappa_1 h_1 + \kappa_2 h_2)} \,.$$

Die Integration der Feldstärke vom Innen- zum Außenleiter liefert das Ergebnis

$$U = \int_{\text{Innenleiter}}^{\text{Außenleiter}} \vec{\mathbf{E}} \cdot d\vec{\mathbf{s}} = \int_a^b \frac{I}{2\pi\rho(\kappa_1 h_1 + \kappa_2 h_2)} \vec{\mathbf{e}}_\rho \cdot \vec{\mathbf{e}}_\rho d\rho$$

$$= \frac{I}{2\pi(\kappa_1 h_1 + \kappa_2 h_2)} \int_a^b \frac{d\rho}{\rho} = \frac{I}{2\pi(\kappa_1 h_1 + \kappa_2 h_2)} \ln\left(\frac{b}{a}\right).$$

Lösung zur Teilaufgabe 5:

Aus dem Ohm'schen Gesetz errechnet sich der Widerstand zu

$$R = \frac{U}{I} = \frac{1}{2\pi(\kappa_1 h_1 + \kappa_2 h_2)} \ln\left(\frac{b}{a}\right).$$

Aufgabe 2.11 Schrittspannung

Ein Blitzableiter ist in Form eines halbkugelförmigen Erders in den Boden eingelassen worden.

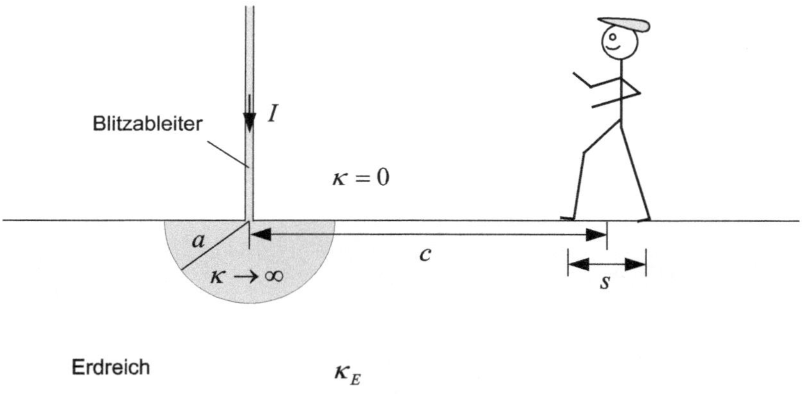

Abbildung 1: Halbkugelerder

1. Stellen Sie einen Ansatz für die Stromdichte im Erdreich auf.
2. Drücken Sie die Stromdichte $\vec{\mathbf{J}}$ durch die elektrische Feldstärke $\vec{\mathbf{E}}$ aus.
3. Berechnen Sie die als Schrittspannung bezeichnete Potentialdifferenz, die sich in Abhängigkeit von dem Abstand zum Erder bei einer Schrittweite s ausbildet.
4. Berechnen Sie die Schrittspannung für trockene Erde mit folgenden Daten: I = 1 kA, c = 10 m, s = 0,75 m und κ_E = $10^{-4}/\Omega$m.

Lösung zur Teilaufgabe 1:

Die Stromdichte steht auf der Oberfläche der als perfekt leitend angenommenen Elektrode senkrecht, d.h., der Strom wird sich von der Einspeisestelle radial in den unteren Halbraum ausbreiten $\vec{\mathbf{J}} = \vec{\mathbf{e}}_r J(\mathrm{r})$.

Lösung zur Teilaufgabe 2:

Die Flächen gleichen Potentials sind Halbkugeln, sodass für die Stromdichte und damit für die Feldstärke der folgende Zusammenhang gilt:

$$J(\mathrm{r}) = \frac{I}{2\pi \mathrm{r}^2} = \kappa_E E(\mathrm{r}) .$$

Lösung zur Teilaufgabe 3:

Mit dem mittleren Abstand der Person von der Einspeisestelle c stellt sich bei der Schrittweite s die folgende Spannung ein:

$$U = \int_{c-s/2}^{c+s/2} \vec{\mathbf{E}} \cdot \mathrm{d}\vec{\mathbf{s}} = \int_{c-s/2}^{c+s/2} \vec{\mathbf{e}}_r \frac{I}{2\pi\kappa_E \mathrm{r}^2} \cdot \vec{\mathbf{e}}_r \mathrm{dr} = \frac{I}{2\pi\kappa_E}\left(\frac{1}{c-s/2} - \frac{1}{c+s/2}\right) = \frac{I}{2\pi\kappa_E} \frac{s}{c^2 - s^2/4} .$$

Lösung zur Teilaufgabe 4:

Bei den gegebenen Werten ergibt sich eine Schrittspannung von

$$U = \frac{I}{2\pi\kappa_E} \frac{s}{c^2 - s^2/4} = \frac{10^3\,\mathrm{A\Omega m}}{2\pi \cdot 10^{-4}} \frac{0{,}75\,\mathrm{m}}{100\,\mathrm{m}^2 - 9\,\mathrm{m}^2/64} \approx 12\,\mathrm{kV} .$$

Schlussfolgerung

An dem Zahlenbeispiel ist zu erkennen, dass die Schrittspannung unter Umständen lebensbedrohliche Werte annimmt. Eine Reduzierung lässt sich erreichen

- durch einen größeren Abstand c zur Einspeisestelle,
- durch eine geringere Schrittweite s,
- bei geringerem Einspeisestrom und bei
- zunehmender spezifischer Leitfähigkeit κ_E des Bodens.

Einfache elektrische Netzwerke

Wichtige Formeln

3

Kirchhoff'sche Gleichungen

$$\sum_{Masche} U = 0 \quad \text{und} \quad \sum_{Knoten} I = 0$$

Widerstandsnetzwerk

Parallelschaltung $\frac{1}{R_{ges}} = \sum_k \frac{1}{R_k}, \quad G_{ges} = \sum_k G_k$

Reihenschaltung $R_{ges} = \sum_k R_k$

Wirkungsgrad

$$\eta = \frac{\text{Nutzleistung}}{\text{Abgegebene Leistung}} = \frac{P_L}{P_{ges}} \cdot 100\%$$

Spannungsteiler

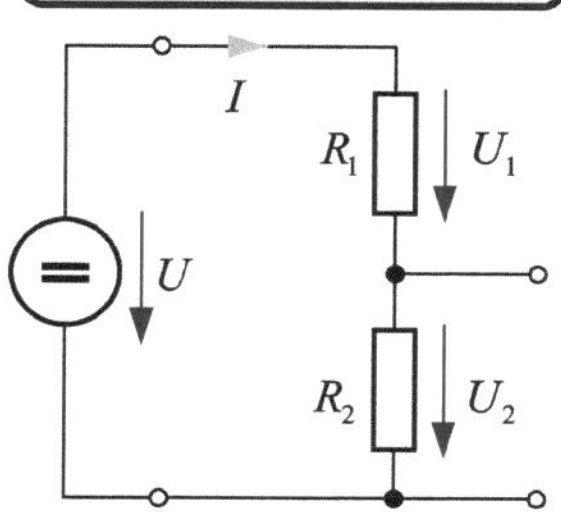

$$\frac{U_2}{U} = \frac{R_2}{R_1 + R_2}$$

$$\frac{U_1}{U_2} = \frac{R_1}{R_2}$$

Stromteiler

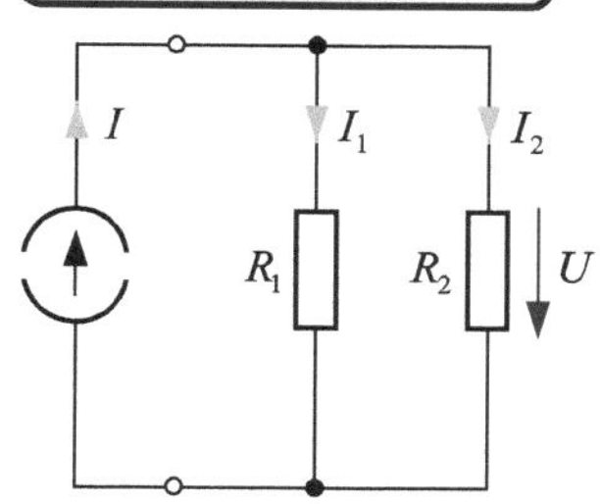

$$\frac{I_2}{I} = \frac{R_1}{R_1 + R_2} = \frac{G_2}{G_1 + G_2}$$

$$\frac{I_1}{I_2} = \frac{R_2}{R_1} = \frac{G_1}{G_2}$$

Überlagerungsprinzip

1. Quellen einzeln betrachten
   a) Spannungsquellen durch Kurzschluss ersetzen
   b) Stromquellen durch Leerlauf ersetzen
2. Überlagern

Netzwerkanalyse

1. Darstellung des Netzwerkgraphen
2. Festlegung der Zählrichtungen
3. Aufstellung der $k-1$ lin. unabh. Knotengl.
4. Aufstellung der $m = z - k + 1$ Maschengl.
   a) Vollständiger Baum
   b) Auftrennung der Maschen

3.1 Verständnisaufgaben

1. Sie besitzen zwei Lämpchen mit der Aufschrift 2W/6V und 1W/6V. Beide Lämpchen schalten Sie in Reihe und verbinden sie mit einer 6-V-Batterie. Was beobachten Sie?

a) Beide Lämpchen leuchten gleich hell.
b) Das 2W/6V-Lämpchen leuchtet heller.
c) Das 1W/6V-Lämpchen leuchtet heller.

2. In welche Richtung würden Sie in dem unteren Bild den Strom wählen?

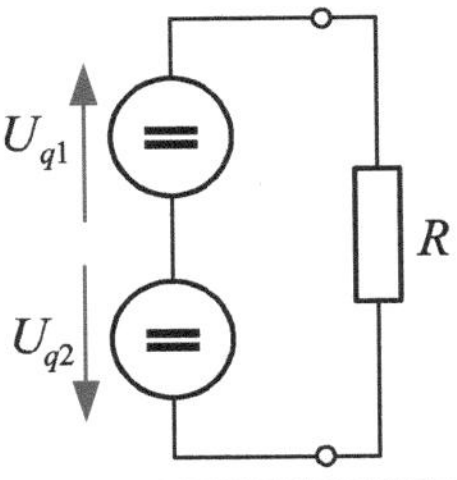

3. Ein Quadrat aus Widerstandsdraht, dessen ohmscher Widerstand für jede Kante R = 0,6 Ω beträgt, ist mit einer 6-V-Spannungsquelle, wie im Bild gezeigt, verbunden. Wie groß ist die Spannung U an der rechten Kante?

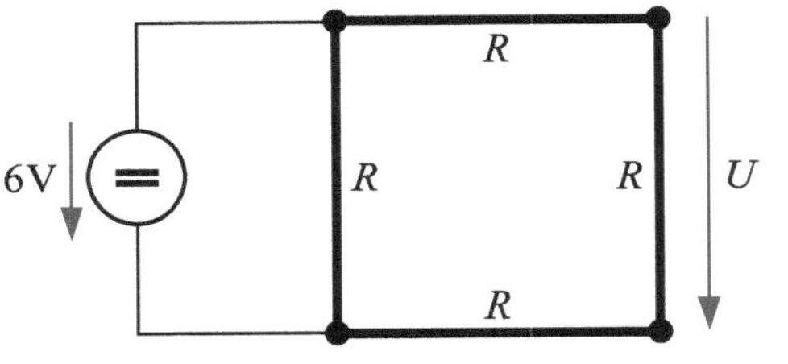

4. Welche der Schaltungen a – d führen zu einem Widerspruch?

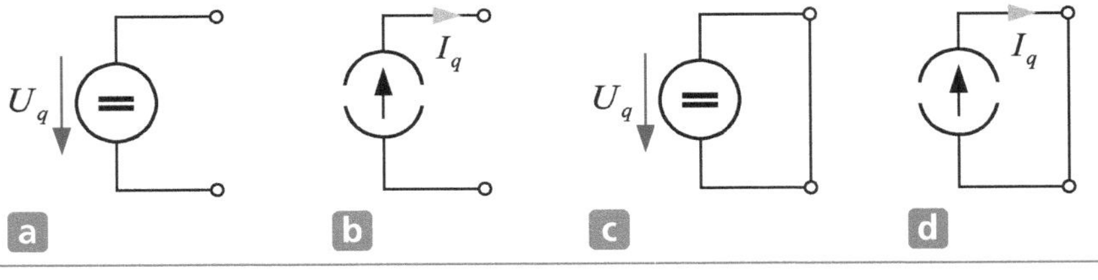

5. Stellen Sie die Maschengleichung für das gezeigte Netzwerk auf.

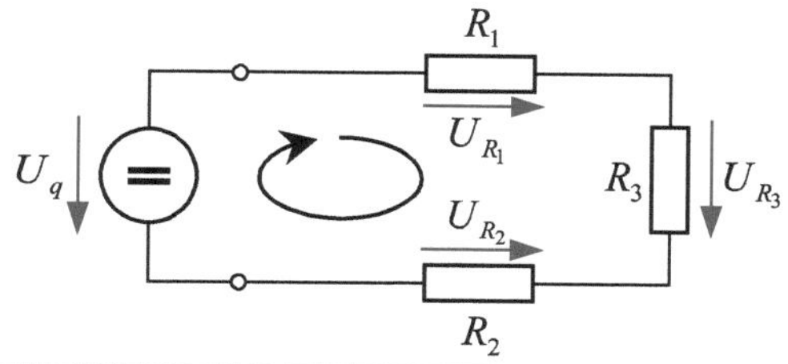

6. Stellen Sie die Knotengleichungen für die beiden gekennzeichneten Knoten auf.

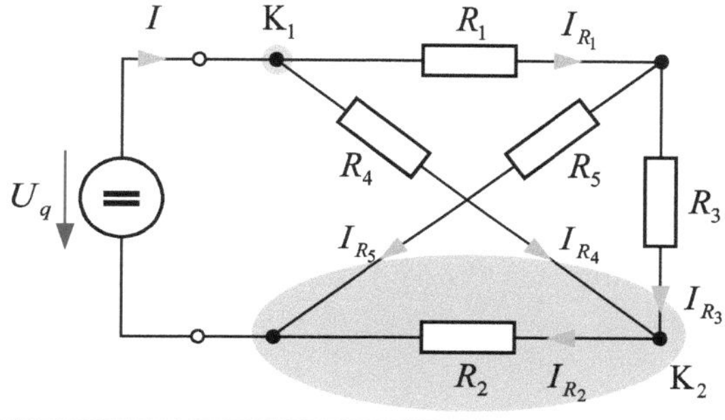

7. Dimensionieren Sie R_1 und R_2 so, dass R_{ges} gleich 10 Ω wird.

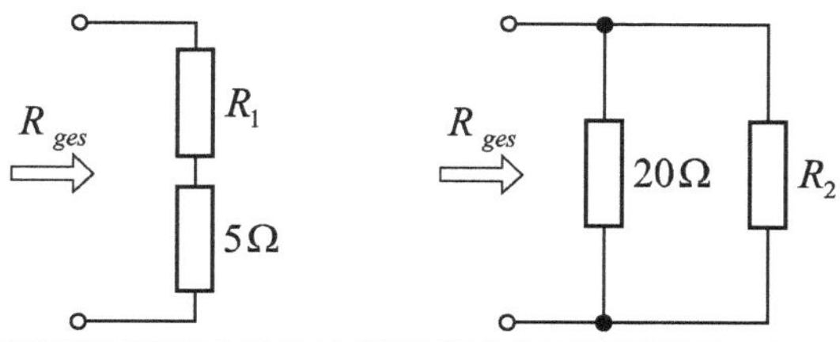

Lösung zur Aufgabe 1:

Im ersten Schritt werden die Widerstände der beiden Lämpchen berechnet:

$$P \overset{(2.49)}{=} \frac{U^2}{R} \quad \to \quad R_1 = \frac{U_{R_1}^2}{P_{R_1}} = \frac{36\,\mathrm{V}^2}{2\,\mathrm{W}} = 18\,\Omega \quad \text{und} \quad R_2 = \frac{36\,\mathrm{V}^2}{1\,\mathrm{W}} = 36\,\Omega\,.$$

Bei der Reihenschaltung werden beide Lämpchen vom gleichen Strom

$$I = \frac{U}{R_1 + R_2} = \frac{6\,\mathrm{V}}{18\,\Omega + 36\,\Omega} = \frac{1}{9}\,\mathrm{A}$$

durchflossen. Die von den Lämpchen aufgenommene Leistung beträgt

$$P_{R_1} \overset{(2.49)}{=} I^2 R_1 = \left(\frac{1}{9}\,\mathrm{A}\right)^2 18\,\Omega = \frac{2}{9}\,\mathrm{W} \approx 0{,}22\,\mathrm{W}$$

$$P_{R_2} = I^2 R_2 = \left(\frac{1}{9}\,\mathrm{A}\right)^2 36\,\Omega = \frac{4}{9}\,\mathrm{W} \approx 0{,}44\,\mathrm{W}\,.$$

Somit ist Antwort c) richtig, das 1W/6V-Lämpchen nimmt doppelt so viel Leistung auf und leuchtet heller.

Lösung zur Aufgabe 2:

Allgemein wird bei Quellen das Generatorzählpfeilsystem verwendet. Im Falle von zwei entgegengesetzt gerichteten Spannungsquellen im gleichen Zweig kann dieses Prinzip nicht aufrechterhalten werden. Die Stromrichtung muss frei gewählt werden, d.h., bei einer Quelle wird das Verbraucherzählpfeilsystem verwendet. Bei der Festlegung in der Abbildung bedeuten $IU_{q1} > 0$ eine Leistungsaufnahme der Quelle 1, andererseits aber $IU_{q2} > 0$ eine Leistungsabgabe der Quelle 2.

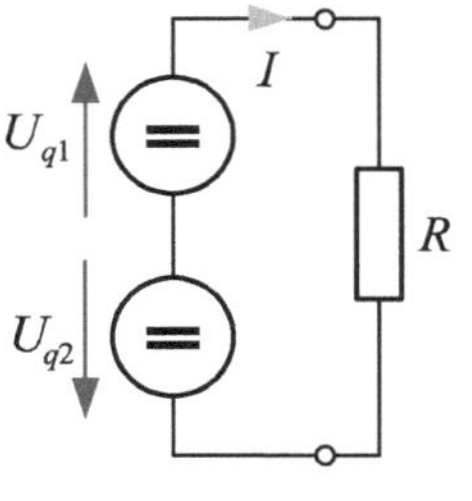

Lösung zur Aufgabe 3:

Werden die Drahtstücke durch die gebräuchlichen Symbole für die Widerstände ersetzt, dann kann das Netzwerk umgezeichnet werden. Das gesuchte Ergebnis folgt aus der Spannungsteilerregel:

$$\frac{U}{6\,\mathrm{V}} = \frac{R}{3R} \quad \to \quad U = \frac{6\,\mathrm{V}}{3} = 2\,\mathrm{V}\,.$$

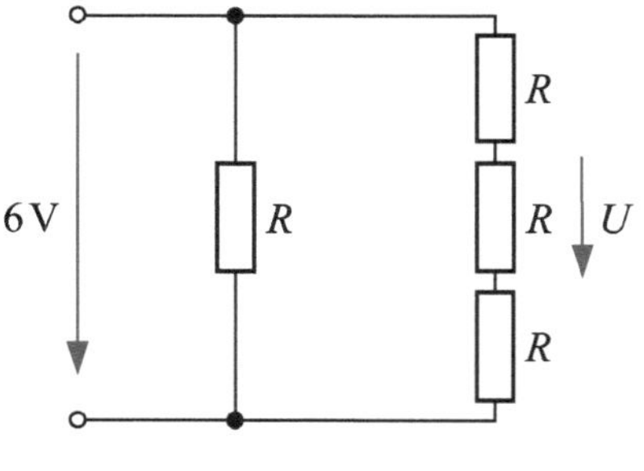

Lösung zur Aufgabe 4:

Die Schaltungen b und c führen zu einem Widerspruch.

Begründung:
Die ideale Stromquelle in Schaltung b fordert einerseits, dass der Strom I_q fließt, andererseits verhindert aber der Leerlauf den Stromfluss.

Die ideale Spannungsquelle in Schaltung c fordert einerseits, dass die Spannung an ihren Klemmen U_q beträgt. Andererseits ist die Definition des Kurzschlusses gerade, dass der Spannungsabfall null ist.

Lösung zur Aufgabe 5:

$$-U_q + U_{R_1} + U_{R_3} - U_{R_2} = 0 \quad \rightarrow \quad U_{R_1} + U_{R_3} - U_{R_2} = U_q$$

Lösung zur Aufgabe 6:

$$\text{K}_1: \; I - I_{R_1} - I_{R_4} = 0 \quad \rightarrow \quad I_{R_1} + I_{R_4} = I$$

$$\text{K}_2: \; -I + I_{R_5} + I_{R_4} + I_{R_3} = 0 \quad \rightarrow \quad I_{R_3} + I_{R_4} + I_{R_5} = I$$

Lösung zur Aufgabe 7:

$$R_{ges} = R_1 + 5\,\Omega \quad \rightarrow \quad R_1 = R_{ges} - 5\,\Omega = 10\,\Omega - 5\,\Omega = 5\,\Omega$$

$$R_{ges} = \frac{R_2 \cdot 20\,\Omega}{R_2 + 20\,\Omega} = 10\,\Omega \quad \rightarrow \quad R_2 = 20\,\Omega$$

3.2 Level 1

Aufgabe 3.1 | Netzwerkberechnung

Gegeben ist das nachstehende Gleichstromnetzwerk mit drei Widerständen.

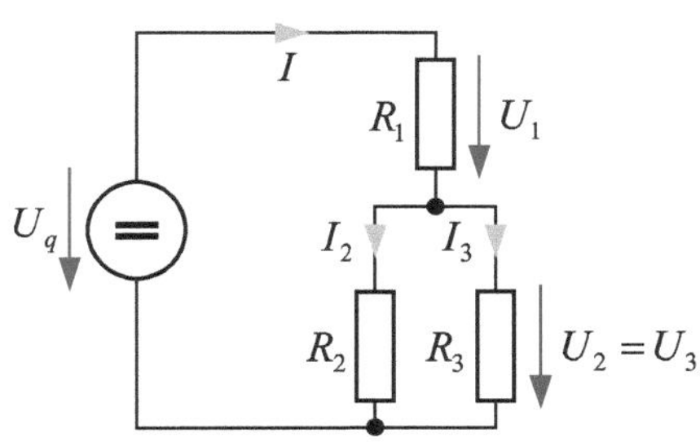

Abbildung 1: Gleichstromnetzwerk

Bestimmen Sie alle Ströme und Spannungen in dem dargestellten Gleichstromnetzwerk.

Lösung

Wir berechnen zunächst den Wert des aus R_2 und R_3 gebildeten Parallelwiderstandes:

$$R_{par} = \frac{R_2 R_3}{R_2 + R_3}.$$

Der Strom I ergibt sich aus dem Verhältnis der Spannung U_q zum Gesamtwiderstand R_{ges}:

$$R_{ges} = R_1 + R_{par} = R_1 + \frac{R_2 R_3}{R_2 + R_3} = \frac{R_1 R_2 + R_1 R_3 + R_2 R_3}{R_2 + R_3},$$

$$I = \frac{U_q}{R_{ges}} = \frac{R_2 + R_3}{R_1 R_2 + R_1 R_3 + R_2 R_3} U_q.$$

Damit sind auch die beiden Spannungen bekannt:

$$U_1 = R_1 I = \frac{R_1 R_2 + R_1 R_3}{R_1 R_2 + R_1 R_3 + R_2 R_3} U_q \quad \text{und} \quad U_2 = U_3 = U_q - U_1 = \frac{R_2 R_3}{R_1 R_2 + R_1 R_3 + R_2 R_3} U_q.$$

Die beiden noch fehlenden Ströme folgen wieder aus dem Ohm'schen Gesetz:

$$I_2 = \frac{U_2}{R_2} = \frac{R_3}{R_1 R_2 + R_1 R_3 + R_2 R_3} U_q \quad \text{und} \quad I_3 = \frac{U_3}{R_3} = \frac{R_2}{R_1 R_2 + R_1 R_3 + R_2 R_3} U_q.$$

Aufgabe 3.2 | Zusammenschaltung temperaturabhängiger Widerstände

Zwei Widerstände R_1 und R_2 sind wie in Abb. 1 dargestellt verschaltet. Bei 20°C haben die Widerstände die Werte $R_1 = 10\ \text{k}\Omega$ und $R_2 = 40\ \text{k}\Omega$. Der Temperaturkoeffizient von R_1 beträgt $\alpha_1 = +4 \cdot 10^{-3}/°\text{C}$.

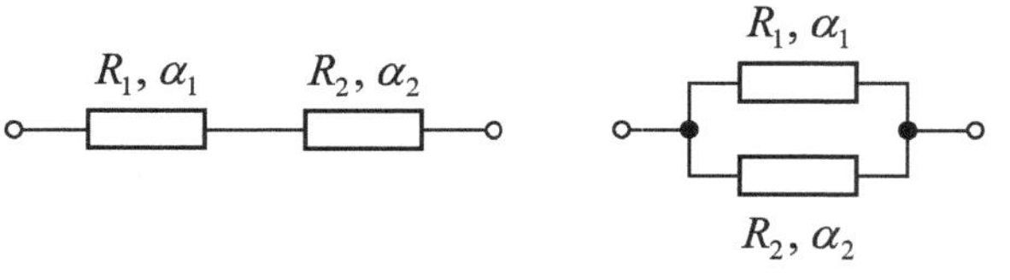

Abbildung 1: Reihen- und Parallelschaltung temperaturabhängiger Widerstände

1. Wie groß muss der Temperaturkoeffizient von R_2 sein, damit die Reihenschaltung temperaturunabhängig wird?
2. Wie groß muss der Temperaturkoeffizient von R_2 sein, damit die Parallelschaltung temperaturunabhängig wird?

Lösung zur Teilaufgabe 1:

Die Reihenschaltung soll unabhängig von der Temperatur den Wert $R = R_1 + R_2 = 50\,\text{k}\Omega$ aufweisen. Unter Berücksichtigung der Temperaturabhängigkeit gilt

$$R = R_1(T) + R_2(T) = 10\,\text{k}\Omega \cdot [1+\alpha_1 \Delta T] + 40\,\text{k}\Omega \cdot [1+\alpha_2 \Delta T] \overset{!}{=} 50\,\text{k}\Omega\,,$$

$$10\,\text{k}\Omega \cdot \alpha_1 \Delta T + 40\,\text{k}\Omega \cdot \alpha_2 \Delta T = 0 \quad \to \quad \alpha_2 = -\frac{10}{40}\alpha_1 = -1 \cdot \frac{10^{-3}}{°\text{C}}\,.$$

Lösung zur Teilaufgabe 2:

Bei den parallel geschalteten Widerständen gilt:

$$\frac{1}{R} = \frac{1}{R_1} + \frac{1}{R_2} = \frac{1}{10\,\text{k}\Omega} + \frac{1}{40\,\text{k}\Omega} = \frac{1}{8\,\text{k}\Omega} \quad \to \quad \frac{1}{R_2(T)} = \frac{1}{R} - \frac{1}{R_1(T)} = \frac{R_1(T) - R}{R_1(T) \cdot R}\,,$$

$$R_2(T) = 40\,\text{k}\Omega \cdot [1+\alpha_2 \Delta T] = \frac{R_1(T) \cdot R}{R_1(T) - R} = \frac{10\,\text{k}\Omega \cdot [1+\alpha_1 \Delta T] \cdot 8\,\text{k}\Omega}{10\,\text{k}\Omega \cdot [1+\alpha_1 \Delta T] - 8\,\text{k}\Omega}\,,$$

$$1 + \alpha_2 \Delta T = \frac{1}{40} \frac{80[1+\alpha_1 \Delta T]}{2 + 10\alpha_1 \Delta T} \quad \to \quad \alpha_2 \Delta T = \frac{2 + 2\alpha_1 \Delta T}{2 + 10\alpha_1 \Delta T} - 1 = \frac{-8\alpha_1 \Delta T}{2 + 10\alpha_1 \Delta T}$$

$$\to \quad \alpha_2 = \frac{-8\alpha_1}{2 + 10\alpha_1 \Delta T}\,.$$

Schlussfolgerung

Die Temperaturabhängigkeit lässt sich bei der Reihenschaltung nur erreichen, wenn die Temperaturkoeffizienten der beiden Widerstände unterschiedliche Vorzeichen haben. Nach dem Ergebnis bei der Parallelschaltung müsste der Temperaturkoeffizient des zweiten Widerstandes selbst temperaturabhängig werden.

Aufgabe 3.3 Widerstandsnetzwerk

Gegeben ist das folgende Widerstandsnetzwerk mit den Widerständen R_1 bis R_4. Zwischen den Anschlussklemmen 1-0 wird eine Gleichspannungsquelle der Spannung U_q angeschlossen. Zwischen den Anschlussklemmen 2-0 wird eine Gleichspannung U_2 gemessen.

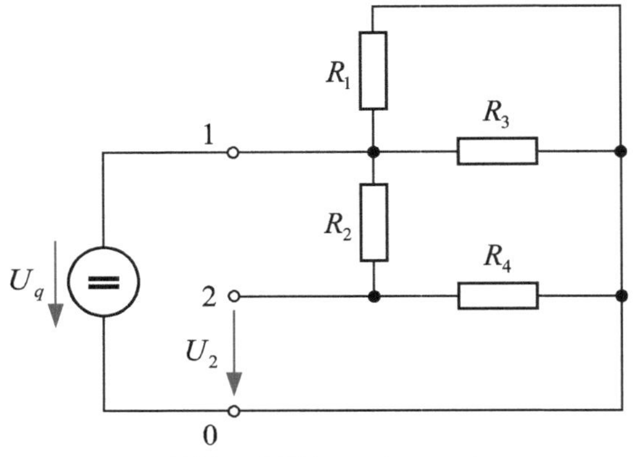

Abbildung 1: Widerstandsnetzwerk

1. Welchen Wert hat die Spannung U_2 in Abhängigkeit von der Spannung U_q?
2. Die Gleichspannungsquelle U_q wird durch ein Widerstandsmessgerät ersetzt. Welcher Gesamtwiderstand R_{10} wird zwischen den Klemmen 1-0 gemessen? Führen Sie geeignete Zusammenfassungen ein.
3. Die Gleichspannungsquelle U_q wird durch einen Kurzschluss ersetzt. Welcher Gesamtwiderstand R_{20} wird zwischen den Klemmen 2-0 gemessen?

Lösung zur Teilaufgabe 1:

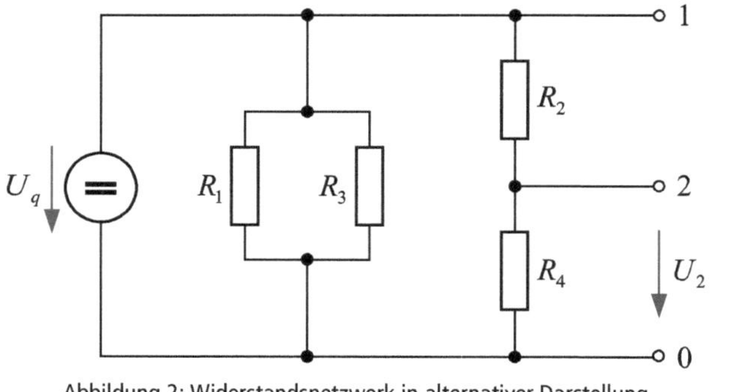

Abbildung 2: Widerstandsnetzwerk in alternativer Darstellung

Der Spannungsteiler zur Berechnung der gesuchten Spannung ist in der Darstellung des Netzwerks in Abb. 2 direkt ersichtlich:

$$\frac{U_2}{U_q} = \frac{R_4}{R_2 + R_4} \quad \rightarrow \quad U_2 = \frac{R_4}{R_2 + R_4} U_q .$$

Lösung zur Teilaufgabe 2:

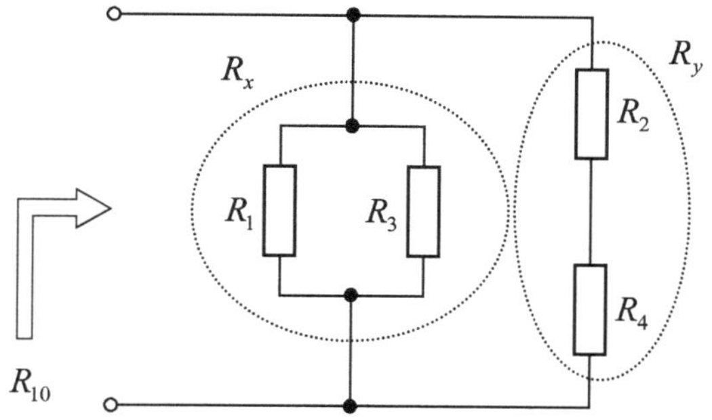

Abbildung 3: Widerstandsnetzwerk, wenn U_q durch ein Widerstandsmessgerät ersetzt wird

Mit den Zusammenfassungen

$$R_x = \frac{R_1 R_3}{R_1 + R_3} \qquad \text{und} \qquad R_y = R_2 + R_4$$

ergibt sich für den Gesamtwiderstand

$$R_{10} = \frac{R_x R_y}{R_x + R_y}.$$

Lösung zur Teilaufgabe 3:

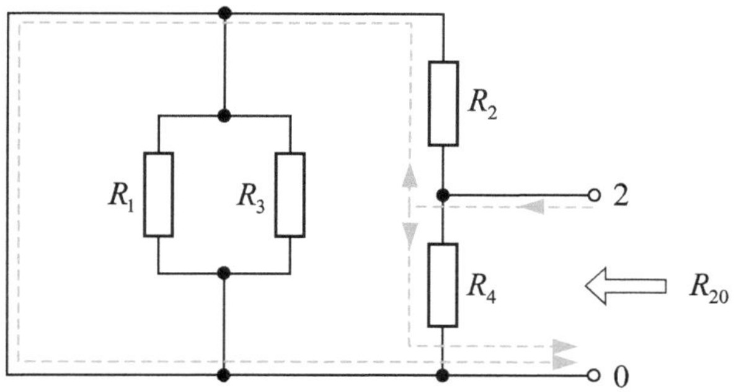

Abbildung 4: Widerstandsnetzwerk, wenn U_q durch einen Kurzschluss ersetzt wird

Die Widerstände R_1 und R_3 werden kurzgeschlossen. Ein in die Klemme 2 fließender Strom teilt sich auf in einen Strom durch R_2 und einen Strom durch R_4. Damit bleibt nur noch die Parallelschaltung von R_2 und R_4 übrig:

$$R_{20} = \frac{R_2 R_4}{R_2 + R_4}.$$

Aufgabe 3.4 Widerstandsnetzwerk mit zwei Quellen

Gegeben ist ein Widerstandsnetzwerk, das durch eine ideale Gleichspannungsquelle $U_q > 0$ V und eine ideale Gleichstromquelle $I_q > 0$ A erregt wird.

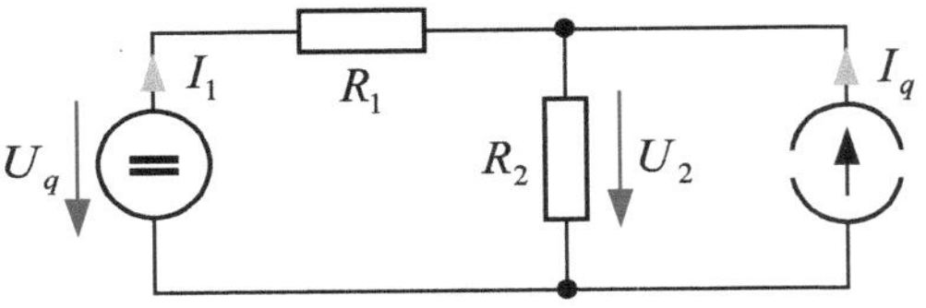

Abbildung 1: Gleichstromnetzwerk

1. Berechnen Sie den Strom I_1 sowie die Spannung U_2.
2. Gibt die Spannungsquelle U_q für den Fall, dass $U_q = I_q R_2/2$ gilt, Leistung an das Netzwerk ab oder nimmt sie Leistung aus dem Netzwerk auf? Begründen Sie Ihre Aussage.

Lösung zur Teilaufgabe 1:

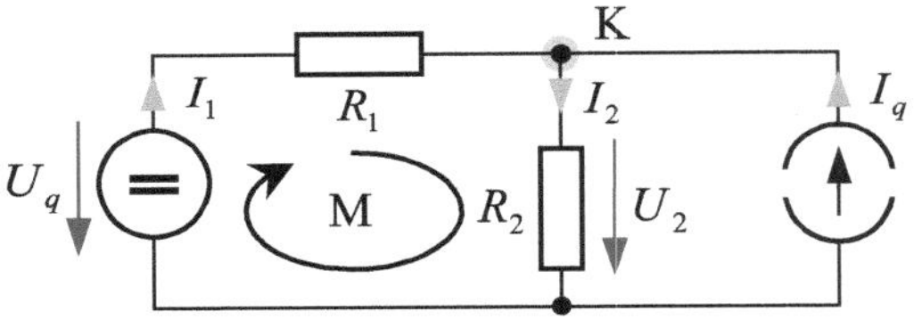

Abbildung 2: Widerstandsnetzwerk mit Masche und Knoten

Knotengleichung K: $I_q - I_2 + I_1 = 0 \quad \rightarrow \quad I_1 = I_2 - I_q\,.$

Maschengleichung M: $I_1 R_1 + I_2 R_2 - U_q = 0\,.$

Den Strom I_1 aus der Knotengleichung in die Maschengleichung einsetzen und nach I_2 auflösen ergibt

$$\left(I_2 - I_q\right) R_1 + I_2 R_2 - U_q = 0 \quad \rightarrow \quad I_2 = \frac{U_q + R_1 I_q}{R_1 + R_2}\,.$$

Dieses Ergebnis in die Knotengleichung eingesetzt, liefert den Strom I_1:

$$I_1 = I_2 - I_q = \frac{U_q + R_1 I_q}{R_1 + R_2} - I_q \frac{R_1 + R_2}{R_1 + R_2} = \frac{U_q - R_2 I_q}{R_1 + R_2}\,.$$

Die Spannung U_2 folgt aus dem Ohm'schen Gesetz:

$$U_2 = R_2 I_2 = \frac{R_2}{R_1 + R_2}\left(U_q + R_1 I_q\right).$$

Lösung zur Teilaufgabe 2:

Für die Gleichspannungsquelle ist das Erzeugerzählpfeilsystem gewählt worden. Für den Fall $I_1 > 0$ gibt sie Leistung ab, im anderen Fall nimmt sie Leistung auf.

Mit den Ergebnissen aus Teilaufgabe 1 gilt für den Strom

$$I_1 = \frac{U_q - R_2 I_q}{R_1 + R_2} = \frac{R_2 \frac{I_q}{2} - R_2 I_q}{R_1 + R_2} = -\frac{1}{2}\frac{R_2 I_q}{R_1 + R_2} < 0 .$$

Damit ist die Leistungsabgabe negativ und die Spannungsquelle nimmt die Leistung

$$P_q = U_q |I_1| = \frac{1}{2}\frac{R_2}{R_1 + R_2} U_q I_q$$

auf.

Schlussfolgerung

Wird bei einer Spannungsquelle das Generatorzählpfeilsystem zugrunde gelegt und ist der berechnete Wert des Stromes negativ, dann fließt ein positiver Strom in die Quelle hinein. Die Spannungsquelle gibt in diesem Fall keine Leistung ab, sondern nimmt Leistung auf und verhält sich wie ein Verbraucher.

Aufgabe 3.5 | Netzwerk mit Widerständen und Kondensatoren

Gegeben ist das folgende *RC*-Netzwerk mit einer Gleichspannungsquelle U_q.

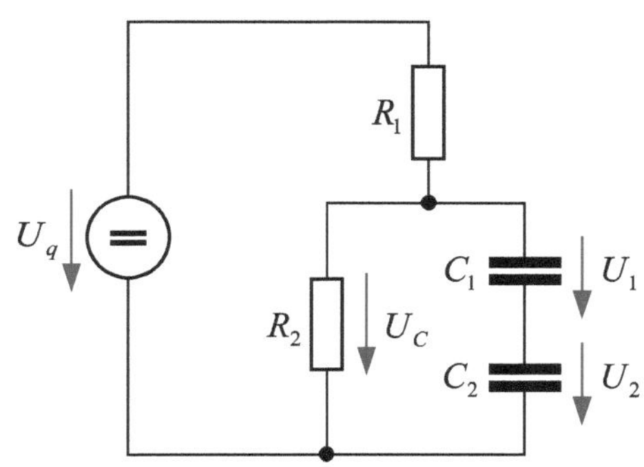

Abbildung 1: Gleichspannungsnetzwerk

1. Berechnen Sie die Spannungen U_1 und U_2 in Abhängigkeit von U_q.
2. Welche Energien W_1 und W_2 sind in den beiden Kondensatoren gespeichert?
3. Welche Leistung gibt die Quelle an die Widerstände ab?

Lösung zur Teilaufgabe 1:

Über die beiden Kapazitäten fließt im Gleichstromfall kein Strom, es liegt aber eine Spannung an. Nach der Spannungsteilerregel gilt

$$\frac{U_C}{U_q} = \frac{R_2}{R_1 + R_2} \quad \rightarrow \quad U_C = U_1 + U_2 = \frac{R_2}{R_1 + R_2} U_q .$$

Die beiden Kondensatoren tragen dieselbe Ladung, sodass ihr Spannungsverhältnis über die Werte ihrer Kapazität angegeben werden kann:

$$Q = C_1 U_1 = C_2 U_2 \quad \rightarrow \quad U_2 = \frac{C_1}{C_2} U_1 .$$

$$\text{Zusammengefasst gilt:} \quad U_1 + \frac{C_1}{C_2} U_1 = \frac{R_2}{R_1 + R_2} U_q .$$

Daraus berechnen sich die gesuchten Spannungen zu

$$U_1 = \frac{C_2}{C_1 + C_2} \frac{R_2}{R_1 + R_2} U_q \quad \text{und} \quad U_2 = \frac{C_1}{C_1 + C_2} \frac{R_2}{R_1 + R_2} U_q = \frac{C_1}{C_2} U_1 .$$

Lösung zur Teilaufgabe 2:

Mithilfe von Gl. (1.94) folgt für die gespeicherte Energie in den Kondensatoren

$$W_1 = \frac{1}{2} C_1 U_1^2 \quad \text{und} \quad W_2 = \frac{1}{2} C_2 U_2^2 = \frac{C_1}{C_2} W_1 .$$

Schlussfolgerung

Die Gleichheit der Produkte $C_1 W_1 = C_2 W_2$ bedeutet, dass der Kondensator mit der kleineren Kapazität bei der Reihenschaltung die größere Energie speichert.

Lösung zur Teilaufgabe 3:

Die Quelle gibt folgende Leistung an die Widerstände ab:

$$P \overset{(2.49)}{=} U_q I = U_q \frac{U_q}{R_1 + R_2} .$$

Aufgabe 3.6 Netzwerk mit temperaturabhängigen Widerständen

In dem in Abb. 1 dargestellten Netzwerk ist der aus Kupferdraht bestehende Widerstand $R_1(20°\text{C}) = 4\ \Omega$ temperaturabhängig. Die beiden anderen Widerstände $R_2 = 2\ \Omega$ und $R_3 = 3\ \Omega$ sind unabhängig von der Temperatur.

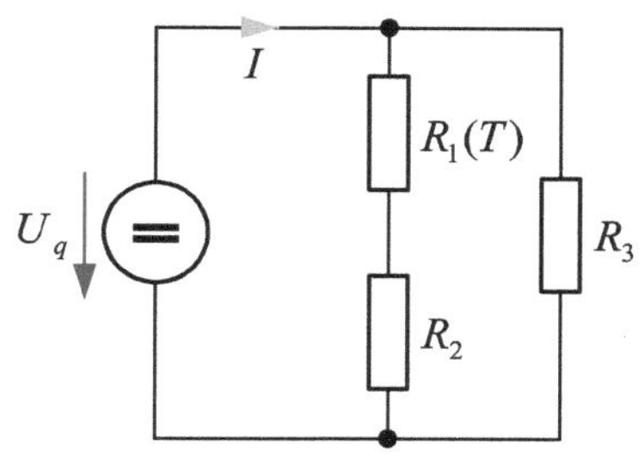

Abbildung 1: Widerstandsnetzwerk

1. Geben Sie die Beziehung an, mit der die Temperaturabhängigkeit des Widerstandes R_1 beschrieben werden kann.
2. Auf welchen Wert muss sich die Temperatur ändern, damit der Strom bei unveränderter Spannung U_q um 4 % größer wird als bei einer Temperatur T = 20°C?

Lösung zur Teilaufgabe 1:

Mit dem Temperaturkoeffizienten $\alpha = 3{,}9 \cdot 10^{-3}/°C$ nach Tabelle 2.1 gilt entsprechend Gl. (2.31)

$$R_1(T) = R_1(20°C) \cdot (1 + \alpha \Delta T) = 4\,\Omega \cdot \left(1 + \frac{3{,}9}{10^3\,°C}(T - 20°C)\right). \tag{1}$$

Lösung zur Teilaufgabe 2:

Ein um 4 % größerer Strom bedeutet, dass der Gesamtwiderstand um den Faktor 1,04 geringer werden muss. Bei 20°C beträgt der Widerstand

$$R(20°C) = (R_1 + R_2) \,||\, R_3 = \frac{(R_1 + R_2) \cdot R_3}{(R_1 + R_2) + R_3} = \frac{6 \cdot 3}{6 + 3}\,\Omega = 2\,\Omega\,.$$

Gesucht ist also die Temperatur, bei der

$$R(T) = \frac{[R_1(T) + R_2] \cdot R_3}{[R_1(T) + R_2] + R_3} = \frac{2\,\Omega}{1{,}04} \approx 1{,}923\,\Omega$$

gilt. Die Auflösung dieser Gleichung nach $R_1(T)$ liefert

$$[R_1(T) + R_2] \cdot R_3 = \frac{2\,\Omega}{1{,}04}[R_1(T) + R_2 + R_3]$$

$$R_1(T) \cdot \left(R_3 - \frac{2\,\Omega}{1{,}04}\right) = \frac{2\,\Omega}{1{,}04}(R_2 + R_3) - R_2 R_3 \quad \rightarrow \quad R_1(T) \approx 3{,}357\,\Omega\,.$$

Die Temperatur kann jetzt aus Gl. (1) berechnet werden:

$$4\,\Omega \cdot \left(1 + \frac{3{,}9}{10^3\,°C}(T - 20°C)\right) \approx 3{,}357\,\Omega \quad \rightarrow \quad T \approx \left(\frac{3{,}357}{4} - 1\right)\frac{10^3\,°C}{3{,}9} + 20°C \approx -21{,}21°C\,.$$

Aufgabe 3.7 | Überlagerungsprinzip und Leistungsbilanz

Ein Widerstand liegt in Reihe mit einer Strom- und einer Spannungsquelle.

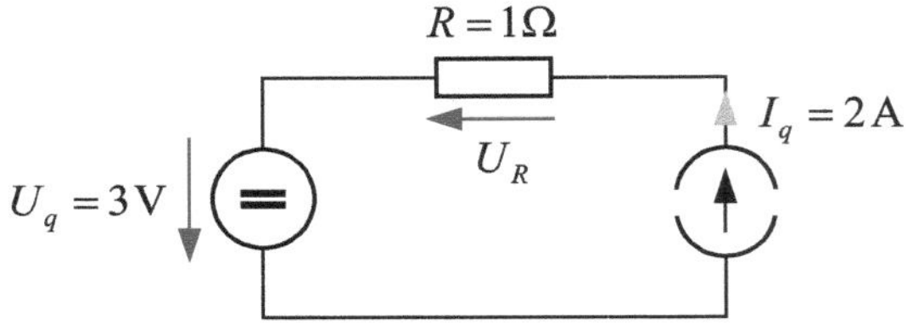

Abbildung 1: Netzwerk mit mehreren Quellen

1. Berechnen Sie die Spannungen in dem Netzwerk mithilfe des Überlagerungsprinzips.
2. Stellen Sie eine Leistungsbilanz auf, indem Sie die aufgenommenen bzw. abgegebenen Leistungen des Verbrauchers und der Quellen berechnen.

Lösung zur Teilaufgabe 1:

Das Ausgangsnetzwerk kann in die beiden Netzwerke in Abb. 2 zerlegt werden.

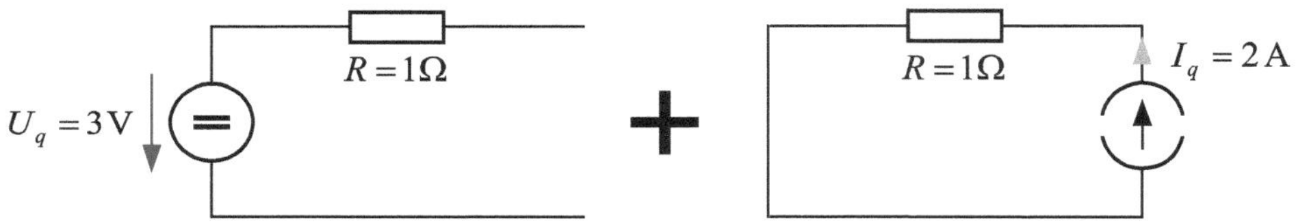

Abbildung 2: Zu überlagernde Netzwerke

In den Einzelnetzwerken in Abb. 3 können Strom und Spannung am Widerstand direkt angegeben werden.

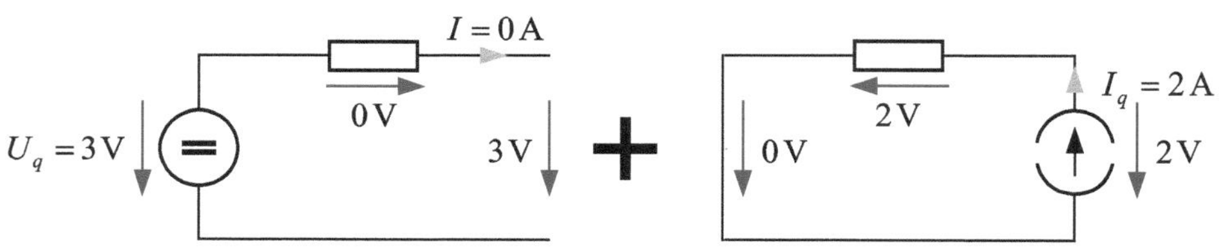

Abbildung 3: Ströme und Spannungen in den Teilnetzwerken

Die Überlagerung der Spannungen und Ströme aus den beiden Teillösungen liefert das folgende Ergebnis.

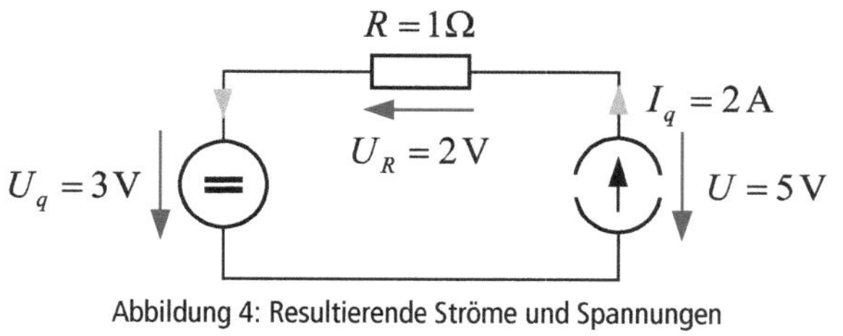

Abbildung 4: Resultierende Ströme und Spannungen

Lösung zur Teilaufgabe 2:

In der Masche besitzt der Strom überall den gleichen Wert. Die Stromrichtung in der Masche ist durch die Stromquelle vorgegeben, siehe Abb. 4. Am Widerstand sind nach dem Verbraucherzählpfeilsystem Strom und Spannung gleich gerichtet und es fällt die Spannung $U_R = RI_q = 2$ V ab. Für die am Widerstand verbrauchte Leistung gilt $P_R = U_R I_q = 2\text{ V} \cdot 2\text{ A} = 4\text{ W}$.

Durch die vorgegebene Stromrichtung haben an der Spannungsquelle Strom und Spannung die gleiche Richtung (Verbraucherzählpfeilsystem). Die berechnete Leistung ist positiv, d.h., die Spannungsquelle nimmt Leistung auf: $P_U = U_q I_q = 3\text{ V} \cdot 2\text{ A} = 6\text{ W}$.

Aus dem Maschenumlauf ergibt sich die Spannung an der Stromquelle zu $U = U_R + U_q = 5$ V. Diese Quelle stellt die Gesamtleistung $P_I = UI_q = 5\text{ V} \cdot 2\text{ A} = 10\text{ W}$ zur Verfügung.

Aufgabe 3.8 Netzwerkanalyse

Gegeben ist das folgende Widerstandsnetzwerk, das durch zwei ideale Gleichspannungsquellen erregt wird.

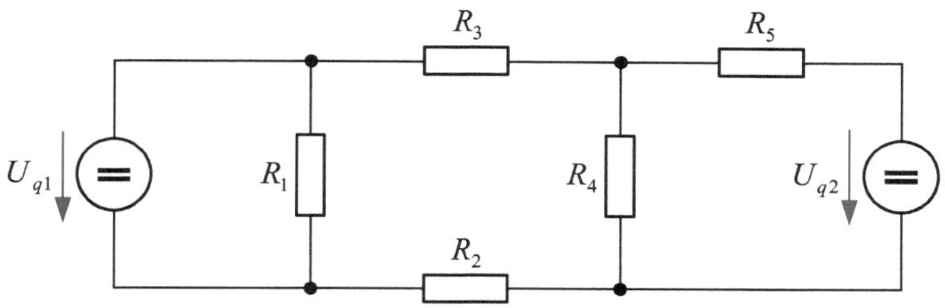

Abbildung 1: Widerstandsnetzwerk

1. Wie viele Knoten und Zweige besitzt das Netzwerk insgesamt? Wie viele Unbekannte liegen damit in dem Netzwerk vor? Geben Sie an, wie viele linear unabhängige Knoten- und Maschengleichungen benötigt werden, um die Unbekannten zu bestimmen.
2. Wählen Sie einen Bezugsknoten und nummerieren Sie die Knoten.
3. Zeichnen Sie den Netzwerkgraphen und legen Sie eine geeignete Zählrichtung für die Ströme fest.
4. Stellen Sie die linear unabhängigen Knotengleichungen auf.
5. Stellen Sie die Maschengleichungen mit dem Verfahren des vollständigen Baumes auf.
6. Stellen Sie die Maschengleichungen mit dem Verfahren der Auftrennung der Maschen auf.

Lösung zur Teilaufgabe 1:

Das Netzwerk besitzt $k = 4$ Knoten, die in Abb. 2 eingetragen sind. Die vier Knoten werden durch $z = 6$ Zweige verbunden. In einem Netzwerk gibt es normalerweise $2z = 12$ Unbekannte. Da allerdings in einem Zweig nur eine Quelle mit bekannter Spannung vorliegt, reduziert sich die Anzahl der Unbekannten um eine auf elf Unbekannte. Es müssen somit insgesamt elf Bestimmungsgleichungen aufgestellt werden. Mit den ohmschen Beziehungen können an den fünf Widerständen z.B. die Spannungen durch die Ströme ausgedrückt werden. Mit der dann bekannten Spannung an R_5 ist die Spannung in diesem Zweig insgesamt bekannt, da die Quellenspannung U_{q2} vorgegeben ist. Somit verbleiben dann noch insgesamt sechs Unbekannte. In dem vorliegenden Netzwerk können $k-1 = 3$ linear unabhängige Knotengleichungen aufgestellt werden, sodass weitere $m = z-(k-1) = 6-3 = 3$ Maschengleichungen benötigt werden.

Lösung zur Teilaufgabe 2:

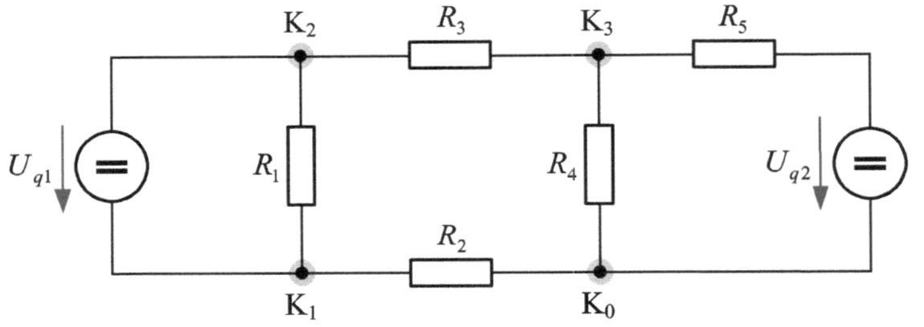

Abbildung 2: Widerstandsnetzwerk mit nummerierten Knoten

Lösung zur Teilaufgabe 3:

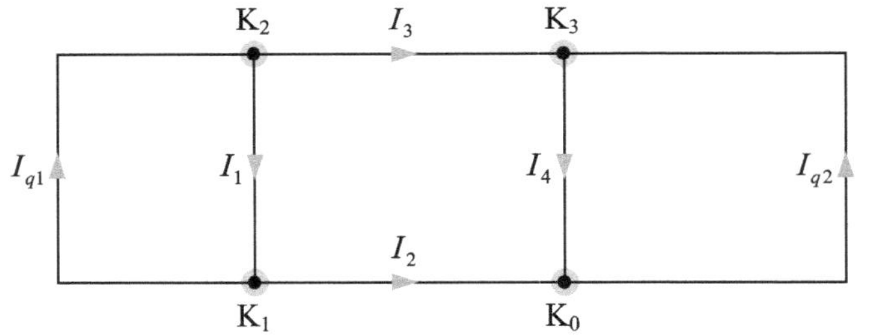

Abbildung 3: Netzwerkgraph

Lösung zur Teilaufgabe 4:

Von den vier möglichen Knotengleichungen sind jeweils drei linear unabhängig:

$$
\begin{aligned}
&K_1: && -I_{q1} + I_1 - I_2 && = 0 \\
&K_2: && I_{q1} - I_1 \quad -I_3 && = 0 \\
&K_3: && I_3 - I_4 + I_{q2} && = 0.
\end{aligned}
$$

Lösung zur Teilaufgabe 5:

Beim Verfahren des vollständigen Baumes werden zunächst alle Netzwerkknoten so miteinander verbunden, dass keine geschlossene Masche entsteht.

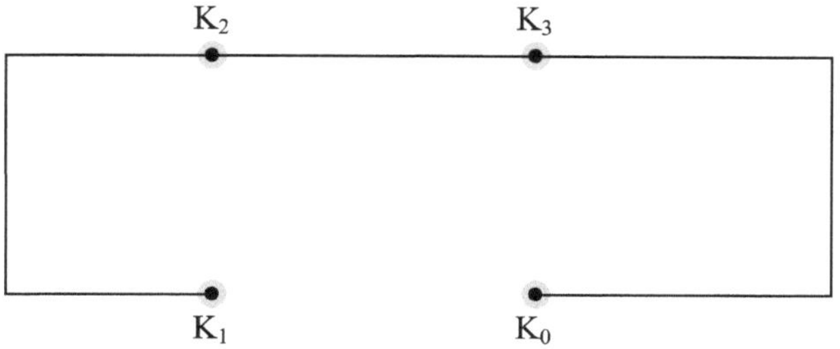

Abbildung 4: Beispiel für ein Netzwerk ohne geschlossene Masche

Die Anzahl der beim vollständigen Baum nicht enthaltenen Zweige entspricht genau der Anzahl der aufzustellenden Maschengleichungen. Stellen wir also die Maschengleichungen so auf, dass jeder Verbindungszweig in genau einer Masche enthalten ist, dann sind alle Maschengleichungen linear unabhängig.

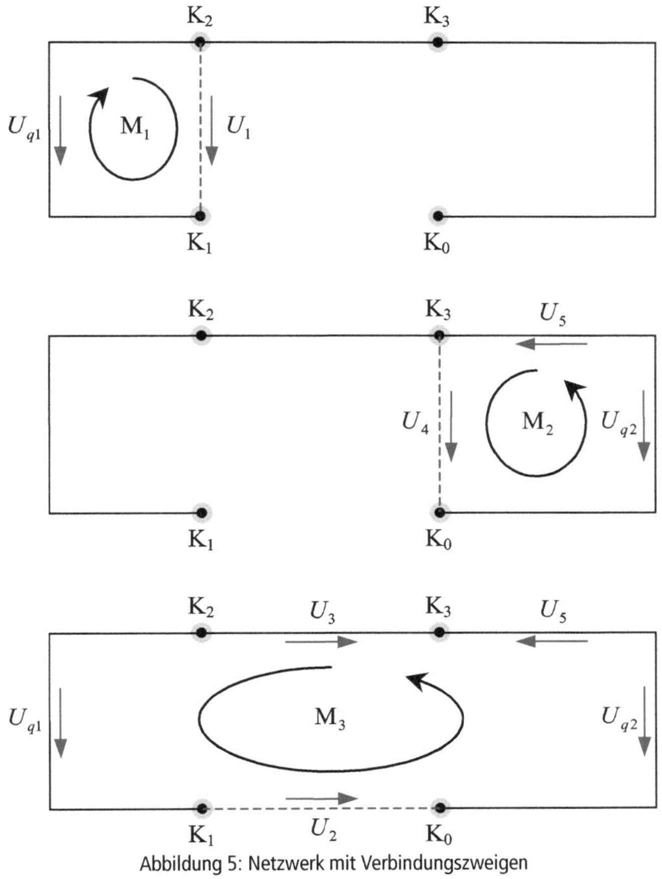

Abbildung 5: Netzwerk mit Verbindungszweigen

Mit Abb. 5 erhalten wir die folgenden Maschengleichungen:

$$
\begin{aligned}
&M_1:\; U_1 && = U_{q1}\\
&M_2:\; U_4 + U_5 && = U_{q2}\\
&M_3:\; U_2 - U_3 + U_5 && = -U_{q1} + U_{q2}\,.
\end{aligned}
\tag{1}
$$

Mit den ohmschen Beziehungen an den Widerständen werden die Spannungen durch die Ströme ersetzt:

$$
\begin{aligned}
&M_1:\; R_1 I_1 && = U_{q1}\\
&M_2:\; R_4 I_4 + R_5 I_5 && = U_{q2}\\
&M_3:\; R_2 I_2 - R_3 I_3 + R_5 I_5 && = -U_{q1} + U_{q2}\,.
\end{aligned}
$$

Lösung zur Teilaufgabe 6:

Bei diesem Verfahren werden nacheinander beliebige Maschenumläufe ausgewählt und die jeweilige Gleichung aufgestellt. Anschließend wird diese Masche an einem beliebigen Zweig aufgetrennt, der in den weiteren Maschen nicht mehr verwendet werden darf.

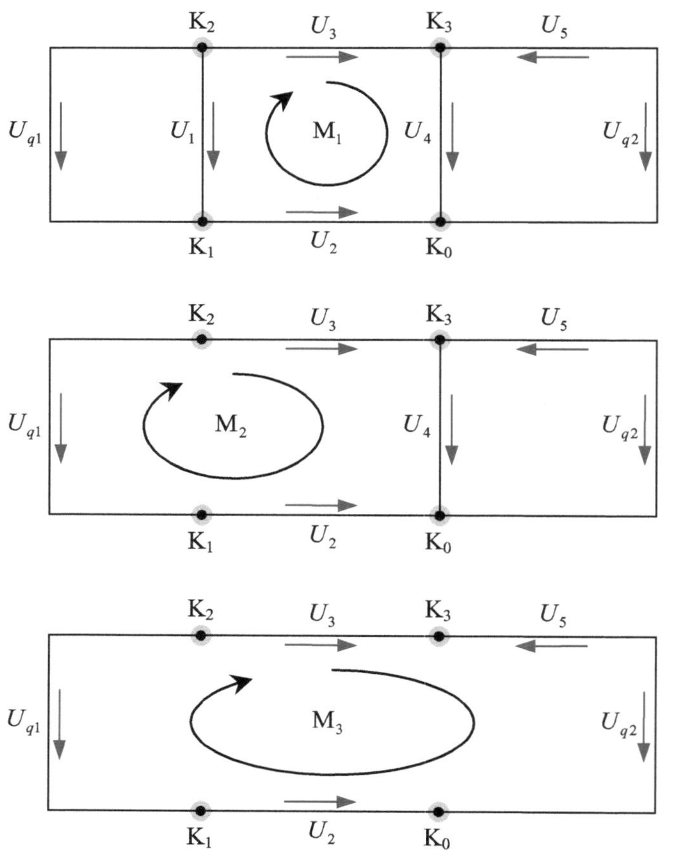

Abbildung 6: Auftrennung der Maschen

$$
\begin{aligned}
&M_1: && -U_1 - U_2 + U_3 + U_4 && = 0 \\
&M_2: && -U_2 + U_3 + U_4 && = U_{q1} \\
&M_3: && -U_2 + U_3 \quad -U_5 && = U_{q1} - U_{q2}
\end{aligned}
\tag{2}
$$

Bemerkung:
Die Gleichungssysteme (1) und (2) sind zwar unterschiedlich aufgebaut, die Auflösung der Gleichungen führt jedoch in allen Fällen auf dieselben Ströme und Spannungen im Netzwerk.

3.3 Level 2

Aufgabe 3.9 | Ersatzspannungsquelle

Das im linken Teilbild dargestellte Netzwerk soll in die auf der rechten Seite dargestellte Ersatzspannungsquelle umgerechnet werden, sodass sich die beiden Netzwerke bezüglich eines an die Ausgangsklemmen angeschlossenen Lastwiderstandes R_L gleich verhalten.

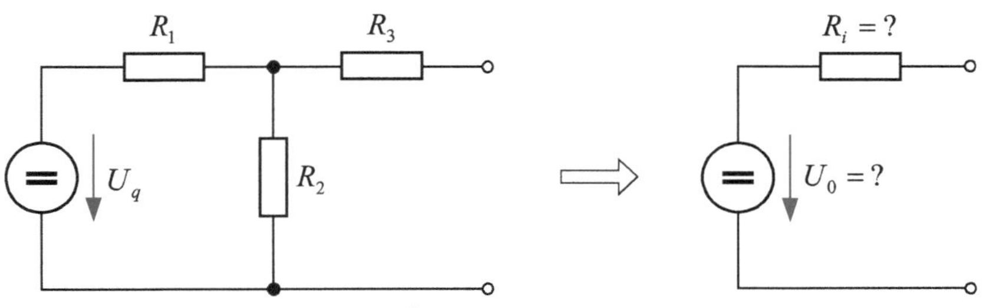

Abbildung 1: Äquivalente Spannungsquellen

1. Wie muss die Spannung U_0 gewählt werden, damit die Leerlaufspannungen in beiden Netzwerken gleich sind?
2. Wie muss der Widerstand R_i gewählt werden, damit die Kurzschlussströme in beiden Netzwerken gleich sind?
3. Überprüfen Sie, ob das Verhalten mit den berechneten Werten U_0 und R_i auch bei einem beliebigen Abschlusswiderstand R_L gleich ist.
4. Bestimmen Sie die Innenwiderstände der beiden Netzwerke, indem Sie die Spannungsquellen zu null setzen und die Widerstände zwischen den Ausgangsklemmen berechnen. Welche Erkenntnisse lassen sich gewinnen?

Lösung zur Teilaufgabe 1:

Für die an den offenen Ausgangsklemmen gemessene Leerlaufspannung gilt im linken bzw. rechten Teilbild

$$U_{L,l} = \frac{R_2}{R_1 + R_2} U_q \quad \text{bzw.} \quad U_{L,r} = U_0 .$$

Aus der geforderten Gleichheit folgt

$$U_0 = \frac{R_2}{R_1 + R_2} U_q. \tag{1}$$

Lösung zur Teilaufgabe 2:

Beim Kurzschlussfall liegen die beiden Widerstände R_2 und R_3 parallel. Der Spannungsabfall an dieser Parallelschaltung ergibt sich aus dem Spannungsteiler:[1]

$$\frac{U_3}{U_q} = \frac{R_2 \| R_3}{R_1 + R_2 \| R_3} = \frac{\dfrac{R_2 \cdot R_3}{R_2 + R_3}}{R_1 + \dfrac{R_2 \cdot R_3}{R_2 + R_3}} = \frac{R_2 R_3}{R_1 R_2 + R_1 R_3 + R_2 R_3}.$$

Damit ist der Kurzschlussstrom im linken Teilbild bekannt:

$$I_{K,l} = \frac{U_3}{R_3} = \frac{R_2}{R_1 R_2 + R_1 R_3 + R_2 R_3} U_q.$$

Aus der geforderten Gleichheit mit dem Kurzschlussstrom im rechten Teilbild $I_{K,r} = U_0/R_i$ folgt

$$R_i = \frac{R_1 R_2 + R_1 R_3 + R_2 R_3}{R_2} \frac{U_0}{U_q} = \frac{R_1 R_2 + R_1 R_3 + R_2 R_3}{R_1 + R_2}. \tag{2}$$

Lösung zur Teilaufgabe 3:

Wir schließen jetzt an beide Netzwerke in Abb. 1 einen Lastwiderstand R_L an und berechnen den Strom durch diesen Widerstand bzw. den Spannungsabfall an diesem Widerstand.

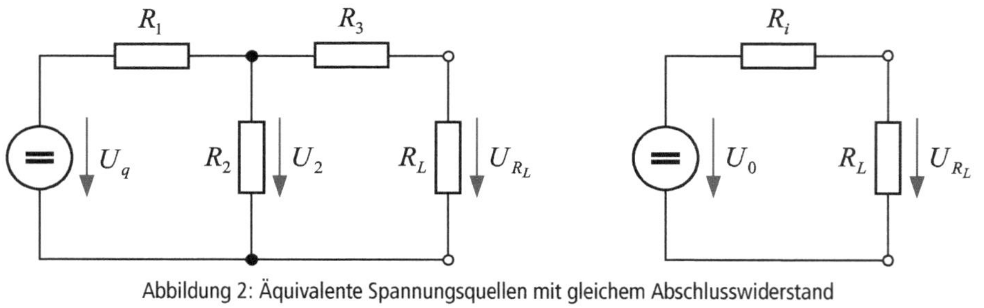

Abbildung 2: Äquivalente Spannungsquellen mit gleichem Abschlusswiderstand

Mit den in Abb. 2 eingeführten Spannungsbezeichnungen und der Spannungsteilerregel gilt im linken Teilbild

1 **Bemerkung:** Die Schreibweise $R_2 \| R_3$ kennzeichnet die Parallelschaltung von einem Widerstand R_2 mit einem Widerstand R_3. Sie ist zwar leicht verständlich, jedoch nicht allgemein gebräuchlich.

$$U_{R_L} = \frac{R_L}{R_L + R_3} U_2 = \frac{R_L}{R_L + R_3} \frac{R_2 \| (R_3 + R_L)}{R_1 + R_2 \| (R_3 + R_L)} U_q = \frac{R_L}{R_L + R_3} \frac{\dfrac{R_2 \cdot (R_3 + R_L)}{R_2 + (R_3 + R_L)}}{R_1 + \dfrac{R_2 \cdot (R_3 + R_L)}{R_2 + (R_3 + R_L)}} U_q$$

$$= \frac{R_L}{R_L + R_3} \frac{R_2 (R_3 + R_L)}{R_1 R_2 + R_1 (R_3 + R_L) + R_2 (R_3 + R_L)} U_q = \frac{R_2 R_L}{R_1 R_2 + R_1 R_3 + R_2 R_3 + R_L (R_1 + R_2)} U_q \,.$$

Im rechten Teilbild erhalten wir mit den Ergebnissen aus den beiden ersten Teilaufgaben die Spannung

$$U_{R_L} = \frac{R_L}{R_L + R_i} U_0 \overset{(1),(2)}{=} \frac{R_L}{R_L + \dfrac{R_1 R_2 + R_1 R_3 + R_2 R_3}{R_1 + R_2}} \frac{R_2}{R_1 + R_2} U_q \,.$$

Die Spannung an dem Lastwiderstand ist also in beiden Fällen gleich.

Lösung zur Teilaufgabe 4:

Im linken Teilbild der Abb. 1 liegt R_3 in Reihe zu der Parallelschaltung von R_1 und R_2. Der in die Ausgangsklemmen gemessene Widerstand beträgt

$$R_l = R_3 + (R_1 \| R_2) = R_3 + \frac{R_1 \cdot R_2}{R_1 + R_2} = \frac{R_1 R_2 + R_1 R_3 + R_2 R_3}{R_1 + R_2} \,.$$

Im rechten Teilbild gilt $R_r = R_i$ und aus der geforderten Gleichheit $R_l = R_r$ erhalten wir wieder die Beziehung (2).

Schlussfolgerung

Zur Berechnung des Stromes durch einen Widerstand (wie z.B. R_L im linken Teilbild der Abb. 2) kann das gesamte den Widerstand umgebende Netzwerk durch eine Spannungsquelle U_0 mit Innenwiderstand R_i ersetzt werden (rechtes Teilbild der Abb. 2). Die Leerlaufspannung U_0 wird berechnet, indem der Widerstand durch einen Leerlauf ersetzt und die Spannung an den offenen Klemmen bestimmt wird. Der Innenwiderstand R_i kann aus dem Verhältnis von Leerlaufspannung und Kurzschlussstrom (Strom durch den betrachteten Zweig, wenn der Widerstand kurzgeschlossen wird) berechnet werden. Alternativ kann der Wert R_i auch bestimmt werden, indem die Quellen zu null gesetzt werden und der sich zwischen den offenen Klemmen einstellende Widerstand bestimmt wird.

Aufgabe 3.10 | Netzwerk- und Energieberechnung, Brückenschaltung

Gegeben ist das folgende *RC*-Netzwerk mit einer Gleichstromquelle I_q.

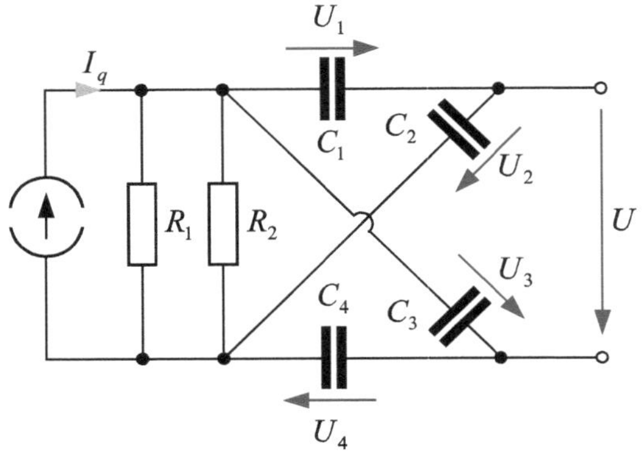

Abbildung 1: Gleichstromnetzwerk

1. Berechnen Sie die Spannungen U_1, U_2, U_3 und U_4 in Abhängigkeit von I_q.
2. Welche Energien W_1, W_2, W_3 und W_4 sind in den Kondensatoren C_1, C_2, C_3 und C_4 gespeichert?
3. Welche Bedingung muss für die Kapazitäten gelten, damit für die eingezeichnete Spannung $U = 0$ gilt?

Lösung zur Teilaufgabe 1:

Das Netzwerk kann zunächst in folgende Brückenschaltung umgezeichnet werden.

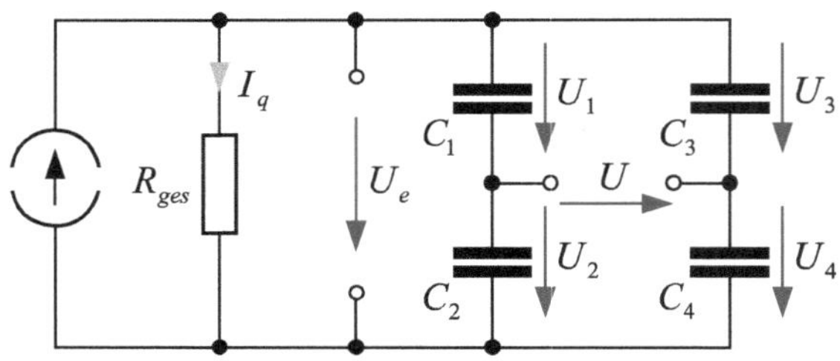

Abbildung 2: Alternative Darstellung des Gleichstromnetzwerks

Bei dem angenommenen Gleichstrom fließt über die Kapazitäten kein Strom. Mit dem Ersatzwiderstand $R_{ges} = R_1R_2/(R_1+R_2)$ folgt damit die Spannung $U_e = R_{ges}I_q$.

Die beiden Kondensatoren C_1und C_2 tragen dieselbe Ladung:

$$Q_a = C_1U_1 = C_2U_2 \quad \rightarrow \quad U_2 = \frac{C_1}{C_2}U_1.$$

Dasselbe gilt für die beiden Kondensatoren C_3 und C_4:

$$Q_b = C_3 U_3 = C_4 U_4 \quad \rightarrow \quad U_4 = \frac{C_3}{C_4} U_3 .$$

Für die Reihenschaltung der Kondensatoren gilt

$$U_e = U_1 + U_2 = U_1 + \frac{C_1}{C_2} U_1 = \frac{C_1 + C_2}{C_2} U_1 \quad \text{und} \quad U_e = \frac{C_3 + C_4}{C_4} U_3 .$$

Damit lassen sich die vier Teilspannungen berechnen:

$$U_1 = \frac{C_2}{C_1 + C_2} \frac{R_1 R_2}{R_1 + R_2} I_q , \quad U_2 = \frac{C_1}{C_1 + C_2} \frac{R_1 R_2}{R_1 + R_2} I_q ,$$

$$U_3 = \frac{C_4}{C_3 + C_4} \frac{R_1 R_2}{R_1 + R_2} I_q , \quad U_4 = \frac{C_3}{C_3 + C_4} \frac{R_1 R_2}{R_1 + R_2} I_q .$$

Lösung zur Teilaufgabe 2:

In den Kondensatoren ist folgende Energie gespeichert:

$$W_1 = \frac{1}{2} C_1 \left(\frac{C_2}{C_1 + C_2} \frac{R_1 R_2}{R_1 + R_2} I_q \right)^2 , \quad W_2 = \frac{1}{2} C_2 \left(\frac{C_1}{C_1 + C_2} \frac{R_1 R_2}{R_1 + R_2} I_q \right)^2 ,$$

$$W_3 = \frac{1}{2} C_3 \left(\frac{C_4}{C_3 + C_4} \frac{R_1 R_2}{R_1 + R_2} I_q \right)^2 , \quad W_4 = \frac{1}{2} C_4 \left(\frac{C_3}{C_3 + C_4} \frac{R_1 R_2}{R_1 + R_2} I_q \right)^2 .$$

Lösung zur Teilaufgabe 3:

Die gesuchte Bedingung lässt sich aus dem Maschenumlauf herleiten. Aus

$$U = U_3 - U_1 \stackrel{!}{=} 0 \quad \text{bzw.} \quad \left(\frac{C_4}{C_3 + C_4} - \frac{C_2}{C_1 + C_2} \right) \frac{R_1 R_2}{R_1 + R_2} I_q \stackrel{!}{=} 0$$

folgt unmittelbar die Bedingung

$$\frac{C_4}{C_3 + C_4} = \frac{C_2}{C_1 + C_2} \quad \rightarrow \quad \frac{C_1 + C_2}{C_2} = \frac{C_3 + C_4}{C_4} \quad \rightarrow \quad \frac{C_1}{C_2} = \frac{C_3}{C_4} .$$

Aufgabe 3.11 | Netzwerkberechnung

Gegeben ist das folgende Widerstandsnetzwerk mit einer Gleichspannungsquelle.

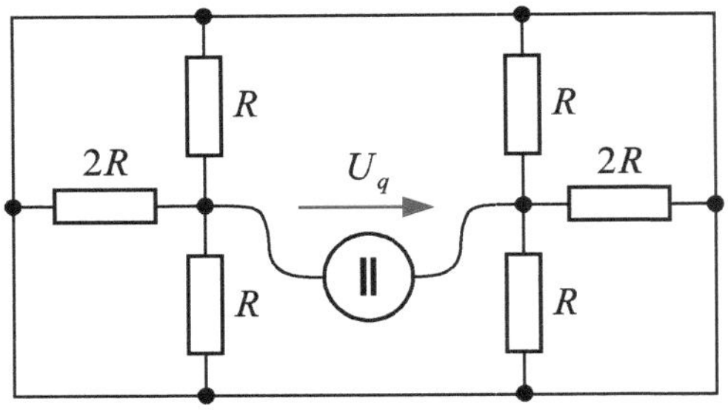

Abbildung 1: Widerstandsnetzwerk

1. Bestimmen Sie den von der Quelle abgegebenen Strom I in Abhängigkeit von U_q und R.
2. Berechnen Sie die von der Quelle abgegebene Gesamtleistung für U_q = 100 V und R = 125 Ω.
3. Wie teilt sich diese Leistung auf die einzelnen Widerstände auf?

Lösung zur Teilaufgabe 1:

Die drei Widerstände auf der linken Seite sind parallel geschaltet. Ihr Gesamtwert beträgt

$$R_l = \frac{1}{G_l} = \frac{1}{\frac{1}{R}+\frac{1}{2R}+\frac{1}{R}} = \frac{R}{2,5} = \frac{2}{5}R\,.$$

Mit dem gleichen Ersatzwiderstand auf der rechten Seite $R_r = R_l$ gilt das vereinfachte Netzwerk aus Abb. 2.

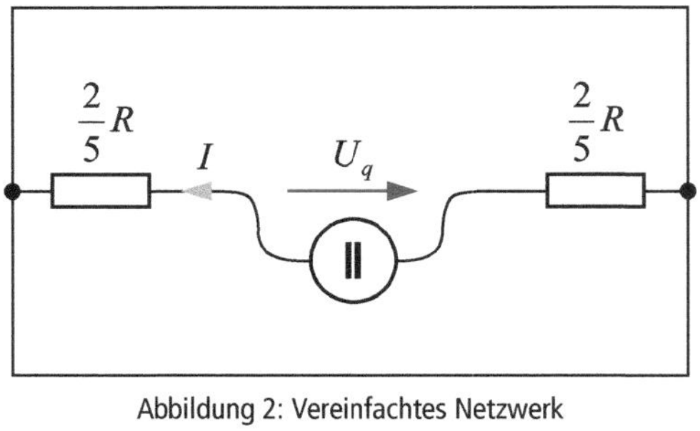

Abbildung 2: Vereinfachtes Netzwerk

Mit den beiden in Reihe geschalteten Widerständen erhalten wir den Strom

$$I = \frac{U_q}{R_{ges}} = \frac{U_q}{R_l + R_r} = \frac{U_q}{\frac{4}{5}R} = \frac{5}{4}\frac{U_q}{R}\,.$$

Lösung zur Teilaufgabe 2:

Die von der Quelle abgegebene Gesamtleistung beträgt

$$P = U_q I = \frac{5}{4}\frac{U_q^{\,2}}{R} = 100\,\text{W}.$$

Lösung zur Teilaufgabe 3:

Die Leistung teilt sich je zur Hälfte auf die Widerstände R_l und R_r auf. Die Aufteilung auf die drei Einzelwiderstände kann aus dem Stromknoten berechnet werden (siehe Abb. 3):

$$\frac{I_R}{I} = \frac{1/R}{1/R_l} = \frac{R_l}{R} = \frac{2}{5}, \quad I_R = \frac{2}{5}I, \quad I_{2R} = I - 2\cdot\frac{2}{5}I = \frac{1}{5}I.$$

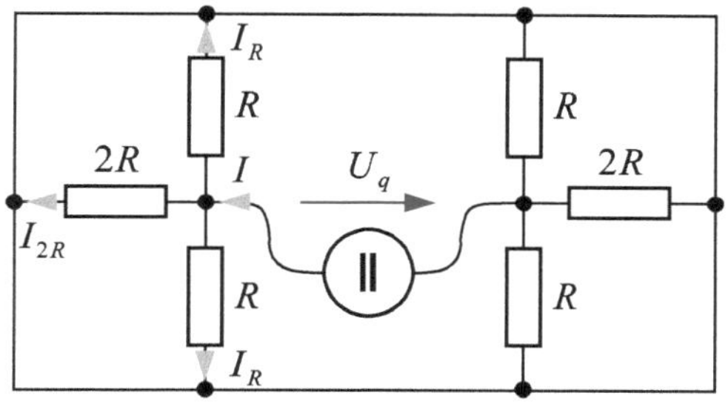

Abbildung 3: Zur Stromaufteilung

Die Spannung an den drei parallel geschalteten Widerständen ist gleich groß, sodass sich die Leistungen im gleichen Verhältnis wie die Ströme aufteilen. In Abb. 4 sind die Leistungen eingezeichnet, die an den einzelnen Widerständen abfallen.

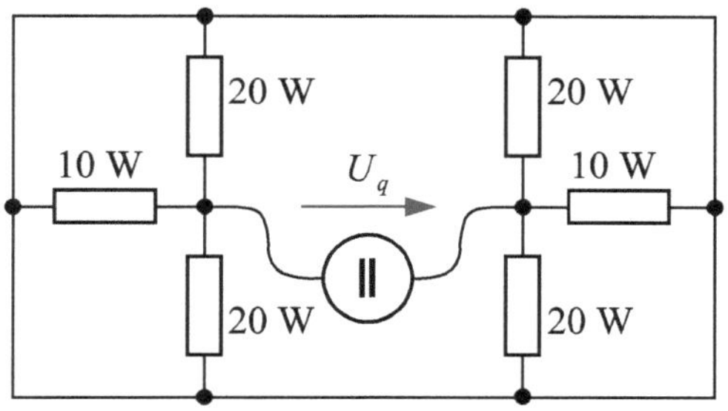

Abbildung 4: Leistungen an den Widerständen

Aufgabe 3.12 | Widerstandsnetzwerk, Potentialberechnung

Gegeben ist das folgende Netzwerk mit fünf bekannten Widerständen und der erregenden Gleichspannungsquelle mit dem Spannungswert U_q = 14 V.

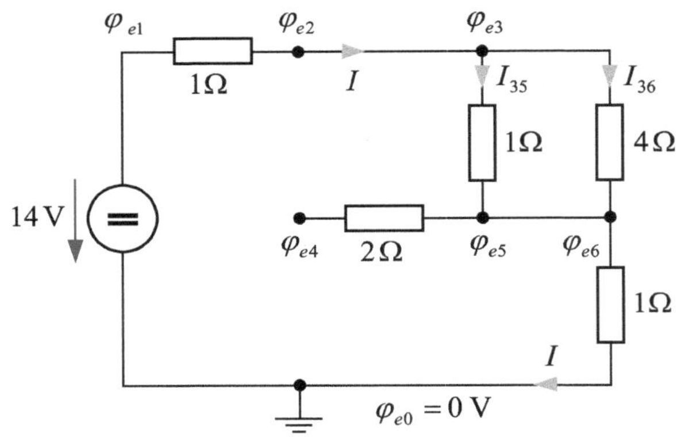

Abbildung 1: Widerstandsnetzwerk

1. Wie groß ist der Gesamtstrom I?
2. Berechnen Sie die Teilströme I_{35} und I_{36}.
3. Geben Sie die Potentiale φ_{e1} bis φ_{e6}, bezogen auf φ_{e0}, an.
4. Welche Leistung gibt die Quelle insgesamt an das Widerstandsnetzwerk ab?

Lösung zur Teilaufgabe 1:

Zur Berechnung des Stromes I wird zunächst der Gesamtwiderstand des Netzwerks ermittelt:

$$I = \frac{U_q}{R_{ges}}, \qquad R_{ges} = 1\Omega + \frac{1\Omega \cdot 4\Omega}{1\Omega + 4\Omega} + 1\Omega = \frac{14}{5}\Omega\,, \qquad I = \frac{14}{14/5}\frac{\text{V}}{\Omega} = 5\,\text{A}\,.$$

Lösung zur Teilaufgabe 2:

Die Teilströme berechnen sich aus der Stromteilergleichung:

$$I_{35} = \frac{4\Omega}{1\Omega + 4\Omega} I = \frac{4}{5} 5\,\text{A} = 4\,\text{A}\,, \qquad I_{36} = \frac{1\Omega}{1\Omega + 4\Omega} I = \frac{1}{5} 5\,\text{A} = 1\,\text{A}\,.$$

Lösung zur Teilaufgabe 3:

Berechnung der Potentiale:

$$\varphi_{e1} = 14\,\text{V}\,, \qquad \varphi_{e1} - \varphi_{e2} = U_{12} = 1\Omega \cdot I \quad \rightarrow \quad \varphi_{e2} = 9\,\text{V}\,, \qquad \varphi_{e3} = \varphi_{e2} = 9\,\text{V}\,,$$

$$\varphi_{e5} = \varphi_{e6} = \varphi_{e0} + 1\Omega \cdot I = 5\,\text{V} \quad \text{oder} \quad \varphi_{e5} = \varphi_{e6} = \varphi_{e3} - 1\Omega \cdot I_{35} = 9\,\text{V} - 4\,\text{V} = 5\,\text{V}\,.$$

Durch den Widerstand R_{45} = 2 Ω fließt kein Strom, d.h., der Spannungsabfall an diesem Widerstand ist null, d.h. $\varphi_{e4} = \varphi_{e5}$ = 5 V.

Lösung zur Teilaufgabe 4:

An der Quelle gilt $P = U_q I = 14\text{ V}\cdot 5\text{ A} = 70\text{ W}$.

Aufgabe 3.13 Netzwerk mit unbekannten Widerständen

Gegeben ist das im linken Teilbild der Abb. 1 dargestellte Gleichspannungsnetzwerk mit drei bekannten Widerständen und drei unbekannten Widerständen R_1, R_2, R_3.

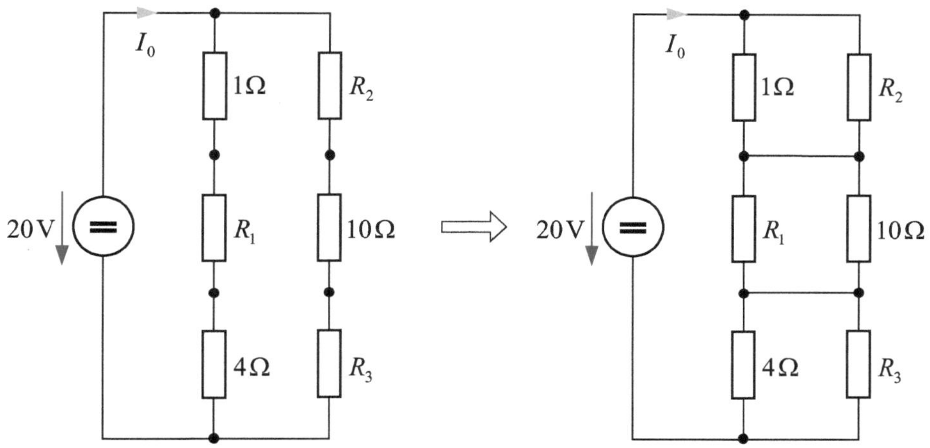

Abbildung 1: Gleichspannungsnetzwerk und modifiziertes Netzwerk

Bestimmen Sie die Werte für R_1, R_2 und R_3 unter den folgenden Voraussetzungen:

- Die in jedem einzelnen Widerstand in Wärme umgesetzte Leistung soll sich durch Einfügen der beiden Kurzschlussverbindungen entsprechend dem modifizierten Netzwerk auf der rechten Seite nicht ändern.
- Der Strom I_0 aus der Quelle soll 3 A sein.

Lösung

Durch die Kurzschlussverbindungen darf kein Strom fließen, andernfalls sind die Leistungen an den Widerständen in den beiden Netzwerken unterschiedlich, d.h., die Spannungsaufteilung über den drei in Reihe liegenden Widerständen muss in beiden Teilzweigen identisch sein:

$$\frac{1\,\Omega}{R_1} = \frac{R_2}{10\,\Omega} \quad \rightarrow \quad R_1 = \frac{1\,\Omega \cdot 10\,\Omega}{R_2} \quad \text{und}$$

$$\frac{R_1}{4\,\Omega} = \frac{10\,\Omega}{R_3} \quad \rightarrow \quad R_3 = \frac{4\,\Omega \cdot 10\,\Omega}{R_1} = 4R_2 .$$

Damit sind, wie in Abb. 2 dargestellt, alle Widerstände in Abhängigkeit von R_2 angegeben.

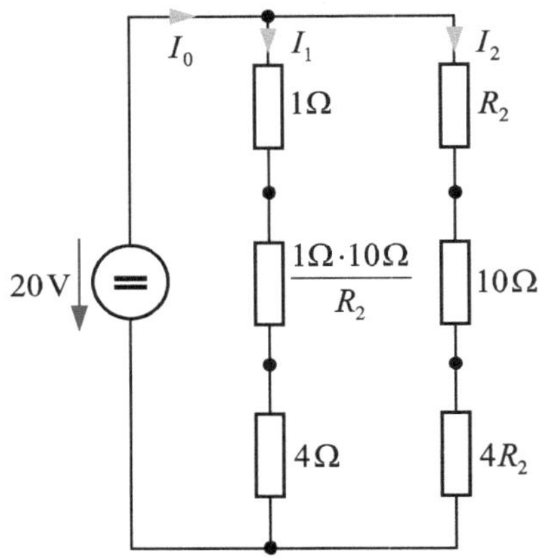

Abbildung 2: Gleichspannungsnetzwerk: Alle Widerstände in Abhängigkeit von R_2

Mit der Knotengleichung und dem vorgegebenen Gesamtstrom gilt $I_0 = I_1 + I_2 = 3$ A. Damit lassen sich die Einzelwiderstände ausgehend von R_2 berechnen:

$$3\,\mathrm{A} = \frac{20\,\mathrm{V}}{5\Omega + \frac{1\Omega\cdot 10\Omega}{R_2}} + \frac{20\,\mathrm{V}}{10\Omega + 5R_2}$$

$$= \frac{20\,\mathrm{V}\cdot R_2}{5\Omega\cdot R_2 + 10\Omega^2} + \frac{20\,\mathrm{V}\cdot 1\Omega}{10\Omega^2 + 5\Omega\cdot R_2} = \frac{20\,\mathrm{V}(R_2 + 1\Omega)}{5\Omega\cdot R_2 + 10\Omega^2} = 4\,\mathrm{A}\frac{R_2 + 1\Omega}{R_2 + 2\Omega}$$

$$3\,\mathrm{A}(R_2 + 2\Omega) = 4\,\mathrm{A}(R_2 + 1\Omega) \quad \rightarrow \quad R_2 = 6\Omega - 4\Omega = 2\Omega\,.$$

$$\text{Ergebnis:} \quad R_2 = 2\Omega\,, \quad R_3 = 4R_2 = 8\Omega\,, \quad R_1 = \frac{1\Omega\cdot 10\Omega}{R_2} = 5\Omega\,.$$

Aufgabe 3.14 | Überlagerungsprinzip

Gegeben ist das folgende Netzwerk mit sechs Widerständen, einer Strom- sowie einer Spannungsquelle.

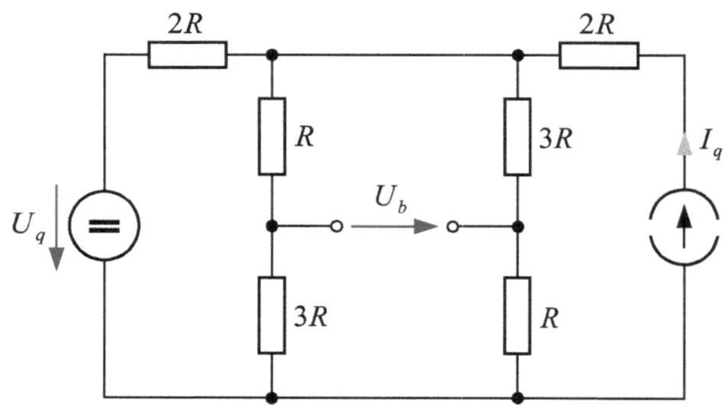

Abbildung 1: Gleichspannungsnetzwerk

Bestimmen Sie mithilfe des Überlagerungssatzes die Spannung U_b in Abhängigkeit von U_q und I_q.

Lösung

Wir betrachten zunächst den Einfluss von U_q:
Wird die Stromquelle durch einen Leerlauf ersetzt, dann ergibt sich folgendes Ersatzschaltbild.

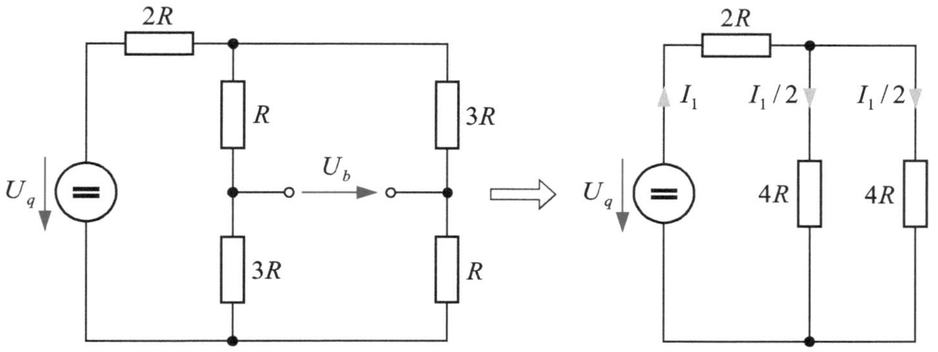

Abbildung 2: Netzwerk mit Spannungsquelle

Für den Strom erhalten wir das Ergebnis

$$I_1 = \frac{U_q}{2R + \left(4R \| 4R\right)} = \frac{U_q}{2R + 2R} = \frac{U_q}{4R}.$$

Im jetzt folgenden Schritt betrachten wir den Einfluss von I_q:
Die Spannungsquelle wird durch einen Kurzschluss ersetzt und es ergibt sich das Ersatzschaltbild in Abb. 3. Die Zusammenfassung der vier Widerstände liefert wieder den Wert $2R$, sodass sich der Quellenstrom in der in Abb. 3 angegebenen Weise aufteilt. Durch jeden Brückenzweig fließt damit der Strom $I_q/4$.

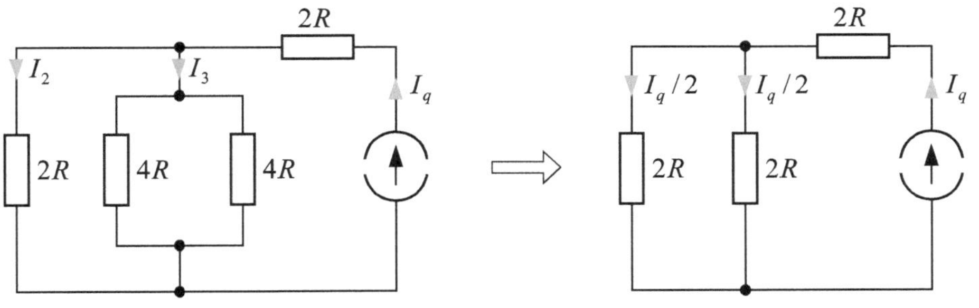

Abbildung 3: Netzwerk mit Stromquelle

In einem letzten Schritt müssen die Teillösungen überlagert werden.

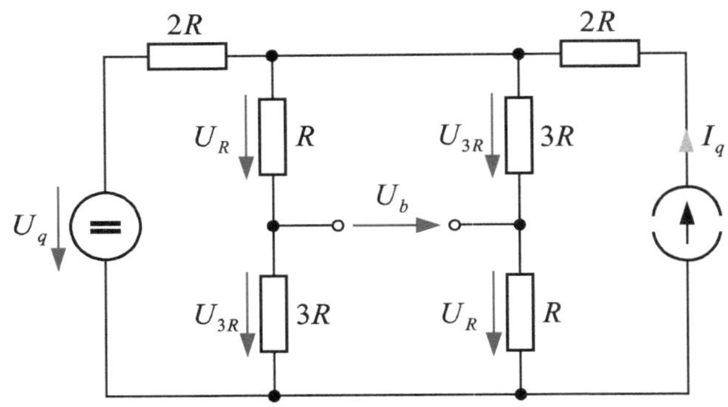

Abbildung 4: Gleichspannungsnetzwerk nach Überlagerung

Die Spannungen ergeben sich aus dem Ohm'schen Gesetz und dem Widerstandsverhältnis:

$$U_R = R\left(\frac{I_1}{2}+\frac{I_q}{4}\right) = \frac{U_q + 2RI_q}{8}, \qquad U_{3R} = 3U_R.$$

Aus der Masche lässt sich U_b in Abhängigkeit von U_q und I_q angeben:

$$U_b = U_{3R} - U_R = \frac{U_q + 2RI_q}{4}.$$

3.4 Level 3

Aufgabe 3.15 Lampennetzwerke

Gegeben sind drei unterschiedliche, für eine Betriebsspannung von 150 V ausgelegte Lampen L_1, L_2 und L_3. Sie tragen die Aufschriften

L_1: 150 V, 75 W; L_2: 150 V, 100 W; L_3: 150 V, 180 W.

Zur Verfügung steht weiterhin eine Gleichspannungsquelle U_q = 200 V. Die Lampen sollen jetzt an die Spannungsquelle angeschlossen werden, wobei zwei Bedingungen gelten sollen:

- Die Spannung soll an keiner Lampe den Nennwert 150 V überschreiten.
- Die gesamte von den Lampen aufgenommene Leistung soll einen Maximalwert annehmen.

Prinzipiell kommen die vier folgenden Schaltungsvarianten in Frage:

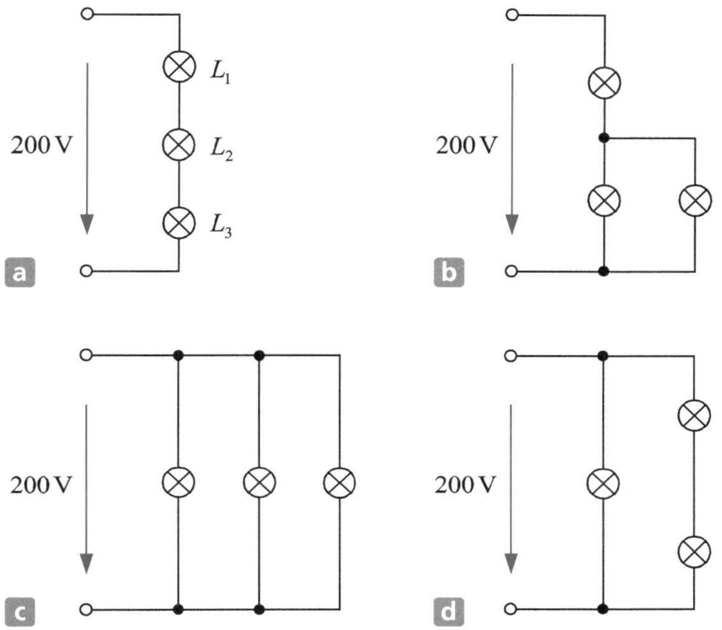

Abbildung 1: Verschiedene Schaltungsvarianten

1. Bestimmen Sie die Widerstände der Lampen.
2. Für welche Schaltung a, b, c oder d entscheiden Sie sich? Geben Sie eine kurze stichwortartige Begründung.
3. Wie groß ist die maximale Leistung unter Berücksichtigung der beiden Bedingungen?

Lösung zur Teilaufgabe 1:

Aus der Leistungsbeziehung $P = U^2/R$ berechnen sich die Widerstände der Lampen zu

$$R_1 = \frac{150^2}{75}\Omega = 300\,\Omega\,, \quad R_2 = \frac{150^2}{100}\Omega = 225\,\Omega\,, \quad R_3 = \frac{150^2}{180}\Omega = 125\,\Omega\,.$$

Lösung zur Teilaufgabe 2:

Bedingung 1:
Die Nennspannung U = 150 V soll an keiner Lampe überschritten werden. Diese Bedingung wird von den Schaltungen c und d nicht eingehalten, da bei Schaltung c an jeder Lampe die Spannung 200 V anliegt und bei Variante d an einer der drei Lampen die zulässige Spannung überschritten wird.

Bedingung 2:
Wenn die von den Lampen aufgenommene Leistung maximal sein soll, muss der Gesamtwiderstand der Schaltung möglichst gering sein, damit ein maximaler Strom aus der Spannungsquelle fließen kann. Bei der Schaltung a ist der Gesamtwiderstand am größten, der Strom aus der Spannungsquelle somit am kleinsten, d.h., die Gesamtleistung ist kleiner als bei der Schaltung b. Allerdings muss die Schaltung b noch auf Überspannung an den Lampen überprüft werden.

Lösung zur Teilaufgabe 3:

Es gibt jetzt drei Möglichkeiten, die Lampen nach Schaltung b zusammenzuschalten.

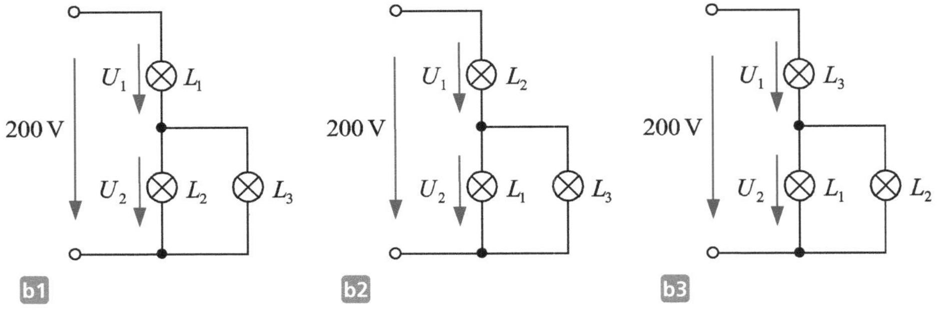

Abbildung 2: Verschiedene Möglichkeiten der Lampenschaltung für Variante b

Wir überprüfen die Bedingung 1 für die drei dargestellten Schaltungsvarianten:

Schaltung b1:
Beide Teilspannungen U_1 und U_2 dürfen nicht größer als 150 V werden. Sie können mithilfe des Spannungsteilers

$$\frac{U_1}{U_q} = \frac{R_1}{R_1 + R_p}$$

und des Widerstands der Parallelschaltung

$$R_p = \frac{R_2 R_3}{R_2 + R_3} = \frac{225 \cdot 125}{225 + 125}\,\Omega = 80{,}36\,\Omega$$

berechnet werden. Damit ist die Spannung an der Lampe L_1

$$U_1 = \frac{R_1}{R_1 + R_p} 200\,\text{V} = 157{,}7\,\text{V}\,.$$

Somit ist Bedingung 1 verletzt und Variante b1 scheidet aus.

Schaltung b2:
Die Berechnung erfolgt analog zu Schaltung b1. Mit dem Widerstand der Parallelschaltung

$$R_p = \frac{R_1 R_3}{R_1 + R_3} = \frac{300 \cdot 125}{300 + 125}\,\Omega = 88{,}23\,\Omega$$

ergibt sich die Spannung an der Lampe L_2:

$$U_1 = \frac{R_2}{R_2 + R_p} 200\,\mathrm{V} = 143{,}66\,\mathrm{V}.$$

Die Spannung an den Lampen L_1 und L_3 kann aus dem Maschenumlauf bestimmt werden:

$$U_2 = 200\,\mathrm{V} - U_1 = 56{,}34\,\mathrm{V}.$$

Bedingung 1 ist damit für alle Lampen erfüllt, die aufgenommene Leistung beträgt

$$P_{b2} = \frac{U_1^2}{R_2} + \frac{U_2^2}{R_p} = 127{,}7\,\mathrm{W}.$$

Schaltung b3:

$$R_p = \frac{R_1 R_2}{R_1 + R_2} = \frac{300 \cdot 225}{300 + 225}\,\Omega = 128{,}6\,\Omega$$

ergibt eine Spannung an der Lampe L_3 von

$$U_1 = \frac{R_3}{R_3 + R_p} 200\,\mathrm{V} = 98{,}6\,\mathrm{V}.$$

Damit folgt die Spannung an den Lampen L_1 und L_2:

$$U_2 = 200\,\mathrm{V} - U_1 = 101{,}4\,\mathrm{V}.$$

Bedingung 1 ist auch hier erfüllt. Die aufgenommene Leistung von Variante b3 beträgt

$$P_{b3} = \frac{U_1^2}{R_3} + \frac{U_2^2}{R_p} = 157{,}7\,\mathrm{W}.$$

Ergebnis: Die beiden Lampen mit den größeren Widerständen werden parallel geschaltet, die größte Leistungsaufnahme ist mit Variante b3 möglich.

Aufgabe 3.16 | Reihenschaltung temperaturabhängiger Widerstände

Eine 230V/60W- und eine 230V/100W-Glühbirne werden entsprechend Abb. 1 in Reihe mit einer Gleichspannungsquelle U_q = 230 V geschaltet. Die beiden Glühbirnen werden durch die temperaturabhängigen Widerstände R_1 (60 W) und R_2 (100 W) repräsentiert. Diese sind in Abb. 1 in Abhängigkeit der angelegten Spannung und damit als Funktion der Leistung dargestellt. Die mit einem Kreuz gekennzeichneten Punkte entsprechen dem Nominalbetrieb U_1 = 230 V bzw. U_2 = 230 V. Bei geringerer Lampenspannung werden die Glühwendeln wesentlich weniger aufgeheizt und die

Widerstände sind entsprechend geringer. Diese Zusammenhänge können für die beiden Glühbirnen sehr gut mit den Beziehungen

$$\frac{R_1}{\Omega} = 60 \cdot \sqrt{\frac{U_1}{V}} \quad \text{und} \quad \frac{R_2}{\Omega} = 35 \cdot \sqrt{\frac{U_2}{V}} \tag{1}$$

beschrieben werden.

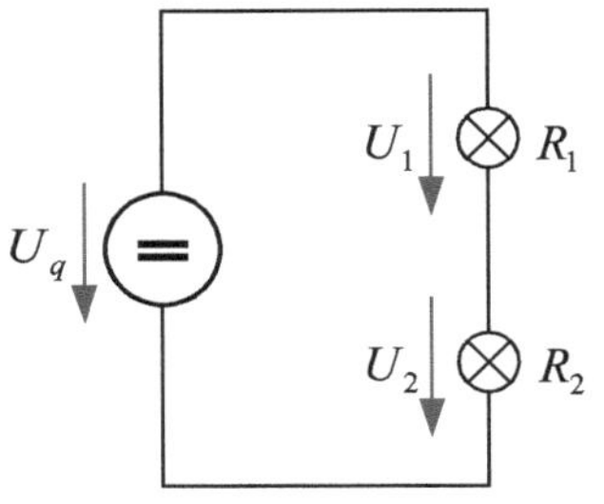

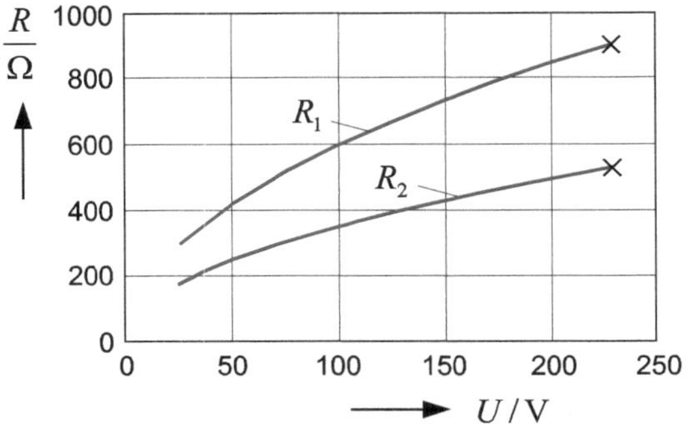

Abbildung 1: Reihenschaltung zweier Glühbirnen und Temperaturcharakteristik

1. Welche Leistung wird von den beiden Glühbirnen aufgenommen, wenn der ohmsche Widerstand der Glühwendel bei Nominalbetrieb zugrunde gelegt und die Temperaturabhängigkeit zunächst vernachlässigt wird?
2. Welche Leistung wird von den beiden Glühbirnen aufgenommen, wenn die angegebene Temperaturabhängigkeit berücksichtigt wird?

Lösung zur Teilaufgabe 1:

Im ersten Schritt werden die ohmschen Widerstände der Glühbirnen im Nominalbetrieb aus den angegebenen Daten berechnet. Aus der Beziehung $P = U^2/R$ erhalten wir die beiden Widerstände

$$R_1 = \frac{230^2\,\text{V}^2}{60\,\text{W}} = 882\,\Omega \quad \text{und} \quad R_2 = \frac{230^2\,\text{V}^2}{100\,\text{W}} = 529\,\Omega\,.$$

Unter der Annahme, dass diese Widerstände unabhängig von der Temperatur, d.h. unabhängig von der Lampenleistung sind, nehmen die beiden Glühbirnen bei der Reihenschaltung die Leistungen

$$P_1 = I^2 R_1 = \left(\frac{U_q}{R_1 + R_2}\right)^2 R_1 = \left(\frac{230\,\mathrm{V}}{1411\,\Omega}\right)^2 882\,\Omega \approx 23{,}4\,\mathrm{W} \qquad \text{und}$$

$$P_2 = I^2 R_2 = \left(\frac{230\,\mathrm{V}}{1411\,\Omega}\right)^2 529\,\Omega \approx 14{,}1\,\mathrm{W}$$

auf, d.h., die Leistung bei der 60-W-Lampe ist bei der Reihenschaltung wesentlich größer.

Lösung zur Teilaufgabe 2:

Da beide Widerstände vom gleichen Strom durchflossen werden, folgt mit der Spannungsteilerregel

$$\frac{U_1}{U_2} = \frac{R_1}{R_2} = \frac{60\sqrt{U_1}}{35\sqrt{U_2}} \quad \rightarrow \quad \frac{U_1}{\sqrt{U_1}}\frac{\sqrt{U_2}}{U_2} = \frac{\sqrt{U_1}}{\sqrt{U_2}} = \frac{60}{35} = \frac{12}{7} \quad \rightarrow \quad U_1 = \frac{144}{49}U_2 .$$

Diese Gleichung liefert zusammen mit dem Maschenumlauf

$$U_q = U_1 + U_2 = \left(\frac{144}{49} + 1\right)U_2 = \frac{193}{49}U_2 \quad \rightarrow \quad U_2 = \frac{49}{193} 230\,\mathrm{V} = 58{,}4\,\mathrm{V}$$

$$U_1 = 230\,\mathrm{V} - U_2 = 171{,}6\,\mathrm{V}.$$

Der in Gl. (1) angegebene Zusammenhang liefert die zugehörigen Widerstandswerte

$$R_1 = 60 \cdot \sqrt{171{,}6}\,\Omega = 786\,\Omega \qquad \text{und} \qquad R_2 = 35 \cdot \sqrt{58{,}4} = 267{,}5\,\Omega$$

und damit auch den Strom

$$I = \frac{230\,\mathrm{V}}{(786 + 267{,}5)\,\Omega} = 218{,}3\,\mathrm{mA}$$

sowie die beiden Leistungen

$$P_1 = I^2 R_1 = (0{,}2183\,\mathrm{A})^2 \cdot 786\,\Omega = 37{,}5\,\mathrm{W} \qquad \text{und} \qquad P_2 = (0{,}2183\,\mathrm{A})^2 \cdot 267{,}5\,\Omega = 12{,}75\,\mathrm{W}.$$

Schlussfolgerung

Wird die Temperaturabhängigkeit der Lampenwiderstände berücksichtigt, dann steigt die Leistung an der 60-W-Glühbirne von 23,4 W auf 37,5 W, während die Leistung an der 100-W-Glühbirne von 14,1 W auf 12,75 W fällt. Dieses Beispiel zeigt, dass die thermischen Effekte unter Umständen großen Einfluss auf die Ergebnisse haben und daher nicht generell vernachlässigt werden dürfen.

Aufgabe 3.17 Widerstandsnetzwerk mit einstellbarem Widerstand

Gegeben ist die folgende Schaltung, die an einer Gleichspannungsquelle U_q mit Innenwiderstand R_i betrieben wird. Das an die Quelle angeschlossene Widerstandsnetzwerk kann ersatzweise durch einen Lastwiderstand R_L beschrieben werden.

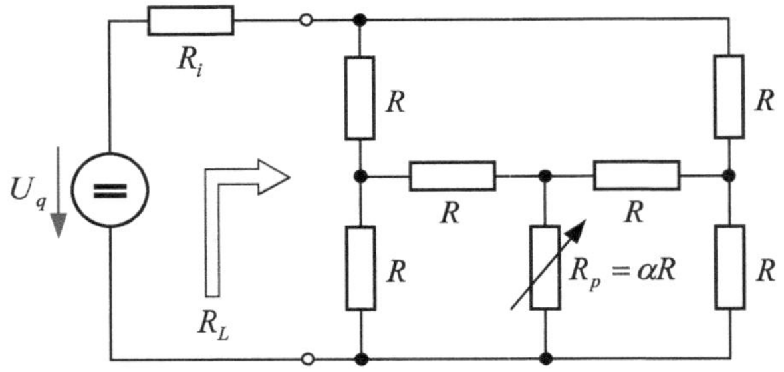

Abbildung 1: Gleichspannungsnetzwerk

Das eingezeichnete Potentiometer R_p kann über einen sehr weiten Skalenbereich, dargestellt durch den dimensionslosen Parameter α, mit $0 \le \alpha \le \infty$, eingestellt werden.

1. Geben Sie den in Abb. 1 eingezeichneten Widerstand R_L für die beiden Grenzfälle $\alpha = 0$ und $\alpha \to \infty$ an.
2. Im allgemeinen Fall kann der Widerstand R_L durch die Gleichung

$$R_L = \frac{a_0 + b_0\alpha}{1+\alpha} R$$

beschrieben werden. Berechnen Sie die beiden Werte a_0 und b_0.

3. Bei welcher Stellung α des Potentiometers gibt die Gleichspannungsquelle die maximale Wirkleistung ab, wenn der Innenwiderstand der Quelle $R_i = (7/8)R$ beträgt?

Lösung zur Teilaufgabe 1:

Für die beiden Grenzfälle ergeben sich unterschiedliche Ersatznetzwerke und Lastwiderstände. Im Kurzschlussfall $\alpha = 0$ erhalten wir das Netzwerk a in Abb. 2. Der Lastwiderstand berechnet sich aus der Parallelschaltung der beiden gleichen Widerstände $R_a = R_b$ zu:

$$R_a = R_b = R + \frac{RR}{R+R} = \frac{3}{2}R \quad \to \quad R_L = \frac{R_a R_b}{R_a + R_b} = \frac{R_a}{2} = \frac{3}{4}R\,.$$

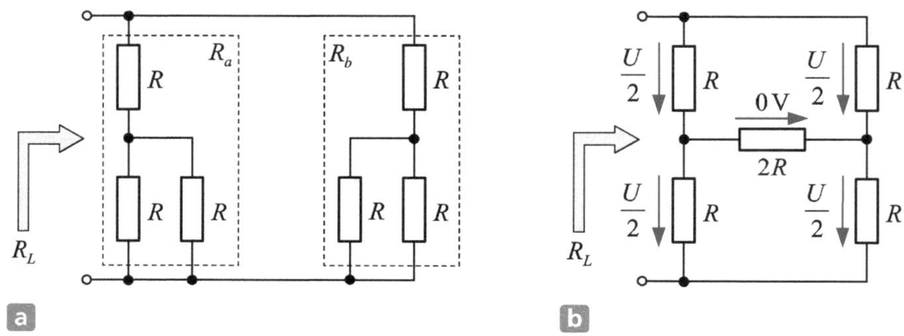

Abbildung 2: Gleichspannungsnetzwerk für die beiden Sonderfälle a: $\alpha = 0$ und b: $\alpha \to \infty$

Im Leerlauffall $\alpha \to \infty$ ergibt sich das Netzwerk b, in dem der Brückenzweig wegen der gleichen Potentiale links und rechts stromlos bleibt und damit auch entfernt werden kann. Resultierend verbleiben die beiden senkrechten Zweige links und rechts mit den Widerständen $2R$. Die Parallelschaltung dieser Zweige liefert den Lastwiderstand

$$R_L = \frac{2R \cdot 2R}{2R + 2R} = R \, .$$

Lösung zur Teilaufgabe 2:

Die Berechnung des Netzwerks kann auf konventionelle Art und Weise mit den Kirchhoff'schen Gleichungen erfolgen. Allerdings bietet sich hier eine einfachere Vorgehensweise an. Aufgrund der Symmetrie besitzen die beiden in Abb. 3 eingezeichneten Punkte P_1 und P_2 gleiches Potential, d.h., sie dürfen leitend miteinander verbunden werden. Durch diese ebenfalls in Abb. 3 eingetragene Verbindung sind aber die oberen beiden Widerstände parallel geschaltet, das Gleiche gilt für die beiden unteren Widerstände und auch für die beiden Widerstände im Brückenzweig, sodass sich das auf der rechten Seite der Abbildung dargestellte vereinfachte Netzwerk ergibt.

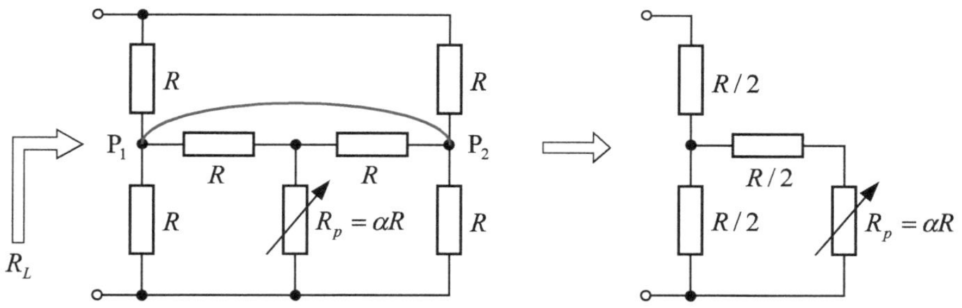

Abbildung 3: Vereinfachung des Netzwerks

Den Widerstand dieses Netzwerks können wir unter Beachtung der jeweiligen Reihen- und Parallelschaltung direkt angeben:

$$R_L = \frac{R}{2} + \left[\frac{R}{2} \,\|\, \left(\frac{R}{2} + \alpha R \right) \right] = \frac{R}{2} + \frac{\frac{R}{2} \cdot \left(\frac{R}{2} + \alpha R \right)}{\frac{R}{2} + \left(\frac{R}{2} + \alpha R \right)} = \frac{R}{2} + \frac{\frac{1}{4} + \frac{\alpha}{2}}{1+\alpha} R$$

$$= \left(\frac{1+\alpha}{2} + \frac{1}{4} + \frac{\alpha}{2} \right) \frac{R}{1+\alpha} = \left(\frac{3}{4} + \alpha \right) \frac{R}{1+\alpha}$$

$$R_L = \frac{3/4 + \alpha}{1+\alpha} R \quad \to \quad a_0 = \frac{3}{4}, \quad b_0 = 1 \, . \tag{1}$$

Lösung zur Teilaufgabe 3:

Die maximale Wirkleistung wird von der Gleichspannungsquelle bei Widerstandsanpassung, also bei $R_L = R_i$ abgegeben. Mit Gl. (1) folgt dann:

$$\frac{3/4 + \alpha}{1+\alpha} R = \frac{7}{8} R \quad \to \quad 7(1+\alpha) = 8\left(\frac{3}{4} + \alpha \right) \quad \to \quad \alpha = 1 \, .$$

Aufgabe 3.18 Brückenschaltung

In dem gegebenen Netzwerk können die beiden Widerstände R_2 und R_3 synchron in dem Wertebereich 0 ... 50 Ω eingestellt werden. Die Quellenspannung beträgt U_q = 30 V.

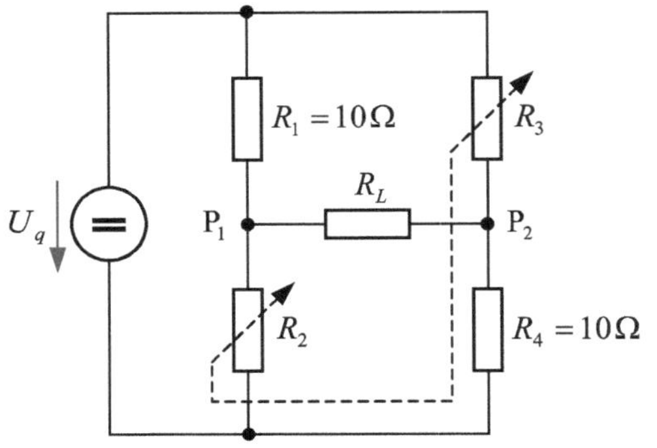

Abbildung 1: Brückenschaltung

1. Welchen Wert muss R_L aufweisen, damit er bei der Einstellung $R_2 = R_3 = 30\ \Omega$ maximale Leistung aufnimmt?
2. Wie groß ist in diesem Fall der Wirkungsgrad (Verhältnis der Leistung an R_L zur gesamten von der Quelle abgegebenen Leistung)?
3. Stellen Sie die Leistung an R_L für den in Teilaufgabe 1 ermittelten Wert in Abhängigkeit von $R_2 = R_3$ dar.

Lösung zur Teilaufgabe 1:

Die Schaltung besitzt $z = 6$ Zweige und damit $2z = 12$ unbekannte Ströme und Spannungen. In dem Zweig mit der Quelle ist die Spannung bekannt. In den fünf Zweigen mit den Widerständen können die Spannungen mit dem Ohm'schen Gesetz $U = RI$ durch die Ströme ausgedrückt werden, sodass zunächst nur die sechs unbekannten Ströme verbleiben. Da aber die Widerstände in den sich diagonal gegenüberliegenden Querzweigen jeweils gleich sind, müssen auch die Spannungen bzw. Ströme in diesen Zweigen jeweils gleich sein. Für das Netzwerk mit den vier verbleibenden unbekannten Strömen werden noch vier unabhängige Gleichungen benötigt.

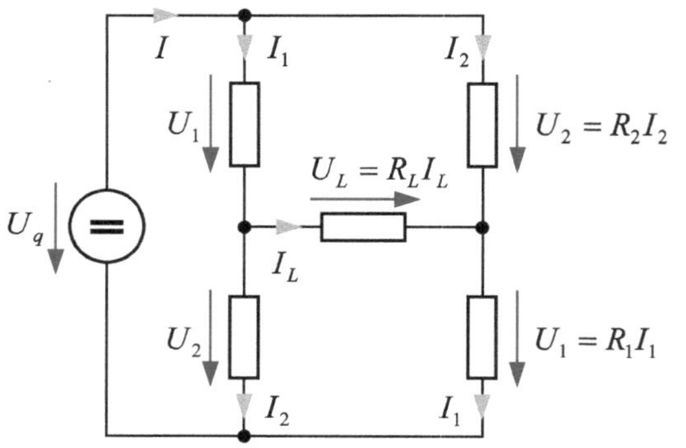

Abbildung 2: Bezeichnungen

Maschengleichungen:

$$U_q = U_1 + U_2 = R_1 I_1 + R_2 I_2 \tag{1}$$

$$U_L = U_2 - U_1 \quad \rightarrow \quad R_L I_L = R_2 I_2 - R_1 I_1 . \tag{2}$$

Knotengleichungen:

$$I = I_1 + I_2 \tag{3}$$

$$I_1 = I_L + I_2 . \tag{4}$$

Aus den Gln. (1) und (2) folgen die beiden Beziehungen

$$I_1 = \frac{U_q - I_L R_L}{2R_1} \quad \text{und} \quad I_2 = \frac{U_q + I_L R_L}{2R_2} .$$

Einsetzen dieser Beziehungen in Gl. (4) liefert den Strom I_L:

$$I_L = I_1 - I_2 = \frac{U_q - I_L R_L}{2R_1} - \frac{U_q + I_L R_L}{2R_2} \quad \rightarrow \quad I_L = \frac{U_q (R_2 - R_1)}{2R_1 R_2 + R_L (R_1 + R_2)} = \frac{a}{b + R_L c} .$$

Für die Leistung an R_L gilt $P_L = I_L^2 R_L$.

Die notwendige Bedingung für maximale Leistung ist das Verschwinden der 1. Ableitung. Mit der abgekürzten Schreibweise für I_L gilt dann

$$\frac{\mathrm{d}P_L}{\mathrm{d}R_L} = \frac{\mathrm{d}}{\mathrm{d}R_L}\left[\frac{a^2}{(b + R_L c)^2} R_L\right] \overset{!}{=} 0 \quad \rightarrow \quad \frac{b + R_L c}{(b + R_L c)^3} - 2R_L \frac{c}{(b + R_L c)^3} = 0 .$$

Ergebnis:

$$R_L = \frac{b}{c} = \frac{2R_1 R_2}{R_1 + R_2} = \frac{2 \cdot 10 \cdot 30}{10 + 30} \Omega = 15 \Omega .$$

Die Überprüfung der hinreichenden Bedingung, dass die 2. Ableitung kleiner null sein muss, sei dem Leser überlassen.

Lösung zur Teilaufgabe 2:

Mit dem Strom durch R_L

$$I_L = \frac{U_q (R_2 - R_1)}{2R_1 R_2 + R_L (R_1 + R_2)} = \frac{30 \cdot 20}{2 \cdot 10 \cdot 30 + 15 \cdot 40} \mathrm{A} = 0{,}5\,\mathrm{A}$$

ergibt sich die Leistung an R_L zu

$$P_L = I_L^2 R_L = \frac{15}{4} \mathrm{W} .$$

Für die gesamte von der Quelle abgegebene Leistung benötigen wir den Gesamtstrom:

$$I = I_1 + I_2 = \frac{U_q - I_L R_L}{2R_1} + \frac{U_q + I_L R_L}{2R_2} = \frac{30 - 7{,}5}{20} \mathrm{A} + \frac{30 + 7{,}5}{60} \mathrm{A} = 1{,}75\,\mathrm{A} .$$

Wirkungsgrad:

$$\eta = \frac{P_L}{P_{ges}} \cdot 100\,\% = \frac{15}{4 \cdot 30 \cdot 1{,}75} \cdot 100\,\% = 7{,}14\,\% \;.$$

Lösung zur Teilaufgabe 3:

Leistung an R_L:

$$P_L = I_L^2\, R_L = \frac{\left[U_q\left(R_2 - R_1\right)\right]^2 R_L}{\left[2R_1R_2 + R_L\left(R_1 + R_2\right)\right]^2} = \frac{30^2\left(R_2 - 10\,\Omega\right)^2 15}{\left[35R_2 + 150\,\Omega\right]^2}\,\mathrm{W}.$$

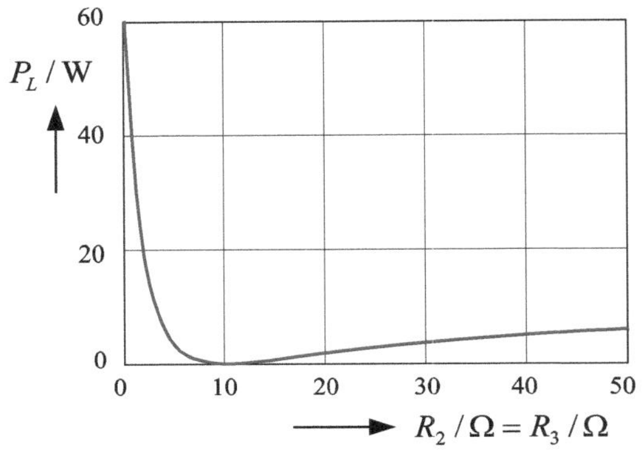

Abbildung 3: Leistung an R_L in Abhängigkeit der Widerstände $R_2 = R_3$

Bei $R_2 = R_3 = 0$ stellt sich an R_L die Leistung $U_q^2/R_L = 60$ W ein. Beim Brückenabgleich verschwindet die Spannung an R_L und damit auch die Leistung.

Aufgabe 3.19 | Belasteter Spannungsteiler

Ein Potentiometer mit Widerstand R liegt an einer Gleichspannung $U_q = 100$ V. Am Spannungsabgriff liegt im unbelasteten Zustand eine Spannung von 50 V.

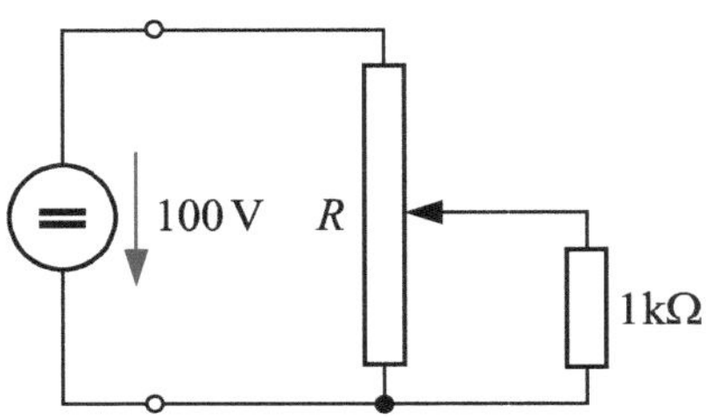

Abbildung 1: Belasteter Spannungsteiler

Wie groß muss der Spannungsteilerwiderstand R gewählt werden, damit sich die Spannung bei der Belastung mit 1 kΩ um maximal 1 % verringert?

Lösung

Da sich im unbelasteten Zustand genau die halbe Eingangsspannung am Spannungsabgriff einstellt, liegt dieser genau in der Mitte von R, d.h., wir können das folgende Netzwerk zugrunde legen.

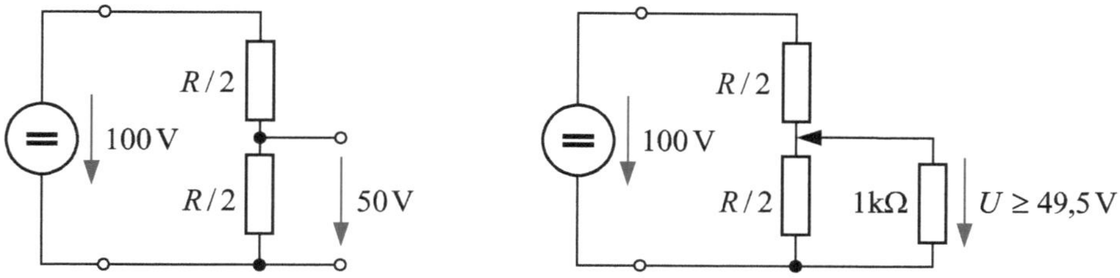

Abbildung 2: Alternative Netzwerkdarstellung

Aus der im rechten Netzwerk angegebenen Forderung für die Ausgangsspannung resultiert die Bestimmungsgleichung für den Widerstand R:

$$\frac{U}{100\,\mathrm{V}} = \frac{\dfrac{R/2 \cdot 1\,\mathrm{k}\Omega}{R/2 + 1\,\mathrm{k}\Omega}}{R/2 + \dfrac{R/2 \cdot 1\,\mathrm{k}\Omega}{R/2 + 1\,\mathrm{k}\Omega}} = \frac{R/2 \cdot 1\,\mathrm{k}\Omega}{R/2 \cdot (R/2 + 1\,\mathrm{k}\Omega) + R/2 \cdot 1\,\mathrm{k}\Omega} = \frac{1\,\mathrm{k}\Omega}{(R/2 + 1\,\mathrm{k}\Omega) + 1\,\mathrm{k}\Omega}$$

$$\frac{U}{100\,\mathrm{V}} = \frac{1\,\mathrm{k}\Omega}{R/2 + 2\,\mathrm{k}\Omega} \geq 0{,}495 \quad \to \quad 1\,\mathrm{k}\Omega - 0{,}495 \cdot 2\,\mathrm{k}\Omega \geq 0{,}495 \frac{R}{2} .$$

$$\text{Ergebnis:} \qquad R \leq \frac{2 - 0{,}495 \cdot 4}{0{,}495}\,\mathrm{k}\Omega = 40{,}4\,\Omega .$$

Schlussfolgerung

Je kleiner der Widerstand R des Spannungsteilers ist, desto geringer ist der Einfluss des parallel geschalteten Widerstandes auf die Ausgangsspannung.

Aufgabe 3.20 | Netzwerkberechnung mit Ersatzspannungsquelle

Für das nachstehende Netzwerk wurden die Maschen- und Knotengleichungen bereits in Kap. 3 aufgestellt. In diesem Beispiel soll der Strom durch den Widerstand R_3 auf zwei unterschiedlichen Wegen berechnet werden.

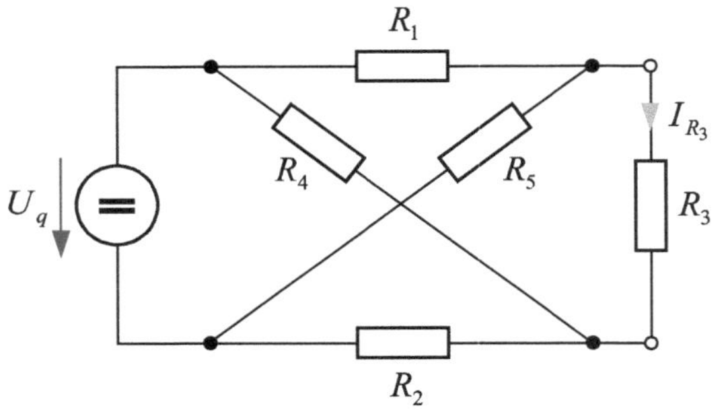

Abbildung 1: Betrachtetes Netzwerk

1. Berechnen Sie den Strom durch den Widerstand R_3, indem Sie die Maschen- und Knotengleichungen nach diesem Strom auflösen.
2. Ersetzen Sie das Netzwerk auf der linken Seite in Abb. 2 durch die auf der rechten Seite dargestellte Ersatzspannungsquelle, sodass sich die beiden Netzwerke bezüglich eines an die Ausgangsklemmen angeschlossenen Lastwiderstandes R_3 gleich verhalten.

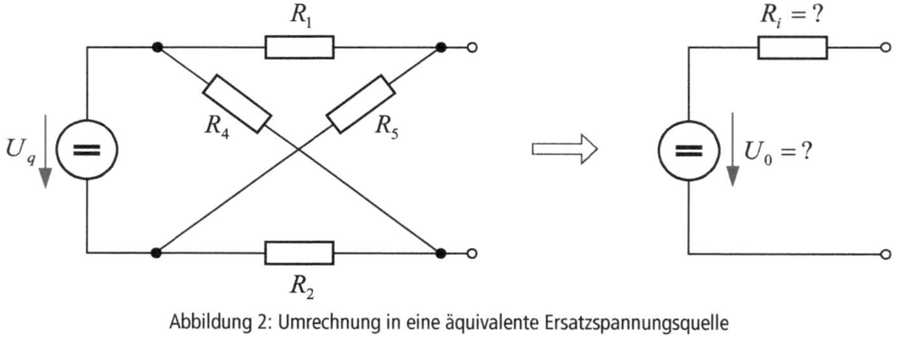

Abbildung 2: Umrechnung in eine äquivalente Ersatzspannungsquelle

3. Schließen Sie den Widerstand R_3 an die Ersatzspannungsquelle an und überprüfen Sie, ob der Strom durch R_3 mit der Lösung aus Teilaufgabe 1 übereinstimmt.

Lösung zur Teilaufgabe 1:

Aus den Knotengleichungen K_1 und K_2 in Gl. (3.59) erhalten wir die beiden Beziehungen

$$I_1 = I_3 + I_5 \quad \text{und} \quad I_2 = I_3 + I_4,$$

die in die Maschengleichung (3.61) eingesetzt werden und zunächst das Zwischenergebnis

$$\begin{aligned}
R_1 I_3 \qquad\qquad\qquad &+ (R_1 + R_5) I_5 &= U_q \\
(R_2 + R_3) I_3 + R_2 I_4 \quad &- R_5 I_5 &= 0 \\
-R_3 I_3 + R_4 I_4 \quad &+ R_5 I_5 &= U_q
\end{aligned}$$

mit den drei noch unbekannten Strömen I_3, I_4 und I_5 liefern. Aus diesen Gleichungen müssen die Ströme I_4 und I_5 eliminiert werden, sodass nur noch eine Beziehung mit dem gesuchten Strom I_3 verbleibt. Aus der obersten Zeile folgt direkt

$$I_5 = \frac{1}{R_1 + R_5} U_q - \frac{R_1}{R_1 + R_5} I_3.$$

Wir können jetzt I_5 in die zweite Zeile einsetzen und diese nach I_4 auflösen. Einsetzen von I_4 und I_5 in die dritte Zeile liefert dann die gesuchte Beziehung. Den Strom I_4 erhalten wir aber auf eine etwas einfachere Weise, indem wir die zweite und dritte Zeile addieren. Aus dem Ergebnis folgt unmittelbar der Strom I_4:

$$R_2 I_3 + (R_2 + R_4) I_4 = U_q \quad \to \quad I_4 = \frac{1}{R_2 + R_4} U_q - \frac{R_2}{R_2 + R_4} I_3.$$

Einsetzen in die zweite oder dritte Zeile liefert eine Gleichung für die Berechnung des Stromes I_3. Wir verwenden die zweite Zeile:

$$(R_2 + R_3) I_3 + \frac{R_2}{R_2 + R_4} U_q - \frac{R_2^{\,2}}{R_2 + R_4} I_3 - \frac{R_5}{R_1 + R_5} U_q + \frac{R_5 R_1}{R_1 + R_5} I_3 = 0.$$

Multiplikation mit $(R_2 + R_4)(R_1 + R_5)$ und Umsortieren liefert das Ergebnis

$$\left[(R_2 + R_3)(R_2 + R_4)(R_1 + R_5) - R_2 R_2 (R_1 + R_5) + R_1 R_5 (R_2 + R_4)\right] I_3 = \left[R_4 R_5 - R_1 R_2\right] U_q,$$

$$I_3 = \frac{R_4 R_5 - R_1 R_2}{(R_2 R_4 + R_3 R_2 + R_3 R_4)(R_1 + R_5) + R_1 R_5 (R_2 + R_4)} U_q.$$

Lösung zur Teilaufgabe 2:

Wir betrachten die Netzwerke in Abb. 2 und berechnen im ersten Schritt die beiden Leerlaufspannungen. Im rechten Netzwerk gilt $U_L = U_0$. Das linke Netzwerk wird entsprechend der Abb. 3a umgezeichnet, sodass wir mithilfe der Spannungsteilerregel das folgende Ergebnis erhalten:

$$U_L = U_5 - U_2 = \frac{R_5}{R_1 + R_5} U_q - \frac{R_2}{R_2 + R_4} U_q \quad \rightarrow \quad U_0 = \left(\frac{R_5}{R_1 + R_5} - \frac{R_2}{R_2 + R_4} \right) U_q .$$

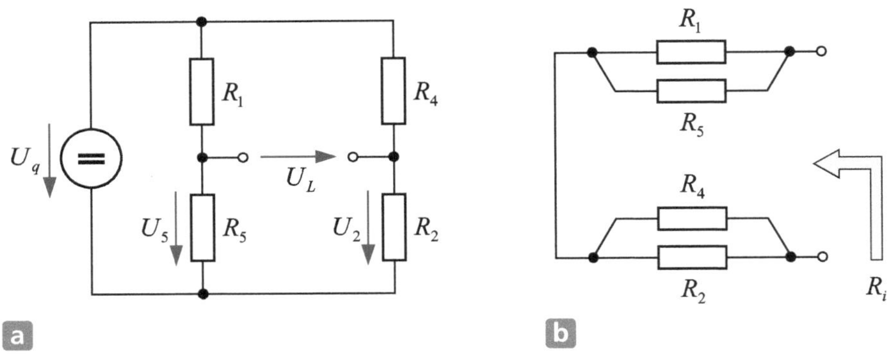

Abbildung 3: Alternative Netzwerkdarstellung

Im nächsten Schritt muss der in die Ausgangsklemmen hinein gemessene Innenwiderstand R_i bestimmt werden. Wird die Quellenspannung U_q in Abb. 2 zu null gesetzt, dann liegen die Widerstände R_1 und R_5 sowie R_2 und R_4 parallel. Das sich daraus ergebende Netzwerk ist in Abb. 3b dargestellt. Für den Innenwiderstand erhalten wir

$$R_i = (R_1 \| R_5) + (R_2 \| R_4) = \frac{R_1 R_5}{R_1 + R_5} + \frac{R_2 R_4}{R_2 + R_4} .$$

Lösung zur Teilaufgabe 3:

Wird der Widerstand R_3 jetzt an die Ersatzspannungsquelle in Abb. 2 angeschlossen, dann fließt der Strom

$$I_3 = \frac{U_0}{R_3 + R_i} = \frac{\dfrac{R_5}{R_1 + R_5} - \dfrac{R_2}{R_2 + R_4}}{R_3 + \dfrac{R_1 R_5}{R_1 + R_5} + \dfrac{R_2 R_4}{R_2 + R_4}} U_q$$

$$= \frac{R_5 (R_2 + R_4) - R_2 (R_1 + R_5)}{R_3 (R_2 + R_4)(R_1 + R_5) + R_1 R_5 (R_2 + R_4) + R_2 R_4 (R_1 + R_5)} U_q .$$

Dieses Ergebnis stimmt mit der Lösung aus Teilaufgabe 1 überein.

Aufgabe 3.21 | Ersatzspannungsquelle

Das im linken Teilbild dargestellte Netzwerk soll in die auf der rechten Seite dargestellte Ersatzspannungsquelle umgerechnet werden, sodass sich die beiden Netzwerke bezüglich eines an die Ausgangsklemmen angeschlossenen Lastwiderstandes R_L gleich verhalten.

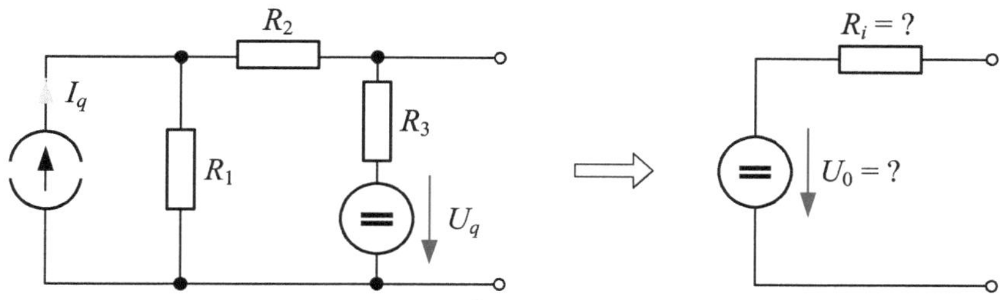

Abbildung 1: Äquivalente Quellen

1. Bestimmen Sie den Innenwiderstand R_i des Netzwerks im linken Teilbild, indem Sie die Quellen zu null setzen und den Widerstand zwischen den Ausgangsklemmen berechnen.
2. Zerlegen Sie das Netzwerk im linken Teilbild in zwei Teilnetzwerke, in denen jeweils nur eine Quelle enthalten ist, und berechnen Sie die Leerlaufspannungen für die beiden Teilnetzwerke.
3. Geben Sie den Innenwiderstand und den Kurzschlussstrom für eine äquivalente Stromquelle an.
4. Geben Sie die Leerlaufspannung U_0 und den Widerstand R_i im rechten Teilnetzwerk für die Daten $R_1 = 1\ \Omega$, $R_2 = 2\ \Omega$, $R_3 = 6\ \Omega$, $I_q = 3$ A und $U_q = 6$ V an und berechnen Sie für diese Daten den Kurzschlussstrom einer äquivalenten Stromquelle.

Lösung zur Teilaufgabe 1:

Wird die Stromquelle durch einen Leerlauf und die Spannungsquelle durch einen Kurzschluss ersetzt, dann vereinfacht sich das Netzwerk zu der Schaltung in Abb. 2.

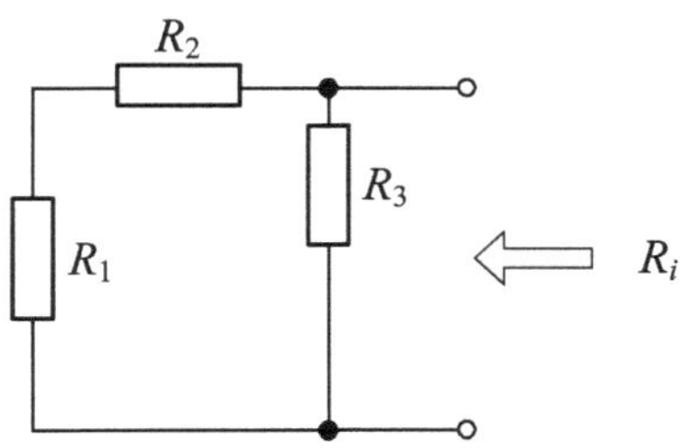

Abbildung 2: Zur Berechnung von R_i

Für den gesuchten Innenwiderstand erhalten wir die Beziehung

$$R_i = (R_1 + R_2) \,||\, R_3 = \frac{(R_1 + R_2) R_3}{R_1 + R_2 + R_3}.$$

Lösung zur Teilaufgabe 2:

Gemäß der Vorgehensweise bei der Überlagerung wird jeweils eine Quelle zu null gesetzt und der Beitrag der anderen Quelle zur Leerlaufspannung berechnet. Die gesamte Leerlaufspannung ergibt sich dann durch Überlagerung der beiden Teillösungen.

Die folgende Abbildung zeigt die beiden Netzwerke.

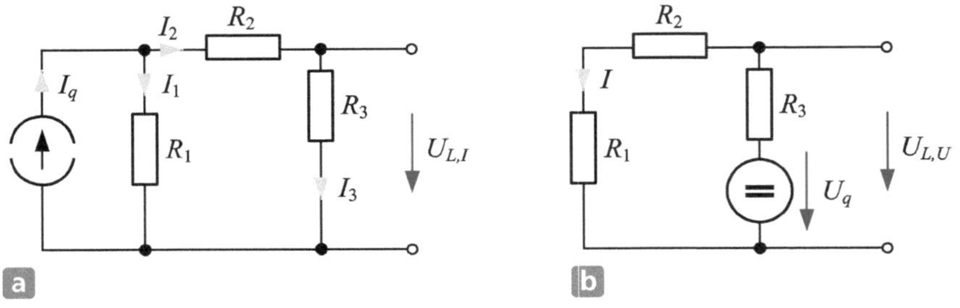

Abbildung 3: Teilnetzwerke: a) mit Stromquelle, b) mit Spannungsquelle

Beginnen wir die Betrachtung mit dem Netzwerk a. Der Quellenstrom I_q teilt sich auf die beiden Zweige mit R_1 bzw. $R_2 + R_3$ auf. Mit $I_2 = I_3$ und der Stromteilerregel gilt

$$\frac{I_3}{I_q} = \frac{R_1}{R_1 + R_2 + R_3} \quad \rightarrow \quad U_{L,I} = R_3 I_3 = \frac{R_1 R_3}{R_1 + R_2 + R_3} I_q .$$

Im Netzwerk b stellt sich der Strom

$$I = \frac{U_q}{R_1 + R_2 + R_3}$$

ein, sodass wir die Leerlaufspannung

$$U_{L,U} = U_q - I R_3 = \left(1 - \frac{R_3}{R_1 + R_2 + R_3}\right) U_q = \frac{R_1 + R_2}{R_1 + R_2 + R_3} U_q$$

erhalten. Die Überlagerung liefert dann

$$U_0 = U_{L,I} + U_{L,U} = \frac{R_1 R_3}{R_1 + R_2 + R_3} I_q + \frac{R_1 + R_2}{R_1 + R_2 + R_3} U_q .$$

Lösung zur Teilaufgabe 3:

Die äquivalente Stromquelle besitzt den gleichen Innenwiderstand R_i und den Kurzschlussstrom

$$I_0 = \frac{U_0}{R_i} = \frac{R_1 R_3}{(R_1 + R_2) R_3} I_q + \frac{R_1 + R_2}{(R_1 + R_2) R_3} U_q .$$

Lösung zur Teilaufgabe 4:

$$R_i = \frac{3 \cdot 6}{1+2+6} \Omega = 2\Omega, \qquad U_0 = \frac{6\,\Omega^2}{9\Omega} 3\text{A} + \frac{3\Omega}{9\Omega} 6\text{V} = 4\text{V}, \qquad I_0 = \frac{4\text{V}}{2\Omega} = 2\text{A}.$$

Stromleitungsmechanismen

Wichtige Formeln

4

Faraday'sche Gesetze

$$m = \frac{A_r u}{z e} Q = \frac{A_r u}{z e} I t = \frac{A_r I t}{z \cdot 96{,}47} \frac{\text{mg}}{\text{As}}$$

$$\frac{m_1}{A_{r1} / z_1} = \frac{m_2}{A_{r2} / z_2} = \ldots$$

Diodenkennlinie

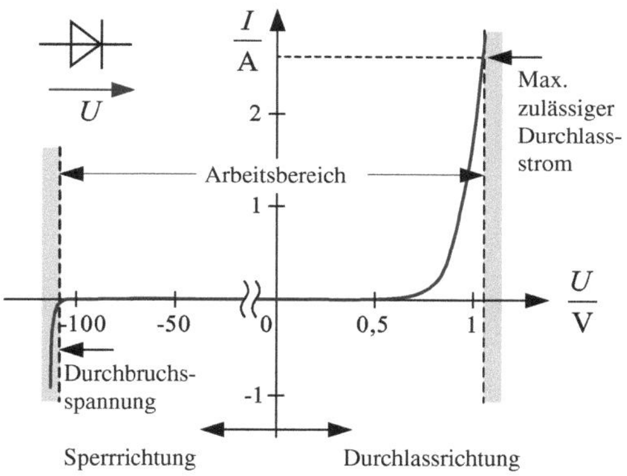

Arbeitsbereich

$$I = I_0 \left(e^{\frac{U}{n U_T}} - 1 \right) \qquad U_T = \frac{kT}{e}$$

$$k = 1{,}38 \cdot 10^{-23}\ \text{Ws/K} \qquad e = 1{,}602 \cdot 10^{-19}\ \text{C}$$

Arbeitspunktbestimmung

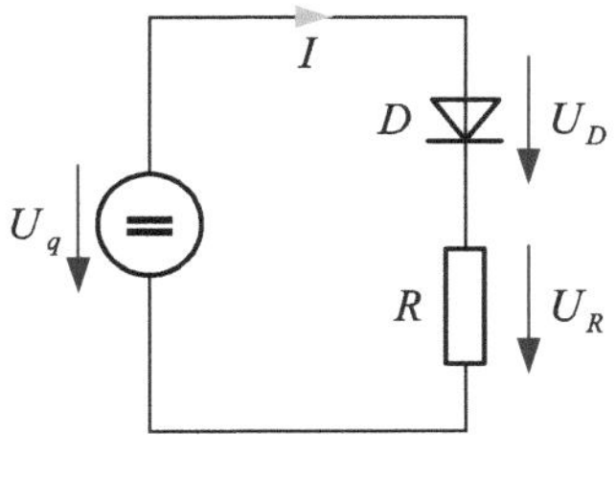

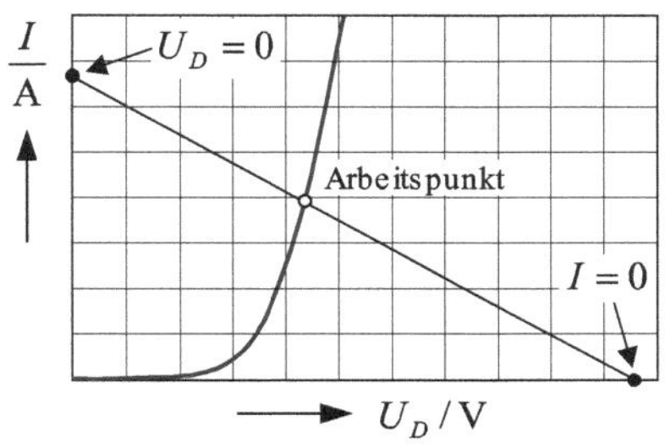

4.1 Verständnisaufgaben

1. Auf welche Geschwindigkeit wird ein Elektron beschleunigt, wenn es im Vakuum eine Potentialdifferenz von 0,1 V durchläuft?

2. Beschreiben Sie kurz, was unter Elektrolyse verstanden wird.

3. Durch Elektrolyse sollen pro Tag 100 kg Aluminium gewonnen werden. Welcher mittlere Gleichstrom wird hierfür benötigt?
(Atomgewicht von Aluminium: $A_r = 26{,}27$, Wertigkeit: $z = 3$)

4. Ein Akzeptor in Silizium (Si) ist ein Fremdatom im Halbleiter-Gitter, das ...
a) weniger Valenzelektronen als ein Si-Atom besitzt,
b) mehr Valenzelektronen als ein Si-Atom besitzt,
c) zu einer n-Dotierung führt.

5. Welche Diode(n) leiten im folgenden Netzwerk, wenn $0 < I_q R < U_q$ gilt?

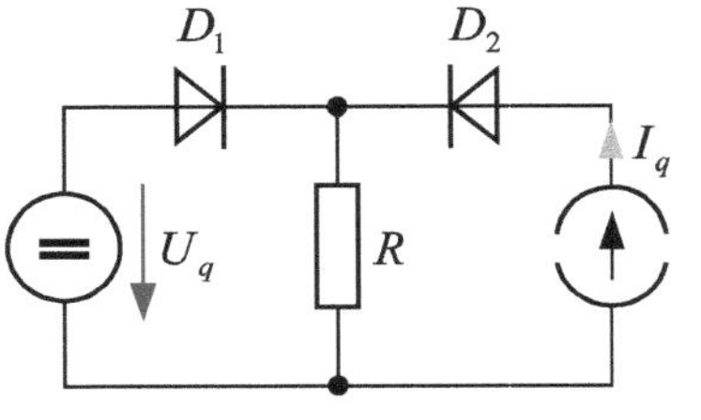

6. Gegeben ist ein Netzwerk, bestehend aus der idealen Gleichspannungsquelle U_q, dem Widerstand R und einer Diode. Die Spannungsquelle und der Widerstand besitzen die in der Abbildung angegebenen Werte, die Diodenkennlinie ist daneben dargestellt.

Bestimmen Sie grafisch den Arbeitspunkt der Diode und geben Sie dort die Diodenspannung und den Diodenstrom an.

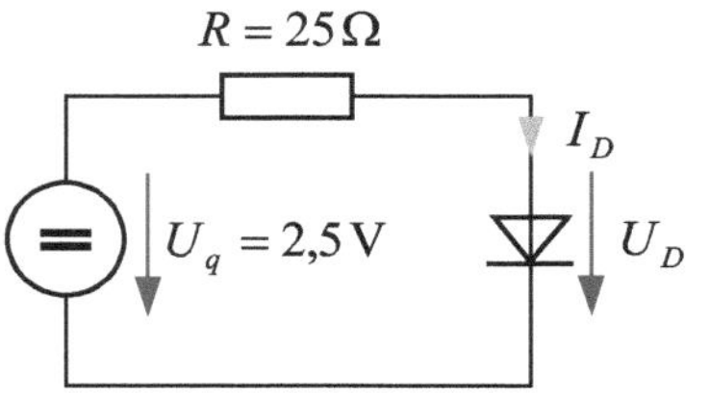

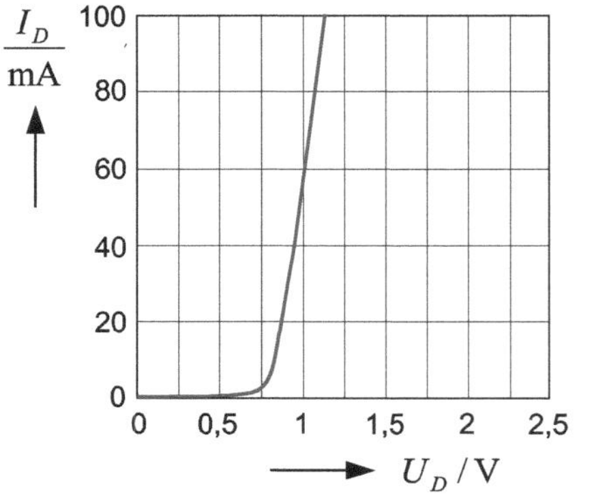

7. Gegeben ist das in der Abbildung dargestellte Netzwerk. Stellen Sie den Verlauf des Gesamtstromes I_q als Funktion der Quellenspannung U_q in einem Diagramm dar. Die Diodenkennlinie und der Widerstandswert können aus Aufgabe 6 übernommen werden.

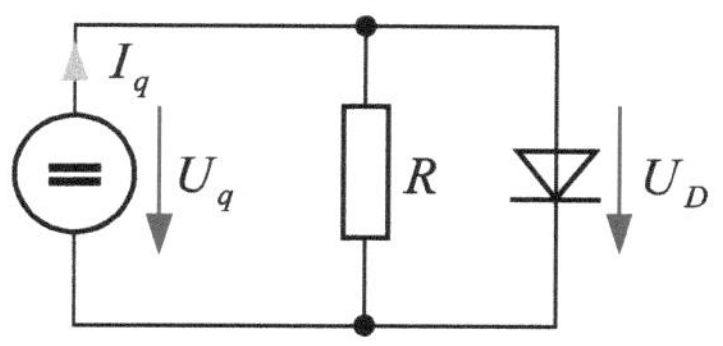

Lösung zur Aufgabe 1:

$$\frac{1}{2} m_0 v^2 \overset{(4.8)}{=} eU$$

$$v^2 = \frac{2eU}{m_0} = \frac{2 \cdot 1{,}602 \cdot 10^{-19}\,\text{As} \cdot 0{,}1\,\text{V}}{9{,}1094 \cdot 10^{-31}\,\text{kg}} = 3{,}517 \cdot 10^{10}\,\frac{\text{VAs}}{\text{kg}} = 3{,}517 \cdot 10^{10}\,\frac{\text{m}^2}{\text{s}^2}$$

$$v = 1{,}875 \cdot 10^5\,\frac{\text{m}}{\text{s}} = 187{,}5\,\frac{\text{km}}{\text{s}}$$

Lösung zur Aufgabe 2:

Durch Elektrolyse können Metalle aus geeigneten Flüssigkeiten gewonnen werden. Wird eine elektrische Spannung an Flüssigkeiten angelegt, so bewegen sich die Ionen zu den Elektroden und lagern sich dort ab. Die dort abgeschiedene Masse ist proportional zu der Ladungsmenge.

Lösung zur Aufgabe 3:

Mit dem 1. Faraday'schen Gesetz gilt unmittelbar

$$I = \frac{m}{\text{mg}} \frac{z \cdot 96{,}47}{A_r} \frac{\text{s}}{t}\,\text{A} = 10^8 \frac{3 \cdot 96{,}47}{26{,}27} \frac{1}{24 \cdot 60 \cdot 60}\,\text{A} = 12{,}75\,\text{kA}.$$

Lösung zur Aufgabe 4:

Richtig ist Antwort a).

Lösung zur Aufgabe 5:

Der Strom I_q fließt durch die Diode D_2, d.h., D_2 ist leitend. Der Spannungsabfall an D_2 infolge des Stromes I_q ist nach Aufgabenstellung kleiner als die Quellenspannung U_q. An der Diode D_1 entsteht daher eine Spannung in Vorwärtsrichtung, sodass auch diese Diode leitet.

Lösung zur Aufgabe 6:

Der Widerstand und die Diode werden vom gleichen Strom durchflossen. Die beiden Spannungen U_R und U_D werden wegen der Reihenschaltung addiert und müssen der Quellenspannung U_q entsprechen.

Grafisch lässt sich das Problem auf einfache Weise dadurch lösen, dass wir in das Kennliniendiagramm der Diode auch die Widerstandskennlinie einzeichnen. Wegen des linearen Zusammenhangs am Widerstand benötigen wir neben dem Ursprung lediglich einen weiteren Punkt. Bei einem Strom von 100 mA durch den Widerstand gilt $U_R = RI = 2{,}5$ V. Damit lässt sich die Kennlinie bereits zeichnen. Der nächste Schritt besteht darin, die beiden Kurven zu addieren, und zwar so, dass für einen vorgegebenen Wert des Stromes die beiden Spannungen gemäß der Reihenschaltung addiert werden. Zum Beispiel werden bei $I = 100$ mA die Spannungswerte $U_D = 1{,}12$ V und $U_R = 2{,}5$ V zu $U_{ges} = 3{,}62$ V addiert. Diese punktweise Addition der beiden Kennlinien liefert die Kennlinie für die Reihenschaltung. Der letzte Schritt besteht darin, den Punkt auf dieser Kennlinie bei der angelegten Spannung $U_q = 2{,}5$ V einzuzeichnen und den zugehörigen Strom abzulesen. Als Ergebnis erhalten wir $I = 60$ mA, $U_D = 1$ V und $U_R = 1{,}5$ V.

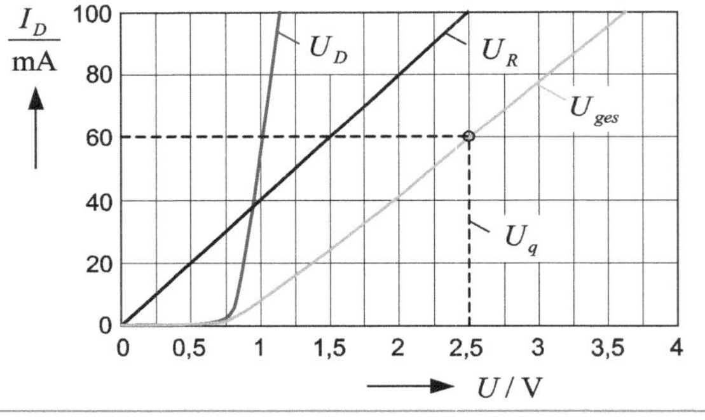

Lösung zur Aufgabe 7:

In dieser Schaltung ist die Spannung an der Diode und am Widerstand gleich. Der Strom durch die beiden Komponenten addiert sich zum Gesamtstrom I_q. Die grafische Lösung kann auf ähnliche Weise wie in der Aufgabe 6 hergeleitet werden. Der Unterschied besteht lediglich darin, dass jetzt bei gleicher Spannung die Ströme addiert werden. Das Ergebnis zeigt die folgende Abbildung.

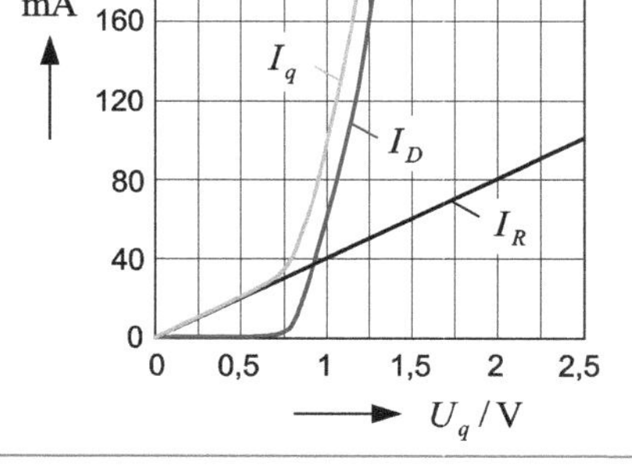

4.2 Level 1

Aufgabe 4.1 | Stromleitung in Flüssigkeiten

Eine quaderförmige, nichtleitende Wanne ist bis zur Höhe h mit einem Elektrolyt gefüllt. An den Stirnflächen sind ideal leitende Elektroden angebracht. Die Ladungsträgerkonzentration (Anzahl der Ladungen pro Volumen) der jeweils einfach geladenen Anionen und Kationen des Elektrolyts sei jeweils gleich η. Die Beweglichkeit der Anionen sei μ_A, die der Kationen μ_K. Zwischen den Elektroden wird eine Gleichspannungsquelle angeschlossen.

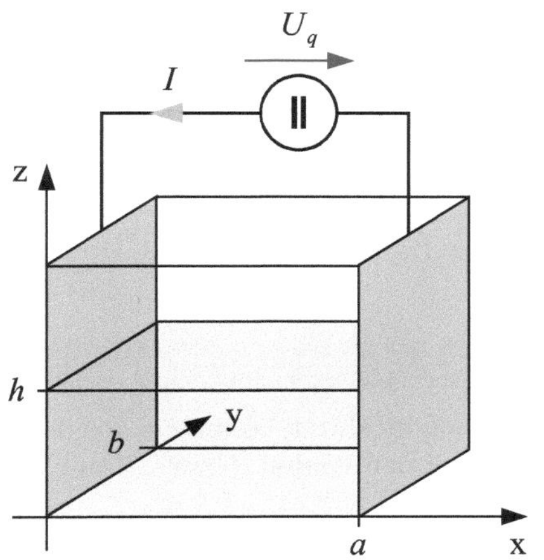

Abbildung 1: Betrachtete Anordnung

1. Wie groß ist die Stromdichte $\vec{\mathbf{J}}$, wenn der Strom I zunächst als bekannt angenommen wird?
2. Ermitteln Sie den Strom I in Abhängigkeit von den geometrischen Größen und von η, μ_A, μ_K sowie von der Elementarladung e und der Spannung U_q. Überlagern Sie dabei die Stromanteile der positiven und negativen Ladungsträger.
3. Wie groß sind die Stromdichte $\vec{\mathbf{J}}'$ und der Strom I', wenn der Behälter mit destilliertem Wasser bis zur Höhe $2h$ weiter aufgefüllt und die Flüssigkeit gleichmäßig durchmischt wird?

Lösung zur Teilaufgabe 1:

Bei bekanntem Strom I ergibt sich für die Stromdichte

$$I \stackrel{(2.11)}{=} \iint_A \vec{\mathbf{J}} \cdot \mathrm{d}\vec{\mathbf{A}} = Jhb \quad \rightarrow \quad J = \frac{I}{hb}, \quad \vec{\mathbf{J}} = \vec{\mathbf{e}}_x \frac{I}{hb}.$$

Lösung zur Teilaufgabe 2:

Mit dem Ohm'schen Gesetz und dem Zusammenhang aus Teilaufgabe 1 folgt:

$$\vec{\mathbf{J}} \overset{(2.17)}{=} \kappa\vec{\mathbf{E}} \overset{(4.20)}{=} \eta \underbrace{z}_{1} e(\mu_A+\mu_K)\,\vec{\mathbf{E}} \overset{(1.30)}{=} \vec{\mathbf{e}}_x\,\eta e(\mu_A+\mu_K)\frac{U_q}{a} \overset{!}{=} \vec{\mathbf{e}}_x\frac{I}{hb}.$$

Dies lässt sich nach dem Strom auflösen:

$$I=\eta e\,hb(\mu_A+\mu_K)\frac{U_q}{a}.$$

Lösung zur Teilaufgabe 3:

Die Anzahl der Ladungsträger bleibt erhalten, die Querschnittsfläche wird verdoppelt, die Ladungsträgerkonzentration halbiert, d.h., das Produkt ηh bleibt unverändert. Damit bleibt der Gesamtstrom erhalten und die Stromdichte halbiert sich:

$$I'=I, \qquad \vec{\mathbf{J}}'=\frac{1}{2}\vec{\mathbf{J}}.$$

Aufgabe 4.2 Gleichstromnetzwerk mit idealer Diode

Gegeben ist die Diodenschaltung in Abb. 1, bestehend aus der idealen Gleichspannungsquelle U_q, den Widerständen mit den Werten R bzw. $2R$ sowie der idealen Diode D.

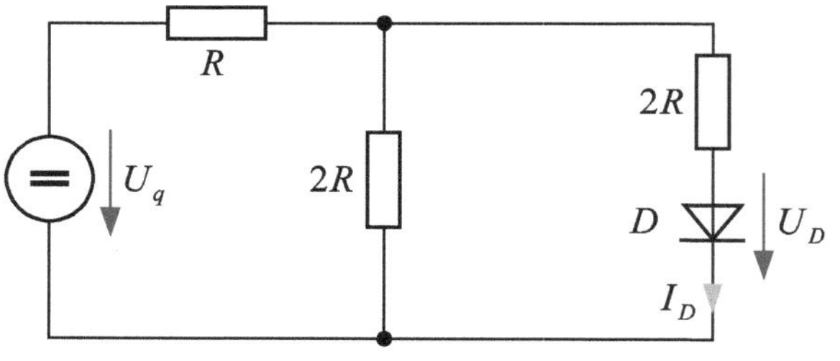

Abbildung 1: Diodenschaltung

1. Zeichnen Sie die Kennlinie der idealen Diode.
2. Zeichnen Sie das resultierende Netzwerk für den Fall, dass die Diode sperrt.
3. Berechnen Sie die Sperrspannung U_D an der idealen Diode in Abhängigkeit von U_q und R für den Fall, dass die Diode sperrt.
4. Zeichnen Sie das resultierende Netzwerk für den Fall, dass die Diode leitet.
5. Berechnen Sie den Diodenstrom I_D in Abhängigkeit von U_q und R für den Fall, dass die Diode leitet.

Lösung zur Teilaufgabe 1:

Eine ideale Diode besitzt die Eigenschaft, den Strom nur in eine Richtung (Vorwärtsrichtung) durchfließen zu lassen. Sie verhält sich in diesem Fall wie ein idealer Kurzschluss, d.h., es fällt keine Spannung über der Diode ab. Ein Stromfluss in die umgekehrte Richtung (Sperrrichtung) wird verhindert. Die Diode verhält sich in diesem Fall wie ein Leerlauf. Die zugehörige Kennlinie für dieses idealisierte Ventilverhalten ist in Abb. 2 dargestellt.

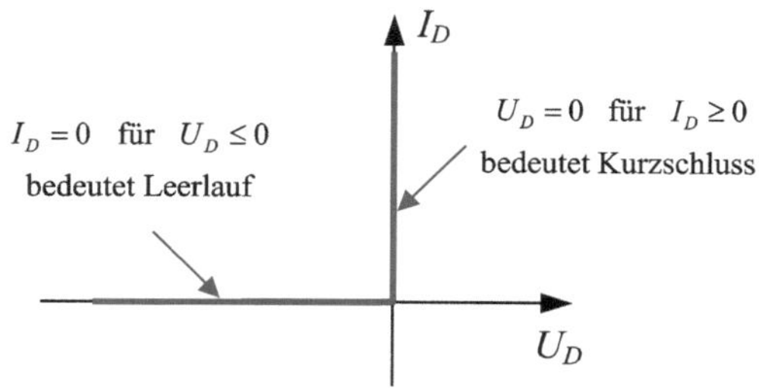

Abbildung 2: Kennlinie der idealen Diode

Lösung zur Teilaufgabe 2:

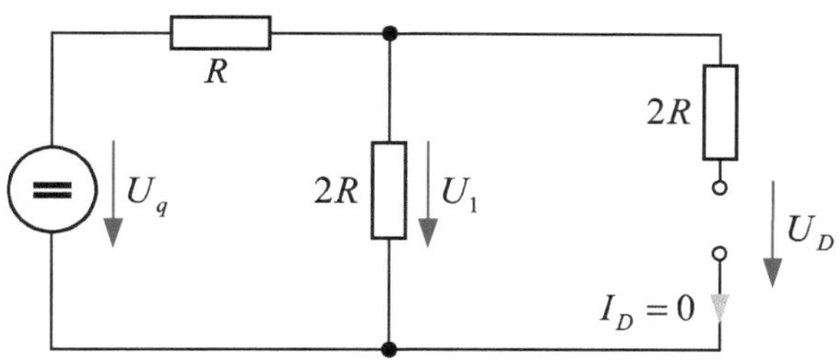

Abbildung 3: Netzwerk für den Fall, dass die Diode sperrt

Lösung zur Teilaufgabe 3:

Bei sperrender Diode, z.B. wegen $U_q < 0$, gilt $I_D = 0$. An dem Widerstand $2R$ fällt folglich keine Spannung ab, sodass an den beiden Parallelzweigen die gleichen Spannungen anliegen: $U_D = U_1$. Diese Spannung kann über einen Spannungsteiler berechnet werden:

$$\frac{U_1}{U_q} = \frac{2R}{R+2R} = \frac{2}{3} \quad \rightarrow \quad U_1 = U_D = \frac{2}{3} U_q .$$

Lösung zur Teilaufgabe 4:

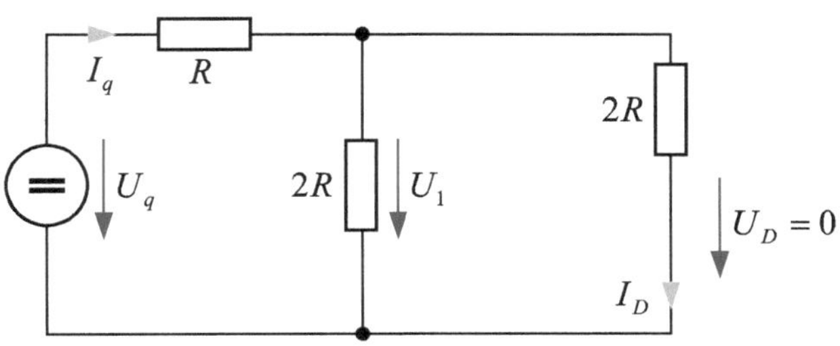

Abbildung 4: Netzwerk für den Fall, dass die Diode leitet

Lösung zur Teilaufgabe 5:

Die Parallelschaltung aus zwei Widerständen der Größe $2R$ verhält sich elektrisch genauso wie ein Widerstand der Größe R. Somit kann der Quellenstrom I_q in Abb. 4 direkt angegeben werden:

$$I_q = \frac{U_q}{R + 2R \| 2R} = \frac{U_q}{R+R} = \frac{U_q}{2R}.$$

Dieser Strom teilt sich je zur Hälfte auf die beiden Widerstände $2R$ auf, sodass $I_D = I_q/2$ gilt.

4.3 Level 2

Aufgabe 4.3 Stromleitung im Vakuum

Zur Ablenkung des Elektronenstrahls in einer Bildröhre wird die Kraftwirkung des elektrischen Feldes ausgenutzt. Wir betrachten ein einzelnes Elektron der Elementarladung $-e$ und der Ruhemasse m_0, das mit der Anfangsgeschwindigkeit $\vec{\mathbf{v}} = \vec{\mathbf{e}}_x v_0$ in den Bereich zwischen den beiden Platten eintritt. Die Platten befinden sich im Abstand d und liegen an einer Gleichspannung U.

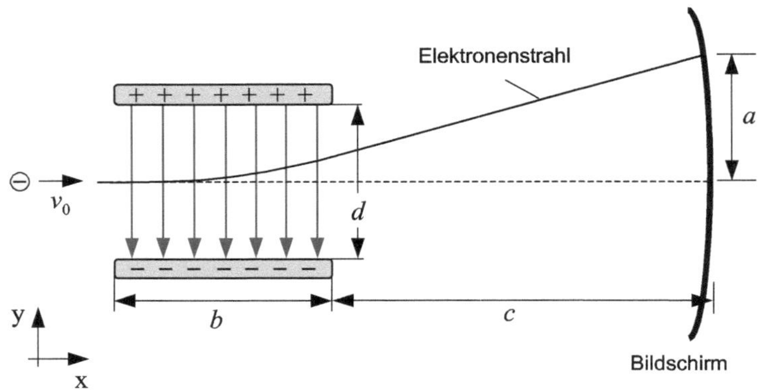

Abbildung 1: Prinzipielle Anordnung zur Ablenkung eines Elektronenstrahls

Bestimmen Sie die Auslenkung a des Elektronenstrahls in Abhängigkeit von der Spannung U, der Anfangsgeschwindigkeit v_0 und den in der Abbildung angegebenen Abmessungen. Die leichte Bildschirmkrümmung soll dabei vernachlässigt werden.

Lösung

Solange sich das Elektron noch außerhalb der beiden Platten befindet, wird es seine Anfangsgeschwindigkeit $\vec{\mathbf{v}} = \vec{\mathbf{e}}_x v_0$ beibehalten. Es genügt also die Betrachtung der beiden Zeitabschnitte

$0 \le t \le t_1$ mit $t_1 = \dfrac{b}{v_0}$, wenn sich das Elektron im Bereich der Platten befindet, und

$t_1 \le t \le t_2$ mit $t_2 = t_1 + \frac{c}{v_0}$, wenn sich das Elektron zwischen Platten und Schirm befindet.

Im ersten Zeitabschnitt erfährt das Elektron eine konstante Beschleunigung in y-Richtung. Beim Verlassen des Plattenbereichs besitzt es eine y-gerichtete Geschwindigkeit:

$$v_y(t = t_1) \overset{(4.4)}{=} \frac{eU}{m_0 d} t_1 = \frac{eU}{m_0 d} \frac{b}{v_0}.$$

Seine Auslenkung in y-Richtung beträgt zu diesem Zeitpunkt

$$y_1 \overset{(4.5)}{=} \frac{1}{2} \frac{eU}{m_0 d} t_1^{\,2} = \frac{1}{2} \frac{eU}{m_0 d} \frac{b^2}{v_0^{\,2}}.$$

Im zweiten Zeitabschnitt erfährt das Elektron keine weitere Kraft, sodass es seine Geschwindigkeit beim Verlassen des Plattenbereichs $\vec{\mathbf{v}} = \vec{\mathbf{e}}_x v_0 + \vec{\mathbf{e}}_y v_y$ beibehält. Während der Zeit bis zum Auftreffen auf den Schirm legt es in y-Richtung bei Vernachlässigung der Bildschirmkrümmung den Weg

$$y_2 = v_y (t_2 - t_1) = \frac{eU}{m_0 d} \frac{bc}{v_0^{\,2}}$$

zurück. Als Gesamtauslenkung erhalten wir das Ergebnis

$$a = y_1 + y_2 = \frac{1}{2} \frac{eU}{m_0 d} \frac{b^2}{v_0^{\,2}} + \frac{eU}{m_0 d} \frac{bc}{v_0^{\,2}} = \frac{eU}{m_0 d} \frac{b^2}{v_0^{\,2}} \left(\frac{1}{2} + \frac{c}{b} \right).$$

Aufgabe 4.4 | Arbeitspunktbestimmung bei einer Diodenschaltung

Die Reihenschaltung aus einer Diode und einem Widerstand R = 2,7 Ω liegt an einer Gleichspannungsquelle U_q = 4,5 V. Die Diodenkennlinie ist in Abb. 1 dargestellt.

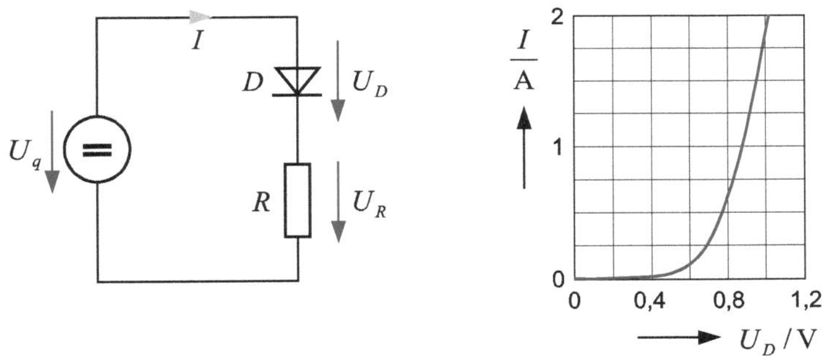

Abbildung 1: Gleichstromnetzwerk und Diodenkennlinie

1. Bestimmen Sie den Strom I.
2. Ersetzen Sie die Diodenkennlinie durch zwei Geradenstücke und geben Sie ein einfaches Ersatzschaltbild an, das dieser Geradenapproximation entspricht.
3. Berechnen Sie mit der Approximation aus Teilaufgabe 2 die Verluste in der Diode.

Lösung zur Teilaufgabe 1:

Die Besonderheit dieser Schaltung besteht darin, dass sie eine Komponente mit einem nichtlinearen Zusammenhang zwischen Strom und Spannung enthält. Bei derartigen Netzwerken gelten nach wie vor die Kirchhoff'schen Gleichungen. Die Maschengleichung liefert den Zusammenhang

$$U_q = U_D + IR \quad \rightarrow \quad I = \frac{U_q}{R} - \frac{1}{R}U_D. \tag{1}$$

Da die Diodenkennlinie in grafischer Form vorliegt, werden wir auch eine grafische Vorgehensweise wählen, um den Strom zu bestimmen. Die Gl. (1) stellt im I-U_D-Diagramm eine Arbeitsgerade dar. Die sich an der Diode einstellende Strom-Spannungs-Kombination kann nur solche Werte annehmen, die diese Gleichung erfüllen. Da es sich bei der Gl. (1) um eine Gerade handelt, genügen zwei Punkte zu deren Darstellung.

Die einfachste Möglichkeit, diese Punkte zu bestimmen, besteht darin, die Diode jeweils durch einen der beiden Grenzfälle Leerlauf bzw. Kurzschluss zu ersetzen. Nehmen wir also an, dass die Diode einen Leerlauf darstellt, dann gilt I = 0 A und die Diodenspannung entspricht der Quellenspannung U_D = 4,5 V. Dieser Punkt ist auf der horizontalen Achse in Abb. 2 eingetragen. Für den Fall, dass die Diode einen Kurzschluss bildet, gilt U_D = 0 V und der Strom kann aus Gl. (1) zu $I = U_q/R$ = 1,67 A bestimmt werden. Diesen Punkt tragen wir auf der vertikalen Achse ein.

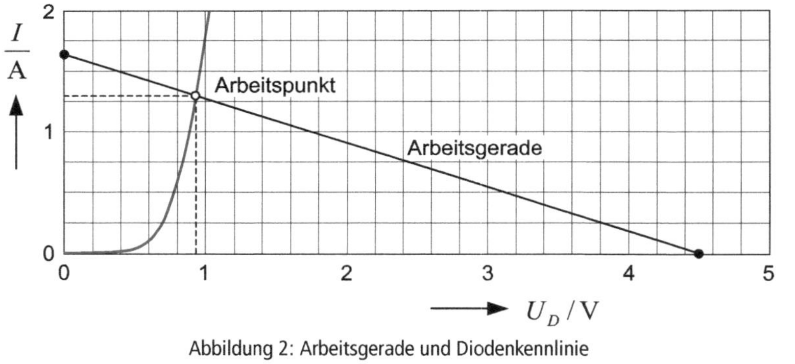

Abbildung 2: Arbeitsgerade und Diodenkennlinie

Die Verbindung der beiden Punkte liefert die durch Gl. (1) beschriebene Gerade. Da der Zusammenhang zwischen Strom und Spannung an der Diode aber zusätzlich durch die Diodenkennlinie vorgegeben ist, erhalten wir aus dem Schnittpunkt der beiden Kurven den so genannten Arbeitspunkt, bei dem wir den sich einstellenden Strom durch die Diode sowie den Spannungsabfall an der Diode ablesen können. Für das vorgegebene Zahlenbeispiel erhalten wir das resultierende Ergebnis I = 1,32 A, U_D = 0,94 V und U_R = 3,56 V.

Lösung zur Teilaufgabe 2:

Zur Berechnung des Netzwerks in Abb. 1 ist eine mathematische Beschreibung der Diodenkennlinie erforderlich. Liegt die exakte Funktionsbeschreibung nicht vor, dann ist es in vielen Fällen ausreichend, den Kurvenverlauf durch einzelne Geradenstücke zu approximieren.

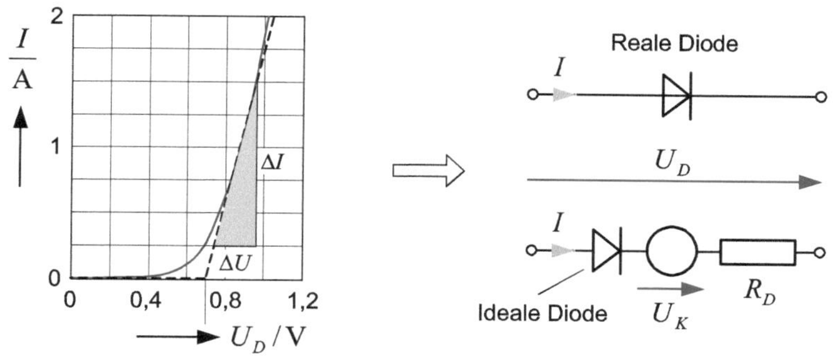

Abbildung 3: Approximation der Diodenkennlinie

Nach Abb. 3 kann die Kennlinie durch die beiden gestrichelt eingezeichneten Geraden angenähert werden. Die größte Abweichung von der realen Kurve tritt im Bereich der Knickstelle auf. Das waagerechte Geradenstück entspricht einer konstanten Spannung (Knickspannung), für die im vorliegenden Beispiel $U_K = 0{,}7$ V gilt. Die schräg ansteigende Gerade entspricht einem Widerstand R_D, dessen Wert aus den Seitenlängen des markierten Dreiecks berechnet werden kann $R_D = \Delta U/\Delta I \approx 0{,}22\ \text{V}/1{,}25\ \text{A} = 0{,}176\ \Omega$. Die gesamte an der Diode abfallende Spannung wird somit aufgeteilt in die Knickspannung und den Spannungsabfall an R_D. Das Ersatzschaltbild für die reale Diode besteht also in der hier abgeleiteten Form aus der Knickspannung U_K, dem Widerstand R_D und einer idealen Diode mit der in Aufgabe 4.2 dargestellten Kennlinie. Die Funktion der idealen Diode im Ersatzschaltbild besteht nur noch darin, einen Strom in Sperrrichtung zu verhindern.

Wird die Diode also durch das auf der rechten Seite der Abb. 3 dargestellte Diodenersatznetzwerk ausgetauscht, dann kann die in Abb. 1 angegebene Schaltung durch das äquivalente Netzwerk in Abb. 4 ersetzt werden. Auf die ideale Diode wird in diesem Netzwerk verzichtet, da der Strom bei der vorgegebenen Schaltung ohnehin nur in Vorwärtsrichtung durch die Diode fließen kann. Für den Strom erhalten wir das Ergebnis

$$U_q = U_K + I(R_D + R) \quad \rightarrow \quad I = \frac{U_q - U_K}{R_D + R} = \frac{4{,}5 - 0{,}7}{0{,}176 + 2{,}7}\,\text{A} \approx 1{,}32\,\text{A}.$$

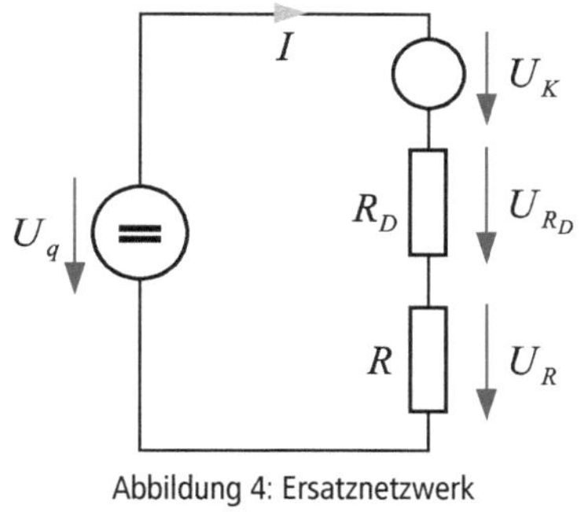

Abbildung 4: Ersatznetzwerk

Lösung zur Teilaufgabe 3:

Für die Verluste in der Diode gilt

$$P_D = U_D I = \left(U_K + U_{R_D}\right) I = U_K I + R_D I^2.$$

Schlussfolgerung

Zur Berechnung der Verluste in der Diode wird die Knickspannung mit dem Strom multipliziert, der Widerstand aber mit dem Quadrat des Stromes.

Aufgabe 4.5 Diodenschaltung

Abb. 1 zeigt eine Schaltung, in der eine Leuchtdiode (LED) über einen Vorwiderstand R an eine ideale Gleichspannungsquelle $U_q = 5$ V angeschlossen ist. Der maximale Diodenstrom beträgt $I_{max} = 30$ mA und die maximale Verlustleistung in der Diode ist $P_{max} = 72$ mW.

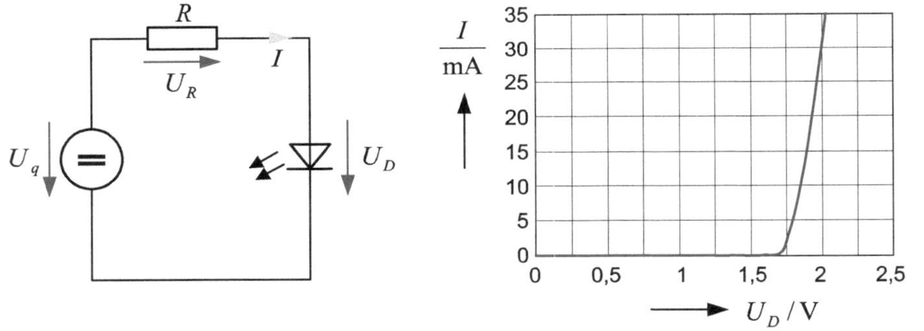

Abbildung 1: Schaltung mit Leuchtdiode und Diodenkennlinie

1. Geben Sie die Maschengleichung für das Netzwerk an.
2. Ermitteln Sie aus der Maschengleichung und der Kennlinie den minimal zulässigen Wert für den Widerstand R, sodass der maximale Diodenstrom nicht überschritten wird.
3. Wird die maximale Verlustleistung der Diode bei I_{max} überschritten?
4. Ermitteln Sie grafisch den Strom durch die Diode für $R = 150\ \Omega$.

Lösung zur Teilaufgabe 1:

Die Maschengleichung des Netzwerks lautet

$$U_q = RI + U_D.$$

Lösung zur Teilaufgabe 2:

Aus dem Diagramm in Abb. 1 ergibt sich bei einem maximal zulässigen Diodenstrom von 30 mA die Vorwärtsspannung der Diode zu $U_D(I_{max}) \approx 2$ V. Daraus ergibt sich ein minimaler Widerstand von

$$R_{min} = \frac{U_q - U_D(I_{max})}{I_{max}} = \frac{5\text{ V} - 2\text{ V}}{30\text{ mA}} = 100\ \Omega.$$

Lösung zur Teilaufgabe 3:

$$P(I_{max}) = U_D(I_{max}) \cdot I_{max} = 2\,\text{V} \cdot 30\,\text{mA} = 60\,\text{mW}$$

Die Verlustleistung an der Diode ist geringer als der maximal zulässige Wert P_{max} = 72 mW.

Lösung zur Teilaufgabe 4:

Entsprechend der Beschreibung in Aufgabe 4.4 wird zunächst die Arbeitsgerade ermittelt. Aus der Maschengleichung von Teilaufgabe 1 ergibt sich die Gleichung für den Diodenstrom:

$$I = \frac{U_q - U_D}{R}.$$

Ersetzen wir die Diode durch einen Leerlauf, dann erhalten wir den ersten Punkt im Kennlinienfeld bei I = 0 mA und $U_D = U_q$ = 5 V. Wird die Diode durch einen Kurzschluss ersetzt, dann folgt der zweite Punkt bei U_D = 0 V und

$$I = \frac{U_q}{R} = \frac{5\,\text{V}}{150\,\Omega} = 33\,\text{mA}.$$

Die Verbindung dieser beiden Punkte im Kennliniendiagramm ergibt nach Abb. 2 einen Schnittpunkt mit der Diodenkennlinie bei I = 20,4 mA.

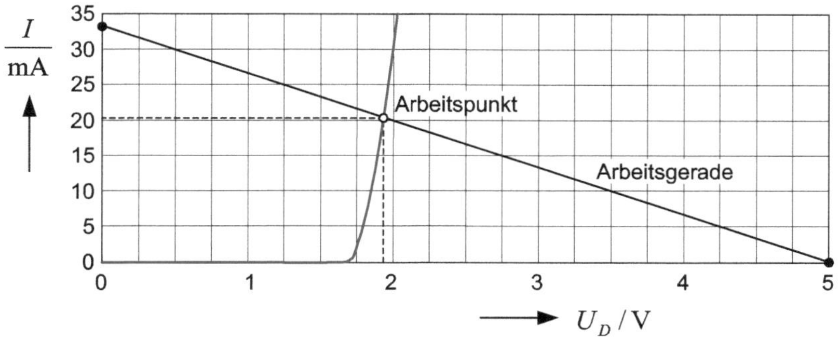

Abbildung 2: Arbeitsgerade und Diodenkennlinie

4.4 Level 3

Aufgabe 4.6 | Stromleitung im Vakuum[1]

Zwischen den in der Abb. 1 dargestellten leitenden Platten wird eine Spannung U_q angelegt. Die aus der Katode austretenden Elektronen werden von der Anode angezogen, sodass insgesamt ein Strom I von der Anode zur Katode fließt.

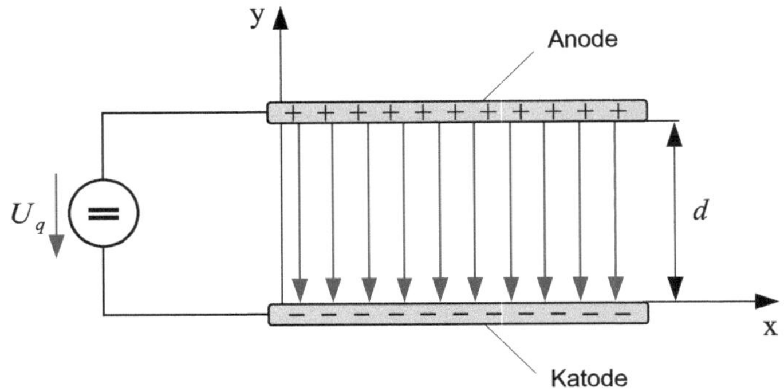

Abbildung 1: Elektronenbewegung im Vakuum

1. Begründen Sie, warum sich eine von der Koordinate y abhängige elektrische Feldstärke $\vec{\mathbf{E}} = \vec{\mathbf{e}}_y E(\mathrm{y})$ zwischen den Elektroden einstellt.
2. Stellen Sie einen Zusammenhang zwischen der elektrischen Feldstärke und der ebenfalls von der Koordinate y abhängigen Raumladungsdichte $\rho(\mathrm{y})$ innerhalb der Platten her.
3. Stellen Sie eine Gleichung auf, in der nur noch das von y abhängige elektrische Potential $\varphi_e(\mathrm{y})$ enthalten ist, indem Sie die bisher verwendeten von y abhängigen Größen durch das Potential ausdrücken.
4. Lösen Sie die in Teilaufgabe 3 aufgestellte Differentialgleichung für das Potential, indem Sie den Ansatz $\varphi_e(\mathrm{y}) = a\mathrm{y}^b$ verwenden, und bestimmen Sie die unbekannten Konstanten a und b.

Lösung zur Teilaufgabe 1:

Nach Kap. 4.1 werden die aus der Katode austretenden Elektronen infolge des elektrischen Feldes in Richtung auf die Anode hin beschleunigt. Sie besitzen also eine von der Koordinate y abhängige Geschwindigkeit. Ein konstanter Strom bedeutet aber eine konstante, d.h. von der Koordinate y unabhängige Stromdichte $J = \rho v$. Wegen der mit wachsendem Abstand y ansteigenden Geschwindigkeit muss die Raumladungsdichte mit y abnehmen. Vor der Katode wird sich also eine höhere Raumladungsdichte einstellen, sodass ein Teil der von der Anode ausgehenden Feldlinien nicht auf der Katode, sondern auf den Elektronen in der Raumladungswolke endet. Als Konsequenz erhalten wir eine von der Koordinate y abhängige elektrische Feldstärke.

1 Pregla, R., Grundlagen der Elektrotechnik, 6. Aufl., Hüthig Verlag, Heidelberg, 2001.

Lösung zur Teilaufgabe 2:

Wir betrachten jetzt das in Abb. 2 dargestellte elementare Volumenelement $\mathrm{d}V = A\mathrm{dy}$ der Querschnittsfläche A und der elementaren Dicke dy, in dem die Gesamtladung $\rho(\mathrm{y})\mathrm{d}V$ eingeschlossen ist. An der Unterkante besitze die y-gerichtete Feldstärke $\vec{\mathbf{E}} = \vec{\mathbf{e}}_\mathrm{y}E(\mathrm{y})$ den Wert E_y, an der Oberkante liegt die um den elementaren Beitrag $\mathrm{d}E_\mathrm{y}$ geänderte Feldstärke vor.

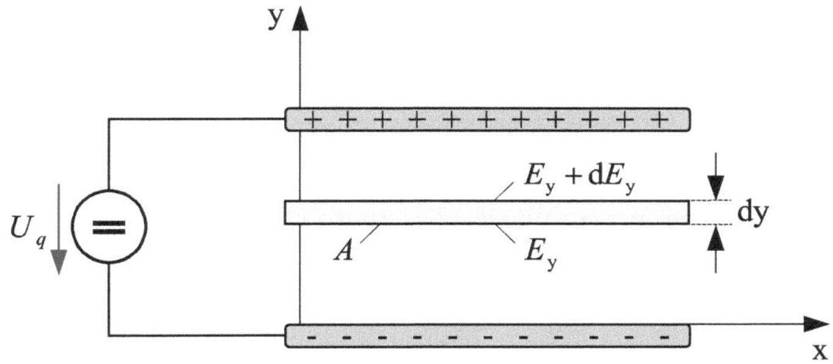

Abbildung 2: Zur Ableitung der Raumladungsdichte

Einen Zusammenhang zwischen diesen beiden Größen liefert die Gl. (1.36), nach der das Hüllflächenintegral der elektrischen Flussdichte der im Volumen enthaltenen Gesamtladung entspricht:

$$\rho(\mathrm{y})A\,\mathrm{dy} = \varepsilon_0 \iint_A \left[\vec{\mathbf{e}}_\mathrm{y}\left(E_\mathrm{y} + \mathrm{d}E_\mathrm{y}\right)\cdot\vec{\mathbf{e}}_\mathrm{y}\mathrm{d}A + \vec{\mathbf{e}}_\mathrm{y}E_\mathrm{y}\cdot\left(-\vec{\mathbf{e}}_\mathrm{y}\right)\mathrm{d}A\right] = \varepsilon_0 A\,\mathrm{d}E_\mathrm{y} \quad \rightarrow$$

$$\rho(\mathrm{y}) = \varepsilon_0 \frac{\mathrm{d}E_\mathrm{y}}{\mathrm{dy}}. \tag{1}$$

Lösung zur Teilaufgabe 3:

Da das Wegintegral der elektrischen Feldstärke nach Gl. (1.30) der Spannung bzw. der Potentialdifferenz entspricht, gilt unter Beachtung der Vorzeichen $E_\mathrm{y}\mathrm{dy} = -\mathrm{d}\varphi_e$. Für den Strom in Richtung der elektrischen Feldstärke, d.h. von der Anode zur Katode, gilt nach Gl. (2.11) $I = -\rho(\mathrm{y})v(\mathrm{y})A$. Mit diesen beiden Zusammenhängen verbleibt in der Gl. (1) nur noch die von y abhängige Geschwindigkeit

$$\rho(\mathrm{y}) = -\frac{I}{v(\mathrm{y})A} = \varepsilon_0 \frac{\mathrm{d}E_\mathrm{y}}{\mathrm{dy}} = -\varepsilon_0 \frac{\mathrm{d}^2\varphi_e(\mathrm{y})}{\mathrm{dy}^2},$$

die aber aus der Gl. (4.6) übernommen werden kann:

$$v(\mathrm{y}) = \sqrt{2U\frac{e}{m_0}\frac{\mathrm{y}}{d}} = \sqrt{2\frac{e}{m_0}\varphi_e(\mathrm{y})}.$$

Damit erhalten wir resultierend eine Differentialgleichung für das von der Koordinate y abhängige Potential:

$$\frac{I}{A}\sqrt{\frac{m_0}{2e\varphi_e(\mathrm{y})}} = \varepsilon_0 \frac{\mathrm{d}^2\varphi_e(\mathrm{y})}{\mathrm{dy}^2}. \tag{2}$$

Lösung zur Teilaufgabe 4:

Mit dem in der Aufgabenstellung angegebenen Ansatz liefert die Gl. (2) das Zwischenergebnis

$$\frac{I}{A}\sqrt{\frac{m_0}{2ea}}\,\mathrm{y}^{-b/2} = \varepsilon_0 b(b-1)a\mathrm{y}^{b-2}, \tag{3}$$

das aber für alle y-Werte nur erfüllt werden kann, wenn die Exponenten gleich sind. Die Erfüllung dieser Forderung legt die Konstante b fest:

$$\mathrm{y}^{-b/2} = \mathrm{y}^{b-2} \quad \rightarrow \quad -b = 2b-4 \quad \rightarrow \quad b = 4/3.$$

Die noch unbekannte Konstante a wird aus den so genannten Randbedingungen $\varphi_e(0) = 0$ und $\varphi_e(d) = U_q$ bestimmt. Während die erste dieser beiden Forderungen durch den Ansatz bereits erfüllt ist, führt die zweite Randbedingung auf das Ergebnis

$$\varphi_e(d) = a d^{4/3} = U_q \quad \rightarrow \quad a = U_q d^{-4/3}$$

und damit insgesamt auf das Potential

$$\varphi_e(\mathrm{y}) = U_q\left(\frac{\mathrm{y}}{d}\right)^{4/3}.$$

Die Auflösung der Gl. (3) nach dem Strom liefert schließlich die gesuchte Beziehung (4.11)

$$I = \varepsilon_0 b(b-1)aA\sqrt{\frac{2ea}{m_0}} = \varepsilon_0 \frac{4}{3}\frac{1}{3}a^{3/2}A\sqrt{\frac{2e}{m_0}} = \frac{4}{9}\frac{\varepsilon_0 A}{d^2}\sqrt{\frac{2e}{m_0}}\,U_q^{3/2}.$$

Das stationäre Magnetfeld

Wichtige Formeln

5

Oersted'sches Gesetz	$\Theta = \oint_C \vec{\mathbf{H}} \cdot \mathrm{d}\vec{\mathbf{s}} = \sum_k I_k = \iint_A \vec{\mathbf{J}} \cdot \mathrm{d}\vec{\mathbf{A}}$
Flussdichte und Feldstärke	$\vec{\mathbf{B}} = \mu \vec{\mathbf{H}} = \mu_0 \mu_r \vec{\mathbf{H}} \longleftarrow \quad \mu_0 = 4\pi \cdot 10^{-7} \frac{\mathrm{Vs}}{\mathrm{Am}}$
Magnetisierung	$\vec{\mathbf{M}} = \frac{1}{\mu_0} \vec{\mathbf{B}} - \vec{\mathbf{H}}$
Magnetischer Fluss	$\Phi = N\Phi_A \longrightarrow \quad \Phi_A = \iint_A \vec{\mathbf{B}} \cdot \mathrm{d}\vec{\mathbf{A}}$
Feldgrößen bei μ-Sprung	$B_{n1} = B_{n2}$ $H_{t1} = H_{t2}$
Kraft	$\vec{\mathbf{F}} = I \oint_C \left[\mathrm{d}\vec{\mathbf{r}} \times \vec{\mathbf{B}}(\vec{\mathbf{r}})\right]$ Kraft auf stromdurchflossenen Leiter $\vec{\mathbf{F}} = Q\left(\vec{\mathbf{E}} + \vec{\mathbf{v}} \times \vec{\mathbf{B}}\right)$ Kraft auf Ladung
Induktivität	$\Phi = LI$
A_L-Wert	$L = N^2 A_L \longrightarrow \quad A_L = \frac{1}{R_m}$

Wichtige Formeln

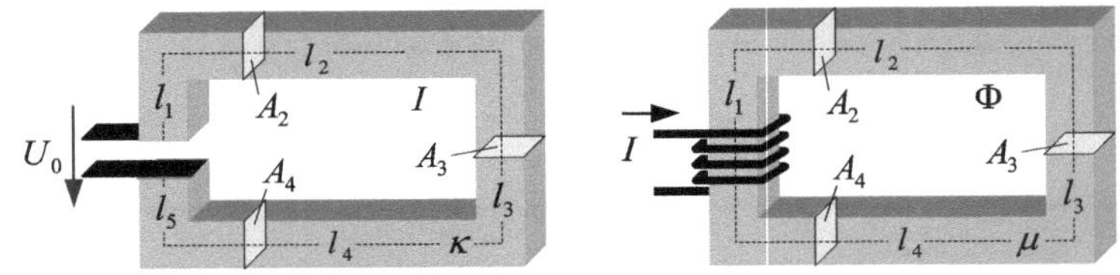

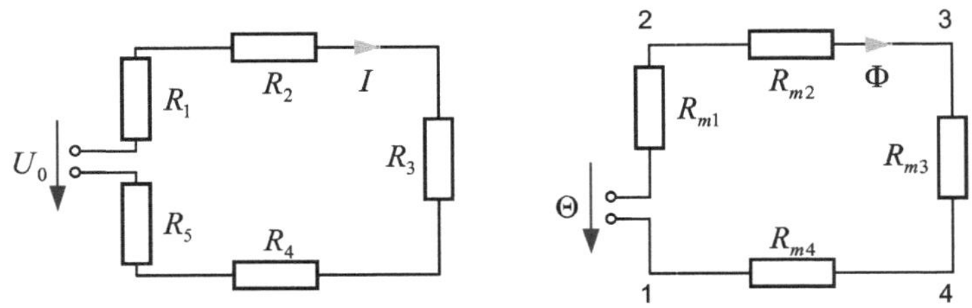

Bezeichnung	Elektrisches Netzwerk	Magnetisches Netzwerk
Leitfähigkeit	κ	μ
Widerstand	$R = \dfrac{l}{\kappa A}$	$R_m = \dfrac{l}{\mu A}$
Leitwert	$G = \dfrac{1}{R}$	$\Lambda_m = \dfrac{1}{R_m}$
Spannung	$U_{12} = \int_{P_1}^{P_2} \vec{\mathbf{E}} \cdot d\vec{\mathbf{s}}$	$V_{m12} = \int_{P_1}^{P_2} \vec{\mathbf{H}} \cdot d\vec{\mathbf{s}}$
Strom bzw. Fluss	$I = \iint_A \vec{\mathbf{J}} \cdot d\vec{\mathbf{A}} = \kappa \iint_A \vec{\mathbf{E}} \cdot d\vec{\mathbf{A}}$	$\Phi = \iint_A \vec{\mathbf{B}} \cdot d\vec{\mathbf{A}} = \mu \iint_A \vec{\mathbf{H}} \cdot d\vec{\mathbf{A}}$
Ohm'sches Gesetz	$U = RI$	$V_m = R_m \Phi$
Maschengleichung	$U_0 = \sum_{Masche} RI$	$\Theta = \sum_{Masche} R_m \Phi$
Knotengleichung	$\sum_{Knoten} I = 0$	$\sum_{Knoten} \Phi = 0$

5.1 Verständnisaufgaben

1. Geben Sie für Teilbild a die Durchflutung der von der Kontur C eingeschlossenen Fläche an. Wie ändert sich die Durchflutung, wenn der Strom I_1 nicht mehr in einem dünnen Leiter, sondern wie in Teilbild b als räumlich verteilte Stromdichte $\vec{\mathbf{J}}_1$ in einem Massivleiter der Querschnittsfläche A fließt?

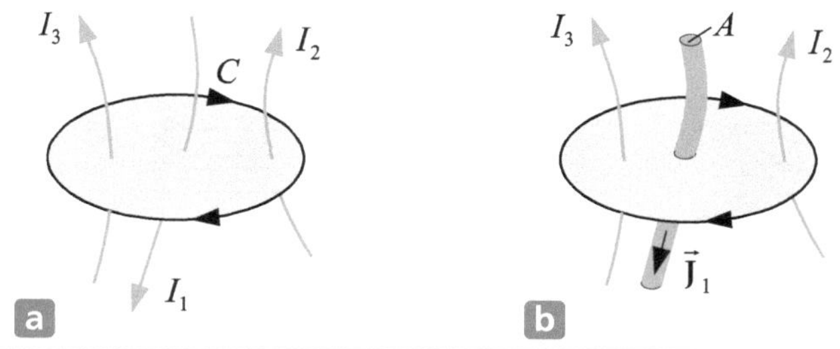

2. Ein unendlich langer, gerader Linienstrom verläuft in einem Zylinderkoordinatensystem entlang der z-Achse. In z-Richtung fließt der Gleichstrom I. Geben Sie die magnetische Feldstärke $\vec{\mathbf{H}}$ und die magnetische Flussdichte $\vec{\mathbf{B}}$ im gesamten Raum (Vakuum) an.

3. Der Linienstrom mit der konstanten Stromstärke $I > 0$ liegt in der von der rechteckigen Leiterschleife des Flächeninhalts A aufgespannten Ebene. Mit fortschreitender Zeit wird der Abstand c größer. Was gilt für den magnetischen Fluss Φ, der die Leiterschleife in Richtung von $\vec{\mathbf{n}}$ durchsetzt?

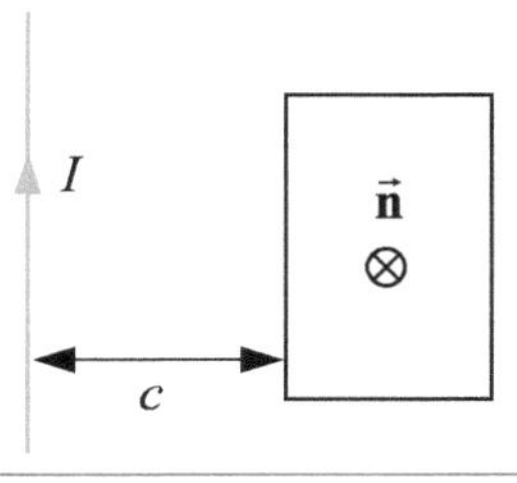

a) Φ nimmt zu
b) Φ bleibt gleich
c) Φ nimmt ab

4. Welche Kraft erfährt ein Elektron im Vakuum, das sich mit der Geschwindigkeit $\vec{\mathbf{v}} = \vec{\mathbf{e}}_z v$ in einem homogenen Magnetfeld $\vec{\mathbf{H}} = \vec{\mathbf{e}}_x H$ bewegt?

5. Welche Kraft erfährt ein Proton im Magnetfeld der Flussdichte $\vec{\mathbf{B}} = \vec{\mathbf{e}}_\varphi B_0 a/\rho$, wenn sich das Proton mit der Geschwindigkeit $\vec{\mathbf{v}} = \vec{\mathbf{e}}_z v$ im Abstand $a/2$ von der z-Achse bewegt?

6. Eine Spule besitzt N Windungen auf einem hochpermeablen Ringkern mit einem sehr kleinen Luftspalt der Länge l_g. Die Induktivität sei L_1. Wie ändert sich die Induktivität der Spule, wenn ein zweiter gleich großer Luftspalt angebracht wird und die Anzahl der Windungen gleichzeitig verdoppelt wird?

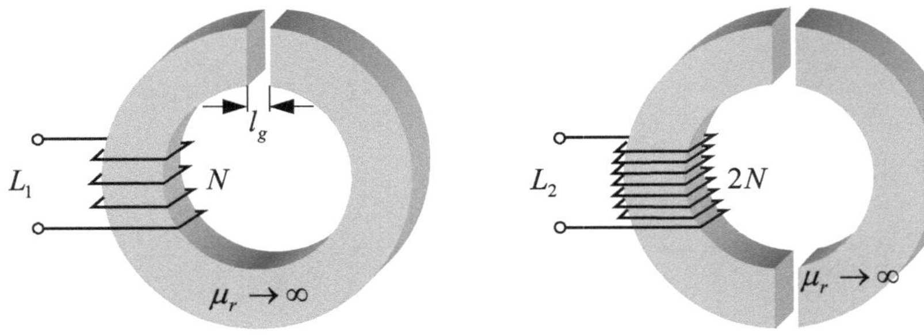

Lösung zur Aufgabe 1:

$$\text{Teilbild a:} \qquad \Theta = \oint_C \vec{\mathbf{H}} \cdot \mathrm{d}\vec{\mathbf{s}} = I_1 - I_2 - I_3 .$$

Im allgemeinen Fall muss die räumlich verteilte Stromdichte über die vom Strom durchflossene Fläche integriert werden. Ist der Gesamtstrom durch einen Leiter bereits bekannt, dann muss das Flächenintegral nicht mehr berechnet werden. Ist im Teilbild b die über den Drahtquerschnitt A integrierte Stromdichte $\vec{\mathbf{J}}_1$ gleich dem Strom I_1, dann ändert sich die Durchflutung nicht:

$$\Theta = \oint_C \vec{\mathbf{H}} \cdot \mathrm{d}\vec{\mathbf{s}} = \iint_A \vec{\mathbf{J}} \cdot \mathrm{d}\vec{\mathbf{A}} = \iint_A \vec{\mathbf{J}}_1 \cdot \mathrm{d}\vec{\mathbf{A}} - I_2 - I_3 = I_1 - I_2 - I_3 .$$

Lösung zur Aufgabe 2:

Aus dem Oersted'schen Gesetz folgt der Zusammenhang

$$I = \oint_C \vec{\mathbf{H}} \cdot \mathrm{d}\vec{\mathbf{s}} = H\, 2\pi\rho .$$

Daraus folgt für die magnetische Feldstärke und die Flussdichte

$$\vec{\mathbf{H}} = \vec{\mathbf{e}}_\varphi \frac{I}{2\pi\rho} \qquad \text{und} \qquad \vec{\mathbf{B}} = \vec{\mathbf{e}}_\varphi \frac{\mu_0 I}{2\pi\rho} .$$

Lösung zur Aufgabe 3:

Antwort c) ist richtig, der magnetische Fluss Φ nimmt mit größerer Entfernung zum erregenden Leiter ab.

Lösung zur Aufgabe 4:

$$\vec{\mathbf{F}} = Q\left(\vec{\mathbf{E}} + \vec{\mathbf{v}} \times \vec{\mathbf{B}}\right) = -e\left(\vec{\mathbf{0}} + \vec{\mathbf{e}}_z v \times \vec{\mathbf{e}}_x \mu_0 H\right) = -\vec{\mathbf{e}}_y \mu_0 evH$$

Lösung zur Aufgabe 5:

$$\vec{\mathbf{F}} = Q\left(\vec{\mathbf{E}} + \vec{\mathbf{v}} \times \vec{\mathbf{B}}\right) = e\left(\vec{\mathbf{0}} + \vec{\mathbf{e}}_z v \times \vec{\mathbf{e}}_\varphi 2B_0\right) = -\vec{\mathbf{e}}_\rho ev2B_0$$

Lösung zur Aufgabe 6:

Mit der mittleren Länge l_m des Ringkerns erhalten wir zunächst die magnetischen Widerstände der beiden Anordnungen

$$R_{m1} = \frac{l_m - l_g}{\mu A} + \frac{l_g}{\mu_0 A} \overset{\mu\to\infty}{=} \frac{l_g}{\mu_0 A}$$

$$R_{m2} = \frac{l_m - 2l_g}{\mu A} + \frac{2l_g}{\mu_0 A} \overset{\mu\to\infty}{=} \frac{2l_g}{\mu_0 A}$$

und daraus die beiden Induktivitäten:

$$L_1 = N^2 \frac{1}{R_{m1}} = N^2 \frac{\mu_0 A}{l_g}$$

$$L_2 = (2N)^2 \frac{1}{R_{m2}} = 4N^2 \frac{\mu_0 A}{2l_g} = 2N^2 \frac{\mu_0 A}{l_g}\,.$$

Die Induktivität der rechten Anordnung ist doppelt so groß: $L_2 = 2L_1$.

5.2 Level 1

Aufgabe 5.1 | Feldstärke eines unendlich langen Linienleiters an beliebiger Position

Die beiden Teilbilder in Abb. 1 zeigen jeweils einen vom Gleichstrom I durchflossenen, in z-Richtung unendlich ausgedehnten Linienleiter. Im Teilbild a liegt der Leiter im Ursprung der xy-Ebene, im Teilbild b ist er an die Position x_Q, y_Q verschoben. Der Leiter befindet sich in Luft, sodass mit der Permeabilität μ_0 des Vakuums gerechnet werden kann.

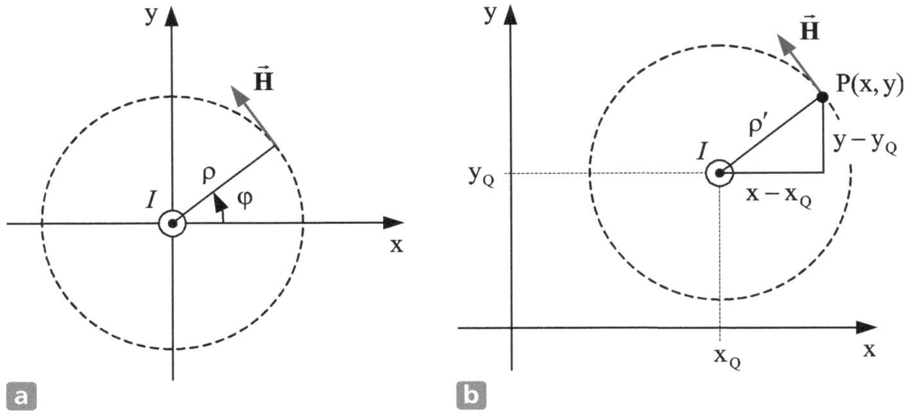

Abbildung 1: a: Linienleiter im Ursprung, b: Linienleiter an beliebiger Stelle

1. Bestimmen Sie die kartesischen Komponenten der magnetischen Feldstärke $\vec{H}(x,y)$ im gesamten Raum für beide Fälle aus Abb. 1.

Die Anordnung wird nun, wie in Abb. 2 gezeigt, durch einen zweiten Linienleiter erweitert. Die Leiter werden von den Gleichströmen I_1 und I_2 in der angezeigten Richtung durchflossen.

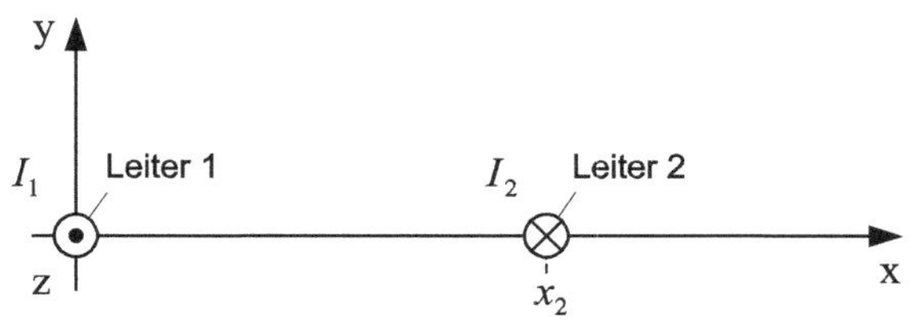

Abbildung 2: Anordnung aus zwei Linienleitern

2. Bestimmen Sie die vom Linienleiter 1 hervorgerufene Feldstärke $\vec{H}_1$ am Ort des Linienleiters 2.
3. Berechnen Sie die Kraft pro Längeneinheit der Koordinate z, die auf den Leiter 2 ausgeübt wird, wenn dieser vom Strom I_2 durchflossen wird.

In einer letzten Erweiterung werden vier Linienströme verwendet, die die xy-Ebene an den Ecken eines Rechtecks mit den Seitenlängen a und $2a$ passieren, siehe Abb. 3. Es gelte $I_3 = 4I_2$.

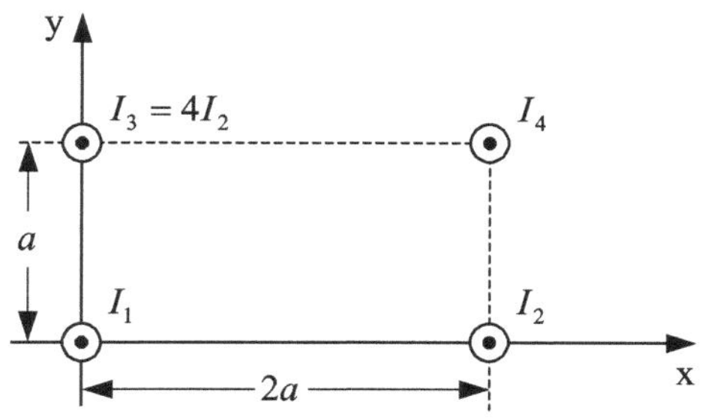

Abbildung 3: Anordnung aus vier Linienleitern

4. Berechnen Sie die von den Strömen I_1, I_2 und I_3 hervorgerufene Feldstärke $\vec{\mathbf{H}}$ am Ort des Linienstromes I_4 in Abhängigkeit von I_1, I_2 und a. Geben Sie das Ergebnis in kartesischen Koordinaten an.
5. Zeigen Sie, dass durch eine geeignete Wahl des Verhältnisses I_1/I_2 die auf den vom Strom I_4 durchflossenen Leiter ausgeübte Kraft zum Verschwinden gebracht werden kann. Geben Sie dieses Verhältnis an.
6. Bestimmen Sie die pro Längeneinheit auf den vom Strom I_4 durchflossenen Leiter ausgeübte Kraft $\vec{\mathbf{F}}/l$ für den Fall $I_1 = 0$.

Lösung zur Teilaufgabe 1:

Ein unendlich langer Linienleiter, der sich auf der z-Achse des kartesischen Koordinatensystems befindet und in z-Richtung von einem Strom I durchflossen wird, ruft nach Gl. (5.17) die magnetische Feldstärke

$$\vec{\mathbf{H}} = \vec{\mathbf{e}}_\varphi \frac{I}{2\pi\rho} \tag{1}$$

hervor. Die Umrechnung von der Darstellung in Zylinderkoordinaten in die Darstellung in kartesischen Koordinaten erfolgt mithilfe der im Anhang *Koordinatensysteme* zusammengestellten Formeln:

$$\vec{\mathbf{H}} = \vec{\mathbf{e}}_\varphi \frac{I}{2\pi\rho} = \left(-\vec{\mathbf{e}}_x \underbrace{\sin\varphi}_{y/\rho} + \vec{\mathbf{e}}_y \underbrace{\cos\varphi}_{x/\rho}\right)\frac{I}{2\pi\rho} = \frac{I}{2\pi}\left(-\vec{\mathbf{e}}_x \frac{y}{\rho^2} + \vec{\mathbf{e}}_y \frac{x}{\rho^2}\right) = \frac{I}{2\pi}\left(\frac{-\vec{\mathbf{e}}_x y + \vec{\mathbf{e}}_y x}{x^2 + y^2}\right).$$

Betrachten wir jetzt den im Teilbild b dargestellten Fall, bei dem der Linienleiter an die Quellpunktskoordinate x_Q, y_Q verschoben ist. Die Feldverteilung bleibt die gleiche wie vorher, d.h., die Feldlinien sind noch immer konzentrische Kreise um den Linienleiter. Der einzige Unterschied besteht darin, dass bei der mathematischen Beschreibung eine Koordinatentransformation, d.h., eine Verschiebung in x- und y-Richtung berücksichtigt werden muss.

Ein Punkt P(x,y), in dem die Feldstärke berechnet werden soll, weist von dem Linienleiter die Abstände $x-x_Q$ in x-Richtung bzw. $y-y_Q$ in y-Richtung auf. Werden die bisherigen Werte x,y durch die jetzt auftretenden Differenzen ersetzt, dann gelangen wir zur allgemeinen Beziehung

$$\vec{\mathbf{H}} = \frac{I}{2\pi} \frac{-\vec{\mathbf{e}}_x (y - y_Q) + \vec{\mathbf{e}}_y (x - x_Q)}{(x - x_Q)^2 + (y - y_Q)^2}.$$

Damit kann die magnetische Feldstärke im Punkt P(x,y) für den Fall berechnet werden, dass sich der z-gerichtete Linienstrom an der Stelle (x_Q, y_Q) befindet.

Lösung zur Teilaufgabe 2:

Wir benötigen das Feld im Punkt $P(x_2,0)$, d.h. an einer Stelle auf der x-Achse. Ausgehend von Gl. (1) und mit $\vec{\mathbf{e}}_\varphi = \vec{\mathbf{e}}_y$ und $\rho = x_2$ erhalten wir die magnetische Feldstärke

$$\vec{\mathbf{H}}_1(x_2,0) = \vec{\mathbf{e}}_\varphi \frac{I_1}{2\pi\rho} = \vec{\mathbf{e}}_y \frac{I_1}{2\pi x_2}.$$

Lösung zur Teilaufgabe 3:

Die Kraft auf den stromdurchflossenen Leiter 2, verursacht vom Magnetfeld des Leiters 1, berechnet sich zu

$$\vec{\mathbf{F}} = I_2 \int_0^l \left(-\vec{\mathbf{e}}_z \mathrm{d}z \times \vec{\mathbf{B}}_1\right) = -I_2 \vec{\mathbf{e}}_z \times \vec{\mathbf{B}}_1 \int_0^l \mathrm{d}z = -I_2 l\, \vec{\mathbf{e}}_z \times \vec{\mathbf{B}}_1.$$

Mit der Flussdichte $\vec{\mathbf{B}}_1(x_2,0) = \mu_0 \vec{\mathbf{H}}_1(x_2,0)$ an der Stelle des Leiters 2 gilt für die Kraft pro Längeneinheit der Koordinate z

$$\frac{\vec{\mathbf{F}}}{l} = -I_2 \vec{\mathbf{e}}_z \times \left(\vec{\mathbf{e}}_y \frac{\mu_0 I_1}{2\pi x_2}\right) = \vec{\mathbf{e}}_x \frac{\mu_0}{2\pi} \frac{I_1 I_2}{x_2}.$$

Die beiden entgegengesetzt gerichteten Ströme stoßen einander ab.

Lösung zur Teilaufgabe 4:

Beiträge der Ströme I_2 und I_3:

$$\vec{\mathbf{H}}_{23}(2a,a) = -\vec{\mathbf{e}}_x \frac{I_2}{2\pi a} + \vec{\mathbf{e}}_y \frac{I_3}{4\pi a} = \frac{I_2}{2\pi a}\left(-\vec{\mathbf{e}}_x + 2\vec{\mathbf{e}}_y\right).$$

Beitrag des Stromes I_1:

$$\vec{\mathbf{H}}_1(2a,a) = \vec{\mathbf{e}}_\varphi \frac{I_1}{2\pi\sqrt{a^2+(2a)^2}} = \left(-\vec{\mathbf{e}}_x \underbrace{\sin\varphi}_{\frac{a}{a\sqrt{5}}} + \vec{\mathbf{e}}_y \underbrace{\cos\varphi}_{\frac{2a}{a\sqrt{5}}}\right) \frac{I_1}{2\pi a\sqrt{5}} = \left(-\vec{\mathbf{e}}_x + 2\vec{\mathbf{e}}_y\right)\frac{I_1}{10\pi a}.$$

Für die gesuchte Feldstärke $\vec{\mathbf{H}}(2a,a)$ erhalten wir durch die Überlagerung das Ergebnis

$$\begin{aligned}\vec{\mathbf{H}}(2a,a) &= \vec{\mathbf{H}}_{23}(2a,a) + \vec{\mathbf{H}}_1(2a,a) \\ &= \frac{1}{2\pi a}\left(-\vec{\mathbf{e}}_x I_2 + \vec{\mathbf{e}}_y 2I_2 - \vec{\mathbf{e}}_x \frac{I_1}{5} + \vec{\mathbf{e}}_y \frac{2I_1}{5}\right) = \frac{1}{2\pi a}\left(I_2 + \frac{I_1}{5}\right)\left(-\vec{\mathbf{e}}_x + 2\vec{\mathbf{e}}_y\right).\end{aligned}$$

Lösung zur Teilaufgabe 5:

Die Kraft verschwindet für $\vec{\mathbf{B}}(2a,a) = \mu_0 \vec{\mathbf{H}}(2a,a) = \vec{\mathbf{0}}$, d.h., es muss gelten

$$I_2 + \frac{I_1}{5} = 0 \quad \rightarrow \quad \frac{I_1}{I_2} = -5.$$

Lösung zur Teilaufgabe 6:

Für den Fall $I_1 = 0$ gilt

$$\vec{\mathbf{B}}(2a,a) = \frac{\mu_0 I_2}{2\pi a}\left(-\vec{\mathbf{e}}_x + 2\vec{\mathbf{e}}_y\right).$$

Damit wird auf den Leiter 4 pro Längeneinheit folgende Kraft ausgeübt:

$$\frac{\vec{\mathbf{F}}}{l} = I_4\,\vec{\mathbf{e}}_z \times \vec{\mathbf{B}}(2a,a) = I_4\,\frac{\mu_0 I_2}{2\pi a}\left[\vec{\mathbf{e}}_z \times (-\vec{\mathbf{e}}_x) + \vec{\mathbf{e}}_z \times 2\vec{\mathbf{e}}_y\right] = \frac{\mu_0 I_2 I_4}{2\pi a}\left(-\vec{\mathbf{e}}_y - 2\vec{\mathbf{e}}_x\right).$$

Der Leiter mit dem Strom I_4 wird von den anderen gleichgerichteten Strömen angezogen.

Aufgabe 5.2 | E-Kern mit einer Wicklung

Auf einem Kern in E-Form ist eine Wicklung mit N Windungen gemäß Abb. 1 angebracht. Alle Schenkel haben die gleiche quadratische Querschnittsfläche $A = a^2$, wobei das Kernmaterial des rechten Schenkels die Permeabilitätszahl μ_{r1} und das Kernmaterial des linken und mittleren Schenkels eine sehr große Permeabilitätszahl ($\mu_{r2} \to \infty$) aufweist.

Während die effektive Weglänge des rechten Schenkels l_R beträgt, besitzen der linke und mittlere Schenkel jeweils einen Luftspalt mit der sehr kleinen Breite l_g. Das magnetische Feld kann in den Luftspalten als homogen angenommen werden. Durch die Wicklung fließt der Gleichstrom I_q mit der im Bild angegebenen Zählrichtung.

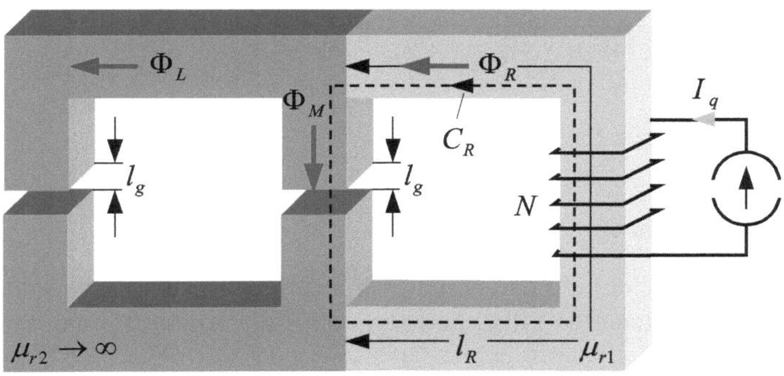

Abbildung 1: E-Kern

1. Geben Sie die magnetischen Widerstände R_{mL} des linken, R_{mM} des mittleren sowie R_{mR} des rechten Schenkels an. Wie groß ist die von der Kontur C_R rechtshändig umfasste Durchflutung Θ_R? Zeichnen Sie mit diesen Ergebnissen das Ersatzschaltbild des magnetischen Kreises.
2. Berechnen Sie die magnetischen Teilflüsse Φ_L, Φ_M und Φ_R in Abhängigkeit des Stromes I_q.
3. Wie groß ist die Induktivität L der Wicklung? Geben Sie den A_L-Wert der Anordnung an.

Lösung zur Teilaufgabe 1:

Das hochpermeable Material $\mu_{r2} \to \infty$ liefert keinen Beitrag zu den magnetischen Widerständen, sodass wir für die einzelnen Zweige die Ergebnisse

$$R_{mL} = \frac{l_g}{\mu_0 a^2} = R_{mM} \quad \text{und} \quad R_{mR} = \frac{l_R}{\mu_{r1}\mu_0 a^2} \tag{1}$$

erhalten. Die Kontur wird von $\Theta_R = NI_q$ durchflutet. Damit ergibt sich das in Abb. 2 dargestellte Ersatzschaltbild.

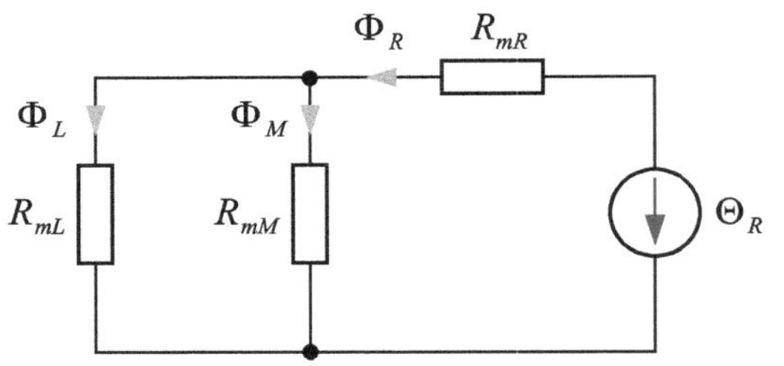

Abbildung 2: Ersatzschaltbild des magnetischen Kreises

Lösung zur Teilaufgabe 2:

Aus den Kirchhoff'schen Gleichungen ergeben sich die Teilflüsse

$$\Phi_R = \frac{\Theta_R}{R_{mR} + R_{mL} \parallel R_{mM}} \overset{(1)}{=} \frac{\Theta_R}{R_{mR} + \frac{R_{mL}}{2}} = \frac{2\mu_{r1}\mu_0 a^2}{2l_R + \mu_{r1} l_g} NI_q \quad \text{und}$$

$$\Phi_L = \Phi_M = \frac{\Phi_R}{2} = \frac{\mu_{r1}\mu_0 a^2}{2l_R + \mu_{r1} l_g} NI_q \,.$$

Lösung zur Teilaufgabe 3:

Die Induktivität der Wicklung berechnet sich aus dem Verhältnis von dem gesamten die Wicklung durchsetzenden Fluss zu dem den Fluss verursachenden Strom

$$L = \frac{N\Phi_R}{I_q} = N^2 \frac{2\mu_{r1}\mu_0 a^2}{2l_R + \mu_{r1} l_g}.$$

Den A_L-Wert der Anordnung erhalten wir aus $L = N^2 A_L$ zu

$$A_L = \frac{2\mu_{r1}\mu_0 a^2}{2l_R + \mu_{r1} l_g}.$$

5.3 Level 2

Aufgabe 5.3 | Feldstärkeberechnung, Koaxialkabel

Das in z-Richtung als unendlich lang angenommene Koaxialkabel in Abb. 1 führt im Innenleiter einen Gleichstrom I, der im Außenleiter wieder zurückfließt.

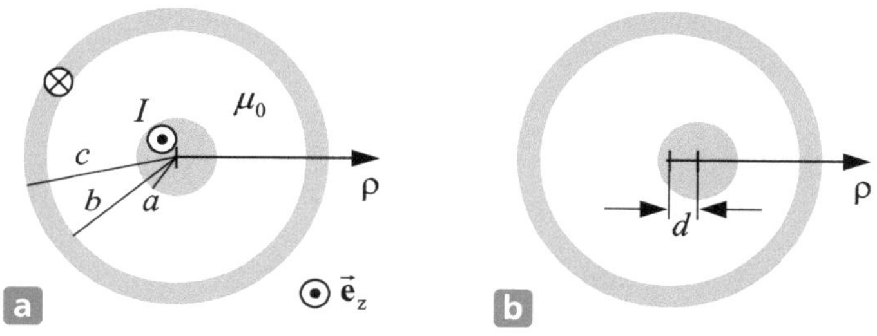

Abbildung 1: Querschnitt durch ein Koaxialkabel

Berechnen Sie die magnetische Feldstärke im gesamten Bereich $0 \leq \rho < \infty$ für die beiden Fälle:

a) die beiden Leiter besitzen die gleiche Symmetrieachse und

b) der Mittelleiter ist um den Abstand d aus der Mittelpunktslage verschoben.

Lösung:

Ausgangspunkt für die Berechnung der magnetischen Feldstärke ist die Gleichung

$$\oint_C \vec{\mathbf{H}} \cdot \mathrm{d}\vec{\mathbf{s}} = \iint_A \vec{\mathbf{J}} \cdot \mathrm{d}\vec{\mathbf{A}}.$$

Wir betrachten zunächst den Fall a:
Für den Beitrag des Innenleiters ist das Ergebnis in Gl. (5.25) bereits angegeben:

$$\vec{\mathbf{H}}_i = \vec{\mathbf{e}}_\varphi \frac{I}{2\pi a} \begin{cases} \rho / a \\ a / \rho \end{cases} \quad \text{für} \quad \begin{matrix} \rho \leq a \\ \rho \geq a\,. \end{matrix}$$

Der Außenleiter ruft nur im Bereich $\rho > b$ eine magnetische Feldstärke hervor. Diese ist aus Symmetriegründen φ-gerichtet, sodass für den Bereich innerhalb des Leiters $b \leq \rho \leq c$ folgende Beziehung gilt:

$$\int_0^{2\pi} \underbrace{\vec{\mathbf{e}}_\varphi H_a(\rho)}_{=\vec{\mathbf{H}}} \cdot \underbrace{\vec{\mathbf{e}}_\varphi \rho \,\mathrm{d}\varphi}_{=\mathrm{d}\vec{\mathbf{s}}} = 2\pi\rho H_a(\rho) = \int_{\varphi=0}^{2\pi} \int_{\rho=b}^{\rho} \underbrace{\frac{-\vec{\mathbf{e}}_z I}{\pi c^2 - \pi b^2}}_{=\vec{\mathbf{J}}} \cdot \underbrace{\vec{\mathbf{e}}_z \rho \,\mathrm{d}\rho \,\mathrm{d}\varphi}_{=\mathrm{d}\vec{\mathbf{A}}} = -I \frac{\pi\left(\rho^2 - b^2\right)}{\pi\left(c^2 - b^2\right)}$$

$$H_a(\rho) = \frac{-I}{2\pi\rho} \frac{\rho^2 - b^2}{c^2 - b^2}\,.$$

Im Bereich $\rho > c$ nimmt die Feldstärke den gleichen Wert an wie bei einem Linienleiter mit Strom $-I$ im Ursprung. Zusammengefasst gilt:

$$\vec{\mathbf{H}}_a = \vec{\mathbf{e}}_\varphi \frac{-I}{2\pi\rho} \begin{cases} \dfrac{\rho^2 - b^2}{c^2 - b^2} \\ 1 \end{cases} \quad \text{für} \quad \begin{matrix} b \leq \rho \leq c \\ \rho \geq c\,. \end{matrix}$$

Die Überlagerung der Ergebnisse für die beiden Teilräume liefert $\vec{\mathbf{H}} = \vec{\mathbf{H}}_i + \vec{\mathbf{H}}_a = \vec{\mathbf{e}}_\varphi H(\rho)$ mit

$$H(\rho) = \begin{cases} \dfrac{I}{2\pi a}\dfrac{\rho}{a} & \rho \le a \\ \dfrac{I}{2\pi\rho} & a \le \rho \le b \\ \dfrac{I}{2\pi\rho}\dfrac{c^2-\rho^2}{c^2-b^2} & b \le \rho \le c \\ 0 & c \le \rho \end{cases} \quad \text{für} \quad .$$

Im Bereich $\rho > c$ verschwindet der vom Umlauf eingeschlossene Strom und damit auch die Feldstärke. Das nachstehende Bild zeigt die Auswertung für $a = 0{,}5$ mm, $b = 3$ mm und $c = 3{,}2$ mm.

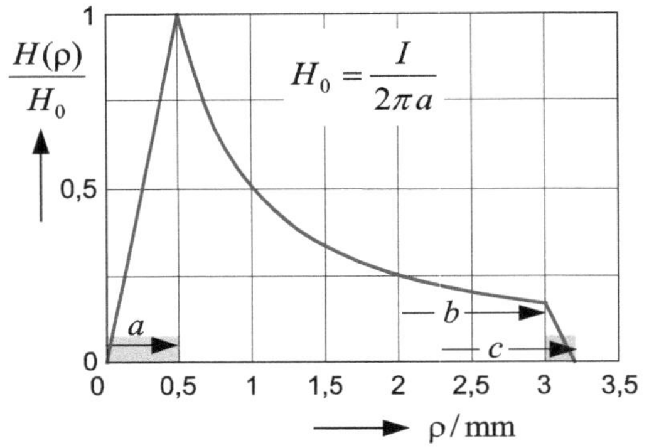

Abbildung 2: Betrag der Feldstärke im Bereich $0 \le \rho \le c$

Wir betrachten jetzt den Fall b:
Das Feld des Außenleiters ist identisch zum Fall a. Da es im Bereich $\rho < b$ verschwindet, ist das Feld im Innenraum identisch zum Feld des Innenleiters. Zur Überlagerung der beiden Feldanteile für $\rho > b$ muss für das Feld infolge des Innenleiters eine Koordinatentransformation vorgenommen werden. Die Vorgehensweise ist bereits bei der Aufgabe 5.1 beschrieben und soll hier nicht nochmals wiederholt werden. Die Abb. 3 zeigt den Feldlinienverlauf für ein ausgewähltes Beispiel.

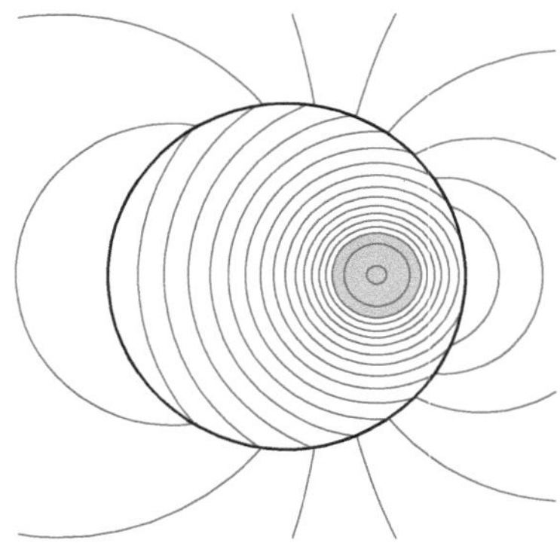

Abbildung 3: Feldlinienbild für exzentrisches Koaxialkabel

Schlussfolgerung

Der Außenraum ist bei einem Koaxialkabel nur dann feldfrei, wenn die Exzentrizität verschwindet, d.h., es muss gelten $d = 0$!

Aufgabe 5.4 Randbedingungen

Ein permeables Material der Eigenschaft $\mu = \mu_r \mu_0$ mit $\mu_r > 1$ hat eine ebene Grenzfläche zum Vakuum (siehe Abbildungen 1a bis 1d). In allen vier Abbildungen liegt in den beiden Teilräumen jeweils ein homogenes magnetisches Feld der Feldstärke $\vec{\mathbf{H}}$ vor, dessen Richtung durch je eine repräsentative Feldlinie definiert ist. Das in den Abbildungen hinterlegte Gitterraster sei quadratisch.

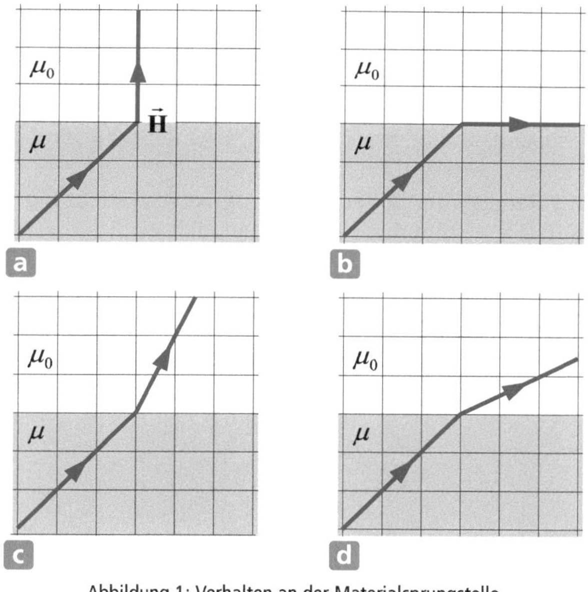

Abbildung 1: Verhalten an der Materialsprungstelle

1. Geben Sie eine kurze Begründung, weshalb in den Abb. 1a und 1b physikalisch unmögliche Feldverläufe dargestellt sind.
2. Welche der beiden Abbildungen 1c und 1d stellt einen realistischen Feldverlauf dar und wie groß ist die Permeabilitätszahl μ_r?

Lösung zur Teilaufgabe 1:

In der Trennebene müssen die Tangentialkomponente der magnetischen Feldstärke und die Normalkomponente der magnetischen Flussdichte stetig sein.
Abb. 1a: Verstoß gegen die Stetigkeit von H_t (verschwindet im oberen Halbraum).
Abb. 1b: Verstoß gegen die Stetigkeit von B_n (verschwindet im oberen Halbraum).

Lösung zur Teilaufgabe 2:

Mit den Bezeichnungen $B_0 = \mu_0 H_0$ im oberen Halbraum sowie $B = \mu H$ im unteren Halbraum sind folgende Randbedingungen am Materialübergang zu erfüllen:

$$H_t = H_{0t} \qquad \text{und} \qquad \mu H_n = \mu_0 H_{0n} .$$

Nach der Vorgabe in Abb. 1c und Abb. 1d sind die beiden Komponenten der magnetischen Feldstärke im unteren Halbraum gleich groß. Aus $H_t = H_n$ folgt

$$\frac{\mu H_n}{H_t} = \mu = \frac{\mu_0 H_{0n}}{H_n} = \mu_0 \frac{H_{0n}}{H_t} = \mu_0 \frac{H_{0n}}{H_{0t}}$$

und mit $\mu = \mu_r \mu_0$ folgt unmittelbar der Zusammenhang

$$\mu_r = \frac{H_{0n}}{H_{0t}} = \begin{cases} 2 & \text{Abb. 1c} \\ \frac{1}{2} & \text{für} \quad \text{Abb. 1d} . \end{cases}$$

Mit der Bedingung $\mu_r > 1$ zeigt nur die Abb. 1c einen möglichen Feldlinienverlauf. In diesem Fall gilt $\mu = 2\mu_0$.

Aufgabe 5.5 Kraftberechnung im Magnetfeld

Die im Querschnitt dargestellte Leiteranordnung ist in z-Richtung unendlich ausgedehnt. An den Stellen $x = -a$ und $x = a$ befinden sich zwei Linienleiter, die von den Gleichströmen $I_1 = I/2$ und $I_2 = I/2$ mit der im Bild angegebenen Orientierung durchflossen werden. Der Rückleiter besteht aus einem Hohlzylinder mit dem Radius b und einer vernachlässigbar kleinen Wandstärke. Er wird von dem über den Querschnitt des Rückleiters homogen verteilten Gleichstrom $I_3 = -I$ durchflossen.

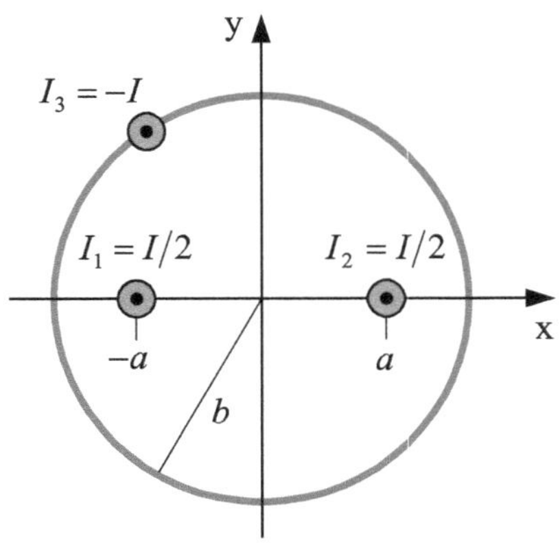

Abbildung 1: Leiteranordnung

1. Bestimmen Sie das magnetische Feld $\vec{\mathbf{H}}(x,y)$ im gesamten Raum, indem Sie die Beiträge der einzelnen Leiter überlagern.
2. Welche auf die Länge l bezogene Kraft $\vec{\mathbf{F}}$ wirkt auf den bei $x = -a$ befindlichen Linienleiter?

Lösung zur Teilaufgabe 1:

Die Feldstärke eines an der Stelle (x_Q,y_Q) befindlichen Linienleiters haben wir bereits in Aufgabe 5.1 berechnet. Das Feld infolge der beiden an den Stellen ($-a$,0) und (a,0) befindlichen Linienleiter erhalten wir durch Überlagerung der beiden Beiträge

$$\vec{\mathbf{H}}_1(x,y)+\vec{\mathbf{H}}_2(x,y)=\frac{I}{4\pi}\left[\frac{-\vec{\mathbf{e}}_x y+\vec{\mathbf{e}}_y(x+a)}{(x+a)^2+y^2}+\frac{-\vec{\mathbf{e}}_x y+\vec{\mathbf{e}}_y(x-a)}{(x-a)^2+y^2}\right].$$

Der Strom I_3 ist als Strombelag konzentrisch um den Ursprung verteilt. Die zugehörige magnetische Feldstärke $\vec{\mathbf{H}}_3$ ist also φ-gerichtet und hängt nur von der Koordinate ρ ab. Aus dem Oersted'schen Gesetz folgt für das Feld des Rückleiters

$$\oint_C \vec{\mathbf{H}}_3\cdot d\vec{\mathbf{s}}=\int_0^{2\pi}H_3(\rho)\underbrace{\vec{\mathbf{e}}_\varphi\cdot\vec{\mathbf{e}}_\varphi}_{=1}\rho\,d\varphi=2\pi\rho H_3(\rho)=\Theta=\begin{cases}0 & \text{für } 0\le\rho<b\\ -I & \text{für } \rho>b\end{cases},$$

$$\vec{\mathbf{H}}_3=\begin{cases}\vec{\mathbf{0}} & \text{für } 0\le\rho<b\\ \vec{\mathbf{e}}_\varphi\dfrac{-I}{2\pi\rho}=\dfrac{-I}{2\pi}\dfrac{-\vec{\mathbf{e}}_x y+\vec{\mathbf{e}}_y x}{x^2+y^2} & \text{für } \rho>b\end{cases}.$$

Diese Feldstärke entspricht für $\rho > b$ dem Feld eines Linienleiters $-I$ im Ursprung. Damit ergibt sich nach Überlagerung der Einzelfelder das gesamte Feld in den Bereichen.

Innenbereich $0 \le \rho < b$:

$$\vec{\mathbf{H}}=\vec{\mathbf{H}}_1+\vec{\mathbf{H}}_2=\frac{I}{4\pi}\left[\frac{-\vec{\mathbf{e}}_x y+\vec{\mathbf{e}}_y(x+a)}{(x+a)^2+y^2}+\frac{-\vec{\mathbf{e}}_x y+\vec{\mathbf{e}}_y(x-a)}{(x-a)^2+y^2}\right].$$

Außenbereich $\rho > b$:

$$\vec{\mathbf{H}}=\vec{\mathbf{H}}_1+\vec{\mathbf{H}}_2+\vec{\mathbf{H}}_3=-\frac{I}{2\pi}\frac{-\vec{\mathbf{e}}_x y+\vec{\mathbf{e}}_y x}{x^2+y^2}+\frac{I}{4\pi}\left[\frac{-\vec{\mathbf{e}}_x y+\vec{\mathbf{e}}_y(x+a)}{(x+a)^2+y^2}+\frac{-\vec{\mathbf{e}}_x y+\vec{\mathbf{e}}_y(x-a)}{(x-a)^2+y^2}\right].$$

Lösung zur Teilaufgabe 2:

Zur Berechnung der Kraft auf I_1 werden die Feldstärken $\vec{\mathbf{H}}_2$ und $\vec{\mathbf{H}}_3$ benötigt. Wegen $\vec{\mathbf{H}}_3(-a,0) = \vec{\mathbf{0}}$ liefert nur die Feldstärke $\vec{\mathbf{H}}_2$ einen Beitrag:

$$\vec{\mathbf{H}}_2(-a,0)=\frac{I}{4\pi}\frac{-\vec{\mathbf{e}}_x y+\vec{\mathbf{e}}_y(x-a)}{(x-a)^2+y^2}=\frac{I}{4\pi}\frac{\vec{\mathbf{e}}_y(-2a)}{(-2a)^2}=-\vec{\mathbf{e}}_y\frac{I}{8\pi a}.$$

Die Integration über die Länge l geht wegen der Unabhängigkeit von der Koordinate z in eine Multiplikation mit l über:

$$\vec{\mathbf{F}}=I_1\left[l\,\vec{\mathbf{e}}_z\times\vec{\mathbf{B}}(-a,0)\right]=\frac{I}{2}l\,\vec{\mathbf{e}}_z\times\mu_0\vec{\mathbf{H}}_2(-a,0)=\frac{I}{2}l\,\vec{\mathbf{e}}_z\times\vec{\mathbf{e}}_y\mu_0\frac{-I}{8\pi a}=\mu_0 l\frac{I^2}{16\pi a}\underbrace{\left[-\vec{\mathbf{e}}_z\times\vec{\mathbf{e}}_y\right]}_{\vec{\mathbf{e}}_x}.$$

Ergebnis: $$\frac{\vec{\mathbf{F}}}{l}=\vec{\mathbf{e}}_x\frac{\mu_0 I^2}{16\pi a}.$$

Aufgabe 5.6 | Magnetischer Kreis, Induktivitätsberechnung

Gegeben ist die aus Ferritmaterial (Permeabilitätszahl μ_r) bestehende Kombination aus zwei gleichen U-Kernen und einem I-Joch. Alle Schenkel haben einen quadratischen Querschnitt mit der Seitenlänge a. Die effektive Weglänge der beiden U-Kerne l_A sei bekannt, ebenso die effektive Weglänge l_M des I-Jochs. Zwischen den U-Kernen und dem I-Joch besteht jeweils ein Luftspalt der Länge l_g.

Auf dem linken U-Kern ist eine Wicklung mit N Windungen aufgebracht, die vom Strom I in der angegebenen Richtung durchflossen wird. Zur Vereinfachung wird angenommen, dass die magnetische Flussdichte $\vec{\mathbf{B}}$ homogen über den Kernquerschnitt verteilt ist. Der Streufluss im Luftspalt wird vernachlässigt, sodass für den Luftspalt der gleiche Querschnitt wie für die Kerne angenommen werden kann.

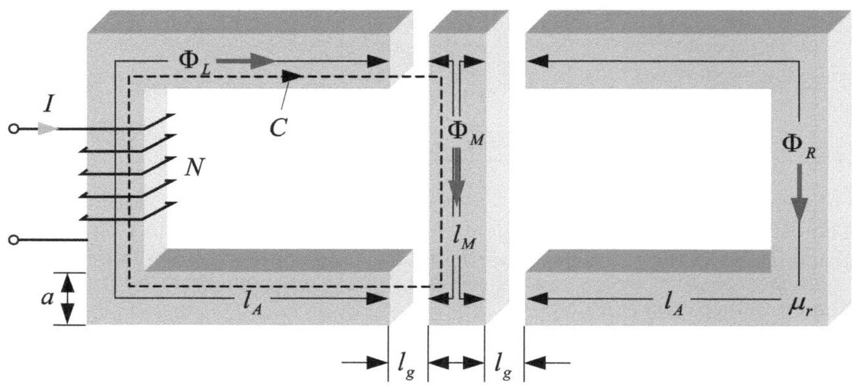

Abbildung 1: Induktivität aus zwei U-Kernen und einem I-Joch

1. Geben Sie die magnetischen Widerstände R_{mL} und R_{mR} des linken und rechten U-Kerns (mit Luftspalten) sowie R_{mM} des mittleren I-Jochs an.
2. Ermitteln Sie die Durchflutung Θ, die von der Kurve C rechtshändig umfasst wird, und zeichnen Sie das Ersatzschaltbild des magnetischen Kreises.
3. Berechnen Sie unter Beachtung der in der Abbildung angegebenen Zählrichtungen die magnetischen Flüsse Φ_L und Φ_R durch den linken und rechten U-Kern sowie Φ_M durch das I-Joch.
4. Bestimmen Sie die Induktivität L und den A_L-Wert der Anordnung.

Lösung zur Teilaufgabe 1:

Mit der Querschnittsfläche $A = a^2$ folgt für die magnetischen Widerstände des linken und rechten Schenkels unter Berücksichtigung der Luftspalte

$$R_{mL} = R_{mR} = \frac{l_A}{\mu_r \mu_0 a^2} + \frac{2l_g}{\mu_0 a^2} \quad \text{und} \quad R_{mM} = \frac{l_M}{\mu_r \mu_0 a^2} .$$

Lösung zur Teilaufgabe 2:

Die Durchflutung beträgt $\Theta = NI$.

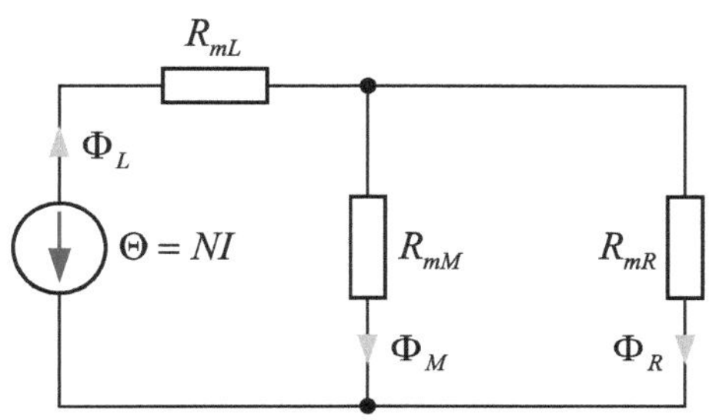

Abbildung 2: Magnetisches Ersatzschaltbild

Lösung zur Teilaufgabe 3:

Der magnetische Fluss Φ_L durch den linken U-Kern kann mithilfe des Ohm'schen Gesetzes sofort angegeben werden:

$$\Phi_L = \frac{1}{R_{mL} + \left(R_{mM} \| R_{mR}\right)} \Theta = \frac{1}{R_{mL} + \dfrac{R_{mM} R_{mR}}{R_{mM} + R_{mR}}} \Theta = \frac{R_{mM} + R_{mR}}{R_{mL} R_{mM} + R_{mL} R_{mR} + R_{mM} R_{mR}} NI .$$

Die beiden anderen Flüsse folgen daraus mithilfe der Stromteilerregel:

$$\Phi_M = \frac{R_{mR}}{R_{mM} + R_{mR}} \Phi_L = \frac{R_{mR}}{R_{mL} R_{mM} + R_{mL} R_{mR} + R_{mM} R_{mR}} NI ,$$

$$\Phi_R = \frac{R_{mM}}{R_{mM} + R_{mR}} \Phi_L = \frac{R_{mM}}{R_{mL} R_{mM} + R_{mL} R_{mR} + R_{mM} R_{mR}} NI .$$

Lösung zur Teilaufgabe 4:

Nach der Definitionsgleichung gilt $\Phi = N\Phi_L = LI$ und damit für die Induktivität

$$L = \frac{N\Phi_L}{I} = N^2 \frac{R_{mM} + R_{mR}}{R_{mL} R_{mM} + R_{mL} R_{mR} + R_{mM} R_{mR}} = N^2 A_L .$$

5.4 Level 3

Aufgabe 5.7 Drehmomentberechnung, Prinzip des Drehspulinstruments

In einem homogenen Magnetfeld der Flussdichte $\vec{\mathbf{B}} = \vec{\mathbf{e}}_y B_0$ ist eine rechteckige Leiterschleife um die z-Achse des kartesischen Koordinatensystems drehbar gelagert. Die Leiterschleife besitzt die Höhe h und die Breite b. Der Abstand d zwischen den Stromzuführungen sei vernachlässigbar klein. Abb. 1a zeigt den Schnitt durch eine Ebene $z = z_0$ mit $0 < z_0 < h$ bei einem Winkel $\varphi > 0$, Abb. 1b zeigt die Vorderansicht bei dem Winkel $\varphi = 0$. Diese Anordnung kann zur Messung eines die Leiterschleife durchfließenden Gleichstromes I verwendet werden.

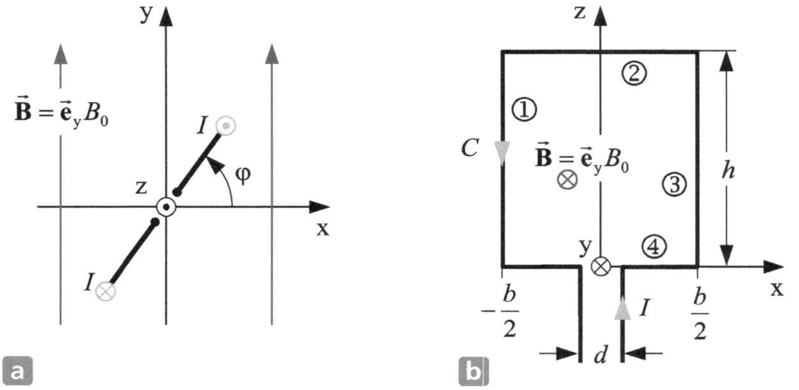

Abbildung 1: Im externen Magnetfeld drehbar gelagerte Leiterschleife

1. Bestimmen Sie die Teilkräfte $\vec{\mathbf{F}}_1$ bis $\vec{\mathbf{F}}_4$ auf die vier Leiterstücke der Kontur C in Abhängigkeit des Winkels φ und des Stromes I.
2. Bestimmen Sie das Drehmoment auf die Leiterschleife. Das Drehmoment $\vec{\mathbf{M}}_D$ wird berechnet aus dem Vektorprodukt Hebelarm × Kraft.

Lösung zur Teilaufgabe 1:

Die Teilkräfte $\vec{\mathbf{F}}_1$ und $\vec{\mathbf{F}}_3$ sind unabhängig vom Winkel φ:

$$\vec{\mathbf{F}}_1 \overset{(5.6)}{=} -I\int_0^h \left[\vec{\mathbf{e}}_z \mathrm{d}z \times B_0 \vec{\mathbf{e}}_y\right] = \vec{\mathbf{e}}_x I h B_0 , \qquad \vec{\mathbf{F}}_3 = -\vec{\mathbf{F}}_1 = -\vec{\mathbf{e}}_x I h B_0 .$$

Die Winkelabhängigkeit bei den Kräften $\vec{\mathbf{F}}_4$ und $\vec{\mathbf{F}}_2$ ergibt sich aus der Koordinatenumrechnung:

$$\vec{\mathbf{F}}_4 = 2I \int_0^{b/2} \left[\vec{\mathbf{e}}_\rho \mathrm{d}\rho \times B_0 \vec{\mathbf{e}}_y\right] = 2IB_0 \int_0^{b/2} \left[\vec{\mathbf{e}}_\rho \mathrm{d}\rho \times \left(\vec{\mathbf{e}}_\rho \sin\varphi + \vec{\mathbf{e}}_\varphi \cos\varphi\right)\right] = \vec{\mathbf{e}}_z 2IB_0 \cos\varphi \int_0^{b/2} \mathrm{d}\rho$$

$$\vec{\mathbf{F}}_4 = \vec{\mathbf{e}}_z I b B_0 \cos\varphi , \qquad \vec{\mathbf{F}}_2 = -\vec{\mathbf{F}}_4 .$$

Lösung zur Teilaufgabe 2:

Die Beiträge der Leiterstücke 2 und 4 heben sich gegenseitig weg, da der Hebelarm jeweils gleich, die Kräfte aber entgegengesetzt gerichtet sind.

Drehmoment infolge des Leiterstückes 1:

$$\vec{\mathbf{M}}_{D1} = \vec{\mathbf{e}}_\rho \frac{b}{2} \times \vec{\mathbf{F}}_1 = \frac{IhbB_0}{2}\left[\vec{\mathbf{e}}_x \cos(\varphi+\pi) + \vec{\mathbf{e}}_y \sin(\varphi+\pi)\right] \times \vec{\mathbf{e}}_x = \vec{\mathbf{e}}_z \frac{IhbB_0}{2} \sin\varphi \,.$$

Drehmoment infolge des Leiterstückes 3:

$$\vec{\mathbf{M}}_{D3} = \vec{\mathbf{e}}_\rho \frac{b}{2} \times \vec{\mathbf{F}}_3 = -\frac{IhbB_0}{2}\left[\vec{\mathbf{e}}_x \cos\varphi + \vec{\mathbf{e}}_y \sin\varphi\right] \times \vec{\mathbf{e}}_x = \vec{\mathbf{M}}_{D1} \,.$$

Ergebnis: $\vec{\mathbf{M}}_D = \vec{\mathbf{M}}_{D1} + \vec{\mathbf{M}}_{D3} = \vec{\mathbf{e}}_z I hbB_0 \sin\varphi \,.$

Aufgabe 5.8 | Hall-Effekt

Die Abb. 1 zeigt einen Ausschnitt aus einem rechteckigen Leiter der Breite b und der Dicke d, der von einem Strom I in der angegebenen Richtung durchflossen wird. Der Leiter befindet sich in einem x-gerichteten homogenen Magnetfeld der Flussdichte $\vec{\mathbf{B}}$.

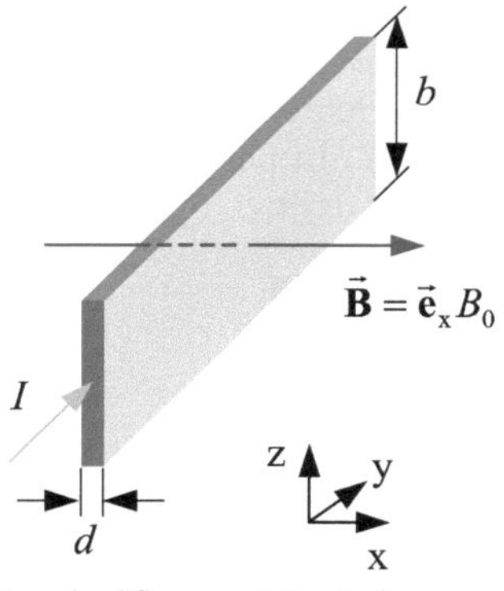

Abbildung 1: Stromdurchflossener Leiter im homogenen Magnetfeld

1. Bestimmen Sie die Kraftwirkungen auf die bewegten Ladungsträger.
2. Bestimmen Sie die sich zwischen oberer und unterer Berandung des Leiters einstellende Hall-Spannung (benannt nach dem amerikanischen Physiker E. H. Hall, 1855–1938).
3. Bestimmen Sie die Anzahl der am Ladungstransport beteiligten Elektronen pro Volumen.

Lösung zur Teilaufgabe 1:

Die Elektronen bewegen sich infolge eines von außen angelegten elektrischen Feldes mit einer Driftgeschwindigkeit $\vec{\mathbf{v}}_e = -\vec{\mathbf{e}}_y v_e$ nach Gl. (2.14) entgegen der technischen Stromrichtung, d.h. in Gegenrichtung zur Koordinate y (Abb. 2).

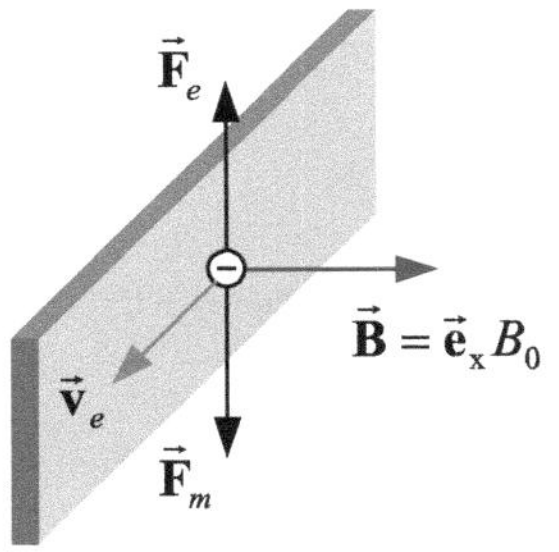

Abbildung 2: Richtung der Elektronenbewegung und Kraftvektoren

Auf die bewegten Ladungsträger wirkt dann eine zusätzliche magnetische Kraft

$$\vec{\mathbf{F}}_m = Q\left(\vec{\mathbf{v}}\times\vec{\mathbf{B}}\right) = -e\left(-\vec{\mathbf{e}}_y v_e \times \vec{\mathbf{e}}_x B_0\right) = -\vec{\mathbf{e}}_z e v_e B_0,$$

die die Elektronen in Richtung der unteren Leiterberandung zieht. Der Elektronenüberschuss an der unteren Berandung und der dadurch entstehende Elektronenmangel an der oberen Berandung hat ein -z-gerichtetes elektrisches Feld zur Folge. Dadurch entsteht eine elektrische Kraftwirkung $\vec{\mathbf{F}}_e$ in positiver z-Richtung, die im Gleichgewichtszustand der magnetischen Kraft entspricht:

$$\vec{\mathbf{F}}_e = -\vec{\mathbf{F}}_m = \vec{\mathbf{e}}_z e v_e B_0 = -e\vec{\mathbf{E}} \quad \rightarrow \quad \vec{\mathbf{E}} = -\vec{\mathbf{e}}_z v_e B_0.$$

Lösung zur Teilaufgabe 2:

Die Integration der elektrischen Feldstärke entlang der Koordinate z über die Plattenbreite b entspricht einer Spannung

$$U_H = b v_e B_0,$$

die sich quer zur Stromrichtung einstellt (Abb. 3).

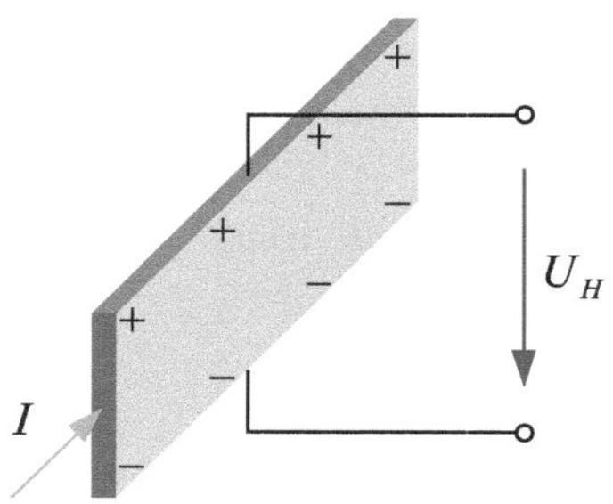

Abbildung 3: Hall-Spannung

Lösung zur Teilaufgabe 3:

Da sich die Stromdichte $\vec{\mathbf{J}} = \vec{\mathbf{e}}_y I/(bd)$ nach Gl. (2.9) auch als Produkt von bewegter Raumladungsdichte und Geschwindigkeit darstellen lässt

$$\vec{\mathbf{J}} = \rho\,\vec{\mathbf{v}} = n(-e)\left(-\vec{\mathbf{e}}_y v_e\right) \quad \rightarrow \quad n = \frac{1}{ev_e}\frac{I}{bd} = \frac{IB_0}{eU_H d},$$

kann aus der Kenntnis der Geschwindigkeit nach obiger Gleichung die mit n bezeichnete Anzahl der am Ladungstransport beteiligten Ladungsträger (Elektronen) pro Volumen bestimmt werden.

Aufgabe 5.9 | Induktivitätsberechnung

Die beiden Außenschenkel des aus Ferritmaterial (Permeabilitätszahl μ_r) bestehenden Kerns besitzen die Querschnittsfläche A und die effektive Weglänge l_A. Der Mittelschenkel besitzt die Querschnittsfläche $2A$ und die effektive Weglänge l_M. Aus dem Mittelschenkel wird ein Teil des Ferritmaterials entfernt, sodass ein Luftspalt der Länge l_g entsteht.

Auf dem Kern befinden sich drei in Reihe geschaltete Wicklungen mit den Windungszahlen N_1, N_2 und N_3. Zur Vereinfachung wird angenommen, dass die magnetische Flussdichte $\vec{\mathbf{B}}$ homogen über den Kernquerschnitt verteilt ist. Der Streufluss beim Luftspalt wird vernachlässigt, sodass für den Luftspalt der gleiche Querschnitt wie für den Mittelschenkel angenommen werden kann.

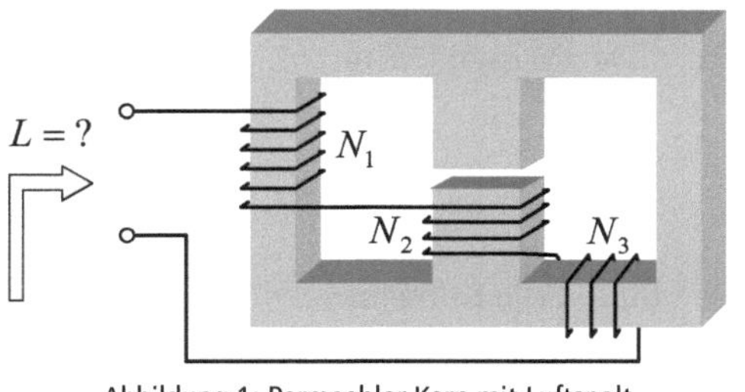

Abbildung 1: Permeabler Kern mit Luftspalt

1. Erstellen Sie ein vollständiges magnetisches Ersatzschaltbild.
2. Berechnen Sie die Flüsse Φ_L und Φ_R durch den linken und den rechten Schenkel sowie Φ_M durch den Mittelschenkel.
3. Berechnen Sie die Induktivität der Anordnung in Abhängigkeit von den gegebenen Parametern.

Lösung zur Teilaufgabe 1:

Die Zählrichtung für die Flüsse Φ_L, Φ_R und Φ_M wird gemäß dem Generatorzählpfeilsystem festgelegt, ist aber willkürlich.

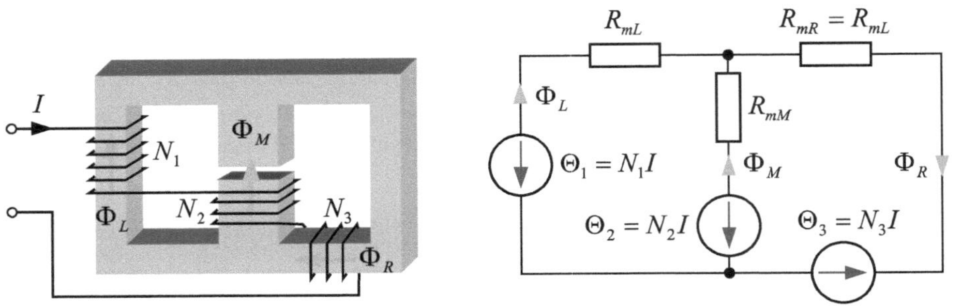

Abbildung 2: Festlegung der Flüsse und magnetisches Ersatzschaltbild

Zugehörige magnetische Widerstände:

$$R_{mL} = R_{mR} = \frac{l_A}{\mu A} = \frac{l_A}{\mu_r \mu_0 A} \quad \text{und} \quad R_{mM} = \frac{l_g}{\mu_0 2A} + \frac{l_M - l_g}{\mu_r \mu_0 2A} = \frac{1}{\mu_r \mu_0 2A}\left[(\mu_r - 1) l_g + l_M\right].$$

Lösung zur Teilaufgabe 2:

Knotenregel: $\Phi_L + \Phi_M = \Phi_R$.

Linke Masche: $N_1 I - N_2 I = \Phi_L R_{mL} - \Phi_M R_{mM} \quad \to \quad \Phi_L = \dfrac{(N_1 - N_2) I + \Phi_M R_{mM}}{R_{mL}}$.

Rechte Masche: $N_2 I + N_3 I = \Phi_M R_{mM} + \Phi_R R_{mL} \quad \to \quad \Phi_R = \dfrac{(N_2 + N_3) I - \Phi_M R_{mM}}{R_{mL}}$.

Die beiden Flüsse werden nun in die Knotenregel eingesetzt und diese nach Φ_M aufgelöst:

$$\frac{(N_1 - N_2) I + \Phi_M R_{mM}}{R_{mL}} + \Phi_M = \frac{(N_2 + N_3) I - \Phi_M R_{mM}}{R_{mL}}$$

$$\Phi_M \left(1 + \frac{2R_{mM}}{R_{mL}}\right) = \frac{(N_2 + N_3) I}{R_{mL}} - \frac{(N_1 - N_2) I}{R_{mL}} \quad \to \quad \frac{\Phi_M}{I} = \frac{-N_1 + 2N_2 + N_3}{R_{mL} + 2R_{mM}}$$

$$\frac{\Phi_L}{I} = \frac{N_1 - N_2}{R_{mL}} + \frac{R_{mM}}{R_{mL}} \frac{-N_1 + 2N_2 + N_3}{R_{mL} + 2R_{mM}}$$

$$\frac{\Phi_R}{I} = \frac{N_2 + N_3}{R_{mL}} - \frac{R_{mM}}{R_{mL}} \frac{-N_1 + 2N_2 + N_3}{R_{mL} + 2R_{mM}}.$$

Lösung zur Teilaufgabe 3:

Die Induktivität berechnet sich nun aus

$$L = \frac{\Phi}{I} = N_1 \frac{\Phi_L}{I} + N_2 \frac{\Phi_M}{I} + N_3 \frac{\Phi_R}{I}.$$

Das zeitlich veränderliche elektromagnetische Feld

Wichtige Formeln

6

Faraday'sches Induktionsgesetz

$$\oint_C \vec{\mathbf{E}} \cdot \mathrm{d}\vec{\mathbf{s}} = R\,i(t) - u_0(t) = -\frac{\mathrm{d}\Phi}{\mathrm{d}t} = -\frac{\mathrm{d}}{\mathrm{d}t}\iint_A \vec{\mathbf{B}} \cdot \mathrm{d}\vec{\mathbf{A}}$$

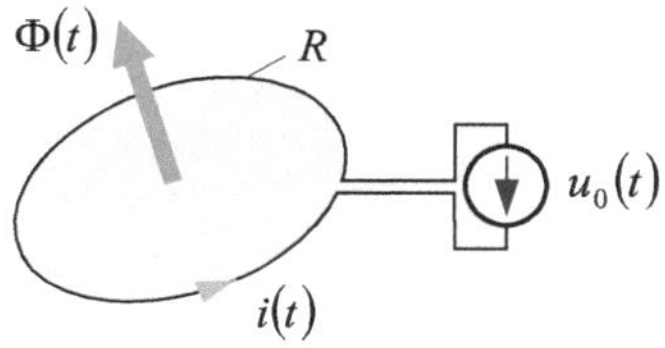

Induktivität

$$u_L = L\frac{\mathrm{d}i}{\mathrm{d}t} \longrightarrow$$

Parallelschaltung $\frac{1}{L_{ges}} = \sum_k \frac{1}{L_k}$

Reihenschaltung $L_{ges} = \sum_k L_k$

Gekoppelte Schleifen

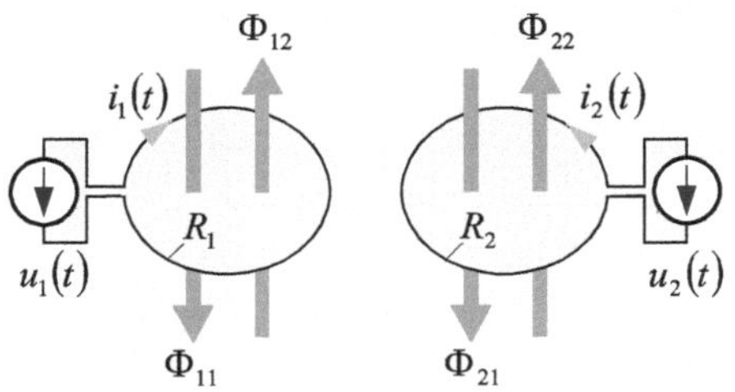

$$u_1 = R_1 i_1 + \frac{\mathrm{d}}{\mathrm{d}t}(\Phi_{11} - \Phi_{12})$$
$$= R_1 i_1 + L_{11}\frac{\mathrm{d}i_1}{\mathrm{d}t} - L_{12}\frac{\mathrm{d}i_2}{\mathrm{d}t}$$
$$u_2 = R_2 i_2 + \frac{\mathrm{d}}{\mathrm{d}t}(-\Phi_{21} + \Phi_{22})$$
$$= R_2 i_2 - L_{21}\frac{\mathrm{d}i_1}{\mathrm{d}t} + L_{22}\frac{\mathrm{d}i_2}{\mathrm{d}t}$$

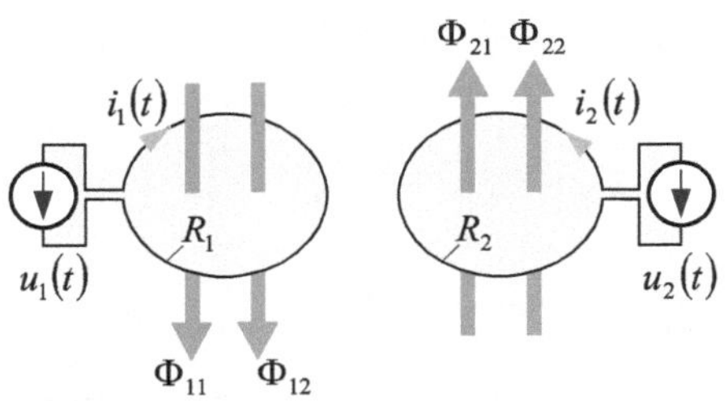

$$u_1 = R_1 i_1 + \frac{\mathrm{d}}{\mathrm{d}t}(\Phi_{11} + \Phi_{12})$$
$$= R_1 i_1 + L_{11}\frac{\mathrm{d}i_1}{\mathrm{d}t} + L_{12}\frac{\mathrm{d}i_2}{\mathrm{d}t}$$
$$u_2 = R_2 i_2 + \frac{\mathrm{d}}{\mathrm{d}t}(\Phi_{21} + \Phi_{22})$$
$$= R_2 i_2 + L_{21}\frac{\mathrm{d}i_1}{\mathrm{d}t} + L_{22}\frac{\mathrm{d}i_2}{\mathrm{d}t}$$

Energie

$$W_m = \frac{1}{2}LI^2 = \frac{1}{2}\sum_{i=1}^{n}\sum_{k=1}^{n} L_{ik} I_i I_k = \frac{1}{2}\iiint_V \vec{\mathbf{H}} \cdot \vec{\mathbf{B}}\,\mathrm{d}V$$

Wichtige Formeln

Koppelfaktoren

$$k_{21} = \frac{\Phi_{21}}{\Phi_{11}} = \frac{L_{21}}{L_{11}}, \quad k_{12} = \frac{\Phi_{12}}{\Phi_{22}} = \frac{L_{12}}{L_{22}}, \quad L_{21} = L_{12} = M$$

$$k = \pm\sqrt{k_{12}k_{21}} = \frac{M}{\sqrt{L_{11}L_{22}}} \quad \text{mit} \quad |k| \le 1$$

Verlustlos, galvanisch getrennt

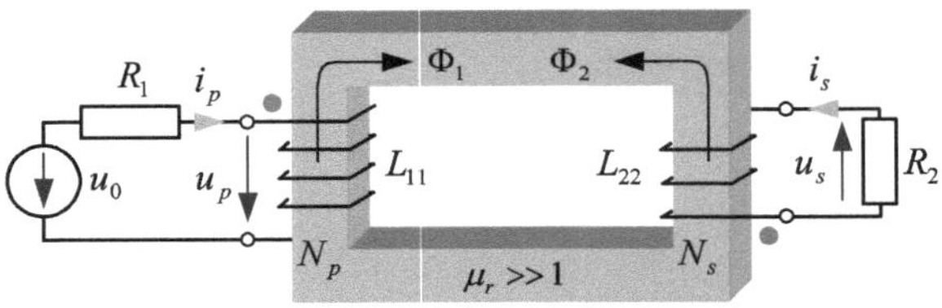

Zugehöriges Gleichungssystem

$$u_0 = R_1 i_p + L_{11}\frac{\mathrm{d}i_p}{\mathrm{d}t} - M\frac{\mathrm{d}i_s}{\mathrm{d}t}$$

$$0 = R_2 i_s - M\frac{\mathrm{d}i_p}{\mathrm{d}t} + L_{22}\frac{\mathrm{d}i_s}{\mathrm{d}t}$$

Zugehöriges Ersatzschaltbild

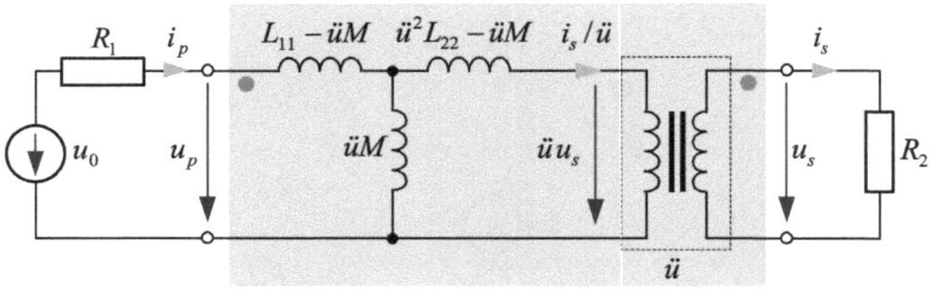

Verlustloser, streufreier Übertrager

$$k = 1 \qquad \frac{u_p}{u_s} = \pm ü \quad \text{mit} \quad ü = \frac{N_p}{N_s} \qquad \begin{array}{l} + \text{ für } \Phi_1 \uparrow\downarrow \Phi_2 \\ - \text{ für } \Phi_1 \uparrow\uparrow \Phi_2 \end{array}$$

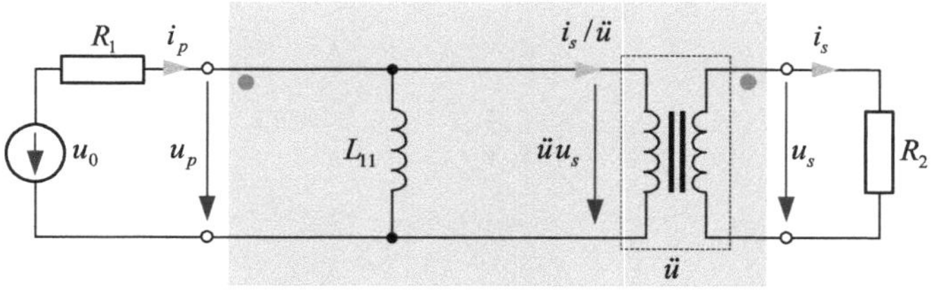

Wichtige Formeln

Idealer Übertrager

$$\frac{u_p}{u_s} = \frac{i_s}{i_p} = \pm \ddot{u} \quad \text{mit} \quad \ddot{u} = \frac{N_p}{N_s} \qquad \begin{array}{l} + \text{ für } \Phi_1 \uparrow\downarrow \Phi_2 \\ - \text{ für } \Phi_1 \uparrow\uparrow \Phi_2 \end{array}$$

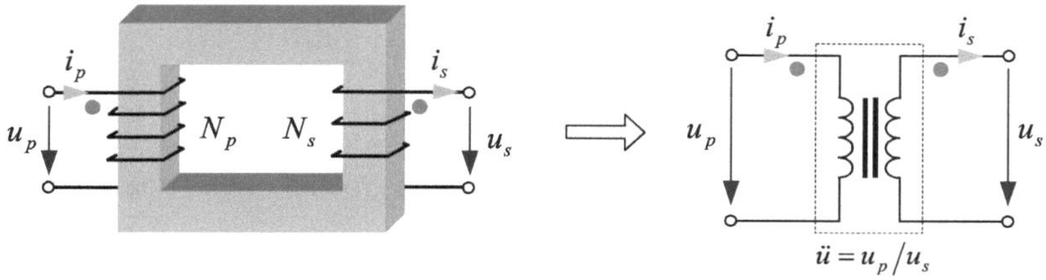

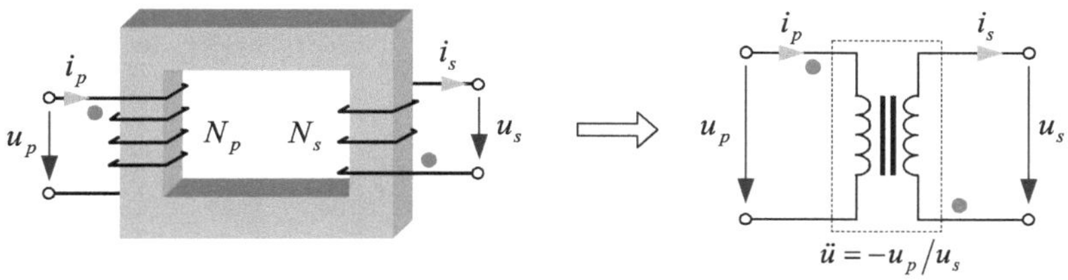

Widerstands-transformation

$$R_E = \frac{u_p}{i_p} = \ddot{u} u_s \frac{\ddot{u}}{i_s} = \ddot{u}^2 R_2$$

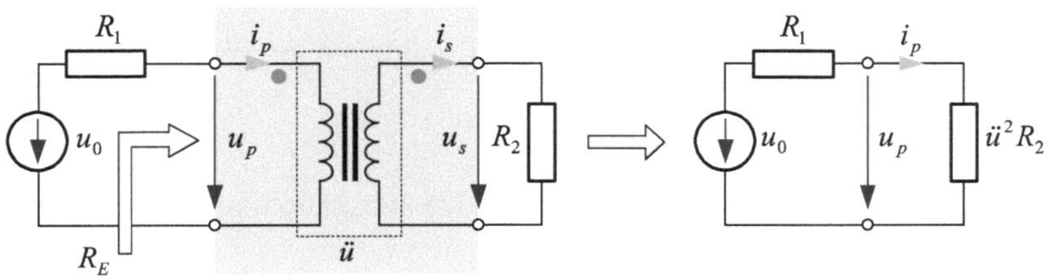

6.1 Verständnisaufgaben

1. Das homogene, zeitabhängige Magnetfeld mit der Flussdichte $\vec{\mathbf{B}} = \vec{\mathbf{n}}B(t)$ tritt senkrecht durch die kreisförmige Leiterschleife mit Radius a. Welche Beziehung gilt für die Spannung $u(t)$?

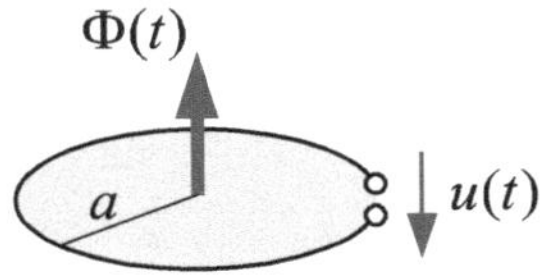

a) $u(t) = -B(t)\pi a^2$

b) $u(t) = +B(t)\pi a^2$

c) $u(t) = -\dfrac{dB(t)}{dt}\pi a^2$

d) $u(t) = +\dfrac{dB(t)}{dt}\pi a^2$

2. Eine Spule mit $N = 4$ Windungen ist, wie in der Abb. dargestellt, von einem magnetischen Fluss $\Phi_A(t) = 0{,}6\ t/\text{s Vs}$ durchsetzt. Wie groß ist die an den Klemmen auftretende Spannung $u(t)$?

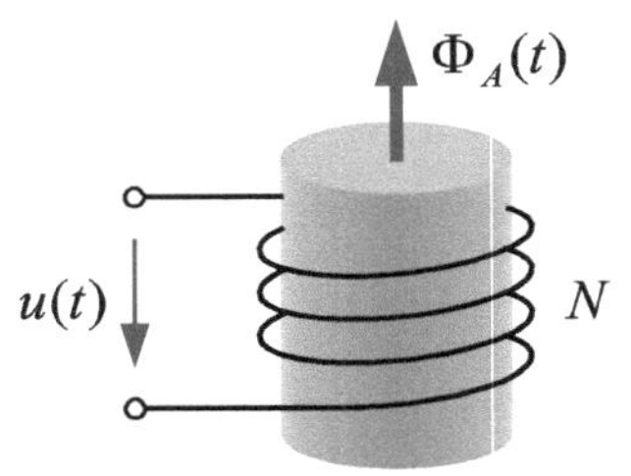

3. Geben Sie den Wert R_E des auf die Primärseite transformierten Widerstandes R_L an.

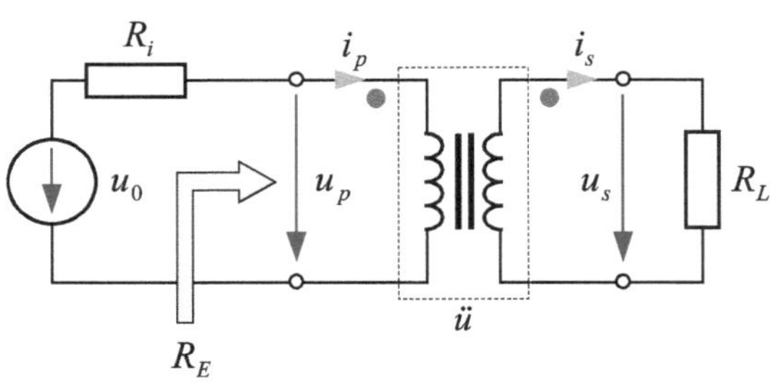

Wie ist das Übersetzungsverhältnis $ü$ für Leistungsanpassung zu wählen, wenn $R_i = 25\ \Omega$ und $R_L = 1\ \Omega$ gilt?

4. Auf einem aus zwei E-Kernhälften bestehenden Ferritkern sind auf den Außenschenkeln zwei gleiche Wicklungen aufgebracht.

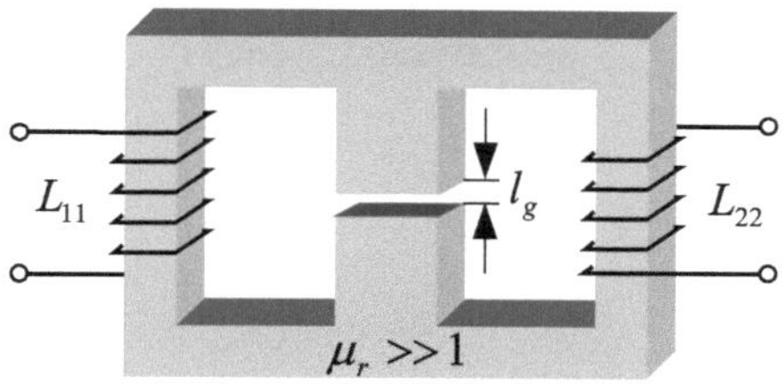

Überprüfen Sie die folgenden Aussagen für den Fall, dass die Luftspaltlänge l_g vergrößert wird:

	wird **kleiner**	bleibt **gleich**	wird **größer**
Die Selbstinduktivität $L_{11} = L_{22}$	□	□	□
Die Gegeninduktivität $\lvert L_{12}\rvert = \lvert L_{21}\rvert = \lvert M\rvert$	□	□	□

5. Zwei gleiche kreisförmige Leiterschleifen liegen in einer Ebene und werden entsprechend der Abbildung auf zwei unterschiedliche Arten zusammengeschaltet. Die Induktivität einer einzelnen kreisförmigen Leiterschleife sei L.

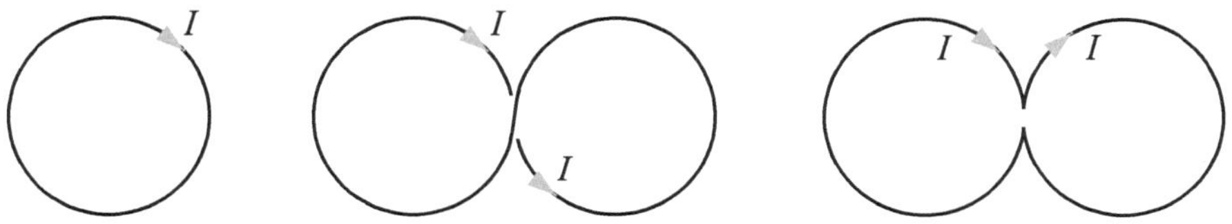

Induktivität L — Induktivität L_1 — Induktivität L_2

Für die Gesamtinduktivitäten gilt:

$L_1 < 2L$	$L_1 = 2L$	$L_1 > 2L$	$L_2 < 2L$	$L_2 = 2L$	$L_2 > 2L$
□	□	□	□	□	□

6. Ein in z-Richtung orientierter, unendlich langer, geradliniger Leiter, der in der xz-Ebene liegt, wird vom Strom $i(t)$ durchflossen, der im gesamten Raum das Magnetfeld mit der magnetischen Induktion $\vec{\mathbf{B}}$ eines Linienstroms hervorruft. Die rechteckförmige Schleife, an deren Anschlussklemmen die induzierte Spannung $u(t)$ gemessen werden kann, befindet sich in der xz-Ebene und kann sich mit der Geschwindigkeit $\vec{\mathbf{v}}$ bewegen (die Startsituation ist im Bild gezeichnet).

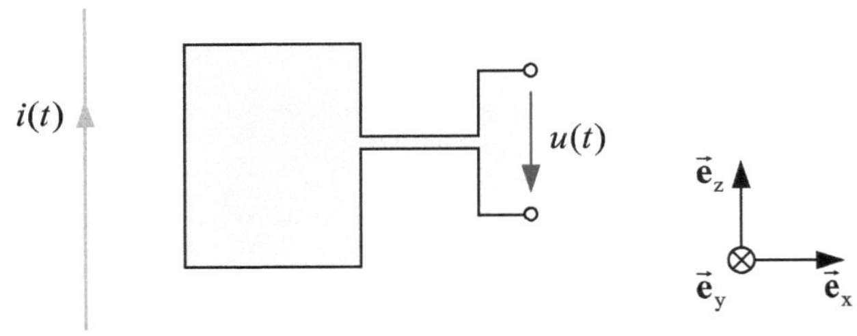

Es tritt

	$i(t) = i_0 \sin(\omega t)$ $\vec{v} = \vec{0}$	$i(t) = I_0$ $\vec{v} = \vec{e}_x v_x$	$i(t) = I_0$ $\vec{v} = \vec{e}_z v_z$	$i(t) = i_0 \sin(\omega t)$ $\vec{v} = \vec{e}_z v_z$
Ruheinduktion auf	☐	☐	☐	☐
Bewegungsinduktion auf	☐	☐	☐	☐
keine Induktion auf	☐	☐	☐	☐

Es gilt: $i_0 \neq 0,\ I_0 \neq 0,\ v_x \neq 0,\ v_z \neq 0.$

7. Eine Leiterschleife wird von der Flussdichte $\vec{\mathbf{B}} = \vec{e}_z B_0 \cos(\pi x/2b) \sin(\omega t)$ durchsetzt.

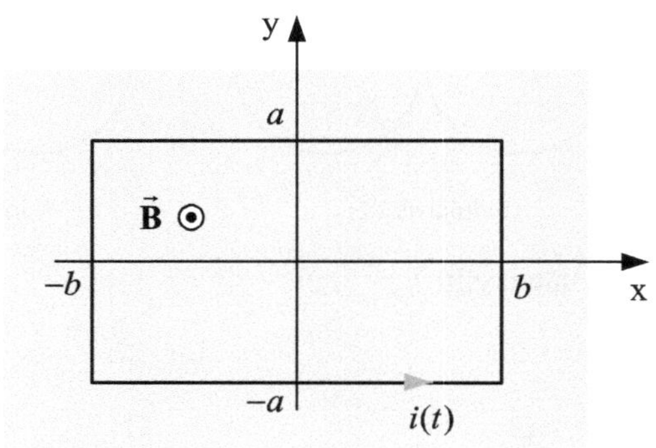

1. Legen Sie eine Flächennormale für die Schleifenfläche fest und bestimmen Sie den magnetischen Fluss $\Phi(t)$, der die Schleife in Richtung dieser Flächennormalen durchsetzt.
2. Bestimmen Sie den in der Abbildung eingetragenen Strom $i(t)$ in der Schleife, der bei einem Schleifenwiderstand R infolge der induzierten Spannung fließt.

Lösung zur Aufgabe 1:

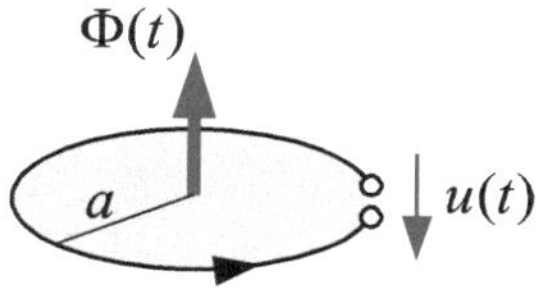

Die rechtshändig mit dem Fluss verknüpfte Umlaufrichtung ist in der Abbildung eingetragen. Da in der offenen Schleife kein Strom fließt, fällt auch keine Spannung an dem Schleifenwiderstand ab. Das Integral der Feldstärke liefert bei der angegebenen Integrationsrichtung nur den negativen Wert der eingetragenen Spannung. Damit gilt

$$\oint_C \vec{\mathbf{E}} \cdot \mathrm{d}\vec{\mathbf{s}} = -u(t) = -\frac{\mathrm{d}}{\mathrm{d}t} \iint_A \vec{\mathbf{B}} \cdot \mathrm{d}\vec{\mathbf{A}} = -\frac{\mathrm{d}}{\mathrm{d}t}(BA) = -\frac{\mathrm{d}B}{\mathrm{d}t}\pi a^2 \quad \rightarrow \quad u(t) = \frac{\mathrm{d}B(t)}{\mathrm{d}t}\pi a^2 .$$

Lösung zur Aufgabe 2:

Wir bilden das Umlaufintegral der elektrischen Feldstärke entlang der eingetragenen Kontur C und erhalten mit dem Induktionsgesetz den Zusammenhang

$$\oint_C \vec{\mathbf{E}} \cdot \mathrm{d}\vec{\mathbf{s}} = u(t) = -\frac{\mathrm{d}}{\mathrm{d}t} \iint_A \vec{\mathbf{B}} \cdot \mathrm{d}\vec{\mathbf{A}} = -\frac{\mathrm{d}\Phi}{\mathrm{d}t} = -N\frac{\mathrm{d}\Phi_A}{\mathrm{d}t} .$$

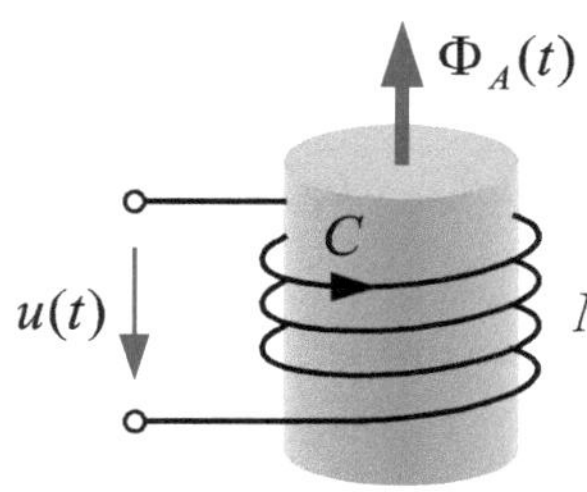

Einsetzen der Zahlenwerte liefert das Ergebnis $u(t) = -4{\cdot}0{,}6\ \mathrm{V} = -2{,}4\ \mathrm{V}$.

Lösung zur Aufgabe 3:

$$R_E = \ddot{u}^2 R_L$$

Bei Leistungsanpassung muss der Lastwiderstand gleich dem Innenwiderstand der Quelle sein. Aus der Forderung $R_E = R_i$ folgt $\ddot{u}^2 = 25$ bzw. $\ddot{u} = \pm 5$. Die Frage nach dem Wickelsinn bzw. dem Vorzeichen von $\ddot{u}$ spielt bei der Leistungsanpassung keine Rolle.

Lösung zur Aufgabe 4:

Wir betrachten das zugehörige Ersatzschaltbild mit der von einem Strom in der linken Spule hervorgerufenen Durchflutung.

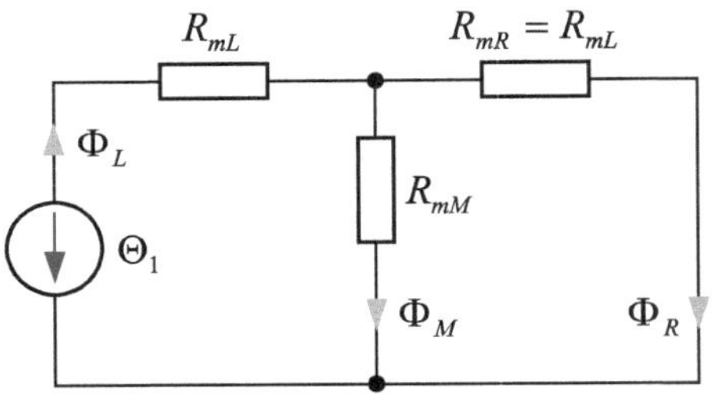

Bei einer Vergrößerung der Luftspaltlänge nimmt der magnetische Widerstand R_{mM} im Mittelschenkel zu. Dadurch nimmt der Fluss durch die linke Spule

$$\Phi_L = \frac{\Theta_1}{R_{m\,ges}} = \frac{\Theta_1}{R_{mL} + (R_{mM} \parallel R_{mL})}$$

ab, da der Parallelwiderstand ($R_{mM} \parallel R_{mL}$) größer wird. Mit abnehmendem Fluss wird aber auch die Selbstinduktivität entsprechend Gl. (5.56) geringer.

Die Änderung der Gegeninduktivität hängt davon ab, wie sich der Fluss Φ_R durch die rechte Spule ändert. Mit den Kirchhoff'schen Gleichungen lässt sich leicht nachrechnen, dass der Zusammenhang

$$\Phi_R = \frac{1}{2R_{mL} + R_{mL}{}^2 / R_{mM}} \Theta_1$$

gilt. Mit steigendem Widerstand R_{mM} wird der Nenner kleiner, der Fluss Φ_R und damit auch die Gegeninduktivität wird größer.

Lösung zur Aufgabe 5:

Wären die beiden Einzelschleifen nicht gekoppelt, dann wäre die Gesamtinduktivität wegen der Reihenschaltung genau doppelt so groß, nämlich $2L$. Ob die Induktivität der Doppelschleife größer oder kleiner als $2L$ ist, hängt von der Kopplung der beiden kreisförmigen Schleifen ab. Dazu betrachten wir die folgende Abbildung, in der die Ströme in den beiden Kreisschleifen mit einem Index versehen sind. Die von den Strömen hervorgerufenen Flüsse durch die beiden Schleifen sind mit den entsprechenden Indizes gekennzeichnet. Der erste Index kennzeichnet vereinbarungsgemäß die vom Fluss durchsetzte Schleife, der zweite Index den verursachenden Strom. Die Flüsse durch die Doppelschleife auf der linken Seite werden infolge der Kopplung größer, da sich die Teilflüsse gleichsinnig überlagern. Im Ergebnis muss also $L_1 > 2L$ gelten.

Bei der Doppelschleife auf der rechten Seite subtrahieren sich die Flüsse, der Gesamtfluss durch die Schleife wird geringer und es gilt $L_2 < 2L$.

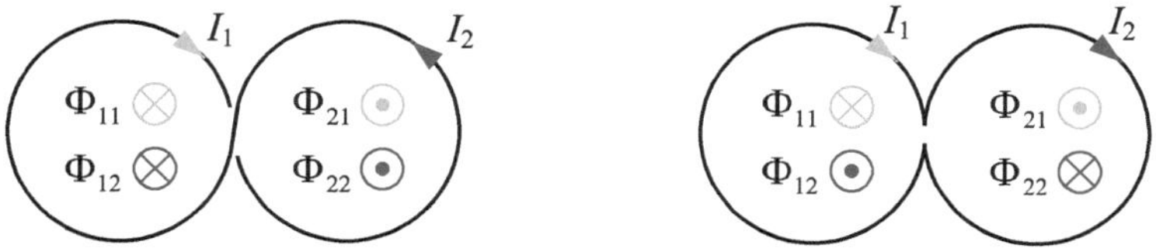

Lösung zur Aufgabe 6:

Es tritt

	$i(t) = i_0 \sin(\omega t)$ $\vec{\mathbf{v}} = \vec{\mathbf{0}}$	$i(t) = I_0$ $\vec{\mathbf{v}} = \vec{\mathbf{e}}_x v_x$	$i(t) = I_0$ $\vec{\mathbf{v}} = \vec{\mathbf{e}}_z v_z$	$i(t) = i_0 \sin(\omega t)$ $\vec{\mathbf{v}} = \vec{\mathbf{e}}_z v_z$
Ruheinduktion auf	x	☐	☐	x
Bewegungsinduktion auf	☐	x	☐	☐
keine Induktion auf	☐	☐	x	☐

Lösung zur Teilaufgabe 7.1:

Wir wählen die Flächennormale so, dass es eine rechtshändige Verknüpfung mit dem eingetragenen Strom ergibt: $\vec{\mathbf{n}} = \vec{\mathbf{e}}_z$. Für den Fluss in z-Richtung gilt dann

$$\Phi = \iint_A \vec{\mathbf{B}} \cdot \mathrm{d}\vec{\mathbf{A}} = B_0 \sin(\omega t) \int_{x=-b}^{b} \int_{y=-a}^{a} \cos\left(\pi \frac{x}{2b}\right) \mathrm{d}y\,\mathrm{d}x$$

$$= B_0 2a \frac{2b}{\pi} \left[\sin\left(\pi \frac{x}{2b}\right) \Bigg|_{-b}^{b} \right] \sin(\omega t) = B_0 \frac{8ab}{\pi} \sin(\omega t) .$$

Lösung zur Teilaufgabe 7.2:

Aus dem Induktionsgesetz folgt

$$i(t) = -\frac{1}{R} \frac{\mathrm{d}\Phi}{\mathrm{d}t} = -\frac{\omega B_0}{R} \frac{8ab}{\pi} \cos(\omega t) .$$

6.2 Level 1

Aufgabe 6.1 Induktionsgesetz, Bewegungsinduktion

Der in Abb. 1 dargestellte Schleifkontakt aus Metall rotiert mit der konstanten Winkelgeschwindigkeit ω um den Ursprung. Der Zeiger gleitet dabei auf einem Metallring mit dem Radius a. Ein homogenes Magnetfeld mit der Flussdichte $\vec{\mathbf{B}} = \vec{\mathbf{e}}_z B_0$ durchflutet den gesamten Metallring senkrecht zur Ringebene. Alle Betrachtungen sollen für $0 < \omega t < 2\pi$ erfolgen.

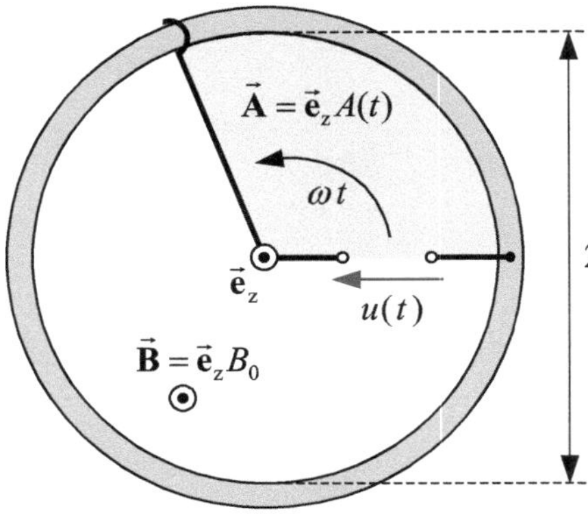

Abbildung 1: Rotierender Zeiger im homogenen Magnetfeld

Berechnen Sie die in Abb. 1 eingetragene induzierte Spannung $u(t)$, die sich infolge der Bewegung zwischen dem Drehpunkt des Zeigers und dem Metallring einstellt.

Lösung

Wird das Umlaufintegral der elektrischen Feldstärke um die markierte Fläche $A(t)$ in Richtung der eingetragenen Spannung gebildet, dann zeigt der rechtshändig verknüpfte Fluss $\Phi(t)$ in die Zeichenebene hinein, also in -z-Richtung. Aus dem Induktionsgesetz

$$\oint \vec{\mathbf{E}} \cdot \mathrm{d}\vec{\mathbf{s}} = u(t) = -\frac{\mathrm{d}}{\mathrm{d}t}\Phi(t)$$

ergibt sich mit dem magnetischen Fluss

$$\Phi(t) = -\int_{\varphi=0}^{\omega t}\int_{\rho=0}^{a} \vec{\mathbf{e}}_z B_0 \cdot \vec{\mathbf{e}}_z \rho \mathrm{d}\rho\, \mathrm{d}\varphi = -\frac{1}{2}a^2 B_0 \omega t$$

als Ergebnis die Spannung

$$u(t) = -\frac{\mathrm{d}\Phi(t)}{\mathrm{d}t} = \frac{1}{2}a^2\omega B_0 .$$

Aufgabe 6.2 Induktionsgesetz, Ruheinduktion

Ein auf der z-Achse befindlicher, unendlich langer Linienleiter wird von einem zeitabhängigen Strom $i(t)$ durchflossen. Der Rückleiter ist sehr weit entfernt, sodass sein Einfluss vernachlässigt werden kann. In der Ebene $y = 0$ befindet sich eine nicht geschlossene quadratische Leiterschleife der Seitenlänge $b-a$.

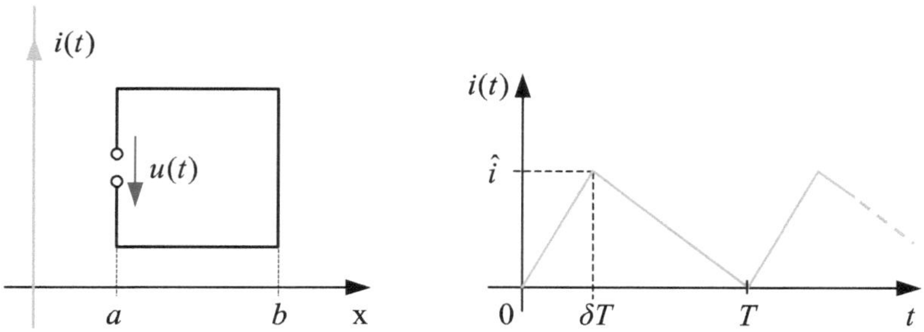

Abbildung 1: Betrachtete Leiteranordnung und zeitabhängiger Strom

1. Berechnen Sie die in der Abbildung eingetragene induzierte Spannung $u(t)$ als Funktion des Stromes $i(t)$.
2. Stellen Sie für den dreieckförmigen Stromverlauf die induzierte Spannung $u(t)$ in einem Diagramm dar und geben Sie Maximal- und Minimalwert der Spannung an.
3. Welche Gegeninduktivität M besteht zwischen den beiden Schleifen?

Lösung zur Teilaufgabe 1:

Zur Berechnung der induzierten Spannung wird die zeitliche Änderung des magnetischen Flusses durch die Schleife benötigt. Der magnetische Fluss wird durch Integration der magnetischen Flussdichte über die vom Fluss durchsetzte Fläche berechnet.

Der z-gerichtete Strom verursacht in der Ebene $y = 0$, $x > 0$ (hier gilt $\vec{\mathbf{e}}_\varphi = \vec{\mathbf{e}}_y$, $\rho = x$) ein Magnetfeld

$$\vec{\mathbf{B}}(x,t) \overset{(5.16)}{=} \mu_0 \vec{\mathbf{H}}(x,t) = \mu_0 \vec{\mathbf{e}}_y H(x,t) \overset{(5.17)}{=} \vec{\mathbf{e}}_y \frac{\mu_0 i(t)}{2\pi x},$$

das die Fläche durchsetzt und somit folgenden Fluss erzeugt:

$$\Phi(t) \overset{(5.30)}{=} \iint_A \vec{\mathbf{B}} \cdot d\vec{\mathbf{A}} = \int_{x=a}^{b} \int_{z=a}^{b} \vec{\mathbf{e}}_y \frac{\mu_0 i(t)}{2\pi x} \cdot \vec{\mathbf{e}}_y dz\,dx = \frac{\mu_0 i(t)}{2\pi}(b-a)\int_a^b \frac{1}{x}dx$$
$$= \frac{\mu_0 i(t)}{2\pi}(b-a)\ln\frac{b}{a}.$$

Wird das Umlaufintegral der elektrischen Feldstärke in Richtung der eingetragenen Spannung gebildet, dann zeigt der rechtshändig verknüpfte Fluss aus der Zeichenebene heraus, also in -y-Richtung:

$$\oint \vec{\mathbf{E}} \cdot \mathrm{d}\vec{\mathbf{s}} = u(t) = -\frac{\mathrm{d}\Phi(t)}{\mathrm{d}t} = -\frac{\mathrm{d}}{\mathrm{d}t}\left[-\frac{\mu_0\, i(t)}{2\pi}(b-a)\ln\frac{b}{a}\right] = \frac{\mu_0}{2\pi}(b-a)\ln\frac{b}{a}\cdot\frac{\mathrm{d}i(t)}{\mathrm{d}t}. \tag{1}$$

Lösung zur Teilaufgabe 2:

Da die Spannung nach Gl. (1) aus der Ableitung des Stromes berechnet wird, folgt aus einem linear ansteigenden Stromverlauf eine konstante positive Spannung und aus einem linear fallenden Stromverlauf dementsprechend eine konstante negative Spannung, siehe Abb. 2.

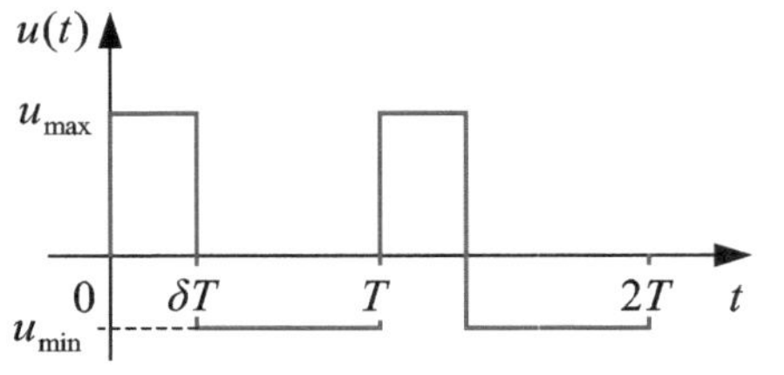

Abbildung 2: Zeitabhängige induzierte Spannung

Maximalwert: $u_{max} = \frac{\hat{i}}{\delta T}\frac{\mu_0}{2\pi}(b-a)\ln\frac{b}{a}.$

Minimalwert: $u_{min} = -\frac{\hat{i}}{T-\delta T}\frac{\mu_0}{2\pi}(b-a)\ln\frac{b}{a}.$

Lösung zur Teilaufgabe 3:

Die Gegeninduktivität lässt sich berechnen aus dem Quotienten des Flusses, der die quadratische Leiterschleife durchsetzt, und dem Erregerstrom. Damit folgt aus $M = \Phi/i$ mit dem Ergebnis aus Teilaufgabe 1

$$M = \frac{\mu_0}{2\pi}(b-a)\ln\frac{b}{a}.$$

Aufgabe 6.3 | Zylindrische Luftspule, Induktionsgesetz

In Abb. 1a ist die Vorderansicht einer aus N Windungen bestehenden zylindrischen Luftspule der Länge l mit dem Radius $a << l$ dargestellt. Im Inneren befindet sich eine ringförmige Leiterschleife mit dem Radius $b < a$, die mit einem idealen Spannungsmessgerät verbunden ist. Das von der Spule erzeugte magnetische Feld kann im Bereich der Leiterschleife als homogen angesehen werden. Die Lage der Leiterschleife kann der Abb. 1b entnommen werden, die den Schnitt in der xy-Ebene darstellt. Durch die Spule fließt der zeitabhängige Strom $i(t) = \hat{i}\sin(\omega t)$ mit der Zählrichtung aus Abb. 1.

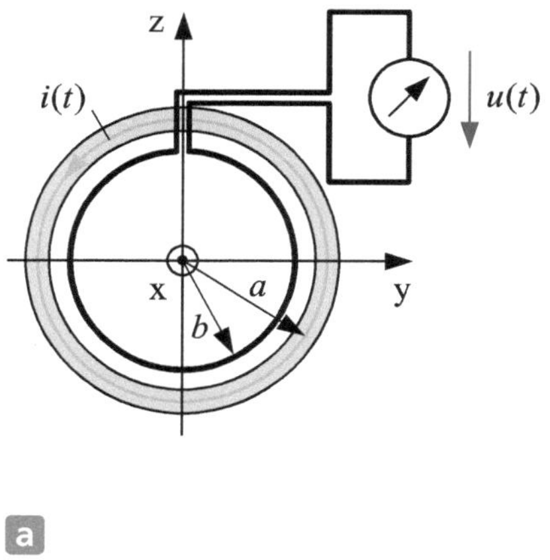

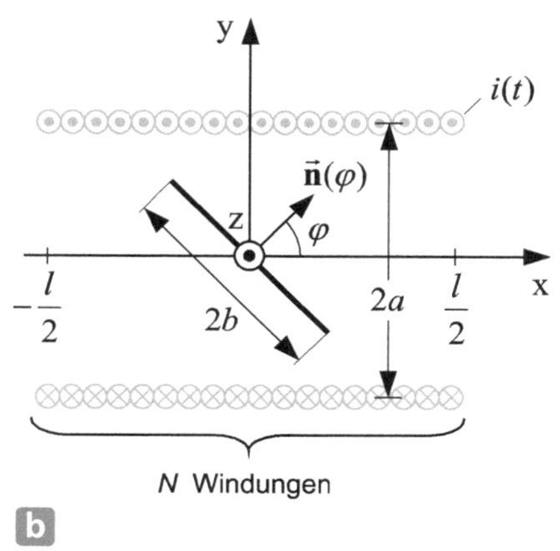

Abbildung 1: a: Vorderansicht bei $\varphi = 0$, b: Schnitt durch die zylindrische Luftspule

1. Welche magnetische Flussdichte $\vec{\mathbf{B}}$ stellt sich im Inneren der Spule ein?
2. Wie groß ist der magnetische Fluss $\Phi(t)$ durch die ringförmige Leiterschleife in Richtung der Flächennormalen $\vec{\mathbf{n}}(\varphi)$?
3. Berechnen Sie den Zeitverlauf der Spannung $u(t)$ des idealen Spannungsmessgeräts in Abhängigkeit vom Winkel φ.

Lösung zur Teilaufgabe 1:

Im Inneren der Spule stellt sich folgende Flussdichte ein:

$$\vec{\mathbf{B}} = \mu_0 \vec{\mathbf{H}} \overset{(5.28)}{=} \vec{\mathbf{e}}_x \frac{\mu_0 N\, i(t)}{l}.$$

Lösung zur Teilaufgabe 2:

Die senkrecht auf der von der Leiterschleife aufgespannten Fläche stehende Flächennormale kann durch die Beziehung $\vec{\mathbf{n}}(\varphi) = \vec{\mathbf{e}}_x \cos(\varphi) + \vec{\mathbf{e}}_y \sin(\varphi)$ beschrieben werden. Mit dem Flächenelement $\mathrm{d}\vec{\mathbf{A}} = \vec{\mathbf{n}}(\varphi)\mathrm{d}A$ erhalten wir dann den magnetischen Fluss

$$\Phi \overset{(5.30)}{=} \iint_A \vec{\mathbf{B}} \cdot \mathrm{d}\vec{\mathbf{A}} = \iint_A \vec{\mathbf{e}}_x \frac{\mu_0 N\, i(t)}{l} \cdot \left(\vec{\mathbf{e}}_x \cos\varphi + \vec{\mathbf{e}}_y \sin\varphi\right) \mathrm{d}A$$

$$= \frac{\mu_0 N\, i(t)}{l} \cos\varphi \underbrace{\iint_A \mathrm{d}A}_{\pi b^2} = \frac{\mu_0 N\, i(t)\, \pi b^2}{l} \cos\varphi .$$

Lösung zur Teilaufgabe 3:

Bei der Anwendung des Induktionsgesetzes ist die rechtshändige Verknüpfung zwischen der magnetischen Flussdichte durch die Schleife und dem Wegintegral der elektrischen Feldstärke zu beachten. Die Flussdichte ist x-gerichtet, zeigt also aus der Zeichenebene heraus, damit ist die Integration entlang der Schleife im Gegenuhrzeigersinn durchzuführen. Für den Zeitverlauf der gemessenen Spannung erhalten wir mit

$$\oint_C \vec{\mathbf{E}} \cdot \mathrm{d}\vec{\mathbf{s}} = -u(t) = -\frac{\mathrm{d}\Phi}{\mathrm{d}t} = -\frac{\mu_0 N \pi b^2}{l} \cos\varphi \frac{\mathrm{d}}{\mathrm{d}t}\left[\hat{i}\sin(\omega t)\right]$$

das Ergebnis

$$u(t) = \omega\,\hat{i}\,\frac{\mu_0 N \pi b^2}{l} \cos\varphi \cos(\omega t).$$

Aufgabe 6.4 | Ringkern mit Luftspalt, Induktivitätsberechnung

Auf einem Ringkern mit der quadratischen Querschnittsfläche $A = a^2$ und der endlichen Permeabilitätszahl μ_r ist eine Wicklung mit N Windungen aufgebracht. Der Ringkern besitzt den mittleren Durchmesser d_m und einen Luftspalt mit der sehr kleinen Breite l_g. Zur Vereinfachung wird das Magnetfeld im Luftspalt als homogen über den Querschnitt verteilt angenommen. Außerhalb von Luftspalt und Kern wird es vernachlässigt. Abb. 1 zeigt neben dem Ringkern eine Leiterschleife, die die gleiche quadratische Form wie der Ringkernquerschnitt besitzt.

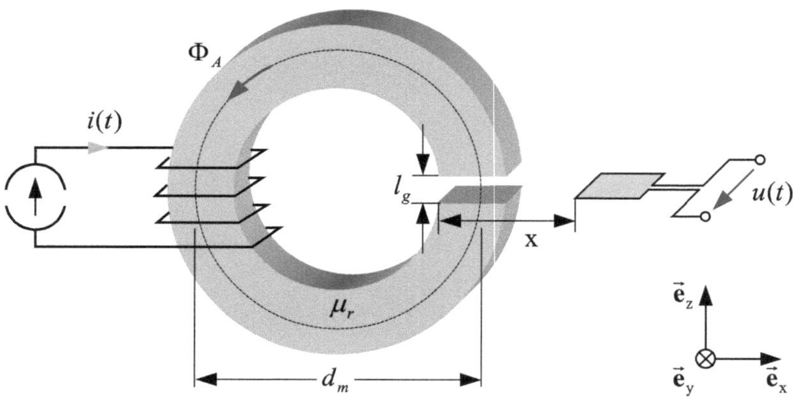

Abbildung 1: Ringkern mit Luftspalt

1. Berechnen Sie den magnetischen Fluss Φ_A im Kern.
2. Berechnen Sie die magnetische Induktion $\vec{\mathbf{B}}$ im Luftspalt in Abhängigkeit von $i(t)$.

3. Wie groß ist die Selbstinduktivität der Ringkernspule?

Nun wird die Leiterschleife so in den Luftspalt eingebracht, dass sie parallel zum Luftspalt liegt. Für $x = 0$ ist sie vollständig im Luftspalt, für $x > a$ außerhalb des Luftspaltes.

4. Berechnen Sie die Spannung $u(t)$ in Abhängigkeit von $i(t)$ und x für $0 < x < a$.

Lösung zur Teilaufgabe 1:

Mit der mittleren Länge des Ringkerns $l_m = \pi d_m - l_g$ lässt sich der magnetische Fluss im Kern berechnen:

$$\Phi_A(t) \overset{(5.73)}{=} N\,i(t)\frac{\mu_r\mu_0 A}{l_m + l_g\mu_r} = N\,i(t)\frac{\mu_r\mu_0 A}{\pi d_m + l_g(\mu_r - 1)}.$$

Lösung zur Teilaufgabe 2:

Wegen der als homogen angenommenen Feldverteilung im Luftspalt erhalten wir die magnetische Flussdichte, indem wir den Gesamtfluss durch die Querschnittsfläche dividieren:

$$\vec{\mathbf{B}} = \vec{\mathbf{e}}_z B \overset{(5.30)}{=} \vec{\mathbf{e}}_z \frac{\Phi_A}{A} = \vec{\mathbf{e}}_z N\,i(t)\frac{\mu_r\mu_0}{\pi d_m + l_g(\mu_r - 1)}.$$

Lösung zur Teilaufgabe 3:

Die Selbstinduktivität der Ringkernspule können wir ebenfalls aus dem Fluss berechnen:

$$L \overset{(5.74)}{=} N\frac{\Phi_A(t)}{i(t)} = N^2\frac{\mu_r\mu_0 A}{\pi d_m + l_g(\mu_r - 1)}.$$

Lösung zur Teilaufgabe 4:

Wird die Leiterschleife in das Luftspaltfeld eingebracht, so ist der die Schleife in z-Richtung durchsetzende Fluss von der in Abb. 1 eingetragenen Position x abhängig:

$$\Phi(t) = \frac{a - x}{a}\Phi_A(t).$$

Für die in der leerlaufenden Schleife induzierte Spannung gilt unter Beachtung der eingezeichneten Spannungsrichtung der Zusammenhang

$$u(t) = \frac{d}{dt}\Phi(t) = \frac{a - x}{a}\frac{d}{dt}\Phi_A(t) = \frac{Na(a - x)\mu_r\mu_0}{\pi d_m + l_g(\mu_r - 1)}\frac{di(t)}{dt}.$$

Aufgabe 6.5 | Ringkernübertrager, Induktivitätsberechnung

Auf einem Ringkern mit der Querschnittsfläche A und der Permeabilität $\mu_r \to \infty$ sind zwei Wicklungen mit N_1 bzw. N_2 Windungen gemäß Abb. 1 angebracht. Der Ringkern besitzt einen Luftspalt mit der sehr kleinen Breite l_g. Das magnetische Feld kann im Luftspalt als homogen angenommen werden.

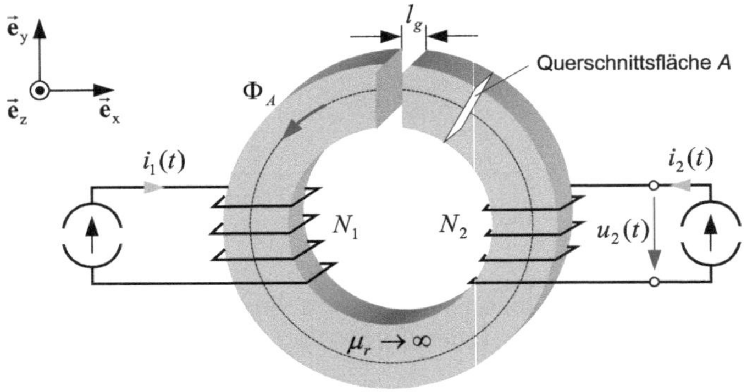

Abbildung 1: Ringkernübertrager

1. Berechnen Sie die magnetische Flussdichte $\vec{\mathbf{B}}$ im Luftspalt in Abhängigkeit von $i_1(t)$ und $i_2(t)$.
2. Berechnen Sie den magnetischen Fluss Φ_A im Kern. Wie groß ist die Spannung $u_2(t)$ in Abhängigkeit von $i_1(t)$ und $i_2(t)$?
3. Wie groß sind die sekundärseitige Selbstinduktivität L_{22} und die Gegeninduktivität M?

Lösung zur Teilaufgabe 1:

Da das magnetische Feld im Luftspalt als homogen angenommen wird, besitzt die Flussdichte im Luftspalt nur eine x-Komponente $\vec{\mathbf{B}} = \vec{\mathbf{e}}_x B_x$.

Der Fluss Φ_A soll, wie in Abb. 1 eingezeichnet, in $\vec{\mathbf{e}}_\varphi$-Richtung positiv gezählt werden. Damit ist eine Integration über den Luftspalt $d\vec{\mathbf{s}} = \vec{\mathbf{e}}_x dx$ in den Grenzen von l_g bis 0 durchzuführen:

$$\oint \vec{\mathbf{H}} \cdot d\vec{\mathbf{s}} \overset{\mu_r \to \infty}{=} \int_{Luftspalt} \frac{\vec{\mathbf{e}}_x B_x}{\mu_0} \cdot d\vec{\mathbf{s}} = \int_{l_g}^{0} \frac{\vec{\mathbf{e}}_x B_x}{\mu_0} \cdot \vec{\mathbf{e}}_x dx = -\frac{B_x}{\mu_0} l_g \overset{(5.21)}{=} \Theta .$$

Die Position x = 0 kann auch in die Mitte des Luftspaltes gelegt werden. Die Integration von $x = l_g/2$ bis $x = -l_g/2$ liefert dann das gleiche Ergebnis.

Zu der gewählten Flussrichtung gehört nach Gl. (5.21) die Durchflutung $\Theta = N_1 i_1 + N_2 i_2$, woraus sich die magnetische Flussdichte im Luftspalt direkt angeben lässt:

$$\vec{\mathbf{B}} = -\vec{\mathbf{e}}_x \frac{\mu_0}{d}(N_1 i_1 + N_2 i_2).$$

Lösung zur Teilaufgabe 2:

Mit der vorgegebenen Flussrichtung berechnet sich der magnetische Fluss im Kern aus

$$\Phi_A \overset{(5.30)}{=} -B_x A = \frac{\mu_0 A}{d}(N_1 i_1 + N_2 i_2).$$

Die Spannung an der Wicklung 2 ist damit

$$u_2(t) \stackrel{(6.26)}{=} N_2 \frac{d\Phi_A}{dt} = N_2 \frac{\mu_0 A}{l_g}\left(N_1 \frac{di_1}{dt} + N_2 \frac{di_2}{dt}\right). \qquad (1)$$

Lösung zur Teilaufgabe 3:

Die beiden Flüsse unterstützen sich, sodass wir das Gleichungssystem (6.36) bzw. (6.45) verwenden:

$$u_2(t) = M \frac{di_1}{dt} + L_{22} \frac{di_2}{dt}.$$

Durch Vergleich mit der Beziehung (1) erhalten wir die gesuchten Induktivitätswerte

$$M = N_1 N_2 \frac{\mu_0 A}{l_g} \quad \text{und} \quad L_{22} = N_2^{\,2} \frac{\mu_0 A}{l_g}.$$

Aufgabe 6.6 | Ringkernübertrager, Induktivitätsberechnung

Auf einem um die z-Achse des zylindrischen Koordinatensystems (ρ,φ,z) konzentrisch angeordneten ringförmigen Ferritkern ist eine Primärwicklung mit N_1 Windungen und eine Sekundärwicklung mit N_2 Windungen aufgebracht. Der Ringkern besitzt die Dicke d und besteht im Bereich 1 ($a \le \rho < b$) aus einem Material der Permeabilität μ_1 und im Bereich 2 ($b \le \rho \le c$) aus einem Material der Permeabilität μ_2.

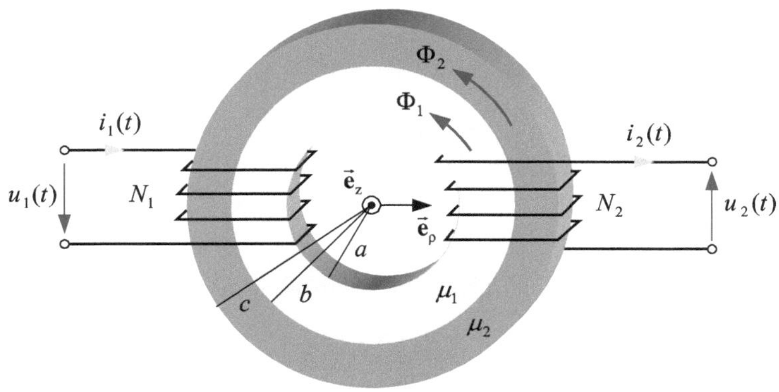

Abbildung 1: Ringkernübertrager

1. Drücken Sie die magnetische Feldstärke $\vec{\mathbf{H}}$ im Kern durch die Ströme $i_1(t)$ und $i_2(t)$ aus.
2. Ermitteln Sie die magnetische Flussdichte $\vec{\mathbf{B}}_1$ im Bereich 1 und $\vec{\mathbf{B}}_2$ im Bereich 2.
3. Berechnen Sie die in Abb. 1 eingetragenen magnetischen Teilflüsse Φ_1 und Φ_2.
4. Drücken Sie die Spannungen $u_1(t)$ und $u_2(t)$ durch die beiden Ströme $i_1(t)$ und $i_2(t)$ aus und geben Sie die Selbstinduktivitäten von Primär- und Sekundärwicklung L_{11} bzw. L_{22} an. Wie groß ist unter der Voraussetzung, dass Φ_{12} und Φ_{11} bzw. Φ_{21} und Φ_{22} die gleiche Orientierung besitzen, die Gegeninduktivität M?
5. Wie groß ist der A_L-Wert des Kerns?

Lösung zur Teilaufgabe 1:

Mit der magnetischen Feldstärke $\vec{\mathbf{H}}$ im Ringkern $\vec{\mathbf{H}} = \vec{\mathbf{e}}_\varphi H_\varphi(\rho)$ ergibt die Auswertung des Durchflutungsgesetzes

$$\oint_C \vec{\mathbf{H}} \cdot \mathrm{d}\vec{\mathbf{s}} = \int_0^{2\pi} H_\varphi(\rho) \underbrace{\vec{\mathbf{e}}_\varphi \cdot \vec{\mathbf{e}}_\varphi}_{=1} \rho \,\mathrm{d}\varphi = 2\pi\rho H_\varphi(\rho) = \Theta = N_1 i_1(t) + N_2 i_2(t)$$

$$\vec{\mathbf{H}} = \vec{\mathbf{e}}_\varphi \frac{N_1 i_1(t) + N_2 i_2(t)}{2\pi\rho}.$$

Eine Unterscheidung in die Teilräume 1 und 2 ist bei der Feldstärke nicht erforderlich.

Lösung zur Teilaufgabe 2:

Mit den unterschiedlichen Permeabilitäten folgt für die Flussdichten

$$\vec{\mathbf{B}}_1 = \mu_1 \vec{\mathbf{H}}_1 = \vec{\mathbf{e}}_\varphi \mu_1 \frac{N_1 i_1(t) + N_2 i_2(t)}{2\pi\rho} \quad \text{und} \quad \vec{\mathbf{B}}_2 = \mu_2 \vec{\mathbf{H}}_2 = \vec{\mathbf{e}}_\varphi \mu_2 \frac{N_1 i_1(t) + N_2 i_2(t)}{2\pi\rho}.$$

Lösung zur Teilaufgabe 3:

Zur Berechnung des magnetischen Flusses wird die Flussdichte über die Fläche integriert:

$$\Phi_1 = \iint_{A_1} \vec{\mathbf{B}}_1 \cdot \mathrm{d}\vec{\mathbf{A}} = \int_{z=0}^{d} \int_{\rho=a}^{b} \mu_1 \frac{N_1 i_1(t) + N_2 i_2(t)}{2\pi\rho} \underbrace{\vec{\mathbf{e}}_\varphi \cdot \vec{\mathbf{e}}_\varphi}_{=1} \mathrm{d}\rho \,\mathrm{d}z = \mu_1 \frac{N_1 i_1(t) + N_2 i_2(t)}{2\pi} d \int_a^b \frac{1}{\rho} \mathrm{d}\rho$$

$$= \mu_1 \frac{N_1 i_1(t) + N_2 i_2(t)}{2\pi} d \ln\frac{b}{a}.$$

Analog: $$\Phi_2 = \mu_2 \frac{N_1 i_1(t) + N_2 i_2(t)}{2\pi} d \ln\frac{c}{b}.$$

Lösung zur Teilaufgabe 4:

Zur Berechnung der induzierten Spannungen wird der Gesamtfluss im Kern benötigt:

$$\Phi = \Phi_1 + \Phi_2.$$

Die induzierten Spannungen ergeben sich aus der zeitlichen Ableitung des Flusses, multipliziert mit der jeweiligen Windungszahl:

$$u_1(t) = N_1 \frac{\mathrm{d}\Phi}{\mathrm{d}t} = N_1 \frac{d}{2\pi}\left(\mu_1 \ln\frac{b}{a} + \mu_2 \ln\frac{c}{b}\right)\left(N_1 \frac{\mathrm{d}i_1(t)}{\mathrm{d}t} + N_2 \frac{\mathrm{d}i_2(t)}{\mathrm{d}t}\right)$$

$$= \underbrace{N_1^2 \frac{d}{2\pi}\left(\mu_1 \ln\frac{b}{a} + \mu_2 \ln\frac{c}{b}\right)}_{L_{11}} \frac{\mathrm{d}i_1(t)}{\mathrm{d}t} + \underbrace{N_1 N_2 \frac{d}{2\pi}\left(\mu_1 \ln\frac{b}{a} + \mu_2 \ln\frac{c}{b}\right)}_{M} \frac{\mathrm{d}i_2(t)}{\mathrm{d}t}$$

$$u_2(t) = N_2 \frac{\mathrm{d}\Phi}{\mathrm{d}t} = \underbrace{N_1 N_2 \frac{d}{2\pi}\left(\mu_1 \ln\frac{b}{a} + \mu_2 \ln\frac{c}{b}\right)}_{M} \frac{\mathrm{d}i_1(t)}{\mathrm{d}t} + \underbrace{N_2^2 \frac{d}{2\pi}\left(\mu_1 \ln\frac{b}{a} + \mu_2 \ln\frac{c}{b}\right)}_{L_{22}} \frac{\mathrm{d}i_2(t)}{\mathrm{d}t}.$$

Lösung zur Teilaufgabe 5:

Der A_L-Wert des Kerns beträgt

$$A_L \overset{(5.75)}{=} \frac{L_{11}}{N_1^2} = \frac{L_{22}}{N_2^2} = \frac{d}{2\pi}\left(\mu_1 \ln\frac{b}{a} + \mu_2 \ln\frac{c}{b}\right).$$

Aufgabe 6.7 Zylinderförmiger Übertrager, Induktivitätsberechnung

Auf einem zylindrischen Wickelkörper des Durchmessers $2a$ sind zwei Wicklungen der Länge l aus vernachlässigbar dünnen Drähten aufgebracht. Die äußere Wicklung mit N_1 Windungen wird von dem Gleichstrom I_1, die innere Wicklung mit N_2 Windungen von dem Gleichstrom I_2 durchflossen. Der Wickelkörper besitzt die Permeabilität $\mu = \mu_0$.

Zur Vereinfachung der Berechnung wird angenommen, dass das magnetische Feld im Zylinder homogen ist. Außerhalb des Zylinders soll das magnetische Feld vernachlässigt werden. Die Anordnung kann als verlustloser streufreier Übertrager betrachtet werden.

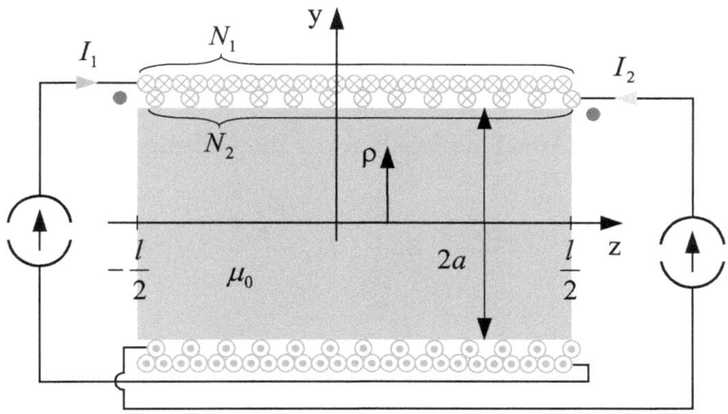

Abbildung 1: Zylinderförmiger Übertrager

1. Geben Sie den magnetischen Widerstand R_m des Innenraums an.
2. Bestimmen Sie die Selbstinduktivitäten L_{11} und L_{22}.
3. Bestimmen Sie die Gegeninduktivität M und das Übersetzungsverhältnis $ü$ des streufreien Übertragers.
4. Welche Energie W_m ist in der Anordnung gespeichert?

Lösung zur Teilaufgabe 1:

Das als homogen angenommene magnetische Feld im Zylinder besitzt nur eine z-Komponente. Der magnetische Widerstand R_m des Innenraums beträgt

$$R_m \overset{(5.70)}{=} \frac{l}{\mu_0 \pi a^2}.$$

Bemerkung:
Die Feldverteilung bei einer lang gestreckten Zylinderspule ist in Abb. 2 dargestellt. Es ist zu erkennen, dass sich der magnetische Fluss im Innenbereich auf dem Zylinderquerschnitt zusammendrängt, während er sich im Außenraum über einen wesentlich größeren Querschnitt verteilen kann. Daher ist der magnetische Widerstand des Außenraums wesentlich kleiner und bleibt bei der vorliegenden Aufgabe unberücksichtigt.

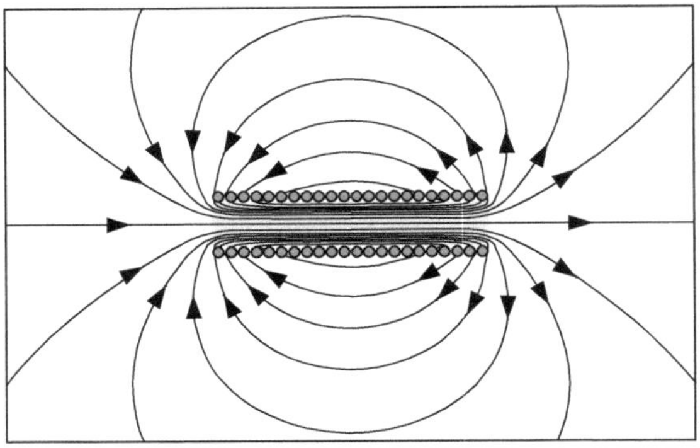

Abbildung 2: Magnetfeld einer lang gestreckten Zylinderspule

Lösung zur Teilaufgabe 2:

Mit der vereinfachenden Annahme erhalten wir die Selbstinduktivitäten der beiden Wicklungen mit Gl. (5.76) zu

$$L_{11} = \frac{N_1^2}{R_m} = N_1^2 \frac{\mu_0 \pi a^2}{l} \quad \text{und} \quad L_{22} = \frac{N_2^2}{R_m} = N_2^2 \frac{\mu_0 \pi a^2}{l}.$$

Lösung zur Teilaufgabe 3:

Die magnetische Feldstärke zeigt innerhalb des Zylinders in negative z-Richtung. Die rechtshändig mit den Strömen verknüpften Teilflüsse Φ_{11} und Φ_{22} werden daher in negative z-Richtung positiv gezählt. Wir zählen die Teilflüsse Φ_{12} und Φ_{21} ebenfalls in negative z-Richtung positiv. Wegen der angenommenen Streufreiheit gilt $k = +1$ und wir erhalten als Gegeninduktivität

$$k = \frac{M}{\sqrt{L_{11} L_{22}}} \stackrel{!}{=} 1 \quad \rightarrow \quad M = \sqrt{L_{11} L_{22}} = N_1 N_2 \frac{\mu_0 \pi a^2}{l}.$$

Das Übersetzungsverhältnis berechnet sich aus dem Verhältnis der Windungszahlen zu

$$ü = \frac{N_1}{N_2}.$$

Lösung zur Teilaufgabe 4:

In Teilaufgabe 3 wurde festgelegt, dass die Teilflüsse Φ_{11} und Φ_{12} bzw. Φ_{22} und Φ_{21} in die gleiche Richtung gezählt werden. In diesem Fall gilt das Gleichungssystem (6.36) und die gespeicherte magnetische Energie wird aus der Beziehung (6.56) mit dem positiven Vorzeichen bei dem gemischten Glied berechnet:

$$W_m = \frac{1}{2}L_{11}I_1^2 + MI_1I_2 + \frac{1}{2}L_{22}I_2^2 = \frac{1}{2R_m}(N_1I_1 + N_2I_2)^2 = \frac{\mu_0\pi a^2}{2l}(N_1I_1 + N_2I_2)^2.$$

Bemerkung:
Hätten wir die Flüsse Φ_{12} und Φ_{21} in positive z-Richtung positiv gezählt, also in Gegenrichtung zu den Flüssen Φ_{11} und Φ_{22}, dann hätten wir das Gleichungssystem (6.37) zugrunde legen müssen. Im Ergebnis hätte die Gegeninduktivität ein anderes Vorzeichen erhalten, die gespeicherte Energie wäre aber unverändert geblieben:

$$M = -N_1N_2\frac{\mu_0\pi a^2}{l} \quad \text{und} \quad W_m = \frac{1}{2}L_{11}I_1^2 - MI_1I_2 + \frac{1}{2}L_{22}I_2^2 = \frac{\mu_0\pi a^2}{2l}(N_1I_1 + N_2I_2)^2.$$

6.3 Level 2

Aufgabe 6.8 | U-Kern mit bewegtem I-Joch, Induktionsgesetz

Gegeben ist die aus einem Ferritmaterial der Permeabilität μ bestehende Kombination aus einem U-Kern und einem I-Joch. Alle Schenkel haben einen quadratischen Querschnitt mit der Seitenlänge a. Die einzelnen Abschnitte der effektiven Weglängen sind in Abb. 1 eingezeichnet.

Auf dem U-Kern befindet sich eine Wicklung mit der Windungszahl N_1, die vom Gleichstrom I_q in der angegebenen Richtung durchflossen wird. Zur Vereinfachung wird angenommen, dass die magnetische Flussdichte $\vec{\mathbf{B}}$ homogen über den Kernquerschnitt verteilt ist.

Nun wird das I-Joch, beginnend beim Startpunkt $s(t = 0) = 0$, mit konstanter Geschwindigkeit $\vec{\mathbf{v}} = \vec{\mathbf{e}}_x v_0$ in Richtung der Koordinate x bewegt. Infolge des sich ändernden Flusses $\Phi(t)$ stellt sich an den offenen Klemmen der zweiten Wicklung mit der Windungszahl N_2 die Induktionsspannung $u(t)$ ein.

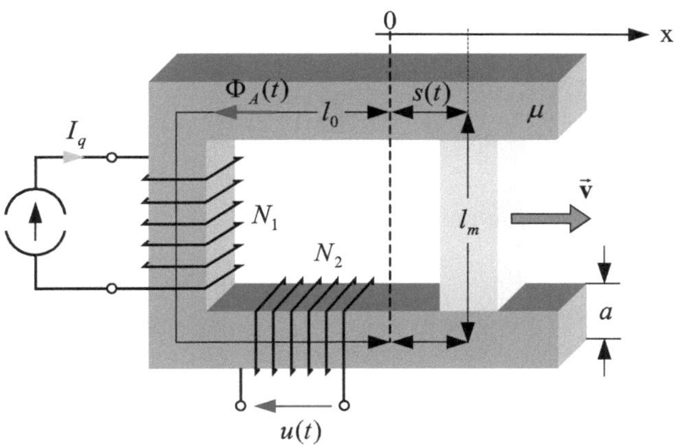

Abbildung 1: U-Kern mit bewegtem I-Joch

1. Berechnen Sie den Fluss $\Phi_A(t)$ in Abhängigkeit des Stromes I_q.
2. Geben Sie den zeitlichen Verlauf der Spannung $u(t)$ an.

Lösung zur Teilaufgabe 1:

Die Anwendung des Durchflutungsgesetzes nach Gl. (5.22) entlang der in Abb. 2 eingezeichneten Kontur C liefert den Zusammenhang

$$\oint_C \vec{\mathbf{H}} \cdot d\vec{\mathbf{s}} = H(t)\left[l_0 + l_m + 2s(t)\right] = \Theta = N_1 I_q.$$

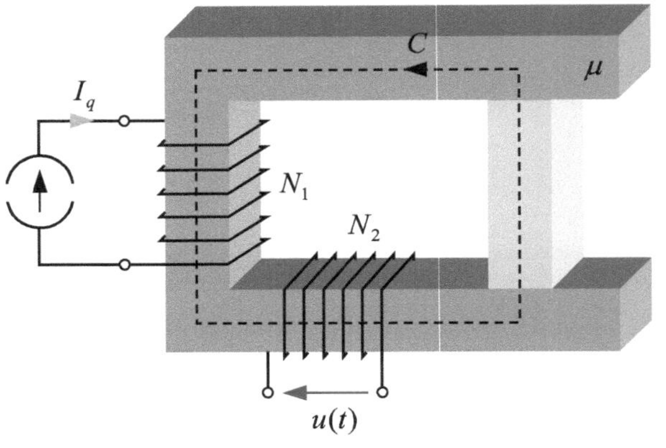

Abbildung 2: Integrationsweg

Mit der homogen über den Kernquerschnitt verteilten Flussdichte $\vec{\mathbf{B}}(t) = \mu\vec{\mathbf{H}}(t)$ erhalten wir den Fluss durch den Kern durch einfache Multiplikation mit der Querschnittsfläche:

$$\Phi_A(t) = B(t)a^2 = \mu a^2 \frac{N_1 I_q}{l_0 + l_m + 2s(t)}.$$

Lösung zur Teilaufgabe 2:

Die Anwendung des Induktionsgesetzes auf die zweite Schleife führt auf den Zusammenhang

$$\oint \vec{\mathbf{E}} \cdot d\vec{\mathbf{s}} = u(t) = -\frac{d}{dt}\Phi = -N_2 \frac{d}{dt}\Phi_A = -\mu a^2 N_1 N_2 I_q \frac{d}{dt}\left[\frac{1}{l_0 + l_m + 2s(t)}\right].$$

Die Ausführung der Integration liefert

$$u(t) = -\mu a^2 N_1 N_2 I_q \frac{d}{dt}\left[l_0 + l_m + 2s(t)\right]^{-1} = \frac{\mu a^2 N_1 N_2 I_q}{\left[l_0 + l_m + 2s(t)\right]^2} 2 \underbrace{\frac{ds(t)}{dt}}_{v_0}$$

und damit resultierend die Spannung

$$u(t) = \frac{2v_0 \mu a^2 N_1 N_2 I_q}{\left(l_0 + l_m + 2v_0 t\right)^2}.$$

Aufgabe 6.9 | Bewegungsinduktion

Auf einem Ferritkern mit der quadratischen Querschnittsfläche $A = a^2$ und einer sehr hohen Permeabilitätszahl $\mu_r \to \infty$ sind zwei Wicklungen mit N_1 bzw. N_2 Windungen, wie in Abb. 1a dargestellt, aufgebracht. Die Wicklungen sind jeweils an eine Spannungsquelle mit der Gleichspannung U_{q1} bzw. U_{q2} und dem Innenwiderstand R_1 bzw. R_2 angeschlossen. Der Luftspalt des Ferritkerns besitzt eine sehr kleine Länge l_g. Das magnetische Feld kann in dem Luftspalt als homogen verteilt angenommen werden.

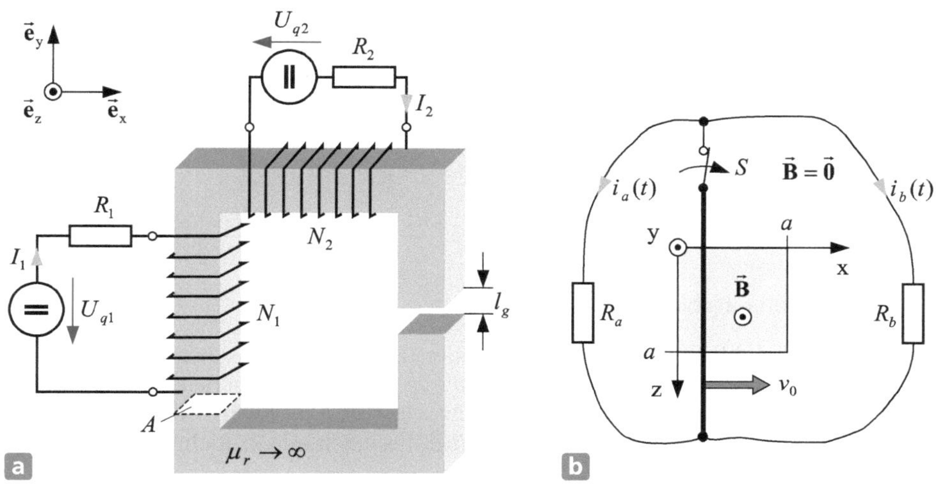

Abbildung 1: a: Bewickelter Ferritkern mit Luftspalt b: Anordnung zu einem Zeitpunkt $0 < t < T$

1. Geben Sie die Ströme I_1 und I_2 in Abhängigkeit von U_{q1} und U_{q2} an.
2. Berechnen Sie die magnetische Flussdichte $\vec{\mathbf{B}}$ im Luftspalt.

Die Abb. 1b zeigt den Querschnitt des Ferritkerns in der xz-Ebene in etwas vergrößertem Maßstab. Ein zu der z-Achse des in Abb. 1a eingetragenen kartesischen Koordinatensystems (x,y,z) parallel angeordneter dünner Metallstab bewegt sich gemäß Abb. 1b mit konstanter Geschwindigkeit $\vec{\mathbf{v}} = \vec{\mathbf{e}}_x v_0$ in x-Richtung durch den Luftspalt. Zum Zeitpunkt $t = 0$ befindet er sich bei $x = 0$ und zum Zeitpunkt $t = T$ erreicht er die Position $x = a$. Der Metallstab ist über einen Schalter S mit den zwei ruhenden Widerständen R_a und R_b verbunden. Der Schalter S, die Zuleitungen sowie die Widerstände R_a und R_b befinden sich stets außerhalb des Luftspaltbereichs. Die Induktivität und der ohmsche Widerstand des Stabs, des Schalters S sowie der Zuleitungen sind zu vernachlässigen. Außerhalb des Luftspaltes und des Ferritkerns gilt $\vec{\mathbf{B}} = \vec{\mathbf{0}}$.

3. Der Schalter S ist geschlossen. Berechnen Sie den Zeitverlauf der in Abb. 1b eingetragenen Ströme $i_a(t)$ und $i_b(t)$ im Zeitintervall $0 < t < T$. In welchem Verhältnis müssen die Spannungen U_{q1} und U_{q2} stehen, damit $i_a(t) = 0$ und $i_b(t) = 0$ für alle Zeitpunkte $0 < t < T$ gilt?
4. Welcher Zeitverlauf der Ströme $i_a(t)$ und $i_b(t)$ stellt sich im Zeitintervall $0 < t < T$ ein, wenn der Stab bei geöffnetem Schalter S bewegt wird?

Lösung zur Teilaufgabe 1:

Aus dem Ohm'schen Gesetz folgt

$$I_1 = \frac{U_{q1}}{R_1}, \qquad I_2 = \frac{U_{q2}}{R_2}.$$

Lösung zur Teilaufgabe 2:

Wegen $\mu_r \to \infty$ verschwindet die magnetische Feldstärke im Kern, sodass wir nur im Luftspalt einen Beitrag zum Umlaufintegral der magnetischen Feldstärke entlang der Kontur C erhalten. Mit der im Luftspalt y-gerichteten Feldstärke gilt

$$\oint_C \vec{\mathbf{H}} \cdot \mathrm{d}\vec{\mathbf{s}} = \int_0^{l_g} H_y \underbrace{\vec{\mathbf{e}}_y \cdot \vec{\mathbf{e}}_y}_{=1} \mathrm{d}y = H_y l_g \overset{(5.22)}{=} \Theta = -N_1 I_1 + N_2 I_2$$

$$\vec{\mathbf{B}} = \mu_0 \vec{\mathbf{H}} = \vec{\mathbf{e}}_y \mu_0 \frac{N_2 I_2 - N_1 I_1}{l_g} = \vec{\mathbf{e}}_y \frac{\mu_0}{l_g}\left(N_2 \frac{U_{q2}}{R_2} - N_1 \frac{U_{q1}}{R_1}\right).$$

Lösung zur Teilaufgabe 3:

Der bewegte Stab bildet mit den beiden Widerständen zwei Maschen, die infolge der Bewegung des Stabes von einem zeitlich veränderlichen magnetischen Fluss durchsetzt werden. Die Anwendung des Induktionsgesetzes auf die Masche mit dem Stab und dem Widerstand R_a liefert die erste Gleichung. Wird diese Schleife in Richtung des Stromes i_a umlaufen, dann gilt

$$\oint_{C_a} \vec{\mathbf{E}} \cdot \mathrm{d}\vec{\mathbf{s}} = R_a i_a(t) = -\frac{\mathrm{d}}{\mathrm{d}t}\Phi_a \overset{(5.30)}{=} -\frac{\mathrm{d}}{\mathrm{d}t}\left[B_y A_a(t)\right] = -B_y \frac{\mathrm{d}}{\mathrm{d}t}\left(\frac{t}{T}a^2\right) = -B_y \frac{a^2}{T}$$

$$i_a(t) = \frac{\mu_0 a^2}{R_a T l_g}\left(N_1 \frac{U_{q1}}{R_1} - N_2 \frac{U_{q2}}{R_2}\right).$$

Die analoge Vorgehensweise bei der Masche mit Stab und Widerstand R_b liefert die zweite Gleichung. Wird die Schleife in Richtung des Stromes i_b umlaufen, dann muss wegen der rechtshändigen Verknüpfung von Umlaufrichtung und Fluss durch die Schleife jetzt die in -y-Richtung gezählte magnetische Flussdichte eingesetzt werden. Damit gilt

$$\oint_{C_b} \vec{\mathbf{E}} \cdot \mathrm{d}\vec{\mathbf{s}} = R_b i_b(t) = -\frac{\mathrm{d}}{\mathrm{d}t}\Phi_b \overset{(5.30)}{=} -\frac{\mathrm{d}}{\mathrm{d}t}\left[-B_y A_b(t)\right] = +B_y \frac{\mathrm{d}}{\mathrm{d}t}\left(a^2 - \frac{t}{T}a^2\right) = -B_y \frac{a^2}{T}$$

$$i_b(t) = \frac{\mu_0 a^2}{R_b T l_g}\left(N_1 \frac{U_{q1}}{R_1} - N_2 \frac{U_{q2}}{R_2}\right).$$

Zur Kontrolle kann der Maschenumlauf in der äußeren, nicht bewegten Schleife mit R_a und R_b betrachtet werden. Da sich der Fluss durch diese Schleife nicht ändert, gilt

$$\oint_{C_b} \vec{\mathbf{E}} \cdot \mathrm{d}\vec{\mathbf{s}} = R_a i_a(t) - R_b i_b(t) = -\frac{\mathrm{d}}{\mathrm{d}t}\Phi = 0.$$

Diese Gleichung ist aber mit den bereits berechneten Strömen erfüllt.

Aus der Bedingung $i_a(t) = i_b(t) = 0$ für alle Zeitpunkte $0 < t < T$ ergibt sich für das Verhältnis der Spannungen

$$N_1 \frac{U_{q1}}{R_1} - N_2 \frac{U_{q2}}{R_2} = 0 \quad \rightarrow \quad U_{q1} = \frac{N_2 R_1}{N_1 R_2} U_{q2} .$$

Lösung zur Teilaufgabe 4:

Der Fluss durch die äußere Schleife mit R_a und R_b ist zeitlich konstant, d.h., es gilt

$$\frac{\mathrm{d}}{\mathrm{d}t}\Phi = 0 \quad \rightarrow \quad i_a(t) = i_b(t) = 0 .$$

Aufgabe 6.10 | E-Kern, Induktivitätsberechnung

Auf einem Kern in E-Form sind zwei Wicklungen mit N_1 bzw. N_2 Windungen angebracht. Diese Wicklungen werden von den Strömen $i_1(t)$ bzw. $i_2(t)$ mit der in Abb. 1 angegebenen Zählrichtung durchflossen. Alle Schenkel haben die gleiche Querschnittsfläche A, wobei das Kernmaterial eine sehr große Permeabilitätszahl ($\mu_r \rightarrow \infty$) aufweist.

Beide Außenschenkel besitzen je einen Luftspalt mit der sehr kleinen Breite l_g. Das magnetische Feld kann in den Luftspalten als homogen über den Querschnitt verteilt angenommen werden.

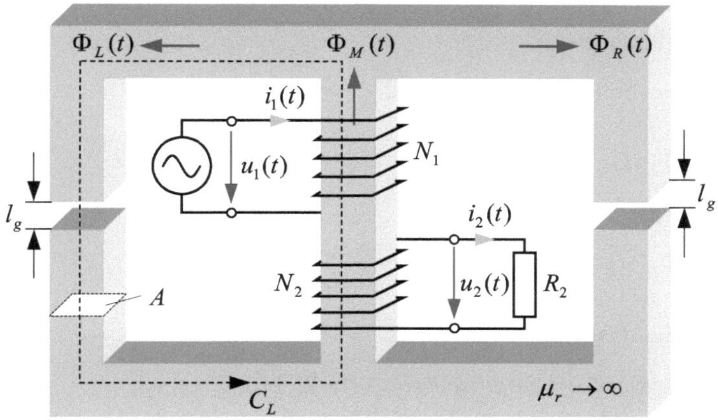

Abbildung 1: E-Kern

1. Geben Sie die magnetischen Widerstände R_{mL} und R_{mR} des linken und rechten Zweigs sowie die von der Kontur C_L rechtshändig umfasste Durchflutung $\Theta_L(t)$ an. Zeichnen Sie das Ersatzschaltbild des magnetischen Kreises und geben Sie den A_L-Wert an.
2. Berechnen Sie die magnetischen Teilflüsse $\Phi_L(t)$, $\Phi_R(t)$ und $\Phi_M(t)$ in den einzelnen Schenkeln in Abhängigkeit der Ströme $i_1(t)$ und $i_2(t)$.
3. Stellen Sie die Spannungen $u_1(t)$ und $u_2(t)$ in Abhängigkeit von $i_1(t)$ und $i_2(t)$ dar, indem Sie die Konturintegrale der elektrischen Feldstärke entlang der Stromschleifen 1 und 2 bilden.
4. Wie groß sind die Induktivitäten L_{11}, M und L_{22}?

Lösung zur Teilaufgabe 1:

$$R_{mL} = \frac{l_g}{\mu_0 A} = R_{mR}$$

$$\Theta_L(t) = \oint_{C_L} \vec{\mathbf{H}} \cdot \mathrm{d}\vec{\mathbf{s}} = N_1 i_1(t) - N_2 i_2(t)$$

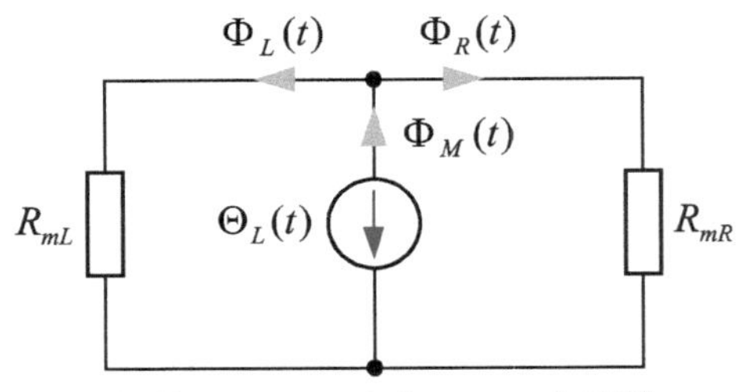

Abbildung 2: Magnetisches Ersatzschaltbild

Der von den Windungen erzeugte Fluss $\Phi_M(t)$ teilt sich auf die beiden parallel liegenden Widerstände R_{mL} und R_{mR} auf:

$$R_{m\,ges} = \frac{R_{mL} R_{mR}}{R_{mL} + R_{mR}} = \frac{1}{2} \frac{l_g}{\mu_0 A} \quad \to \quad A_L \overset{(5.76)}{=} \frac{1}{R_{m\,ges}} = \frac{2\mu_0 A}{l_g}.$$

Lösung zur Teilaufgabe 2:

Die magnetischen Teilflüsse sind

$$\Phi_L(t) \overset{(5.54)}{=} \frac{\Theta_L(t)}{R_{mL}} = \frac{\mu_0 A}{l_g}\left[N_1 i_1(t) - N_2 i_2(t)\right] = \Phi_R(t),$$

$$\Phi_M(t) \overset{(5.55)}{=} \Phi_L(t) + \Phi_R(t) = 2\frac{\mu_0 A}{l_g}\left[N_1 i_1(t) - N_2 i_2(t)\right].$$

Lösung zur Teilaufgabe 3:

Konturintegral entlang der Stromschleife 1 (in Richtung von i_1):

$$\oint_C \vec{\mathbf{E}} \cdot \mathrm{d}\vec{\mathbf{s}} = -u_1(t) = -\frac{\mathrm{d}}{\mathrm{d}t}\left(N_1 \Phi_M\right) = -N_1 \frac{\mathrm{d}\Phi_M}{\mathrm{d}t}$$

$$u_1(t) = N_1 \frac{\mathrm{d}\Phi_M(t)}{\mathrm{d}t} = \frac{2N_1 \mu_0 A}{l_g}\left[N_1 \frac{\mathrm{d}i_1(t)}{\mathrm{d}t} - N_2 \frac{\mathrm{d}i_2(t)}{\mathrm{d}t}\right]. \tag{1}$$

Konturintegral entlang der Stromschleife 2 (in Richtung von i_2):

$$\oint_C \vec{\mathbf{E}} \cdot \mathrm{d}\vec{\mathbf{s}} = R_2 i_2(t) = u_2(t) = -N_2 \frac{\mathrm{d}(-\Phi_M)}{\mathrm{d}t} = N_2 \frac{\mathrm{d}\Phi_M}{\mathrm{d}t}$$

$$u_2(t) = R_2 i_2(t) = N_2 \frac{\mathrm{d}\Phi_M(t)}{\mathrm{d}t} = \frac{2N_2\mu_0 A}{l_g}\left[N_1 \frac{\mathrm{d}i_1(t)}{\mathrm{d}t} - N_2 \frac{\mathrm{d}i_2(t)}{\mathrm{d}t}\right]. \tag{2}$$

Lösung zur Teilaufgabe 4:

Bei der Berechnung der Durchflutung in Teilaufgabe 1 entsprechend Gl. (5.50) wird die gesamte magnetische Feldstärke infolge beider Ströme entlang des gleichen vektoriellen Wegelementes $\mathrm{d}\vec{\mathbf{s}}$ integriert. Beide Anteile des Magnetfeldes werden in die gleiche Richtung gezählt, d.h., die Situation entspricht der Anordnung mit den gekoppelten Stromkreisen in Abb. 6.18. Aus einem Vergleich der Beziehung (1) mit der oberen Gleichung in (6.45)

$$u_1(t) = L_{11} \frac{\mathrm{d}i_1(t)}{\mathrm{d}t} + M \frac{\mathrm{d}i_2(t)}{\mathrm{d}t}$$

erhalten wir die beiden Induktivitäten L_{11} und M:

$$L_{11} = N_1^2 \frac{2\mu_0 A}{l_g} = N_1^2 A_L, \qquad M = -N_1 N_2 \frac{2\mu_0 A}{l_g} = -N_1 N_2 A_L.$$

Die Wicklung 2 liegt auf dem gleichen Schenkel wie die Wicklung 1 und unterscheidet sich von dieser nur durch die andere Windungszahl, d.h., L_{22} kann direkt angegeben werden:

$$L_{22} = N_2^2 \frac{2\mu_0 A}{l_g} = N_2^2 A_L.$$

Das gleiche Ergebnis erhalten wir, wenn wir die Beziehung (2) in der Form

$$R_2 i_2(t) = \frac{2N_2\mu_0 A}{l_g}\left[N_1 \frac{\mathrm{d}i_1(t)}{\mathrm{d}t} - N_2 \frac{\mathrm{d}i_2(t)}{\mathrm{d}t}\right]$$

mit der unteren Gleichung in (6.45) vergleichen.

Bitte nicht verwechseln: die Spannung $u_2(t)$ ist im vorliegenden Beispiel die Spannung am Verbraucher R_2, in Gl. (6.45) ist $u_2(t)$ eine unabhängige Quellenspannung im Sekundärkreis.

Aufgabe 6.11 | Serien- und Parallelschaltung gekoppelter Induktivitäten

Für die beiden gekoppelten Leiterschleifen der Abb. 1 gelten die Beziehungen

$$u_1 = L_{11} \frac{\mathrm{d}i_1}{\mathrm{d}t} + M \frac{\mathrm{d}i_2}{\mathrm{d}t} \quad \text{und} \quad u_2 = M \frac{\mathrm{d}i_1}{\mathrm{d}t} + L_{22} \frac{\mathrm{d}i_2}{\mathrm{d}t}.$$

Die Induktivitätswerte L_{11}, L_{22} und M werden als bekannt vorausgesetzt.

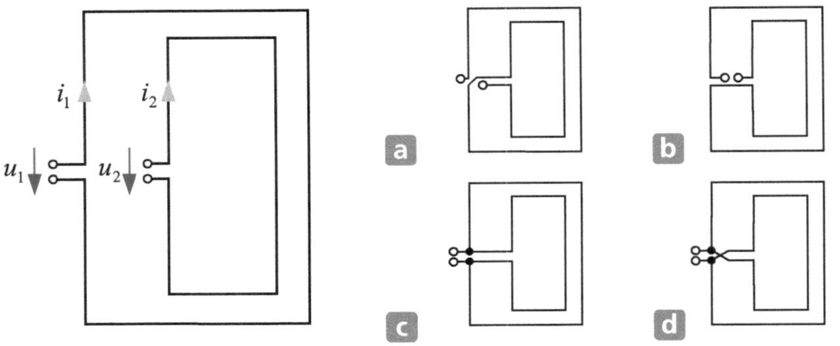

Abbildung 1: Zusammenschaltung gekoppelter Induktivitäten

Welche Gesamtinduktivität stellt sich jeweils zwischen den Eingangsklemmen ein, wenn die beiden Schleifen entsprechend den Abb. 1a bis 1d zusammengeschaltet werden?

Lösung

In Abb. 1a werden die beiden Schleifen in Reihe geschaltet, d.h., es gilt $i_1 = i_2$ und

$$u = u_1 + u_2 = L_{11}\frac{di_1}{dt} + 2M\frac{di_1}{dt} + L_{22}\frac{di_1}{dt} = L_{ges}\frac{di_1}{dt}.$$

Damit folgt für die Gesamtinduktivität $L_{ges} = L_{11}+2M+L_{22}$.

In Abb. 1b werden die beiden Schleifen ebenfalls in Reihe geschaltet. Allerdings sind die beiden Anschlüsse der zweiten Schleife vertauscht, d.h., es gilt $i_2 = -i_1$ und

$$\begin{aligned} u = u_1 - u_2 &= L_{11}\frac{di_1}{dt} + M\frac{di_2}{dt} - \left(M\frac{di_1}{dt} + L_{22}\frac{di_2}{dt}\right) \\ &= L_{11}\frac{di_1}{dt} - M\frac{di_1}{dt} - \left(M\frac{di_1}{dt} - L_{22}\frac{di_1}{dt}\right) = L_{ges}\frac{di_1}{dt}. \end{aligned}$$

Ergebnis: $L_{ges} = L_{11}-2M+L_{22}$.

In Abb. 1c werden die beiden Schleifen parallel geschaltet, d.h., es gilt $u_1 = u_2 = u$ und $i = i_1+i_2$:

$$u_1 = L_{11}\frac{di_1}{dt} + M\frac{d(i-i_1)}{dt} = u_2 = M\frac{di_1}{dt} + L_{22}\frac{d(i-i_1)}{dt}$$

$$\rightarrow \quad (L_{11} - 2M + L_{22})\frac{di_1}{dt} = (L_{22} - M)\frac{di}{dt}$$

$$u_1 = (L_{11} - M)\frac{di_1}{dt} + M\frac{di}{dt} = \left[(L_{11} - M)\frac{L_{22} - M}{L_{11} - 2M + L_{22}} + M\right]\frac{di}{dt} = L_{ges}\frac{di}{dt}.$$

Ergebnis: $$L_{ges} = \frac{L_{11}L_{22} - M^2}{L_{11} - 2M + L_{22}}.$$

In Abb. 1d werden die beiden Schleifen ebenfalls parallel geschaltet. Allerdings sind die beiden Anschlüsse der zweiten Schleife vertauscht, d.h., es gilt $u_1 = -u_2 = u$ und $i = i_1 - i_2$:

$$u_1 = L_{11}\frac{\mathrm{d}i_1}{\mathrm{d}t} - M\frac{\mathrm{d}(i-i_1)}{\mathrm{d}t} = -u_2 = -M\frac{\mathrm{d}i_1}{\mathrm{d}t} + L_{22}\frac{\mathrm{d}(i-i_1)}{\mathrm{d}t}$$

$$\rightarrow \quad (L_{11}+2M+L_{22})\frac{\mathrm{d}i_1}{\mathrm{d}t} = (L_{22}+M)\frac{\mathrm{d}i}{\mathrm{d}t}$$

$$u_1 = (L_{11}+M)\frac{\mathrm{d}i_1}{\mathrm{d}t} - M\frac{\mathrm{d}i}{\mathrm{d}t} = \left[(L_{11}+M)\frac{L_{22}+M}{L_{11}+2M+L_{22}} - M\right]\frac{\mathrm{d}i}{\mathrm{d}t} = L_{ges}\frac{\mathrm{d}i}{\mathrm{d}t}.$$

Ergebnis: $$L_{ges} = \frac{L_{11}L_{22}-M^2}{L_{11}+2M+L_{22}}.$$

Aufgabe 6.12 | Energieaufteilung zwischen Kern und Luftspalt

Ein Ringkern der Abmessungen a = 2 cm, b = 2,5 cm und der Dicke h = 0,5 cm besteht aus hochpermeablem Material $\mu = 1000\mu_0$ und besitzt einen Luftspalt der Länge l_g = 1 mm. Das Feld außerhalb des Luftspaltes wird vernachlässigt. Die Wicklung besteht aus N = 6 Windungen und wird von einem Strom I = 1 A durchflossen.

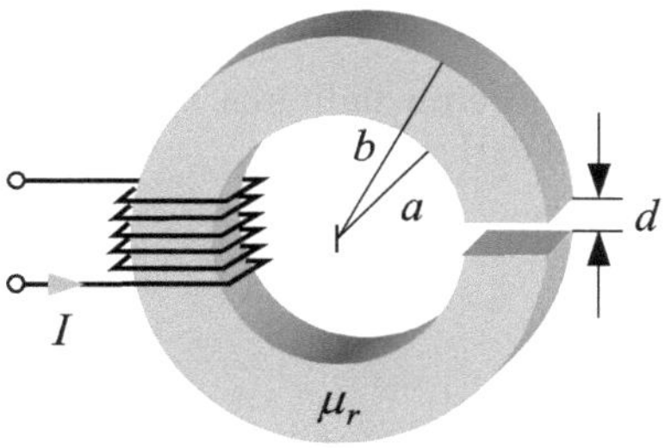

Abbildung 1: Ringkern mit Luftspalt

1. Bestimmen Sie die Induktivität der Anordnung.
2. Bestimmen Sie die insgesamt in dem Bauelement gespeicherte Energie.
3. Berechnen Sie die magnetische Feldstärke und die Flussdichte im Kern und im Luftspalt.
4. Bestimmen Sie die prozentuale Aufteilung der Energie zwischen Kern und Luftspalt.

Lösung zur Teilaufgabe 1:

Mit der Querschnittsfläche $A = (25-20)\cdot 5\ \text{mm}^2 = 25\ \text{mm}^2$ und der mittleren Länge im Kernmaterial $l_m = 2\pi(a+b)/2 - l_g = 140{,}37$ mm folgt für die Induktivität der Anordnung

$$L \overset{(5.74)}{=} N^2 \frac{\mu_r \mu_0 A}{l_m + l_g \mu_r} = 36 \frac{10^3 \cdot 4\pi 10^{-7} \cdot 25}{140{,}37 + 1000} \frac{\text{Vs}}{\text{Am}} \frac{\text{mm}^2}{\text{mm}} = 0{,}992\,\mu\text{H}.$$

Lösung zur Teilaufgabe 2:

Die gespeicherte Energie ist

$$W_m = \frac{1}{2} L I^2 = 0{,}4959\,\mu\text{Ws}.$$

Lösung zur Teilaufgabe 3:

Mit der bekannten Induktivität ergibt sich der Fluss im Kern mit Gl. (5.74) zu

$$\Phi_A = \frac{LI}{N} = 0{,}1653\,\mu\text{Vs}.$$

Damit lässt sich die Flussdichte im Kern und im Luftspalt berechnen:

$$B = \frac{\Phi_A}{A} = \frac{0{,}1653\,\mu\text{Vs}}{25\,\text{mm}^2} = 0{,}006612 \frac{\text{Vs}}{\text{m}^2} = 6{,}612\,\text{mT}.$$

Aufgrund der unterschiedlichen Permeabilitäten von Kernmaterial und Luft ergeben sich auch unterschiedliche Feldstärken:

im Luftspalt: $$H_L = \frac{B}{\mu_0} = \frac{0{,}006612}{4\pi 10^{-7}} \frac{\text{Vs}}{\text{m}^2} \frac{\text{Am}}{\text{Vs}} = 5{,}261 \cdot 10^3 \frac{\text{A}}{\text{m}},$$

im Kern: $$H_K = \frac{B}{\mu_r \mu_0} = \frac{H_L}{\mu_r} = 5{,}261 \frac{\text{A}}{\text{m}}.$$

Lösung zur Teilaufgabe 4:

Die Energie im Kernmaterial hat mit

$$W_{mK} = \frac{1}{2} H_K B \cdot V_K = \frac{1}{2} \cdot 5{,}261 \frac{\text{A}}{\text{m}} \cdot 0{,}006612 \frac{\text{Vs}}{\text{m}^2} \cdot 25\,\text{mm}^2 \cdot 140{,}37\,\text{mm} = 0{,}06104\,\mu\text{Ws}$$

lediglich einen prozentualen Anteil von 12,31 %. Im Gegensatz dazu sind im Luftspalt mit

$$W_{mL} = \frac{1}{2} H_L B \cdot V_L = \frac{1}{2} \cdot 5{,}261 \cdot 10^3 \frac{\text{A}}{\text{m}} \cdot 0{,}006612 \frac{\text{Vs}}{\text{m}^2} \cdot 25\,\text{mm}^2 \cdot 1\,\text{mm} = 0{,}4348\,\mu\text{Ws}$$

87,69 % der Energie gespeichert.

Kontrolle: $$W_{mL} + W_{mK} = W_m.$$

Schlussfolgerung

Der überwiegende Anteil der Energie ist bei den magnetischen Komponenten im Luftspalt gespeichert!

Aufgabe 6.13 Induktivitätserhöhung durch Ferritring

Ein praktisch unendlich langer, gerader Runddraht (Permeabilität μ_0, Radius a) führt den Gleichstrom I. Der Rückleiter ist sehr weit entfernt, sodass sein Einfluss vernachlässigt werden kann. Um den Draht wird ein Hohlzylinder aus nicht leitendem, permeablem Material (Permeabilität $\mu > \mu_0$, Länge l, Innenradius b, Außenradius c) konzentrisch angeordnet.

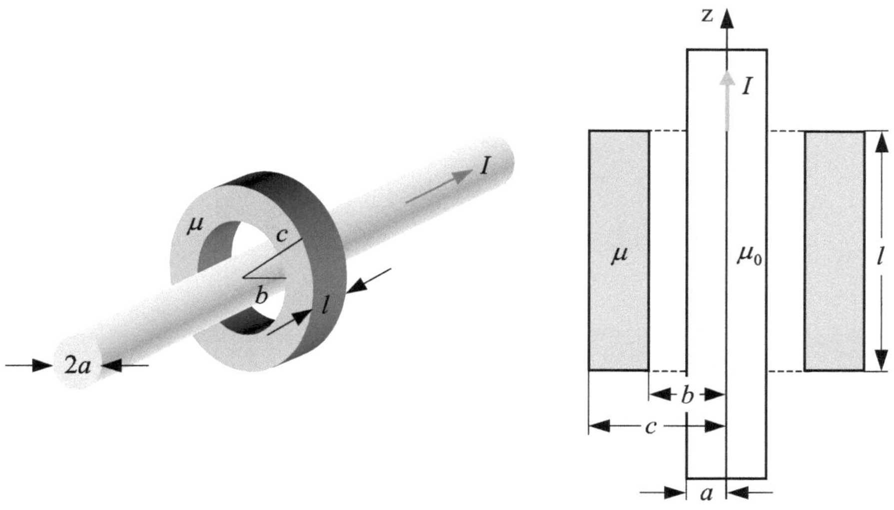

Abbildung 1: Kupferrunddraht mit Ferritring

1. Um welchen Betrag ändert sich die magnetische Energie durch das Anbringen des permeablen Hohlzylinders?
2. Welche zusätzliche Induktivität erhält der Stromkreis durch das Anbringen des permeablen Hohlzylinders?

Lösung zur Teilaufgabe 1:

Die magnetischen Feldlinien sind konzentrische Kreise um den Linienleiter. Der permeable Ringkern ist so angeordnet, dass die magnetischen Feldlinien überall tangential zur Oberfläche des Ringkerns verlaufen. Wegen der Stetigkeit der Tangentialkomponente der magnetischen Feldstärke an einer Materialsprungstelle mit unterschiedlichen Permeabilitäten nach Gl. (5.42) wird sich das Feldbild nicht ändern. Die magnetische Feldstärke bleibt nach Gl. (5.19) gleich, die magnetische Flussdichte $\vec{\mathbf{B}} = \mu_r\mu_0\vec{\mathbf{H}}$ wird ausschließlich im Bereich des Ringkerns um den Faktor μ_r größer.

Bezeichnen wir die magnetische Flussdichte ohne Ringkern mit $\vec{\mathbf{B}}_0$ und nach Einbringen des Ringkerns mit $\vec{\mathbf{B}}$, dann gilt für die Änderung der magnetischen Energie

$$\Delta W_m = \frac{1}{2} \iiint\limits_{Ringkern} H(B - B_0)\,\mathrm{d}V = \frac{1}{2}(\mu - \mu_0) \int_0^l \int_b^c \int_0^{2\pi} \frac{I^2}{(2\pi)^2 \rho^2} \rho\,\mathrm{d}\varphi\,\mathrm{d}\rho\,\mathrm{d}z = (\mu - \mu_0) \frac{l I^2}{4\pi} \ln \frac{c}{b}.$$

Lösung zur Teilaufgabe 2:

Für die Zunahme der Induktivität erhalten wir

$$\Delta L = \frac{2 \Delta W_m}{I^2} = (\mu - \mu_0) \frac{l}{2\pi} \ln \frac{c}{b}.$$

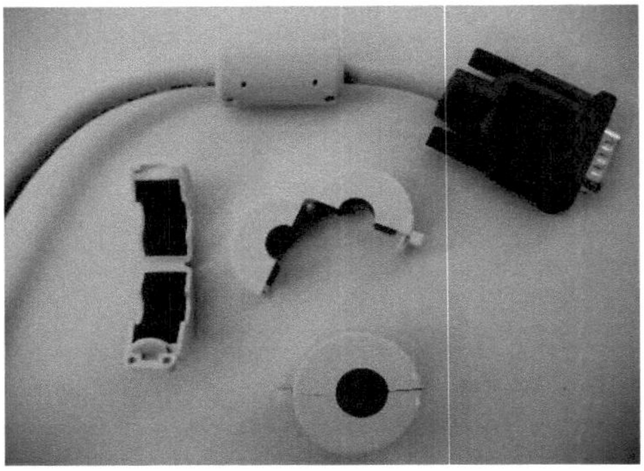

Abbildung 2: Praktische Realisierung

Schlussfolgerung

Die Erhöhung der Induktivität durch einen Ferritring auf dem Verbindungskabel in Abb. 2 reduziert hochfrequente Störströme auf dem Kabel und stellt damit eine Entstörmaßnahme dar.

Aufgabe 6.14 Gekoppelte Spulen

Auf einem Kunststoffwickelkörper sind gemäß Abb. 1 zwei Spulen mit vernachlässigbarem ohmschen Widerstand angeordnet. Die Selbstinduktivitäten L_{11} der linken Spule und L_{22} der rechten Spule sind bekannt. Für den Koppelfaktor gilt $|k| = 0{,}5$.

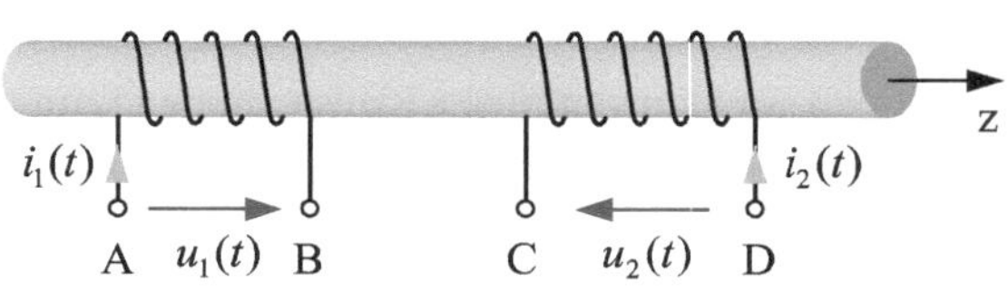

Abbildung 1: Gekoppelte Spulen

1. Berechnen Sie die Gegeninduktivität M der beiden Spulen und geben Sie das Gleichungssystem an, in dem die beiden Spannungen durch die beiden Ströme ausgedrückt werden.
2. Berechnen Sie die Gesamtinduktivität zwischen den Punkten A und D, falls B und C leitend miteinander verbunden werden.
3. Berechnen Sie die Gesamtinduktivität zwischen den Punkten A und C, falls B und D leitend miteinander verbunden werden.

Im Folgenden gibt es keine leitende Verbindung zwischen den beiden Spulen. Der Strom $i_1(t)$ nimmt zunächst den folgenden Verlauf an.

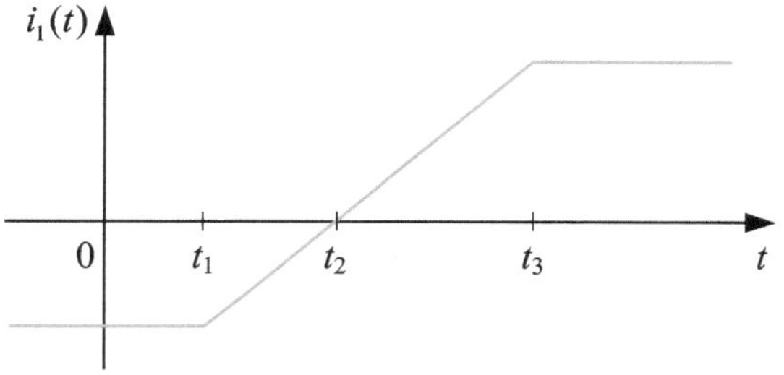

Abbildung 2: Verlauf des Spulenstromes $i_1(t)$

4. Skizzieren Sie den prinzipiellen zeitlichen Verlauf der Spannung $u_2(t)$.

Jetzt wird die linke Spule von einem Gleichstrom $i_1(t) = I_q$ durchflossen, die rechte Spule ist stromlos. Zudem wird die linke Spule entgegen der Richtung der z-Achse (nach links) bewegt.

5. Ist die Spannung $u_2(t)$ positiv oder negativ und wie ändert sie sich mit der Zeit? Begründen Sie Ihre Aussage.

Lösung zur Teilaufgabe 1:

Die von dem Strom $i_1(t)$ erzeugte magnetische Flussdichte durchsetzt beide Spulen in z-Richtung. Zählen wir also den Fluss $\Phi_{21}(t)$ durch die Spule 2 infolge des Stromes $i_1(t)$ ebenfalls in positive z-Richtung, dann erhalten wir einen positiven Wert für die Gegeninduktivität und es gilt

$$M = +|k|\sqrt{L_{11}L_{22}} = 0,5 \cdot \sqrt{L_{11}L_{22}}.$$

Die von dem Strom $i_2(t)$ erzeugte magnetische Flussdichte durchsetzt beide Spulen aber in negative z-Richtung. Mit den entgegengesetzt gerichteten Flüssen durch die Spulen gilt das Gleichungssystem

$$\begin{aligned} u_1(t) &= L_{11}\frac{di_1(t)}{dt} - M\frac{di_2(t)}{dt} \\ u_2(t) &= -M\frac{di_1(t)}{dt} + L_{22}\frac{di_2(t)}{dt}\,. \end{aligned} \tag{1}$$

Lösung zur Teilaufgabe 2:

Werden B und C leitend miteinander verbunden, so ergibt sich für die Spannung u_{AD} zwischen den Punkten A und D: $u_{AD}(t) = u_1(t) - u_2(t)$. Mit der Beziehung $i_1(t) = -i_2(t)$ für die Ströme erhalten wir durch Zusammenfassung der beiden Gleichungen in (1)

$$u_{AD}(t) = L_{11}\frac{\mathrm{d}i_1(t)}{\mathrm{d}t} - M\frac{\mathrm{d}i_2(t)}{\mathrm{d}t} + M\frac{\mathrm{d}i_1(t)}{\mathrm{d}t} - L_{22}\frac{\mathrm{d}i_2(t)}{\mathrm{d}t} =$$
$$= L_{11}\frac{\mathrm{d}i_1(t)}{\mathrm{d}t} + M\frac{\mathrm{d}i_1(t)}{\mathrm{d}t} + M\frac{\mathrm{d}i_1(t)}{\mathrm{d}t} + L_{22}\frac{\mathrm{d}i_1(t)}{\mathrm{d}t} = \underbrace{(L_{11} + 2M + L_{22})}_{L_{AD}}\frac{\mathrm{d}i_1(t)}{\mathrm{d}t}.$$

Lösung zur Teilaufgabe 3:

In diesem Fall erhalten wir für die Spannung u_{AC} zwischen den Punkten A und C die Summe $u_{AC}(t) = u_1(t) + u_2(t)$. Für die Ströme gilt dann $i_1(t) = i_2(t)$. Dementsprechend ergibt sich

$$u_{AC}(t) = L_{11}\frac{\mathrm{d}i_1(t)}{\mathrm{d}t} - M\frac{\mathrm{d}i_2(t)}{\mathrm{d}t} - M\frac{\mathrm{d}i_1(t)}{\mathrm{d}t} + L_{22}\frac{\mathrm{d}i_2(t)}{\mathrm{d}t} =$$
$$= L_{11}\frac{\mathrm{d}i_1(t)}{\mathrm{d}t} - M\frac{\mathrm{d}i_1(t)}{\mathrm{d}t} - M\frac{\mathrm{d}i_1(t)}{\mathrm{d}t} + L_{22}\frac{\mathrm{d}i_1(t)}{\mathrm{d}t} = \underbrace{(L_{11} - 2M + L_{22})}_{L_{AC}}\frac{\mathrm{d}i_1(t)}{\mathrm{d}t}.$$

Lösung zur Teilaufgabe 4:

Aus Gl. (1) erhalten wir den Zusammenhang

$$u_2(t) = -M\frac{\mathrm{d}i_1(t)}{\mathrm{d}t}.$$

Der prinzipielle Verlauf der Spannung $u_2(t)$ ist in Abb. 3 dargestellt.

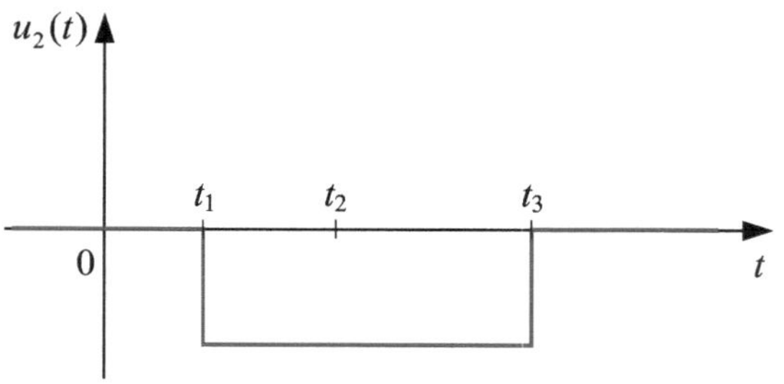

Abbildung 3: Verlauf der Spannung $u_2(t)$

Lösung zur Teilaufgabe 5:

Wir wenden das Induktionsgesetz auf die rechte Spule an und wählen den Integrationsweg willkürlich entgegen dem in Abb. 1 eingezeichneten Strom $i_2(t)$. Der rechtshändig mit diesem Umlauf verkettete Fluss zeigt in positive z-Richtung und damit in die gleiche Richtung wie der von der linken Spule erzeugte Fluss $\Phi_{21}(t)$. Damit gilt

$$\oint_C \vec{\mathbf{E}} \cdot \mathrm{d}\vec{\mathbf{s}} = u_2(t) = -\frac{\mathrm{d}\Phi_{21}}{\mathrm{d}t} = -\frac{\overbrace{\mathrm{d}\Phi_{21}}^{<0}}{\underbrace{\mathrm{d}t}_{>0}} \,.$$

Durch die Fortbewegung der linken Spule vergrößert sich die Distanz zwischen den beiden Spulen und somit durchsetzt weniger Fluss infolge des Stromes in der linken Spule die von der rechten Spule aufgespannte Fläche. Demnach ist die zeitliche Änderung des Flusses am Ort der rechten Spule negativ. Aufgrund der gegebenen Zählrichtung ist die Spannung $u_2(t)$ dann positiv.

6.4 Level 3

Aufgabe 6.15 | Wirbelstrombremse

In dieser Aufgabe soll ein einfaches physikalisches Experiment etwas näher untersucht werden. Ein langes zylindrisches Kupferrohr mit Innenradius a wird senkrecht zur Erdoberfläche angeordnet. Wir lassen einen runden Stabmagneten durch das Rohr nach unten fallen und beobachten, dass die Dauer, die der Magnet bis zum unteren Ende des Rohres benötigt, wesentlich länger ist als erwartet. Offenbar wird der freie Fall infolge des Kupferrohrs stark gebremst und die Fallgeschwindigkeit $\vec{\mathbf{v}} = -\vec{\mathbf{e}}_z v_z$ nimmt einen geringeren Wert an.

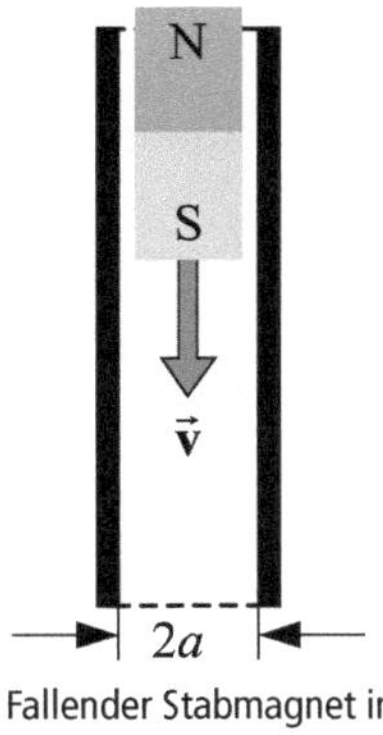

Abbildung 1: Fallender Stabmagnet im Kupferrohr

1. Welche Komponenten besitzt die magnetische Flussdichte außerhalb des Stabmagneten und von welchen Koordinaten hängen diese ab?
2. Wir betrachten jetzt den Querschnitt durch das Kupferrohr in einer Ebene $z = z_0$. Wie ändert sich der Fluss durch die Kupferschleife in der Ebene z_0, wenn sich der Stabmagnet während der Zeit Δt um Δz nach unten bewegt?

Lösung zur Teilaufgabe 1:

Das Feldlinienbild eines Stabmagneten entspricht dem einer lang gestreckten Zylinderspule und ist in Aufgabe 6.7 dargestellt. Wird die Anordnung in Abb. 1 in Zylinderkoordinaten betrachtet, dann besitzt die Flussdichte aufgrund der Rotationssymmetrie keine φ-Komponente und ist auch nicht von dieser Koordinate abhängig. Somit gilt die Beziehung $\vec{\mathbf{B}} = \vec{\mathbf{e}}_\rho B_\rho(\rho,z) + \vec{\mathbf{e}}_z B_z(\rho,z)$.

Lösung zur Teilaufgabe 2:

Wir wählen eine Ebene z_0 unterhalb des Stabmagneten und betrachten die Flussänderung durch die Kupferschleife allein infolge der Bewegung des Magneten. Der Beitrag der insgesamt im Rohr fließenden Wirbelströme zur Flussänderung soll zur Vereinfachung vernachlässigt werden. Die Abb. 2 zeigt auf der linken Seite die Situation zu einem Zeitpunkt t. Die kreisförmige Querschnittsfläche innerhalb des Kupferrohrs $A = \pi a^2$ in der Ebene z_0 wird von dem Fluss Φ_1 durchsetzt. Zum Zeitpunkt $t+\Delta t$ hat sich der Stabmagnet entsprechend dem Teilbild auf der rechten Seite um Δz nach unten bewegt. Die in der Ebene z_0 liegende Fläche wird jetzt von dem Fluss Φ_2 durchsetzt. Wegen des kürzeren Abstandes zwischen der Ebene z_0 und dem unteren Ende des Magneten ist der Fluss Φ_2 größer als der Fluss Φ_1. Entsprechend der Knotenregel setzt sich der Fluss Φ_2 zusammen aus dem Fluss Φ_1 und dem durch die eingezeichnete Mantelfläche nach innen eintretenden Fluss Φ_M. Wählen wir den Zeitabschnitt Δt und damit auch die Strecke Δz hinreichend klein, dann kann der Fluss Φ_M aus dem Produkt von ρ-gerichteter Flussdichte in der Ebene z_0 und Mantelfläche $2\pi a \Delta z$ berechnet werden:

$$\Phi_2 = \Phi_1 + \Phi_M = \Phi_1 + \int_0^{\Delta z}\int_0^{2\pi} \vec{\mathbf{e}}_\rho B_\rho(a, z_0)\cdot\left(-\vec{\mathbf{e}}_\rho\right) a \,\mathrm{d}\varphi\,\mathrm{d}z = \Phi_1 - B_\rho(a, z_0)\cdot 2\pi a \Delta z. \tag{1}$$

Wegen der nach innen gerichteten Flussdichte ist $B_\rho(a,z_0) < 0$ und für den Fluss gilt $\Phi_M > 0$.

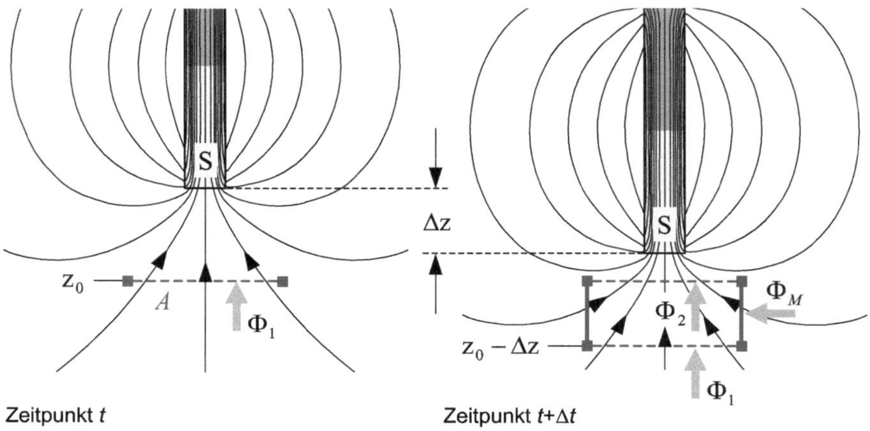

Abbildung 2: Betrachtung zweier aufeinanderfolgender Zeitpunkte t und $t+\Delta t$

Bilden wir jetzt das Linienintegral der elektrischen Feldstärke in der Ebene z = z_0 entlang des Kupferrohres, d.h. in Richtung der Koordinate φ, dann erhalten wir entsprechend dem Induktionsgesetz den Zusammenhang

$$\int_0^{2\pi} \vec{\mathbf{e}}_\varphi E_\varphi \cdot \vec{\mathbf{e}}_\varphi a \, d\varphi = Ri(t) = -\frac{d\Phi}{dt} = -\frac{\Phi_2 - \Phi_1}{\Delta t} = -\frac{\Phi_M}{\Delta t} = B_\rho(a, z_0) \cdot 2\pi a \frac{\Delta z}{\Delta t} \tag{2}$$

$$i(t) = \frac{1}{R} B_\rho(a, z_0) \cdot 2\pi a \frac{\Delta z}{\Delta t} = \frac{1}{R} B_\rho(a, z_0) \cdot 2\pi a v_z .$$

R ist der Widerstand des elementaren Ausschnitts aus dem Kupferrohr mit der Länge $2\pi a$. Der nach Gl. (2) in φ-Richtung fließende Strom ist wegen der negativen Flussdichtekomponente negativ.

Ersetzen wir jetzt den Stabmagneten entsprechend der Beschreibung in Kap. 5.10.4 durch eine Zylinderspule mit einem Strombelag auf der Oberfläche, dann muss dieser Strom auf der Oberfläche in Richtung der Koordinate φ fließen, damit das Feld am unteren Ende in den Magneten eintritt. Der im Kupferrohr unterhalb des Magneten induzierte Strom fließt aber genau in die entgegengesetzte Richtung. Da sich entgegengerichtete Ströme aber gegenseitig abstoßen, entsteht eine Kraft auf den Magneten, die der Gravitationskraft entgegenwirkt und damit die Fallgeschwindigkeit reduziert.

Stellen wir die gleiche Betrachtung für eine Ebene oberhalb des Stabmagneten an, dann wird der Fluss durch diese Fläche infolge des zunehmenden Abstandes vom Magneten geringer werden. In diesem Bereich des Kupferrohres wird also ein Strom in Richtung der Koordinate φ fließen, der die gleiche Richtung wie der Oberflächenstrom auf dem Magneten hat und daher den Magneten anzieht, also ebenfalls der Gravitationskraft entgegenwirkt.

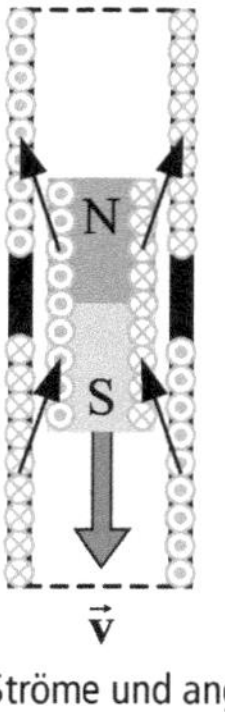

Abbildung 3: Richtung der Ströme und angedeutete Kraftwirkungen

Die Wirbelströme im Kupferrohr sind wegen der von z abhängigen ρ-gerichteten Flussdichtekomponente ebenfalls abhängig von der Koordinate z. In der Mitte des Stabmagneten verschwinden diese Ströme, oberhalb und unterhalb haben sie verschiedene Richtungen.

Aufgabe 6.16 Gekoppelte Induktivitäten

Die aus einem Material der Permeabilitätszahl μ_r bestehenden vier gleichen Ringkerne mit rechteckigem Querschnitt werden von einem sinusförmigen Strom $i_1(t)$ durchflossen. Jeweils zwei Kerne sind durch widerstandslose Kurzschlussschleifen verbunden, in denen sich die Ströme $i_2(t)$ und $i_3(t)$ einstellen. Nun soll das Klemmenverhalten dieses Bauelements untersucht werden.

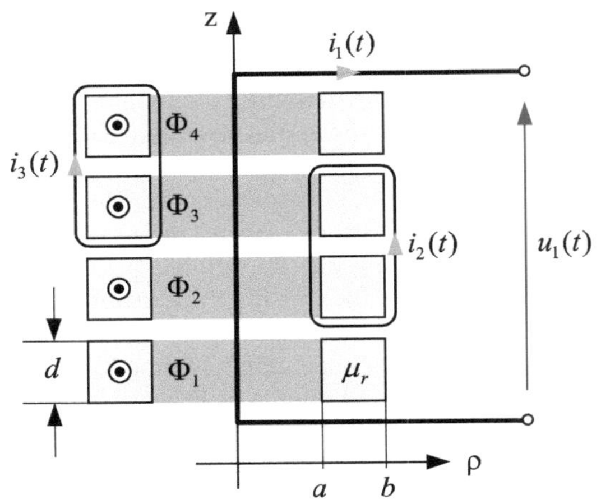

Abbildung 1: Induktivität aus vier Ringkernen

1. Bestimmen Sie die magnetischen Flüsse $\Phi_1(t)$, $\Phi_2(t)$, $\Phi_3(t)$ und $\Phi_4(t)$ in Abhängigkeit der Ströme, der Geometrie- und der Materialdaten.
2. Wenden Sie das Induktionsgesetz auf die beiden Kurzschlussschleifen an und berechnen Sie $i_2(t)$ und $i_3(t)$ in Abhängigkeit von $i_1(t)$.
3. Berechnen Sie die Induktivität L_0 der Anordnung.
4. Welche Induktivität L besitzt die Anordnung nach dem Entfernen der beiden Kurzschlussschleifen?

Lösung zur Teilaufgabe 1:

Aus dem Ansatz für die magnetische Flussdichte $\vec{\mathbf{B}} = \vec{\mathbf{e}}_\varphi B_\varphi(\rho)$ folgt zusammen mit dem Durchflutungsgesetz (5.22)

$$\oint_C \vec{\mathbf{H}} \cdot d\vec{\mathbf{s}} = \Theta \quad \text{und} \quad d\vec{\mathbf{s}} = \vec{\mathbf{e}}_\varphi \, \rho \, d\varphi$$

unmittelbar

$$\int_0^{2\pi} \frac{B_\varphi(\rho)}{\mu_0 \mu_r} \underbrace{\vec{\mathbf{e}}_\varphi \cdot \vec{\mathbf{e}}_\varphi}_{=1} \rho \, d\varphi = \Theta \quad \text{und damit} \quad B_\varphi(\rho) = \frac{\mu_0 \mu_r}{2\pi\rho} \Theta \quad \text{bzw.} \quad \vec{\mathbf{B}} = \vec{\mathbf{e}}_\varphi \frac{\mu_0 \mu_r}{2\pi\rho} \Theta .$$

Die Flussdichte kann nach Gl. (5.30) zunächst für eine allgemeine Durchflutung Θ über den Kernquerschnitt integriert werden:

$$\Phi = \int_0^d \int_a^b \frac{\mu_0 \mu_r \Theta}{2\pi\rho} \underbrace{\vec{\mathbf{e}}_\varphi \cdot \vec{\mathbf{e}}_\varphi}_{=1} \mathrm{d}\rho\,\mathrm{d}z = \frac{\mu_0 \mu_r \Theta d}{2\pi} \ln\left(\frac{b}{a}\right).$$

Die vier Gesamtflüsse in den Kernen lauten damit

$$\Phi_1(t) = \frac{\mu_0 \mu_r d}{2\pi} \ln\left(\frac{b}{a}\right) i_1(t), \qquad \Phi_2(t) = \frac{\mu_0 \mu_r d}{2\pi} \ln\left(\frac{b}{a}\right)\left[i_1(t) - i_2(t)\right],$$

$$\Phi_3(t) = \frac{\mu_0 \mu_r d}{2\pi} \ln\left(\frac{b}{a}\right)\left[i_1(t) - i_2(t) - i_3(t)\right], \qquad \Phi_4(t) = \frac{\mu_0 \mu_r d}{2\pi} \ln\left(\frac{b}{a}\right)\left[i_1(t) - i_3(t)\right].$$

Lösung zur Teilaufgabe 2:

Die Anwendung des Induktionsgesetzes auf die mittlere Kurzschlussschleife liefert

$$\frac{\mathrm{d}}{\mathrm{d}t}(\Phi_2 + \Phi_3) \stackrel{!}{=} 0 \quad \rightarrow \quad 2i_1(t) - 2i_2(t) - i_3(t) = \text{const} = 0.$$

Die Anwendung des Induktionsgesetzes auf die obere Kurzschlussschleife liefert

$$\frac{\mathrm{d}}{\mathrm{d}t}(\Phi_3 + \Phi_4) \stackrel{!}{=} 0 \quad \rightarrow \quad 2i_1(t) - i_2(t) - 2i_3(t) = \text{const} = 0.$$

Daraus folgt $\quad i_2(t) = i_3(t) = \frac{2}{3} i_1(t).$

Lösung zur Teilaufgabe 3:

Aus der allgemeinen Formel (5.56) folgt

$$\Phi(t) = \Phi_1(t) + \Phi_2(t) + \Phi_3(t) + \Phi_4(t) = \frac{\mu_0 \mu_r d}{2\pi} \ln\left(\frac{b}{a}\right)\left[1 + \frac{1}{3} - \frac{1}{3} + \frac{1}{3}\right] i_1(t) = L_0\, i_1(t).$$

Ergebnis: $\quad L_0 = \frac{2\mu_0 \mu_r d}{3\pi} \ln\left(\frac{b}{a}\right).$

Lösung zur Teilaufgabe 4:

Es gilt $\quad i_2(t) = i_3(t) \stackrel{!}{=} 0 \quad$ und damit $\quad L = \frac{2\mu_0 \mu_r d}{\pi} \ln\left(\frac{b}{a}\right).$

Aufgabe 6.17 | Ringkerntransformator, Induktionsgesetz

Auf zwei Ringkernen sind zwei Wicklungen mit N_1 bzw. N_2 Windungen gemäß Abb. 1 angebracht. Der äußere Ringkern mit der Querschnittsfläche A_a und dem mittleren Radius a besteht aus einem Kernmaterial mit der Permeabilitätszahl μ_{ra}. Der innere Ringkern mit der Querschnittsfläche A_b besitzt einen Luftspalt der Länge l_g, wobei das Kernmaterial eine sehr große Permeabilitätszahl ($\mu_{rb} \to \infty$) aufweist. Zur Vereinfachung wird das magnetische Feld in diesem Luftspalt und in beiden Kernen als homogen verteilt angenommen. Bei der Berechnung darf die mittlere Länge des Kerns verwendet werden.

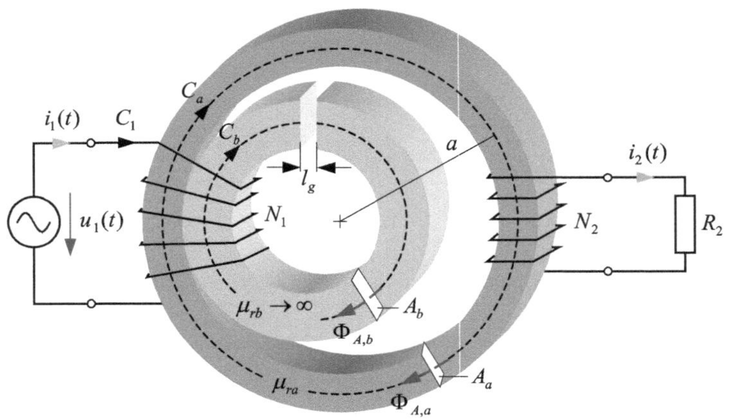

Abbildung 1: Ringkerntransformator

1. Berechnen Sie die im Bild angegebenen magnetischen Teilflüsse $\Phi_{Aa}(t)$ und $\Phi_{Ab}(t)$ in Abhängigkeit der Ströme $i_1(t)$ und $i_2(t)$.
2. Stellen Sie die Spannung $u_1(t)$ in Abhängigkeit von $i_1(t)$ und $i_2(t)$ dar, indem Sie das Konturintegral der elektrischen Feldstärke entlang der Schleife 1 (Kontur C_1) bilden.

Lösung zur Teilaufgabe 1:

Im ersten Schritt wird die magnetische Feldstärke im Ringkern berechnet, und zwar so, dass sie die gleiche Richtung wie der in der Abb. 1 eingetragene Fluss aufweist. Das Integral der magnetischen Feldstärke entlang der Konturen C_a bzw. C_b ist mit den Strömen rechtshändig verknüpft, die in die Zeichenebene hineinfließen. Für den äußeren Ring gilt

$$\oint_{C_a} \vec{\mathbf{H}}_a \cdot \mathrm{d}\vec{\mathbf{s}} = 2\pi a H_a \overset{(5.22)}{=} \Theta_a(t) = N_1 i_1(t) - N_2 i_2(t).$$

Im zweiten Schritt berechnen wir die magnetische Flussdichte im Ring in Richtung der Orientierung von $\Phi_{Aa}(t)$:

$$\vec{\mathbf{B}}_a = \mu_{ra}\mu_0 \vec{\mathbf{H}}_a .$$

Wegen der als homogen angenommenen Verteilung der Flussdichte über den Kernquerschnitt erhalten wir den Fluss aus einer einfachen Multiplikation von Flussdichte und Querschnittsfläche:

$$\Phi_{Aa}(t) \overset{(5.30)}{=} \iint_{A_a} \vec{\mathbf{B}}_a \cdot \mathrm{d}\vec{\mathbf{A}} = A_a B_a = \frac{\mu_{ra}\mu_0}{2\pi a} A_a \left[N_1 i_1(t) - N_2 i_2(t)\right].$$

Mit den gleichen Schritten gilt für den inneren Ring

$$\oint_{C_b} \vec{\mathbf{H}}_b \cdot \mathrm{d}\vec{\mathbf{s}} = l_g H_b = \Theta_b(t) = N_1 i_1(t) \quad \text{und} \quad \vec{\mathbf{B}}_b = \mu_0 \vec{\mathbf{H}}_b .$$

Während die Feldstärke infolge $\mu_{rb} \to \infty$ nur im Luftspalt existiert, besitzt die Flussdichte den angegebenen Wert wegen der Stetigkeit ihrer Normalkomponente sowohl im Luftspalt als auch im Kern. Für den magnetischen Fluss erhalten wir

$$\Phi_{Ab}(t) = \iint_{A_b} \vec{\mathbf{B}}_b \cdot \mathrm{d}\vec{\mathbf{A}} = A_b B_b = \frac{\mu_0}{l_g} A_b N_1 i_1(t).$$

Lösung zur Teilaufgabe 2:

Aus dem Konturintegral entlang der Schleife C_1 folgt

$$\oint_{C_1} \vec{\mathbf{E}} \cdot \mathrm{d}\vec{\mathbf{s}} = -u_1(t) = -\frac{\mathrm{d}\Phi_1(t)}{\mathrm{d}t} = -N_1 \frac{\mathrm{d}}{\mathrm{d}t}\left[\Phi_{Aa}(t) + \Phi_{Ab}(t)\right]$$

$$u_1(t) = N_1^2 \mu_0 \left(\frac{\mu_{ra}}{2\pi a} A_a + \frac{1}{l_g} A_b \right) \frac{\mathrm{d}i_1(t)}{\mathrm{d}t} - N_1 N_2 \frac{\mu_{ra}\mu_0}{2\pi a} A_a \frac{\mathrm{d}i_2(t)}{\mathrm{d}t} .$$

Aufgabe 6.18 Induktionsgesetz, Induktivitätsberechnung

Auf dem linken Ferritkern in Abb. 1 mit der mittleren Kernlänge l_m, der Querschnittsfläche A und der endlichen Permeabilitätszahl μ_{ra} sind zwei Wicklungen mit N_1 bzw. N_2 Windungen aufgebracht. Die Sekundärseite ist mit der aus N_3 Windungen bestehenden Wicklung, die sich auf dem rechten Ferritkern befindet, verbunden. Dieser rechte Ferritkern besitzt die gleiche Querschnittsfläche A und einen Luftspalt der Länge l_g, wobei das Kernmaterial eine sehr große Permeabilitätszahl ($\mu_{rb} \to \infty$) aufweist. Das magnetische Feld kann in diesem Luftspalt und in beiden Kernen als homogen über den Querschnitt verteilt angenommen werden.

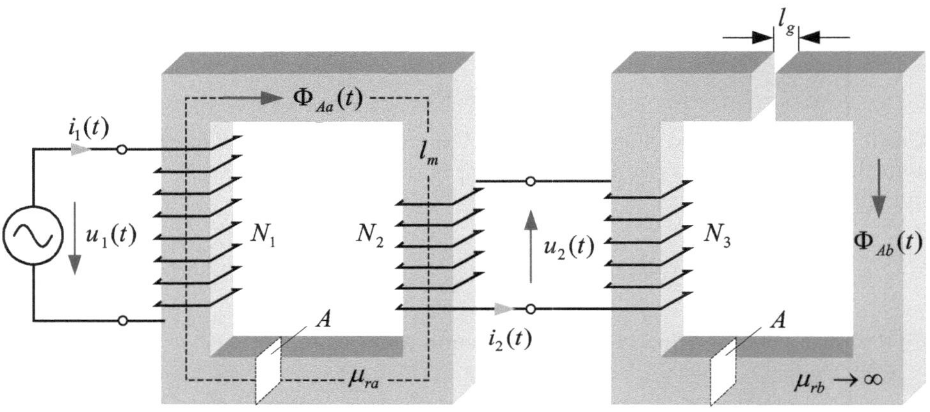

Abbildung 1: Anordnung mit Übertrager und separater Spule

1. Berechnen Sie abhängig von den Strömen $i_1(t)$ und $i_2(t)$ die in der Abbildung eingetragenen Teilflüsse $\Phi_{Aa}(t)$ und $\Phi_{Ab}(t)$.
2. Drücken Sie die Spannung $u_1(t)$ in Abhängigkeit von $i_1(t)$ und $i_2(t)$ aus, indem Sie das Konturintegral der elektrischen Feldstärke entlang der Leiterschleife 1 bilden.
3. Drücken Sie die Spannung $u_2(t)$ sowohl in Abhängigkeit von $\Phi_{Aa}(t)$ als auch von $\Phi_{Ab}(t)$ aus. Welcher Zusammenhang besteht damit zwischen den Teilflüssen $\Phi_{Aa}(t)$ und $\Phi_{Ab}(t)$? Wie hängt die zeitliche Änderung des Stromes $\mathrm{d}i_2(t)/\mathrm{d}t$ von der zeitlichen Änderung des Stromes $\mathrm{d}i_1(t)/\mathrm{d}t$ ab?
4. Bestimmen Sie die an die Spannungsquelle angeschlossene Induktivität L der Anordnung aus der Beziehung $u_1(t) = L\mathrm{d}i_1(t)/\mathrm{d}t$.

Lösung zur Teilaufgabe 1:

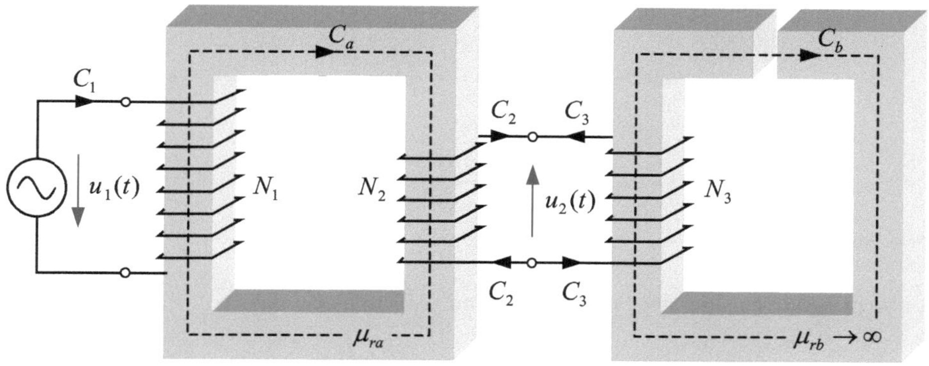

Abbildung 2: Betrachtete Anordnung mit eingezeichneten Integrationswegen

Wir betrachten zunächst den linken Ferritkern. Das Umlaufintegral der magnetischen Feldstärke im Kern in Richtung des Flusses $\Phi_{Aa}(t)$ liefert entsprechend dem Durchflutungsgesetz den Zusammenhang

$$\oint_{C_a} \vec{\mathbf{H}}_a \cdot \mathrm{d}\vec{\mathbf{s}} = H_a l_m \overset{(5.22)}{=} \Theta_a(t) \overset{(5.21)}{=} N_1 i_1(t) - N_2 i_2(t).$$

Mit der in Richtung von $\Phi_{Aa}(t)$ orientierten Flussdichte im Kern $\vec{\mathbf{B}}_a = \mu_{ra}\mu_0 \vec{\mathbf{H}}_a$ erhalten wir den Fluss

$$\Phi_{Aa}(t) \overset{(5.30)}{=} \iint_A \vec{\mathbf{B}}_a \cdot \mathrm{d}\vec{\mathbf{A}} = B_a A = \frac{\mu_{ra}\mu_0 A}{l_m}\left[N_1 i_1(t) - N_2 i_2(t)\right] \tag{1}$$

durch die Querschnittsfläche A. Im rechten Ferritkern verschwindet die Feldstärke wegen $\mu_{rb} \to \infty$. Die Integration liefert daher nur im Bereich des Luftspaltes einen Beitrag:

$$\oint_{C_b} \vec{\mathbf{H}}_b \cdot \mathrm{d}\vec{\mathbf{s}} = H_b l_g = \Theta_b(t) = N_3 i_2(t).$$

Die Flussdichte besitzt wegen der Stetigkeit der Normalkomponente beim Übergang vom Luftspalt in das Kernmaterial sowohl im Luftspalt als auch im Kern den gleichen Wert $\vec{\mathbf{B}}_b = \mu_0 \vec{\mathbf{H}}_b$. Damit gilt für den Fluss im rechten Kern

$$\Phi_{Ab}(t) = \iint_A \vec{\mathbf{B}}_b \cdot \mathrm{d}\vec{\mathbf{A}} = B_b A = \frac{\mu_0 A}{l_g} N_3 i_2(t). \tag{2}$$

Lösung zur Teilaufgabe 2:

Die Spannung folgt aus dem Konturintegral entlang der Schleife C_1:

$$\oint_{C_1} \vec{\mathbf{E}} \cdot \mathrm{d}\vec{\mathbf{s}} = -u_1(t) = -N_1 \frac{\mathrm{d}\Phi_{Aa}(t)}{\mathrm{d}t}$$

$$u_1(t) = N_1 \frac{\mu_{ra}\mu_0 A}{l_m}\left[N_1 \frac{\mathrm{d}i_1(t)}{\mathrm{d}t} - N_2 \frac{\mathrm{d}i_2(t)}{\mathrm{d}t}\right]. \tag{3}$$

Lösung zur Teilaufgabe 3:

Konturintegrale entlang der Schleifen C_2 und C_3:

$$\oint_{C_2} \vec{\mathbf{E}} \cdot \mathrm{d}\vec{\mathbf{s}} = -u_2(t) = -N_2 \frac{\mathrm{d}\Phi_{Aa}(t)}{\mathrm{d}t}$$

$$\oint_{C_3} \vec{\mathbf{E}} \cdot \mathrm{d}\vec{\mathbf{s}} = -u_2(t) = -N_3 \frac{\mathrm{d}\Phi_{Ab}(t)}{\mathrm{d}t}.$$

Aus den beiden Beziehungen folgt unmittelbar der Zusammenhang zwischen den beiden Flüssen:

$$N_2 \frac{\mathrm{d}\Phi_{Aa}(t)}{\mathrm{d}t} = N_3 \frac{\mathrm{d}\Phi_{Ab}(t)}{\mathrm{d}t}. \tag{4}$$

Einsetzen der Gln. (1) und (2) in die Gl. (4)

$$N_2 \frac{\mu_{ra}\mu_0 A}{l_m}\left[N_1 \frac{\mathrm{d}}{\mathrm{d}t} i_1(t) - N_2 \frac{\mathrm{d}}{\mathrm{d}t} i_2(t)\right] = N_3 \frac{\mu_0 A}{l_g} N_3 \frac{\mathrm{d}}{\mathrm{d}t} i_2(t)$$

und Umsortieren liefert

$$\frac{\mathrm{d}}{\mathrm{d}t} i_2(t) = \frac{N_1 N_2 \mu_{ra} l_g}{N_3^2 l_m + N_2^2 \mu_{ra} l_g} \frac{\mathrm{d}}{\mathrm{d}t} i_1(t). \tag{5}$$

Lösung zur Teilaufgabe 4:

Aus den bisherigen Gleichungen lässt sich die Induktivität bestimmen:

$$u_1(t) \overset{(3,5)}{=} N_1^2 \frac{\mu_{ra}\mu_0 A}{l_m}\left[1 - \frac{N_2^2 \mu_{ra} l_g}{N_3^2 l_m + N_2^2 \mu_{ra} l_g}\right] \frac{\mathrm{d}i_1(t)}{\mathrm{d}t} = \underbrace{N_1^2 \frac{N_3^2 \mu_{ra}\mu_0 A}{N_3^2 l_m + N_2^2 \mu_{ra} l_g}}_{L} \frac{\mathrm{d}i_1(t)}{\mathrm{d}t}$$

Aufgabe 6.19 Doppelleitung

Gegeben ist eine aus Runddrähten der Durchmesser $2c$ und der Leitfähigkeit κ bestehende Doppelleitung. Ihre Länge l sei sehr groß gegenüber den sonstigen Abmessungen a und b. Parallel zu der Doppelleitung verlaufen die beiden Linienströme I_1 und I_2, die in der gleichen Ebene liegen und den Abstand $2a$ voneinander aufweisen.

Nun bewegt sich die Doppelleitung beginnend beim Startpunkt $s(t = 0) = 0$ mit konstanter Geschwindigkeit $\vec{v} = \vec{e}_x v_0$ in Richtung der Koordinate x. Infolge des sich ändernden Flusses $\Phi(t)$ stellt sich an den offenen Klemmen der Doppelleitung die Induktionsspannung $u(t)$ ein.

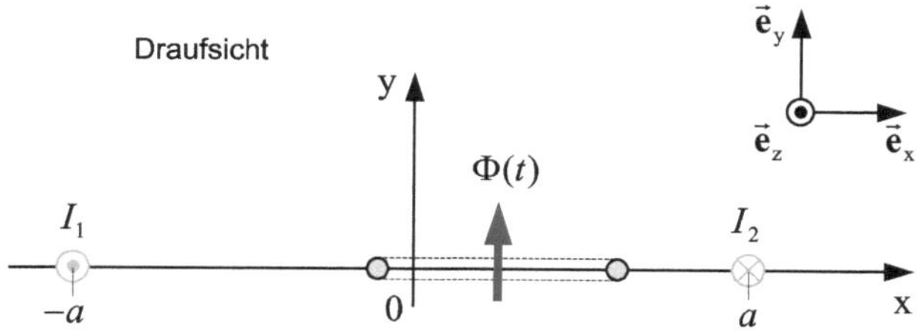

Abbildung 1: Querschnitt der Anordnung in der xy-Ebene

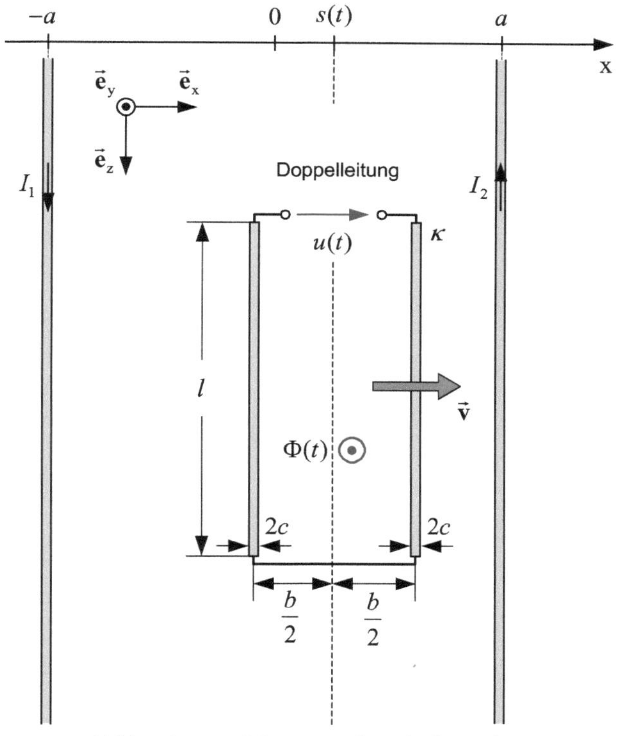

Abbildung 2: Doppelleitung, Anordnung in der xz-Ebene

1. Bestimmen Sie den ohmschen Widerstand der Doppelleitung.
2. Geben Sie die y-Komponente $B_y(x)$ der von den beiden Linienströmen I_1 und I_2 in der Ebene $y = 0$ verursachten magnetischen Flussdichte an.
3. Welcher magnetische Fluss $\Phi(t)$ durchsetzt die Doppelleitung der Länge l, wenn sich die Leitung an der Position $s(t)$ befindet?
4. Berechnen Sie den zeitlichen Verlauf von $u(t)$ für den Fall $I_2 = 0$.

Lösung zur Teilaufgabe 1:

Unter Vernachlässigung der Breite b gilt für den ohmschen Widerstand mit Gl. (2.27)

$$R \approx \frac{2l}{\kappa \pi c^2}.$$

Lösung zur Teilaufgabe 2:

Die magnetische Feldstärke eines unendlich langen z-gerichteten Linienleiters wurde in Aufgabe 5.1 (Teilaufgabe 1) berechnet. Befindet sich der Linienleiter an der Stelle $\mathrm{x_Q}, \mathrm{y_Q}$, dann ist die Feldstärke im Aufpunkt x,y durch die Beziehung

$$\vec{\mathbf{H}} = \frac{I}{2\pi} \frac{-\vec{\mathbf{e}}_\mathrm{x}\left(\mathrm{y}-\mathrm{y_Q}\right)+\vec{\mathbf{e}}_\mathrm{y}\left(\mathrm{x}-\mathrm{x_Q}\right)}{\left(\mathrm{x}-\mathrm{x_Q}\right)^2+\left(\mathrm{y}-\mathrm{y_Q}\right)^2}$$

gegeben. Mit $\mathrm{y_Q} = 0$ gilt für beide Linienleiter in der Ebene y = 0 die vereinfachte Gleichung

$$\vec{\mathbf{H}} = \frac{I}{2\pi} \frac{\vec{\mathbf{e}}_\mathrm{y}\left(\mathrm{x}-\mathrm{x_Q}\right)}{\left(\mathrm{x}-\mathrm{x_Q}\right)^2} = \vec{\mathbf{e}}_\mathrm{y} \frac{I}{2\pi} \frac{1}{\mathrm{x}-\mathrm{x_Q}}.$$

Daraus folgt für die y-Komponente $B_\mathrm{y}(\mathrm{x})$ der von den beiden Linienströmen I_1 und I_2 verursachten magnetischen Flussdichte

$$B_\mathrm{y}(\mathrm{x}) = \frac{\mu_0}{2\pi}\left(\frac{I_1}{\mathrm{x}+a} - \frac{I_2}{\mathrm{x}-a}\right).$$

Lösung zur Teilaufgabe 3:

Den magnetischen Fluss $\Phi(t)$ durch die Fläche der Doppelleitung erhalten wir mithilfe der Gl. (5.30) aus

$$\Phi(t) = \iint_A \vec{\mathbf{B}} \cdot \mathrm{d}\vec{\mathbf{A}} = \int_{\mathrm{z}=0}^{l} \int_{\mathrm{x}=s(t)-\frac{b}{2}}^{s(t)+\frac{b}{2}} B_\mathrm{y}(\mathrm{x})\,\mathrm{dx}\,\mathrm{dz} = \frac{\mu_0 l}{2\pi} \int_{\mathrm{x}=s(t)-\frac{b}{2}}^{s(t)+\frac{b}{2}} \left(\frac{I_1}{\mathrm{x}+a} - \frac{I_2}{\mathrm{x}-a}\right)\mathrm{dx} =$$

$$= \frac{\mu_0 l}{2\pi}\left[I_1 \ln(\mathrm{x}+a) - I_2 \ln(\mathrm{x}-a)\right]\Bigg|_{s(t)-\frac{b}{2}}^{s(t)+\frac{b}{2}} = \frac{\mu_0 l}{2\pi}\left[I_1 \ln\left(\frac{s(t)+\frac{b}{2}+a}{s(t)-\frac{b}{2}+a}\right) - I_2 \ln\left(\frac{s(t)+\frac{b}{2}-a}{s(t)-\frac{b}{2}-a}\right)\right]$$

mit $s(t) = v_0 t$.

Lösung zur Teilaufgabe 4:

Mit der definitionsgemäßen Zuordnung von Umlaufrichtung und Flussrichtung gilt

$$\oint_C \vec{\mathbf{E}} \cdot \mathrm{d}\vec{\mathbf{s}} = -u(t) = -\left.\frac{\mathrm{d}\Phi(t)}{\mathrm{d}t}\right|_{I_2=0} = -\frac{\mu_0 l I_1}{2\pi}\frac{\mathrm{d}}{\mathrm{d}t}\left[\ln\left(v_0 t + \frac{b}{2} + a\right) - \ln\left(v_0 t - \frac{b}{2} + a\right)\right] =$$

$$= -\frac{\mu_0 l I_1}{2\pi}\left[\frac{v_0}{v_0 t + \frac{b}{2} + a} - \frac{v_0}{v_0 t - \frac{b}{2} + a}\right]$$

$$u(t) = \frac{-\mu_0 l I_1 v_0 b}{2\pi\left(v_0 t + \frac{b}{2} + a\right)\left(v_0 t - \frac{b}{2} + a\right)}.$$

Aufgabe 6.20 | Induktivität des Koaxialkabels

Ein Koaxialkabel besteht aus einem kreiszylindrischen Innenleiter vom Radius a und einem Außenleiter in Form eines Hohlzylinders vom Innenradius b und Außenradius c. Für den Raum zwischen Innen- und Außenleiter $a < \rho \leq b$ kann $\mu = \mu_0$ angenommen werden. Die Leiter bestehen aus Kupfer und weisen somit ebenfalls die Permeabilität μ_0 auf. Die in Abb. 1 dargestellte Anordnung wird in z-Richtung als unendlich lang angenommen.

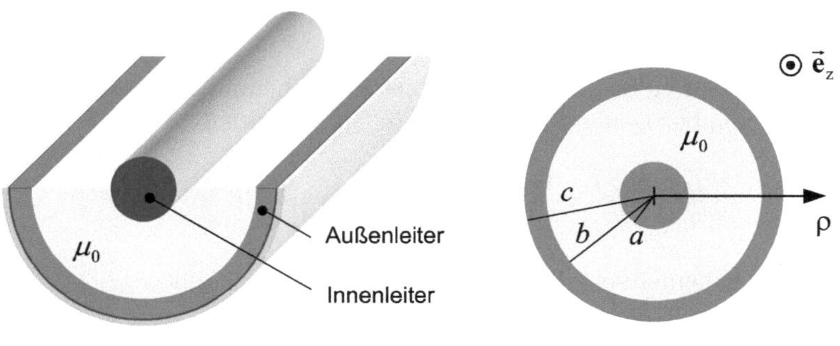

Abbildung 1: Querschnitt durch die Koaxialleitung

1. Berechnen Sie für das in Abb. 1 dargestellte Koaxialkabel die Induktivität pro Längeneinheit.
2. Welche Beiträge liefern Innenleiter, Zwischenraum und Außenleiter zur Induktivität, wenn die Abmessungen a = 0,5 mm, b = 3 mm und c = 3,2 mm betragen?

Lösung zur Teilaufgabe 1:

Zur Berechnung der Induktivität wird die magnetische Energie W_m im gesamten Volumen berechnet und daraus gemäß der Beziehung

$$W_m = \frac{1}{2}\iiint_{V_\infty} \vec{\mathbf{H}} \cdot \vec{\mathbf{B}} \, dV = \frac{1}{2} L I^2$$

die gesuchte Induktivität. Die Integration längs der Koordinate z führt auf eine Multiplikation mit der Länge, sodass für die Induktivität pro Längeneinheit die Beziehung

$$\frac{L}{l} = \frac{1}{I^2}\int_{\varphi=0}^{2\pi}\int_{\rho=0}^{\infty} \vec{\mathbf{H}} \cdot \vec{\mathbf{B}} \, \rho \, d\rho \, d\varphi = \mu_0 \frac{2\pi}{I^2}\int_{\rho=0}^{\infty} H(\rho)^2 \rho \, d\rho$$

gilt. Das Integral wird in die drei Teilintegrale für 1. *Innenleiter*, 2. *Zwischenraum* und 3. *Außenleiter* aufgeteilt. Die magnetische Feldstärke in den drei Teilräumen wurde bereits in Aufgabe 5.3 berechnet. Im Innenleiter gilt die bereits in Gl. (6.67) berechnete Induktivität

$$\frac{L_1}{l} = \frac{\mu_0}{8\pi} .$$

Mit der Feldstärke im Zwischenraum $H_2(\rho) = I/2\pi\rho$ gilt

$$\frac{L_2}{l} = \mu_0 \, 2\pi \int_a^b \frac{\rho \, d\rho}{(2\pi\rho)^2} = \frac{\mu_0}{2\pi} \ln\frac{b}{a} .$$

Bemerkung:
Den Induktivitätsbeitrag im stromlosen Gebiet (Zwischenraum) erhalten wir auch aus dem auf den Strom bezogenen Fluss durch die Querschnittsfläche:

$$\frac{L_2}{l} = \frac{\Phi / I}{l} = \frac{1}{I}\int_a^b B_\varphi \, d\rho = \frac{\mu_0}{2\pi}\int_a^b \frac{1}{\rho} d\rho = \frac{\mu_0}{2\pi}\ln\frac{b}{a} .$$

Der Beitrag des Außenleiters zur Induktivität berechnet sich aus

$$\frac{L_3}{l} = \mu_0 \frac{2\pi}{I^2}\int_{\rho=b}^{c} H_3(\rho)^2 \rho \, d\rho = \frac{\mu_0}{2\pi\left(c^2-b^2\right)^2}\int_b^c \frac{\left(c^2-\rho^2\right)^2}{\rho} d\rho$$

$$= \frac{\mu_0}{8\pi}\left[\frac{4\ln\frac{c}{b}}{\left[1-(b/c)^2\right]^2} - \frac{3-(b/c)^2}{1-(b/c)^2}\right].$$

Für die Gesamtinduktivität pro Längeneinheit gilt damit

$$\frac{L}{l}=\frac{L_1}{l}+\frac{L_2}{l}+\frac{L_3}{l}=\frac{\mu_0}{2\pi}\left[\frac{1}{4}+\ln\frac{b}{a}+\frac{\ln\dfrac{c}{b}}{\left[1-(b/c)^2\right]^2}-\frac{1}{4}-\frac{1}{2}\frac{1}{1-(b/c)^2}\right] \quad\rightarrow$$

$$\frac{L}{l}=\frac{\mu_0}{2\pi}\left[\ln\frac{b}{a}+\frac{\ln\dfrac{c}{b}}{\left[1-(b/c)^2\right]^2}-\frac{1}{2-2(b/c)^2}\right].$$

Für einen sehr dünnen Außenleiter verschwindet im Grenzübergang $b\rightarrow c$ der Induktivitätsbeitrag L_3 und es gilt

$$\lim_{b\rightarrow c}\frac{L}{l}=\frac{L_1}{l}+\frac{L_2}{l}=\frac{\mu_0}{2\pi}\left[\frac{1}{4}+\ln\frac{b}{a}\right].$$

Lösung zur Teilaufgabe 2:

Mit den gegebenen Abmessungen gilt

$$L_1=50\,\frac{\text{nH}}{\text{m}},\qquad L_2=358\,\frac{\text{nH}}{\text{m}}\qquad\text{und}\qquad L_3=4{,}44\,\frac{\text{nH}}{\text{m}}.$$

Der Übergang zu den zeitabhängigen Strom- und Spannungsformen

Wichtige Formeln

7

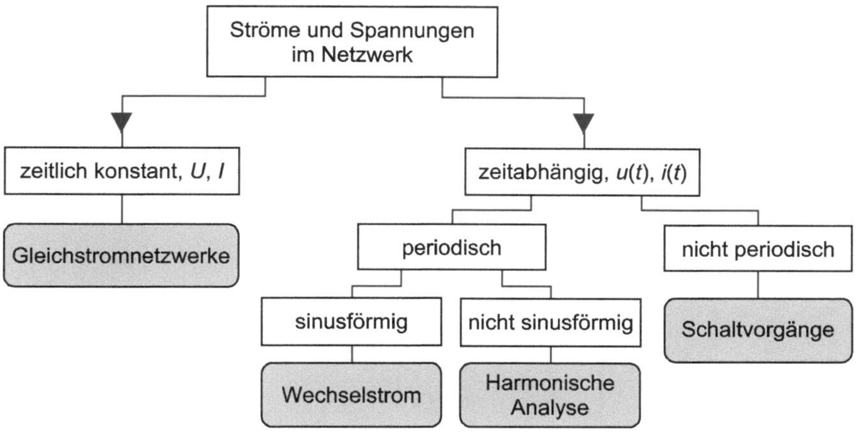

Komponente	Spannung	Strom
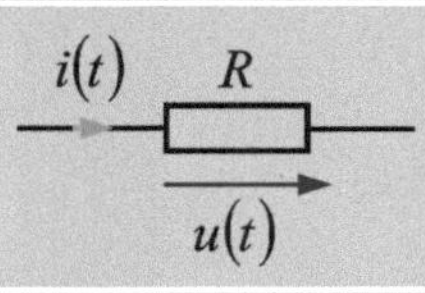	$u(t) = R\, i(t)$	$i(t) = \frac{1}{R}\, u(t)$
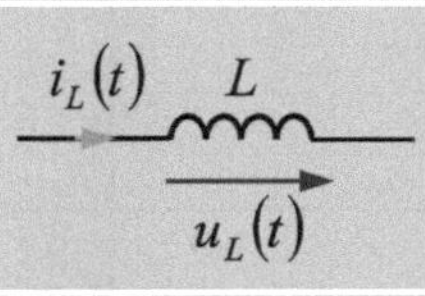	$u_L(t) = L\, \frac{\mathrm{d}i_L(t)}{\mathrm{d}t}$	$i_L(t) = \frac{1}{L} \int u_L(t)\,\mathrm{d}t$
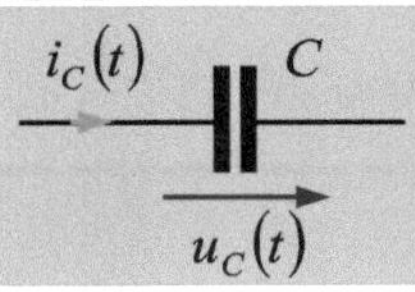	$u_C(t) = \frac{1}{C} \int i_C(t)\,\mathrm{d}t$	$i_C(t) = C\, \frac{\mathrm{d}u_C(t)}{\mathrm{d}t}$

Wichtige Formeln

Mittelwert

$$\overline{u} = \frac{1}{T}\int_{t=t_0}^{t_0+T} u(t)\,\mathrm{d}t = \frac{1}{2\pi}\int_{\omega t=\varphi_0}^{\varphi_0+2\pi} u(\omega t)\,\mathrm{d}(\omega t)$$

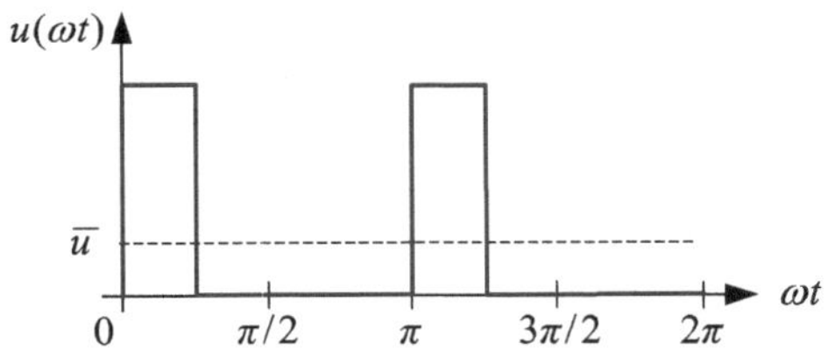

Gleichrichtwert

$$\overline{|u|} = \frac{1}{T}\int_{t=t_0}^{t_0+T} |u(t)|\,\mathrm{d}t = \frac{1}{2\pi}\int_{\omega t=\varphi_0}^{\varphi_0+2\pi} |u(\omega t)|\,\mathrm{d}(\omega t)$$

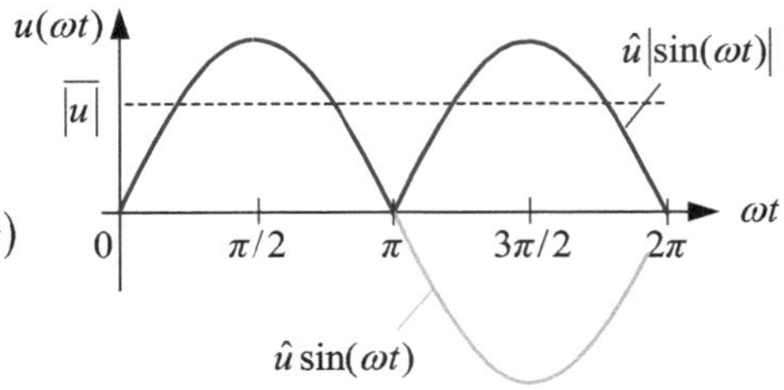

Effektivwert

$$U_{eff} = \sqrt{\frac{1}{T}\int_{t=t_0}^{t_0+T} u^2(t)\,\mathrm{d}t} = \sqrt{\frac{1}{2\pi}\int_{\omega t=\varphi_0}^{\varphi_0+2\pi} u^2(\omega t)\,\mathrm{d}(\omega t)}$$

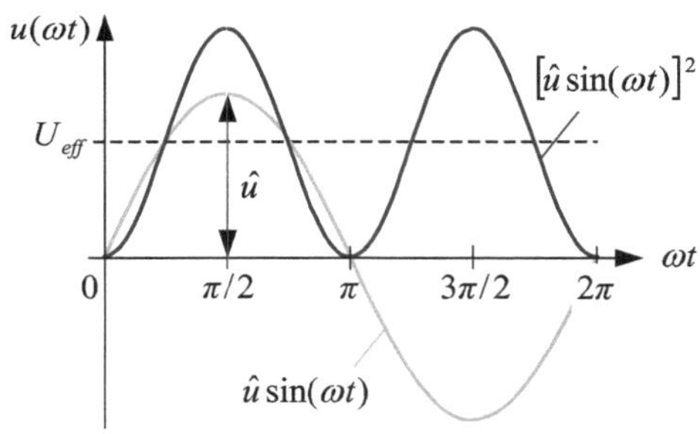

Spitzen- und Spitze-Spitze-Wert

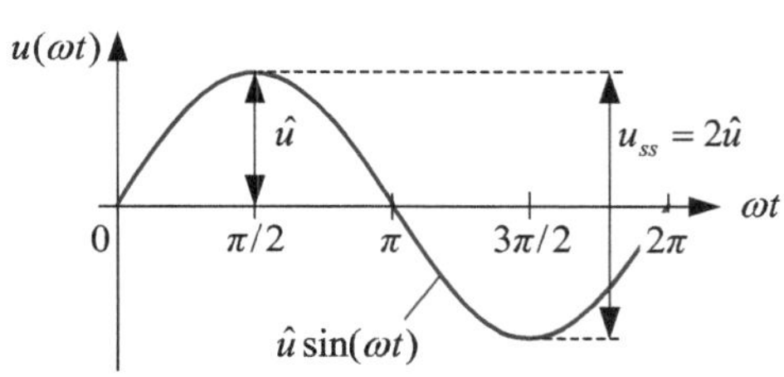

7.1 Verständnisfragen

1. Gegeben ist folgender dreieckförmiger Spannungsverlauf:

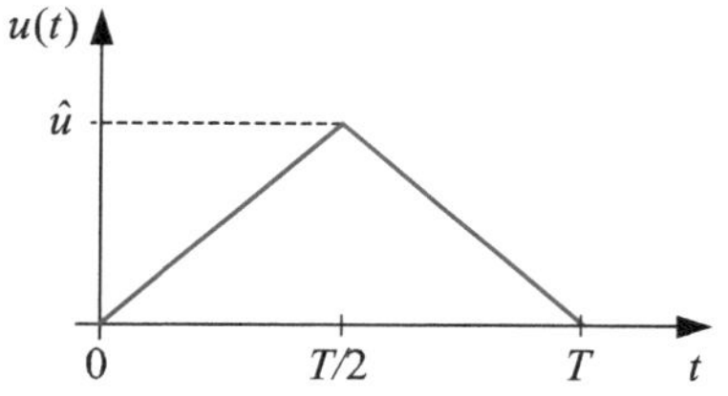

$$u(t) = \begin{cases} \hat{u}\dfrac{2t}{T} & \text{für} \quad 0 \le t < \dfrac{T}{2} \\ \hat{u}\dfrac{2(T-t)}{T} & \quad \dfrac{T}{2} \le t \le T \end{cases}$$

Diese Spannung wird nun nacheinander an einen Widerstand und einen Kondensator angelegt. Berechnen Sie jeweils den Stromverlauf in den Netzwerkelementen. Als Anfangswert der Kondensatorspannung gelte $u(t = 0) = 0$.

2. Gegeben ist folgender sinusförmiger Spannungsverlauf: $u(t) = \hat{u}\sin(\omega t)$.
Diese Spannung wird nun nacheinander an einen Widerstand, einen Kondensator und eine Spule angelegt. Berechnen Sie jeweils den Stromverlauf in den Netzwerkelementen. Zum Zeitpunkt $t = 0$ sind die Kondensatorspannung und der Spulenstrom gleich null.

3. Welche mathematischen Schritte sind erforderlich zur Berechnung des Gleichrichtwertes und des Effektivwertes?

4. In den Abbildungen a bis d sind periodische, zeitabhängige Spannungen mit dem Spitzenwert $\hat{u} = 10\,\text{V}$ und der Periodendauer T gegeben. Berechnen Sie jeweils den Mittelwert, den Gleichrichtwert sowie den Effektivwert für die Spannungsverläufe.

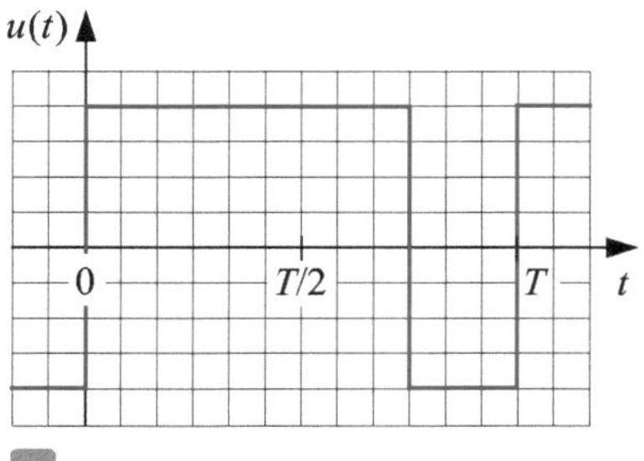

a

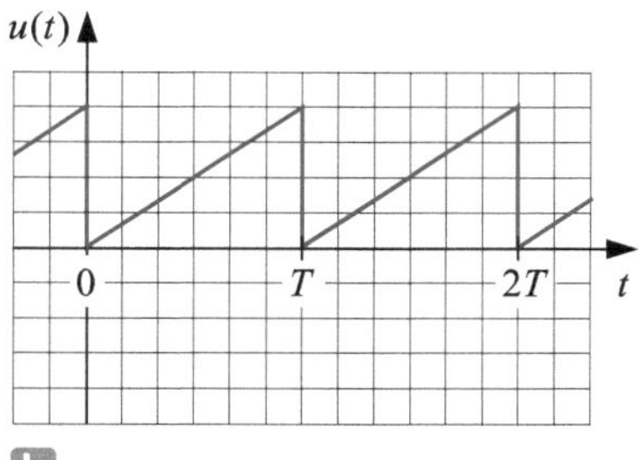

b

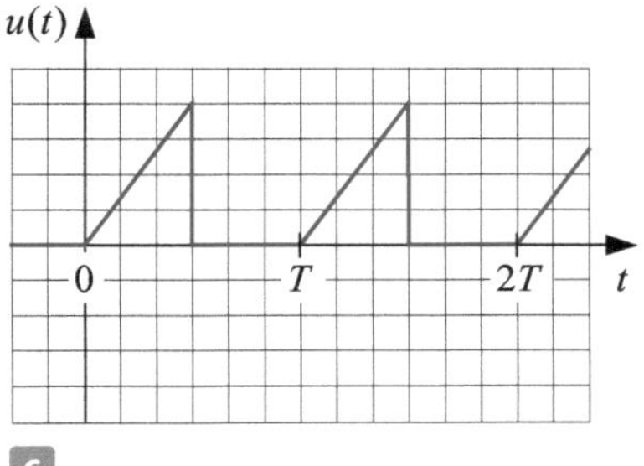

c

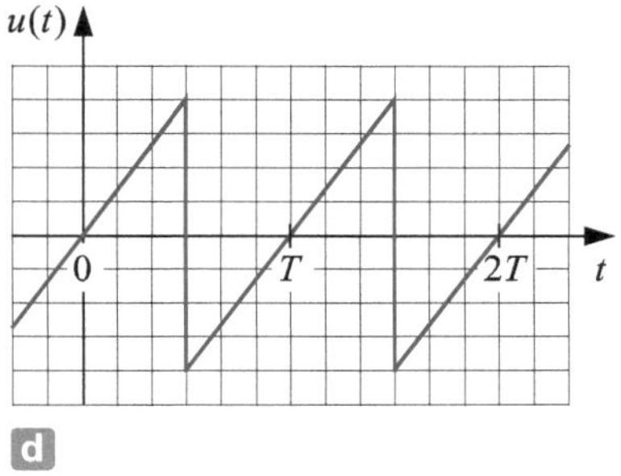

d

Lösung zur Aufgabe 1:

$$i_R(t) = \frac{1}{R} u(t) = \begin{cases} \frac{1}{R} \hat{u} \frac{2t}{T} & \text{für} \quad 0 \le t < \frac{T}{2} \\ \frac{1}{R} \hat{u} \frac{2(T-t)}{T} & \quad \frac{T}{2} \le t \le T \end{cases}$$

$$i_C(t) = C \frac{\mathrm{d}u(t)}{\mathrm{d}t} = \begin{cases} C \frac{\mathrm{d}}{\mathrm{d}t} \left(\hat{u} \frac{2t}{T} \right) = C\hat{u} \frac{2}{T} & \text{für} \quad 0 \le t < \frac{T}{2} \\ C \frac{\mathrm{d}}{\mathrm{d}t} \left(\hat{u} \frac{2(T-t)}{T} \right) = -C\hat{u} \frac{2}{T} & \quad \frac{T}{2} \le t \le T \end{cases}$$

Der Strom durch den Widerstand besitzt die gleiche Zeitabhängigkeit wie die Spannung und nimmt somit einen dreieckförmigen Verlauf an. Der Strom durch den Kondensator ist proportional zur zeitlichen Änderung der Spannung und nimmt in den beiden Zeitabschnitten daher einen konstanten positiven bzw. negativen Wert an.

Lösung zur Aufgabe 2:

$$i_R(t) = \frac{1}{R} u(t) = \frac{1}{R} \hat{u} \sin(\omega t)$$

$$i_C(t) = C \frac{\mathrm{d}u(t)}{\mathrm{d}t} = \omega C \hat{u} \cos(\omega t)$$

Die Berechnung des Spulenstromes aus einem Integral ohne Integrationsgrenzen führt auf die folgende Lösung mit der Integrationskonstanten I:

$$i_L(t) = \frac{1}{L} \int \hat{u} \sin(\omega t)\,\mathrm{d}t = -\frac{\hat{u}}{\omega L} \cos(\omega t) + I.$$

Der Wert von I wird aus der Forderung bestimmt, dass der Spulenstrom zum Zeitpunkt $t = 0$ verschwinden soll:

$$i_L(t = 0) = 0 \quad \rightarrow \quad I = \frac{\hat{u}}{\omega L} \quad \rightarrow \quad i_L(t) = \frac{\hat{u}}{\omega L} \left[1 - \cos(\omega t) \right].$$

Damit ist der Spulenstrom eindeutig bestimmt. Wir wollen an dieser Stelle noch eine etwas abgewandelte Vorgehensweise betrachten, die natürlich auf das gleiche Ergebnis führt. Dazu stellen wir den bekannten Zusammenhang zwischen Strom und Spannung an der Induktivität zunächst in der folgenden Weise um:

$$\mathrm{d}i_L(t) = \frac{1}{L} u_L(t)\,\mathrm{d}t \quad \rightarrow \quad \int \mathrm{d}i_L(t) = \frac{1}{L} \int u_L(t)\,\mathrm{d}t.$$

Wir können jetzt die Integrationsgrenzen einsetzen und diese beiden Integrale berechnen. Auf der rechten Gleichungsseite wird über die Zeit von dem Anfangswert $t = 0$ bis zu einem beliebigen Zeitpunkt t integriert. Auf der linken Gleichungsseite wird über den Strom integriert, d.h., die Integrationsgrenzen sind Ströme. Die untere Grenze ist der Strom zum Anfangszeitpunkt $t = 0$ und die obere Grenze ist der Strom zum Endzeitpunkt t:

$$\int_{i_L(0)}^{i_L(t)} \mathrm{d}i_L(t) = \frac{1}{L}\int_0^t u_L(t)\,\mathrm{d}t.$$

Auf der rechten Gleichungsseite wird t gleichzeitig als Integrationsvariable und als obere Integrationsgrenze verwendet. Daher wird die Integrationsvariable üblicherweise durch ein anderes Zeichen, z.B. τ ersetzt. Die resultierende Gleichung liefert nach Ausführung der Integration das bereits bekannte Ergebnis

$$\int_{i_L(0)}^{i_L(t)} \mathrm{d}i_L(t) = \frac{1}{L}\int_0^t u_L(\tau)\,\mathrm{d}\tau \quad \rightarrow \quad i_L(t) - \underbrace{i_L(0)}_{0} = \frac{1}{L}\int_0^t \hat{u}\sin(\omega\tau)\,\mathrm{d}\tau = \frac{\hat{u}}{\omega L}\left[1-\cos(\omega t)\right].$$

Lösung zur Aufgabe 3:

Berechnung des Gleichrichtwertes:
1. Schritt: von der zu integrierenden Funktion wird der Betrag gebildet,
2. Schritt: von dem Ergebnis wird der Mittelwert berechnet.

Berechnung des Effektivwertes:
1. Schritt: die zu integrierende Funktion wird quadriert,
2. Schritt: von dem Ergebnis wird der Mittelwert berechnet,
3. Schritt: von dem Ergebnis wird die Wurzel gezogen.

Lösung zur Aufgabe 4a:

$$\text{Mittelwert: } \overline{u} = \frac{1}{T}\int_0^T u(t)\,\mathrm{d}t = \frac{1}{T}\left[\hat{u}\frac{3T}{4} - \hat{u}\frac{T}{4}\right] = \frac{\hat{u}}{2} = 5\,\mathrm{V}.$$

$$\text{Gleichrichtwert: } \overline{|u|} = \frac{1}{T}\int_0^T |u(t)|\,\mathrm{d}t = \frac{1}{T}\left[\hat{u}\frac{3T}{4} + |-\hat{u}|\frac{T}{4}\right] = \hat{u} = 10\,\mathrm{V}.$$

$$\text{Effektivwert: } U_{eff} = \sqrt{\frac{1}{T}\int_0^T u^2(t)\,\mathrm{d}t} = \sqrt{\frac{1}{T}\left[\hat{u}^2\frac{3T}{4} + (-\hat{u})^2\frac{T}{4}\right]} = \hat{u} = 10\,\mathrm{V}.$$

Lösung zur Aufgabe 4b:

$$\text{Mittelwert: } \overline{u} = \frac{1}{T}\int_0^T \hat{u}\frac{t}{T}\,\mathrm{d}t = \frac{\hat{u}}{T^2}\frac{t^2}{2}\bigg|_0^T = \frac{\hat{u}}{2} = 5\,\mathrm{V}.$$

$$\text{Gleichrichtwert: } \overline{|u|} = \overline{u} = 5\,\mathrm{V}.$$

$$\text{Effektivwert: } U_{eff} = \sqrt{\frac{1}{T}\int_0^T \left(\hat{u}\frac{t}{T}\right)^2\mathrm{d}t} = \sqrt{\frac{\hat{u}^2}{T^3}\frac{t^3}{3}\bigg|_0^T} = \sqrt{\frac{\hat{u}^2}{3}} = \frac{\hat{u}}{\sqrt{3}} = 5{,}77\,\mathrm{V}.$$

Lösung zur Aufgabe 4c:

Mittelwert: $\overline{u} = \frac{\hat{u}}{4} = 2{,}5\,\mathrm{V}.$

Gleichrichtwert: $\overline{|u|} = \overline{u} = 2{,}5\,\mathrm{V}.$

Effektivwert: $U_{eff} = \sqrt{\frac{1}{T}\int_0^{T/2}\left(2\hat{u}\frac{t}{T}\right)^2 dt} = \sqrt{\frac{4\hat{u}^2}{T^3}\frac{t^3}{3}\Bigg|_0^{T/2}} = \sqrt{\frac{\hat{u}^2}{6}} = \frac{\hat{u}}{\sqrt{6}} = 4{,}08\,\mathrm{V}.$

Lösung zur Aufgabe 4d:

Mittelwert: $\overline{u} = 0.$

Gleichrichtwert: $\overline{|u|} = \frac{1}{T}\left[\hat{u}\frac{T}{4} + \hat{u}\frac{T}{4}\right] = \frac{\hat{u}}{2} = 5\,\mathrm{V}.$

Effektivwert:

$$U_{eff} = \sqrt{\frac{1}{T}\int_0^{T/2}\left(2\hat{u}\frac{t}{T}\right)^2 dt + \frac{1}{T}\int_{T/2}^{T}\left(2\hat{u}\frac{t-T}{T}\right)^2 dt} = \sqrt{\frac{\hat{u}^2}{6} + \frac{\hat{u}^2}{6}} = \frac{\hat{u}}{\sqrt{3}} = 5{,}77\,\mathrm{V}.$$

7.2 Level 1

Aufgabe 7.1 | Strom- und Spannungsbeziehungen an Widerstand und Spule

Die Induktivität L des Netzwerks in Abb. 1 ist zum Zeitpunkt $t = 0$ stromlos, $i_L(0) = 0$. Abb. 1 zeigt den Zeitverlauf der Spannung $u(t)$, die sich nur im Zeitintervall $0 \le t < T$ von null unterscheidet.

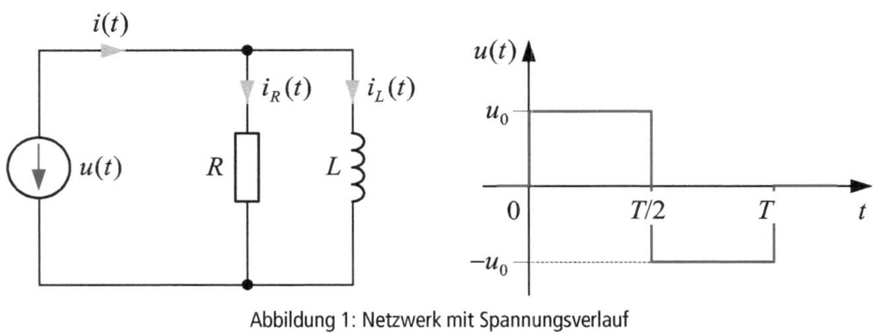

Abbildung 1: Netzwerk mit Spannungsverlauf

1. Skizzieren Sie die Zeitverläufe der Ströme $i_R(t)$ und $i_L(t)$ aus Abb. 1.
2. Skizzieren Sie den Zeitverlauf des Stromes $i(t)$ aus Abb. 1.

Lösung zur Teilaufgabe 1:

Infolge der Parallelschaltung liegt an beiden Komponenten die Spannung $u(t)$ an. Für den Strom am Widerstand ergibt sich somit

$$i_R(t) = \frac{u(t)}{R}$$

und aus

$$u_L(t) = L\frac{\mathrm{d}i_L}{\mathrm{d}t} \quad \rightarrow \quad \int \mathrm{d}i_L = \frac{1}{L}\int u_L(t)\,\mathrm{d}t$$

folgt für den Strom durch die Induktivität im Zeitabschnitt $0 \le t < T/2$

$$\int_{i_L(t=0)}^{i_L(t)} \mathrm{d}i_L = i_L(t) - \underbrace{i_L(0)}_{0} = \frac{1}{L}\int_0^t u_L(\tau)\,\mathrm{d}\tau \quad \rightarrow \quad i_L(t) = \frac{u_0}{L}\int_0^t \mathrm{d}\tau = \frac{u_0}{L}t \quad \text{für} \quad 0 \le t < T/2.$$

Der Strom durch die Induktivität steigt wegen der konstanten Spannung linear an und nimmt im Zeitpunkt $t = T/2$ den Wert

$$i_L(T/2) = \frac{u_0}{L}\frac{T}{2}$$

an. Mit diesem Anfangswert erhalten wir für den folgenden Zeitabschnitt $T/2 \le t < T$ den Verlauf

$$\int_{i_L(t=T/2)}^{i_L(t)} \mathrm{d}i_L = i_L(t) - i_L\left(\frac{T}{2}\right) = i_L(t) - \frac{u_0}{L}\frac{T}{2} = \frac{1}{L}\int_{T/2}^{t} u_L(\tau)\,\mathrm{d}\tau \quad \rightarrow$$

$$i_L(t) = \frac{u_0 T}{2L} - \frac{u_0}{L}\int_{T/2}^{t}\mathrm{d}\tau = \frac{u_0}{L}\left[\frac{T}{2} - \left(t - \frac{T}{2}\right)\right] = \frac{u_0}{L}(T - t) \quad \text{für} \quad T/2 \le t < T.$$

Die beiden Stromverläufe sind für den gesamten Zeitbereich in Abb. 2 dargestellt. Im Zeitbereich $t > T$ verschwindet die Eingangsspannung, sodass der Strom $i_R(t)$ ebenfalls verschwindet. Der Spulenstrom darf sich wegen $u(t) = 0$ nicht mehr ändern und behält im Bereich $t > T$ seinen Wert $i_L(T) = 0$ bei.

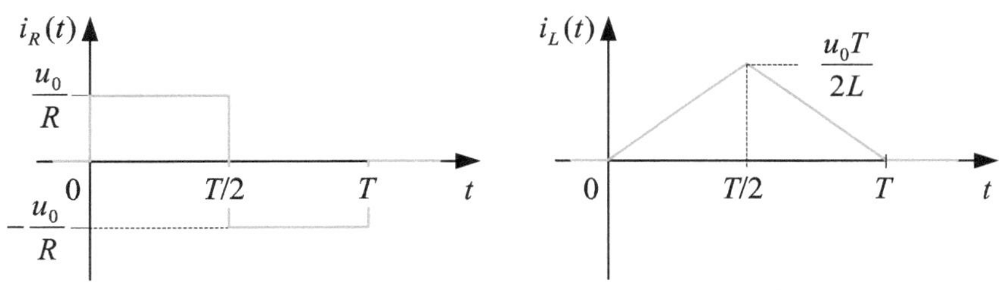

Abbildung 2: Ströme durch die Netzwerkelemente

Lösung zur Teilaufgabe 2:

Der Gesamtstrom ergibt sich aus der Addition der Einzelströme zu $i(t) = i_R(t) + i_L(t)$. Sein Verlauf ist in Abb. 3 dargestellt.

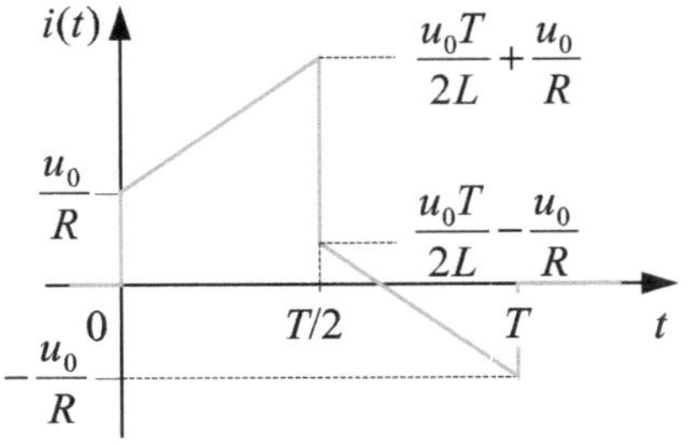

Abbildung 3: Gesamtstrom

Aufgabe 7.2 Parasitäre Eigenschaft einer Spule

Die Messung einer Spule mithilfe eines Impedanzanalysators ergibt, dass sie durch das Ersatzschaltbild in Abb. 1 beschrieben werden kann, in dem parallel zur eigentlichen Induktivität eine durch den Wickelaufbau bedingte parasitäre, d.h. unerwünschte Kapazität angenommen wird.

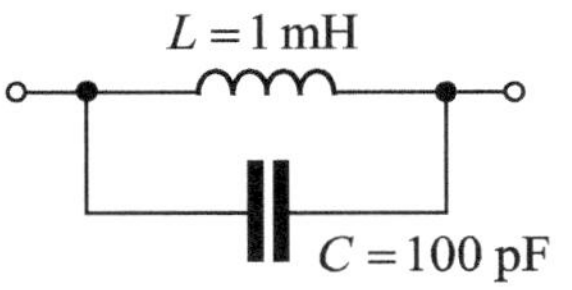

Abbildung 1: Einfaches Ersatzschaltbild für eine Spule

1. Berechnen Sie die beiden Teilströme durch L und durch C, wenn an die Anschlussklemmen eine Spannung $u(t) = \hat{u}\sin(\omega t)$ angelegt wird.
2. In welchem Frequenzbereich dominiert der Einfluss der parasitären Kapazität?

Lösung zur Teilaufgabe 1:

Wegen der Parallelschaltung liegt an L und an C die gleiche vorgegebene Spannung an. Für die Ströme gilt dann

$$i_L(t) = \frac{1}{L}\int u(t)\,\mathrm{d}t = \frac{\hat{u}}{L}\int \sin(\omega t)\,\mathrm{d}t = -\frac{\hat{u}}{\omega L}\cos(\omega t) = \hat{i}_L \cos(\omega t)$$

$$i_C(t) = C\frac{\mathrm{d}u(t)}{\mathrm{d}t} = \hat{u}C\frac{\mathrm{d}\sin(\omega t)}{\mathrm{d}t} = \hat{u}\omega C\cos(\omega t) = \hat{i}_C\cos(\omega t)\,.$$

Die bei der Berechnung des Spulenstromes auftretende mögliche Integrationskonstante bedeutet einen Gleichstrom, der aber bei der vorgegebenen zeitabhängigen Spannung nicht auftritt.

Lösung zur Teilaufgabe 2:

Das Verhalten der Parallelschaltung wird im Wesentlichen durch die Komponente bestimmt, die von dem größeren Strom durchflossen wird. Das Verhältnis der beiden Stromamplituden (die Phasenlage wird hier nicht berücksichtigt)

$$\frac{\hat{i}_L}{\hat{i}_C} = \frac{\hat{u}/\omega L}{\hat{u}\omega C} = \frac{1}{\omega^2 LC}$$

kann in Abhängigkeit von der Kreisfrequenz ω sowohl größer als auch kleiner als 1 werden. Der kapazitive Einfluss dominiert für

$$\omega^2 LC > 1 \quad \rightarrow \quad \omega = 2\pi f > \frac{1}{\sqrt{LC}} .$$

Oberhalb dieser so genannten Resonanzfrequenz (vgl. Kap. 8.5)

$$f_{res} = \frac{1}{2\pi\sqrt{LC}}$$

verhält sich die Spule nicht mehr wie eine Induktivität, sondern wie eine Kapazität.

Aufgabe 7.3 Aufstellung der Netzwerkgleichungen

Gegeben ist das Netzwerk in Abb. 1 mit den bekannten Werten R, L, C und der vorgegebenen Spannung $u(t)$.

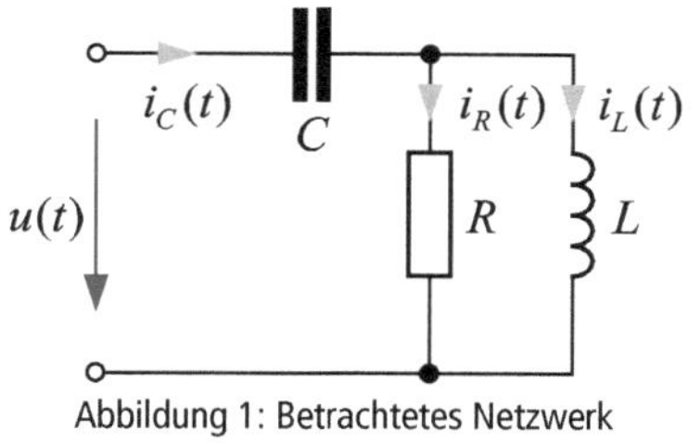

Abbildung 1: Betrachtetes Netzwerk

Stellen Sie drei Gleichungen auf, mit deren Hilfe die unbekannten Ströme aus den vorgegebenen Werten bestimmt werden können.

Lösung

Zur Aufstellung der Maschengleichungen werden die Spannungen an den Netzwerkelementen $u_C(t)$, $u_R(t)$ und $u_L(t)$ benötigt, die in Abb. 2 zusätzlich eingetragen sind.

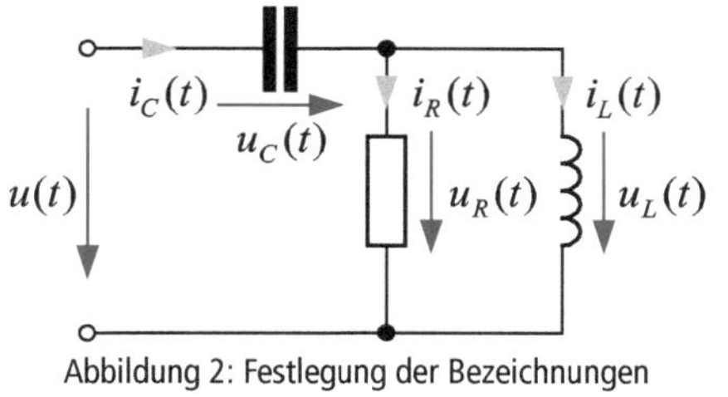

Abbildung 2: Festlegung der Bezeichnungen

Es gelten die Netzwerkgleichungen:

Knotengleichung: $i_L(t) = i_C(t) - i_R(t)$.

Maschengleichungen: $u(t) = u_C(t) + u_R(t)$ und $u_R(t) = u_L(t)$.

An den Netzwerkelementen gelten die Zusammenhänge

$$u_R(t) = Ri_R(t), \qquad u_L(t) = L\frac{\mathrm{d}i_L(t)}{\mathrm{d}t}, \qquad i_C(t) = C\frac{\mathrm{d}u_C(t)}{\mathrm{d}t}. \tag{1}$$

Der Strom $i_L(t)$ kann aus der Knotengleichung bestimmt werden, sofern die beiden anderen Ströme bekannt sind. Wir benötigen also noch zwei Gleichungen zur Bestimmung der beiden Ströme $i_R(t)$ und $i_C(t)$. Einsetzen der Beziehungen (1) in die Maschengleichungen liefert

$$u(t) = u_C(t) + Ri_R(t) \quad \rightarrow \quad \frac{\mathrm{d}u(t)}{\mathrm{d}t} = \frac{\mathrm{d}u_C(t)}{\mathrm{d}t} + R\frac{\mathrm{d}i_R(t)}{\mathrm{d}t} = \frac{1}{C}i_C(t) + R\frac{\mathrm{d}i_R(t)}{\mathrm{d}t}$$

$$u_R(t) = u_L(t) \quad \rightarrow \quad Ri_R(t) = L\frac{\mathrm{d}}{\mathrm{d}t}\left[i_C(t) - i_R(t)\right].$$

Zusammengefasst gelten die beiden Gleichungen

$$RC\frac{\mathrm{d}i_R(t)}{\mathrm{d}t} + i_C(t) = C\frac{\mathrm{d}u(t)}{\mathrm{d}t} \quad \text{und} \quad \frac{R}{L}i_R(t) + \frac{\mathrm{d}\,i_R(t)}{\mathrm{d}t} - \frac{\mathrm{d}\,i_C(t)}{\mathrm{d}t} = 0,$$

in denen die gesuchten Ströme gleichzeitig mit ihren zeitlichen Ableitungen auftreten. Die Lösung solcher Differentialgleichungen mithilfe der komplexen Wechselstromrechnung wird im folgenden Kapitel behandelt.

7.3 Level 2

Aufgabe 7.4 Schwingungspaketsteuerung

Ein Heizwiderstand R ist gemäß Abb. 1 an die Netzwechselspannung $\hat{u}\sin(\omega t)$ mit $\omega = 2\pi \cdot 50$ Hz angeschlossen. Zur Reduzierung der Heizleistung ist ein elektronischer Schalter S vorgesehen, der die Verbindung zwischen Quelle und Verbraucher jeweils für komplette Netzhalbwellen unterbrechen kann.

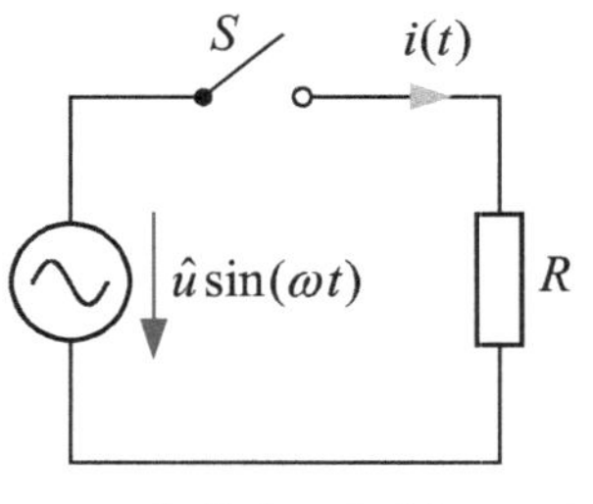

Abbildung 1: Steuerung der Verbraucherleistung mit einem Schalter

Wir betrachten die Situation, bei der der Schalter für jeweils n Sinusschwingungen eingeschaltet und anschließend für m Sinusschwingungen ausgeschaltet ist. Abb. 2 zeigt den Stromverlauf für das Beispiel $n = 2$ und $m = 3$.

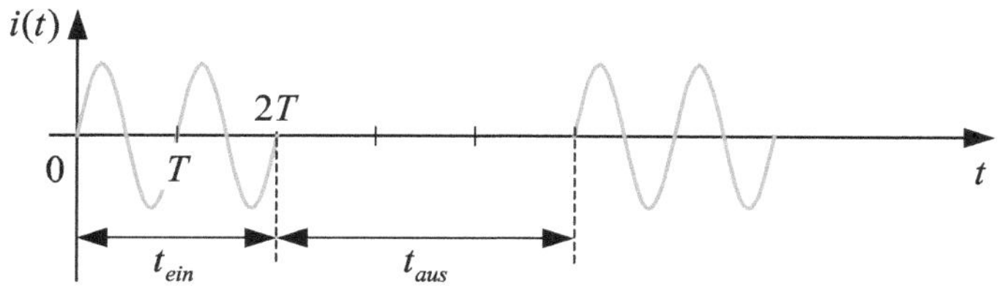

Abbildung 2: Schwingungspaketsteuerung

1. Berechnen Sie die zeitabhängige Leistung an dem ohmschen Widerstand.
2. Geben Sie den Effektivwert des Stromes an.
3. Welche mittlere Leistung wird an dem ohmschen Verbraucher umgesetzt?

Lösung zur Teilaufgabe 1:

Entsprechend der Stromform müssen zwei Fälle unterschieden werden:

$$p(t) = \begin{cases} u(t)\,i(t) = Ri^2(t) \\ 0 \end{cases} \quad \text{im Bereich} \quad \begin{matrix} t_{ein} \\ t_{aus} \end{matrix} .$$

Lösung zur Teilaufgabe 2:

In diesem Beispiel ist die Stromform nicht periodisch mit der Dauer T, sondern der gleiche Zeitverlauf wiederholt sich erst nach der Dauer $(n+m)T = t_{ein}+t_{aus}$. Der Effektivwert muss daher aus der Beziehung

$$I_{eff} = \sqrt{\frac{1}{(n+m)T} \int_0^{(n+m)T} i^2(t)\,\mathrm{d}t}$$

berechnet werden. Da der Strom aber nur während der Einschaltdauer einen nicht verschwindenden Wert aufweist, kann die obere Integrationsgrenze auf nT reduziert werden, sodass wir das folgende Ergebnis erhalten:

$$I_{eff} = \sqrt{\frac{1}{(n+m)T} \int_0^{nT} \hat{i}^2 \sin^2(\omega t)\,\mathrm{d}t} = \sqrt{\frac{\hat{i}^2}{(n+m)T} \int_0^{nT} \sin^2(\omega t)\,\mathrm{d}t}$$

$$= \sqrt{\frac{\hat{i}^2}{(n+m)T} \left[\frac{t}{2} - \frac{1}{4\omega}\sin(2\omega t)\right]_0^{nT}} = \sqrt{\frac{\hat{i}^2}{(n+m)T} \frac{nT}{2}} = \frac{\hat{i}}{\sqrt{2}} \sqrt{\frac{n}{n+m}} .$$

Lösung zur Teilaufgabe 3:

Für den zeitlichen Mittelwert der Leistung gilt mit Gl. (7.13)

$$\overline{P} = I_{eff}^2 R = \frac{\hat{i}^2}{2} \frac{n}{n+m} R = \frac{\hat{i}^2}{2} \frac{t_{ein}}{t_{ein} + t_{aus}} R.$$

Aufgabe 7.5 | Kenngrößen bei der Phasenanschnittsteuerung

Die Abb. 1 zeigt den prinzipiellen Aufbau einer Phasenanschnittschaltung (Dimmschaltung). Die Glühlampe R_L ist über einen Halbleiterschalter (Thyristor) mit der 50-Hz-Netzwechselspannung $u(t) = \hat{u}\sin(\omega t) = 230\sqrt{2}\,\text{V}\sin(\omega t)$ verbunden. Der Schalter wird so angesteuert, dass er in jeder Netzhalbwelle während der Zeit $0 \le t \le \alpha T/2$ mit $0 \le \alpha \le 1$ geöffnet bleibt. In der übrigen Zeit ist der Schalter geschlossen. Zur Vereinfachung soll davon ausgegangen werden, dass der Lampenwiderstand R_L unabhängig von der Lampenleistung und damit von der Temperatur den konstanten Wert $R_L = 529\ \Omega$ aufweist.

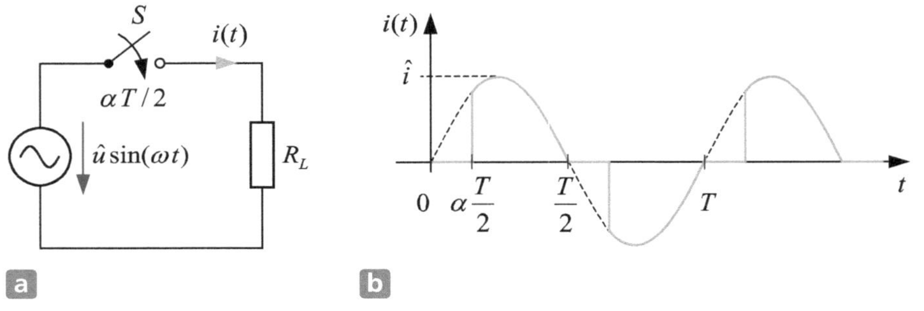

Abbildung 1: Phasenanschnittsteuerung, a: Prinzipschaltbild, b: mögliche Form des Netzstromes

1. Berechnen Sie die maximal mögliche mittlere Leistung an der Lampe.
2. Berechnen Sie für den in Abb. 1b dargestellten Lampenstrom die folgenden Größen:
   1. den Mittelwert,
   2. den Gleichrichtwert,
   3. den Effektivwert,
   4. den Spitze-Spitze-Wert und
   5. die mittlere Leistung an der Lampe bezogen auf deren Maximalwert bei $\alpha = 0$

   in Abhängigkeit des Parameters α. Stellen Sie diese Größen als Funktion des Parameters α grafisch dar.

Lösung zur Teilaufgabe 1:

Die maximale Leistung an der Lampe erhalten wir für $\alpha = 0$. Ihr zeitabhängiger Verlauf ist nach Gl. (7.12) durch

$$p_{\max}(t) = \frac{u^2(t)}{R_L} = \frac{\hat{u}^2}{R_L}\sin^2(\omega t) = \frac{\left(230\sqrt{2}\right)^2 \text{W}}{529} \cdot \sin^2(\omega t) = 200\,\text{W} \cdot \sin^2(\omega t)$$

gegeben. Ihr Mittelwert beträgt nach Gl. (7.13)

$$\overline{P}_{\max} = 200\,\text{W}\underbrace{\frac{1}{T}\int_0^T \sin^2(\omega t)\,\text{d}t}_{T/2} = 100\,\text{W} = \frac{\hat{u}^2}{2R_L} = \frac{U_{eff}{}^2}{R_L}.$$

Lösung zur Teilaufgabe 2:

1. Mittelwert:

Der zeitabhängige Strom $i(t)$ ist symmetrisch zur Nulllinie. Sein Mittelwert verschwindet daher unabhängig von dem Wert α, d.h., es gilt $\overline{i} = 0$.

2. Gleichrichtwert:

Zur Berechnung des Gleichrichtwertes wird der Betrag der in Abb. 1 dargestellten Funktion zugrunde gelegt. Dieser ist periodisch mit $T/2$. Damit gilt

$$\overline{|i|} = \frac{1}{T}\int_0^T |i(t)|\,\text{d}t = \frac{1}{T/2}\int_0^{T/2} i(t)\,\text{d}t = \frac{2}{T}\int_{\alpha T/2}^{T/2} \hat{i}\sin(\omega t)\,\text{d}t = \frac{2\hat{i}}{T}\int_{\alpha T/2}^{T/2} \sin(\omega t)\,\text{d}t$$

$$= -\frac{2\hat{i}}{\omega T}\cos(\omega t)\Big|_{\alpha T/2}^{T/2} = -\frac{\hat{i}}{\pi}\left[\cos(\omega T/2) - \cos(\omega\alpha T/2)\right] = \frac{\hat{i}}{\pi}\left[\cos(\alpha\pi) + 1\right].$$

Bemerkung:
Für den Grenzfall $\alpha = 0$ ergibt sich das in Gl. (7.10) berechnete Ergebnis für eine Sinusfunktion

$$\overline{|i|} = \frac{2}{\pi}\hat{i}.$$

3. Effektivwert:

$$I_{eff} = \sqrt{\frac{1}{T}\int_0^T i^2(t)\,\text{d}t} = \sqrt{\frac{2}{T}\int_0^{T/2} i^2(t)\,\text{d}t} = \sqrt{\frac{2}{T}\hat{i}^2\int_{\alpha T/2}^{T/2}\left[\sin(\omega t)\right]^2\text{d}t}$$

Mit dem Additionstheorem (H.2) $2\sin^2 x = 1-\cos(2x)$ gilt

$$I_{eff} = \sqrt{\frac{1}{T}\hat{i}^2\int_{\alpha T/2}^{T/2}\left[1-\cos(2\omega t)\right]\text{d}t} = \sqrt{\frac{1}{T}\hat{i}^2\left[t - \frac{1}{2\omega}\sin(2\omega t)\right]\Bigg|_{\alpha T/2}^{T/2}}$$

$$= \sqrt{\frac{1}{T}\hat{i}^2\left[\frac{T}{2}(1-\alpha) - \frac{T}{4\pi}(\sin\omega T - \sin\alpha\omega T)\right]} = \frac{\hat{i}}{\sqrt{2}}\sqrt{1-\alpha+\frac{1}{2\pi}\sin(2\alpha\pi)}\,.$$

Zur Kontrolle kann auch hier wieder $\alpha = 0$ eingesetzt werden. In diesem Fall stimmt dieses Ergebnis mit der Gl. (7.14) überein und wir erhalten wieder den Effektivwert eines sinusförmigen Stromes: $I_{eff} = \hat{i}/\sqrt{2}$.

4. Spitze-Spitze-Wert:

Wegen der Symmetrie des Stromes bezüglich der beiden Halbwellen ist der Spitze-Spitze-Wert gleich dem doppelten Spitzenwert in der ersten Halbwelle. Für den Wertebereich $0 \le \alpha \le 0{,}5$ ist der Spitzenwert identisch mit der Amplitude $\hat{i} = \hat{u}/R_L$. Für $\alpha > 0{,}5$ nimmt der Spitzenwert entsprechend der Sinusfunktion

$$\sin\omega t = \sin\frac{\alpha\omega T}{2} = \sin\alpha\pi$$

ab. Zusammengefasst gilt:

$$i_{ss} = \begin{cases} 2\hat{i} = 2\hat{u}/R_L & \text{für} \quad 0 \le \alpha \le 0{,}5 \\ 2\hat{i}\sin(\alpha\pi) = 2\hat{u}/R_L \sin(\alpha\pi) & \qquad\quad \alpha \ge 0{,}5\,. \end{cases}$$

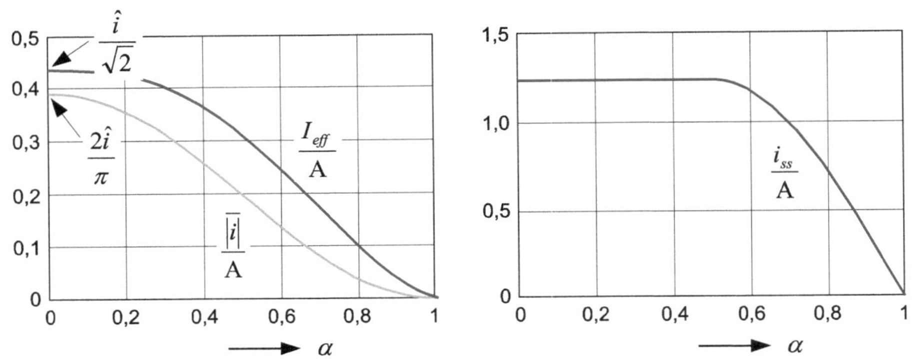

Abbildung 2: Kenngrößen des Stromes als Funktion des Parameters α

5. Mittlere Leistung an der Lampe bezogen auf ihren Maximalwert:
Die mittlere Lampenleistung kann nach Gl. (7.13) aus dem Effektivwert berechnet werden:

$$\overline{P} = I_{eff}{}^2 R_L = \frac{\hat{i}^2 R_L}{2}\left[1-\alpha+\frac{1}{2\pi}\sin(2\alpha\pi)\right] = \frac{\hat{u}^2}{2R_L}\left[1-\alpha+\frac{1}{2\pi}\sin(2\alpha\pi)\right].$$

Die auf den Maximalwert bezogene Lampenleistung

$$\frac{\overline{P}}{\overline{P}_{\max}} = 1-\alpha+\frac{1}{2\pi}\sin(2\alpha\pi)$$

ist in Abb. 3 abhängig von α dargestellt.

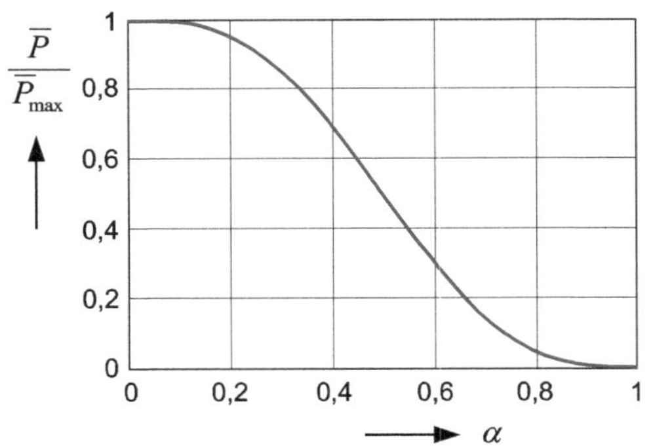

Abbildung 3: Normierte Lampenleistung als Funktion des Parameters α

7.4 Level 3

Aufgabe 7.6 Kenngrößen

Gegeben ist folgender dreieckförmiger Spannungsverlauf mit den Parametern α und β.

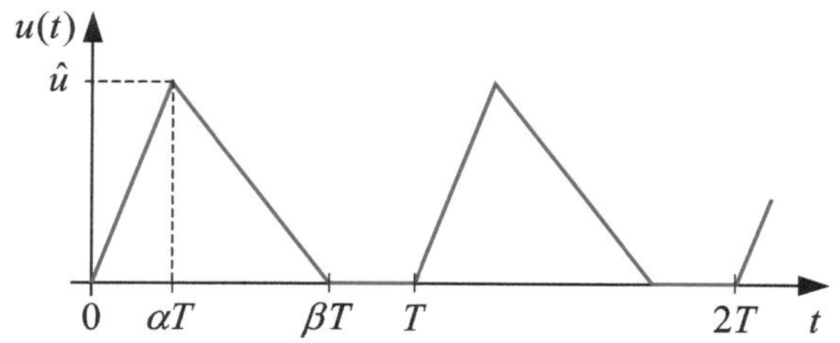

Abbildung 1: Zeitabhängiger periodischer Spannungsverlauf

Berechnen Sie für den in Abb. 1 dargestellten zeitlich periodischen Spannungsverlauf den Mittelwert und den Effektivwert.

Lösung

Der erste Schritt besteht in der mathematischen Beschreibung des Kurvenverlaufs. Wegen der Periodizität genügt die Betrachtung der ersten Periode $0 \le t \le T$. Für den dargestellten Spannungsverlauf gilt

$$u(t) = \begin{cases} \hat{u}\dfrac{t}{\alpha T} & \qquad 0 \le t \le \alpha T \\ \hat{u}\dfrac{t-\beta T}{\alpha T - \beta T} \quad \text{für} & \qquad \alpha T \le t \le \beta T \\ 0 & \qquad \beta T \le t \le T\,. \end{cases}$$

Für den Mittelwert gilt

$$\begin{aligned} \overline{u} &= \frac{1}{T}\int_0^T u(t)\,\mathrm{d}t = \frac{\hat{u}}{T}\int_0^{\alpha T} \frac{t}{\alpha T}\,\mathrm{d}t + \frac{\hat{u}}{T}\int_{\alpha T}^{\beta T} \frac{t-\beta T}{\alpha T - \beta T}\,\mathrm{d}t \\ &= \frac{\hat{u}}{T}\frac{1}{\alpha T}\frac{1}{2}t^2\bigg|_0^{\alpha T} + \frac{\hat{u}}{T}\frac{1}{\alpha T - \beta T}\left(\frac{1}{2}t^2 - \beta T\,t\right)\bigg|_{\alpha T}^{\beta T} \\ &= \hat{u}\frac{\alpha}{2} + \frac{\hat{u}}{T}\frac{T^2}{\alpha T - \beta T}\left(-\frac{1}{2}\beta^2 - \frac{1}{2}\alpha^2 + \alpha\beta\right) \\ &= \hat{u}\frac{\alpha}{2} + \hat{u}\frac{1}{\alpha-\beta}\left(-\frac{1}{2}\right)\left(\beta^2 + \alpha^2 - 2\alpha\beta\right) = \hat{u}\frac{\alpha}{2} - \hat{u}\frac{1}{2}(\alpha-\beta) = \hat{u}\frac{\beta}{2}\,. \end{aligned}$$

Das Ergebnis lässt sich auch direkt aus Abb. 1 ablesen. Der Flächeninhalt des Dreiecks beträgt $(\hat{u}/2)\cdot\beta T$. Aus der geforderten Gleichheit mit $\overline{u}T$ folgt unmittelbar das gleiche Ergebnis.

Für den Effektivwert gilt

$$
\begin{aligned}
U_{eff}{}^2 &= \frac{1}{T}\int_0^T u^2(t)\,\mathrm{d}t = \frac{\hat{u}^2}{T}\int_0^{\alpha T}\frac{t^2}{(\alpha T)^2}\,\mathrm{d}t + \frac{\hat{u}^2}{T}\int_{\alpha T}^{\beta T}\frac{(t-\beta T)^2}{(\alpha T-\beta T)^2}\,\mathrm{d}t \\
&= \frac{\hat{u}^2}{T}\frac{1}{(\alpha T)^2}\frac{1}{3}t^3\Big|_0^{\alpha T} + \frac{\hat{u}^2}{T}\frac{1}{(\alpha T-\beta T)^2}\left(\frac{1}{3}t^3-\beta T t^2+\beta^2 T^2 t\right)\Big|_{\alpha T}^{\beta T} \\
&= \hat{u}^2\frac{\alpha}{3} + \hat{u}^2\frac{1}{(\alpha-\beta)^2}\left[\frac{1}{3}\left(\beta^3-\alpha^3\right)-\beta\left(\beta^2-\alpha^2\right)+\beta^2(\beta-\alpha)\right] \\
&= \hat{u}^2\frac{\alpha}{3} + \hat{u}^2\frac{1}{\beta-\alpha}\left[\frac{1}{3}\left(\beta^2+\alpha\beta+\alpha^2\right)-\beta(\beta+\alpha)+\beta^2\right] \\
&= \hat{u}^2\frac{\alpha}{3} + \hat{u}^2\frac{1}{3}\frac{1}{\beta-\alpha}\left[\beta^2+\alpha^2-2\beta\alpha\right] = \hat{u}^2\frac{\beta}{3} \qquad \rightarrow \qquad U_{eff} = \hat{u}\sqrt{\frac{\beta}{3}}\,.
\end{aligned}
$$

Sowohl der Mittelwert als auch der Effektivwert sind unabhängig von dem Wert α. Für einen dreieckförmigen Kurvenverlauf ohne Lücken, also für $\beta = 1$, entspricht der Mittelwert dem halben Spitzenwert und der Effektivwert dem Spitzenwert dividiert durch $\sqrt{3}$.

Aufgabe 7.7 Strom- und Spannungsbeziehungen an Widerstand und Kondensator

Die Induktivität L des Netzwerks in Abb. 1 ist zum Zeitpunkt $t = 0$ stromlos. Ebenso ist der Kondensator zu diesem Zeitpunkt ohne Spannung $u_C(0) = 0$. Der auf der rechten Seite der Abbildung dargestellte Quellenstrom $i(t)$ weist nur im Zeitintervall $0 < t < T$ einen von null verschiedenen Wert auf.

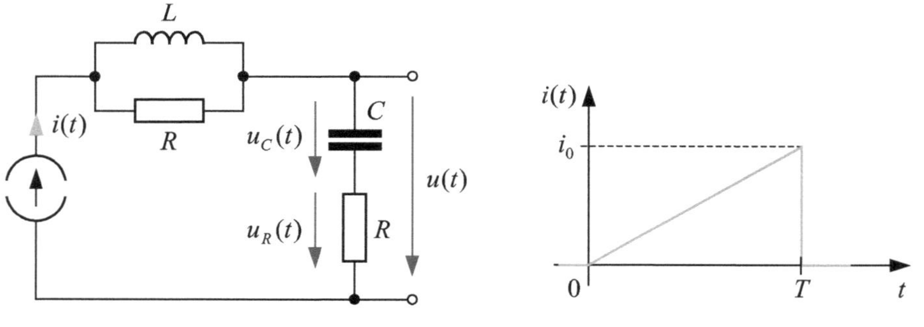

Abbildung 1: Netzwerk mit vorgegebenem Stromverlauf

1. Skizzieren Sie die Zeitverläufe der Spannungen $u_R(t)$ und $u_C(t)$ aus Abb. 1 im Zeitintervall $0 \le t \le T$.
2. Skizzieren Sie den Zeitverlauf der Spannung $u(t)$ aus Abb. 1 im Zeitintervall $0 \le t \le T$.

Lösung zur Teilaufgabe 1:

Die Parallelschaltung aus R und L hat keinen Einfluss auf den Strom in der Masche, d.h., der Strom in der Reihenschaltung R und C entspricht dem Quellenstrom. Mit dem linearen Zusammenhang am Widerstand

$$u_R(t) = Ri(t)$$

und mit der Gleichung

$$i(t) = C\frac{\mathrm{d}u_C(t)}{\mathrm{d}t}$$

lässt sich der Verlauf der Spannung $u_C(t)$ berechnen:

$$\int_{u_C(t=0)}^{u_C(t)} \mathrm{d}u_C = u_C(t) - \underbrace{u_C(0)}_{0} = \frac{1}{C}\int_0^t i(\tau)\,\mathrm{d}\tau$$

$$u_C(t) = \frac{1}{C}\int_0^t i_0\frac{\tau}{T}\,\mathrm{d}\tau = \frac{i_0}{CT}\frac{\tau^2}{2}\bigg|_0^t = \frac{i_0 t^2}{2CT}.$$

Der Maximalwert der Kondensatorspannung tritt zum Zeitpunkt $t = T$ auf:

$$u_C(T) = \frac{i_0 T}{2C}.$$

Im Zeitbereich $t > T$ fließt kein Strom durch den Kondensator, sodass sich die Spannung $u_C(t)$ dann nicht mehr ändert. Die beiden Spannungsverläufe sind für den gesamten Zeitbereich in Abb. 2 dargestellt.

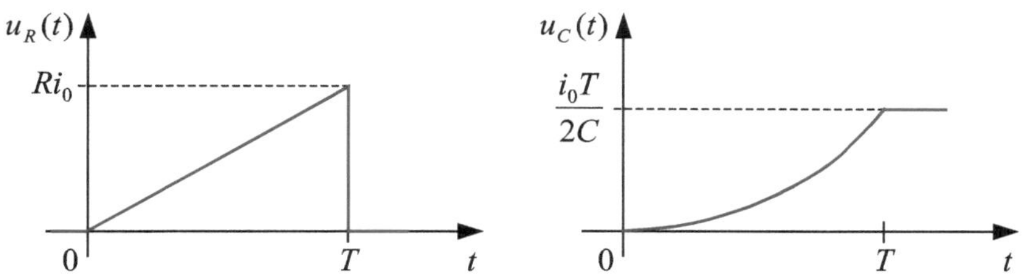

Abbildung 2: Spannungen an den Netzwerkelementen

Lösung zur Teilaufgabe 2:

Die Spannung $u(t)$ ergibt sich aus der Addition der Einzelspannungen: $u(t) = u_C(t) + u_R(t)$. Der Verlauf von $u(t)$ ist in Abb. 3 dargestellt.

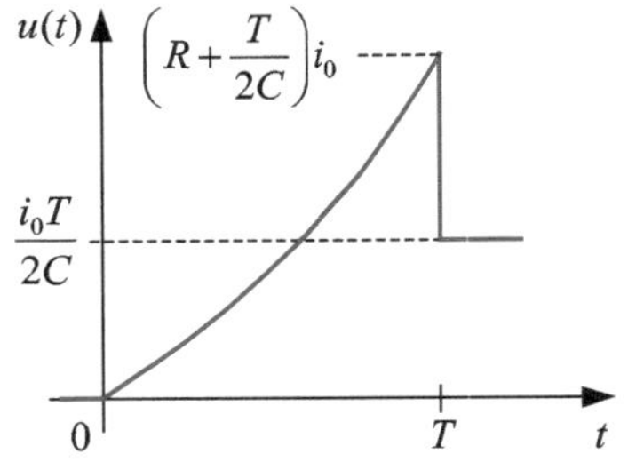

Abbildung 3: Summenspannung an der RC-Reihenschaltung

Aufgabe 7.8 Effektivwertmessung

Einfache Messgeräte zur Messung von Wechselspannung und -strom basieren auf der Gleichrichtung der Wechselgrößen, zeigen aber Effektivwerte an. Das Verhältnis von Effektivwert zu Gleichrichtwert wird als Formfaktor bezeichnet. In der Praxis wird der Formfaktor auf sinusförmige Größen bezogen, sodass bei der Messung anderer periodischer Signalformen die Anzeige fehlerhaft ist. Betrachtet wird der dreieckförmige Strom aus Abb. 1 mit folgender Definition:

$$i(t) = \begin{cases} \hat{i}\dfrac{4t}{T} & 0 \le t < \dfrac{T}{4} \\ -\hat{i}\dfrac{4t}{T} + 2\hat{i} \quad \text{für} & \dfrac{T}{4} \le t < \dfrac{3T}{4} \\ \hat{i}\dfrac{4t}{T} - 4\hat{i} & \dfrac{3T}{4} \le t < T\,. \end{cases}$$

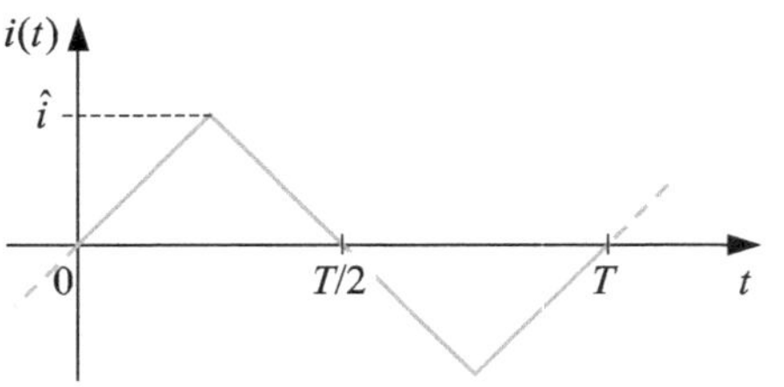

Abbildung 1: Dreieckförmiger Strom

1. Berechnen Sie den Gleichrichtwert.
2. Berechnen Sie den Effektivwert.
3. Geben Sie den Formfaktor für die Messung des dreieckförmigen Stromes an.
4. Geben Sie den Formfaktor für die Messung von sinusförmigem Strom an.
5. Welche prozentuale Abweichung ergibt sich bei der Messung des dreieckförmigen Stromes?

Lösung zur Teilaufgabe 1:

Der Gleichrichtwert beträgt

$$\overline{|i|} = \frac{1}{T}\int_0^T |i(t)|\,\mathrm{d}t = \frac{4}{T}\int_0^{T/4} \hat{i}\,\frac{4t}{T}\,\mathrm{d}t = \frac{16}{T^2}\hat{i}\left[\frac{t^2}{2}\right]\Bigg|_0^{T/4} = \frac{\hat{i}}{2}.$$

Lösung zur Teilaufgabe 2:

Der Effektivwert beträgt

$$I_{eff} \stackrel{(7.11)}{=} \sqrt{\frac{1}{T}\int_0^T i^2(t)\,\mathrm{d}t} = \sqrt{\frac{4}{T}\int_0^{T/4}\left(\hat{i}\,\frac{4t}{T}\right)^2 \mathrm{d}t} = \sqrt{\frac{4^3}{T^3}\hat{i}^2\left[\frac{t^3}{3}\right]\Bigg|_0^{T/4}} = \sqrt{\frac{4^3}{T^3}\hat{i}^2\,\frac{T^3}{4^3}\,\frac{1}{3}} = \frac{\hat{i}}{\sqrt{3}}.$$

Dieses Ergebnis kann auch aus Aufgabe 7.6 mit $\beta = 1$ übernommen werden.

Lösung zur Teilaufgabe 3:

Der Formfaktor für den dreieckförmigen Stromverlauf beträgt

$$F_{Dreieck} = \frac{I_{eff}}{\overline{|i|}} = \frac{2}{\sqrt{3}} \approx 1{,}1547\,.$$

Lösung zur Teilaufgabe 4:

Beim sinusförmigen Stromverlauf gilt

$$\overline{|i|} \stackrel{(7.10)}{=} \frac{2}{\pi}\hat{i}\,, \qquad I_{eff} \stackrel{(7.14)}{=} \frac{\hat{i}}{\sqrt{2}}\,, \qquad \rightarrow \qquad F_{Sinus} = \frac{I_{eff}}{\overline{|i|}} = \frac{\pi}{2\sqrt{2}} \approx 1{,}1107.$$

Lösung zur Teilaufgabe 5:

Das Messgerät erfasst den Gleichrichtwert und zeigt aufgrund der Umrechnung mit dem Formfaktor für sinusförmige Größen den Strom $F_{Sinus}\overline{|i|}$. Der tatsächliche Effektivwert für den dreieckförmigen Strom ist aber $F_{Dreieck}\overline{|i|}$, sodass wir den prozentualen Anzeigefehler aus dem folgenden Verhältnis berechnen können:

$$\frac{F_{Sinus} - F_{Dreieck}}{F_{Dreieck}} \cdot 100\,\% = \frac{\sqrt{3}}{2}\left(\frac{\pi}{2\sqrt{2}} - \frac{2}{\sqrt{3}}\right) \cdot 100\,\% = -3{,}8\,\%\,.$$

Der angezeigte Effektivwert beim dreieckförmigen Strom wäre in diesem Fall um 3,8 % zu gering.

Wechselspannung und Wechselstrom

Wichtige Formeln

Ströme und Spannungen komplex darstellen

$$u(t) = \hat{u}\cos(\omega t + \varphi_u) = \hat{u}\sin\left(\omega t + \varphi_u + \frac{\pi}{2}\right) = \mathrm{Re}\left\{\hat{u}\,\mathrm{e}^{\mathrm{j}(\omega t + \varphi_u)}\right\}$$

$$\mathrm{e}^{\mathrm{j}x} = \cos(x) + \mathrm{j}\sin(x)$$

$$\underline{u}(t) = \hat{u}\,\mathrm{e}^{\mathrm{j}(\omega t + \varphi_u)} = \hat{u}\,\mathrm{e}^{\mathrm{j}\varphi_u}\,\mathrm{e}^{\mathrm{j}\omega t} = \underline{\hat{u}}\,\mathrm{e}^{\mathrm{j}\omega t}$$

Zeitabhängige Spannung	Komplexe Amplitude
$\hat{u}\cos\omega t$	$\underline{\hat{u}} = \hat{u}$
$\hat{u}\cos(\omega t + \varphi_u)$	$\underline{\hat{u}} = \hat{u}\,\mathrm{e}^{\mathrm{j}\varphi_u}$
$\hat{u}\sin(\omega t + \varphi_u)$	$\underline{\hat{u}} = \hat{u}\,\mathrm{e}^{\mathrm{j}(\varphi_u - \pi/2)}$

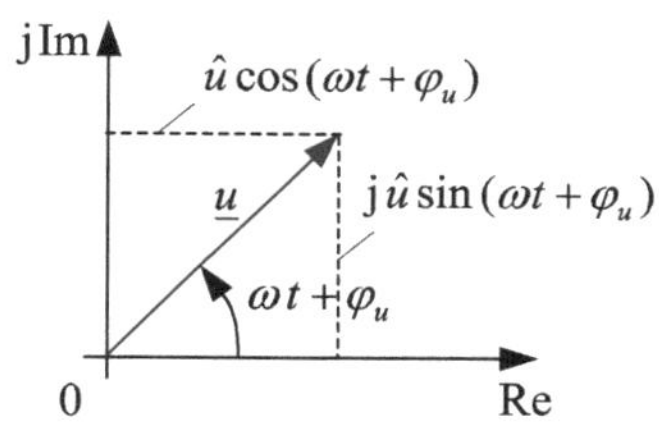

Netzwerkanalyse

$$\frac{\mathrm{d}}{\mathrm{d}t} \rightarrow \mathrm{j}\omega \qquad \int \mathrm{d}t \rightarrow \frac{1}{\mathrm{j}\omega}$$

$$\underline{\hat{u}} = \mathrm{j}\omega L \cdot \underline{\hat{i}}$$

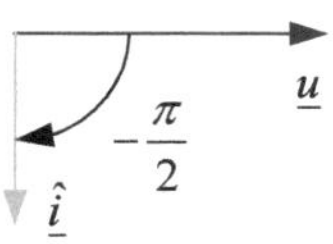

$$\underline{\hat{u}} = R \cdot \underline{\hat{i}}$$

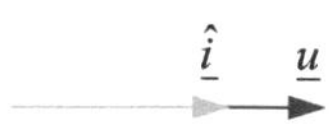

$$\underline{\hat{u}} = \frac{1}{\mathrm{j}\omega C} \cdot \underline{\hat{i}} = -\mathrm{j}\frac{1}{\omega C} \cdot \underline{\hat{i}}$$

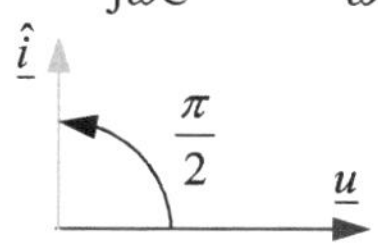

$$\underline{Z} = R + \mathrm{j}X = |\underline{Z}|\mathrm{e}^{\mathrm{j}\varphi}, \quad |\underline{Z}| = \sqrt{R^2 + X^2}, \quad \varphi = \arctan\frac{X}{R}$$

Rücktransformation zu zeitabhängigen Größen

Multiplikation mit $\mathrm{e}^{\mathrm{j}\omega t}$ und Realteilbildung

Serienschwingkreis

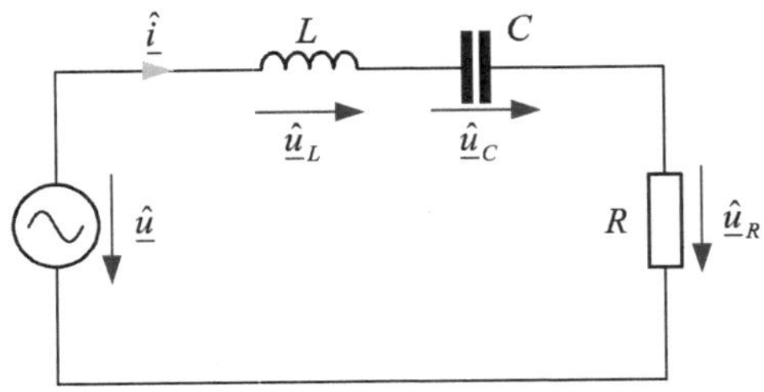

Resonanzfrequenz: $\omega_0 = 2\pi f_0 = \frac{1}{\sqrt{LC}}$

Güte: $Q_s = \frac{1}{R}\sqrt{\frac{L}{C}}$

Dämpfung: $d_s = \frac{1}{Q_s} = R\sqrt{\frac{C}{L}}$

Bandbreite: $B = f_2 - f_1 = \frac{1}{2\pi}\frac{R}{L} = \frac{f_0}{Q_s}$

	$f \to 0$	$f = f_0$	$f \to \infty$
$\hat{u}_R$	0	$\hat{u}$	0
$\hat{u}_L$	0	$\hat{u}\frac{1}{R}\omega_0 L = \hat{u}\frac{1}{R}\sqrt{\frac{L}{C}}$	$\hat{u}$
$\hat{u}_C$	$\hat{u}$	$\hat{u}\frac{1}{R}\frac{1}{\omega_0 C} = \hat{u}\frac{1}{R}\sqrt{\frac{L}{C}}$	0

Parallelschwingkreis

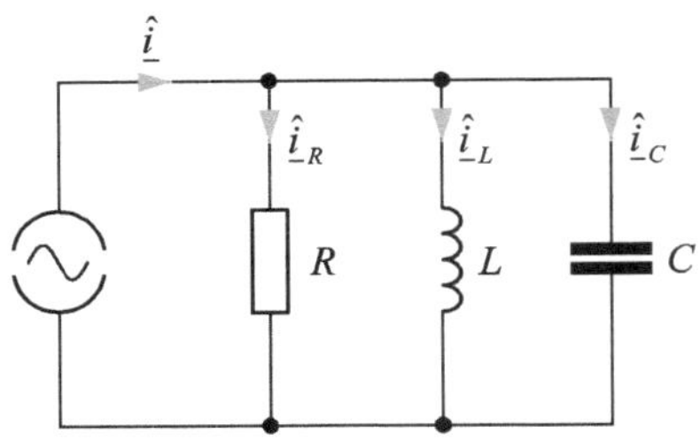

Resonanzfrequenz: $\omega_0 = 2\pi f_0 = \frac{1}{\sqrt{LC}}$

Güte: $Q_p = R\sqrt{\frac{C}{L}}$

Dämpfung: $d_p = \frac{1}{Q_p} = \frac{1}{R}\sqrt{\frac{L}{C}}$

Bandbreite: $B = f_2 - f_1 = \frac{1}{2\pi}\frac{G}{C} = \frac{f_0}{Q_p}$

	$f \to 0$	$f = f_0$	$f \to \infty$
$\hat{i}_R$	0	$\hat{i}$	0
$\hat{i}_L$	$\hat{i}$	$\hat{i}\frac{1}{\omega_0 LG} = \hat{i}\,R\sqrt{\frac{C}{L}}$	0
$\hat{i}_C$	0	$\hat{i}\frac{\omega_0 C}{G} = \hat{i}\,R\sqrt{\frac{C}{L}}$	$\hat{i}$

Wichtige Formeln

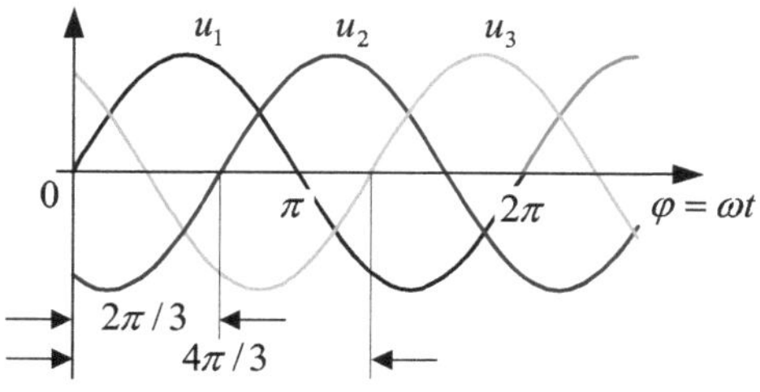

$$u_1(t) = \hat{u}\sin\omega t$$

$$u_2(t) = \hat{u}\sin\left(\omega t - \frac{2\pi}{3}\right)$$

$$u_3(t) = \hat{u}\sin\left(\omega t - \frac{4\pi}{3}\right)$$

	Dreieckschaltung	Sternschaltung
Außenleiterstrom I_L	$\sqrt{3}\,I$	I
Außenleiterspannung U_L	U	$\sqrt{3}\,U$

Sternschaltung mit Sternpunktleiter

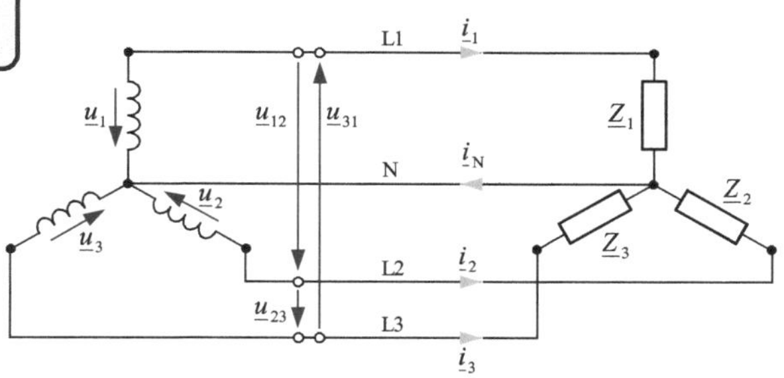

Dreieckschaltung

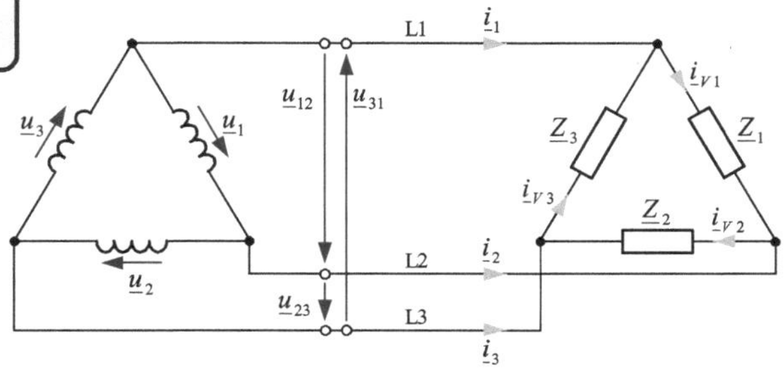

Wichtige Formeln

Wirkleistung

$$P = U\,I\cos(\varphi_u - \varphi_i)$$

Blindleistung

$$Q = U\,I\sin(\varphi_u - \varphi_i)$$

Scheinleistung

$$S = U\,I = \sqrt{P^2 + Q^2}$$

Komplexe Leistung

$$\underline{S} = \frac{1}{2}\hat{\underline{u}}\,\hat{\underline{i}}^{*} = P + \mathrm{j}Q, \qquad |\underline{S}| = S = \sqrt{P^2 + Q^2}$$

Drehstromsystem

$$P = U\left(I_{V1}\cos\varphi_1 + I_{V2}\cos\varphi_2 + I_{V3}\cos\varphi_3\right)$$

Leistungsfaktor

$$\lambda = \cos(\varphi_u - \varphi_i) = \frac{P}{S}$$

Leistungsanpassung mit Lastimpedanz

$$\underline{Z}_L = \underline{Z}_i^{*}$$

$$\rightarrow \quad P_{\max} = \frac{{U_0}^2}{4R_i}$$

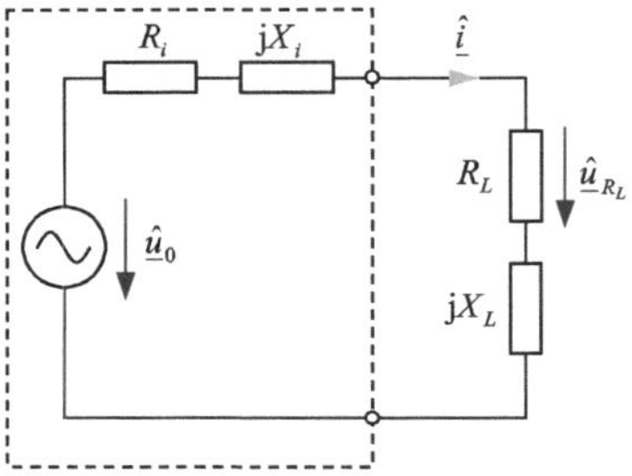

Leistungsanpassung mit Lastwiderstand

$$\underline{Z}_L = R_L = |\underline{Z}_i|$$

$$\rightarrow \quad P_{\max} = \frac{{U_0}^2}{2}\frac{1}{R_i + \sqrt{R_i^2 + X_i^2}}$$

Blindstromkompensation

gegenseitige Kompensation von induktiver und kapazitiver Blindleistung
→ Leistungsfaktor $\cos\varphi$ wird vergrößert

8.1 Verständnisaufgaben

1. Geben Sie die Impedanz eines Kondensators und einer Induktivität in Abhängigkeit von der Frequenz an. Wie groß ist die Impedanz der beiden Komponenten für $f \to 0$ Hz und $f \to \infty$?

2. Gegeben ist ein Zweipol aus einem Widerstand R und einer in Serie geschalteten Kapazität C. Geben Sie die Impedanz $\underline{Z}$, den Betrag $|\underline{Z}|$ und die Phase $\arg(\underline{Z})$ an.

3. Gegeben ist ein Zweipol aus einem Widerstand R und einer parallel geschalteten Induktivität L. Geben Sie die Admittanz $\underline{Y}$, den Betrag $|\underline{Y}|$ und die Phase $\arg(\underline{Y})$ an.

4. Das in der Abbildung gezeigte Netzwerk wird von einer harmonischen Spannung $\underline{\hat{u}}_0 = \hat{u}_0 e^{j0}$ erregt. Zeichnen Sie je ein Ersatzschaltbild des gezeigten Netzwerks für $f \to 0$ Hz und $f \to \infty$ und berechnen Sie für beide Fälle den Strom $\underline{\hat{i}}_R$ durch den Widerstand R in Abhängigkeit von der Quellenspannung $\underline{\hat{u}}_0$.

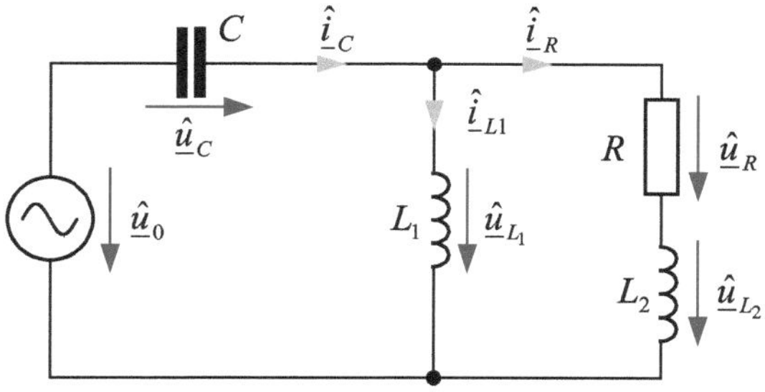

5. Wir betrachten den in der Abbildung dargestellten Serienschwingkreis. Wie lauten die Strom-Spannungs-Beziehungen an den Netzwerkelementen? Stellen Sie die Maschengleichung auf. Stellen Sie eine Differentialgleichung zur Berechnung der Kondensatorspannung auf, indem Sie die anderen unbekannten Spannungen aus der Maschengleichung eliminieren.

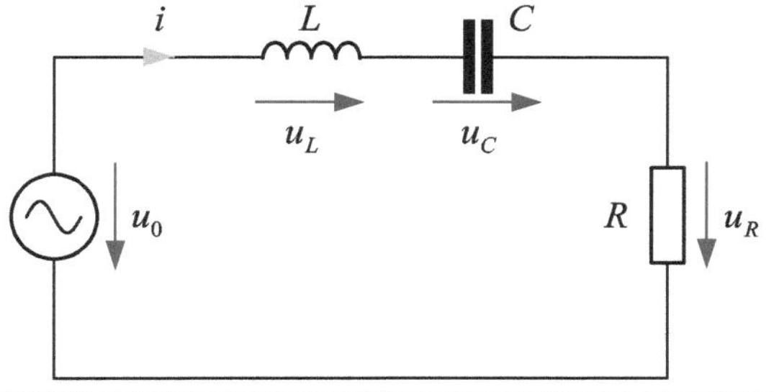

6. Der Kondensator in der folgenden Schaltung ist zum Zeitpunkt $t = 0$ ungeladen. Skizzieren Sie den Verlauf der Kondensatorspannung für den in der Abbildung gezeigten zeitlichen Verlauf des Stromes $i_0(t)$.

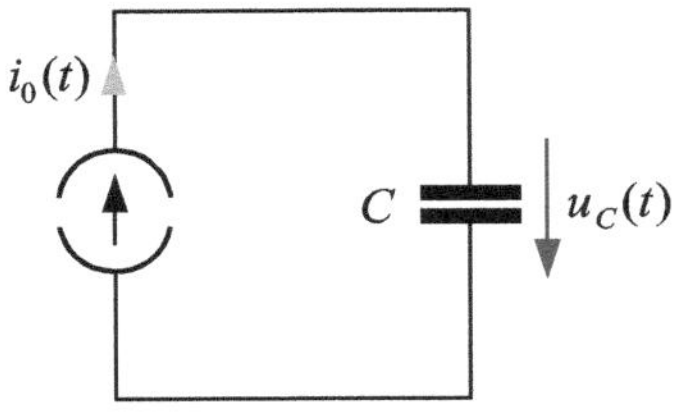

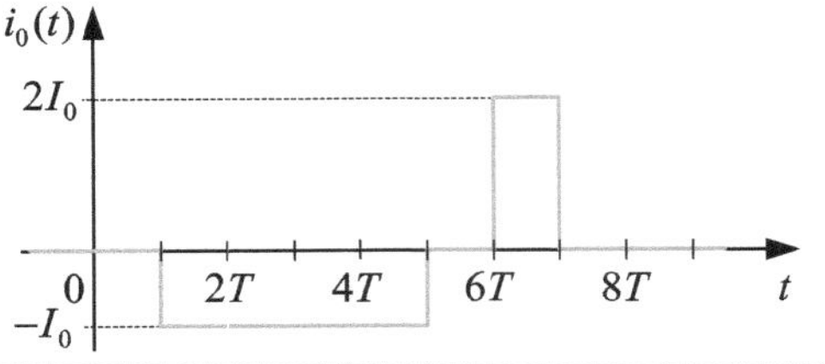

7. Das dargestellte Netzwerk wird von einem harmonischen Strom $i_0(t) = \hat{i}_0 \sin(\omega t)$ erregt. Bestimmen Sie den zeitlichen Verlauf der Kondensatorspannung $u_C(t)$ mithilfe der komplexen Amplituden, indem Sie die drei in Abb. 8.13 angegebenen Schritte durchführen.

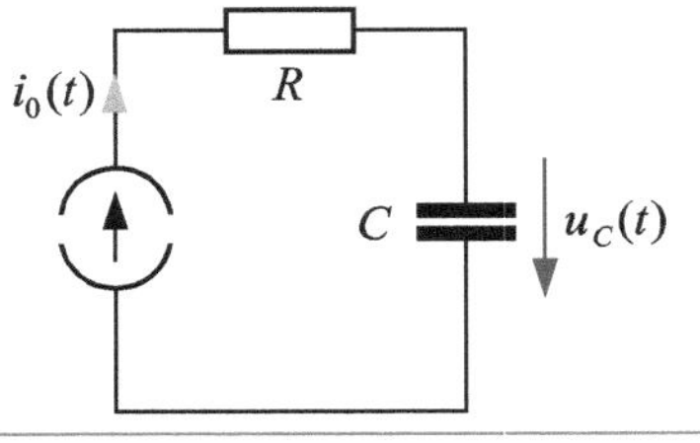

8. Zu welchem der folgenden Netzwerke a bis c gehört das dargestellte Zeigerdiagramm?

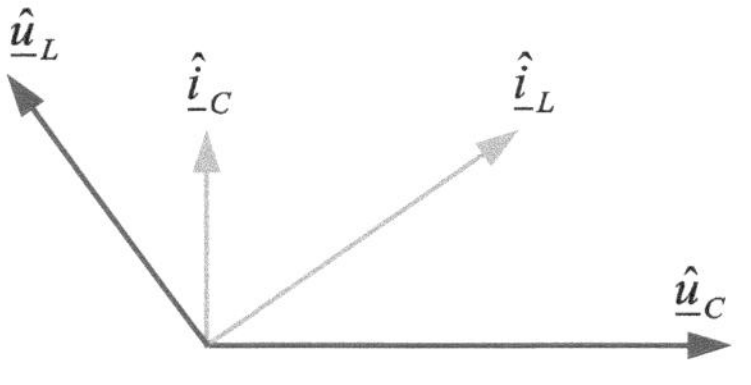

Zeigerdiagramm

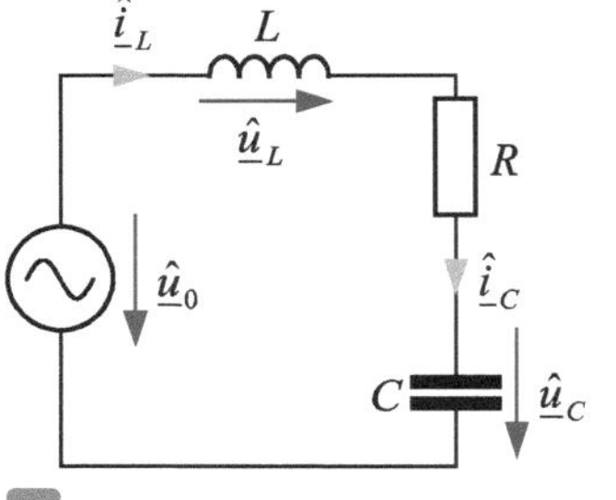

a

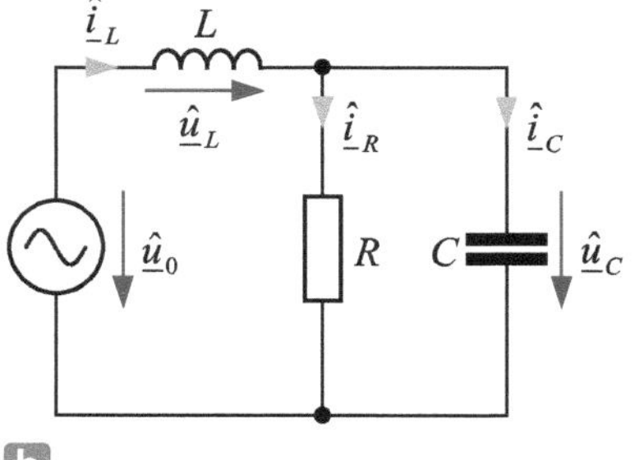

b

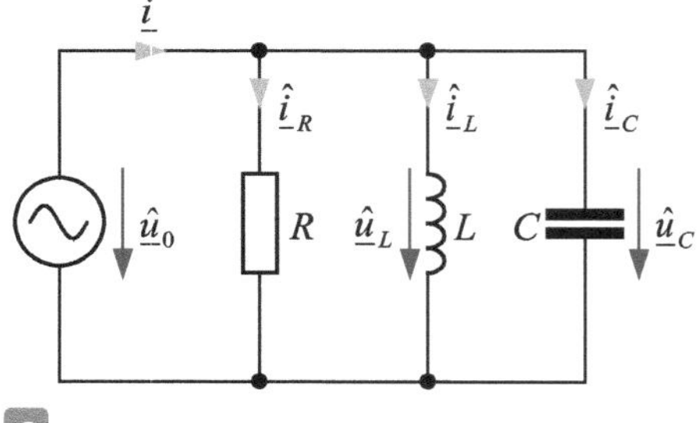

c

9. Bei der dargestellten Schaltung gilt $R = \omega L$. Vervollständigen Sie das Zeigerdiagramm, indem Sie die Spannungen $\underline{\hat{u}}_R$ und $\underline{\hat{u}}_L$ sowie den Strom $\underline{\hat{i}}$ eintragen. Die Länge des Stromzeigers kann beliebig gewählt werden.

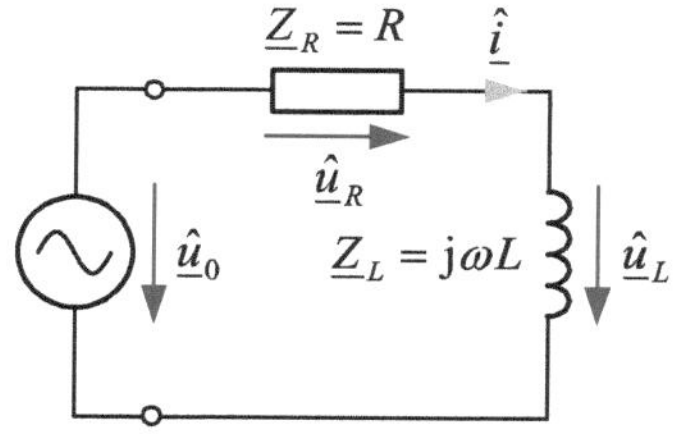

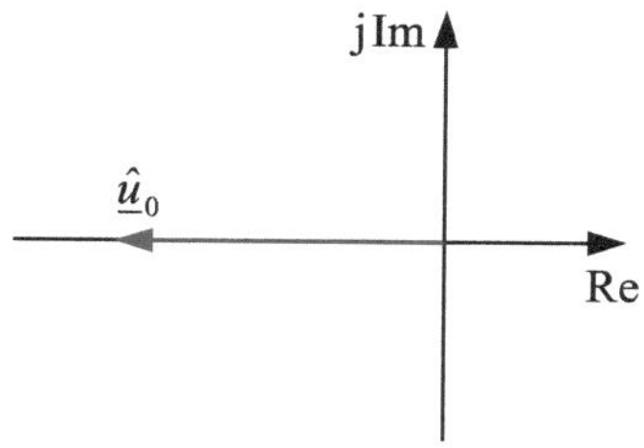

Stellen Sie die zeitabhängigen Verläufe von $\underline{\hat{u}}_0$ und $\underline{\hat{i}}$ dar und kennzeichnen Sie den Zeitpunkt, für den das Zeigerdiagramm gezeichnet ist.

Lösung zur Aufgabe 1:

$$\underline{Z}_C = \frac{1}{j\omega C} = \begin{cases} \infty & \text{Leerlauf} \\ 0 & \text{Kurzschluss} \end{cases} \quad \text{für} \quad \begin{matrix} f \to 0\,\text{Hz} \\ f \to \infty \end{matrix}$$

$$\underline{Z}_L = j\omega L = \begin{cases} 0 & \text{Kurzschluss} \\ \infty & \text{Leerlauf} \end{cases} \quad \text{für} \quad \begin{matrix} f \to 0\,\text{Hz} \\ f \to \infty \end{matrix}$$

Lösung zur Aufgabe 2:

$$\underline{Z} = R + \frac{1}{j\omega C} = |\underline{Z}|e^{j\varphi} \quad \text{mit} \quad |\underline{Z}| = \sqrt{R^2 + \frac{1}{(\omega C)^2}} \quad \text{und} \quad \arg(\underline{Z}) = \varphi = -\arctan\left(\frac{1}{\omega CR}\right).$$

Lösung zur Aufgabe 3:

$$\underline{Y} = \frac{1}{R} + \frac{1}{j\omega L} = |\underline{Y}|e^{j\psi} \quad \text{mit} \quad |\underline{Y}| = \sqrt{\frac{1}{R^2} + \frac{1}{(\omega L)^2}} \quad \text{und} \quad \arg(\underline{Y}) = \psi = -\arctan\left(\frac{R}{\omega L}\right).$$

Lösung zur Aufgabe 4:

Ersatzschaltbilder für $f \to 0$ Hz links und $f \to \infty$ rechts:

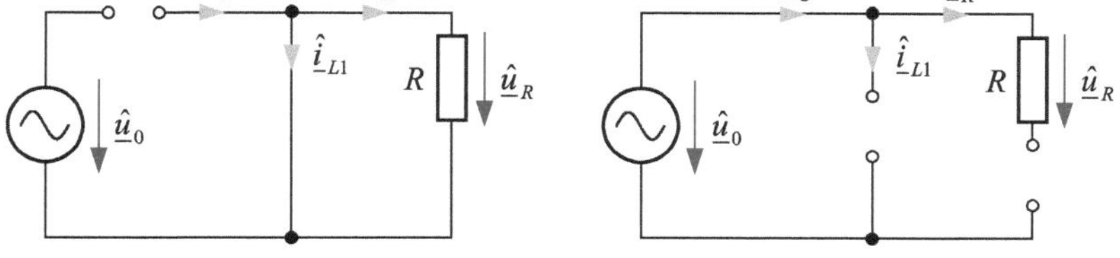

In beiden Grenzfällen gilt $\underline{\hat{i}}_R = 0$.

Lösung zur Aufgabe 5:

$$i(t) = C\frac{du_C(t)}{dt}, \quad u_L(t) = L\frac{di(t)}{dt}, \quad u_R(t) = Ri(t)$$

Maschengleichung: $u_0(t) = u_C(t) + u_L(t) + u_R(t)$.

Werden die Beziehungen an den Netzwerkelementen in die Maschengleichung eingesetzt, dann gilt

$$u_0(t) = u_C(t) + L\frac{di(t)}{dt} + Ri(t) = u_C(t) + L\frac{d}{dt}\left(C\frac{du_C(t)}{dt}\right) + RC\frac{du_C(t)}{dt}$$

$$LC\frac{d^2u_C(t)}{dt^2} + RC\frac{du_C(t)}{dt} + u_C(t) = u_0(t).$$

Lösung zur Aufgabe 6:

Mit dem vorgegebenen Strom am Kondensator gilt für die Spannung nach Gl. (7.5)

$$u_C(t) = \frac{1}{C}\int i_0(t)\,dt \quad \rightarrow \quad u_C(t) = u_C(t_0) + \frac{1}{C}\int_{t_0}^{t} i_0(\tau)\,d\tau.$$

Für den bereichsweise konstanten Strom $i_0(t)$ ergeben sich stückweise lineare Verläufe für die Spannung am Kondensator. Mit dem Startwert $u_C(0) = 0$ V erhalten wir den in der folgenden Abbildung dargestellten Spannungsverlauf.

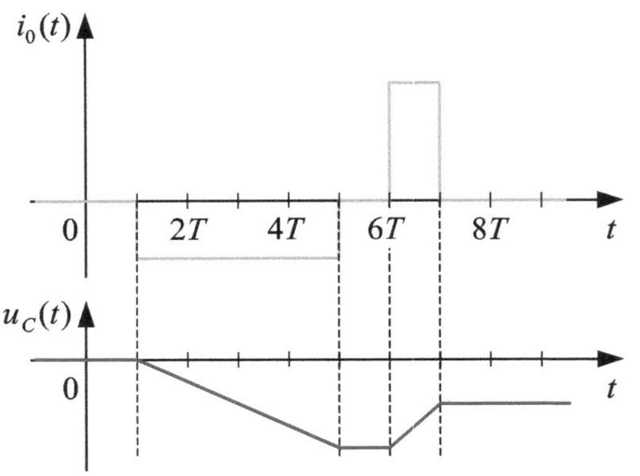

Lösung zur Aufgabe 7:

1. Schritt: Transformation in den Bildbereich
Komplexe Amplitude des Quellenstromes:

$$i(t) = \hat{i}_0 \sin(\omega t) \quad \rightarrow \quad \underline{\hat{i}}_0 = \hat{i}_0\, e^{-j\frac{\pi}{2}}.$$

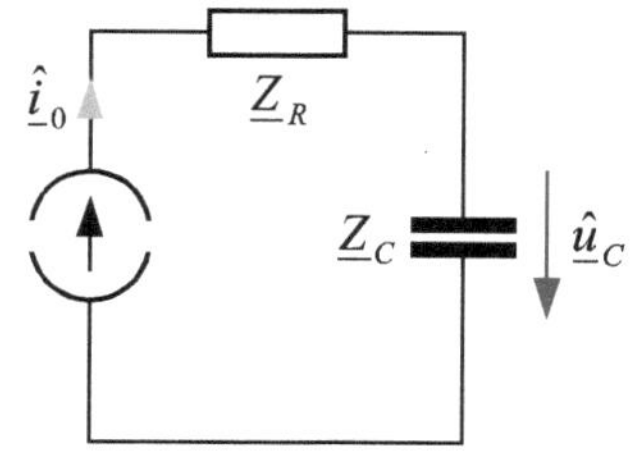

2. Schritt: Netzwerkanalyse

$$\hat{\underline{u}}_C = \underline{Z}_C \hat{\underline{i}}_0 = \frac{1}{\mathrm{j}\omega C}\hat{\underline{i}}_0 = -\mathrm{j}\frac{1}{\omega C}\hat{\underline{i}}_0 = \mathrm{e}^{-\mathrm{j}\frac{\pi}{2}}\frac{1}{\omega C}\hat{i}_0 \mathrm{e}^{-\mathrm{j}\frac{\pi}{2}} = \frac{\hat{i}_0}{\omega C}\mathrm{e}^{-\mathrm{j}\pi} = -\frac{\hat{i}_0}{\omega C}$$

3. Schritt: Rücktransformation in den Zeitbereich
Multiplikation mit $\mathrm{e}^{\mathrm{j}\omega t}$ sowie Realteilbildung liefert

$$u_C(t) = \mathrm{Re}\left\{-\frac{\hat{i}_0}{\omega C}\mathrm{e}^{\mathrm{j}\omega t}\right\} = -\frac{\hat{i}_0}{\omega C}\mathrm{Re}\left\{\mathrm{e}^{\mathrm{j}\omega t}\right\} = -\frac{\hat{i}_0}{\omega C}\cos(\omega t).$$

Lösung zur Aufgabe 8:

Beim Reihenschwingkreis in Abb. a gilt $\hat{\underline{i}}_L = \hat{\underline{i}}_C$ und beim Parallelschwingkreis in Abb. c gilt $\hat{\underline{u}}_L = \hat{\underline{u}}_C$. Das Zeigerdiagramm kann also nur zur Schaltung b gehören. Hier ist der Strom $\hat{\underline{i}}_R$ in Phase zur Kondensatorspannung. Wegen $\hat{\underline{i}}_L = \hat{\underline{i}}_R + \hat{\underline{i}}_C$ muss der Spulenstrom der Kondensatorspannung voreilen, dem Kondensatorstrom aber in Übereinstimmung mit dem Zeigerdiagramm nacheilen.

Lösung zur Aufgabe 9:

Beide Impedanzen werden vom gleichen Strom durchflossen, der mit der Spannung $\hat{\underline{u}}_R$ in Phase ist, der Spannung $\hat{\underline{u}}_L$ aber um 90° nacheilt, d.h., $\hat{\underline{u}}_L$ eilt der Spannung $\hat{\underline{u}}_R$ um 90° vor. Wegen $R = \omega L$ sind die Beträge der beiden Impedanzen gleich groß, d.h., auch die beiden Spannungen $\hat{\underline{u}}_R$ und $\hat{\underline{u}}_L$ besitzen den gleichen Betrag. Da die Summe der Spannungen nach der Maschengleichung der Quellenspannung entspricht, erhalten wir die in der folgenden Abbildung dargestellten beiden Spannungszeiger. Der Strom ist in Phase mit $\hat{\underline{u}}_R$ und eilt der Quellenspannung $\hat{\underline{u}}_0$ um 45° nach.

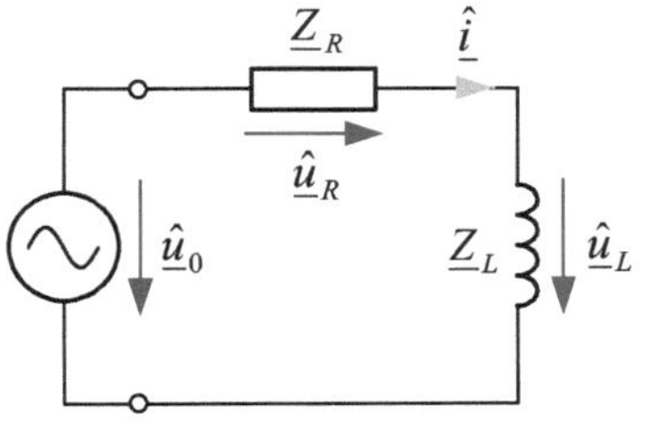

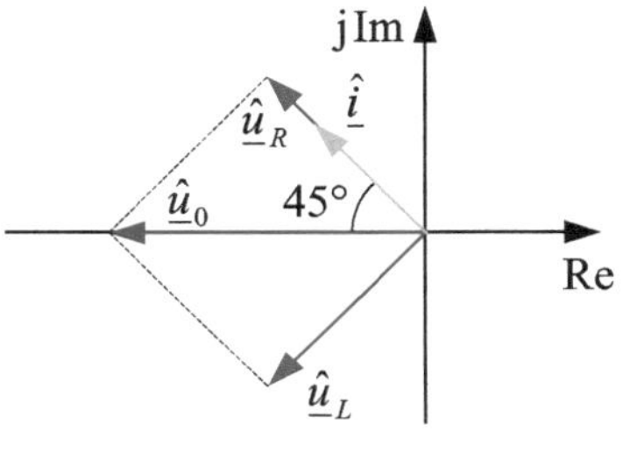

Die folgende Abbildung zeigt den Zeitverlauf von $\hat{\underline{u}}_0$ und $\hat{\underline{i}}$ mit den Amplituden und der Phasenverschiebung gemäß dem Zeigerdiagramm. Entsprechend dem in Abb. 8.1 dargestellten Zusammenhang zwischen dem Zeigerdiagramm und der Zeitfunktion beschreibt die Lage des Zeigers $\hat{\underline{u}}_0$ im obigen Diagramm den Nulldurchgang $\hat{\underline{u}}_0(t) = 0$. Da sich das Zeigerdiagramm entgegen dem Uhrzeigersinn dreht, handelt es sich um den Nulldurchgang, bei dem sich die Spannung von positiven Werten kommend in Richtung negativer Werte ändert.

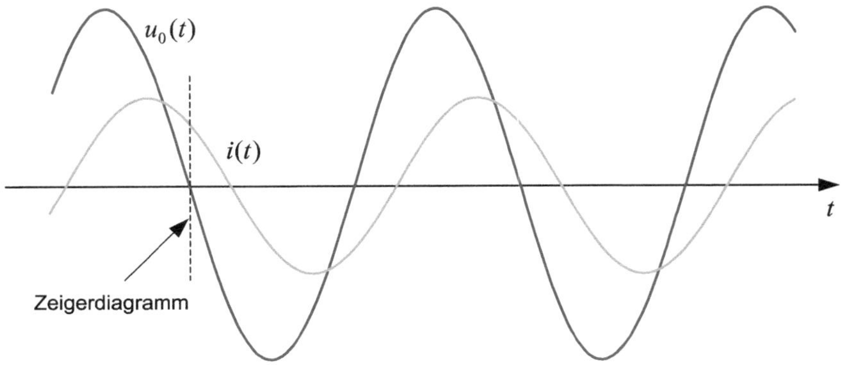

8.2 Level 1

Aufgabe 8.1 | Umrechnung zwischen Strom- und Spannungsquelle

Gegeben ist eine Spannungsquelle $\hat{\underline{u}}_0$ mit einer Innenimpedanz $\underline{Z}_i$.

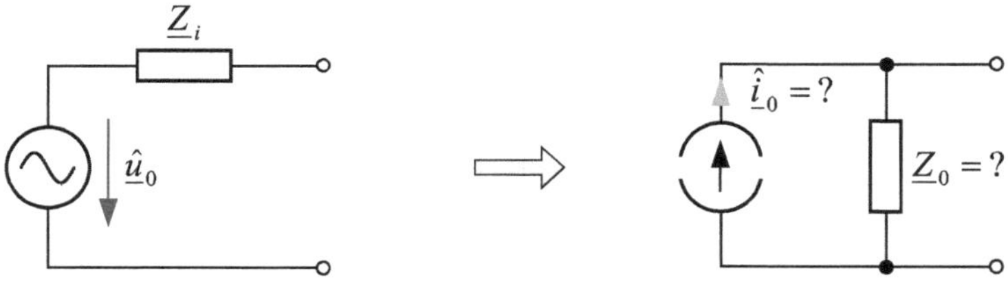

Abbildung 1: Spannungs- und Stromquelle mit Innenimpedanz

1. Berechnen Sie die Werte für den Strom $\hat{\underline{i}}_0$ und die Innenimpedanz $\underline{Z}_0$ einer äquivalenten Stromquelle, die bei der gegebenen Frequenz den gleichen Strom an eine beliebige Last abgibt. Gehen Sie dabei von der Forderung aus, dass die Leerlaufspannung $\hat{\underline{u}}_L$ und der Kurzschlussstrom $\hat{\underline{i}}_K$ für beide Quellen gleich sein müssen.
2. Kontrollieren Sie die Ergebnisse, indem Sie für beide Netzwerke den Ausgangsstrom durch eine beliebige Impedanz $\underline{Z}$ berechnen.

Lösung zur Teilaufgabe 1:

Für die Spannungsquelle erhalten wir die Leerlaufspannung und den Kurzschlussstrom

$$\underline{\hat{u}}_L = \underline{\hat{u}}_0 \qquad \text{und} \qquad \underline{\hat{i}}_K = \frac{\underline{\hat{u}}_0}{\underline{Z}_i}. \tag{1}$$

Für die Stromquelle gilt

$$\underline{\hat{u}}_L = \underline{Z}_0\,\underline{\hat{i}}_0 \qquad \text{und} \qquad \underline{\hat{i}}_K = \underline{\hat{i}}_0. \tag{2}$$

Gleiche Kurzschlussströme bei beiden Quellen bedeutet

$$\underline{\hat{i}}_0 = \frac{\underline{\hat{u}}_0}{\underline{Z}_i}.$$

Aus der Forderung gleicher Leerlaufspannungen folgt dann unmittelbar

$$\underline{\hat{u}}_0 = \underline{Z}_0\,\underline{\hat{i}}_0 = \underline{Z}_0\frac{\underline{\hat{u}}_0}{\underline{Z}_i} \quad \rightarrow \quad \underline{Z}_0 = \underline{Z}_i.$$

Lösung zur Teilaufgabe 2:

Wir betrachten die Netzwerke in Abb. 2 und überprüfen, ob der Strom $\underline{\hat{i}}$ in beiden Fällen gleich ist.

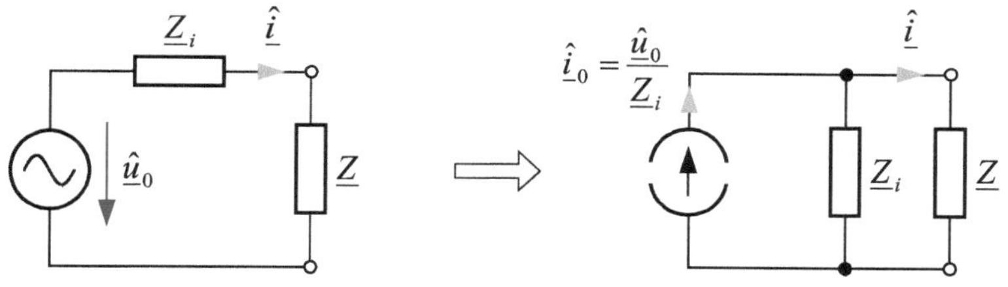

Abbildung 2: Netzwerke zur Überprüfung der Äquivalenz beider Quellen

Bei der Spannungsquelle gilt

$$\underline{\hat{i}} = \frac{\underline{\hat{u}}_0}{\underline{Z}_i + \underline{Z}}$$

und bei der Stromquelle folgt aus der Stromteilerregel die Beziehung

$$\frac{\underline{\hat{i}}}{\underline{\hat{i}}_0} = \frac{\underline{Y}}{\underline{Y}_{ges}} = \frac{1/\underline{Z}}{1/\underline{Z}_i + 1/\underline{Z}} = \frac{\underline{Z}_i}{\underline{Z}+\underline{Z}_i} \quad \rightarrow \quad \underline{\hat{i}} = \frac{\underline{Z}_i\,\underline{\hat{i}}_0}{\underline{Z}+\underline{Z}_i} = \frac{\underline{\hat{u}}_0}{\underline{Z}+\underline{Z}_i}$$

und damit das gleiche Ergebnis.

Aufgabe 8.2 Zeigerdiagramm

Gegeben sind die beiden Netzwerke in Abb. 1 mit den Komponenten $R_1 = 4\,\Omega$, $R_2 = 2\,\Omega$, $C = 300$ nF und $L = 3$ µH. Für Amplitude und Frequenz der sinusförmigen Quellenspannung gelten $\hat{u} = 10\,\text{V}$ und $f = 100$ kHz.

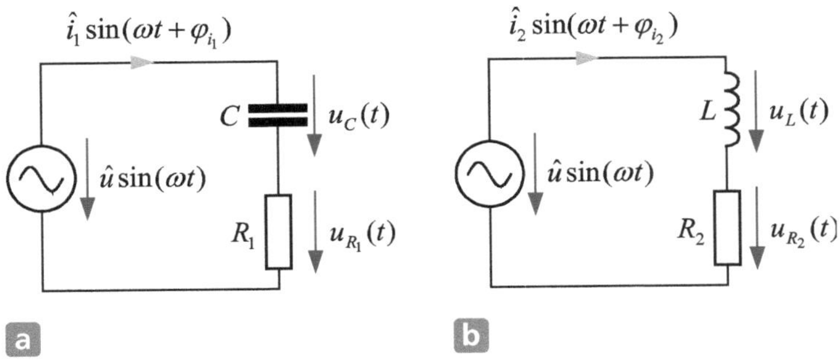

Abbildung 1: Netzwerke mit frequenzabhängigen Impedanzen

1. Bestimmen Sie auf grafischem Wege unter Anwendung des Zeigerdiagramms die Amplituden und Phasen der Ströme $i_1(t)$ und $i_2(t)$.
2. Bestimmen Sie die Ströme $i_1(t)$ und $i_2(t)$ mithilfe der komplexen Wechselstromrechnung.

Lösung zur Teilaufgabe 1:

Im Folgenden werden die nacheinander auszuführenden Schritte der Reihe nach aufgelistet und die ermittelten Ströme und Spannungen gleichzeitig in die Zeigerdiagramme in Abb. 2 eingetragen. Wir betrachten zunächst die Schaltung in Abb. 1a mit dem zugehörigen Zeigerdiagramm in Abb. 2a.

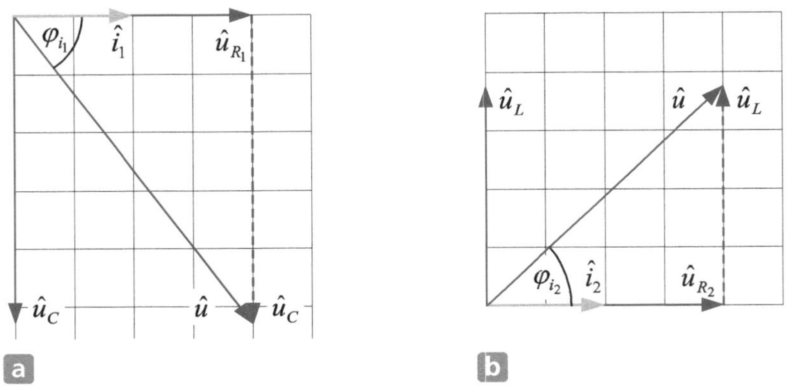

Abbildung 2: Zeigerdiagramme

1. Zeichnen von $\hat{i}_1$ entlang der reellen Achse als Zeiger mit der willkürlich gewählten Länge 2 cm. Der Abstand zwischen zwei Gitterlinien soll jeweils der Länge 1 cm entsprechen.
2. An R_1 sind $i_1(t)$ und $u_{R_1}(t)$ in Phase. Zeichnen von $\hat{u}_{R_1} = R_1\,\hat{i}_1 = 4\,\Omega \cdot \hat{i}_1$ mit der willkürlich gewählten Länge 4 cm.
3. An C eilt die Spannung $u_C(t)$ dem Strom $i_1(t)$ um 90° nach. Zeichnen von

$$\hat{u}_C = \frac{1}{\omega C}\hat{i}_1 = \frac{1}{2\pi 100\,\text{kHz} \cdot 300\,\text{nF}}\hat{i}_1 \approx 5{,}3\,\Omega \cdot \hat{i}_1$$

   mit 5,3 cm Länge.
4. Die Reihenschaltung von R_1 und C verlangt die Addition der Spannungen $u_{R_1}(t)$ und $u_C(t)$. Zeichnen von $\hat{u}$ durch Anhängen von $\hat{u}_C$ an $\hat{u}_{R_1}$. Die Länge von $\hat{u}$ ergibt sich aus $\sqrt{(4\,\text{cm})^2 + (5{,}3\,\text{cm})^2} \approx 6{,}6\,\text{cm}$ und entspricht gemäß Aufgabenstellung einer Spannung von 10 V. Der Maßstab für die Spannungen in diesem Zeigerdiagramm ist also M_{u1} = 10 V/6,6 cm.
5. Aus

$$\hat{i}_1 = \frac{\hat{u}_{R_1}}{R_1} = \frac{4\,\text{cm} \cdot M_{u1}}{R_1} = \frac{4\,\text{cm} \cdot 10\,\text{V}}{6{,}6\,\text{cm} \cdot 4\,\Omega} \approx 1{,}5\,\text{A}$$

   erhalten wir die Amplitude von $i_1(t)$ und aus

$$\tan\left(\varphi_{i_1}\right) = \frac{\hat{u}_C}{\hat{u}_{R_1}} \quad \rightarrow \quad \varphi_{i_1} = \arctan\left(\frac{\hat{u}_C}{\hat{u}_{R_1}}\right) = \arctan\left(\frac{5{,}3}{4}\right) \approx 0{,}924 \approx 53°$$

   den Betrag der Phase. Dem Zeigerdiagramm entnehmen wir $\varphi_{i_1} \approx +53°$, da $i_1(t)$ der Spannung $u(t)$ voreilt. Daraus folgt $i_1(t) = 1{,}5\,\text{A}\sin(\omega t + 53°)$.

Wir betrachten jetzt die Schaltung in Abb. 1b mit dem zugehörigen Zeigerdiagramm in Abb. 2b zur Bestimmung von $i_2(t) = \hat{i}_2 \sin(\omega t + \varphi_{i_2})$.

1. Zeichnen von $\hat{i}_2$ als Zeiger mit der willkürlich gewählten Länge 2 cm.
2. An R_2 sind $i_2(t)$ und $u_{R_2}(t)$ in Phase. Zeichnen von $\hat{u}_{R_2} = R_2\,\hat{i}_2 = 2\,\Omega \cdot \hat{i}_2$ mit der willkürlich gewählten Länge 4 cm (Vorsicht: trotz gleicher Länge ergibt sich ein anderer Maßstab für die Spannung, der nicht mit M_{u1} bei der Schaltung a übereinstimmt).
3. An L eilt die Spannung $u_L(t)$ dem Strom $i_2(t)$ um 90° vor. Zeichnen von

$$\hat{u}_L = \omega L\,\hat{i}_2 = 2\pi 100\,\text{kHz} \cdot 3\,\mu\text{H} \cdot \hat{i}_2 \approx 1{,}88\,\Omega \cdot \hat{i}_2$$

   mit 3,77 cm Länge.
4. Die Reihenschaltung von R_2 und L verlangt die Addition der Spannungen $u_{R_2}(t)$ und $u_L(t)$. Zeichnen von $\hat{u}$ durch Anhängen von $\hat{u}_L$ an $\hat{u}_{R_2}$. Die Länge von $\hat{u}$ ergibt sich aus $\sqrt{(4\,\text{cm})^2 + (3{,}77\,\text{cm})^2} \approx 5{,}5\,\text{cm}$ und entspricht gemäß Aufgabenstellung einer Spannung von 10 V. Der Maßstab für die Spannungen in diesem Zeigerdiagramm ist also M_{u2} = 10 V/5,5 cm.

5. Aus

$$\hat{i}_2 = \frac{\hat{u}_{R_2}}{R_2} = \frac{4\,\mathrm{cm}\cdot M_{u2}}{R_2} = \frac{4\,\mathrm{cm}\cdot 10\,\mathrm{V}}{5{,}5\,\mathrm{cm}\cdot 2\,\Omega} \approx 3{,}64\,\mathrm{A}$$

erhalten wir die Amplitude von $i_2(t)$ und aus

$$\tan\left(\varphi_{i_2}\right) = \frac{\hat{u}_L}{\hat{u}_{R_2}} \quad \to \quad \varphi_{i_2} = \arctan\left(\frac{\hat{u}_L}{\hat{u}_{R_2}}\right) = \arctan\left(\frac{3{,}77}{4}\right) \approx 0{,}754 \approx 43°$$

den Betrag der Phase. Dem Zeigerdiagramm entnehmen wir, dass der Strom $i_2(t)$ der Spannung $u_L(t)$ nacheilt. Daraus folgt $i_2(t) = 3{,}64\,\mathrm{A}\sin(\omega t - 43°)$.

Lösung zur Teilaufgabe 2:

Wir betrachten wieder zuerst das Netzwerk in Abb. 1a. Der **erste Schritt** besteht darin, das Netzwerk in den Bildbereich zu übertragen.

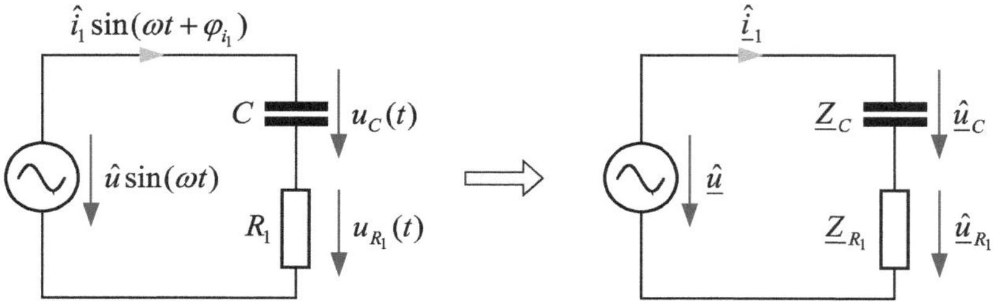

Abbildung 3: Transformation in den Bildbereich

Für die komplexe Amplitude der Quellenspannung gilt $\underline{\hat{u}} = \hat{u}\,\mathrm{e}^{-\mathrm{j}\pi/2}$.

Für die Impedanzen gilt $\underline{Z}_{R_1} = R_1$ und $\underline{Z}_C = \dfrac{1}{\mathrm{j}\omega C}$.

Der **zweite Schritt** besteht in der Berechnung des Stromes:

$$\underline{\hat{i}}_1 = \frac{\underline{\hat{u}}}{\underline{Z}_{R_1} + \underline{Z}_C} = \frac{\hat{u}\,\mathrm{e}^{-\mathrm{j}\pi/2}}{R_1 + \dfrac{1}{\mathrm{j}\omega C}} = \hat{u}\,\mathrm{e}^{-\mathrm{j}\pi/2}\,\frac{\mathrm{j}\omega C}{1 + \mathrm{j}\omega C R_1} \overset{(\mathrm{E.8})}{=} \frac{\hat{u}\,\omega C}{1 + \mathrm{j}\omega C R_1}$$

$$= \frac{\hat{u}\,\omega C}{\sqrt{1 + (\omega C R_1)^2}}\,\mathrm{e}^{-\mathrm{j}\arctan(\omega C R_1)}.$$

Mit $\omega C R_1 = 0{,}754$ gilt

$$\underline{\hat{i}}_1 = \frac{1{,}885\,\mathrm{A}}{\sqrt{1 + (0{,}754)^2}}\,\mathrm{e}^{-\mathrm{j}\arctan(0{,}754)} = 1{,}505\,\mathrm{A}\,\mathrm{e}^{-\mathrm{j}37°}.$$

Im **dritten Schritt** erfolgt die Rücktransformation in den Zeitbereich. Für den zeitabhängigen Strom $i_1(t)$ gilt in Übereinstimmung mit Teilaufgabe 1

$$i_1(t) = \mathrm{Re}\left\{\hat{\underline{i}}_1\,\mathrm{e}^{\mathrm{j}\omega t}\right\} = 1{,}505\,\mathrm{A}\cdot\mathrm{Re}\left\{\mathrm{e}^{\mathrm{j}(\omega t-37^\circ)}\right\} = 1{,}505\,\mathrm{A}\cdot\cos(\omega t-37^\circ)$$
$$= 1{,}505\,\mathrm{A}\cdot\sin(\omega t+53^\circ).$$

Wir betrachten jetzt das Netzwerk in Abb. 1b. Der Strom ergibt sich aus

$$\hat{\underline{i}}_2 = \frac{\hat{u}}{\underline{Z}_{R_2}+\underline{Z}_L} = \frac{\hat{u}\,\mathrm{e}^{-\mathrm{j}\pi/2}}{R_2+\mathrm{j}\omega L} = \hat{u}\,\mathrm{e}^{-\mathrm{j}\pi/2}\frac{1}{\sqrt{R_2^{\,2}+(\omega L)^2}}\mathrm{e}^{-\mathrm{j}\arctan\left(\frac{\omega L}{R_2}\right)}$$

mit ωL = 1,885 Ω zu

$$\hat{\underline{i}}_2 = 10\,\mathrm{V}\frac{1}{\sqrt{4+(1{,}885)^2}\,\Omega}\mathrm{e}^{-\mathrm{j}\left[\frac{\pi}{2}+\arctan(0{,}942)\right]} = 3{,}64\,\mathrm{A}\cdot\mathrm{e}^{-\mathrm{j}133{,}3^\circ}.$$

Die Rücktransformation liefert den zeitabhängigen Strom $i_2(t)$ in Übereinstimmung mit der Teilaufgabe 1:

$$i_2(t) = \mathrm{Re}\left\{\hat{\underline{i}}_2\,\mathrm{e}^{\mathrm{j}\omega t}\right\} = 3{,}64\,\mathrm{A}\cdot\mathrm{Re}\left\{\mathrm{e}^{\mathrm{j}(\omega t-133{,}3^\circ)}\right\} = 3{,}64\,\mathrm{A}\cdot\cos(\omega t-133{,}3^\circ)$$
$$= 3{,}64\,\mathrm{A}\cdot\sin(\omega t-43{,}3^\circ).$$

Aufgabe 8.3 | Zeigerdiagramm

Gegeben ist das Netzwerk in Abb. 1, in dem die beiden *RC*- und *RL*-Reihenschaltungen aus der Abb. 1 in Aufgabe 8.2 parallel geschaltet sind. Es gelten die gleichen Daten wie in Aufgabe 8.2.

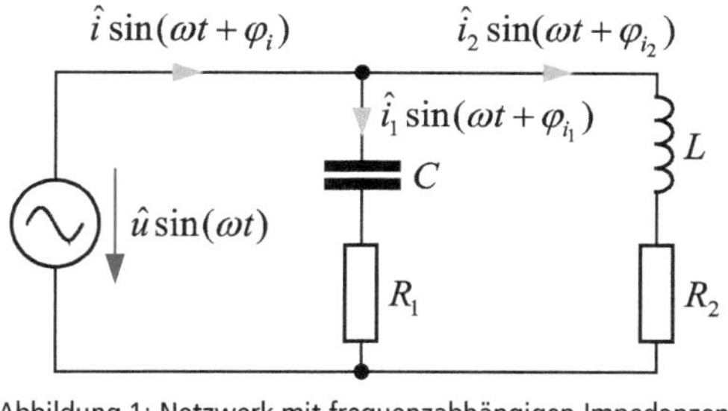

Abbildung 1: Netzwerk mit frequenzabhängigen Impedanzen

1. Bestimmen Sie auf grafischem Wege unter Anwendung des Zeigerdiagramms die Amplitude und die Phase des Stromes $i(t)$.
2. Bestimmen Sie den Strom $i(t)$ mithilfe der komplexen Wechselstromrechnung.

Lösung zur Teilaufgabe 1:

Die beiden *RC*- und *RL*-Reihenschaltungen liegen an der gleichen Eingangsspannung. Diese wird als Bezugswert auf die reelle Achse gelegt, wobei die gewählte Länge für die Bestimmung des Gesamtstromes ohne Bedeutung ist. Die beiden Zeigerdiagramme aus der Abb. 2 von Aufgabe 8.2 können zusammengefasst werden, wobei für die Ströme der einheitliche Maßstab M_i = 0,5 A/cm verwendet wird.

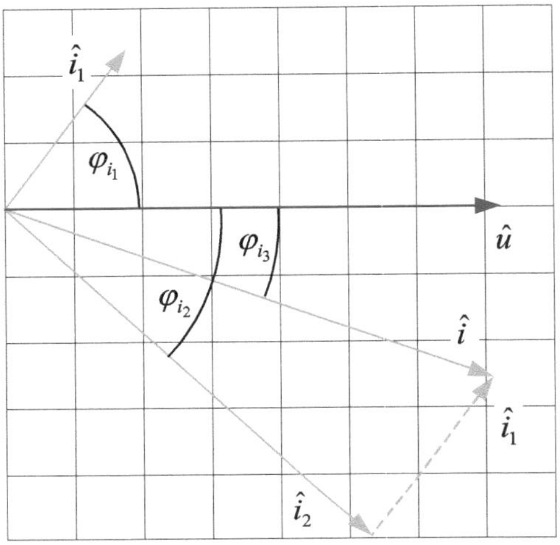

Abbildung 2: Zeigerdiagramm

Aus dem Diagramm lassen sich die folgenden Ergebnisse ablesen:

$$\hat{i} \approx 3{,}8\,\text{A} \qquad \text{und} \qquad \varphi_i \approx -20°.$$

Lösung zur Teilaufgabe 2:

Die Parallelschaltung der beiden Teilnetzwerke $\underline{Z}_a = R_1 + 1/(\mathrm{j}\omega C)$ und $\underline{Z}_b = R_2 + \mathrm{j}\omega L$ liefert die Gesamtimpedanz

$$\underline{Z}_{ges} = \frac{\underline{Z}_a \cdot \underline{Z}_b}{\underline{Z}_a + \underline{Z}_b} = \frac{\left(R_1 + \frac{1}{\mathrm{j}\omega C}\right) \cdot (R_2 + \mathrm{j}\omega L)}{\left(R_1 + \frac{1}{\mathrm{j}\omega C}\right) + (R_2 + \mathrm{j}\omega L)} = \frac{(1 + \mathrm{j}\omega C R_1) \cdot (R_2 + \mathrm{j}\omega L)}{1 - \omega^2 LC + \mathrm{j}\omega C (R_1 + R_2)}$$

und den Gesamtstrom

$$\underline{\hat{i}} = \frac{\underline{\hat{u}}}{\underline{Z}_{ges}} = \hat{u}\,\mathrm{e}^{-\mathrm{j}\pi/2} \frac{1 - \omega^2 LC + \mathrm{j}\omega C (R_1 + R_2)}{R_2 - \omega^2 LCR_1 + \mathrm{j}\omega (L + CR_1R_2)}$$

$$= 10\,\mathrm{e}^{-\mathrm{j}\pi/2} \frac{0{,}645 + \mathrm{j}1{,}131}{0{,}579 + \mathrm{j}3{,}393}\,\text{A} = 3{,}782\,\text{A} \cdot \mathrm{e}^{-\mathrm{j}110°}\,.$$

Für den zeitabhängigen Strom erhalten wir das Ergebnis

$$i(t) = \mathrm{Re}\left\{ \hat{\underline{i}}\, \mathrm{e}^{\mathrm{j}\omega t} \right\} = 3{,}782\,\mathrm{A} \cdot \mathrm{Re}\left\{ \mathrm{e}^{\mathrm{j}(\omega t - 110°)} \right\} = 3{,}782\,\mathrm{A} \cdot \cos(\omega t - 110°)$$
$$= 3{,}782\,\mathrm{A} \cdot \sin(\omega t - 20°).$$

Alternative Vorgehensweise:
Den Strom $i(t)$ können wir auch mithilfe der Knotenregel aus den bereits bekannten Strömen $i_1(t)$ und $i_2(t)$ berechnen. Es gilt

$$\hat{i} \sin(\omega t + \varphi_i) = \hat{i}_1 \sin\left(\omega t + \varphi_{i_1}\right) + \hat{i}_2 \sin\left(\omega t + \varphi_{i_2}\right)$$

mit

$$\hat{i} \overset{(8.7)}{=} \sqrt{\hat{i}_1^{\,2} + \hat{i}_2^{\,2} + 2\hat{i}_1\hat{i}_2 \cos\left(\varphi_{i_1} - \varphi_{i_2}\right)} = \sqrt{1{,}505^2 + 3{,}64^2 + 10{,}95 \cos(96{,}3°)}\ \mathrm{A} = 3{,}782\,\mathrm{A}$$

und

$$\tan \varphi_i \overset{(8.8)}{=} \frac{\hat{i}_1 \sin \varphi_{i_1} + \hat{i}_2 \sin \varphi_{i_2}}{\hat{i}_1 \cos \varphi_{i_1} + \hat{i}_2 \cos \varphi_{i_2}} = \frac{-1{,}294}{3{,}554} = -0{,}365 \quad \rightarrow \quad \varphi_i = -20°.$$

Aufgabe 8.4 | Leistungsberechnung

In einem Netzwerk liegt an einem Zweipol eine sinusförmige Spannung mit der Amplitude $\hat{u} = \sqrt{2} \cdot 230\ \mathrm{V}$. Der ebenfalls sinusförmige Strom hat die Amplitude $\hat{i} = \sqrt{2} \cdot 3{,}5\ \mathrm{A}$ und eilt der Spannung um einen Phasenwinkel von $\varphi = 50°$ nach.

1. Berechnen Sie den Leistungsfaktor.
2. Berechnen Sie die Wirkleistung an dem Zweipol.
3. Berechnen Sie die Blindleistung an dem Zweipol.
4. Berechnen Sie die Scheinleistung an dem Zweipol.

Lösung zur Teilaufgabe 1:

$$\lambda = \cos(\varphi_u - \varphi_i) = \cos\left(\frac{50}{180}\pi\right) = 0{,}643$$

Lösung zur Teilaufgabe 2:

$$P = UI\cos(\varphi_u - \varphi_i) = UI\,\lambda = 230\,\mathrm{V} \cdot 3{,}5\,\mathrm{A} \cdot 0{,}643 = 517{,}4\,\mathrm{W}$$

Lösung zur Teilaufgabe 3:

$$Q = UI\sin(\varphi_u - \varphi_i) = 616{,}7\,\mathrm{VAr}$$

Lösung zur Teilaufgabe 4:

$$S = UI = \sqrt{P^2 + Q^2} = 805\,\mathrm{VA}$$

Aufgabe 8.5 Leistungsberechnung im Drehstromsystem

In einem Drehstromnetzwerk mit symmetrischer Belastung beträgt der Effektivwert der Außenleiterspannungen 400 V und der Effektivwert der in den Außenleitern fließenden Ströme 5 A. Der Phasenunterschied zwischen Strom und Spannung an den Verbrauchern beträgt $\varphi = 50°$.

1. Berechnen Sie den Leistungsfaktor.
2. Berechnen Sie die gesamte Wirkleistung am Verbraucher.
3. Berechnen Sie die gesamte Blindleistung am Verbraucher.
4. Berechnen Sie die gesamte Scheinleistung am Verbraucher.

Lösung zur Teilaufgabe 1:

$$\lambda = \cos(\varphi_u - \varphi_i) = \cos\left(\frac{50}{180}\pi\right) = 0{,}643$$

Lösung zur Teilaufgabe 2:

$$P = \sqrt{3}\, U_L I_L \lambda = 2{,}23\,\text{kW}$$

Lösung zur Teilaufgabe 3:

$$Q = \sqrt{3}\, U_L I_L \sin(\varphi_u - \varphi_i) = 2{,}65\,\text{kVAr}$$

Lösung zur Teilaufgabe 4:

$$S = \sqrt{3}\, U_L I_L = \sqrt{P^2 + Q^2} = 3{,}46\,\text{kVA}$$

8.3 Level 2

Aufgabe 8.6 Zeigerdiagramm

Gegeben ist das Netzwerk in Abb. 1 mit den folgenden Daten:
$R_1 = 45\,\Omega$, $R_2 = 60\,\Omega$, $R_3 = 20\,\Omega$, $\omega L_2 = 30\,\Omega$ und $\hat{u} = 90\,\text{V}$.

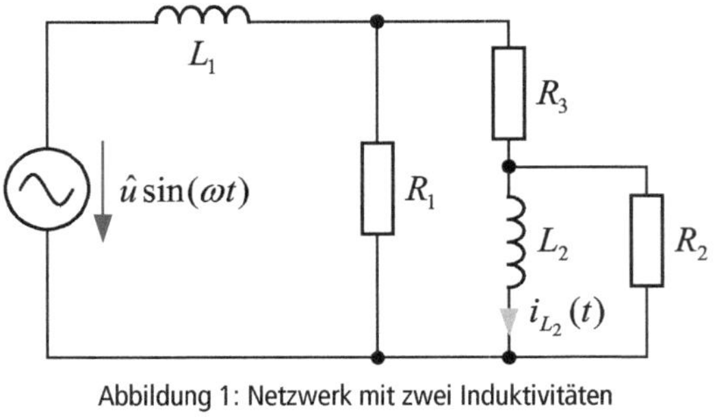

Abbildung 1: Netzwerk mit zwei Induktivitäten

1. Bestimmen Sie mithilfe des Zeigerdiagramms auf grafischem Wege das Verhältnis L_1/L_2 so, dass die Spannung an dem Widerstand R_2 in Phase mit der Quellenspannung ist.
2. Berechnen Sie mit dem Ergebnis aus Teilaufgabe 1 den Strom $i_{L_2}(t)$ durch L_2.
3. Bestimmen Sie mithilfe der komplexen Wechselstromrechnung das Verhältnis L_1/L_2 so, dass die Spannung an dem Widerstand R_2 in Phase mit der Quellenspannung ist.

Lösung zur Teilaufgabe 1:

Im Folgenden werden die nacheinander auszuführenden Schritte der Reihe nach aufgelistet und die ermittelten Ströme und Spannungen werden gleichzeitig in das Zeigerdiagramm in Abb. 2 eingetragen.

1. $\hat{u}_{R_2} = \hat{u}_{L_2} \overset{\text{Annahme}}{=} 30\,\text{V}$

   Willkürlich gewählter Maßstab für die Spannungen: $M_u = \dfrac{6\,\text{V}}{1\,\text{cm}}$.

2. $i_{R_2}(t)$ in Phase mit $u_{R_2}(t)$ und $\hat{i}_{R_2} = \dfrac{\hat{u}_{R_2}}{R_2} = \dfrac{30\,\text{V}}{60\,\Omega} = 0{,}5\,\text{A}$.

   Willkürlich gewählter Maßstab für die Ströme: $M_i = \dfrac{0{,}2\,\text{A}}{1\,\text{cm}}$.

3. $i_{L_2}(t)$ eilt $u_{L_2}(t)$ um 90° nach und $\hat{i}_{L_2} = \dfrac{\hat{u}_{L_2}}{\omega L_2} = \dfrac{30\,\text{V}}{30\,\Omega} = 1\,\text{A}$.

4. $i_{R_3}(t) = i_{L_2}(t) + i_{R_2}(t)$ und $\hat{i}_{R_3} = \sqrt{\hat{i}_{L_2}^{\,2} + \hat{i}_{R_2}^{\,2}} = 1{,}118\,\text{A}$.

5. $u_{R_3}(t)$ in Phase mit $i_{R_3}(t)$ und $\hat{u}_{R_3} = R_3\hat{i}_{R_3} = 20\,\Omega \cdot 1{,}118\,\text{A} = 22{,}36\,\text{V}$.

6. Die grafische Bestimmung von $u_{R_1}(t) = u_{R_3}(t) + u_{R_2}(t)$ liefert $\hat{u}_{R_1} = 45\,\text{V}$.

7. $i_{R_1}(t)$ in Phase mit $u_{R_1}(t)$ und $\hat{i}_{R_1} = \dfrac{\hat{u}_{R_1}}{R_1} = \dfrac{45\,\text{V}}{45\,\Omega} = 1\,\text{A}$.

8. Die grafische Bestimmung von $i_{L_1}(t) = i_{R_1}(t) + i_{R_3}(t)$ liefert $\hat{i}_{L_1} = 2\,\text{A}$.

9. $u_{L_1}(t)$ eilt $i_{L_1}(t)$ um 90° voraus. Der Zeiger für $u_{L_1}(t)$ liegt auf einer Geraden senkrecht zum Zeiger von $i_{L_1}(t)$. Wegen $u(t) = u_{R_1}(t) + u_{L_1}(t)$ beginnt der Zeiger für $u_{L_1}(t)$ an der Spitze des Zeigers für $u_{R_1}(t)$ und endet am Schnittpunkt der Geraden mit der Verlängerung des Zeigers für $u_{R_2}(t)$, da $u_{R_2}(t)$ und $u(t)$ gemäß Aufgabenstellung in Phase sind.

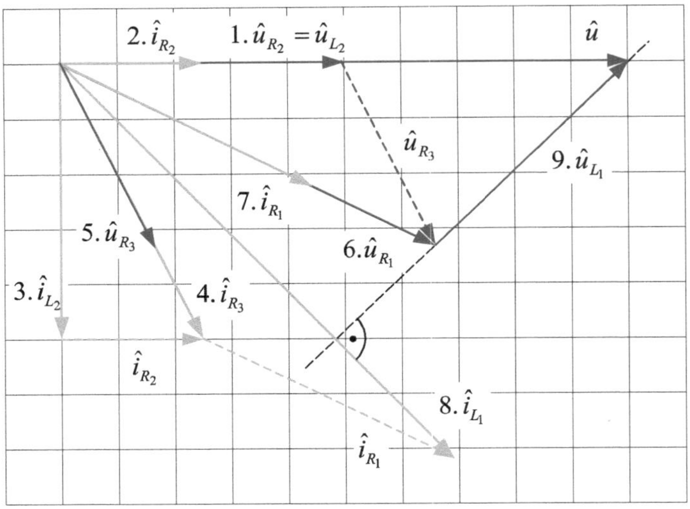

Abbildung 2: Zeigerdiagramm

Für das Verhältnis der Induktivitäten erhalten wir

$$\frac{L_1}{L_2} = \frac{\omega L_1 \hat{i}_{L_1}}{\omega L_2 \hat{i}_{L_1}} \overset{\hat{i}_{L_1}=2\hat{i}_{L_2}}{=} \frac{\hat{u}_{L_1}}{\omega L_2 2\hat{i}_{L_2}} = \frac{\hat{u}_{L_1}}{2\hat{u}_{L_2}} = \frac{28{,}5\text{V}}{60\text{V}} \approx 0{,}48 .$$

Lösung zur Teilaufgabe 2:

Die Spannung $u(t)$ hat gemäß Aufgabenstellung eine Amplitude von 90 V. Im Zeigerdiagramm ist sie dargestellt durch einen Pfeil mit der Länge 10 cm. Daraus ergibt sich der richtige Maßstab für die Spannungen im Zeigerdiagramm zu

$$\tilde{M}_u = \frac{90\text{V}}{10\text{cm}} = \frac{9\text{V}}{1\text{cm}} .$$

Aus der Spannung

$$\hat{u}_{L_2} = 5\text{cm} \cdot \tilde{M}_u = 5\text{cm} \cdot \frac{9\text{V}}{1\text{cm}} = 45\text{V}$$

errechnet sich die Amplitude des Stromes durch die Induktivität L_2:

$$\hat{i}_{L_2} = \frac{\hat{u}_{L_2}}{\omega L_2} = \frac{45\text{V}}{30\Omega} = 1{,}5\text{A} .$$

Der Phasenwinkel dieses Stromes beträgt $-90°$. Der Strom durch die Induktivität L_2 ist also

$$i_{L_2}(t) = 1{,}5\text{A}\ \sin(\omega t - \pi/2).$$

Lösung zur Teilaufgabe 3:

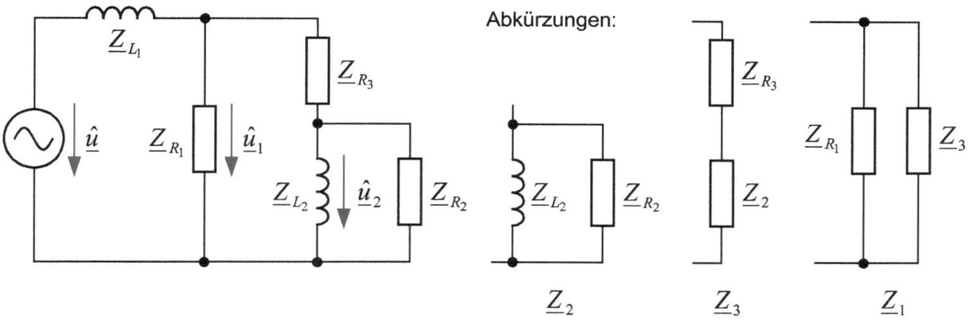

Abbildung 3: Netzwerk mit komplexen Größen und verwendete Abkürzungen

Nach Aufgabenstellung sollen $\hat{\underline{u}}$ und $\hat{\underline{u}}_2$ in Phase sein, d.h., das Verhältnis $\hat{\underline{u}}_2/\hat{\underline{u}}$ muss reell und positiv sein (ein negatives Verhältnis bedeutet 180° Phasenverschiebung). Es gilt

$$\frac{\hat{\underline{u}}_2}{\hat{\underline{u}}} = \frac{\hat{\underline{u}}_2}{\hat{\underline{u}}_1} \cdot \frac{\hat{\underline{u}}_1}{\hat{\underline{u}}} = \frac{\underline{Z}_2}{\underline{Z}_3} \cdot \frac{\underline{Z}_1}{\underline{Z}_{L_1} + \underline{Z}_1} \quad \text{mit}$$

$$\underline{Z}_2 = \frac{\underline{Z}_{L_2} \cdot \underline{Z}_{R_2}}{\underline{Z}_{L_2} + \underline{Z}_{R_2}} = \frac{\mathrm{j}\omega L_2 \cdot R_2}{\mathrm{j}\omega L_2 + R_2}, \qquad \underline{Z}_3 = \underline{Z}_{R_3} + \underline{Z}_2 = R_3 + \underline{Z}_2, \qquad \underline{Z}_1 = \frac{\underline{Z}_{R_1} \cdot \underline{Z}_3}{\underline{Z}_{R_1} + \underline{Z}_3} = \frac{R_1 \cdot \underline{Z}_3}{R_1 + \underline{Z}_3}.$$

Einsetzen liefert:

$$\frac{\hat{\underline{u}}_2}{\hat{\underline{u}}} = \frac{\underline{Z}_2}{\underline{Z}_3} \cdot \frac{R_1 \cdot \underline{Z}_3}{\underline{Z}_{L_1}(R_1 + \underline{Z}_3) + R_1 \cdot \underline{Z}_3} = \frac{\underline{Z}_2 \cdot R_1}{\underline{Z}_{L_1}(R_1 + \underline{Z}_3) + R_1 \cdot \underline{Z}_3}$$

$$= \frac{\underline{Z}_2 \cdot R_1}{\underline{Z}_{L_1}(R_1 + R_3 + \underline{Z}_2) + R_1 \cdot (R_3 + \underline{Z}_2)}$$

$$\frac{\hat{\underline{u}}_2}{\hat{\underline{u}}} = \frac{\mathrm{j}\omega L_2 \cdot R_2 \cdot R_1}{\mathrm{j}\omega L_1 \left[(R_1 + R_3) \cdot (\mathrm{j}\omega L_2 + R_2) + \mathrm{j}\omega L_2 \cdot R_2\right] + R_1 \cdot \left[R_3 \cdot (\mathrm{j}\omega L_2 + R_2) + \mathrm{j}\omega L_2 \cdot R_2\right]}.$$

Der Zähler ist rein imaginär. Das Spannungsverhältnis wird also reell, wenn der Nenner ebenfalls rein imaginär wird, d.h., der Realteil im Nenner muss verschwinden. Damit gilt

$$\mathrm{j}\omega L_1 \left[(R_1 + R_3) \cdot (\mathrm{j}\omega L_2) + \mathrm{j}\omega L_2 \cdot R_2\right] + R_1 \cdot \left[R_3 \cdot (R_2)\right] = -\omega^2 L_1 L_2 \left[R_1 + R_2 + R_3\right] + R_1 R_2 R_3 \overset{!}{=} 0$$

$$\omega L_1 = \frac{R_1 R_2 R_3}{\omega L_2 \left[R_1 + R_2 + R_3\right]} = \frac{45 \cdot 60 \cdot 20}{30 \cdot [125]}\ \Omega = 14,4\ \Omega \quad \rightarrow \quad \frac{L_1}{L_2} = \frac{14,4}{30} = 0,48\,.$$

Aufgabe 8.7 *RL*-Netzwerk

Gegeben ist das Netzwerk in Abb. 1 mit den Daten $R_1 = 20\,\Omega$, $R_2 = 60\,\Omega$ und $\omega L_2 = 30\,\Omega$.

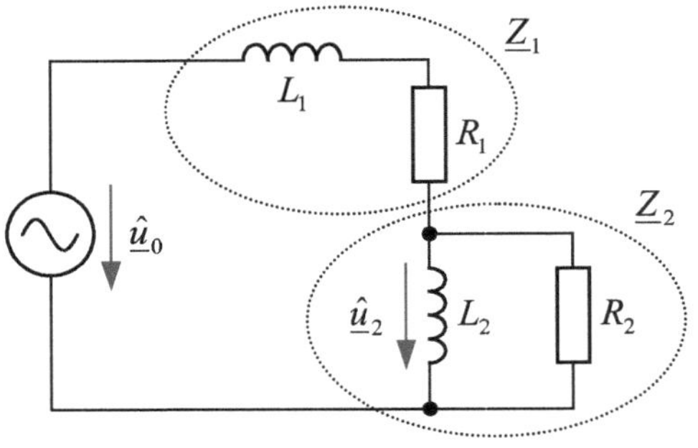

Abbildung 1: Netzwerk mit zwei Induktivitäten

1. Bestimmen Sie die komplexen Impedanzen $\underline{Z}_1$ und $\underline{Z}_2$.
2. Berechnen Sie die Spannung $\hat{\underline{u}}_2$ in Abhängigkeit von $\hat{\underline{u}}_0$.
3. Welche beiden Bedingungen müssen erfüllt sein, damit die Spannung $\hat{\underline{u}}_2$ in Phase mit der Quellenspannung $\hat{\underline{u}}_0$ ist?
4. Bestimmen Sie mithilfe der komplexen Wechselstromrechnung den Wert des induktiven Blindwiderstandes ωL_1, sodass die Forderung aus Teilaufgabe 3 erfüllt ist. Welches Spannungsverhältnis stellt sich dann ein?

Lösung zur Teilaufgabe 1:

Die Impedanz $\underline{Z}_1$ besteht aus einer Reihenschaltung, die Impedanz $\underline{Z}_2$ aus einer Parallelschaltung:

$$\underline{Z}_1 = R_1 + \mathrm{j}\omega L_1 \qquad \text{und} \qquad \underline{Z}_2 = \frac{\mathrm{j}\omega L_2 R_2}{\mathrm{j}\omega L_2 + R_2}.$$

Lösung zur Teilaufgabe 2:

Das Verhältnis der Spannungen erhalten wir aus dem Spannungsteiler

$$\frac{\hat{\underline{u}}_2}{\hat{\underline{u}}_0} = \frac{\underline{Z}_2}{\underline{Z}_1 + \underline{Z}_2} = \frac{\mathrm{j}\omega L_2 R_2}{(\mathrm{j}\omega L_2 + R_2)\left[R_1 + \mathrm{j}\omega L_1 + \dfrac{\mathrm{j}\omega L_2 R_2}{\mathrm{j}\omega L_2 + R_2}\right]},$$

sodass wir die Spannung $\hat{\underline{u}}_2$ nach dem Ausmultiplizieren im Nenner folgendermaßen darstellen können:

$$\hat{\underline{u}}_2 = \frac{\mathrm{j}\omega L_2 R_2}{\mathrm{j}\omega L_2 R_1 + R_1 R_2 - \omega^2 L_1 L_2 + \mathrm{j}\omega L_1 R_2 + \mathrm{j}\omega L_2 R_2}\,\hat{\underline{u}}_0\,. \tag{1}$$

Lösung zur Teilaufgabe 3:

Die beiden Spannungen sind in Phase, wenn das Verhältnis $\underline{\hat{u}}_2 / \underline{\hat{u}}_0$ reell und positiv ist.

Lösung zur Teilaufgabe 4:

Der Zähler in Gl. (1) ist rein imaginär. Das Spannungsverhältnis wird also reell, wenn der Nenner ebenfalls rein imaginär wird, d.h., der Realteil im Nenner muss verschwinden. Damit gilt:

$$R_1 R_2 - \omega^2 L_1 L_2 = 0 \qquad \rightarrow \qquad \omega L_1 = \frac{R_1 R_2}{\omega L_2}.$$

Mit den angegebenen Daten folgt:

$$\omega L_1 = \frac{20\,\Omega \cdot 60\,\Omega}{30\,\Omega} = 40\,\Omega.$$

Für das Spannungsverhältnis gilt dann

$$\frac{\underline{\hat{u}}_2}{\underline{\hat{u}}_0} = \frac{\omega L_2 R_2}{\omega L_2 R_1 + \omega L_1 R_2 + \omega L_2 R_2} = \frac{30 \cdot 60}{30 \cdot 20 + 40 \cdot 60 + 30 \cdot 60} = \frac{3}{8}.$$

Aufgabe 8.8 | Zusammenfassung komplexer Impedanzen

Gegeben ist das in Abb. 1 dargestellte Netzwerk.

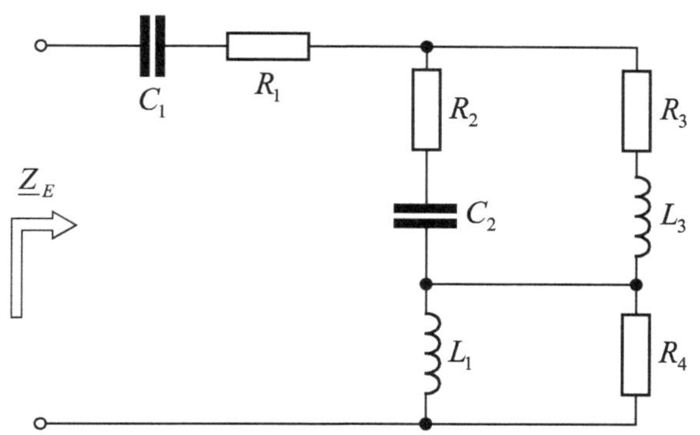

Abbildung 1: *RLC*-Netzwerk

Bestimmen Sie die Eingangsimpedanz $\underline{Z}_E$ für das gegebene Netzwerk, indem Sie nacheinander geeignete Teilnetzwerke zusammenfassen und entsprechende Abkürzungen einführen.

Lösung

Reihenschaltung von R_1 und C_1: $\underline{Z}_1 = R_1 + \frac{1}{j\omega C_1}$.

Reihenschaltung von R_2 und C_2: $\underline{Z}_2 = R_2 + \frac{1}{j\omega C_2}$.

Reihenschaltung von R_3 und L_3: $\underline{Z}_3 = R_3 + j\omega L_3$.

Parallelschaltung von L_1 und R_4: $\underline{Z}_4 = \frac{R_4 \cdot j\omega L_1}{R_4 + j\omega L_1}$.

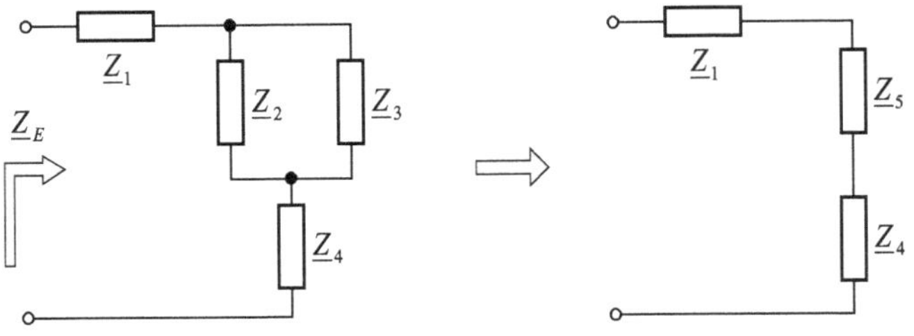

Abbildung 2: Zusammengefasste Teilnetzwerke

Parallelschaltung von $\underline{Z}_2$ und $\underline{Z}_3$:

$$\underline{Z}_5 = \frac{\underline{Z}_2 \cdot \underline{Z}_3}{\underline{Z}_2 + \underline{Z}_3} = \frac{\left(R_2 + \frac{1}{j\omega C_2}\right) \cdot (R_3 + j\omega L_3)}{R_2 + \frac{1}{j\omega C_2} + R_3 + j\omega L_3} = \frac{(1 + j\omega C_2 R_2) \cdot (R_3 + j\omega L_3)}{1 - \omega^2 C_2 L_3 + j\omega C_2 (R_2 + R_3)}.$$

Reihenschaltung von $\underline{Z}_1$, $\underline{Z}_5$ und $\underline{Z}_4$: $\underline{Z}_E = \underline{Z}_1 + \underline{Z}_5 + \underline{Z}_4$.

Aufgabe 8.9 Brückenschaltung

Das in Abb. 1 dargestellte Netzwerk wird an eine harmonische Spannungsquelle $\underline{\hat{u}}_0 = \hat{u}_0 \, e^{j0}$ mit der Kreisfrequenz ω angeschlossen.

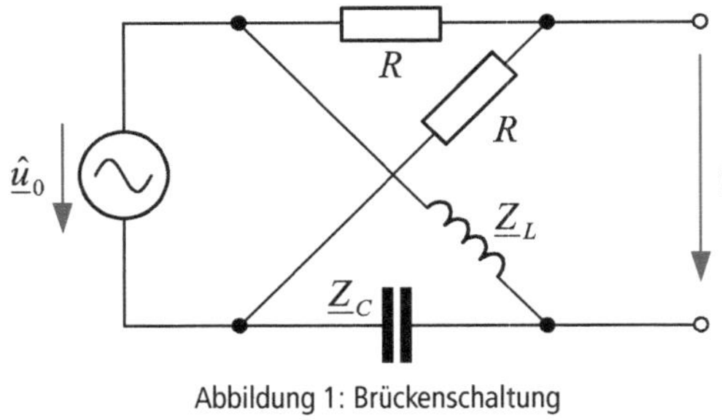

Abbildung 1: Brückenschaltung

1. Berechnen Sie die Spannung $\hat{\underline{u}}$ in Abhängigkeit von der Quellenspannung $\hat{\underline{u}}_0$ und den Netzwerkelementen R, L und C.
2. Welche Werte nimmt die Spannung $\hat{\underline{u}}$ bei $\omega = 0$ und bei $\omega \to \infty$ an?

Lösung zur Teilaufgabe 1:

Zum leichteren Verständnis wird das Netzwerk zunächst umgezeichnet.

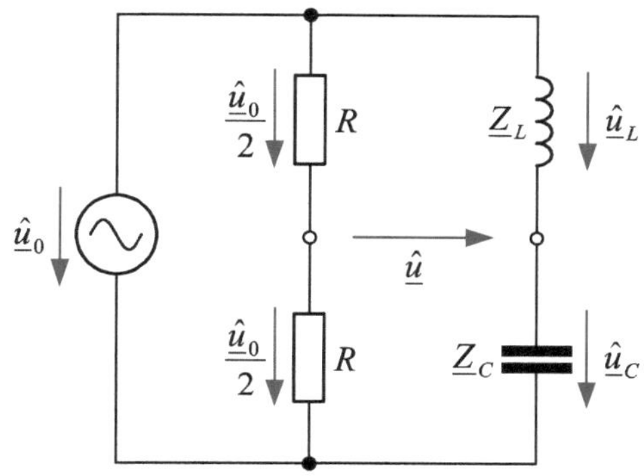

Abbildung 2: Alternative Darstellung des Netzwerks

Zwischen den Widerständen liegt die halbe Eingangsspannung. Aus dem Maschenumlauf erhalten wir

$$\hat{\underline{u}} = \frac{\hat{\underline{u}}_0}{2} - \hat{\underline{u}}_C.$$

Die Kondensatorspannung berechnen wir mithilfe des Spannungsteilers:

$$\frac{\hat{\underline{u}}_C}{\hat{\underline{u}}_0} = \frac{\underline{Z}_C}{\underline{Z}_L + \underline{Z}_C} = \frac{\frac{1}{\mathrm{j}\omega C}}{\mathrm{j}\omega L + \frac{1}{\mathrm{j}\omega C}} = \frac{1}{1 - \omega^2 LC}.$$

Durch Zusammenfassung der beiden Gleichungen folgt das Ergebnis

$$\hat{\underline{u}} = \left(\frac{1}{2} - \frac{1}{1 - \omega^2 LC}\right)\hat{\underline{u}}_0 = -\frac{\hat{\underline{u}}_0}{2}\frac{1 + \omega^2 LC}{1 - \omega^2 LC}.$$

Lösung zur Teilaufgabe 2:

Für die beiden Sonderfälle $\omega = 0$ und $\omega \to \infty$ erhalten wir die Spannungen

$$\hat{\underline{u}}(\omega = 0) = -\frac{1}{2}\hat{\underline{u}}_0 \quad \text{und} \quad \hat{\underline{u}}(\omega \to \infty) = +\frac{1}{2}\hat{\underline{u}}_0.$$

Aufgabe 8.10 | Frequenzweiche

Das Ausgangssignal eines Audioverstärkers soll mithilfe einer Lautsprecherweiche an drei unterschiedliche Lautsprecher, einen Hochtöner, einen Mitteltöner und einen Tieftöner verteilt werden. Die Lautsprecher werden jeweils durch einen Widerstand von $R = 8\ \Omega$ charakterisiert.

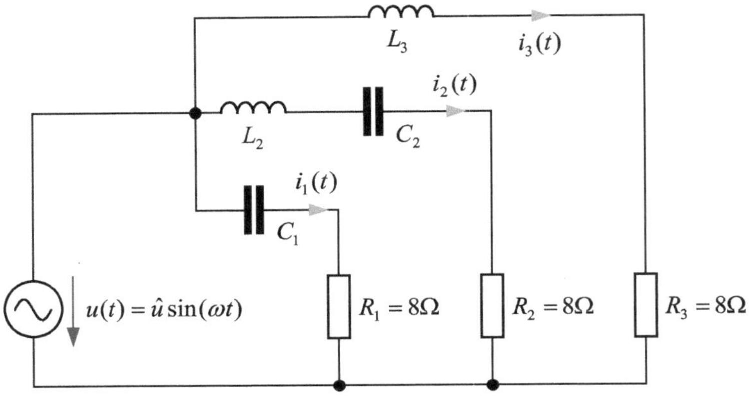

Abbildung 1: Schaltung zur Trennung verschiedener Frequenzbereiche

1. Berechnen Sie die komplexen Amplituden der Ströme i_1, i_2 und i_3.

Für die Netzwerkelemente gilt jetzt: $C_1 = 8{,}2\ \mu\text{F}$, $C_2 = 27\ \mu\text{F}$, $L_2 = 0{,}25\ \text{mH}$ und $L_3 = 0{,}75\ \text{mH}$.

2. Welche Eckfrequenz gilt für den Zweig mit Tiefpasscharakter?
3. Welche Eckfrequenz gilt für den Zweig mit Hochpasscharakter?
4. Welche Resonanzfrequenz besitzt der Zweig für den Mitteltöner?
5. Berechnen Sie die Admittanzen der drei parallel geschalteten Zweige und stellen Sie die Beträge der Admittanzen als Funktion der Frequenz im Bereich $10\ \text{Hz} \le f \le 20\ \text{kHz}$ dar.

Lösung zur Teilaufgabe 1:

Die komplexen Amplituden der Ströme berechnen sich zu

$$\hat{\underline{i}}_1 = \frac{\hat{\underline{u}}}{\underline{Z}_1} = \frac{\hat{\underline{u}}}{R_1 + \dfrac{1}{j\omega C_1}} = \frac{j\omega C_1}{1 + j\omega C_1 R_1}\hat{\underline{u}},$$

$$\hat{\underline{i}}_2 = \frac{\hat{\underline{u}}}{\underline{Z}_2} = \frac{\hat{\underline{u}}}{R_2 + j\omega L_2 + \dfrac{1}{j\omega C_2}} = \frac{j\omega C_2}{1 - \omega^2 L_2 C_2 + j\omega C_2 R_2}\hat{\underline{u}},$$

$$\hat{\underline{i}}_3 = \frac{\hat{\underline{u}}}{\underline{Z}_3} = \frac{\hat{\underline{u}}}{R_3 + j\omega L_3}.$$

Lösung zur Teilaufgabe 2:

Für die *RL*-Tiefpass-Schaltung gilt nach Gl. (8.67)

$$f_g = \frac{R_3}{2\pi L_3} = \frac{8\,\Omega}{2\pi \cdot 0{,}75\,\text{mH}} \approx 1{,}7\,\text{kHz}.$$

Lösung zur Teilaufgabe 3:

Für die *RC*-Hochpass-Schaltung gilt nach Gl. (8.74)

$$f_g = \frac{1}{2\pi R_1 C_1} = \frac{1}{2\pi \cdot 8\,\Omega \cdot 8{,}2\,\mu\text{F}} \approx 2{,}43\,\text{kHz}.$$

Lösung zur Teilaufgabe 4:

Die Resonanzfrequenz erhalten wir aus Gl. (8.86) zu

$$f_0 = \frac{1}{2\pi\sqrt{L_2 C_2}} = \frac{1}{2\pi\sqrt{0{,}25\,\text{mH} \cdot 27\,\mu\text{F}}} = \frac{1}{2\pi\sqrt{0{,}25 \cdot 10^{-3} \cdot 27}}\,\text{kHz} \approx 1{,}94\,\text{kHz}.$$

Lösung zur Teilaufgabe 5:

Die Admittanzen können mithilfe der Beziehung $\underline{\hat{i}} = \underline{Y}\,\underline{\hat{u}}$ unmittelbar aus den Lösungen der Teilaufgabe 1 abgelesen werden. Ihre Beträge

$$|\underline{Y}_1| = \left|\frac{\text{j}\omega C_1}{1 + \text{j}\omega C_1 R_1}\right|, \quad |\underline{Y}_2| = \left|\frac{\text{j}\omega C_2}{1 - \omega^2 L_2 C_2 + \text{j}\omega C_2 R_2}\right| \quad \text{und} \quad |\underline{Y}_3| = \left|\frac{\underline{\hat{u}}}{R_3 + \text{j}\omega L_3}\right|$$

sind in Abb. 2 im doppelt logarithmischen Maßstab dargestellt.

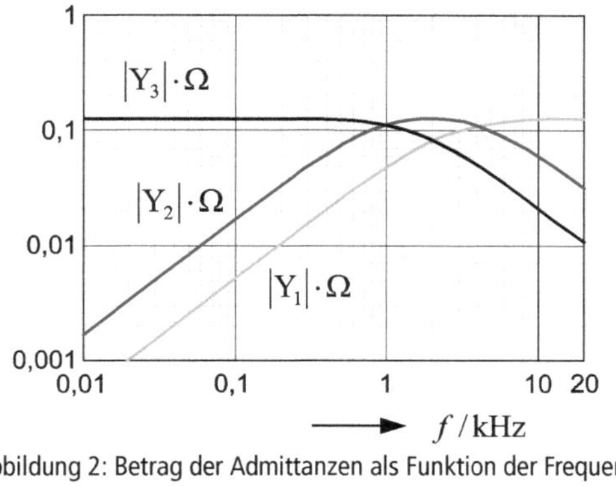

Abbildung 2: Betrag der Admittanzen als Funktion der Frequenz

An dem Diagramm ist die frequenzabhängige Aufteilung des Eingangssignals zwischen den einzelnen Lautsprechern zu erkennen. Signale im Frequenzbereich unterhalb von 0,9 kHz gelangen vor allem an den Lautsprecher 3. Bei 100 Hz beträgt dieser Anteil etwa 90 %. Signale im Frequenzbereich oberhalb von 4 kHz gelangen vor allem an den Lautsprecher 1. Dieser Effekt ist umso stärker ausgeprägt, je höher die Frequenz wird. Im dazwischenliegenden Bereich gelangen die Signale vorwiegend an den Lautsprecher 2, allerdings ist der Unterschied gegenüber den beiden anderen Lautsprechern bei den hier verwendeten einfachen Netzwerken nicht so stark ausgeprägt.

Aufgabe 8.11 Serienschaltung von zwei Parallelschwingkreisen

Gegeben ist die in Abb. 1 dargestellte Schaltung mit den Netzwerkelementen $R = 1\,\text{k}\Omega$, $L_1 = 1\,\text{mH}$, $C_1 = 100\,\text{nF}$, $L_2 = 0{,}1\,\text{mH}$ und $C_2 = 10\,\text{nF}$.

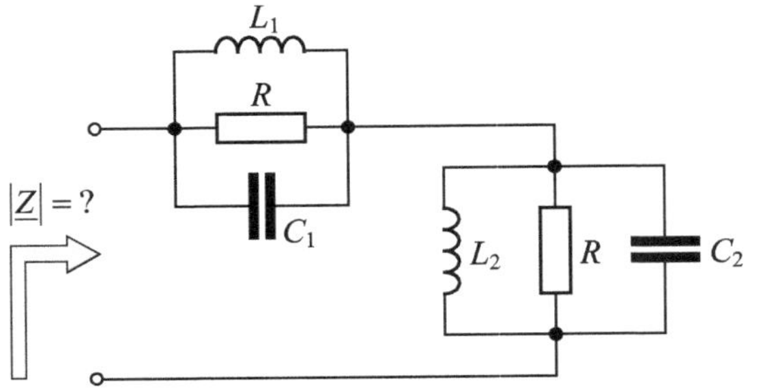

Abbildung 1: Zwei Parallelschwingkreise in Serienschaltung

1. Bestimmen Sie die Resonanzfrequenzen f_1 und f_2 sowie die Güten Q_{p1} und Q_{p2} der beiden Schwingkreise.
2. Bestimmen Sie den Betrag der Eingangsimpedanz $\underline{Z}$ in Abhängigkeit der Frequenz.
3. Stellen Sie den Betrag der Eingangsimpedanz $|\underline{Z}|$ als Funktion der Frequenz in dem Bereich $1\,\text{kHz} \le f \le 1\,\text{MHz}$ dar.

Lösung zur Teilaufgabe 1:

Mit Gl. (8.111) gilt

$$f_1 = \frac{1}{2\pi\sqrt{L_1 C_1}} = \frac{1}{2\pi\sqrt{1\,\text{mH}\cdot 100\,\text{nF}}} = 15{,}92\,\text{kHz} \quad \text{und} \quad f_2 = \frac{1}{2\pi\sqrt{L_2 C_2}} = 159{,}2\,\text{kHz}.$$

Für die Güten erhalten wir

$$Q_{p1} = R\sqrt{\frac{C_1}{L_1}} = 10^3\,\Omega\sqrt{\frac{10^{-7}\,\text{F}}{10^{-3}\,\text{H}}} = 10 \quad \text{und} \quad Q_{p2} = R\sqrt{\frac{C_2}{L_2}} = 10.$$

Lösung zur Teilaufgabe 2:

Ausgehend von der Admittanz eines Parallelschwingkreises

$$\underline{Y}_1 = \frac{1}{R} + \text{j}\left(\omega C_1 - \frac{1}{\omega L_1}\right) = \frac{\omega L_1 + \text{j}\left(\omega^2 C_1 L_1 R - R\right)}{\omega L_1 R} = \frac{\omega L_1 G + \text{j}\left(\omega^2 C_1 L_1 - 1\right)}{\omega L_1}$$

erhalten wir die Eingangsimpedanz des Netzwerks:

$$\underline{Z} = \underline{Z}_1 + \underline{Z}_2 = \frac{1}{\underline{Y}_1} + \frac{1}{\underline{Y}_2} = \frac{\omega L_1}{\omega L_1 G + \mathrm{j}\left(\omega^2 C_1 L_1 - 1\right)} + \frac{\omega L_2}{\omega L_2 G + \mathrm{j}\left(\omega^2 C_2 L_2 - 1\right)}$$

$$= \frac{2\omega^2 L_1 L_2 G + \mathrm{j}\omega\left[\omega^2 L_1 L_2 (C_1 + C_2) - L_1 - L_2\right]}{\omega^2 L_1 L_2 G^2 - \left(\omega^2 C_1 L_1 - 1\right)\left(\omega^2 C_2 L_2 - 1\right) + \mathrm{j}\omega G\left[\omega^2 L_1 L_2 (C_1 + C_2) - L_1 - L_2\right]}.$$

Lösung zur Teilaufgabe 3:

Der Betrag dieser Funktion ist als durchgezogene Linie in Abb. 2 dargestellt. Zum Vergleich sind die Beträge der Impedanzen der beiden Parallelschwingkreise als gestrichelte Kurven ebenfalls in dem Diagramm enthalten.

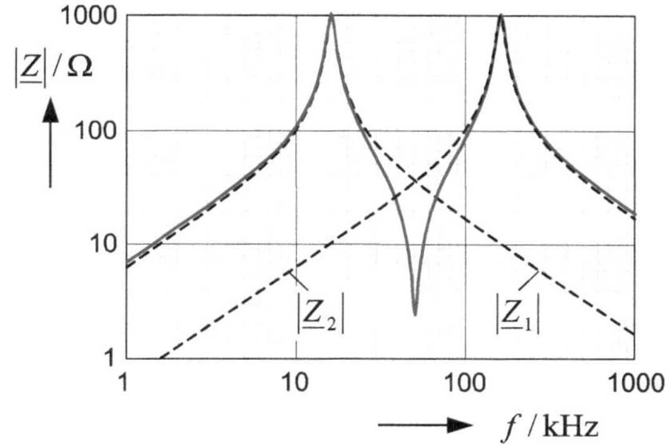

Abbildung 2: Beträge der Impedanzen

Die Resonanzen der beiden Parallelschwingkreise bei den Frequenzen f_1 und f_2 sind auch in der Eingangsimpedanz $\underline{Z}$ erkennbar. Die Maximalwerte von $\underline{Z}$ entsprechen im Wesentlichen dem Widerstand R, da die Impedanz des jeweils anderen nicht in Resonanz befindlichen Schwingkreises gegenüber R vernachlässigbar ist. Allerdings besitzt $\underline{Z}$ im Gegensatz zu den Einzelschwingkreisen auch ein ausgeprägtes Minimum bei der Frequenz, bei der die Beträge $|\underline{Z}_1|$ und $|\underline{Z}_2|$ gleich sind. Diese Frequenz befindet sich einerseits oberhalb von f_1, d.h., der Schwingkreis 1 verhält sich kapazitiv, und andererseits unterhalb von f_2, d.h., der Schwingkreis 2 verhält sich induktiv, sodass sich die beiden Impedanzen $\underline{Z}_1$ und $\underline{Z}_2$ praktisch in Gegenphase befinden. Die zugehörige Frequenz kann näherungsweise als die Resonanzfrequenz des aus C_1 und L_2 gebildeten Serienschwingkreises berechnet werden:

$$f = \frac{1}{2\pi\sqrt{L_2 C_1}} = \frac{1}{2\pi\sqrt{0{,}1\,\mathrm{mH}\cdot 100\,\mathrm{nF}}} = 50{,}33\,\mathrm{kHz}.$$

Aufgabe 8.12 Impedanztransformation

Die Schaltung in Abb. 1 zeigt einen idealen Übertrager mit dem Übersetzungsverhältnis $ü = N_p/N_s$ und mit einer auf der Sekundärseite angeschlossenen Impedanz $\underline{Z}$.

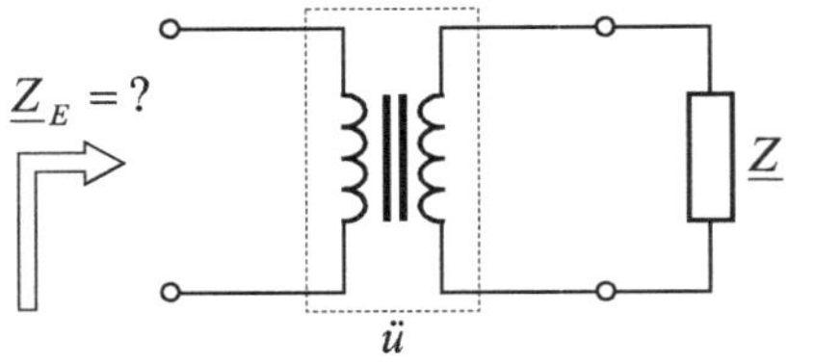

Abbildung 1: Schaltung zur Impedanztransformation

1. Bestimmen Sie die Eingangsimpedanz $\underline{Z}_E$ des Netzwerks.
2. Welche Eingangsimpedanz stellt sich ein, wenn für die Impedanz $\underline{Z}$ ein ohmscher Widerstand R, eine Spule mit der Induktivität L oder ein Kondensator mit der Kapazität C verwendet wird?
3. Welche Resonanzfrequenz weist die Eingangsimpedanz auf, wenn am Ausgang ein Serienschwingkreis mit den Komponenten R, L, C angeschlossen wird?

Lösung zur Teilaufgabe 1:

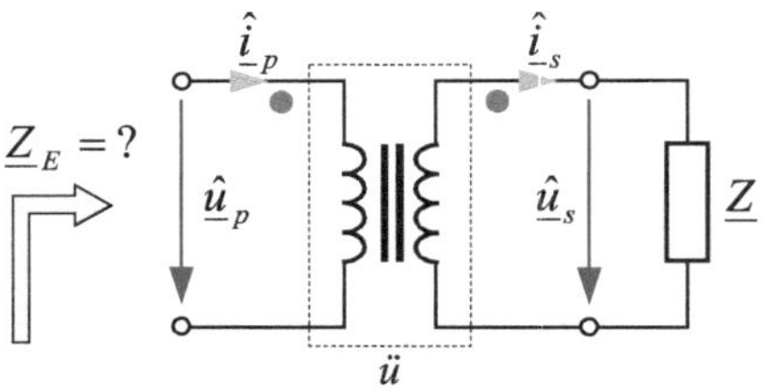

Abbildung 2: Festlegung der Bezeichnungen

Mit den Bezeichnungen in Abb. 2 gelten die beiden Beziehungen

$$\underline{Z}_E = \frac{\underline{\hat{u}}_p}{\underline{\hat{i}}_p} \quad \text{und} \quad \underline{Z} = \frac{\underline{\hat{u}}_s}{\underline{\hat{i}}_s}.$$

Aufgrund der Zusammenhänge zwischen den primär- und sekundärseitigen Größen am idealen Übertrager

$$\underline{\hat{u}}_p = ü\,\underline{\hat{u}}_s \quad \text{und} \quad \underline{\hat{i}}_s = ü\,\underline{\hat{i}}_p$$

folgt unmittelbar das Ergebnis

$$\underline{Z}_E = \frac{ü\,\underline{\hat{u}}_s}{\underline{\hat{i}}_s / ü} = ü^2 \frac{\underline{\hat{u}}_s}{\underline{\hat{i}}_s} = ü^2 \underline{Z}. \tag{1}$$

Lösung zur Teilaufgabe 2:

Für den Sonderfall $\underline{Z} = R$ erhalten wir wieder das bekannte Ergebnis $\underline{Z}_E = ü^2 R$ entsprechend Gl. (6.100).

Schlussfolgerung

Eine sekundärseitige Induktivität $\underline{Z} = \mathrm{j}\omega L$ wird genauso wie der Widerstand mit dem Quadrat des Übersetzungsverhältnisses auf die Primärseite transformiert:

$$\underline{Z}_E = \mathrm{j}\omega\left(ü^2 L\right).$$

Beim Kondensator ist die Situation jedoch anders. Die Impedanz $\underline{Z} = 1/\mathrm{j}\omega C$ erscheint als

$$\underline{Z}_E = \frac{ü^2}{\mathrm{j}\omega C} = \frac{1}{\mathrm{j}\omega\left(C/ü^2\right)}$$

an den Eingangsklemmen, d.h., die Kapazität wird mit dem Kehrwert von $ü^2$ an die Eingangsklemmen transformiert.

Lösung zur Teilaufgabe 3:

Mit der Impedanz des Serienschwingkreises nach Gl. (8.84)

$$\underline{Z} = R + \mathrm{j}\left(\omega L - \frac{1}{\omega C}\right)$$

liefert die Beziehung (1) die Eingangsimpedanz

$$\underline{Z}_E = ü^2 \underline{Z} = ü^2 R + \mathrm{j}ü^2\left(\omega L - \frac{1}{\omega C}\right).$$

Bei der Resonanzfrequenz verschwindet der Imaginärteil, d.h., wir erhalten wiederum die Gl. (8.86) zur Bestimmung von ω_0. Die Resonanzfrequenz des Serienschwingkreises wird also durch den idealen Übertrager nicht beeinflusst.

Aufgabe 8.13 Zeigerdiagramm beim Transformator, Kapp'sches Dreieck

In dieser Aufgabe soll untersucht werden, wie sich die Ausgangsspannung $u_s(t)$ eines Transformators gegenüber der Eingangsspannung $u_p(t)$ ändert, wenn die Verlustwiderstände und die Streuinduktivitäten des realen Bauelements berücksichtigt werden. Ausgangspunkt für die Betrachtung ist das aus Abb. 6.56 übernommene Ersatzschaltbild für einen verlustbehafteten Übertrager.

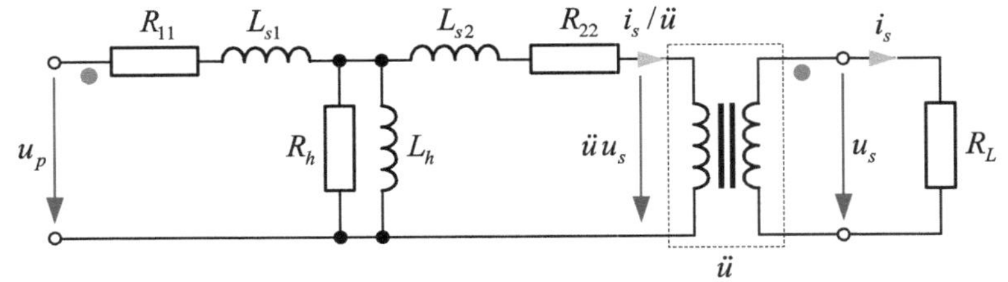

Abbildung 1: Ersatzschaltbild für einen verlustbehafteten Übertrager

In der Praxis ist der Widerstand R_h sehr groß gegenüber den beiden Wicklungswiderständen R_{11} und R_{22}. Ebenso ist die Hauptinduktivität L_h sehr groß gegenüber den beiden Streuinduktivitäten L_{s1} und L_{s2}. Wird also der ausgangsseitige Lastwiderstand R_L durch einen Kurzschluss ersetzt, dann entspricht die an den Eingangsklemmen gemessene Impedanz der Reihenschaltung aus den beiden Widerständen $R_{11}+R_{22} = R$ und den beiden Induktivitäten $L_{s1}+L_{s2} = L_s$. Die eingangs gestellte Frage wird meistens an dem vereinfachten Ersatzschaltbild der Abb. 2 untersucht. Der Widerstand R_h und die Induktivität L_h liegen parallel zur Eingangsspannung und haben keinen Einfluss auf das Ergebnis. Der ideale Übertrager kann ebenfalls aus dem Schaltbild entfernt werden, wenn die Lastimpedanz mit dem Übersetzungsverhältnis auf dessen Primärseite transformiert wird (siehe Aufg. 8.12). Zur Verallgemeinerung wird noch der Lastwiderstand durch eine beliebige Impedanz $\underline{Z}_L$ ersetzt. Daraus resultiert das Netzwerk auf der rechten Seite der Abb. 2, das mithilfe der komplexen Rechnung analysiert werden kann.

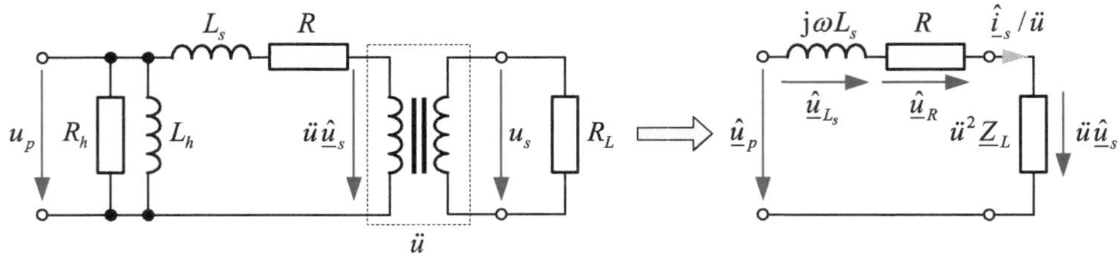

Abbildung 2: Vereinfachtes Ersatzschaltbild

1. Zeichnen Sie ein qualitatives Zeigerdiagramm mit den im Schaltbild angegebenen Spannungen für die drei Fälle: a: $\underline{Z}_L = R_L + j\omega L$, b: $\underline{Z}_L = R_L$, c: $\underline{Z}_L = R_L - j/\omega C$.
2. In welchem Verhältnis stehen die Amplituden der Spannungszeiger $ü\hat{\underline{u}}_s$ und $\hat{\underline{u}}_p$?

Lösung zur Teilaufgabe 1:

Bei der ohmsch-induktiven Last muss die Ausgangsspannung $ü\underline{\hat{u}}_s$ dem Strom $\underline{\hat{i}}_s / ü$ um einen Phasenwinkel $0 < \varphi < \pi/2$ voreilen. Die Spannung an dem Wicklungswiderstand R ist in Phase mit dem Strom, die Spannung an der Induktivität L_s eilt dem Strom um 90° vor. Das sich dadurch ergebende Dreieck ist in Abb. 3 hervorgehoben und wird als Kapp'sches Dreieck bezeichnet. Die Hypotenuse dieses Dreiecks bestimmt den Unterschied zwischen Eingangs- und Ausgangsspannung am Übertrager, sowohl im Verhältnis der Amplituden als auch bei der Phase.

Bei der rein ohmschen Last sind Ausgangsspannung und Strom in Phase, bei der ohmsch-kapazitiven Last eilt die Ausgangsspannung dem Strom nach.

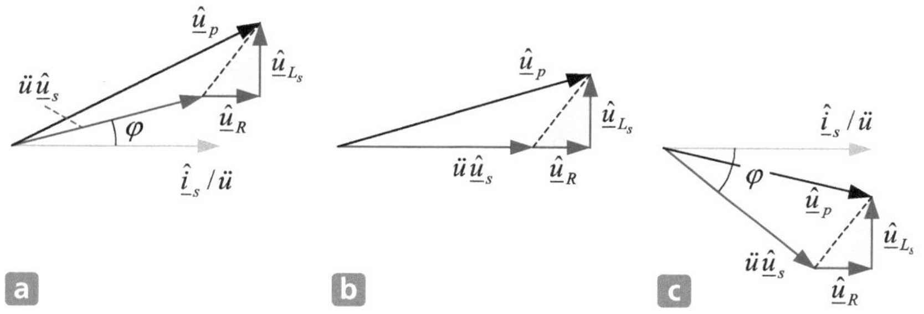

Abbildung 3: Zeigerdiagramme für a: ohmsch-induktive Last, b: ohmsche Last und c: ohmsch-kapazitive Last

Die Abb. 3 zeigt lediglich das prinzipielle Verhalten, die Längen der Zeiger hängen natürlich von den Werten der Netzwerkelemente und der Frequenz ab.

Lösung zur Teilaufgabe 2:

In den Fällen a und b gilt immer $|ü\underline{\hat{u}}_s| < |\underline{\hat{u}}_p|$. Im Fall c kann sich diese Situation ändern. Wenn sich die Spannung an der Induktivität $\underline{\hat{u}}_{L_s}$ und die Spannung infolge des kapazitiven Anteils bei der Lastimpedanz weitestgehend kompensieren und die Spannung $\underline{\hat{u}}_R$ hinreichend klein ist, dann kann $|ü\underline{\hat{u}}_s| > |\underline{\hat{u}}_p|$ gelten. Wir erhalten dann an der Last eine Spannungsüberhöhung entsprechend dem Verhalten eines Serienschwingkreises.

Aufgabe 8.14 Ortskurvenberechnung

Die Schaltung in Abb. 1 wird durch eine harmonische Spannungsquelle $\underline{\hat{u}}_0 = \hat{u}_0\,\mathrm{e}^{\mathrm{j}0}$ mit der Kreisfrequenz ω erregt.

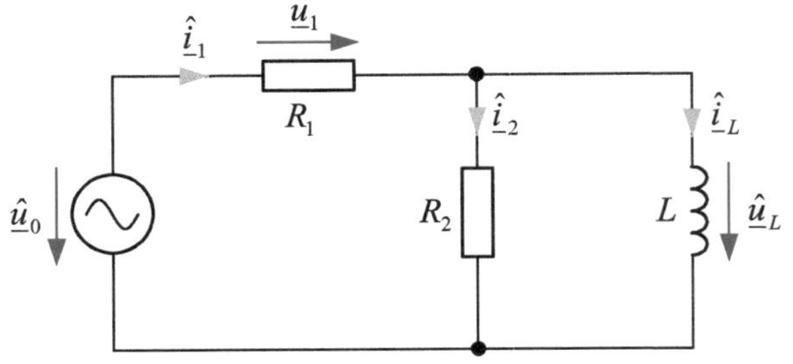

Abbildung 1: RL-Schaltung

1. Bestimmen Sie mithilfe der komplexen Wechselstromrechnung die Spannung $\underline{\hat{u}}_L$ an der Induktivität L in Abhängigkeit von $\underline{\hat{u}}_0$.

2. Zeigen Sie, dass die Beziehung $\dfrac{\mathrm{j}a}{1+\mathrm{j}b} = \dfrac{a}{2b}\left(1+\dfrac{-1+\mathrm{j}b}{1+\mathrm{j}b}\right) = \dfrac{a}{2b}\left(1+\mathrm{e}^{\mathrm{j}(\pi-2\arctan b)}\right)$ gilt.

3. Stellen Sie die Spannung $\underline{\hat{u}}_L$ mithilfe der Beziehung aus Teilaufgabe 2 in der Form

$$\underline{\hat{u}}_L = u_K\left(1+\mathrm{e}^{\mathrm{j}\varphi_K}\right)$$

dar und bestimmen Sie u_K und φ_K in Abhängigkeit von R_1, R_2, L, ω und $\underline{\hat{u}}_0$.

4. Geben Sie die Spannung $\underline{\hat{u}}_L$ für $\omega = 0$ und $\omega \to \infty$ an. Skizzieren Sie die Ortskurve von $\underline{\hat{u}}_L$.

Lösung zur Teilaufgabe 1:

Die Impedanz der Parallelschaltung von R_2 und L berechnet sich zu

$$\underline{Z}_2 = \frac{R_2 \cdot \mathrm{j}\omega L}{R_2 + \mathrm{j}\omega L}.$$

Aus der Spannungsteilergleichung folgt

$$\frac{\underline{\hat{u}}_L}{\underline{\hat{u}}_0} = \frac{\underline{Z}_2}{R_1+\underline{Z}_2} = \frac{R_2 \cdot \mathrm{j}\omega L}{R_1\left(R_2+\mathrm{j}\omega L\right)+R_2\cdot \mathrm{j}\omega L} = \frac{\mathrm{j}\omega L R_2}{R_1R_2+\mathrm{j}\omega L\left(R_1+R_2\right)}. \tag{1}$$

Lösung zur Teilaufgabe 2:

Wir betrachten zunächst den linken Teil der Gleichung. Die Multiplikation mit $2b/a$ liefert

$$\frac{\mathrm{j}a}{1+\mathrm{j}b}\frac{2b}{a} = 1+\frac{-1+\mathrm{j}b}{1+\mathrm{j}b} \quad\to\quad \frac{\mathrm{j}2b}{1+\mathrm{j}b} = \frac{1+\mathrm{j}b}{1+\mathrm{j}b}+\frac{-1+\mathrm{j}b}{1+\mathrm{j}b} = \frac{1+\mathrm{j}b-1+\mathrm{j}b}{1+\mathrm{j}b} = \frac{\mathrm{j}2b}{1+\mathrm{j}b}.$$

Wir überprüfen jetzt den rechten Teil der Gleichung:

$$\frac{-1+\mathrm{j}b}{1+\mathrm{j}b}=\frac{\sqrt{1+b^2}\,\mathrm{e}^{\mathrm{j}(\pi-\arctan b)}}{\sqrt{1+b^2}\,\mathrm{e}^{\mathrm{j}\arctan b}}=\mathrm{e}^{\mathrm{j}(\pi-2\arctan b)}.$$

Lösung zur Teilaufgabe 3:

Im ersten Schritt bringen wir die Spannung $\underline{\hat{u}}_L$ auf eine Form, die der linken Seite der Gleichung in Teilaufgabe 2 entspricht. Mit Gl. (1) und $\underline{\hat{u}}_0 = \hat{u}_0$ gilt

$$\underline{\hat{u}}_L=\frac{\mathrm{j}\omega L R_2\,\hat{u}_0}{R_1R_2+\mathrm{j}\omega L(R_1+R_2)}=\frac{\mathrm{j}\omega\dfrac{L}{R_1}\hat{u}_0}{1+\mathrm{j}\omega L\dfrac{R_1+R_2}{R_1R_2}}.$$

Der Koeffizientenvergleich ergibt

$$a=\frac{\omega L}{R_1}\hat{u}_0 \qquad \text{und} \qquad b=\omega L\frac{R_1+R_2}{R_1R_2}$$

und mit Teilaufgabe 2 folgt schließlich die Darstellung

$$\underline{\hat{u}}_L=u_K\left(1+\mathrm{e}^{\mathrm{j}\varphi_K}\right)=\frac{a}{2b}\left(1+\mathrm{e}^{\mathrm{j}(\pi-2\arctan b)}\right)=\frac{R_2}{2(R_1+R_2)}\hat{u}_0\left(1+\mathrm{e}^{\mathrm{j}\left(\pi-2\arctan\left(\omega L\frac{R_1+R_2}{R_1R_2}\right)\right)}\right).$$

Lösung zur Teilaufgabe 4:

Für die beiden Grenzfälle gilt

$$\underline{\hat{u}}_L(\omega=0)=u_K\left(1+\mathrm{e}^{\mathrm{j}\pi}\right)=0 \qquad \text{bzw.} \qquad \underline{\hat{u}}_L(\omega\to\infty)=u_K\left(1+\mathrm{e}^{\mathrm{j}0}\right)=2u_K\,.$$

Die Funktion $u_K(1+\mathrm{e}^{\mathrm{j}\varphi_K})$ beschreibt einen Kreisbogen mit dem Mittelpunkt bei u_K und dem Radius u_K. Durchläuft die Kreisfrequenz den Wertebereich $0 \le \omega < \infty$, dann erhalten wir die in Abb. 2 dargestellte Ortskurve mit den beiden in obiger Gleichung angegebenen Grenzpunkten.

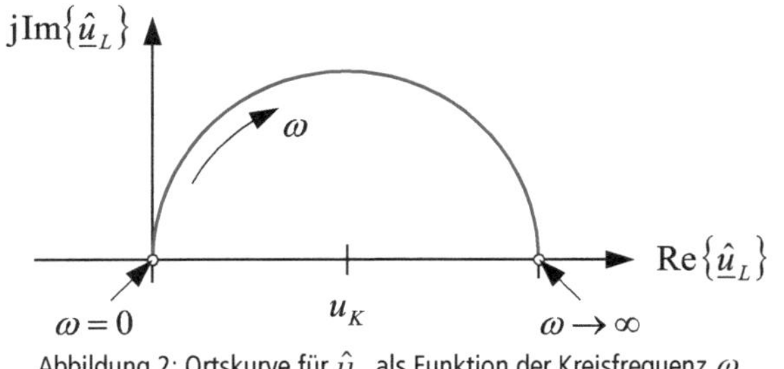

Abbildung 2: Ortskurve für $\underline{\hat{u}}_L$ als Funktion der Kreisfrequenz ω

Aufgabe 8.15 Phasenbrücke, Ortskurvenberechnung

Eine aus zwei gleichen Widerständen und zwei gleichen Kondensatoren bestehende Brückenschaltung soll durch das Netzwerk in Abb. 1 mit idealen Komponenten modelliert werden.

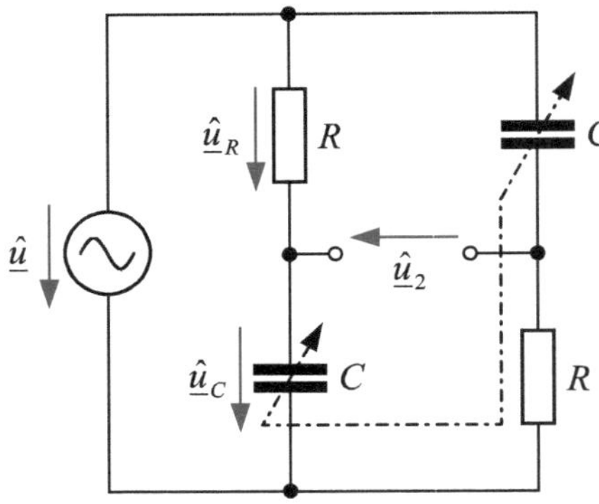

Abbildung 1: Phasenschiebernetzwerk

Wie ändert sich das Verhältnis von Brückenspannung zu Quellenspannung $\hat{\underline{u}}_2 / \hat{\underline{u}}$, wenn die Kapazität C der beiden Kondensatoren den Wertebereich $0 \le C < \infty$ durchläuft? Das Ergebnis ist als Ortskurve darzustellen.

Lösung

Die Quellenspannung teilt sich in beiden Brückenzweigen gleichermaßen in die beiden Spannungen am Widerstand und am Kondensator auf:

$$\hat{\underline{u}} = \hat{\underline{u}}_R + \hat{\underline{u}}_C \quad \text{mit} \quad \frac{\hat{\underline{u}}_R}{\hat{\underline{u}}} = \frac{R}{R + \frac{1}{\mathrm{j}\omega C}} = \frac{\mathrm{j}\omega CR}{1 + \mathrm{j}\omega CR} \quad \text{und} \quad \frac{\hat{\underline{u}}_C}{\hat{\underline{u}}} = \frac{\frac{1}{\mathrm{j}\omega C}}{R + \frac{1}{\mathrm{j}\omega C}} = \frac{1}{1 + \mathrm{j}\omega CR}.$$

Aus dem Spannungsumlauf in der unteren Masche

$$\hat{\underline{u}}_2 = \hat{\underline{u}}_R - \hat{\underline{u}}_C = \hat{\underline{u}}\frac{\mathrm{j}\omega CR}{1+\mathrm{j}\omega CR} - \hat{\underline{u}}\frac{1}{1+\mathrm{j}\omega CR}$$

folgt für das gesuchte Verhältnis die Beziehung

$$\frac{\hat{\underline{u}}_2}{\hat{\underline{u}}} = \frac{\mathrm{j}\omega CR - 1}{1+\mathrm{j}\omega CR} = -\frac{1-\mathrm{j}\omega CR}{1+\mathrm{j}\omega CR}\cdot\frac{1-\mathrm{j}\omega CR}{1-\mathrm{j}\omega CR} = -\frac{(1-\mathrm{j}\omega CR)^2}{1+(\omega CR)^2}\,. \tag{1}$$

Der Betrag dieses Ausdrucks nimmt immer den Wert

$$\left|\frac{\hat{\underline{u}}_2}{\hat{\underline{u}}}\right| = \frac{1+(\omega CR)^2}{1+(\omega CR)^2} = 1$$

an. Die Amplituden der beiden Spannungen sind unabhängig von der Frequenz immer gleich. Damit liegen alle Punkte der gesuchten Ortskurve auf dem Einheitskreis. Für $C = 0$ liefert die Beziehung den Wert -1, für $C \to \infty$ den Wert $+1$. Bei allen anderen C-Werten liegt der Phasenwinkel zwischen 0 und 180°. Bei $\omega CR = 1$ verschwindet der Realteil in Gl. (1) und der zugehörige Phasenwinkel ist 90°.

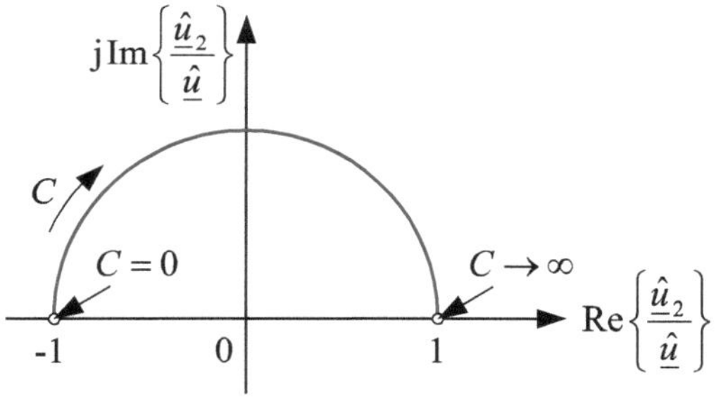

Abbildung 2: Ortskurve für $\hat{\underline{u}}_2 / \hat{\underline{u}}$ als Funktion der Kapazität C

Die Spannung an den Ausgangsklemmen entspricht der in der Phase verschobenen Eingangsspannung, wobei die Phasenverschiebung im Bereich zwischen 0 und 180° durch Wahl der Kapazitätswerte C festgelegt werden kann. Diese Aussage trifft allerdings nur für den ausgangsseitigen Leerlauf zu.

Aufgabe 8.16 Impedanztransformation

Gegeben sind die beiden Ausgangsimpedanzen $\underline{Z} = \underline{Z}_1 = R + \mathrm{j}\omega L$ und $\underline{Z} = \underline{Z}_2 = R - \mathrm{j}/(\omega C)$. Mithilfe einer verlustlosen Vierpolschaltung gemäß Abb. 1 soll die Impedanz $\underline{Z}$ bei einer vorgegebenen Frequenz auf einen anderen Wert $\underline{Z}_E \neq \underline{Z}$ transformiert werden.

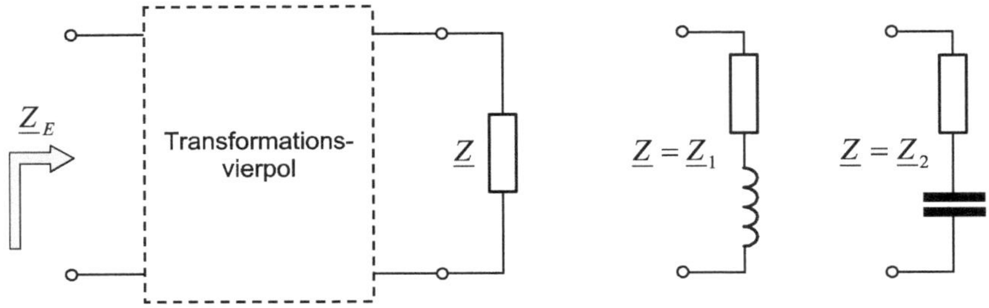

Abbildung 1: Betrachtete Anordnung

1. Zeichnen Sie einen qualitativen Ortskurvenverlauf für die Eingangsimpedanz $\underline{Z}_E$ für die Fälle, bei denen der Transformationsvierpol lediglich eine einzelne Reaktanz enthält.
2. Begründen Sie, warum die Ortskurven bei parallel geschalteter Induktivität bzw. Kapazität kreisförmig sind.
3. Wir betrachten jetzt die beiden Transformationsvierpole in Abb. 2 mit jeweils zwei Reaktanzen. Markieren Sie in der komplexen Ebene die Bereiche mit allen möglichen Werten $\underline{Z}_E$, in die die Ausgangsimpedanzen $\underline{Z}$ mithilfe der jeweiligen Schaltung transformiert werden können.

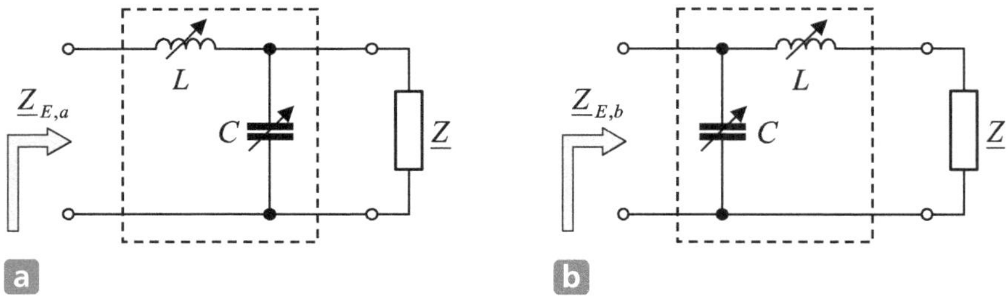

Abbildung 2: Transformationsvierpole mit zwei Reaktanzen

Lösung zur Teilaufgabe 1:

Mit einer einzelnen Reaktanz ergeben sich die vier in Abb. 3 dargestellten Möglichkeiten. In den unteren Abbildungen sind jeweils die zu den oberen Netzwerken gehörenden Ortskurven der Eingangsimpedanz $\underline{Z}_E$ dargestellt, wobei die Impedanzen $\underline{Z}_1$ und $\underline{Z}_2$ beliebig gewählt sind. Bei der Darstellung der Ortskurven ist angenommen, dass die Werte von L und C den Zahlenbereich zwischen 0 und ∞ durchlaufen.

Die Reihenschaltung mit einer Induktivität oder Kapazität verändert lediglich den Imaginärteil der Impedanzen $\underline{Z}$. Bei einer Parallelschaltung mit einer Induktivität bzw. Kapazität nimmt die Ortskurve einen kreisförmigen Verlauf an. Die Endpunkte liegen jeweils bei den Ausgangswerten $\underline{Z}_1$ und $\underline{Z}_2$ und im Nullpunkt.

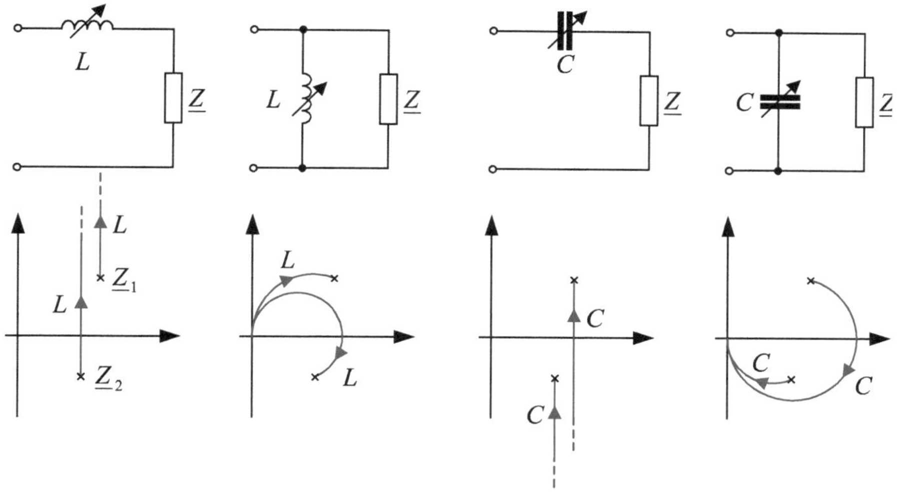

Abbildung 3: Ortskurven für die Eingangsimpedanz $\underline{Z}_E$ der dargestellten Netzwerke

Lösung zur Teilaufgabe 2:

Bei der Parallelschaltung einer konstanten Admittanz $1/\underline{Z}$ mit einer veränderlichen Induktivität oder Kapazität erhalten wir als Ortskurve für die Gesamtadmittanz eine Gerade, die sich ausgehend von dem konstanten Wert parallel zur imaginären Achse ins Unendliche erstreckt. Die Inversion dieser Geraden liefert aber als Ortskurve für die Impedanz einen Kreisausschnitt, der durch den konstanten Wert $\underline{Z}_1$ bzw. $\underline{Z}_2$ und durch den Nullpunkt begrenzt ist.

Lösung zur Teilaufgabe 3:

Wir betrachten zunächst die Anordnung in Abb. 2a. Die Ortskurve für die Parallelschaltung aus der Ausgangsimpedanz und dem Kondensator können wir von dem Netzwerk 4 in Abb. 3 übernehmen. Mit dem Kondensator ist jeder Punkt auf dem betreffenden Kreisausschnitt erreichbar. Die zusätzlich in Reihe liegende veränderliche Induktivität L erhöht den Imaginärteil der Impedanz $\underline{Z}_{E,a}$, sodass alle Punkte oberhalb der Kreisbögen durch geeignete Wahl von L und C einstellbar sind. Der mögliche Wertebereich für $\underline{Z}_{E,a}$ ist für die beiden Ausgangsimpedanzen $\underline{Z}_1$ und $\underline{Z}_2$ in Abb. 4 hervorgehoben.

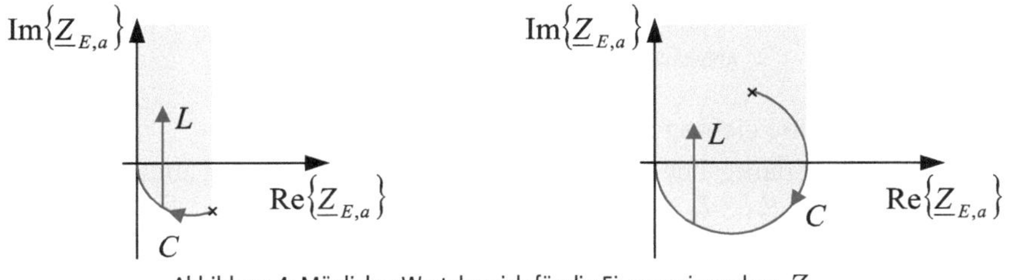

Abbildung 4: Möglicher Wertebereich für die Eingangsimpedanz $\underline{Z}_{E,a}$

Ausgangspunkt für die Anordnung in Abb. 2b ist die Ortskurve von dem Netzwerk 1 in Abb. 3. Die Parallelschaltung eines zusätzlichen Kondensators führt auf einen Kreisausschnitt zwischen einem Punkt auf der bisherigen Ortskurve und dem Nullpunkt. Im Falle der Ausgangsimpedanz $\underline{Z}_2$ erhalten wir den Kreisbogen mit dem kleinsten Radius, in diesem Fall einen Halbkreis mit dem Radius $R/2$, wenn sich der kapazitive Anteil von $\underline{Z}_2$ mit der in Reihe liegenden Induktivität L in Resonanz befindet. In diesem Grenzfall besteht die Eingangsimpedanz $\underline{Z}_{E,b}$ aus der Parallelschaltung von der einstellbaren Kapazität C und dem Widerstand R.

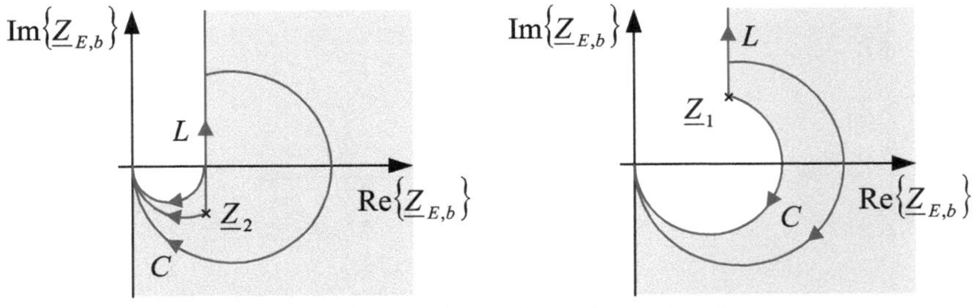

Abbildung 5: Möglicher Wertebereich für die Eingangsimpedanz $\underline{Z}_{E,b}$

Aufgabe 8.17 Leistungsberechnung im Dreiphasensystem

In einem Dreiphasensystem besteht die komplexe Impedanz $\underline{Z}$ pro Phase aus je einer Reihenschaltung eines Widerstandes und einer Induktivität. Für die Generatorspannungen gelte:

$$\hat{\underline{u}}_1 = \hat{u}e^{j0}, \quad \hat{\underline{u}}_2 = \hat{u}e^{-j\frac{2\pi}{3}}, \quad \hat{\underline{u}}_3 = \hat{u}e^{-j\frac{4\pi}{3}}.$$

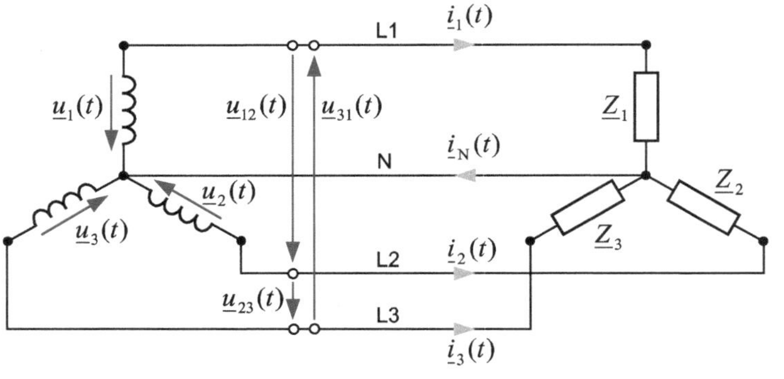

Abbildung 1: Sternschaltung mit Sternpunktleiter

1. Berechnen Sie die Leistung am Verbraucher.

Für die folgenden Teilaufgaben wird eine symmetrische Belastung angenommen: $R_1 = R_2 = R_3 = R$ und $L_1 = L_2 = L_3 = L$.

2. Berechnen Sie die Leistung am Verbraucher für die symmetrische Belastung.

3. Geben Sie den Strom im Neutralleiter an.

Lösung zur Teilaufgabe 1:

Die Leistung am Verbraucher ist

$$P = P_1 + P_2 + P_3 = \mathrm{Re}\left\{\frac{1}{2}\underline{\hat{u}}_1\underline{\hat{i}}_1^{\,*} + \frac{1}{2}\underline{\hat{u}}_2\underline{\hat{i}}_2^{\,*} + \frac{1}{2}\underline{\hat{u}}_3\underline{\hat{i}}_3^{\,*}\right\}.$$

Die Ströme berechnen sich zu

$$\underline{\hat{i}}_1 = \frac{\underline{\hat{u}}_1}{\underline{Z}_1} = \frac{\hat{u}}{\sqrt{R_1^{\,2} + (\omega L_1)^2}} \mathrm{e}^{-\mathrm{j}\arctan\frac{\omega L_1}{R_1}}$$

$$\underline{\hat{i}}_2 = \frac{\underline{\hat{u}}_2}{\underline{Z}_2} = \frac{\hat{u}\mathrm{e}^{-\mathrm{j}\frac{2\pi}{3}}}{\sqrt{R_2^{\,2} + (\omega L_2)^2}} \mathrm{e}^{-\mathrm{j}\arctan\frac{\omega L_2}{R_2}}$$

$$\underline{\hat{i}}_3 = \frac{\underline{\hat{u}}_3}{\underline{Z}_3} = \frac{\hat{u}\mathrm{e}^{-\mathrm{j}\frac{4\pi}{3}}}{\sqrt{R_3^{\,2} + (\omega L_3)^2}} \mathrm{e}^{-\mathrm{j}\arctan\frac{\omega L_3}{R_3}}.$$

Damit ergibt sich für die Leistung

$$P = \frac{\hat{u}^2}{2}\mathrm{Re}\left\{\frac{\mathrm{e}^{\mathrm{j}\arctan\frac{\omega L_1}{R_1}}}{\sqrt{R_1^{\,2} + (\omega L_1)^2}} + \mathrm{e}^{-\mathrm{j}\frac{2\pi}{3}}\frac{\mathrm{e}^{\mathrm{j}\frac{2\pi}{3}}\mathrm{e}^{\mathrm{j}\arctan\frac{\omega L_2}{R_2}}}{\sqrt{R_2^{\,2} + (\omega L_2)^2}} + \mathrm{e}^{-\mathrm{j}\frac{4\pi}{3}}\frac{\mathrm{e}^{\mathrm{j}\frac{4\pi}{3}}\mathrm{e}^{\mathrm{j}\arctan\frac{\omega L_3}{R_3}}}{\sqrt{R_3^{\,2} + (\omega L_3)^2}}\right\}$$

$$= \frac{\hat{u}^2}{2}\mathrm{Re}\left\{\frac{1}{\sqrt{R_1^{\,2} + (\omega L_1)^2}}\mathrm{e}^{\mathrm{j}\arctan\frac{\omega L_1}{R_1}} + \frac{1}{\sqrt{R_2^{\,2} + (\omega L_2)^2}}\mathrm{e}^{\mathrm{j}\arctan\frac{\omega L_2}{R_2}} + \frac{1}{\sqrt{R_3^{\,2} + (\omega L_3)^2}}\mathrm{e}^{\mathrm{j}\arctan\frac{\omega L_3}{R_3}}\right\}.$$

Lösung zur Teilaufgabe 2:

Die Leistung am Verbraucher ist

$$P = \frac{3}{2}\hat{u}^2\,\mathrm{Re}\left\{\frac{1}{\sqrt{R^2 + (\omega L)^2}}\mathrm{e}^{\mathrm{j}\arctan\frac{\omega L}{R}}\right\} = \frac{3}{2}\hat{u}^2\frac{1}{\sqrt{R^2 + (\omega L)^2}}\cos\left(\arctan\frac{\omega L}{R}\right).$$

Lösung zur Teilaufgabe 3:

Im Neutralleiter fließt der Strom

$$\underline{\hat{i}}_N = \underline{\hat{i}}_1 + \underline{\hat{i}}_2 + \underline{\hat{i}}_3 = \frac{\hat{u}}{\sqrt{R^2 + (\omega L)^2}}\mathrm{e}^{-\mathrm{j}\arctan\frac{\omega L}{R}}\left[1 + \mathrm{e}^{-\mathrm{j}\frac{2\pi}{3}} + \mathrm{e}^{-\mathrm{j}\frac{4\pi}{3}}\right] = 0.$$

Aufgabe 8.18 Leistungsberechnung im Dreiphasensystem

Das Drehstromsystem in Abb. 1 zeigt eine Dreieckschaltung mit unsymmetrischer Belastung. Für die Netzwerkelemente gelten folgende Werte: R_1 = 100 Ω, R_2 = 150 Ω, R_3 = 200 Ω, L = 50 mH, C = 20 µF und f = 50 Hz. Für die Generatorspannungen gelte:

$$\hat{\underline{u}}_1 = \hat{u}e^{j0}, \quad \hat{\underline{u}}_2 = \hat{u}e^{-j\frac{2\pi}{3}}, \quad \hat{\underline{u}}_3 = \hat{u}e^{-j\frac{4\pi}{3}} \quad \text{mit} \quad \hat{u} = \sqrt{2}\cdot 230\,\text{V}.$$

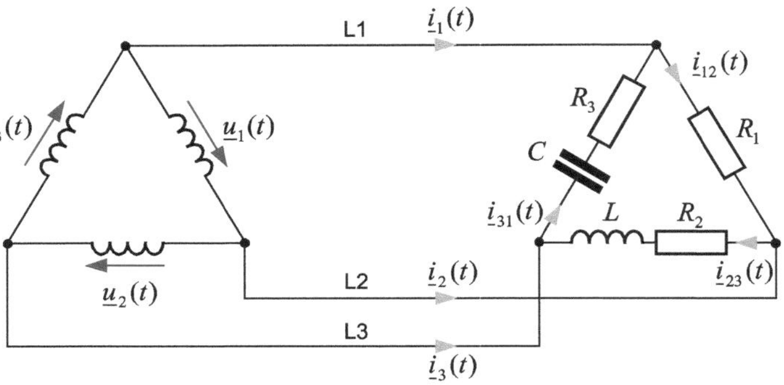

Abbildung 1: Dreieckschaltung mit unsymmetrischer Belastung

Berechnen Sie die Außenleiterströme $\underline{i}_1(t)$, $\underline{i}_2(t)$ und $\underline{i}_3(t)$.

Lösung

Bei dieser Schaltung sind die Spannungen an den einzelnen Impedanzen des Verbrauchers identisch mit den Strangspannungen. Daraus ergeben sich die Verbraucherströme:

$$\hat{\underline{i}}_{12} = \frac{\hat{\underline{u}}_{12}}{R_1} = \frac{\sqrt{2}\cdot 230\,\text{V}}{100\,\Omega} = 3{,}2527\,\text{A}$$

$$\hat{\underline{i}}_{23} = \frac{\hat{\underline{u}}_2}{R_2 + j\omega L} = \frac{\sqrt{2}\cdot 230\,\text{V}\cdot e^{-j\frac{2\pi}{3}}}{150\,\Omega + j\cdot 15{,}707\,\Omega} = \frac{\sqrt{2}\cdot 230\,\text{V}\cdot e^{-j\frac{2\pi}{3}}}{150{,}8\,\Omega\cdot e^{j0{,}1}} = 2{,}1567\,\text{A}\cdot e^{-j2{,}199}$$

$$\hat{\underline{i}}_{31} = \frac{\hat{\underline{u}}_3}{R_3 + \frac{1}{j\omega C}} = \frac{\sqrt{2}\cdot 230\,\text{V}\cdot e^{-j\frac{4\pi}{3}}}{200\,\Omega - j\cdot 159{,}2\,\Omega} = \frac{\sqrt{2}\cdot 230\,\text{V}\cdot e^{-j\frac{4\pi}{3}}}{255{,}6\,\Omega\cdot e^{-j0{,}67}} = 1{,}2726\,\text{A}\cdot e^{-j3{,}517}\,.$$

Die Außenleiterströme erhalten wir nun aus den Differenzen der jeweiligen Verbraucherströme:

$$\begin{aligned}\hat{\underline{i}}_1 &= \hat{\underline{i}}_{12} - \hat{\underline{i}}_{31} = 3{,}2527\,\text{A} - 1{,}2726\,\text{A}\cdot e^{-j3{,}517}\\ &= 3{,}2527\,\text{A} - 1{,}2726\,\text{A}\cdot[\cos(-3{,}517) + j\cdot\sin(-3{,}517)] =\\ &= 4{,}4368\,\text{A} - j\cdot 0{,}466\,\text{A} = 4{,}461\,\text{A}\cdot e^{-j0{,}105} = 4{,}461\,\text{A}\cdot e^{-j6^\circ}\end{aligned}$$

$$\hat{\underline{i}}_2 = \hat{\underline{i}}_{23} - \hat{\underline{i}}_{12} = 2{,}1567\,\text{A}\cdot e^{-j2{,}199} - 3{,}2527\,\text{A} = 4{,}845\,\text{A}\cdot e^{j3{,}51} = 4{,}845\,\text{A}\cdot e^{j201{,}1^\circ}$$

$$\begin{aligned}\hat{\underline{i}}_3 &= \hat{\underline{i}}_{31} - \hat{\underline{i}}_{23} = 1{,}2726\,\text{A}\cdot e^{-j3{,}517} - 2{,}1567\,\text{A}\cdot e^{-j2{,}199} = 0{,}0829\,\text{A} + j\cdot 2{,}211\,\text{A}\\ &= 2{,}213\,\text{A}\cdot e^{j1{,}533} = 2{,}213\,\text{A}\cdot e^{j87{,}8^\circ}\,.\end{aligned}$$

8.4 Level 3

Aufgabe 8.19 | Messung mit Oszilloskop und Tastkopf

Ein aus den beiden Widerständen R_1 = 25 kΩ und R_2 = 75 kΩ bestehender Spannungsteiler wird an eine hochfrequente Spannungsquelle $u(t) = \hat{u}\cos(\omega t)$ mit $\hat{u} = 100\,\text{V}$ angeschlossen. Die an R_2 abfallende Spannung $u_2(t)$ soll mit einem Oszilloskop mit vorgeschaltetem 10:1-Tastkopf entsprechend Abb. 1 gemessen werden. Die Eingangsimpedanz des Oszilloskops setzt sich aus dem Widerstand R_E = 1 MΩ und der Kapazität C_E = 9 pF zusammen.

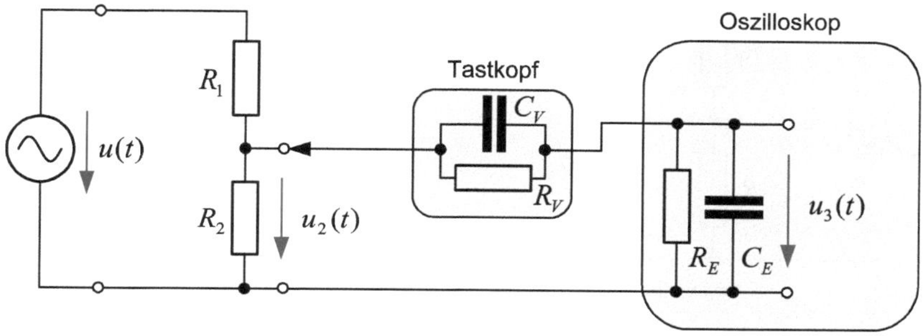

Abbildung 1: Messanordnung

1. Welche Werte müssen der Widerstand R_V und der Kondensator C_V aufweisen, damit die am Oszilloskop angezeigte Spannung $u_3(t)$ unabhängig von der Frequenz genau 1/10 der am Tastkopf anliegenden Spannung $u_2(t)$ beträgt?
2. Berechnen Sie die am Oszilloskop angezeigte Spannungsamplitude in Abhängigkeit von der Frequenz und stellen Sie den prozentualen Fehler in einem Diagramm dar.
3. Wie ändert sich der prozentuale Messfehler, wenn ohne den Tastkopf gemessen wird?
4. Welche weiteren Messfehler sind zu erwarten?

Lösung zur Teilaufgabe 1:

Die geforderte von der Frequenz unabhängige Spannungsteilung

$$\frac{u_3(t)}{u_2(t)} = \frac{1}{10} \tag{1}$$

führt mit den in Kap. 8.4 abgeleiteten Beziehungen auf die Werte

$$R_V = (10-1)R_E = 9\,\text{M}\Omega \quad \text{und} \quad C_V = \frac{C_E}{10-1} = 1\,\text{pF}. \tag{2}$$

Lösung zur Teilaufgabe 2:

Wird das Oszilloskop über den Tastkopf an den Spannungsteiler angeschlossen, dann wird die Eingangsimpedanz der Messapparatur parallel zu R_2 geschaltet. Zur Berechnung der dadurch geänderten Spannungsteilung betrachten wir die Ersatzanordnung in Abb. 2. Die Impedanz $\underline{Z}$ repräsentiert die Reihenschaltung der beiden Impedanzen $\underline{Z}_V$ des Tastkopfes und $\underline{Z}_E$ des Oszilloskops:

$$\underline{Z} = \underline{Z}_V + \underline{Z}_E \overset{(8.78)}{=} \frac{R_V}{1+j\omega R_V C_V} + \frac{R_E}{1+j\omega R_E C_E} \overset{(2)}{=} 10\,\underline{Z}_E . \tag{3}$$

Für die Parallelschaltung von R_2 und $\underline{Z}$ gilt

$$\underline{Z}_{par} = \frac{R_2 \underline{Z}}{R_2 + \underline{Z}} .$$

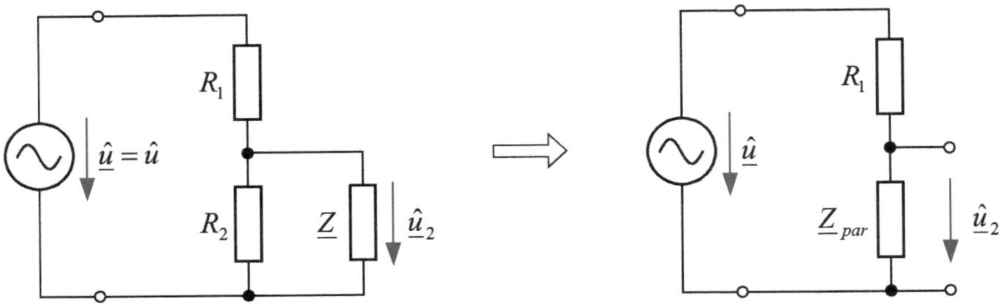

Abbildung 2: Ersatzschaltbild für die Messanordnung in Abb. 1

Die Rechnung mit den komplexen Amplituden führt mithilfe der Spannungsteilerregel unmittelbar auf den Zusammenhang

$$\frac{\underline{\hat{u}}_2}{\underline{\hat{u}}} = \frac{\underline{Z}_{par}}{R_1 + \underline{Z}_{par}} = \frac{\dfrac{R_2 \underline{Z}}{R_2 + \underline{Z}}}{R_1 + \dfrac{R_2 \underline{Z}}{R_2 + \underline{Z}}} = \frac{R_2 \underline{Z}}{R_1 (R_2 + \underline{Z}) + R_2 \underline{Z}} . \tag{4}$$

Mit den in Teilaufgabe 1 bestimmten Werten gilt $u_2(t) = 10 u_3(t)$, sodass wir am Oszilloskop die Spannungsamplitude

$$\left|\underline{\hat{u}}_3\right| = \frac{1}{10}\left|\underline{\hat{u}}_2\right| = \frac{\hat{u}}{10}\left|\frac{R_2 \underline{Z}}{R_1 (R_2 + \underline{Z}) + R_2 \underline{Z}}\right|$$

erhalten. Für den Sonderfall einer unendlich großen Impedanz $\underline{Z} \to \infty$ entspricht die angezeigte Amplitude dem erwarteten Ergebnis

$$\left|\underline{\hat{u}}_3\right| = \frac{\hat{u}}{10}\left|\frac{R_2 \underline{Z}}{R_1 \underline{Z} + R_2 \underline{Z}}\right| = \frac{\hat{u}}{10}\frac{R_2}{R_1 + R_2} = \frac{100\,\mathrm{V}}{10} 0{,}75 = 7{,}5\,\mathrm{V} .$$

Infolge der endlichen Impedanz $\underline{Z}$ ist die angezeigte Spannung aber zu gering. Den prozentualen Fehler erhalten wir aus dem Verhältnis

$$\frac{\Delta u}{u} = \frac{\left|\underline{\hat{u}}_3\right| - 7{,}5\,\mathrm{V}}{7{,}5\,\mathrm{V}} 100\% = \left[\frac{\hat{u}}{10 \cdot 7{,}5\,\mathrm{V}}\left|\frac{R_2 \underline{Z}}{R_1 (R_2 + \underline{Z}) + R_2 \underline{Z}}\right| - 1\right] \cdot 100\% . \tag{5}$$

Dieses Ergebnis ist für die angegebenen Zahlenwerte als Funktion der Frequenz in Abb. 3 dargestellt. Bei Gleichspannung gilt $\underline{Z} = R_V + R_E = 10\,\mathrm{M\Omega}$, sodass der Fehler

−0,187 % beträgt. Mit steigender Frequenz wird die Eingangsimpedanz der Messanordnung infolge der Kapazitäten immer geringer, d.h., die Impedanz $\underline{Z}_{par}$ und damit auch die angezeigte Spannung nehmen ab.

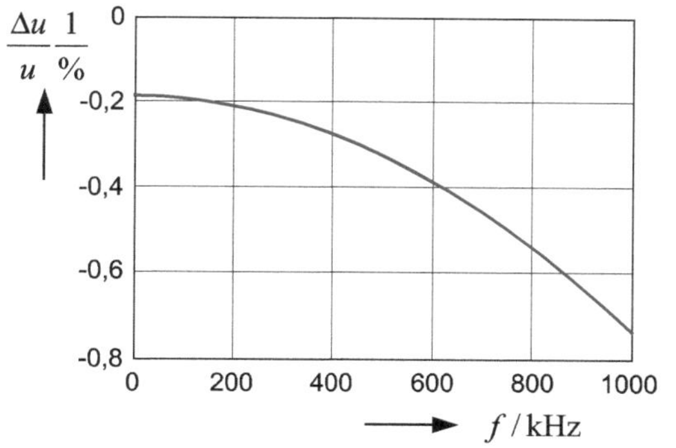

Abbildung 3: Prozentualer Fehler bei der Spannungsanzeige, Messung mit Tastkopf

Lösung zur Teilaufgabe 3:

Für die Messung ohne Tastkopf erhalten wir den Fehler aus Gl. (5), indem wir $\underline{Z}_V = 0$ und damit $\underline{Z}$ durch $\underline{Z}_E$ ersetzen. Da die Eingangsimpedanz der Messapparatur nach Gl. (3) jetzt um den Faktor 10 geringer ist, wird der Messfehler entsprechend größer. Die Auswertung ist in Abb. 4 dargestellt.

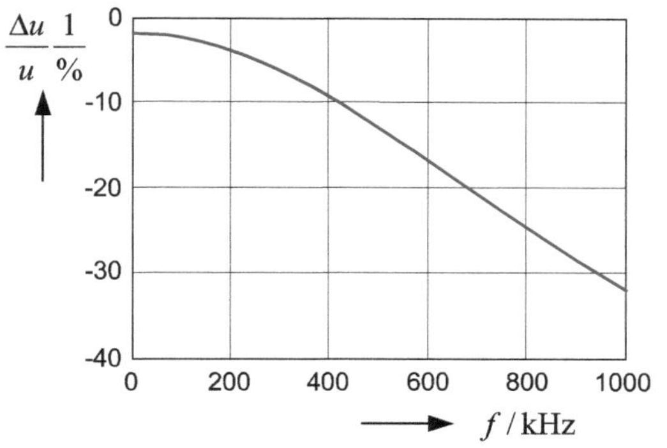

Abbildung 4: Prozentualer Fehler bei der Spannungsanzeige, Messung ohne Tastkopf

Lösung zur Teilaufgabe 4:

Die Belastung des Spannungsteilers mit der Messapparatur hat nicht nur einen Fehler bei der angezeigten Spannungsamplitude zur Folge, sondern die Kapazitäten verursachen auch einen Phasenfehler. Die Phasenverschiebung der Spannung $u_3(t)$ gegenüber der Quellenspannung $u(t)$ lässt sich aus den bisherigen Beziehungen bestimmen:

$$\frac{\underline{\hat{u}}_3}{\underline{\hat{u}}} \overset{(1)}{=} \frac{1}{10}\frac{\underline{\hat{u}}_2}{\underline{\hat{u}}} \overset{(4)}{=} \frac{1}{10}\frac{R_2\underline{Z}}{R_1\left(R_2+\underline{Z}\right)+R_2\underline{Z}} \overset{(3)}{=} \frac{R_2\underline{Z}_E}{R_1R_2+\left(R_1+R_2\right)10\,\underline{Z}_E}\,.$$

Mit der Eingangsimpedanz des Oszilloskops nach Gl. (3) folgt daraus

$$\frac{\underline{\hat{u}}_3}{\underline{\hat{u}}} = \frac{R_2 R_E}{R_1 R_2 + (R_1 + R_2)10 R_E + \mathrm{j}\omega R_E C_E R_1 R_2} = \left|\frac{\underline{\hat{u}}_3}{\underline{\hat{u}}}\right| \mathrm{e}^{\mathrm{j}\varphi}.$$

Für den Phasenwinkel φ erhalten wir das Ergebnis für die Messung mit Tastkopf

$$\varphi = -\arctan \frac{\omega R_E C_E R_1 R_2}{R_1 R_2 + (R_1 + R_2) 10 R_E}.$$

Bei der Messung ohne Tastkopf entfällt der Faktor 10 im Nenner und der Phasenfehler wird größer. Die beiden Fälle sind gemeinsam in Abb. 5 dargestellt.

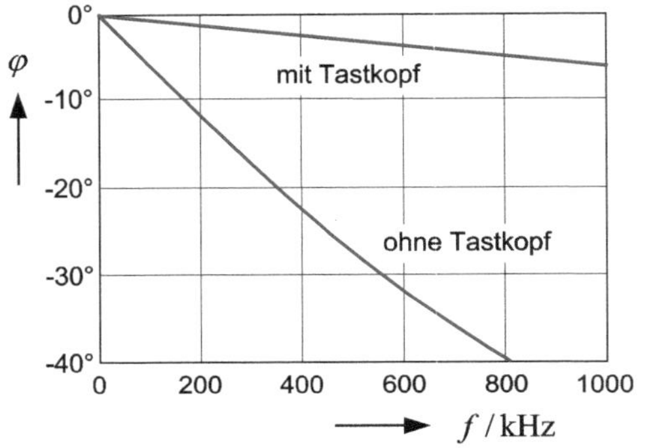

Abbildung 5: Phasenfehler bei der Spannungsanzeige

Aufgabe 8.20 Filterdämpfung

In dieser Aufgabe wird eine Situation aus dem Gebiet der elektromagnetischen Verträglichkeit betrachtet. Eine Spannungswandlerschaltung (in Abb. 1 als Störquelle bezeichnet) ist an das 50-Hz-Wechselspannungsnetz angeschlossen. Das Netz ist durch eine ideale Spannungsquelle mit den Impedanzen der beiden Zuleitungen $\underline{Z}_N$ dargestellt. Die Spannungswandlerschaltung (vgl. Kap. 10.9) erzeugt aufgrund ihrer Betriebsweise hochfrequente Ströme $\underline{i}(t)$ im Bereich $f > 20$ kHz, die zurück zum Netz fließen und an den Impedanzen $\underline{Z}_N$ Spannungsabfälle hervorrufen. Wird ein weiterer Verbraucher an das gleiche Netz angeschlossen, dann setzt sich die Eingangsspannung für diesen Verbraucher aus der 50-Hz-Wechselspannung $\underline{u}_N(t)$ und dem überlagerten hochfrequenten Spannungsabfall $2\underline{Z}_N \underline{i}(t)$ an den beiden Impedanzen zusammen, sodass dieser Verbraucher infolge der hochfrequenten Störspannungen in seiner Funktion beeinträchtigt werden kann. Zur Vermeidung dieser Problematik müssen die Störspannungen an $\underline{Z}_N$ begrenzt werden. Zu diesem Zweck werden Filterstufen zwischen den Netzanschluss und die Störquelle eingefügt, die den Hochfrequenzstrom durch die Netzimpedanzen reduzieren sollen. Für die folgenden Untersuchungen soll angenommen werden, dass sich die Störquelle wie eine ideale Stromquelle mit dem Strom $\underline{i}(t)$ verhält.

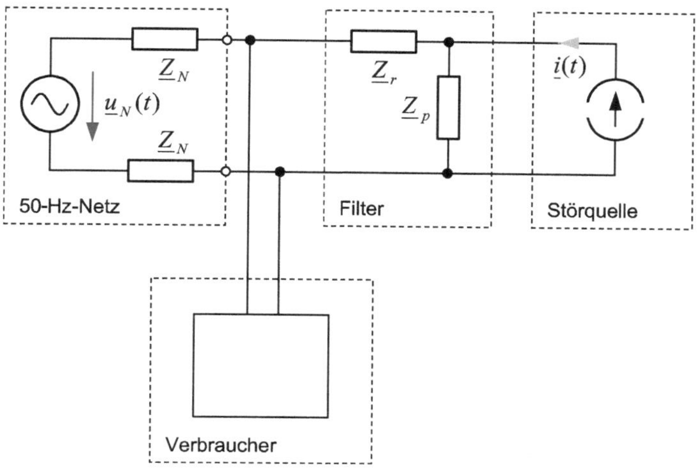

Abbildung 1: Netzwerk zur Beschreibung der Störproblematik

Zur Untersuchung der Filterwirkung auf die hochfrequenten Störspannungspegel an den Netzimpedanzen kann die 50-Hz-Netzspannung $\underline{u}_N(t)$ unberücksichtigt bleiben. Für die Messungen in der Praxis werden die Netzimpedanzen durch ein ohmsch-induktives Netzwerk ersetzt, das oberhalb von 1 MHz den Wert 50 Ω annimmt. Dieser Wert wird zur Vereinfachung der folgenden Rechnung unabhängig von der Frequenz konstant gehalten: $\underline{Z}_N = R = 50\,\Omega$. Das Filter muss so ausgelegt werden, dass ein möglichst großer Anteil des Störstromes durch die parallel liegende Impedanz $\underline{Z}_p$ fließt und nur ein geringer Anteil durch die Reihenschaltung $\underline{Z}_r + 2R$. Das Netzwerk wird jetzt so umgezeichnet, dass in der üblichen Weise die Quelle auf der linken Seite und der Verbraucher (die Netzimpedanzen) auf der rechten Seite dargestellt sind. In Abb. 2 sind bereits die komplexen Amplituden der Ströme und Spannungen eingetragen.

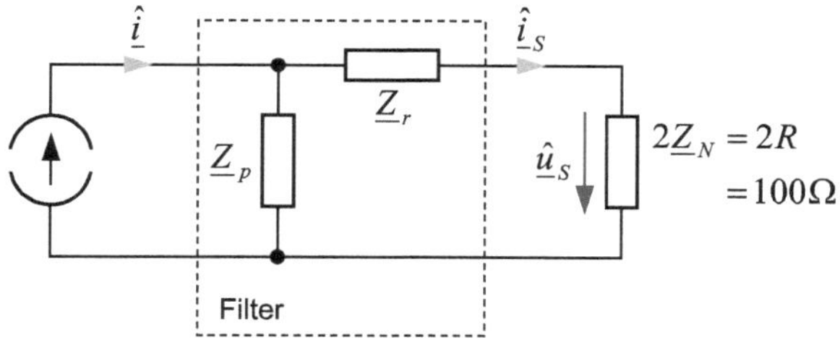

Abbildung 2: Netzwerk zur Untersuchung der Filterdämpfung

1. Berechnen Sie das Verhältnis aus der Störspannung an der Netzimpedanz ohne Filter zur Störspannung an der Netzimpedanz mit Filter.

Als Filterdämpfung (**a**ttenuation) wird das mit dem Faktor 20 multiplizierte logarithmierte Verhältnis

$$a[\mathrm{dB}] = 20 \log \left| \frac{\hat{\underline{u}}_{S,ohne\,Filter}}{\hat{\underline{u}}_{S,mit\,Filter}} \right|$$

bezeichnet. Dieses wird üblicherweise in **dezi**B**el** (Abkürzung dB) angegeben.

2. Berechnen Sie die Filterdämpfung in dB.
3. Berechnen Sie die Filterdämpfung für das Filter in Abb. 3a in Abhängigkeit der Frequenz für den Bereich 10 kHz $\le f \le$ 10 MHz und stellen Sie das Ergebnis grafisch dar. Diskutieren Sie das Ergebnis.
4. Berechnen Sie die Filterdämpfung für das Filter in Abb. 3b in Abhängigkeit der Frequenz für den Bereich 10 kHz $\le f \le$ 10 MHz. Verwenden Sie dabei die folgenden Werte: L_p = 10 nH, R_p = 20 mΩ, C_r = 100 pF und R_r = 4 Ω. Stellen Sie das Ergebnis grafisch dar und diskutieren Sie den Kurvenverlauf.

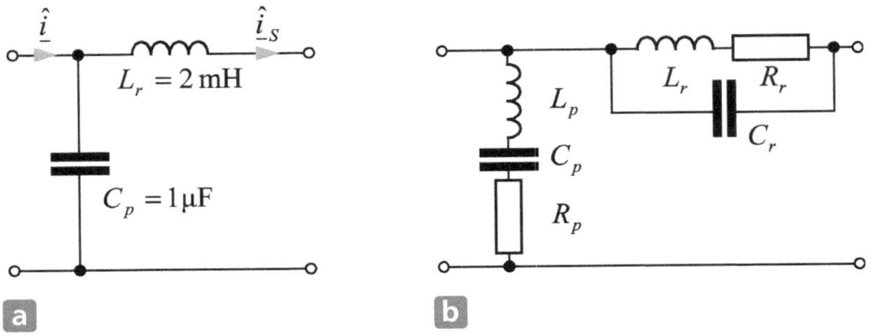

Abbildung 3: a: Filter mit idealen Komponenten, b: Filter mit realen Komponenten

Lösung zur Teilaufgabe 1:

Bei nicht vorhandenem Filter gilt $\hat{\underline{u}}_{S,ohne\,Filter} = 2R\hat{\underline{i}}$. Mit Filter erhalten wir die Störspannung $\hat{\underline{u}}_{S,mit\,Filter} = 2R\hat{\underline{i}}_S$. Das gesuchte Verhältnis der beiden Spannungen ist also durch das Verhältnis der Ströme gegeben. Aus der Spannungsgleichheit folgt mit

$$\hat{\underline{i}}_S\left(\underline{Z}_r + 2R\right) = \left(\hat{\underline{i}} - \hat{\underline{i}}_S\right)\underline{Z}_p \quad \to \quad \hat{\underline{i}}_S\left(\underline{Z}_r + 2R + \underline{Z}_p\right) = \hat{\underline{i}}\,\underline{Z}_p$$

unmittelbar das gesuchte Verhältnis

$$\frac{\hat{\underline{u}}_{S,ohne\,Filter}}{\hat{\underline{u}}_{S,mit\,Filter}} = \frac{\hat{\underline{i}}}{\hat{\underline{i}}_S} = \frac{\underline{Z}_p + \underline{Z}_r + 2R}{\underline{Z}_p} = 1 + \frac{\underline{Z}_r + 2R}{\underline{Z}_p}\,. \tag{1}$$

Lösung zur Teilaufgabe 2:

$$a[\text{dB}] = 20\log\left|1 + \frac{\underline{Z}_r + 2R}{\underline{Z}_p}\right| \tag{2}$$

Bei nicht vorhandenem Filter, d.h. $\underline{Z}_r = 0$ und $\underline{Z}_p \to \infty$, erhalten wir die Dämpfung 0 dB.

Lösung zur Teilaufgabe 3:

Wir betrachten zunächst das Filter a mit einem idealen Kondensator und einer idealen Spule. Das Spannungsverhältnis nach Gl. (1) nimmt die folgende Form an:

$$\frac{\hat{\underline{u}}_{S,ohne\,Filter}}{\hat{\underline{u}}_{S,mit\,Filter}} = 1 + \frac{j\omega L_r + 2R}{1/\left(j\omega C_p\right)} = 1 - \omega^2 L_r C_p + j\omega C_p 2R$$

$$\left|\frac{\hat{\underline{u}}_{S,ohne\,Filter}}{\hat{\underline{u}}_{S,mit\,Filter}}\right| = \sqrt{\left(1-\omega^2 L_r C_p\right)^2 + \left(\omega C_p 2R\right)^2}\,. \tag{3}$$

Für die Dämpfung erhalten wir

$$a[\mathrm{dB}] = 20\log\sqrt{\left(1-\omega^2 L_r C_p\right)^2 + \left(\omega C_p 2R\right)^2}\,. \tag{4}$$

Mit $\omega = 2\pi f$ und den in der Abb. 3 angegebenen Zahlenwerten nimmt die Dämpfung des idealen Filters als Funktion der Frequenz den in Abb. 4 dargestellten Verlauf an. Die Beschriftung auf der vertikalen Achse links zeigt die Werte a[dB] nach Gl (4). Der Kurvenverlauf beim Spannungsverhältnis nach Gl. (3) ist völlig identisch, lediglich die Achsenbeschriftung muss angepasst werden. Die zugehörigen Werte für das Spannungsverhältnis sind auf der rechten vertikalen Achse angetragen.

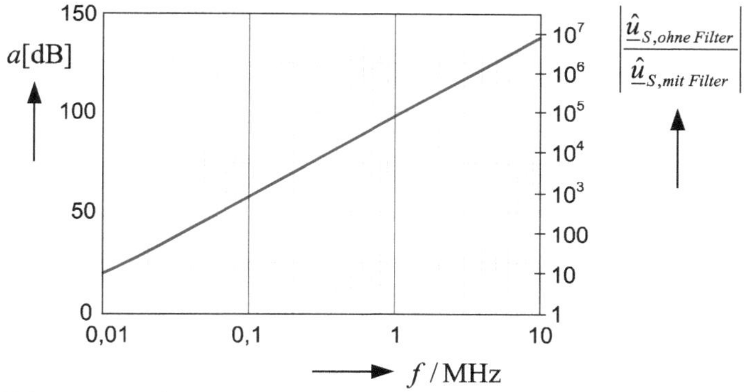

Abbildung 4: Dämpfung der hochfrequenten Störspannungen infolge des idealen Filters a

Der Quellenstrom $\hat{\underline{i}}$ teilt sich an dem Stromknoten in einen Strom durch den Kondensator C_p und einen Strom durch die Reihenschaltung aus Induktivität L_r und Netzimpedanz $2R$ auf. Wird die betrachtete Frequenz um einen Faktor 10 erhöht, dann reduziert sich die Impedanz des Kondensators $1/j\omega C_p$ ebenfalls um einen Faktor 10, gleichzeitig erhöht sich die Impedanz der Induktivität $j\omega L_r$ um den Faktor 10. Das Verhältnis von Spulenstrom zu Kondensatorstrom wird also insgesamt um den Faktor 100 kleiner, d.h., das in Abb. 4 angegebene Spannungsverhältnis ändert sich ebenfalls um zwei Zehnerpotenzen. Die Dämpfung der Störströme durch die Netzimpedanz erhöht sich somit bei einer Verzehnfachung der Frequenz um $20 \cdot \log(100) = 40$ dB. Im unteren Frequenzbereich ist dieser Zusammenhang nicht mehr exakt richtig, da sich hier der frequenzunabhängige Widerstand $2R$ wegen der immer kleiner werdenden Impedanz $j\omega L_r$ zunehmend bemerkbar macht.

Lösung zur Teilaufgabe 4:

In Abb. 3b wird das reale Verhalten der Komponenten durch erweiterte Ersatzschaltbilder wesentlich besser beschrieben. Die Verlustmechanismen werden durch die beiden Widerstände erfasst. Für die Filterdämpfung sind aber die Zuleitungsinduktivität beim Kondensator und die Wickelkapazität bei der Spule von viel größerer Bedeutung. Die angegebenen Zahlenwerte für diese parasitären Eigenschaften sind in Übereinstimmung mit gemessenen Werten. Wir berechnen zunächst die beiden Impedanzen

$$\underline{Z}_p = R_p + \mathrm{j}\left(\omega L_p - \frac{1}{\omega C_p}\right)$$

und

$$\underline{Z}_r = \frac{(R_r + \mathrm{j}\omega L_r)\cdot\frac{1}{\mathrm{j}\omega C_r}}{R_r + \mathrm{j}\omega L_r + \frac{1}{\mathrm{j}\omega C_r}} = \frac{R_r + \mathrm{j}\omega L_r}{1-\omega^2 L_r C_r + \mathrm{j}\omega C_r R_r}.$$

Das Spannungsverhältnis und die Dämpfung erhalten wir durch Einsetzen der beiden Beziehungen in die Gleichungen (1) und (2). Die Auswertung ist zusammen mit dem gestrichelten Kurvenverlauf für das ideale Filter in Abb. 5 dargestellt.

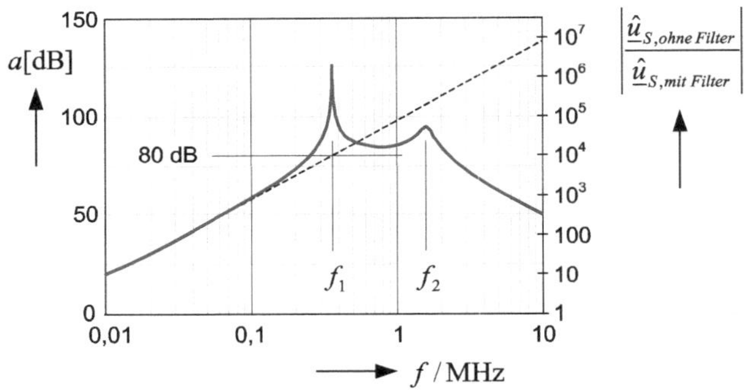

Abbildung 5: Dämpfung der hochfrequenten Störspannungen infolge des realen Filters b

Die Dämpfungskurve zeigt zwei ausgeprägte Resonanzstellen. Die erste Resonanzstelle entsteht infolge des Parallelschwingkreises $\underline{Z}_r$:

$$f_1 = \frac{1}{2\pi\sqrt{L_r C_r}} = \frac{1}{2\pi\sqrt{2\,\mathrm{mH}\cdot 100\,\mathrm{pF}}} = \frac{1}{2\pi\sqrt{20\cdot 10^{-14}}\ \mathrm{s}} = \frac{10^7}{2\pi\sqrt{20}}\,\mathrm{Hz} \approx 356\,\mathrm{kHz}.$$

Dieser Sperrkreis nimmt bei der Resonanzfrequenz die maximale Impedanz an, sodass die Dämpfung hier ebenfalls ein Maximum aufweist.

Bemerkung:
Die Berechnung dieser Resonanzfrequenz mit der exakten Formel (8.142) liefert im Rahmen der Rechengenauigkeit den gleichen Wert.

Die zweite Resonanzstelle entsteht infolge des Serienschwingkreises $\underline{Z}_p$:

$$f_2 = \frac{1}{2\pi\sqrt{L_p C_p}} = \frac{1}{2\pi\sqrt{10\,\text{nH}\cdot 1\,\mu\text{F}}} = \frac{1}{2\pi\sqrt{10^{-14}}\,\text{s}} = \frac{10^7}{2\pi}\text{Hz} \approx 1{,}6\,\text{MHz}.$$

Dieser Saugkreis nimmt bei der Resonanzfrequenz die minimale Impedanz R_p = 20 mΩ an, sodass die Dämpfung hier ebenfalls ein Maximum aufweist.

Oberhalb der Frequenz f_1 verhält sich $\underline{Z}_r$ nicht mehr wie eine Induktivität, sondern wie eine Kapazität. Da sich $\underline{Z}_p$ ebenfalls noch wie ein Kondensator verhält, erhalten wir einen kapazitiven Stromteiler (vgl. Aufgabe 7.2). Da sich jetzt beide Impedanzen in der gleiche Weise mit der Frequenz ändern, bleibt die Dämpfung praktisch konstant, d.h. unabhängig von der Frequenz. Die Dämpfung in dem Frequenzbereich $f_1 < f < f_2$ lässt sich aus dem Teilerverhältnis leicht abschätzen:

$$a[\text{dB}] = 20\log\frac{C_p}{C_r} = 20\log\frac{10^{-6}\text{F}}{10^{-10}\text{F}} = 20\log 10^4 = 80.$$

In der Abb. 5 fällt die Dämpfung in diesem Frequenzbereich nicht bis auf diesen konstanten Wert ab, da die zweite Resonanzstelle schon wieder einen Anstieg der Dämpfung verursacht.

Oberhalb von f_2 verhält sich die Impedanz $\underline{Z}_p$ nicht mehr wie eine Kapazität, sondern wie eine Induktivität. Im Bereich $f > f_2$ steigt bei einer Verzehnfachung der Frequenz die Impedanz $\underline{Z}_p \approx \text{j}\omega L_p$ um den Faktor 10, die Impedanz $\underline{Z}_r \approx 1/\text{j}\omega C_r$ nimmt dagegen um den Faktor 10 ab. Insgesamt reduziert sich das Spannungsverhältnis also um zwei Zehnerpotenzen, d.h., die Dämpfung der Störströme durch die Netzimpedanz wird bei einer Verzehnfachung der Frequenz um 20·log(100) = 40 dB geringer.

Aufgabe 8.21 | Impedanztransformation

Gegeben ist das Netzwerk in Abb. 1 mit einem idealen Übertrager.

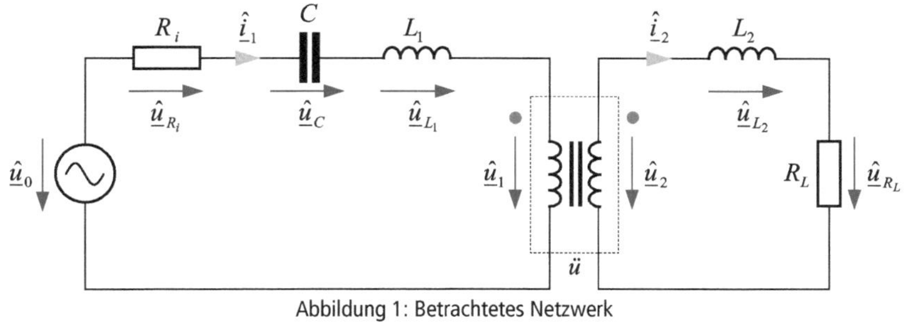

Abbildung 1: Betrachtetes Netzwerk

1. Geben Sie ein Ersatznetzwerk für die dargestellte Schaltung an, das keinen Übertrager mehr enthält, indem Sie alle Größen von der Sekundärseite auf die Primärseite transformieren.
2. Berechnen Sie die Zeiger $\hat{\underline{i}}_1$ und $\hat{\underline{u}}_{R_L}$ in Abhängigkeit der gegebenen Größen.
3. Bei welcher Frequenz f_0 wird die Wirkleistungsaufnahme des Netzwerks maximal? Welche Bedingung muss für den Wert von R_L bei dieser Frequenz erfüllt sein, damit die Quelle ihrerseits die maximale Leistung abgeben kann? Wie wird dieser Betriebsfall genannt?
4. Zeichnen Sie ein qualitatives Zeigerdiagramm für die Ströme und Spannungen bei einer Frequenz $f \neq f_0$ und einem Übersetzungsverhältnis $ü$ = 2.

Lösung zur Teilaufgabe 1:

Die Impedanz R_L+jωL_2 wird als $\ddot{u}^2(R_L$+j$\omega L_2)$ auf die Primärseite transformiert. Die Spannungen auf der Sekundärseite müssen bei der Transformation auf die Primärseite nach Gl. (6.99) mit dem Übersetzungsverhältnis multipliziert werden.

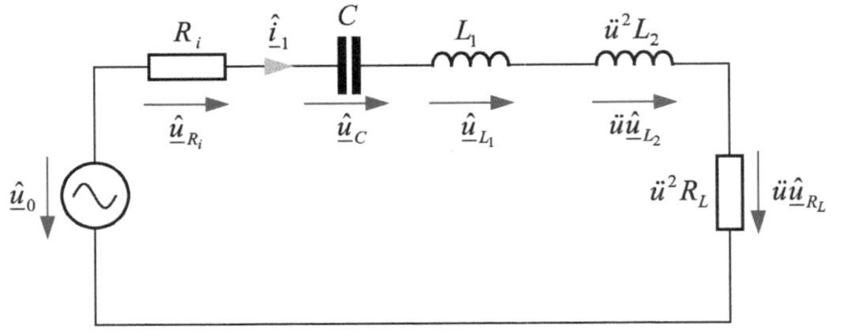

Abbildung 2: Äquivalentes Netzwerk ohne Übertrager

Lösung zur Teilaufgabe 2:

Für die Masche in Abb. 2 erhalten wir den Strom aus

$$\underline{\hat{i}}_1 = \frac{\underline{\hat{u}}_0}{\underline{Z}_{ges}} \quad \text{mit} \quad \underline{Z}_{ges} = R_i + \ddot{u}^2 R_L + \mathrm{j}\omega\left(L_1 + \ddot{u}^2 L_2\right) + \frac{1}{\mathrm{j}\omega C}. \tag{1}$$

Für die Spannung am Lastwiderstand gilt

$$\ddot{u}\,\underline{\hat{u}}_{R_L} = \ddot{u}^2 R_L\,\underline{\hat{i}}_1 \quad \rightarrow \quad \underline{\hat{u}}_{R_L} = \ddot{u} R_L \underline{\hat{i}}_1 = R_L \underline{\hat{i}}_2 .$$

Lösung zur Teilaufgabe 3:

Beim dargestellten Netzwerk handelt es sich um einen Serienschwingkreis, dessen Blindwiderstand bei der Resonanzfrequenz f_0 verschwindet. Die Resonanzfrequenz erhalten wir aus der Forderung

$$\mathrm{Im}\left\{\underline{Z}_{ges}\right\} = 0 \quad \rightarrow \quad \omega\left(L_1 + \ddot{u}^2 L_2\right) = \frac{1}{\omega C} \quad \rightarrow \quad f_0 = \frac{\omega}{2\pi} = \frac{1}{2\pi\sqrt{\left(L_1 + \ddot{u}^2 L_2\right) C}} .$$

Bei dieser Frequenz kompensieren sich die Blindwiderstände der beiden Induktivitäten und des Kondensators. Die Gesamtimpedanz bei dieser Frequenz ist somit rein ohmsch und gemäß Gl. (1) wird bei dieser Frequenz der Strom $\underline{\hat{i}}_1$ und damit auch die Wirkleistungsaufnahme maximal. Gilt zusätzlich für die beiden ohmschen Widerstände $R_i = \ddot{u}^2 R_L$, so herrscht Leistungsanpassung zwischen Quelle und Verbraucher und am Lastwiderstand erhalten wir die verfügbare Leistung.

Lösung zur Teilaufgabe 4:

Beim Zeichnen des Zeigerdiagramms müssen die folgenden Zusammenhänge berücksichtigt werden:

$$\underline{\hat{i}}_1 = \underline{\hat{i}}_2 / \ddot{u}, \quad \underline{\hat{u}}_2 = \underline{\hat{u}}_{L_2} + \underline{\hat{u}}_{R_L}, \quad \underline{\hat{u}}_1 = \ddot{u}\,\underline{\hat{u}}_2 \quad \text{und} \quad \underline{\hat{u}}_0 = \underline{\hat{u}}_{R_i} + \underline{\hat{u}}_C + \underline{\hat{u}}_{L_1} + \underline{\hat{u}}_1 .$$

Bei dieser Reihenschaltung zeichnen wir den Strom willkürlich entlang der horizontalen Achse. Die Länge von $\underline{\hat{i}}_1$ ist willkürlich, die Länge von $\underline{\hat{i}}_2$ muss um den Faktor $\ddot{u}$

größer sein. Die Spannungen an den Widerständen sind in Phase mit dem Strom und liegen ebenfalls entlang der horizontalen Achse. Ihre Längen sind abhängig von den Werten R_i und R_L und daher nicht bekannt. Die Spannungen an den Induktivitäten sind um 90° voreilend, die Spannung am Kondensator eilt um 90° nach. Auch diese Längen sind nicht bekannt, da die Werte der Netzwerkelemente nicht gegeben sind. Im nächsten Schritt können aber die Spannungen $\underline{\hat{u}}_2$ und $\underline{\hat{u}}_1$ entsprechend den obigen Gleichungen eindeutig bestimmt werden. Schließlich folgt $\underline{\hat{u}}_0$ aus der Addition der vier Einzelspannungen nach obiger Gleichung.

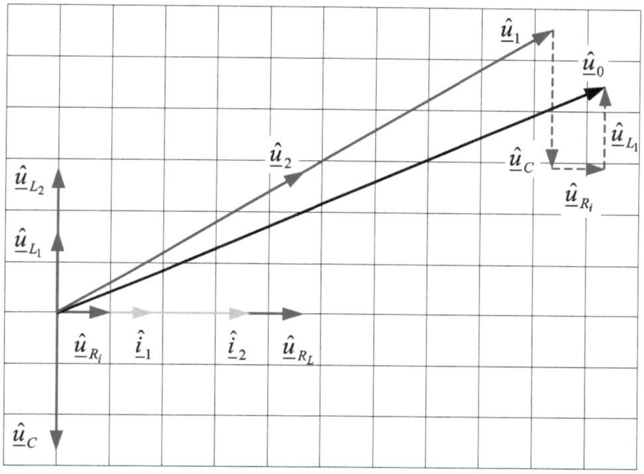

Abbildung 3: Qualitatives Zeigerdiagramm zur Schaltung in Abb. 1

Aufgabe 8.22 Blindstromkompensation

Ein Wechselstrommotor gibt bei 230 V, 50 Hz eine Nennleistung von 3 kW ab. Der Wirkungsgrad des Motors beträgt η = 80 % und der Leistungsfaktor ist $\cos(\varphi_u - \varphi_i) = \lambda = 0{,}55$. Der Motor kann durch eine *RL*-Reihenschaltung modelliert werden. Der Leistungsfaktor soll gemäß Abb. 1 durch die Parallelschaltung von Kondensatoren auf $\lambda_C = 0{,}9$ erhöht werden.

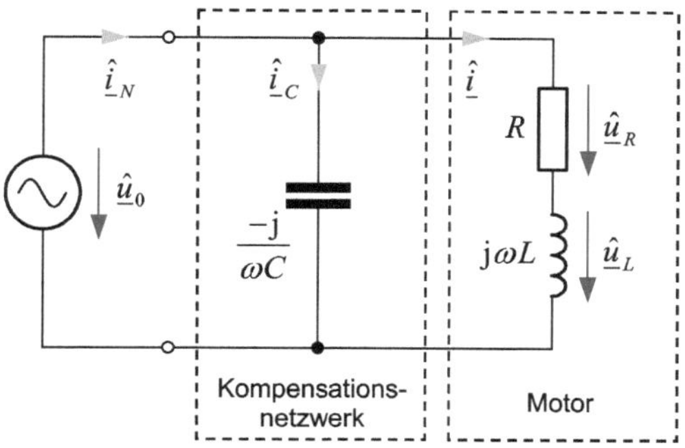

Abbildung 1: Teilkompensiertes Netzwerk

1. Wie ändert sich der Strom infolge der Kompensation?
2. Welche Kapazität muss der Kondensator haben?

Lösung zur Teilaufgabe 1:

Die vom Motor aufgenommene Leistung beträgt

$$P = \frac{3\,\mathrm{kW}}{\eta} = 3{,}75\,\mathrm{kW}.$$

Bei dem angegebenen Leistungsfaktor gilt für die Amplitude des Stromes

$$P = UI\cos(\varphi_u - \varphi_i) = \frac{\hat{u}_0\,\hat{i}}{2}\lambda \quad \rightarrow \quad \hat{i} = \hat{i}_N = \frac{2P}{\hat{u}_0\,\lambda} = \frac{2\cdot 3{,}75\,\mathrm{kW}}{\sqrt{2}\cdot 230\,\mathrm{V}\cdot 0{,}55} = 41{,}9\,\mathrm{A}.$$

Durch die Parallelschaltung des Kondensators ändert sich der Netzstrom entsprechend der Knotengleichung

$$\underline{\hat{i}}_N = \underline{\hat{i}}_C + \underline{\hat{i}}\,.$$

Eine Erhöhung des Leistungsfaktors reduziert die Amplitude des Netzstromes auf

$$\hat{i}_N = \frac{2P}{\hat{u}_0\,\lambda_C} = \frac{2\cdot 3{,}75\,\mathrm{kW}}{\sqrt{2}\cdot 230\,\mathrm{V}\cdot 0{,}9} = 25{,}6\,\mathrm{A}.$$

Lösung zur Teilaufgabe 2:

Wir betrachten zunächst das Zeigerdiagramm in Abb. 2. Bei den beiden Leistungsfaktoren stellen sich die Winkel $\varphi = \varphi_u - \varphi_i = \arccos(0{,}55) = 56{,}6°$ bzw. $\varphi_C = \arccos(0{,}9) = 25{,}8°$ zwischen der Quellenspannung und dem Netzstrom ein. Die Differenz der beiden Ströme entspricht dem Kondensatorstrom.

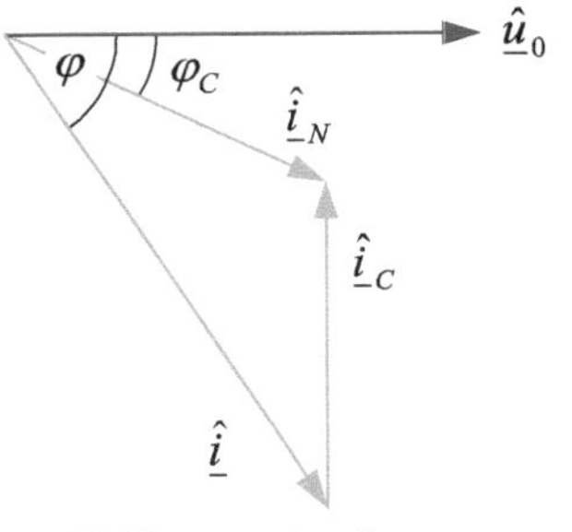

Abbildung 2: Zeigerdiagramm

Da die Realteile von $\underline{\hat{i}}_N$ und $\underline{\hat{i}}$ gleich sind, erhalten wir die Amplitude des Kondensatorstromes aus der Differenz der Imaginärteile. Mit den beiden Winkeln

$$\varphi = \arccos(0{,}55) = 56{,}6° \qquad \text{und} \qquad \varphi_C = \arccos(0{,}9) = 25{,}8°$$

folgt unmittelbar

$$\hat{i}_C = \hat{i}\sin(\varphi) - \hat{i}_N\sin(\varphi_C) = 41{,}9\,\mathrm{A}\cdot\sin(56{,}6°) - 25{,}6\,\mathrm{A}\cdot\sin(25{,}8°) = 23{,}8\,\mathrm{A}.$$

Mit der am Kondensator anliegenden Netzspannung kann die Kapazität berechnet werden:

$$\hat{\underline{u}}_0 = \frac{\hat{\underline{i}}_C}{\mathrm{j}\omega C} \quad \rightarrow \quad C = \frac{\hat{i}_C}{\omega \hat{u}_0} = \frac{23{,}8\,\mathrm{A}}{2\pi 50\,\mathrm{Hz} \cdot \sqrt{2} \cdot 230\,\mathrm{V}} = 233\,\mu\mathrm{F}.$$

Aufgabe 8.23 | Unsymmetrisch belastetes Dreiphasensystem

Das Netzwerk in Abb. 1 wird aus einer harmonischen Spannungsquelle $\hat{\underline{u}}_1 = \hat{u}_1 e^{\mathrm{j}0}$ mit der Kreisfrequenz ω gespeist.

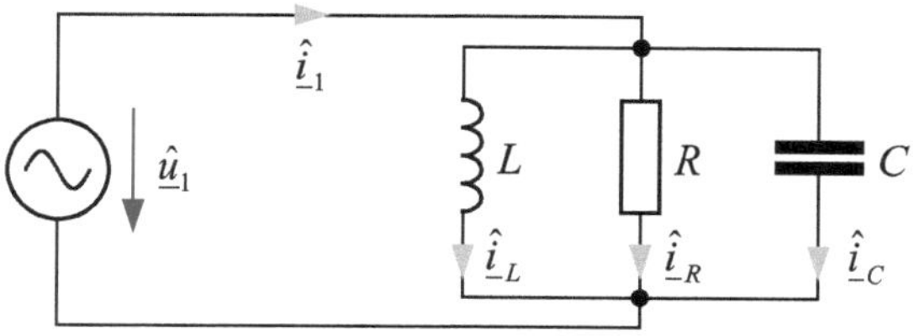

Abbildung 1: Parallelschwingkreis

1. Berechnen Sie den Real- und Imaginärteil des Stromes $\hat{\underline{i}}_1$.
2. Zeichnen Sie für den Fall $2\omega L = 1/\omega C = 10\,\Omega$, $R = 2{,}5\,\Omega$ und $\hat{u}_1 = 10\,\mathrm{V}$ ein quantitatives Zeigerdiagramm ($2\,\mathrm{V} \mathrel{\hat{=}} 1\,\mathrm{cm}, 1\,\mathrm{A} \mathrel{\hat{=}} 1\,\mathrm{cm}$).

Das Netzwerk wird um zwei weitere harmonische Spannungsquellen mit $\hat{\underline{u}}_2 = \hat{\underline{u}}_1 e^{-\mathrm{j}2\pi/3}$ und $\hat{\underline{u}}_3 = \hat{\underline{u}}_1 e^{-\mathrm{j}4\pi/3}$ sowie zwei Widerstände R_2 und R_3 ergänzt, siehe Abb. 2.

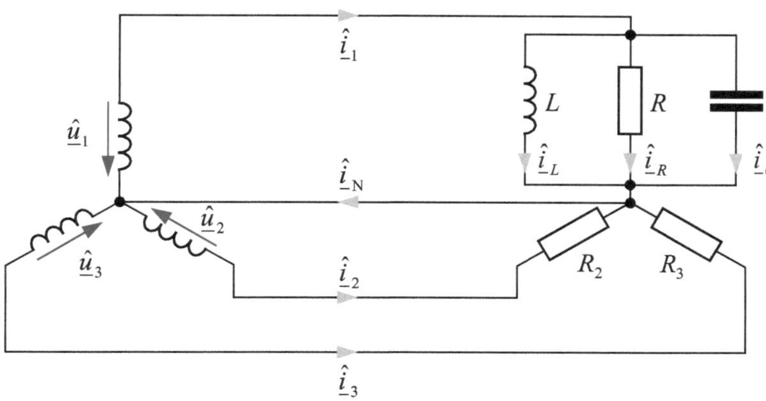

Abbildung 2: Erweitertes Netzwerk

3. Berechnen Sie die Ströme $\hat{\underline{i}}_2$ und $\hat{\underline{i}}_3$ sowie $\hat{\underline{i}}_N$ mit Real- und Imaginärteil.
4. Berechnen Sie die erforderlichen Widerstandswerte für R_2 und R_3 in Abhängigkeit von R, L, und C, damit der Strom $\hat{\underline{i}}_N$ zu null wird.
5. Ergänzen Sie das obige Zeigerdiagramm um die fehlenden Größen für den Fall $\hat{\underline{i}}_N = 0$ aus Teilaufgabe 4.
6. Welche Bedingungen müssen für R_2, R_3, R, L und C gelten, damit das entstandene Drehstromsystem symmetrisch belastet wird?

Lösung zur Teilaufgabe 1:

Für den Strom $\hat{\underline{i}}_1$ gilt

$$\hat{\underline{i}}_1 = \hat{u}_1 \, e^{j0} \underline{Y}_{ges} = \hat{u}_1 \left(\frac{1}{R} + \frac{1}{j\omega L} + j\omega C \right) = \frac{\hat{u}_1}{R} + j\hat{u}_1 \frac{\omega^2 LC - 1}{\omega L}.$$

Lösung zur Teilaufgabe 2:

An allen Netzwerkelementen liegt wegen der Parallelschaltung die gleiche Spannung. Daher zeichnen wir das Zeigerdiagramm für den Zeitpunkt, bei dem die zeitabhängige Spannung den Nullpunkt durchläuft. Im Zeigerdiagramm wird die komplexe Amplitude der Spannung dann entlang der reellen Achse aufgetragen.

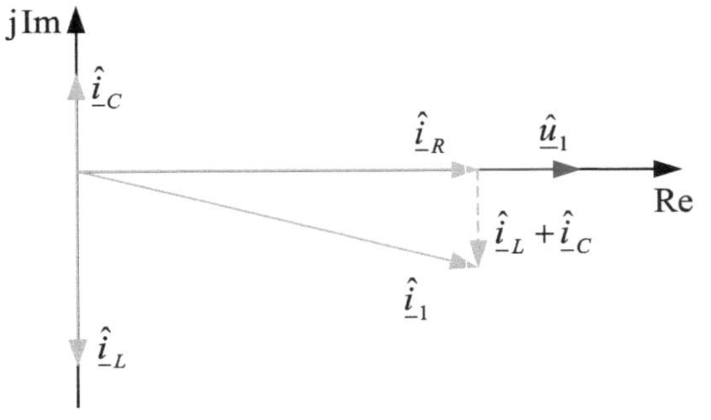

Abbildung 3: Zeigerdiagramm zur Schaltung in Abb. 1

Lösung zur Teilaufgabe 3:

Die Ströme sind unabhängig voneinander und können direkt angegeben werden:

$$\hat{\underline{i}}_2 = \frac{\hat{\underline{u}}_2}{R_2} = \frac{\hat{\underline{u}}_1}{R_2} e^{-j2\pi/3} = \frac{\hat{u}_1}{R_2}\left(-\frac{1}{2} - j\frac{\sqrt{3}}{2} \right)$$

$$\hat{\underline{i}}_3 = \frac{\hat{\underline{u}}_3}{R_3} = \frac{\hat{\underline{u}}_1}{R_3} e^{-j4\pi/3} = \frac{\hat{u}_1}{R_3}\left(-\frac{1}{2} + j\frac{\sqrt{3}}{2} \right)$$

$$\hat{\underline{i}}_N = \hat{\underline{i}}_1 + \hat{\underline{i}}_2 + \hat{\underline{i}}_3 = \frac{\hat{u}_1}{R} + j\hat{u}_1\left(\frac{\omega^2 LC - 1}{\omega L} \right) + \frac{\hat{u}_1}{R_2}\left(-\frac{1}{2} - j\frac{\sqrt{3}}{2} \right) + \frac{\hat{u}_1}{R_3}\left(-\frac{1}{2} + j\frac{\sqrt{3}}{2} \right)$$

$$= \hat{u}_1\left(\frac{1}{R} - \frac{1}{2R_2} - \frac{1}{2R_3} \right) + j\hat{u}_1\left(\frac{\omega^2 LC - 1}{\omega L} - \frac{\sqrt{3}}{2R_2} + \frac{\sqrt{3}}{2R_3} \right).$$

Lösung zur Teilaufgabe 4:

Der Strom $\hat{\underline{i}}_N$ verschwindet, wenn sowohl der Real- als auch der Imaginärteil null ist. Diese beiden Gleichungen können zur Bestimmung der Widerstandswerte verwendet werden:

$$\frac{1}{R}-\frac{1}{2R_2}-\frac{1}{2R_3}=0 \qquad \text{und} \qquad \frac{1}{\sqrt{3}}\frac{\omega^2LC-1}{\omega L}-\frac{1}{2R_2}+\frac{1}{2R_3}=0.$$

Werden beide Gleichungen addiert bzw. subtrahiert, dann erhalten wir

$$\frac{1}{R}+\frac{1}{\sqrt{3}}\frac{\omega^2LC-1}{\omega L}=\frac{1}{R_2} \quad \to \quad R_2=\left(\frac{1}{R}+\frac{1}{\sqrt{3}}\frac{\omega^2LC-1}{\omega L}\right)^{-1}$$

$$\frac{1}{R}-\frac{1}{\sqrt{3}}\frac{\omega^2LC-1}{\omega L}=\frac{1}{R_3} \quad \to \quad R_3=\left(\frac{1}{R}-\frac{1}{\sqrt{3}}\frac{\omega^2LC-1}{\omega L}\right)^{-1}.$$

Bemerkung:
Die Widerstände R_2 und R_3 lassen sich nur realisieren, wenn die Ausdrücke in den runden Klammern positive Werte annehmen.

Lösung zur Teilaufgabe 5:

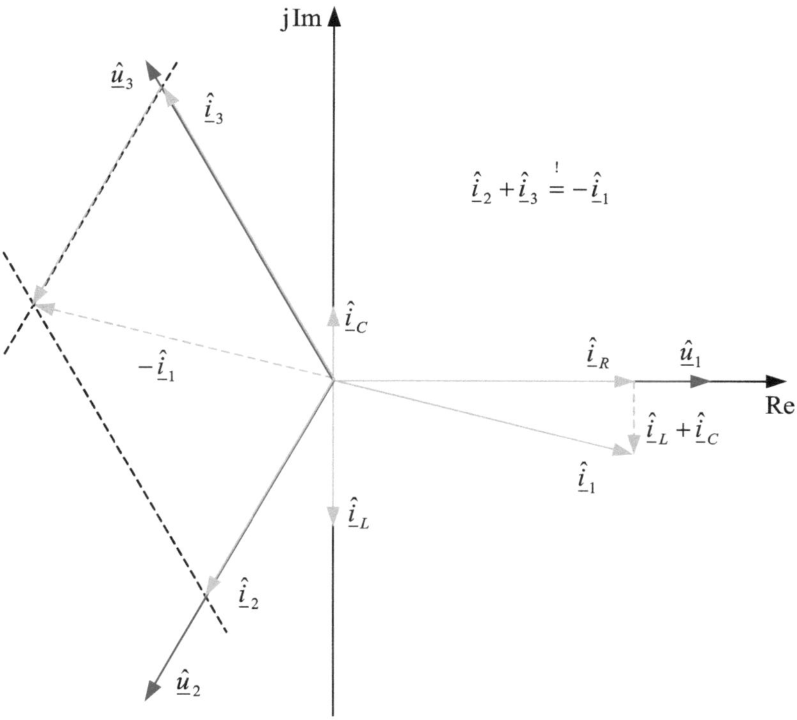

Abbildung 4: Zeigerdiagramm zur Schaltung in Abb. 2 für verschwindenden Strom im Neutralleiter

Lösung zur Teilaufgabe 6:

Symmetrische Belastung bedeutet, dass die Impedanzen in den drei Zweigen gleich sind. Hier ist dies nur möglich, wenn der Schwingkreis im Resonanzfall betrieben wird. Die zwei Bedingungen sind somit $\omega^2 LC = 1$ und $R = R_2 = R_3$.

Aufgabe 8.24 Zweitorschaltung

Gegeben ist das folgende Netzwerk mit einem idealen Übertrager mit dem Übersetzungsverhältnis $\ddot{u} = N_p/N_s = 1/2$ und einer Mittelanzapfung auf der Sekundärseite.

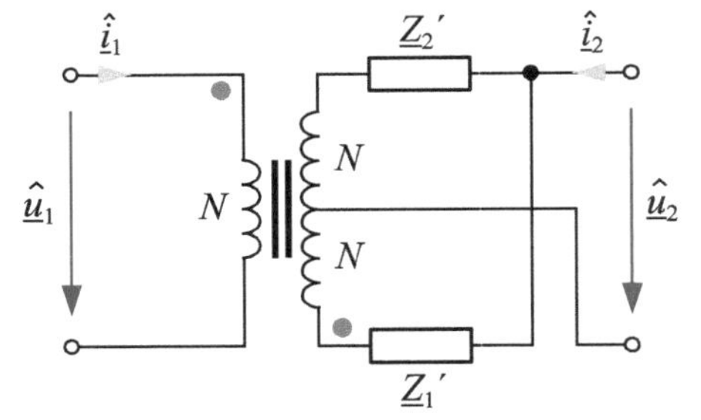

Abbildung 1: Gegebene Zweitorschaltung

1. Bestimmen Sie die Impedanzmatrix für dieses Netzwerk.
2. Geben Sie die Bedingungen an, unter denen dieses Netzwerk äquivalent ist zu dem symmetrischen Kreuzglied.

Lösung zur Teilaufgabe 1:

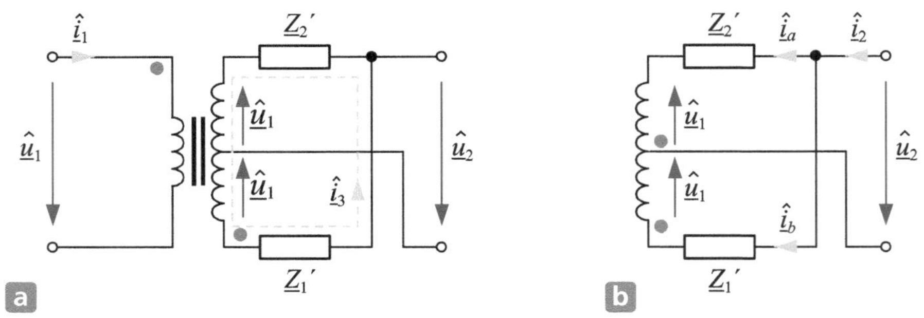

Abbildung 2: Netzwerke zur Berechnung der Koeffizienten der Impedanzmatrix

Die Koeffizienten der Impedanzmatrix erhalten wir mithilfe der Gln. (8.227). Zur Bestimmung von $\underline{Z}_{11}$ berechnen wir zunächst den in Abb. 2a eingetragenen Strom $\hat{\underline{i}}_3$ bei offenem Ausgang $\hat{\underline{i}}_2 = 0$:

$$\hat{\underline{i}}_3 = \frac{1}{2}\hat{\underline{i}}_1 = \frac{2\hat{\underline{u}}_1}{\underline{Z}_1{}' + \underline{Z}_2{}'} \quad \rightarrow \quad \underline{Z}_{11} = \left.\frac{\hat{\underline{u}}_1}{\hat{\underline{i}}_1}\right|_{\hat{\underline{i}}_2 = 0} = \frac{\underline{Z}_1{}' + \underline{Z}_2{}'}{4}. \tag{1}$$

Aus dem sekundärseitigen Maschenumlauf folgt

$$\underline{\hat{u}}_2 = \underline{\hat{i}}_3\underline{Z}_2{}' - \underline{\hat{u}}_1 \overset{(1)}{=} \frac{\underline{\hat{i}}_1}{2}\underline{Z}_2{}' - \frac{\underline{\hat{i}}_1}{4}\left(\underline{Z}_1{}' + \underline{Z}_2{}'\right) = \frac{\underline{\hat{i}}_1}{4}\left(\underline{Z}_2{}' - \underline{Z}_1{}'\right) \quad \rightarrow \quad \underline{Z}_{21} = \left.\frac{\underline{\hat{u}}_2}{\underline{\hat{i}}_1}\right|_{\underline{\hat{i}}_2=0} = \frac{\underline{Z}_2{}' - \underline{Z}_1{}'}{4}. \quad (2)$$

Die beiden anderen Koeffizienten der Impedanzmatrix werden bei offenem Eingang $\underline{\hat{i}}_1 = 0$ bestimmt. Dazu betrachten wir die Abb. 2b. Entsprechend den Gleichungen des idealen Übertragers (6.99) sind die Spannungen $\underline{\hat{u}}_1$ an den beiden Teilwicklungen identisch und für die Ströme muss gelten $\underline{\hat{i}}_a = \underline{\hat{i}}_b = \underline{\hat{i}}_2 / 2$. Aus den beiden Maschenumläufen

$$\underline{\hat{u}}_2 = \underline{\hat{i}}_a\underline{Z}_2{}' - \underline{\hat{u}}_1 = \underline{\hat{i}}_b\underline{Z}_1{}' + \underline{\hat{u}}_1 \quad \rightarrow \quad 2\underline{\hat{u}}_2 = \frac{1}{2}\underline{\hat{i}}_2\left(\underline{Z}_1{}' + \underline{Z}_2{}'\right) \qquad (3)$$

folgt unmittelbar die Ausgangsimpedanz

$$\underline{Z}_{22} = \left.\frac{\underline{\hat{u}}_2}{\underline{\hat{i}}_2}\right|_{\underline{\hat{i}}_1=0} = \frac{\underline{Z}_1{}' + \underline{Z}_2{}'}{4}. \qquad (4)$$

Die noch fehlende Übertragungsimpedanz rückwärts erhalten wir ebenfalls aus der Gl. (3):

$$2\underline{\hat{u}}_1 = \underline{\hat{i}}_a\underline{Z}_2{}' - \underline{\hat{i}}_b\underline{Z}_1{}' = \frac{1}{2}\underline{\hat{i}}_2\left(\underline{Z}_2{}' - \underline{Z}_1{}'\right) \quad \rightarrow \quad \underline{Z}_{12} = \left.\frac{\underline{\hat{u}}_1}{\underline{\hat{i}}_2}\right|_{\underline{\hat{i}}_1=0} = \frac{\underline{Z}_2{}' - \underline{Z}_1{}'}{4}. \qquad (5)$$

Lösung zur Teilaufgabe 2:

Ein Vergleich dieser Ergebnisse

$$\underline{\mathbf{Z}} = \frac{1}{4}\begin{pmatrix} \underline{Z}_1{}' + \underline{Z}_2{}' & \underline{Z}_2{}' - \underline{Z}_1{}' \\ \underline{Z}_2{}' - \underline{Z}_1{}' & \underline{Z}_1{}' + \underline{Z}_2{}' \end{pmatrix} \qquad (6)$$

mit der Impedanzmatrix des symmetrischen Kreuzglieds aus Gl. (8.265) zeigt, dass die beiden Matrizen identisch sind, wenn gilt

$$\underline{Z}_1{}' = 2\underline{Z}_1 \qquad \text{und} \qquad \underline{Z}_2{}' = 2\underline{Z}_2. \qquad (7)$$

Für Widerstände, Induktivitäten und Kapazitäten muss also gelten $R' = 2R$, $L' = 2L$ und $C' = C/2$.

Aufgabe 8.25 Zweitorschaltung

Gegeben sind die beiden in Abb. 1 dargestellten Netzwerke.

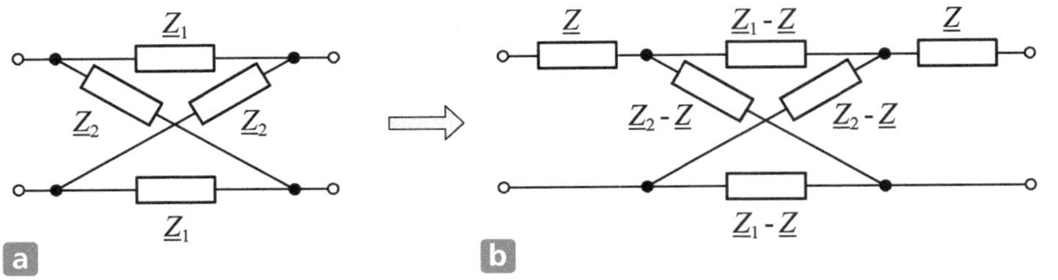

Abbildung 1: Äquivalente Zweitorschaltungen

1. Beweisen Sie folgende Aussage: Wenn man bei allen Impedanzen eines symmetrischen Kreuzglieds die gleiche Impedanz abspaltet und diese auf beiden Seiten gemäß Teilbild b in Reihe schaltet, ändern sich die Matrizen zur Beschreibung des Zweitors nicht. Die beiden Zweitore verhalten sich also gleich.
2. Wie kann das Netzwerk vereinfacht werden, ohne die Zweitoreigenschaften zu verändern?
3. Wie sieht die vereinfachte Schaltung aus, wenn $\underline{Z}_1 = \underline{Z}_2$ gilt?

Lösung zur Teilaufgabe 1:

Da wir die rechte Schaltung als Kettenschaltung von drei Zweitoren auffassen können, verwenden wir zur Berechnung die Kettenmatrizen. Die Matrixbeschreibung der linken Schaltung ist aus Gl. (8.265) bekannt:

$$\underline{\mathbf{A}} = \frac{1}{\underline{Z}_2 - \underline{Z}_1}\begin{pmatrix} \underline{Z}_1 + \underline{Z}_2 & 2\underline{Z}_1\underline{Z}_2 \\ 2 & \underline{Z}_1 + \underline{Z}_2 \end{pmatrix}. \tag{1}$$

Mit Gl. (8.258) für die Längsimpedanz und Gl. (8.265) für das symmetrische Kreuzglied erhalten wir aus der Multiplikation der Kettenmatrizen entsprechend Gl. (8.270) das Zwischenergebnis

$$\underline{\mathbf{A}} = \begin{pmatrix} 1 & \underline{Z} \\ 0 & 1 \end{pmatrix} \cdot \frac{1}{\underline{Z}_2 - \underline{Z}_1}\begin{pmatrix} \underline{Z}_1 + \underline{Z}_2 - 2\underline{Z} & 2(\underline{Z}_1 - \underline{Z})(\underline{Z}_2 - \underline{Z}) \\ 2 & \underline{Z}_1 + \underline{Z}_2 - 2\underline{Z} \end{pmatrix} \cdot \begin{pmatrix} 1 & \underline{Z} \\ 0 & 1 \end{pmatrix}. \tag{2}$$

Wir multiplizieren zunächst die beiden rechten Matrizen entsprechend der Beziehung (H.31) und anschließend dieses Ergebnis mit der ersten Matrix

$$\underline{\mathbf{A}} = \frac{1}{\underline{Z}_2 - \underline{Z}_1}\begin{pmatrix} 1 & \underline{Z} \\ 0 & 1 \end{pmatrix}\begin{pmatrix} \underline{Z}_1 + \underline{Z}_2 - 2\underline{Z} & \dfrac{(\underline{Z}_1 + \underline{Z}_2 - 2\underline{Z})\underline{Z} + 2(\underline{Z}_1 - \underline{Z})(\underline{Z}_2 - \underline{Z})}{\underline{Z}_1 + \underline{Z}_2} \\ 2 & \end{pmatrix}$$

$$= \frac{1}{\underline{Z}_2 - \underline{Z}_1}\begin{pmatrix} 1 & \underline{Z} \\ 0 & 1 \end{pmatrix}\begin{pmatrix} \underline{Z}_1 + \underline{Z}_2 - 2\underline{Z} & \dfrac{2\underline{Z}_1\underline{Z}_2 - (\underline{Z}_1 + \underline{Z}_2)\underline{Z}}{\underline{Z}_1 + \underline{Z}_2} \\ 2 & \end{pmatrix} \tag{3}$$

$$= \frac{1}{\underline{Z}_2 - \underline{Z}_1}\begin{pmatrix} \underline{Z}_1 + \underline{Z}_2 & 2\underline{Z}_1\underline{Z}_2 \\ 2 & \underline{Z}_1 + \underline{Z}_2 \end{pmatrix}$$

und erhalten die gleiche Kettenmatrix wie bei der Schaltung a.

Lösung zur Teilaufgabe 2:

Zur Vereinfachung des Netzwerks wählen wir $\underline{Z}_1 = \underline{Z}$. Damit können die beiden Impedanzen $\underline{Z}_1 - \underline{Z}$ in Abb. 1b durch einen Kurzschluss ersetzt werden. Die anderen beiden Impedanzen $\underline{Z}_2 - \underline{Z}$ liegen dann parallel und wir erhalten als vereinfachtes Netzwerk ein T-Glied.

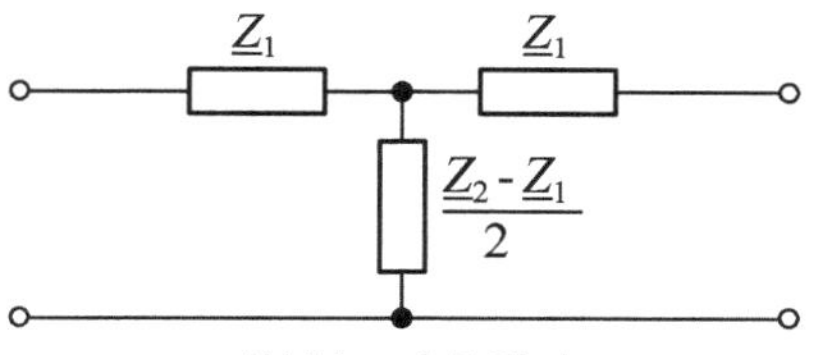

Abbildung 2: T-Glied

Dessen Kettenmatrix könnten wir aus der Gl. (8.262) übernehmen, sie entspricht aber wegen $\underline{Z} = \underline{Z}_1$ wieder der Gl. (8).

An dieser Stelle ist eine Bemerkung angebracht. Das äquivalente T-Glied wird zwar formal durch dieselben Gleichungen beschrieben, es muss aber nicht unbedingt realisierbar sein. Für ein einfaches Widerstandsnetzwerk mit $\underline{Z}_2 = R_2 < \underline{Z}_1 = R_1$ hat das Querelement einen negativen ohmschen Widerstand.

Als Alternative können wir auch $\underline{Z}_2 = \underline{Z}$ wählen und erhalten das Netzwerk in Abb. 3 mit vier Impedanzen. Falls die Werte $\underline{Z}_1 - \underline{Z}_2$ realisierbar sind, kann sich gegenüber der Ausgangsschaltung der Vorteil ergeben, dass diese Komponenten aufgrund der Differenzbildung kleiner werden als die beiden Impedanzen $\underline{Z}_1$.

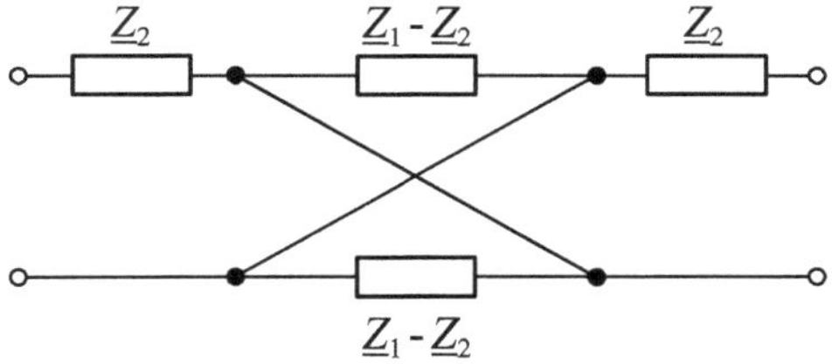

Abbildung 3: Äquivalente Zweitorschaltung

Lösung zur Teilaufgabe 3:

In dem Sonderfall $\underline{Z}_1 = \underline{Z}_2$ vereinfachen sich die beiden Netzwerke in den Abbildungen 2 und 3 auf das Netzwerk in Abb. 4. Infolge des Kurzschlusses sind Eingang und Ausgang entkoppelt. Zeichnet man die ursprüngliche Schaltung in Abb. 1a für diesen Fall um, dann erkennt man, dass die beiden Ausgangsklemmen an einer abgeglichenen Brückenschaltung liegen, an der die Spannung verschwindet.

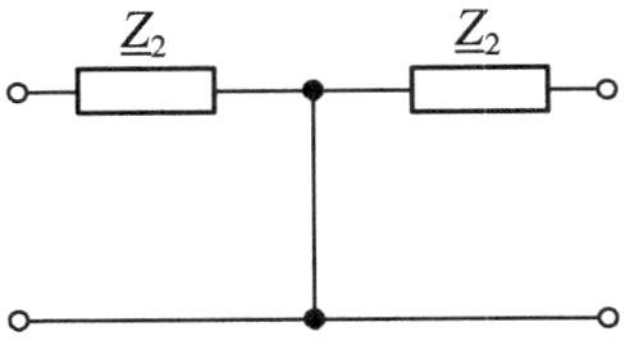

Abbildung 4: Sonderfall $\underline{Z}_1 = \underline{Z}_2$

Aufgabe 8.26 Zweitorschaltung

Gegeben ist das folgende Netzwerk mit einer in der Mitte angezapften Spule. Diese Spule soll zur Vereinfachung wie ein idealer Übertrager in Sparschaltung behandelt werden.

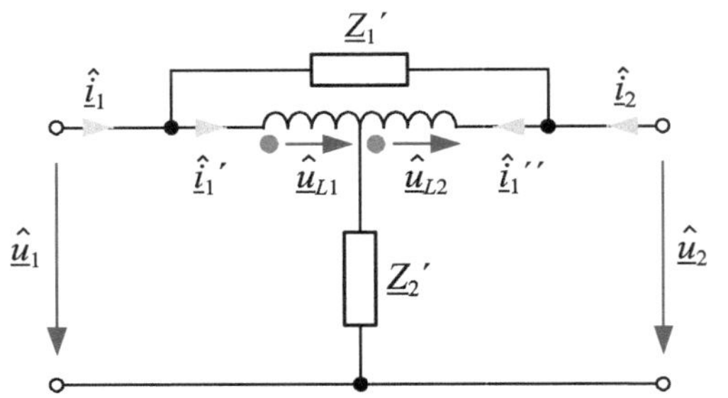

Abbildung 1: Gegebene Zweitorschaltung

1. Bestimmen Sie die Impedanzmatrix für dieses Netzwerk.
2. Geben Sie die Bedingungen an, unter denen dieses Netzwerk äquivalent ist zu dem symmetrischen Kreuzglied.

Lösung zur Teilaufgabe 1:

Mit den Beziehungen für den idealen Übertrager (6.99) sind die Spannungen an den beiden Teilwicklungen gleich und die beiden Ströme sind entgegengesetzt gleich, d.h. $\hat{\underline{u}}_{L1} = \hat{\underline{u}}_{L2}$ und $\hat{\underline{i}}_1' = \hat{\underline{i}}_1''$. Bei offenem Ausgang $\hat{\underline{i}}_2 = 0$ muss daher gelten

$$\hat{\underline{i}}_1' = \hat{\underline{i}}_1'' = \frac{1}{2}\hat{\underline{i}}_1 \qquad \text{und} \qquad 2\hat{\underline{u}}_{L1} = \underline{Z}_1'\,\hat{\underline{i}}_1'' = \underline{Z}_1'\frac{\hat{\underline{i}}_1}{2}\,.$$

Für die Eingangsimpedanz ergibt sich daraus

$$\underline{Z}_{11} = \frac{\underline{\hat{u}}_1}{\underline{\hat{i}}_1}\bigg|_{\underline{\hat{i}}_2=0} = \frac{1}{\underline{\hat{i}}_1}\left(\underline{\hat{u}}_{L1} + \underline{\hat{i}}_1 \underline{Z}_2{}'\right) = \frac{1}{4}\underline{Z}_1{}' + \underline{Z}_2{}'$$

und für die Übertragungsimpedanz vorwärts folgt

$$\underline{Z}_{21} = \frac{\underline{\hat{u}}_2}{\underline{\hat{i}}_1}\bigg|_{\underline{\hat{i}}_2=0} = \frac{1}{\underline{\hat{i}}_1}\left(-\underline{\hat{u}}_{L1} + \underline{\hat{i}}_1 \underline{Z}_2{}'\right) = -\frac{1}{4}\underline{Z}_1{}' + \underline{Z}_2{}'.$$

Wegen der Symmetrie des Netzwerks muss $\underline{Z}_{11} = \underline{Z}_{22}$ und $\underline{Z}_{21} = \underline{Z}_{12}$ gelten. Resultierend erhalten wir die gesuchte Impedanzmatrix

$$\underline{\mathbf{Z}} = \begin{pmatrix} \underline{Z}_2{}' + \dfrac{\underline{Z}_1{}'}{4} & \underline{Z}_2{}' - \dfrac{\underline{Z}_1{}'}{4} \\ \underline{Z}_2{}' - \dfrac{\underline{Z}_1{}'}{4} & \underline{Z}_2{}' + \dfrac{\underline{Z}_1{}'}{4} \end{pmatrix}.$$

Lösung zur Teilaufgabe 2:

Der Vergleich mit der Impedanzmatrix für das symmetrische Kreuzglied

$$\underline{\mathbf{Z}} = \frac{1}{2}\begin{pmatrix} \underline{Z}_2 + \underline{Z}_1 & \underline{Z}_2 - \underline{Z}_1 \\ \underline{Z}_2 - \underline{Z}_1 & \underline{Z}_2 + \underline{Z}_1 \end{pmatrix}$$

liefert die Bedingungen $\underline{Z}_1{}' = 2\underline{Z}_1$ und $\underline{Z}_2{}' = \underline{Z}_2 / 2$.

Aufgabe 8.27 | Mehrstufige Filterschaltung

In dieser Aufgabenstellung untersuchen wir den Einfluss, den eine erhöhte Anzahl von Filterstufen auf die Dämpfungswirkung hat. Ausgangspunkt ist wieder die in Aufgabe 8.20 beschriebene Situation, bei der ein Netzfilter zwischen Störquelle und Wechselspannungsnetz die Funkstörspannungen an der Netzimpedanz reduzieren soll. Zum Vergleich sollen mehrere Filter betrachtet werden, die aus einer Kettenschaltung von abwechselnd Querimpedanz C und Längsimpedanz L aufgebaut sind. Begonnen wird linksseitig immer mit der Querimpedanz.

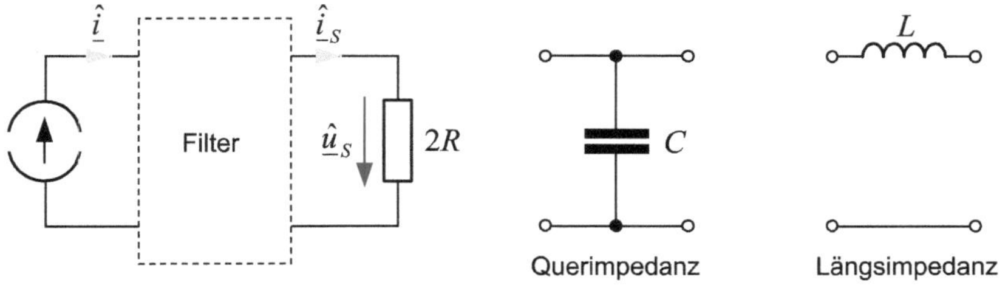

Abbildung 1: Allgemeines Netzwerk und Grundstrukturen für den Filteraufbau

1. Das Filter soll mit der Kettenmatrix $\underline{\mathbf{A}}$ beschrieben werden. Geben Sie die allgemeine Formel zur Berechnung der Filterdämpfung mit den Koeffizienten der Kettenmatrix an.
2. Berechnen Sie die Dämpfung für das 1. Filter, das nur aus der Querimpedanz *C* besteht.
3. Berechnen Sie die Dämpfung für das 2. Filter (*CL*-Filter), das aus der Kettenschaltung einer Quer- und einer Längsimpedanz besteht.
4. Begründen Sie, warum die Vertauschung der Reihenfolge bei den Impedanzen (*LC*-Filter) in dieser Schaltung nicht sinnvoll ist.
5. Berechnen Sie die Dämpfung für das 3. Filter (*CLC*-Filter).
6. Bestimmen Sie die Kettenmatrix $\underline{\mathbf{A}}$ für das 4. Filter (*CLCL*-Filter).
7. Stellen Sie die Dämpfungsverläufe für die Zahlenwerte $2R = 100\ \Omega$, $L = 1$ mH und $C = 1\ \mu$F als Funktion der Frequenz in dem Bereich zwischen 1 kHz und 1 MHz grafisch dar. Welche Besonderheiten treten auf?

Lösung zur Teilaufgabe 1:

Zur Berechnung der Filterdämpfung wird die Beziehung aus Aufgabe 8.20 verwendet:

$$a[\text{dB}] = 20\log\left|\frac{\underline{\hat{u}}_{S,\text{ohne Filter}}}{\underline{\hat{u}}_{S,\text{mit Filter}}}\right| = 20\log\left|\frac{2R\,\underline{\hat{i}}_{S,\text{ohne Filter}}}{2R\,\underline{\hat{i}}_{S,\text{mit Filter}}}\right| = 20\log\left|\frac{\underline{\hat{i}}}{\underline{\hat{i}}_{S,\text{mit Filter}}}\right|.$$

Benötigt wird also das Verhältnis der beiden Ströme in Abb. 1. Aus der unteren Zeile der Kettenmatrix in Gl. (8.235) und mit den hier verwendeten Bezeichnungen $\underline{\hat{i}}_1 = \underline{\hat{i}}$, $-\underline{\hat{i}}_2 = \underline{\hat{i}}_S$ sowie $\underline{\hat{u}}_2 = \underline{\hat{u}}_S$ folgt

$$\underline{\hat{i}} = \underline{A}_{21}\underline{\hat{u}}_S + \underline{A}_{22}\underline{\hat{i}}_S = \left(\underline{A}_{21}2R + \underline{A}_{22}\right)\underline{\hat{i}}_S \quad \rightarrow \quad a[\text{dB}] = 20\log\left|\underline{A}_{21}2R + \underline{A}_{22}\right|. \tag{1}$$

Lösung zur Teilaufgabe 2:

Mit den Koeffizienten der Kettenmatrix nach Gl. (8.259) erhalten wir die Dämpfung

$$\underline{A}_{21} = \frac{1}{1/\mathrm{j}\omega C},\quad \underline{A}_{22} = 1 \quad \rightarrow \quad a[\text{dB}] = 20\log\left|\mathrm{j}\omega C2R + 1\right|.$$

Für hohe Frequenzen steigt der Betrag linear mit der Frequenz an, die Dämpfung erhöht sich dann um 20 dB bei einer Verzehnfachung der Frequenz.

Lösung zur Teilaufgabe 3:

Mit den Koeffizienten der Kettenmatrix nach Gl. (8.261) erhalten wir die zur Gl. (2) in Aufgabe 8.20 identische Dämpfung

$$\underline{A}_{21} = \frac{1}{1/\mathrm{j}\omega C},\quad \underline{A}_{22} = 1 + \frac{\mathrm{j}\omega L}{1/\mathrm{j}\omega C} \quad \rightarrow \quad a[\text{dB}] = 20\log\left|\mathrm{j}\omega C2R + 1 - \omega^2 LC\right|.$$

Man erkennt, dass der höchste bei der Frequenz auftretende Exponent jetzt den Wert 2 aufweist. Das Filter wird daher als zweistufiges Filter bezeichnet, bestehend aus einer Querimpedanz (C) als erste Stufe und einer Längsimpedanz (L) als zweite Stufe. Bei sehr hohen Frequenzen wird der Anteil mit ω^2 im Ergebnis dominieren, sodass sich eine Dämpfung von 2*20 dB = 40 dB pro Frequenzdekade ergibt.

Lösung zur Teilaufgabe 4:

Der durch die Stromquelle vorgegebene Strom wird durch eine in Reihe zur Quelle liegende Spule nicht beeinflusst. Eine Dämpfung wird dann allein durch den parallel zum Ausgangswiderstand liegenden Kondensator erreicht, sodass die Spule in dieser Konfiguration auch weggelassen werden könnte. Einen Beitrag zur Dämpfung würde die Spule dann liefern, wenn die Stromquelle einen endlichen Innenwiderstand aufweisen würde. In diesem Fall würde sich der Quellenstrom in die beiden Teilströme durch die Spule bzw. durch den Innenwiderstand aufteilen. Die Wirkung der Spule wird dann umso besser, je größer ihre Induktivität bzw. je kleiner der Innenwiderstand der Stromquelle wird.

Lösung zur Teilaufgabe 5:

Die Dämpfung erhalten wir wieder, indem wir die beiden Koeffizienten der Kettenmatrix in die Gl. (1) einsetzen. Diese erhalten wir aus der Matrix für das π-Glied aus Gl. (8.263) mit $\underline{Z}_1 = \underline{Z}_3 = 1/\mathrm{j}\omega C$ und $\underline{Z}_2 = \mathrm{j}\omega L$. Für die Dämpfung gilt dann

$$\begin{aligned} a[\mathrm{dB}] &= 20\log\left|\left(1/\underline{Z}_1 + 1/\underline{Z}_3 + \underline{Z}_2/\underline{Z}_1\underline{Z}_3\right)2R + 1 + \underline{Z}_2/\underline{Z}_1\right| \\ &= 20\log\left|\mathrm{j}\omega 2RC\left(2-\omega^2 LC\right) + 1 - \omega^2 LC\right| \end{aligned}.$$

Aufgrund des zusätzlichen Kondensators im Querzweig im Anschluss an die Längsinduktivität liegt jetzt ein dreistufiges Filter vor. Mit dem höchsten bei der Frequenz auftretenden Exponenten 3 erhalten wir bei hohen Frequenzen eine Dämpfung von 60 dB pro Frequenzdekade.

Lösung zur Teilaufgabe 6:

Die Komponenten der resultierenden Kettenmatrix erhalten wir, indem wir die Kettenmatrix (8.263) mit $\underline{Z}_1 = \underline{Z}_3 = 1/\mathrm{j}\omega C$ und $\underline{Z}_2 = \mathrm{j}\omega L$ mit der Kettenmatrix (8.258) für die Längsinduktivität mit $\underline{Z}_1 = \mathrm{j}\omega L$ multiplizieren:

$$\underline{\mathbf{A}} = \begin{pmatrix} 1-\omega^2 LC & \mathrm{j}\omega L \\ \mathrm{j}2\omega C - \mathrm{j}\omega^3 LC^2 & 1-\omega^2 LC \end{pmatrix} \cdot \begin{pmatrix} 1 & \mathrm{j}\omega L \\ 0 & 1 \end{pmatrix}.$$

Für die gesuchten Koeffizienten ergibt sich

$$\underline{A}_{21} = \left(\mathrm{j}2\omega C - \mathrm{j}\omega^3 LC^2\right)\cdot 1 + \left(1-\omega^2 LC\right)\cdot 0 = \mathrm{j}\omega C\left(2-\omega^2 LC\right)$$

bzw.

$$\underline{A}_{22} = \left(\mathrm{j}2\omega C - \mathrm{j}\omega^3 LC^2\right)\cdot \mathrm{j}\omega L + \left(1-\omega^2 LC\right)\cdot 1 = 1 - 3\omega^2 LC + \omega^4 L^2 C^2.$$

Lösung zur Teilaufgabe 7:

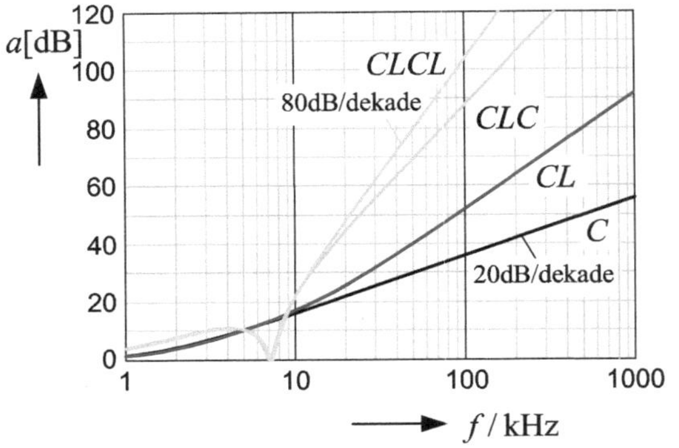

Abbildung 2: Dämpfungsverlauf für verschiedene Filter

Bei Filtern aus Spulen und Kondensatoren können Resonanzstellen auftreten, an denen die Dämpfung verschwindet oder sogar negativ wird. Bei dem 2-stufigen *CL*-Filter ist bei dem obigen Zahlenbeispiel noch keine Resonanz zu erkennen. Die Ursache liegt in der geringen Güte des Serienschwingkreises, der durch den 100-Ω-Widerstand zu stark bedämpft wird.

Zeitlich periodische Vorgänge beliebiger Kurvenform

Wichtige Formeln

9

Normalform

$$u(t) = a_0 + \sum_{n=1}^{\infty}\left[\hat{a}_n \cos(n\omega t) + \hat{b}_n \sin(n\omega t)\right]$$

$$= a_0 + \sum_{n=1}^{\infty}\left[\hat{a}_n \cos\left(n2\pi\frac{t}{T}\right) + \hat{b}_n \sin\left(n2\pi\frac{t}{T}\right)\right]$$

$$\downarrow$$

$$\hat{c}_n = \sqrt{\hat{a}_n^{\,2} + \hat{b}_n^{\,2}} \qquad \tan(\varphi_n) = \frac{\hat{a}_n}{\hat{b}_n} \qquad \tan(\psi_n) = \frac{\hat{b}_n}{\hat{a}_n}$$

$$\downarrow$$

Spektralform

$$u(t) = a_0 + \sum_{n=1}^{\infty}\hat{c}_n \sin(n\omega t + \varphi_n) = a_0 + \sum_{n=1}^{\infty}\hat{c}_n \cos(n\omega t - \psi_n)$$

$$\downarrow$$

$$c_0 = a_0, \quad \underline{\hat{c}}_n = \frac{\hat{a}_n - \mathrm{j}\hat{b}_n}{2} \quad \text{und} \quad \underline{\hat{c}}_{-n} = \frac{\hat{a}_n + \mathrm{j}\hat{b}_n}{2} = \underline{\hat{c}}_n^{\,*}$$

$$\downarrow$$

Komplexe Form

$$u(t) = c_0 + \sum_{n=1}^{\infty}\left[\underline{\hat{c}}_n\,\mathrm{e}^{\mathrm{j}n\omega t} + \underline{\hat{c}}_{-n}\,\mathrm{e}^{-\mathrm{j}n\omega t}\right] = \sum_{n=-\infty}^{\infty}\underline{\hat{c}}_n\,\mathrm{e}^{\mathrm{j}n\omega t}$$

$$a_0 = c_0,$$

$$\hat{a}_n = \underline{\hat{c}}_n + \underline{\hat{c}}_{-n} = 2\,\mathrm{Re}\{\underline{\hat{c}}_n\}, \quad \hat{b}_n = \mathrm{j}(\underline{\hat{c}}_n - \underline{\hat{c}}_{-n}) = -2\,\mathrm{Im}\{\underline{\hat{c}}_n\}$$

Koeffizienten-berechnung

$$\omega = 2\pi f = \frac{2\pi}{T}$$

$$a_0 = \frac{1}{T}\int_0^T u(t)\,\mathrm{d}t \qquad a_0 = \frac{1}{2\pi}\int_0^{2\pi} u(\omega t)\,\mathrm{d}(\omega t)$$

$$\hat{a}_n = \frac{2}{T}\int_0^T u(t)\cos(n\omega t)\,\mathrm{d}t \qquad \hat{a}_n = \frac{1}{\pi}\int_0^{2\pi} u(\omega t)\cos(n\omega t)\,\mathrm{d}(\omega t)$$

$$\hat{b}_n = \frac{2}{T}\int_0^T u(t)\sin(n\omega t)\,\mathrm{d}t \qquad \hat{b}_n = \frac{1}{\pi}\int_0^{2\pi} u(\omega t)\sin(n\omega t)\,\mathrm{d}(\omega t)$$

$$\underline{\hat{c}}_n = \frac{1}{T}\int_0^T u(t)\,\mathrm{e}^{-\mathrm{j}n\omega t}\,\mathrm{d}t \qquad \underline{\hat{c}}_n = \frac{1}{2\pi}\int_0^{2\pi} u(\omega t)\,\mathrm{e}^{-\mathrm{j}n\omega t}\,\mathrm{d}(\omega t)$$

Wichtige Formeln

Gerade Funktion

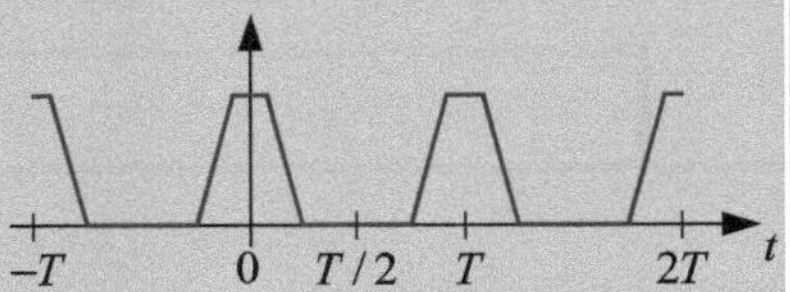

$$u(t) = u(-t)$$

$$a_0 = \frac{2}{T} \int_0^{T/2} u(t)\,\mathrm{d}t$$

$$\hat{a}_n = \frac{4}{T} \int_0^{T/2} u(t)\cos(n\omega t)\,\mathrm{d}t$$

$$\hat{b}_n = 0$$

Ungerade Funktion

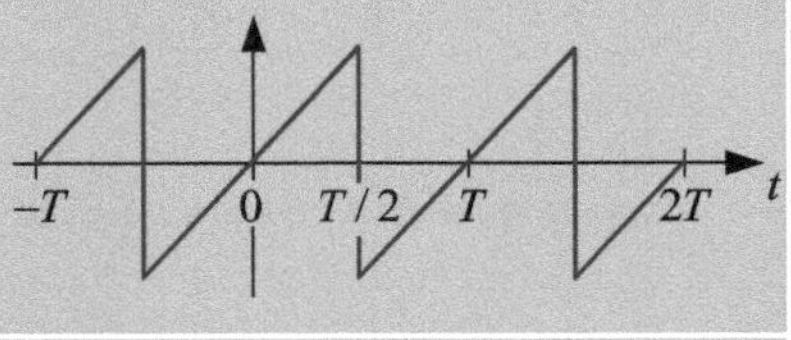

$$u(t) = -u(-t)$$

$$a_0 = \hat{a}_n = 0$$

$$\hat{b}_n = \frac{4}{T} \int_0^{T/2} u(t)\sin(n\omega t)\,\mathrm{d}t$$

Halbwellensymmetrie

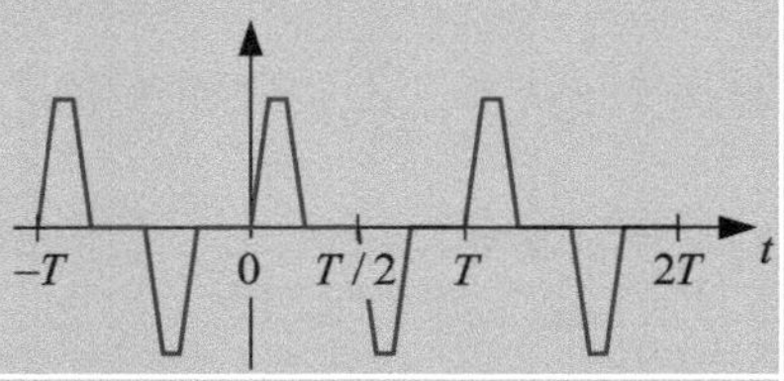

$$u(t) = -u(t + T/2)$$

$$a_0 = \hat{a}_{2n} = \hat{b}_{2n} = 0$$

$$\hat{a}_{2n-1} = \frac{4}{T} \int_0^{T/2} u(t)\cos[(2n-1)\omega t]\,\mathrm{d}t$$

$$\hat{b}_{2n-1} = \frac{4}{T} \int_0^{T/2} u(t)\sin[(2n-1)\omega t]\,\mathrm{d}t$$

Gerade Funktion mit Halbwellensymmetrie

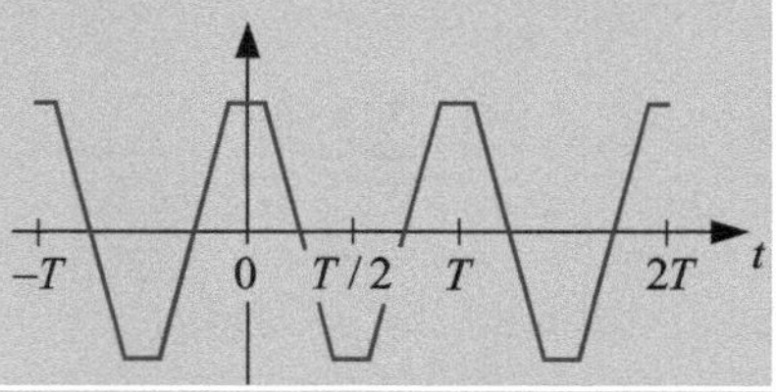

$$u(t) = u(-t) = -u(t + T/2)$$

$$a_0 = \hat{a}_{2n} = \hat{b}_n = 0$$

$$\hat{a}_{2n-1} = \frac{8}{T} \int_0^{T/4} u(t)\cos[(2n-1)\omega t]\,\mathrm{d}t$$

Ungerade Funktion mit Halbwellensymmetrie

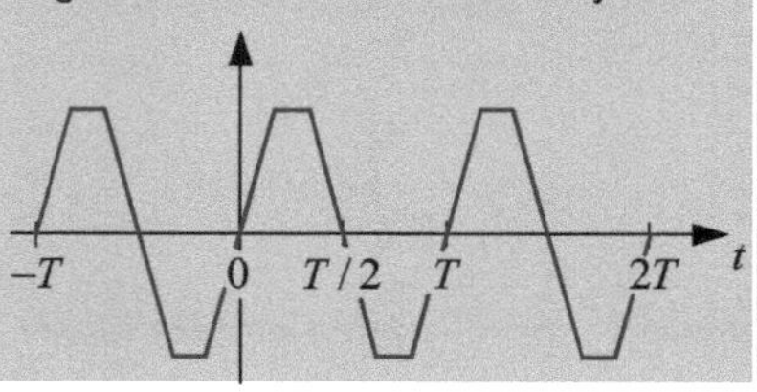

$$u(t) = -u(-t) = -u(t + T/2)$$

$$a_0 = \hat{a}_n = \hat{b}_{2n} = 0$$

$$\hat{b}_{2n-1} = \frac{8}{T} \int_0^{T/4} u(t)\sin[(2n-1)\omega t]\,\mathrm{d}t$$

Wichtige Formeln

Effektivwert	$U=\sqrt{a_0{}^2+\frac{1}{2}\sum_{n=1}^{\infty}\left(\hat{a}_n{}^2+\hat{b}_n{}^2\right)}=\sqrt{a_0{}^2+\frac{1}{2}\sum_{n=1}^{\infty}\hat{c}_n{}^2}$
Effektivwert des Wechselanteils	$U_{\sim}=\sqrt{\sum_{n=1}^{\infty}U_n{}^2}=\sqrt{U^2-U_0{}^2}$
Wirkleistung	$P=U_0I_0+\sum_{n=1}^{\infty}\left[U_{gn}I_{gn}+U_{un}I_{un}\right]=U_0I_0+\sum_{n=1}^{\infty}U_nI_n\cos\left(\varphi_{u_n}-\varphi_{i_n}\right)$
Scheinleistung	$S=UI=\sqrt{\left[U_0{}^2+\sum_{n=1}^{\infty}U_n{}^2\right]\left[I_0{}^2+\sum_{n=1}^{\infty}I_n{}^2\right]}$
Grundschwingungsgehalt	$g=\frac{U_1}{U_{\sim}}$
Klirrfaktor	$k=\frac{\sqrt{\sum_{n=2}^{\infty}U_n{}^2}}{U_{\sim}}=\sqrt{1-g^2}$, $k_m=\frac{U_m}{U_{\sim}}$, $k^2=\sum_{n=2}^{\infty}k_n{}^2$
Scheitelfaktor	$\xi=\frac{\hat{u}}{U_{\sim}}$
Formfaktor	$F=\frac{U_{\sim}}{\overline{\lvert u\rvert}}$
Welligkeit	$w=\frac{U_{\sim}}{U_0}$

9.1 Verständnisaufgaben

1. Welche Gründe können in elektrischen Schaltungen dazu führen, dass die periodischen Strom- und Spannungsformen von den rein sinusförmigen Kurvenverläufen abweichen?

2. Ermitteln Sie für die dargestellten Kurvenformen mithilfe der Tabelle H.1 die richtige Fourier-Reihe und berechnen Sie das zugehörige Amplitudenspektrum $|\hat{u}_n| / \hat{u}$ für den Bereich $n \leq 10$.

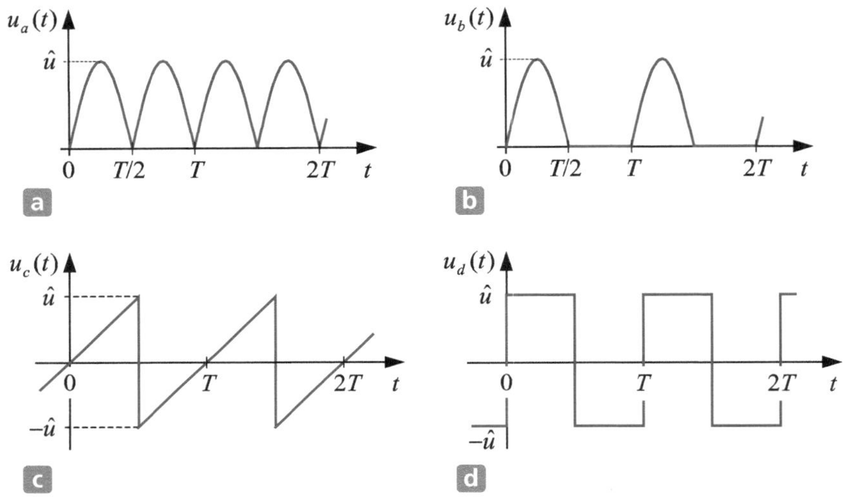

3. Entwickeln Sie die periodisch fortgesetzte Funktion in eine Fourier-Reihe.

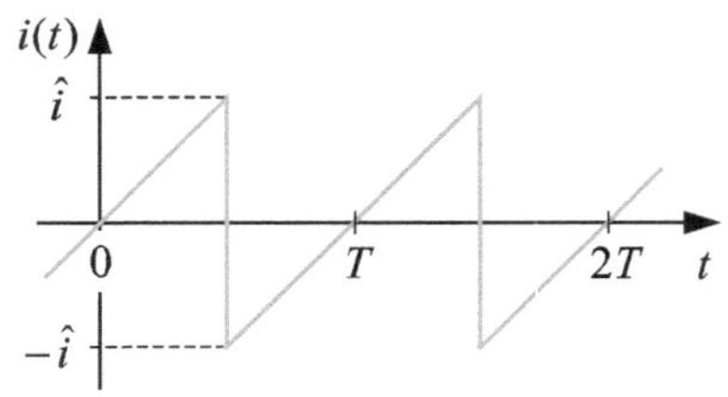

4. An die Reihenschaltung, bestehend aus einem Widerstand $R = 1\,\Omega$ und einem Kondensator $C = 200\,\mu\text{F}$, wird die Spannung $u(t) = \hat{u}_1 \sin(\omega t) + \hat{u}_3 \sin(3\omega t)$ mit $\hat{u}_1 = \hat{u}_3 = 20\,\text{V}$ angelegt. Die Frequenz beträgt $f = 50$ Hz. Berechnen Sie den zeitlichen Verlauf der Spannung $u_R(t)$.

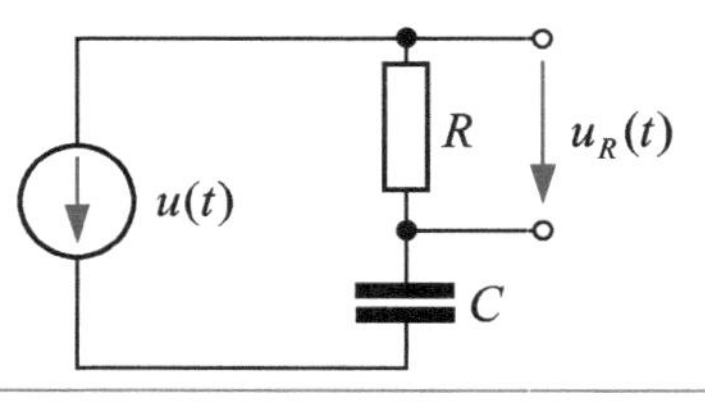

Lösung zur Aufgabe 1:

Eine Ursache kann bei den nichtidealen Quellen liegen, die keine rein sinusförmigen Spannungen bzw. Ströme liefern. Eine zweite Ursache sind die Schaltvorgänge, im vorliegenden Fall auch die sich periodisch wiederholenden Schaltvorgänge. Eine dritte Ursache ist die Verzerrung der Kurvenverläufe infolge nichtlinearer Kennlinien bei den Netzwerkelementen. Beispiele für nichtlineare Zusammenhänge zwischen Strom und Spannung haben wir bereits bei den Diodenschaltungen in Kap. 4 kennen gelernt oder auch im Falle von Hystereseeigenschaften, die z.B. bei den mit Ferrit- oder Eisenkernen realisierten Induktivitäten auftreten.

Lösung zur Aufgabe 2:

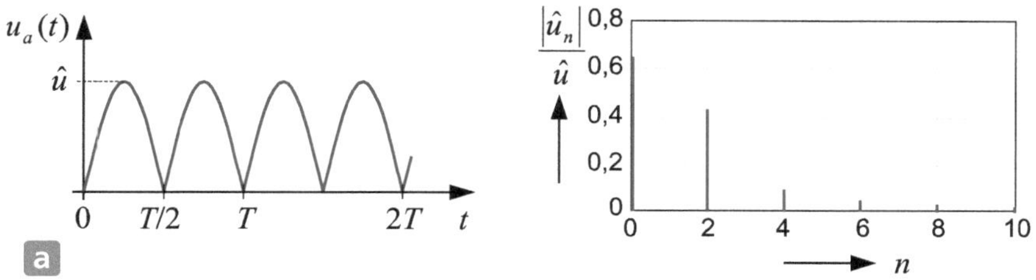

a

$$u_a(t) = \frac{2\hat{u}}{\pi} - \frac{4\hat{u}}{\pi}\left[\frac{\cos(2\omega t)}{1\cdot 3} + \frac{\cos(4\omega t)}{3\cdot 5} + \frac{\cos(6\omega t)}{5\cdot 7} + \ldots\right]$$

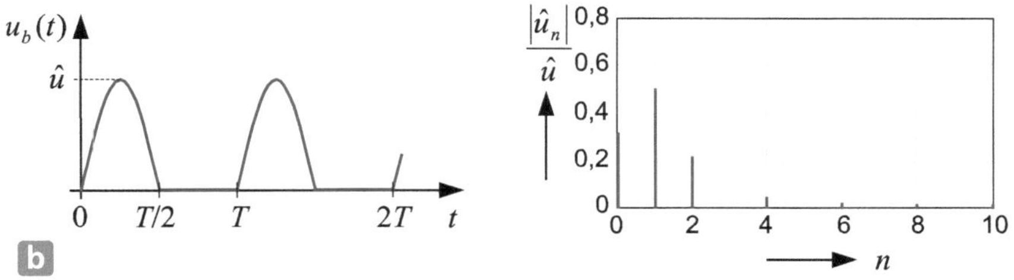

b

$$u_b(t) = \frac{\hat{u}}{\pi} + \frac{\hat{u}}{2}\sin(\omega t) - \frac{2\hat{u}}{\pi}\left[\frac{\cos(2\omega t)}{1\cdot 3} + \frac{\cos(4\omega t)}{3\cdot 5} + \frac{\cos(6\omega t)}{5\cdot 7} + \ldots\right]$$

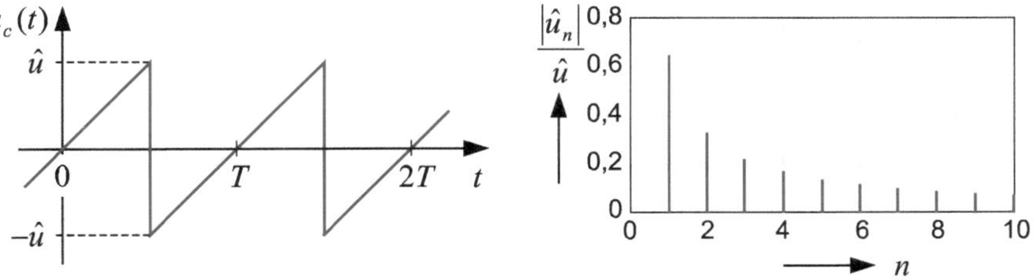

c

$$u_c(t) = \frac{2\hat{u}}{\pi}\left[\sin(\omega t) - \frac{1}{2}\sin(2\omega t) + \frac{1}{3}\sin(3\omega t) - \ldots\right]$$

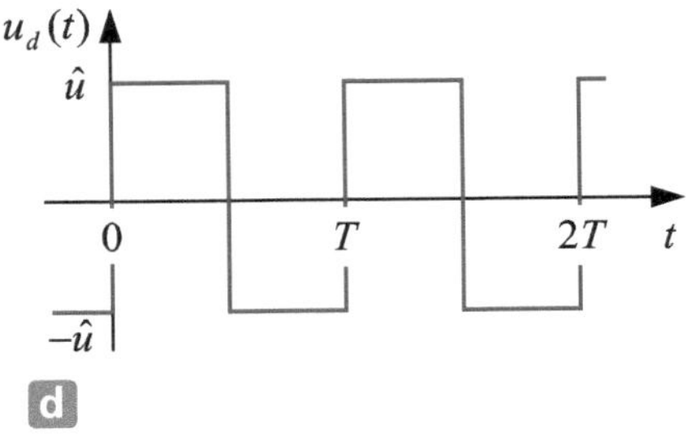

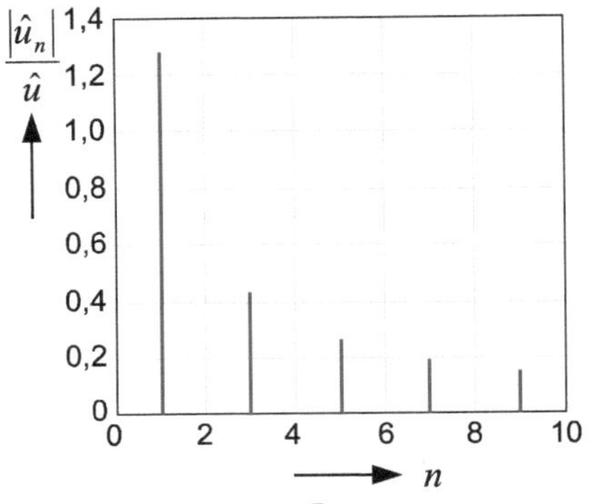

$$u_d(t) = \frac{4\hat{u}}{\pi}\left[\sin(\omega t) + \frac{1}{3}\sin(3\omega t) + \frac{1}{5}\sin(5\omega t) + \dots\right]$$

Lösung zur Aufgabe 3:

Die Funktion ist ungerade, d.h., es gilt $i(t) = -i(-t)$. Damit verschwinden alle Koeffizienten a_0 und $\hat{a}_n$. Für die Fourier-Reihe gilt die vereinfachte Darstellung

$$i(t) = \sum_{n=1}^{\infty} \hat{b}_n \sin(n\omega t) \qquad \text{mit} \qquad \hat{b}_n = \frac{4}{T}\int_0^{T/2} i(t)\sin(n\omega t)\,\mathrm{d}t$$

$$\hat{b}_n = \frac{4}{T}\int_0^{T/2} 2\hat{i}\frac{t}{T}\sin(n\omega t)\,\mathrm{d}t = \frac{8\hat{i}}{T^2}\left[\frac{\sin(n\omega t)}{(n\omega)^2} - \frac{t\cos(n\omega t)}{n\omega}\right]\Bigg|_0^{T/2}$$

$$= \frac{8\hat{i}}{T^2}\left[\frac{\sin\left(n\omega\frac{T}{2}\right)}{(n\omega)^2} - \frac{\frac{T}{2}\cos\left(n\omega\frac{T}{2}\right)}{n\omega}\right] = \frac{8\hat{i}}{T^2}\left[\frac{\sin(n\pi)}{(n\omega)^2} - \frac{\frac{T}{2}\cos(n\pi)}{n\omega}\right]$$

$$= -\frac{4\hat{i}}{n\omega T}\cos(n\pi) = -\frac{2\hat{i}}{n\pi}(-1)^n = \frac{2\hat{i}}{n\pi}(-1)^{n+1}.$$

Die Fourier-Reihe für die angegebene Stromform lautet

$$i(t) = \sum_{n=1}^{\infty}\left[\frac{2\hat{i}}{n\pi}(-1)^{n+1}\sin(n\omega t)\right]$$

$$= \frac{2\hat{i}}{\pi}\left[\sin(\omega t) - \frac{1}{2}\sin(2\omega t) + \frac{1}{3}\sin(3\omega t) - \frac{1}{4}\sin(4\omega t) + - \dots\right].$$

Lösung zur Aufgabe 4:

Wegen der Linearität der Schaltung können die beiden Teilspannungen mit den unterschiedlichen Frequenzen unabhängig voneinander betrachtet und anschließend überlagert werden. Mit dem Spannungsteiler folgt für das Verhältnis der komplexen Amplituden bei der Grundschwingung:

$$\frac{\underline{\hat{u}}_{R,1}}{\underline{\hat{u}}_1} = \frac{\underline{Z}_R}{\underline{Z}_R + \underline{Z}_C} = \frac{R}{R + \dfrac{1}{\mathrm{j}\omega C}} = \frac{\mathrm{j}\omega CR}{1 + \mathrm{j}\omega CR}$$

$$= \frac{\omega CR\,\mathrm{e}^{\mathrm{j}\frac{\pi}{2}}}{\sqrt{1+(\omega CR)^2}\,\mathrm{e}^{\mathrm{j}\arctan(\omega CR)}} = \frac{\omega CR}{\sqrt{1+(\omega CR)^2}}\mathrm{e}^{\mathrm{j}\left[\frac{\pi}{2}-\arctan(\omega CR)\right]} .$$

Für die sinusförmige Spannungsvorgabe gilt $\underline{\hat{u}}_1 = \hat{u}_1\,\mathrm{e}^{-\mathrm{j}\pi/2}$. Die komplexen Amplituden der beiden Teilspannungen am Widerstand sind also durch die beiden Ausdrücke

$$\underline{\hat{u}}_{R,1} = \frac{\hat{u}_1\,\omega CR}{\sqrt{1+(\omega CR)^2}}\mathrm{e}^{-\mathrm{j}\arctan(\omega CR)} = 1{,}774\,\mathrm{V}\,\mathrm{e}^{-\mathrm{j}0{,}0627}$$

$$\underline{\hat{u}}_{R,3} = \frac{\hat{u}_3\,3\omega CR}{\sqrt{1+(3\omega CR)^2}}\mathrm{e}^{-\mathrm{j}\arctan(3\omega CR)} = 5{,}24\,\mathrm{V}\,\mathrm{e}^{-\mathrm{j}0{,}186}$$

gegeben. Für den zeitlichen Verlauf der Gesamtspannung $u_R(t)$ erhalten wir das Ergebnis

$$u_R(t) = \mathrm{Re}\left\{1{,}774\,\mathrm{V}\,\mathrm{e}^{\mathrm{j}(\omega t-0{,}0627)} + 5{,}24\,\mathrm{V}\,\mathrm{e}^{\mathrm{j}(3\omega t-0{,}186)}\right\}$$
$$= 1{,}774\,\mathrm{V}\cos(\omega t - 0{,}0627) + 5{,}24\,\mathrm{V}\cos(3\omega t - 0{,}186)$$
$$= 1{,}774\,\mathrm{V}\sin\left(\omega t - 0{,}0627 + \frac{\pi}{2}\right) + 5{,}24\,\mathrm{V}\sin\left(3\omega t - 0{,}186 + \frac{\pi}{2}\right)$$
$$= 1{,}774\,\mathrm{V}\sin(\omega t + 1{,}508) + 5{,}24\,\mathrm{V}\sin(3\omega t + 1{,}384)$$
$$= 1{,}774\,\mathrm{V}\sin(\omega t + 86{,}4°) + 5{,}24\,\mathrm{V}\sin(3\omega t + 79{,}3°) .$$

Wegen der frequenzabhängigen Impedanz des Kondensators stellen sich bei den beiden Teilspannungen unterschiedliche Amplituden und Phasenlagen ein.

9.2 Level 1

Aufgabe 9.1 | Fourier-Entwicklung

Gegeben ist die in Abb. 1 dargestellte zeitabhängige Spannung $u(t) = \hat{u}\left|\sin(\omega t)\right|$.

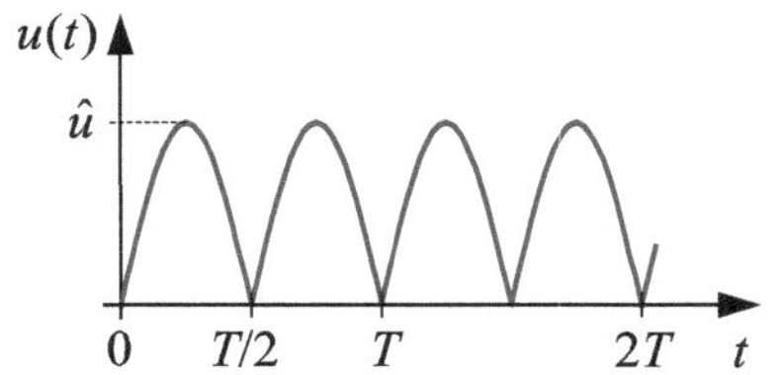

Abbildung 1: Zeitlich periodischer Spannungsverlauf

Geben Sie die Normalform der Fourier-Entwicklung an und berechnen Sie alle Koeffizienten.

Lösung

Die Koeffizienten der Normalform

$$u(t) = a_0 + \sum_{n=1}^{\infty}\left[\hat{a}_n \cos(n\omega t) + \hat{b}_n \sin(n\omega t)\right] \qquad \text{mit} \qquad \omega = \frac{2\pi}{T}$$

werden mithilfe der Bestimmungsgleichungen ermittelt. Da es sich bei der gegebenen Funktion um eine gerade Funktion mit der Eigenschaft $u(t) = u(-t)$ handelt, können in der Reihendarstellung auch nur die geraden Funktionen enthalten sein, d.h., es muss $\hat{b}_n = 0$ gelten. Den Mittelwert a_0 erhalten wir aus der Beziehung

$$a_0 = \frac{1}{T}\int_0^T u(t)\mathrm{d}t = \frac{\hat{u}}{T}\int_0^T \left|\sin(\omega t)\right|\mathrm{d}t = \frac{2\hat{u}}{T}\int_0^{T/2} \sin(\omega t)\mathrm{d}t = \frac{-2\hat{u}}{\omega T}\left[\cos\left(\frac{\omega T}{2}\right) - \cos(0)\right] = \frac{2\hat{u}}{\pi}.$$

Die Bestimmungsgleichung für die verbleibenden Koeffizienten liefert zunächst das Integral

$$\hat{a}_n = \frac{2}{T}\int_0^T u(t)\cos(n\omega t)\mathrm{d}t = \frac{2\hat{u}}{T}\int_0^T \left|\sin(\omega t)\right|\cos(n\omega t)\mathrm{d}t = \frac{4\hat{u}}{T}\int_0^{T/2} \sin(\omega t)\cos(n\omega t)\mathrm{d}t.$$

Die Lösung kann z.B. aus Integraltabellen[1] entnommen werden. Für $n = 1$ lautet die Lösung

$$\hat{a}_1 = \frac{4\hat{u}}{T}\left[\frac{\sin^2(\omega t)}{2\omega}\right]\Bigg|_0^{T/2} = \frac{4\hat{u}}{2\omega T}\left[\sin^2(\pi) - \sin^2(0)\right] = 0$$

und für $n \neq 1$ gilt

1 Bronstein, I. N., Semendjajew, K. A., Taschenbuch der Mathematik, Verlag Harri Deutsch, Frankfurt, 2000.

$$\hat{a}_n = \frac{4\hat{u}}{T}\left[-\frac{\cos((1+n)\omega t)}{2(1+n)\omega} - \frac{\cos((1-n)\omega t)}{2(1-n)\omega}\right]\Bigg|_0^{T/2}$$

$$= -\frac{4\hat{u}}{2\omega T}\left[\frac{\cos((1+n)\pi)-1}{1+n} + \frac{\cos((1-n)\pi)-1}{1-n}\right].$$

Ist n eine ungerade Zahl, dann sind die beiden Zähler in dem vorstehenden Ausdruck gleich null und die Koeffizienten verschwinden. Bei einer geraden Zahl, also $n = 2,4,6, \ldots$, erhalten wir das Ergebnis

$$\hat{a}_n = -\frac{\hat{u}}{\pi}\left[\frac{-1-1}{1+n} + \frac{-1-1}{1-n}\right] = \frac{2\hat{u}}{\pi}\frac{2}{(1+n)(1-n)} = -\frac{4\hat{u}}{\pi}\frac{1}{(n+1)(n-1)}.$$

Die angegebene Funktion lässt sich also in Übereinstimmung mit der Tabelle H1, Nr. 13 in die Fourier-Reihe

$$u(t) = \frac{2\hat{u}}{\pi} - \frac{4\hat{u}}{\pi}\left[\frac{\cos(2\omega t)}{1\cdot 3} + \frac{\cos(4\omega t)}{3\cdot 5} + \frac{\cos(6\omega t)}{5\cdot 7} + \ldots\right]$$

entwickeln.

9.3 Level 2

Aufgabe 9.2 | Amplitudenspektrum

Wir betrachten noch einmal die bereits in Aufgabe 7.5 behandelte Dimmschaltung mit dem in Abb. 1b dargestellten Netzstrom (T = 20 ms).

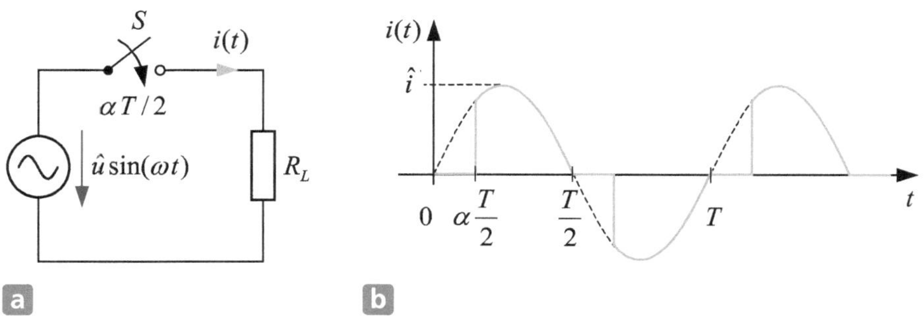

Abbildung 1: Phasenanschnittsteuerung

Berechnen Sie das Amplitudenspektrum in Abhängigkeit des Steuerparameters α und stellen Sie es für α = 0,5 im Frequenzbereich $0 < f < 2$ kHz dar.

Lösung

Wegen der Halbwellensymmetrie $i(t) = -i(t+T/2)$ treten nur ungeradzahlige Oberschwingungen von 50 Hz auf. Für das Fourier-Spektrum gilt:

$$i(t) = \sum_{n=1,3}^{\infty} \hat{a}_n \cos(n\omega t) + \hat{b}_n \sin(n\omega t) = \sum_{n=1,3}^{\infty} \hat{c}_n \sin(n\omega t + \varphi_n) \qquad \text{mit} \qquad \omega = \frac{2\pi}{T}$$

und

$$\hat{a}_n = \frac{2}{T}\int_0^T i(t)\cos(n\omega t)\,dt = \frac{4\hat{i}}{T}\int_{\alpha T/2}^{T/2} \sin(\omega t)\cos(n\omega t)\,dt$$

$$\hat{a}_n = \begin{cases} -\dfrac{\hat{i}}{\pi}\sin^2(\alpha\pi) & \text{für } n=1 \\ \dfrac{2\hat{i}}{\pi(n^2-1)}\left[1-\cos(\alpha\pi)\cos(n\alpha\pi) - n\sin(\alpha\pi)\sin(n\alpha\pi)\right] & \text{für } n=3,5,7\ldots \end{cases}$$

$$\hat{b}_n = \frac{2}{T}\int_0^T i(t)\sin(n\omega t)\,dt = \frac{4\hat{i}}{T}\int_{\alpha T/2}^{T/2} \sin(\omega t)\sin(n\omega t)\,dt$$

$$\hat{b}_n = \begin{cases} \hat{i}(1-\alpha) + \dfrac{\hat{i}}{2\pi}\sin(2\alpha\pi) & \text{für } n=1 \\ \dfrac{2\hat{i}}{\pi(n^2-1)}\left[n\sin(\alpha\pi)\cos(n\alpha\pi) - \cos(\alpha\pi)\sin(n\alpha\pi)\right] & \text{für } n=3,5,7\ldots \end{cases}$$

Zur Darstellung des Amplitudenspektrums werden die Werte

$$\hat{c}_n = \sqrt{\hat{a}_n^{\,2} + \hat{b}_n^{\,2}}$$

benötigt, die Phasenlagen φ_n spielen keine Rolle. Die Abb. 2 zeigt das Spektrum $\hat{c}_n / \hat{i} = c_n / i_{eff}$ in dem zu betrachtenden Frequenzbereich bis 2 kHz.

Bemerkung:
Für $n = 1$ (bei 50 Hz) und $\alpha = 0{,}5$ gilt $\hat{b}_1 = \hat{i}/2$, d.h., die Leistung entspricht der halben Maximalleistung (vgl. Abb. 3 in Aufgabe 7.5). Wegen $\hat{a}_1 \neq 0$ ist aber die in Abb. 2 dargestellte Spektrallinie bei 50 Hz größer als 0,5, d.h., die Grundschwingung ist phasenverschoben ($\varphi_1 \neq 0$) und enthält einen zusätzlichen Blindanteil.

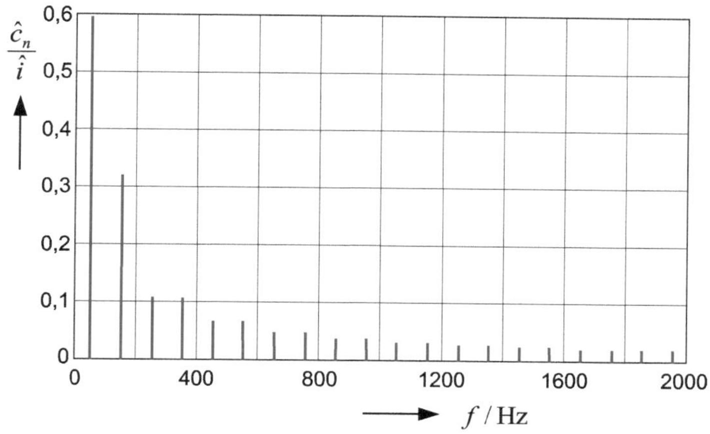

Abbildung 2: Spektrum für den Steuerparameter $\alpha = 0{,}5$

Aufgabe 9.3 *RC*-Reihenschaltung an Rechteckspannung

Die *RC*-Reihenschaltung in Abb. 1 wird mit der zeitabhängigen, periodischen Rechteckspannung

$$u(t) = \begin{cases} U & \text{für} \quad 0 \le t < \delta T \\ 0 & \qquad\;\; \delta T \le t < T \end{cases}$$

erregt.

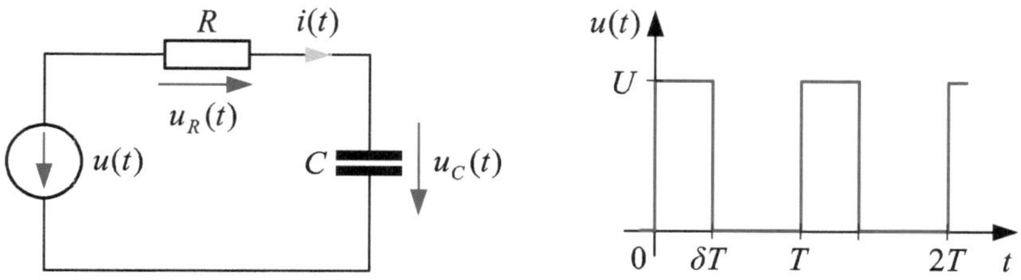

Abbildung 1: *RC*-Reihenschaltung an Rechteckspannung

1. Geben Sie die Fourier-Entwicklung für die Spannung $u(t)$ an.
2. Berechnen Sie den zeitlichen Verlauf der Kondensatorspannung $u_C(t)$ und des Stromes $i(t)$ für einen beliebigen Tastgrad $0 \le \delta \le 1$.
3. Stellen Sie die beiden zeitabhängigen Funktionen für den Tastgrad $\delta = 0{,}5$ und die Periodendauer $T = 2RC$ grafisch dar.

Lösung zur Teilaufgabe 1:

Tabelle H.1, Nr. 7:

$$u(t) = \delta U + \frac{U}{\pi}\left[\sin(2\pi\delta)\cos(\omega t) + \frac{1}{2}\sin(4\pi\delta)\cos(2\omega t) + \frac{1}{3}\sin(6\pi\delta)\cos(3\omega t) + \ldots\right]$$
$$+\frac{U}{\pi}\left[\left[1-\cos(2\pi\delta)\right]\sin(\omega t) + \frac{1}{2}\left[1-\cos(4\pi\delta)\right]\sin(2\omega t) + \ldots\right].$$

Mithilfe der Additionstheoreme lässt sich diese Beziehung in der Summenschreibweise folgendermaßen darstellen:

$$u(t) = \delta U + \frac{U}{\pi}\sum_{n=1}^{\infty}\frac{1}{n}\left[\sin(n2\pi\delta)\cos(n\omega t) - \cos(n2\pi\delta)\sin(n\omega t) + \sin(n\omega t)\right]$$
$$\overset{(H.4)}{=} \delta U + \frac{U}{\pi}\sum_{n=1}^{\infty}\frac{1}{n}\left[\sin(n2\pi\delta - n\omega t) + \sin(n\omega t)\right]$$
$$= \delta U + \frac{U}{\pi}\sum_{n=1}^{\infty}\frac{1}{n}\left[\sin(n\pi\delta + n\pi\delta - n\omega t) + \sin(n\pi\delta - n\pi\delta + n\omega t)\right]$$

$$u(t) \overset{(H.8)}{=} \delta U + 2\frac{U}{\pi}\sum_{n=1}^{\infty}\frac{1}{n}\sin(n\pi\delta)\cos(n\omega t - n\pi\delta). \tag{1}$$

Lösung zur Teilaufgabe 2:

Die Quellenspannung setzt sich aus einem konstanten Anteil δU und den in der Summe enthaltenen Oberschwingungen zusammen. Da der Kondensator für zeitlich konstante Ströme einen Leerlauf darstellt, liegt die Gleichspannung δU gemäß Maschenumlauf auch am Kondensator an, sie liefert aber keinen Beitrag zum Strom.

Zur Betrachtung der Oberschwingungen genügt es, das Netzwerk zunächst mit einer Eingangsspannung der Form

$$u(t) = \hat{u}\cos(\omega t + \varphi_n) \tag{2}$$

zu berechnen. Die sich daraus ergebende Lösung kann anschließend auf alle Glieder der Summe übertragen werden. Mit der komplexen Amplitude der Spannung (2) nach Tab. 8.1 gilt

$$\underline{u}(t) = \hat{u}\,e^{j\varphi_n}\,e^{j\omega t} = \underline{\hat{u}}\,e^{j\omega t} \quad\rightarrow\quad u(t) = \mathrm{Re}\left\{\underline{\hat{u}}\,e^{j\omega t}\right\}. \tag{3}$$

Ausgehend von der Maschengleichung

$$\underline{\hat{u}} = \underline{\hat{u}}_R + \underline{\hat{u}}_C \overset{(8.30)}{=} \left(R + \frac{1}{j\omega C}\right)\underline{\hat{i}} = \frac{1 + j\omega CR}{j\omega C}\underline{\hat{i}}$$

erhalten wir zunächst die komplexe Amplitude des Stromes

$$\underline{\hat{i}} \overset{(3)}{=} \frac{j\omega C}{1 + j\omega CR}\hat{u}\,e^{j\varphi_n} = \frac{e^{j\pi/2}\,\omega C\,\hat{u}\,e^{j\varphi_n}}{\sqrt{1+(\omega CR)^2}\,e^{j\arctan(\omega CR)}} = \hat{u}\frac{\omega C}{\sqrt{1+(\omega CR)^2}}e^{j(\varphi_n + \pi/2 - \arctan(\omega CR))}$$

und durch Rücktransformation gemäß Gl. (3) den zeitabhängigen Strom

$$i(t) = \mathrm{Re}\left\{\hat{\underline{i}}\,\mathrm{e}^{\mathrm{j}\omega t}\right\} = \hat{u}\frac{\omega C}{\sqrt{1+(\omega CR)^2}}\mathrm{Re}\left\{\mathrm{e}^{\mathrm{j}(\varphi_n+\pi/2-\arctan(\omega CR))}\mathrm{e}^{\mathrm{j}\omega t}\right\} \tag{4}$$

$$= \hat{u}\frac{\omega C}{\sqrt{1+(\omega CR)^2}}\cos\left(\omega t+\varphi_n+\frac{\pi}{2}-\arctan(\omega CR)\right).$$

Für die Kondensatorspannung gilt

$$\hat{\underline{u}}_C = \frac{1}{\mathrm{j}\omega C}\hat{\underline{i}} = \hat{u}\frac{1}{\sqrt{1+(\omega CR)^2}}\mathrm{e}^{\mathrm{j}(\varphi_n-\arctan(\omega CR))}$$

bzw.

$$u_C(t) = \hat{u}\frac{1}{\sqrt{1+(\omega CR)^2}}\cos(\omega t+\varphi_n-\arctan(\omega CR)). \tag{5}$$

Die Ergebnisse (4) und (5) gelten für die Eingangsspannung nach Gl. (2). Der verbleibende Schritt besteht jetzt darin, diese Lösungen auf alle Glieder der Summe (1) anzuwenden. Mit den jeweiligen Amplituden $\hat{u}$ und Phasenwinkeln φ_n und unter Beachtung der Tatsache, dass die Frequenz ω bei den Lösungen durch $n\omega$ bei der Summe ersetzt werden muss, erhalten wir den zeitabhängigen Strom

$$i(t) = 2\frac{U}{\pi}\sum_{n=1}^{\infty}\frac{1}{n}\sin(n\pi\delta)\frac{n\omega C}{\sqrt{1+(n\omega CR)^2}}\cos\left(n\omega t-n\pi\delta+\frac{\pi}{2}-\arctan(n\omega CR)\right) \tag{6}$$

und die zeitabhängige Kondensatorspannung

$$u_C(t) = \delta U + 2\frac{U}{\pi}\sum_{n=1}^{\infty}\frac{1}{n}\sin(n\pi\delta)\frac{1}{\sqrt{1+(n\omega CR)^2}}\cos(n\omega t-n\pi\delta-\arctan(n\omega CR)). \tag{7}$$

Lösung zur Teilaufgabe 3:

Die Abb. 2 zeigt auf der linken Seite die Auswertung der Gln. (6) und (7). Die Skalierung für den Strom ergibt sich aus der Beziehung

$$i(t) = \frac{1}{R}\left[u(t)-u_C(t)\right]. \tag{8}$$

Für R = 1 kΩ erhalten wir mit der gleichen Skalierung auf der vertikalen Achse den Strom in mA.

Von der Summe wurden jeweils die ersten 50 Glieder berücksichtigt. Während die Kondensatorspannung bereits dem exakten Verlauf entspricht (vgl. Aufgabe 10.8), ist dem Stromverlauf noch eine hochfrequente Schwingung überlagert, die im Wesentlichen durch die erste nicht berücksichtigte Oberschwingung aus der Summe bestimmt wird. Die unterschiedliche Konvergenz bei den beiden Zeitverläufen ist an den Gln. (6) und (7) zu erkennen. Da der Strom der zeitlichen Ableitung der Kondensatorspannung entspricht, erhalten wir in der Gl. (6) den Zählindex n nochmals im

Zähler, d.h., die Oberschwingungen klingen mit steigender Ordnungszahl wesentlich langsamer ab. Eine Reduzierung dieser Problematik lässt sich zwar durch die Berücksichtigung von mehr Gliedern aus der Summe erreichen, an der Stelle des Sprunges wird trotzdem ein Überschwinger erhalten bleiben. Dieses als Gibbs'sches Phänomen bekannte Verhalten ist in Anhang G.2 beschrieben.

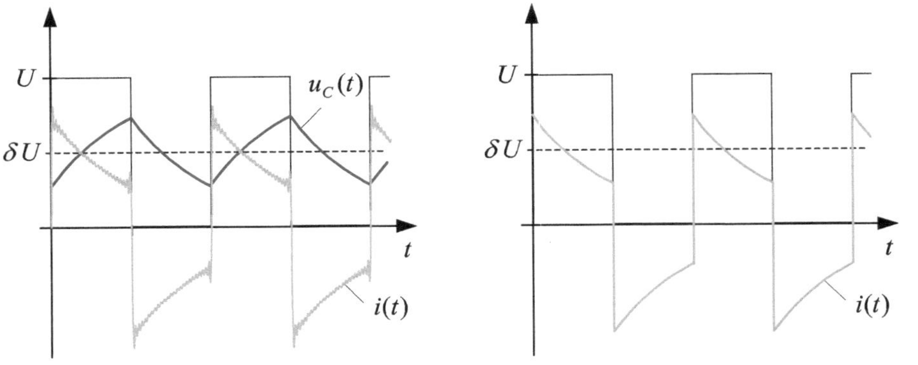

Abbildung 2: Strom- und Spannungsverlauf für den Tastgrad $\delta = 0{,}5$

Bei dem betrachteten Beispiel lässt sich der Strom aber auch völlig ohne diese Problematik darstellen. Ausgehend von Gl. (8) ist lediglich eine Fallunterscheidung entsprechend dem Verlauf der Eingangsspannung zu treffen:

$$i(t) = \begin{cases} \left(U - u_C(t)\right) / R & \text{für} \quad 0 \le t < \delta T \\ -u_C(t) / R & \phantom{\text{für}} \quad \delta T \le t < T. \end{cases}$$

Diese Formulierung für den Strom besitzt die gleichen Konvergenzeigenschaften wie die Summe in Gl. (7) für die Kondensatorspannung. Das Ergebnis ist auf der rechten Seite der Abb. 2 dargestellt.

Schlussfolgerung

Die zeitliche Ableitung einer als Fourier-Reihe gegebenen zeitlich periodischen Funktion liefert eine Fourier-Reihe mit wesentlich schlechteren Konvergenzeigenschaften. Im umgekehrten Fall wird bei der Integration die Konvergenz wesentlich verbessert.

Aufgabe 9.4 Netzwerk mit zeitabhängiger, periodischer Quellenspannung

Die in der Abbildung dargestellte Schaltung wird mit der zeitabhängigen, periodischen Spannung

$$u(t) = \begin{cases} \hat{u}\sin(\omega t) \\ 0 \end{cases} \text{für} \quad \begin{matrix} 0 \le t \le T/2 \\ T/2 \le t \le T \end{matrix}$$

erregt.

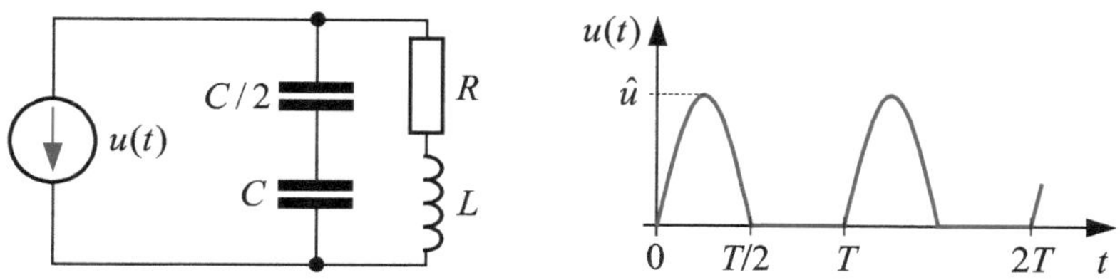

Abbildung 1: Netzwerk und zeitabhängiger Verlauf der Quellenspannung

1. Geben Sie die Normalform der Fourier-Entwicklung für die Spannung $u(t)$ an.
2. Berechnen Sie den Strom durch den Widerstand.
3. Geben Sie den Effektivwert des Stromes durch den Widerstand an.
4. Welche Leistung wird in dem Widerstand in Wärme umgewandelt?

Lösung zur Teilaufgabe 1:

Die Normalform ergibt sich mit Tabelle H.1, Nr. 15 zu

$$u(t) = \frac{\hat{u}}{\pi} + \frac{\hat{u}}{2}\sin(\omega t) - \frac{2\hat{u}}{\pi}\left[\frac{\cos(2\omega t)}{1\cdot 3} + \frac{\cos(4\omega t)}{3\cdot 5} + \frac{\cos(6\omega t)}{5\cdot 7} + \ldots\right].$$

Lösung zur Teilaufgabe 2:

Die Quellenspannung liegt wegen der Parallelschaltung sowohl an den Kondensatoren als auch an der *RL*-Reihenschaltung. Der Strom durch die Kondensatoren ist nicht gefragt, es genügt also die Betrachtung der *RL*-Reihenschaltung.

Betrachtung des Gleichanteils: $i = \frac{\hat{u}}{\pi R}.$

In Kap. 8.2.3, Beispiel 8.2 wurde das Netzwerk bereits berechnet. Für $u(t) = \hat{u}\cos(\omega t + \varphi_u)$ gilt

$$i(t) \overset{(8.55)}{=} \frac{\hat{u}}{\sqrt{R^2 + (\omega L)^2}}\cos\left(\omega t + \varphi_u - \arctan\frac{\omega L}{R}\right).$$

Betrachtung des 2. Terms in der Fourier-Reihe:

$$u(t)=\frac{\hat{u}}{2}\sin(\omega t)=\frac{\hat{u}}{2}\cos\left(\omega t-\frac{\pi}{2}\right)$$

$$i(t)=\frac{\hat{u}/2}{\sqrt{R^2+(\omega L)^2}}\cos\left(\omega t-\frac{\pi}{2}-\arctan\frac{\omega L}{R}\right).$$

Zusammenfassung aller Lösungen:

$$i(t)=\frac{\hat{u}}{\pi R}+\frac{\hat{u}/2}{\sqrt{R^2+(\omega L)^2}}\cos\left(\omega t-\frac{\pi}{2}-\arctan\frac{\omega L}{R}\right)$$

$$-\frac{2\hat{u}}{\pi}\left[\frac{\cos\left(2\omega t-\arctan\frac{2\omega L}{R}\right)}{1\cdot 3\cdot\sqrt{R^2+(2\omega L)^2}}+\frac{\cos\left(4\omega t-\arctan\frac{4\omega L}{R}\right)}{3\cdot 5\cdot\sqrt{R^2+(4\omega L)^2}}+\dots\right]$$

$$=\frac{\hat{u}}{\pi R}+\frac{\hat{u}/2}{\sqrt{R^2+(\omega L)^2}}\cos\left(\omega t-\frac{\pi}{2}-\arctan\frac{\omega L}{R}\right)-\frac{2\hat{u}}{\pi}\sum_{n=2,4}^{\infty}\frac{\cos\left(n\omega t-\arctan\frac{n\omega L}{R}\right)}{(n-1)(n+1)\cdot\sqrt{R^2+(n\omega L)^2}}.$$

Lösung zur Teilaufgabe 3:

Der Effektivwert des Stromes durch den Widerstand beträgt

$$I=\sqrt{\left(\frac{\hat{u}}{\pi R}\right)^2+\frac{1}{2}\left(\frac{\hat{u}/2}{\sqrt{R^2+(\omega L)^2}}\right)^2+\frac{1}{2}\left(\frac{2\hat{u}}{\pi}\right)^2\sum_{n=2,4}^{\infty}\frac{1}{\left(n^2-1\right)^2\cdot\left[R^2+(n\omega L)^2\right]}}$$

$$=\frac{\hat{u}}{R}\sqrt{\frac{1}{\pi^2}+\frac{1/8}{1+(\omega L/R)^2}+\frac{2}{\pi^2}\sum_{n=2,4}^{\infty}\frac{1}{\left(n^2-1\right)^2\cdot\left[1+(n\omega L/R)^2\right]}}.$$

Lösung zur Teilaufgabe 4:

Die im Widerstand in Wärme umgewandelte Leistung ist

$$P=I^2R=\frac{\hat{u}^2}{R}\left[\frac{1}{\pi^2}+\frac{1/8}{1+(\omega L/R)^2}+\frac{2}{\pi^2}\sum_{n=2,4}^{\infty}\frac{1}{\left(n^2-1\right)^2\cdot\left[1+(n\omega L/R)^2\right]}\right].$$

9.4 Level 3

Aufgabe 9.5 Spannungsstabilisierung

Ein Verbraucher, symbolisiert durch den Widerstand R, wird gemäß Abb. 1a an eine Stromquelle mit dem zeitabhängigen dreieckförmigen Strom $i(t)$ aus Abb. 1b angeschlossen.

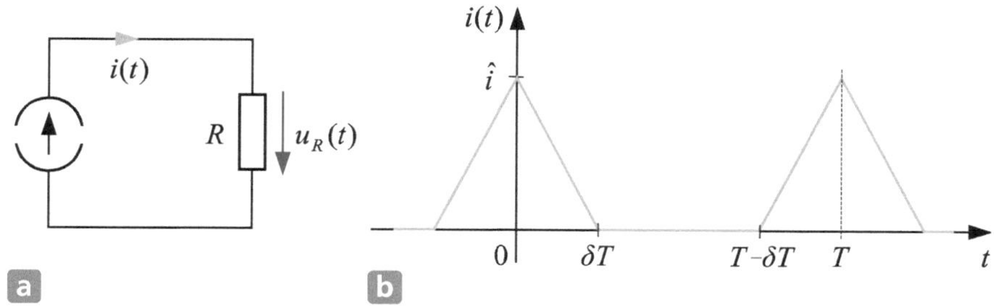

Abbildung 1: Stromquelle mit zeitabhängigem Strom und angeschlossenem Verbraucher

1. Berechnen Sie das Fourier-Spektrum des Stromes $i(t)$ und stellen Sie das Amplitudenspektrum mit doppelt logarithmischer Skalierung dar. Für die Auswertung soll $\delta = 0{,}25$ gewählt werden.

Die starken Spannungsschwankungen am Verbraucher sollen jetzt durch einen parallel geschalteten Kondensator nach Abb. 2 reduziert werden.

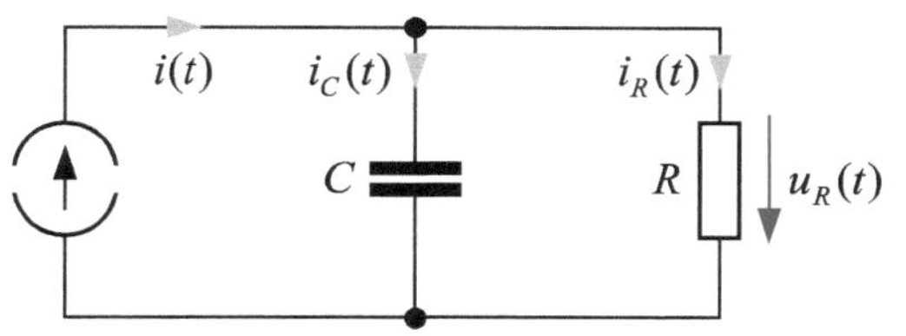

Abbildung 2: Parallelkondensator zur Stabilisierung der Ausgangsspannung

2. Berechnen Sie das Spektrum (Fourier-Entwicklung) des Stromes $i_R(t)$.
3. Stellen Sie den zeitlichen Verlauf der Spannung am Widerstand für $\hat{i} = 1\,\text{A}$, $\delta = 0{,}25$, $f = 10\,\text{kHz}$, $R = 100\,\Omega$ und für die Kapazitätswerte $C = 0\,\mu\text{F}$, $C = 0{,}1\,\mu\text{F}$, $C = 1\,\mu\text{F}$ und $C = 10\,\mu\text{F}$ dar.
4. Berechnen Sie die Welligkeit der Ausgangsspannung $u_R(t)$.
5. Ist die Leistung am Widerstand abhängig von dem Wert der Kapazität C?

Lösung zur Teilaufgabe 1:

Der Strom in Abb. 1b soll als Fourier-Reihe

$$i(t) = a_0 + \sum_{n=1}^{\infty}\left[\hat{a}_n \cos(n\omega t) + \hat{b}_n \sin(n\omega t)\right] = a_0 + \sum_{n=1}^{\infty}\left[\hat{a}_n \cos\left(n2\pi\frac{t}{T}\right) + \hat{b}_n \sin\left(n2\pi\frac{t}{T}\right)\right]$$

dargestellt werden. Die Koeffizienten werden aus den Bestimmungsgleichungen

$$a_0 = \frac{1}{T}\int_0^T i(t)\,\mathrm{d}t, \qquad \hat{a}_n = \frac{2}{T}\int_0^T i(t)\cos(n\omega t)\,\mathrm{d}t, \qquad \hat{b}_n = \frac{2}{T}\int_0^T i(t)\sin(n\omega t)\,\mathrm{d}t$$

ermittelt. Zur Berechnung des Mittelwertes a_0 muss die Fläche unterhalb der Kurve im Bereich $0 \le t \le T$ bestimmt werden.

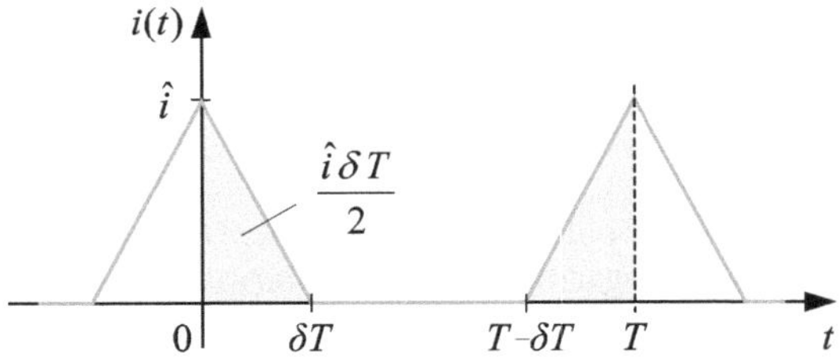

Abbildung 3: Zur Mittelwertberechnung

Für die beiden Dreiecke erhalten wir unmittelbar

$$\int_0^T i(t)\,\mathrm{d}t = 2\cdot\frac{\hat{i}\delta T}{2} = \hat{i}\delta T$$

und damit für den Mittelwert

$$a_0 = \frac{1}{T}\hat{i}\delta T = \hat{i}\delta\,.$$

Die Koeffizienten $\hat{a}_n$ und $\hat{b}_n$ können zwar mit den Bestimmungsgleichungen berechnet werden, die Rechnung wird aber unter Beachtung der Symmetrieeigenschaften der Stromform wesentlich einfacher. Der zeitabhängige Stromverlauf besitzt die Eigenschaft $i(t) = i(-t)$ und stellt somit eine gerade Funktion dar. In der Fourier-Reihe können daher auch nur gerade Funktionen auftreten, d.h., nach Tab. 9.1 (oberstes Beispiel) gilt $\hat{b}_n = 0$. Wir wollen diese Situation nochmals veranschaulichen. Zur Berechnung der Werte $\hat{b}_n$ muss das Integral über die Funktion $i(t)\sin(n\omega t)$ berechnet werden. Die Abb. 4 zeigt diese Funktion auf der linken Seite für das Beispiel $n = 3$. Es ist unmittelbar zu erkennen, dass die Flächen unter dieser Funktion in den Bereichen $0 \le t \le T/2$ und $T/2 \le t \le T$ entgegengesetzt gleich groß sind und damit im Gesamtintegral verschwinden. Auch die Berechnung der noch verbleibenden Werte $\hat{a}_n$ kann vereinfacht werden. In diesem Fall muss das Integral über die Funktion $i(t)\cos(n\omega t)$ berechnet werden. Ebenfalls an dem Beispiel $n = 3$ zeigt die rechte Seite der Abb. 4, dass das Integral über die Funktion $i(t)\cos(3\omega t)$ in den Bereichen $0 \le t \le T/2$ und $T/2 \le t \le T$ jeweils den gleichen Wert liefert, sodass die Koeffizienten $\hat{a}_n$ nach Tab. 9.1 (oberstes Beispiel) aus dem doppelten

Wert des Integrals über den Bereich $0 \le t \le T/2$ berechnet werden können (diese hier gezeigten Eigenschaften gelten auch für alle anderen Werte $n \neq 3$):

$$\hat{a}_n = \frac{4}{T}\int_0^{T/2} i(t)\cos(n\omega t)\,\mathrm{d}t.$$

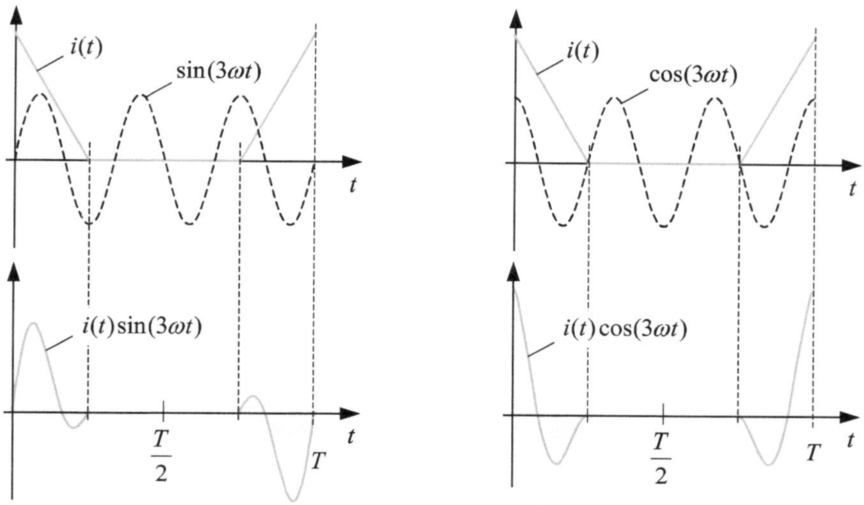

Abbildung 4: Zur Berechnung der Koeffizienten $\hat{b}_n$ links und $\hat{a}_n$ rechts

Zur Berechnung dieses Integrals benötigen wir die mathematische Beschreibung der Stromform im Bereich $0 \le t \le T/2$. Für $t \le \delta T$ ist der Strom durch eine Gerade gegeben, die in der allgemeinen Form $i(t) = a+bt$ dargestellt werden kann. Zur Bestimmung der Werte a und b genügen zwei Punkte, z.B. bei $t = 0$ und bei $t = \delta T$. Aus den Gleichungen $i(0) = \hat{i} = a$ und $i(\delta T) = 0 = a+b\delta T$ können die Werte a und b bestimmt werden. Für den Strom gilt daher

$$i(t) = \begin{cases} \hat{i}\left(1-\dfrac{t}{\delta T}\right) & \text{für} \quad 0 \le t \le \delta T \\ 0 & \qquad\quad\; \delta T \le t \le T/2 \end{cases} \quad \rightarrow$$

$$\hat{a}_n = \frac{4\hat{i}}{T}\int_0^{\delta T}\left(1-\frac{t}{\delta T}\right)\cos(n\omega t)\,\mathrm{d}t = \frac{4\hat{i}}{T}\int_0^{\delta T}\cos(n\omega t)\,\mathrm{d}t - \frac{4\hat{i}}{\delta T^2}\int_0^{\delta T} t\cos(n\omega t)\,\mathrm{d}t$$

$$\overset{\text{(H.18)}}{=} \frac{4\hat{i}}{T}\frac{1}{n\omega}\sin(n\omega\delta T) - \frac{4\hat{i}}{\delta T^2}\left[\frac{1}{(n\omega)^2}\cos(n\omega t) + \frac{t}{n\omega}\sin(n\omega t)\right]\Bigg|_0^{\delta T}$$

$$= \frac{4\hat{i}}{T}\frac{1}{n\omega}\sin(n\omega\delta T) - \frac{4\hat{i}}{\delta T^2}\left[\frac{1}{(n\omega)^2}(\cos(n\omega\delta T)-1) + \frac{\delta T}{n\omega}\sin(n\omega\delta T)\right]$$

$$\hat{a}_n = -\frac{4\hat{i}}{\delta T^2}\frac{1}{(n\omega)^2}[\cos(n\omega\delta T)-1] = \frac{\hat{i}}{\delta\pi^2 n^2}\left[1-\cos(n\delta 2\pi)\right]. \qquad (1)$$

Zusammengefasst:

$$i(t) = a_0 + \sum_{n=1}^{\infty} \hat{a}_n \cos(n\omega t) = \hat{i}\,\delta + \frac{\hat{i}}{\delta\pi^2} \sum_{n=1}^{\infty} \frac{1}{n^2}\left[1 - \cos(n\delta 2\pi)\right]\cos(n\omega t).$$

Das Amplitudenspektrum $\hat{a}_n / \hat{i}$ ist für die ersten 100 Harmonischen für den Fall δ = 1/4 in Abb. 5 dargestellt.

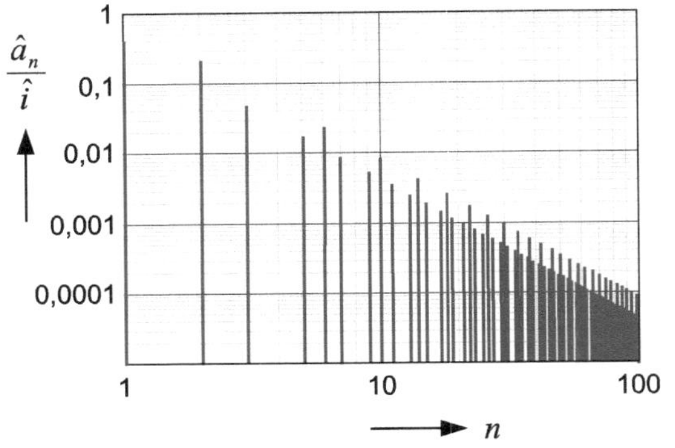

Abbildung 5: Amplitudenspektrum in logarithmischer Darstellung

An dem Diagramm ist zu erkennen, dass einige der Oberschwingungen, z.B. für n = 4,8,12, ... usw. verschwinden. Dies hängt mit der besonderen Wahl von δ = 1/4 zusammen, da nämlich $[1\text{-}\cos(n\delta 2\pi)]$ = $1\text{-}\cos(n\pi/2)$ für diese Werte n verschwindet.

Lösung zur Teilaufgabe 2:

In Teilaufgabe 1 haben wir den zeitabhängigen Quellenstrom in seine Fourier-Reihe entwickelt. Die Schaltungsanalyse können wir für den Mittelwert des Stromes (Gleichanteil) und für alle Oberschwingungen separat durchführen. Wegen der Linearität des Netzwerks dürfen alle Teillösungen anschließend überlagert werden.

Betrachtung des Gleichanteils $i = \hat{i}\,\delta$:
Für diesen Gleichstrom stellt der Kondensator einen Leerlauf dar, d.h., es gilt i_C = 0 und $i_R = \hat{i}\,\delta$.

Betrachtung der Oberschwingungen:
Wir berechnen den Strom durch den Widerstand zunächst für eine beliebige Schwingung mit der Amplitude $\hat{a}$ und der Kreisfrequenz ω, d.h., es soll gelten $i(t) = \hat{a}\cos(\omega t)$. Durch Anwendung der komplexen Wechselstromrechnung erhalten wir aus der Stromteilerregel

$$\frac{\underline{\hat{i}}_R}{\underline{\hat{i}}} \overset{(8.34)}{=} \frac{\underline{Y}_R}{\underline{Y}_{ges}} = \frac{1/R}{1/R + \mathrm{j}\omega C} = \frac{1}{1 + \mathrm{j}\omega CR}$$

$$\underline{\hat{i}}_R = \frac{1}{1+\mathrm{j}\omega CR}\underline{\hat{i}} \overset{\text{Tab.8.1}}{=} \frac{\hat{a}}{1+\mathrm{j}\omega CR} = \frac{\hat{a}}{\sqrt{1+(\omega CR)^2}\,\mathrm{e}^{\mathrm{j}\arctan(\omega CR)}} = \frac{\hat{a}}{\sqrt{1+(\omega CR)^2}}\mathrm{e}^{-\mathrm{j}\arctan(\omega CR)}.$$

Die Rücktransformation in den Zeitbereich liefert

$$i_R(t) = \mathrm{Re}\left\{ \frac{\hat{a}}{\sqrt{1+(\omega CR)^2}} \mathrm{e}^{-\mathrm{j}\arctan(\omega CR)} \mathrm{e}^{\mathrm{j}\omega t} \right\} = \frac{\hat{a}}{\sqrt{1+(\omega CR)^2}} \cos(\omega t - \arctan(\omega CR)) . \quad (2)$$

Damit ist die Lösung für die n-te Harmonische des Quellenstromes

$$i_n(t) = \hat{a}_n \cos(n\omega t) \overset{(1)}{=} \frac{\hat{i}}{\delta\pi^2} \frac{1}{n^2} \left[1 - \cos(n\delta 2\pi) \right] \cos(n\omega t)$$

bereits bekannt. Die Amplitude $\hat{a}$ aus der bisherigen Lösung (2) wird durch $\hat{a}_n$ aus (1) ersetzt und die Frequenz ω wird durch $n\omega$ ersetzt:

$$i_R(t) = \frac{\hat{i}}{\delta\pi^2 n^2} \frac{1-\cos(n\delta 2\pi)}{\sqrt{1+(n\omega CR)^2}} \cos\left[n\omega t - \arctan(n\omega CR) \right] .$$

Zusammenfassung:
Die Summe aller Teillösungen (Gleichanteil und Oberschwingungen) liefert den gesamten zeitabhängigen Strom durch den Widerstand

$$i_R(t) = \hat{i}\delta + \frac{\hat{i}}{\delta\pi^2} \sum_{n=1}^{\infty} \frac{1-\cos(n\delta 2\pi)}{n^2 \sqrt{1+(n\omega CR)^2}} \cos\left[n\omega t - \arctan(n\omega CR) \right] .$$

Lösung zur Teilaufgabe 3:

Die Spannung an dem Verbraucherwiderstand ist in Abb. 6 für unterschiedlich große Kapazitätswerte dargestellt. Ohne Kondensator entspricht der Verlauf der Spannung dem dreieckförmigen Quellenstrom. Mit zunehmender Kapazität wird die Ausgangsspannung immer besser geglättet. Bei C = 10 µF ist sie schon fast konstant.

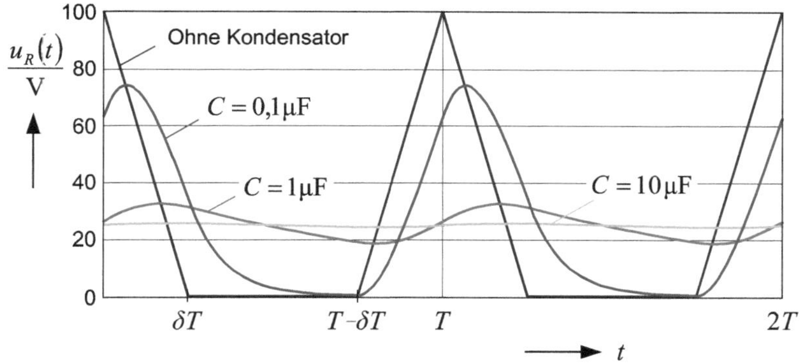

Abbildung 6: Zeitlicher Verlauf der Spannung am Widerstand für verschiedene Kapazitätswerte

Wir haben hier wieder das bekannte Tiefpassverhalten. Für die höheren Harmonischen stellt der Kondensator eine zunehmend kleinere Impedanz dar. Im Grenzfall $C \to \infty$ fließt nur noch der Gleichanteil des Stromes durch den Widerstand, sodass sich in diesem Fall eine Gleichspannung $u_R = R\hat{i}\delta = 25\,\mathrm{V}$ einstellt.

Lösung zur Teilaufgabe 4:

Für die Welligkeit gilt

$$w = \frac{U_{\sim}}{U_0} = \frac{1}{U_0}\sqrt{\sum_{n=1}^{\infty} U_n^{\,2}}\,.$$

Mit $u_R(t) = Ri(t)$ und dem in Teilaufgabe 2 berechneten Strom gilt dann

$$w = \frac{1}{R\hat{i}\delta}\sqrt{\left(\frac{R\hat{i}/\sqrt{2}}{\delta\pi^2}\right)^2 \sum_{n=1}^{\infty}\frac{1}{n^4}\frac{\left[1-\cos(n\delta 2\pi)\right]^2}{1+(n\omega CR)^2}} = \frac{1}{\delta}\sqrt{\frac{1}{2}\sum_{n=1}^{\infty}\left[\frac{1-\cos(n\delta 2\pi)}{\delta\pi^2 n^2}\right]^2 \frac{1}{1+(n\omega CR)^2}}\,.$$

Lösung zur Teilaufgabe 5:

Für die auf $\hat{i}^2R$ bezogene Leistung gilt

$$\frac{P}{\hat{i}^2R} = \delta^2 + \frac{1}{2}\sum_{n=1}^{\infty}\left[\frac{1-\cos(n\delta 2\pi)}{\delta\pi^2 n^2}\right]^2 \frac{1}{1+(n\omega CR)^2} = \delta^2\left(1+w^2\right).$$

Die Leistung am Widerstand wird vom Wert des Kondensators beeinflusst. Mit größer werdender Kapazität nehmen sowohl die Welligkeit als auch die Leistung ab. Im Grenzfall $C \to \infty$ gilt für die Leistung

$$P = \frac{u_R^{\,2}}{R} = \hat{i}^2R\delta^2\,.$$

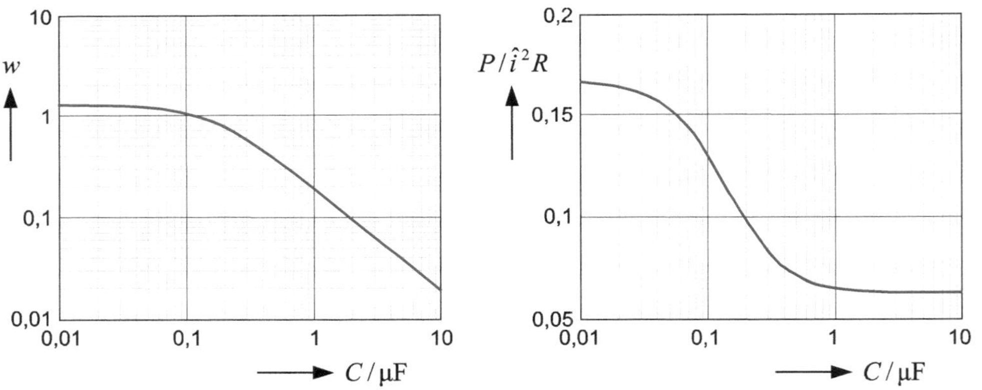

Abbildung 7: Welligkeit und bezogene Leistung in Abhängigkeit von der Kapazität

Schaltvorgänge in einfachen elektrischen Netzwerken

Wichtige Formeln

10

Sprunghafte Änderung des Netzwerkzustandes

Stetigkeit der Energie bedeutet:
Strom durch Induktivität ist stetig
Spannung am Kondensator ist stetig

Stationärer Zustand

Induktivität durch Kurzschluss ersetzen $\rightarrow$ Kurzschlussstrom berechnen
Kondensator durch Leerlauf ersetzen $\rightarrow$ Spannung an den Klemmen berechnen

Netzwerke mit nur einem Energiespeicher

Kondensatorspannung

$$u_C(t) = u_{Cp}(t) - \left[u_{Cp}(t_0) - u_{C0}\right] e^{-\frac{t-t_0}{R_g C}}$$

Spulenstrom

$$i_L(t) = i_{Lp}(t) - \left[i_{Lp}(t_0) - i_{L0}\right] e^{-\frac{R_g}{L}(t-t_0)}$$

Anfangswert

Zustand des Netzwerkes vor Beginn des Ausgleichsvorgangs

Endwert = Partikuläre Lösung

Zustand des Netzwerkes im neuen stationären Zustand

Eingangswiderstand

Stromquellen durch Leerlauf,
Spannungsquellen durch Kurzschluss ersetzen
$\rightarrow R_g$ vom Energiespeicher aus gesehen

Zeitkonstante

Netzwerk mit Kondensator: $\tau = R_g C$
Netzwerk mit Induktivität: $\tau = L / R_g$

10.1 Verständnisaufgaben

1. Welche Bedingungen für die Verläufe von Strom und Spannung gelten an einer Kapazität und einer Induktivität? Warum sind diese Bedingungen nötig und welche Konsequenzen ergeben sich aus ihnen?

2. Das folgende Netzwerk wurde lange Zeit mit der Gleichspannung U erregt. Zum Zeitpunkt $t = 0$ wird der Schalter geöffnet. Wie groß ist der Strom i_L durch die Induktivität L unmittelbar nach dem Schaltvorgang?

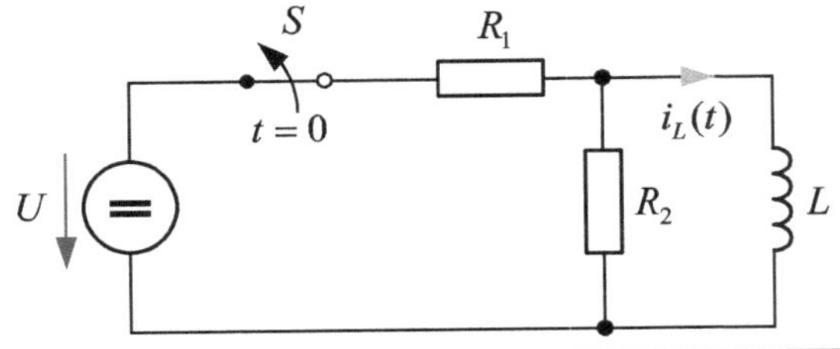

3. Nach einem Einschaltvorgang ergibt sich die folgende Netzwerkstruktur. Geben Sie die Zeitkonstante τ des Einschwingvorgangs an.

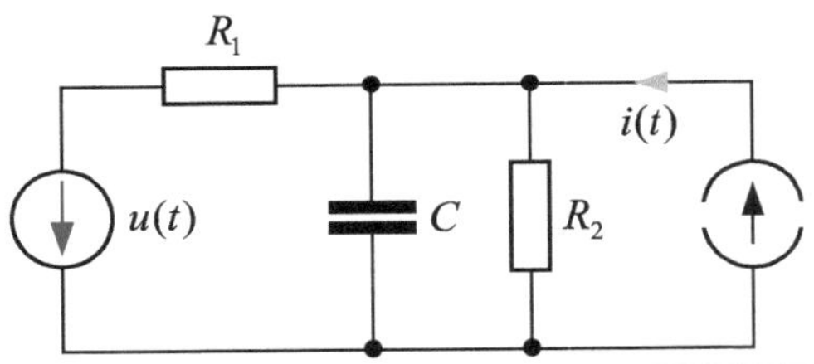

4. Wie unterscheidet sich die Art der Eigenwerte im Fall von Netzwerken mit nur einem Energiespeicher zu dem von Netzwerken mit Energiespeichern sowohl für elektrische als auch für magnetische Energie?

Lösung zur Aufgabe 1:

Der Spannungsverlauf an einer Kapazität sowie der Strom durch eine Induktivität sind immer stetig, da sich die Energie in den Speicherelementen nicht sprungartig ändern kann.
Deshalb darf ein geladener Kondensator nicht kurzgeschlossen und eine stromführende Masche mit einer Induktivität nicht unterbrochen werden.

Lösung zur Aufgabe 2:

Da sich der Strom durch die Induktivität nicht sprungartig ändern kann, ist sein Wert unmittelbar vor und unmittelbar nach dem Schaltvorgang gleich: $i_L = U/R_1$.

Lösung zur Aufgabe 3:

Die Zeitkonstante erhalten wir, indem wir die Spannungsquelle durch einen Kurzschluss und die Stromquelle durch einen Leerlauf ersetzen und den dann parallel zum Kondensator liegenden Innenwiderstand R_g der Schaltung bestimmen. Daraus resultiert die Zeitkonstante $\tau = R_g C$. Mit den beiden parallel zum Kondensator liegenden Widerständen gilt für das gegebene Netzwerk

$$\tau = \frac{R_1 R_2}{R_1 + R_2} C .$$

Lösung zur Aufgabe 4:

Die Eigenwerte von Schaltungen mit nur einem Energiespeicher sind immer reell, während die Eigenwerte von Schaltungen mit unterschiedlichen Energiespeicherarten reell oder konjugiert komplex sein können.

10.2 Level 1

Aufgabe 10.1 | Entladen eines Kondensators

Zum Zeitpunkt $t = t_0$ wird der Schalter S in Abb. 1 geschlossen. Die in der Kapazität C gespeicherte Energie $W_C(t_0)$ wird an das Widerstandsnetzwerk abgegeben.

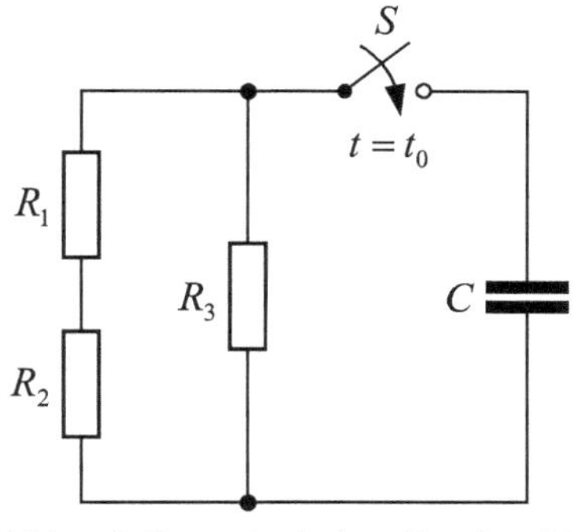

Abbildung 1: Netzwerk mit einem Energiespeicher

Geben Sie jeweils die im Zeitintervall $t_0 \le t < \infty$ in den Widerständen R_1, R_2 und R_3 in Wärme umgewandelten Energien W_{R_1}, W_{R_2} und W_{R_3} an. (Die Berechnung der Zeitverläufe für die Ströme und Spannungen des Netzwerks ist dazu nicht erforderlich.)

Lösung

Die an einem Widerstand in Wärme umgewandelte Energie kann mithilfe der Gl. (2.48) berechnet werden:

$$W = \int_{t_0}^{\infty} p(t)\,\mathrm{d}t \qquad \text{mit} \qquad p(t) = u(t)\,i(t) = \frac{u^2(t)}{R} = i^2(t)\,R.$$

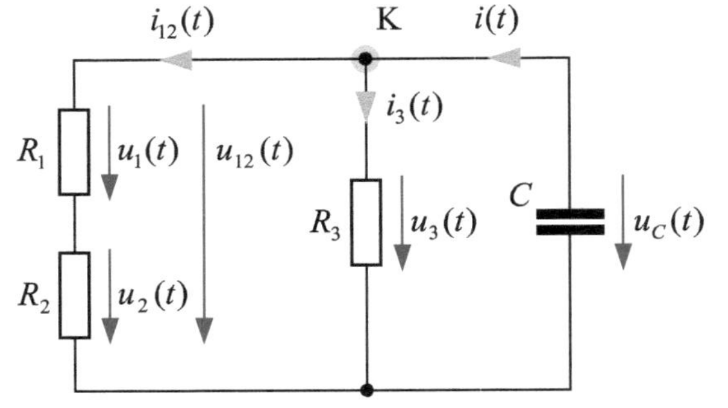

Abbildung 2: Festlegung der Strom- und Spannungsbezeichnungen

In einem ersten Schritt kann die Knotengleichung an dem in Abb. 2 markierten Knoten verwendet werden. Der Strom aus dem Kondensator teilt sich auf die beiden Zweige entsprechend der Stromteilergleichung (3.29) auf:

$$i_{12}(t) = \frac{R_3}{R_1 + R_2 + R_3}\,i(t) \qquad \text{und} \qquad i_3(t) = \frac{R_1 + R_2}{R_1 + R_2 + R_3}\,i(t).$$

Da an den beiden Zweigen mit R_3 bzw. der Serienschaltung von R_1 und R_2 die gleiche Spannung wie am Kondensator anliegt,

$$u_C(t) = u_3(t) = u_{12}(t),$$

teilt sich die momentan vom Kondensator abgegebene Leistung entsprechend der Stromaufteilung

$$p_C(t) = u_C(t)\,i(t) = u_C(t)\left[i_{12}(t) + i_3(t)\right] = p_{R_1+R_2}(t) + p_{R_3}(t)$$

in die in den beiden Zweigen verbrauchten Leistungen auf. Die Energie am Widerstand R_3 beträgt damit

$$W_{R_3} = \int_{t_0}^{\infty} u_C(t)\,i_3(t)\,\mathrm{d}t = \frac{R_1 + R_2}{R_1 + R_2 + R_3}\int_{t_0}^{\infty} u_C(t)\,i(t)\,\mathrm{d}t = \frac{R_1 + R_2}{R_1 + R_2 + R_3}\,W_C(t_0).$$

An der Reihenschaltung von R_1 und R_2 wird die Energie

$$W_{R_1+R_2} = \int_{t_0}^{\infty} u_C(t)\,i_{12}(t)\,\mathrm{d}t = \frac{R_3}{R_1 + R_2 + R_3}\int_{t_0}^{\infty} u_C(t)\,i(t)\,\mathrm{d}t = \frac{R_3}{R_1 + R_2 + R_3}\,W_C(t_0)$$

umgesetzt. Die Aufteilung dieser Energie auf die beiden Widerstände lässt sich sehr leicht aus der Spannungsteilergleichung (3.22) berechnen:

$$u_1(t) = \frac{R_1}{R_1 + R_2} u_C(t) \quad \text{und} \quad u_2(t) = \frac{R_2}{R_1 + R_2} u_C(t) \quad \rightarrow$$

$$W_{R_1} = \int_{t_0}^{\infty} u_1(t)\, i_{12}(t)\, \mathrm{d}t = \frac{R_1}{R_1 + R_2} \int_{t_0}^{\infty} u_C(t)\, i_{12}(t)\, \mathrm{d}t = \frac{R_1}{R_1 + R_2} \frac{R_3}{R_1 + R_2 + R_3} W_C(t_0)$$

$$W_{R_2} = \int_{t_0}^{\infty} u_2(t)\, i_{12}(t)\, \mathrm{d}t = \frac{R_2}{R_1 + R_2} \int_{t_0}^{\infty} u_C(t)\, i_{12}(t)\, \mathrm{d}t = \frac{R_2}{R_1 + R_2} \frac{R_3}{R_1 + R_2 + R_3} W_C(t_0) \,.$$

Eine einfache Kontrollrechnung bestätigt den Zusammenhang:

$$W_{R_1} + W_{R_2} + W_{R_3} = W_C(t_0) \,.$$

Aufgabe 10.2 | Kondensator und Widerstandsnetzwerk

In dem Netzwerk der Abb. 1 mit der Gleichspannungsquelle U und dem zunächst ungeladenen Kondensator $u_C(0) = 0$ wird der Schalter S zum Zeitpunkt $t = 0$ geschlossen.

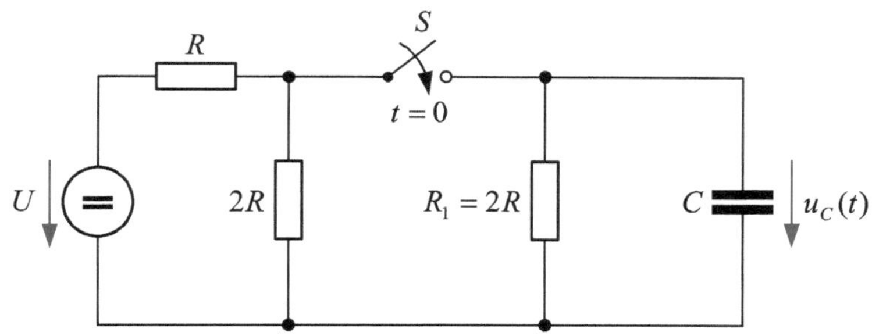

Abbildung 1: Netzwerk mit Schalter

1. Ermitteln Sie den zeitlichen Verlauf von $u_C(t)$ für $t \geq 0$.
2. Berechnen Sie den Zeitpunkt t_1, an dem die Spannung $u_C(t)$ den halben Endwert erreicht.

Zum Zeitpunkt t_1 wird der Schalter S wieder geöffnet.

3. Ermitteln Sie nun den weiteren zeitlichen Verlauf von $u_C(t)$.
4. Stellen Sie qualitativ den Verlauf von $u_C(t)$ für $t \geq 0$ in einem Diagramm dar.
5. Wie groß ist die Energie, die im Zeitraum $t_1 \leq t < \infty$ im Widerstand $R_1 = 2R$ in Wärme umgesetzt wird?

Lösung zur Teilaufgabe 1:

Da es sich bei diesem Beispiel um eine Aufgabe mit nur einem Energiespeicher handelt, kann die Lösung mit der in Kapitel 10.8.1 beschriebenen Vorgehensweise ermittelt werden. Die Kondensatorspannung kann dann allgemein durch die in der Formelsammlung angegebene Beziehung bzw. durch Gl. (10.40) beschrieben werden.

Zur Berechnung der partikulären Lösung $u_{Cp} = u_C(t \to \infty)$ wird der Kondensator durch einen Leerlauf ersetzt und die Spannung an den beiden Leerlaufklemmen bestimmt. Aus dem Spannungsteiler folgt direkt $u_{Cp} = U/2$. Mit dem Anfangswert der Kondensatorspannung $u_{C0} = u_C(0) = 0$ V und dem Schaltzeitpunkt $t_0 = 0$ nimmt die Gl. (10.40) zunächst die Form

$$u_C(t) = u_{Cp}(t) - \left[u_{Cp}(t_0) - u_{C0}\right] \mathrm{e}^{-\frac{t-t_0}{R_g C}} = \frac{U}{2} - \frac{U}{2}\mathrm{e}^{-\frac{t}{R_g C}}$$

an. Zur Bestimmung des Eingangswiderstands R_g wird die Spannungsquelle durch einen Kurzschluss ersetzt und der Widerstand des Netzwerks berechnet, der nach dem Schaltvorgang parallel zu den Klemmen des Kondensators liegt. Die Parallelschaltung der drei Widerstände liefert den Wert

$$\frac{1}{R_g} = \frac{1}{R} + \frac{1}{2R} + \frac{1}{2R} \quad \to \quad R_g = \frac{R}{2}.$$

Damit ist der Spannungsverlauf am Kondensator vollständig bestimmt:

$$u_C(t) = \frac{U}{2}\left(1 - \mathrm{e}^{-\frac{2t}{RC}}\right) \quad \text{für} \quad t \ge 0.$$

Lösung zur Teilaufgabe 2:

Gesucht ist der Zeitpunkt t_1, an dem

$$u_C(t_1) = \frac{U}{2}\left(1 - \mathrm{e}^{-\frac{2}{RC}t_1}\right) \overset{!}{=} \frac{1}{2}u_{Cp} = \frac{U}{4}$$

gilt. Die Auflösung nach t_1 liefert

$$1 - \mathrm{e}^{-\frac{2}{RC}t_1} = \frac{1}{2} \quad \to \quad \mathrm{e}^{-\frac{2}{RC}t_1} = \frac{1}{2} \quad \to \quad \mathrm{e}^{\frac{2}{RC}t_1} = 2 \quad \to \quad t_1 = \frac{RC}{2}\ln 2.$$

Lösung zur Teilaufgabe 3:

Wenn der Schalter zum Zeitpunkt t_1 wieder geöffnet wird, dann wird sich der auf die Spannung $U/4$ aufgeladene Kondensator über den parallel liegenden Widerstand $R_g = 2R$ entladen. Wegen der für $t \to \infty$ verschwindenden Kondensatorspannung gilt jetzt $u_{Cp} = 0$. Resultierend erhalten wir durch Einsetzen der Ergebnisse den Spannungsverlauf

$$u_C(t) = u_{Cp}(t) - \left[u_{Cp}(t_1) - u_{C0}\right] \mathrm{e}^{-\frac{t-t_1}{R_g C}} = \frac{U}{4}\mathrm{e}^{-\frac{t-t_1}{2RC}}$$

am Kondensator.

Lösung zur Teilaufgabe 4:

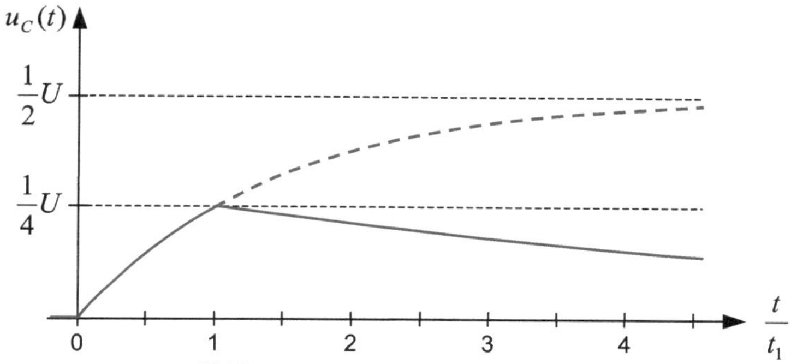

Abbildung 2: Zeitabhängiger Verlauf von $u_C(t)$

Lösung zur Teilaufgabe 5:

Es wird die gesamte zum Zeitpunkt t_1 im Kondensator C gespeicherte Energie in Wärme umgewandelt:

$$W = \frac{1}{2} C u_C^2(t_1) = \frac{1}{32} C U^2 .$$

Aufgabe 10.3 Induktivität und Widerstandsnetzwerk

In dem Netzwerk der Abb. 1 mit der Gleichstromquelle I und der zunächst stromlosen Spule $i_L(0) = 0$ wird der Schalter S zum Zeitpunkt $t = 0$ geöffnet.

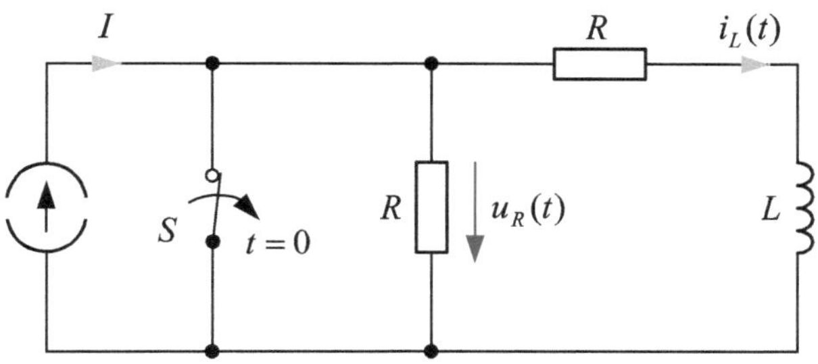

Abbildung 1: Netzwerk mit Schalter

1. Ermitteln Sie den zeitlichen Verlauf von $i_L(t)$ für $t \geq 0$.
2. Bestimmen Sie den zeitlichen Verlauf von $u_R(t)$ für $t \geq 0$.

Zum Zeitpunkt t_1, an dem der Strom $i_L(t)$ den halben Endwert erreicht hat, wird der Schalter S wieder geschlossen.

3. Ermitteln Sie nun den weiteren zeitlichen Verlauf von $i_L(t)$ und $u_R(t)$ in Abhängigkeit des Zeitpunkts t_1.
4. Wie groß ist die Energie, die im Zeitraum $t_1 \leq t < \infty$ im Netzwerk in Wärme umgesetzt wird?
5. Stellen Sie qualitativ den Verlauf von $u_R(t)$ und $i_L(t)$ für $t \geq 0$ in einem Diagramm dar.

Lösung zur Teilaufgabe 1:

Die allgemeine Form des Spulenstromes ist durch die in der Formelsammlung angegebene Gleichung bzw. Gl. (10.43) gegeben. Zur Berechnung der partikulären Lösung wird die Spule durch einen Kurzschluss ersetzt und der Kurzschlussstrom für den Zustand mit geöffnetem Schalter bestimmt:

$$i_{Lp} = i_L(t \to \infty) = \frac{I}{2}.$$

Vor dem Öffnen des Schalters fließt der gesamte Strom durch den Schalter, sodass der Anfangswert des Spulenstromes verschwindet: $i_{L0} = i_L(0) = 0$.

Für die Bestimmung des Eingangswiderstands des Netzwerkes wird die Stromquelle durch einen Leerlauf ersetzt und der Widerstand des Netzwerks berechnet, der sich an den Anschlüssen der Spule nach dem Schaltvorgang einstellt: $R_g = 2R$. Einsetzen der Ergebnisse führt zu folgendem Stromverlauf in der Spule:

$$i_L(t) = i_{Lp}(t) - \left[\, i_{Lp}(0) - i_{L0} \right] \mathrm{e}^{-\frac{R_g}{L}t} = \frac{1}{2} I \left(1 - \mathrm{e}^{-\frac{2R}{L}t} \right) \qquad \text{für} \qquad t \geq 0.$$

Lösung zur Teilaufgabe 2:

Aus der Knotengleichung folgt

$$u_R(t) = R\left[I - i_L(t) \right] = \frac{1}{2} RI \left(1 + \mathrm{e}^{-\frac{2R}{L}t} \right) \qquad \text{für} \qquad t > 0.$$

Lösung zur Teilaufgabe 3:

Wir betrachten jetzt das Netzwerk nach dem erneuten Schließen des Schalters zum Zeitpunkt t_1. Der Spulenstrom $i_L(t_1)$ soll dem halben Endwert aus dem vorhergehenden Netzwerkzustand entsprechen, d.h., es gilt $i_L(t_1) = I/4$. Damit kann die Gl. (10.43) zunächst in der Form

$$i_L(t) = i_{Lp}(t) - \left[\, i_{Lp}(t_1) - \frac{I}{4} \right] \mathrm{e}^{-\frac{R_g}{L}(t-t_1)}$$

geschrieben werden. Als partikuläre Lösung für $t \to \infty$ erhalten wir jetzt $i_{Lp}(t \to \infty) = 0$. Der an den Anschlussklemmen der Spule liegende Innenwiderstand setzt sich aus der Reihenschaltung von einem Widerstand R und dem kurzgeschlossenen Schalter zusammen: $R_g = R$. Der Strom nimmt dann folgenden zeitlichen Verlauf an:

$$i_L(t) = \frac{I}{4} \mathrm{e}^{-\frac{R}{L}(t-t_1)} \qquad \text{für} \qquad t \geq t_1.$$

Die Spannung $u_R(t)$ verschwindet wegen des kurzgeschlossenen Schalters: $u_R(t) = 0$ für $t > t_1$.

Lösung zur Teilaufgabe 4:

Da der Quellenstrom durch den Schalter fließt, wird lediglich die zu Beginn in der Spule gespeicherte Energie im oberen Widerstand in Wärme umgewandelt:

$$W = \frac{1}{2} L i_L^2(t_1) = \frac{1}{32} L I^2 .$$

Lösung zur Teilaufgabe 5:

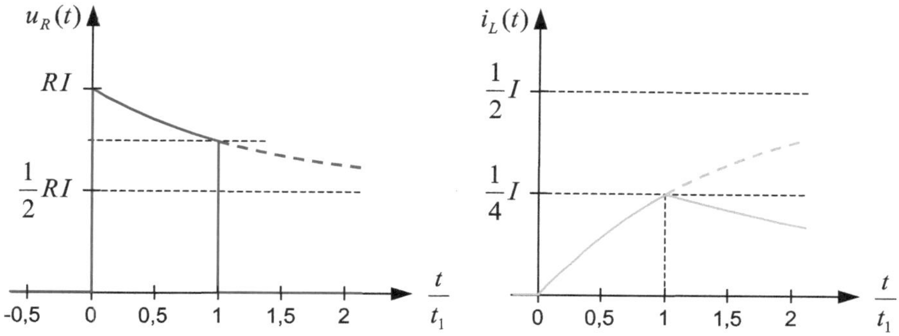

Abbildung 2: Zeitabhängiger Verlauf von $u_R(t)$ und $i_L(t)$

Aufgabe 10.4 | Quasi-Peak-Messung

Bei der Messung von Störsignalen im Rahmen der Elektromagnetischen Verträglichkeit (EMV) müssen die Signalformen in vielen Fällen bewertet werden. Das bedeutet, dass z.B. nicht nur die Amplituden der Signale von Bedeutung sind, sondern auch die zeitliche Abfolge (Häufigkeit), mit der die Störungen auftreten. Eine einfache Spitzenwertmessung (Peak-Messung) wird dieser Situation nicht gerecht. Die Abb. 1 zeigt eine Schaltung, mit der eine so genannte Quasi-Peak-Messung durchgeführt werden kann, bei der das Messergebnis sowohl von der Amplitude als auch von der Wiederholrate der Störsignale abhängt.

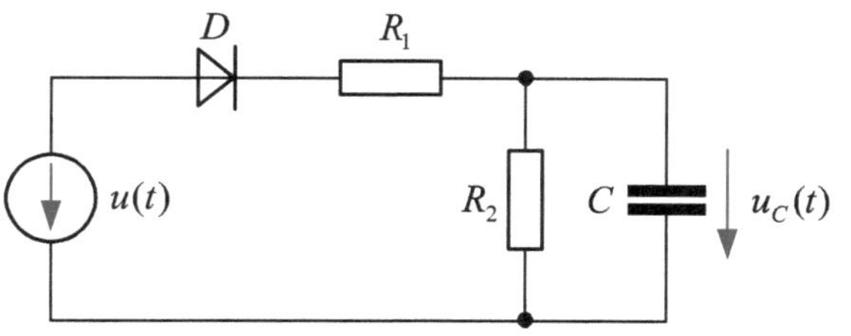

Abbildung 1: Bewertungsschaltung

1. Ermitteln Sie die Zeitkonstanten der Schaltung für die beiden Fälle a) die Diode leitet und b) die Diode sperrt. Die Diode kann als ideal angesehen werden. In welchem Zusammenhang stehen die beiden Zeitkonstanten?
2. Erklären Sie die Funktionsweise der Schaltung.

Lösung zur Teilaufgabe 1:

Fall a): Die leitende Diode wird durch einen Kurzschluss ersetzt. Um den von den Klemmen des Kondensators aus betrachteten Eingangswiderstand der Schaltung R_g zu bestimmen, wird die Spannungsquelle ebenfalls zu null gesetzt. Damit liegen beide Widerstände R_1 und R_2 parallel zum Kondensator und wir erhalten die Zeitkonstante

$$\tau_1 = \left(R_1 \| R_2\right) C = \frac{R_1 \cdot R_2}{R_1 + R_2} C.$$

Fall b): Im Fall der sperrenden Diode liegt nur der Widerstand R_2 parallel zum Kondensator. Mit $R_g = R_2$ erhalten wir in diesem Fall die Zeitkonstante

$$\tau_2 = R_2 C.$$

Da der Wert der parallel geschalteten Widerstände R_1 und R_2 immer kleiner ist als der Wert des Widerstandes R_2 allein, gilt $\tau_1 < \tau_2$.

Lösung zur Teilaufgabe 2:

Übersteigt die Quellenspannung $u(t)$ die Kondensatorspannung $u_C(t)$, dann wird die Diode leitend und der Kondensator wird mit der kleinen Zeitkonstanten τ_1, d.h. relativ schnell aufgeladen. Fällt die Quellenspannung dagegen unter den Wert der Kondensatorspannung, dann sperrt die Diode und der Kondensator entlädt sich mit der gegebenenfalls wesentlich größeren Zeitkonstanten τ_2, d.h. relativ langsam über den Widerstand R_2. Die Abb. 2 zeigt das prinzipielle Verhalten bei einem willkürlich angenommenen Verlauf des Störsignals $u(t)$.

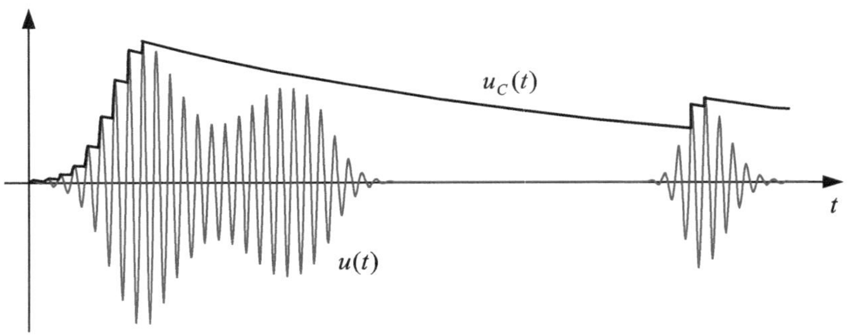

Abbildung 2: Signalverläufe am Eingang und Ausgang der Bewertungsschaltung

Aus der Abb. 2 ist leicht zu erkennen, wie infolge der Ladezeitkonstante τ_1 die Amplitude erfasst werden kann und wie mit der Entladezeitkonstante τ_2 die Wiederholrate der Störungen in das Ergebnis eingeht. Wird der Mittelwert der Kondensatorspannung $u_C(t)$ gebildet, dann steigt der Anzeigewert mit größer werdenden Amplituden und mit abnehmenden Abständen zwischen den einzelnen Störsignalen und bewertet damit sowohl die Stärke als auch die Häufigkeit des Auftretens von Störungen.

Bemerkung:
Bei einer Spitzenwertmessung müsste der Maximalwert erfasst und angezeigt werden. Das bedeutet eine unendlich kleine Ladezeitkonstante τ_1, damit auch die Amplitude eines sehr kurzzeitigen Signales richtig erfasst wird, und eine unendlich große Entladezeitkonstante τ_2, damit der Maximalwert gespeichert bleibt.

10.3 Level 2

Aufgabe 10.5 | Netzwerk mit zwei Schaltern

In dem Netzwerk der Abb. 1 mit der Gleichstromquelle I und der zunächst stromlosen Spule $i_L(0) = 0$ wird der Schalter S_1 zum Zeitpunkt $t = 0$ geöffnet. Der Schalter S_1 bleibt in dieser Stellung für den gesamten Zeitbereich $t > 0$. Der Schalter S_2 wird zu einem noch zu bestimmenden Zeitpunkt $t_1 > 0$ geschlossen.

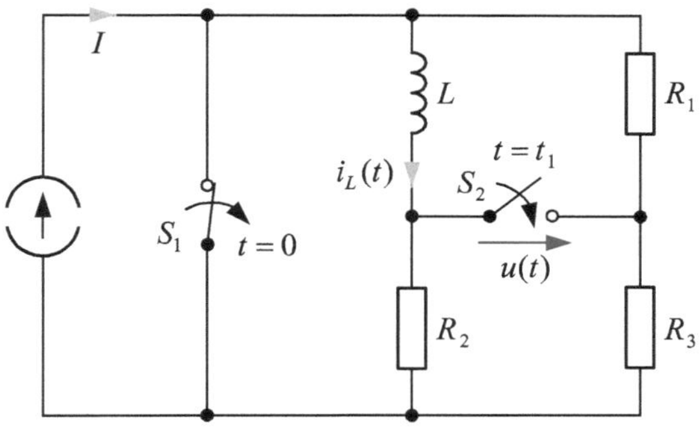

Abbildung 1: Netzwerk im Zeitbereich $t < 0$

1. Ermitteln Sie den zeitlichen Verlauf von $i_L(t)$ für $t \geq 0$.
2. Bestimmen Sie den zeitlichen Verlauf von $u(t)$ für $t > 0$.

Nachfolgend gilt für die Netzwerkelemente: $R_1 = R$ und $R_2 = R_3 = 2R$.

3. Berechnen Sie den Zeitpunkt $t = t_1$, an dem die Spannung $u(t)$ den Wert $u(t_1) = 0$ annimmt.
4. Ermitteln Sie den zeitlichen Verlauf von $i_L(t)$ für $t \geq t_1$.

Lösung zur Teilaufgabe 1:

Nach dem Öffnen des Schalters S_1 erhalten wir das in Abb. 2 dargestellte vereinfachte Netzwerk.

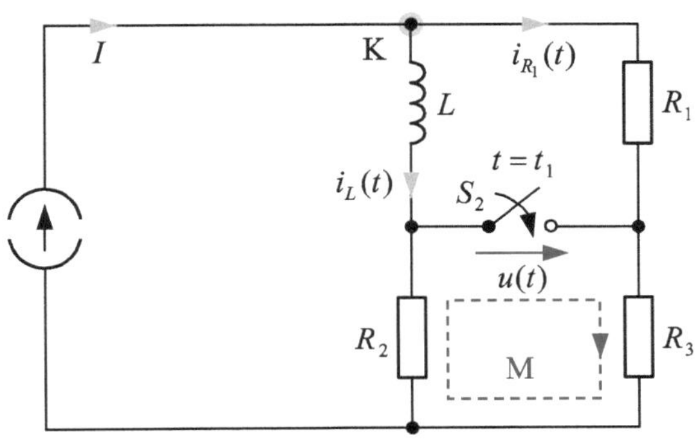

Abbildung 2: Netzwerk im Zeitbereich $0 < t < t_1$

Der Spulenstrom kann durch die Gl. (10.43) beschrieben werden. Diese nimmt mit dem Schaltzeitpunkt $t = 0$ und dem Anfangswert des Spulenstromes $i_{L0} = 0$ die folgende Form an:

$$i_L(t) = i_{Lp}(t) - i_{Lp}(0)\,\mathrm{e}^{-\frac{R_g}{L}t}. \tag{1}$$

Die partikuläre Lösung für den Spulenstrom, d.h. $i_L(t)$ für $t \to \infty$, erhalten wir, indem wir die Spule in Abb. 2 durch einen Kurzschluss ersetzen. Nach der Stromteilerregel ergibt sich der von der Zeit unabhängige Wert

$$i_{Lp} = \frac{R_1 + R_3}{R_1 + R_2 + R_3} I.$$

Bei der Bestimmung des Eingangswiderstands R_{g1} für den Zeitbereich $0 < t < t_1$ wird die Stromquelle in Abb. 2 durch einen Leerlauf ersetzt. Der zwischen den beiden Anschlüssen der Spule liegende Widerstand besteht aus der Reihenschaltung der drei Widerstände R_1, R_2 und R_3, sodass wir die Zeitkonstante

$$R_{g1} = R_1 + R_2 + R_3, \quad \to \quad \tau_1 = \frac{L}{R_{g1}} = \frac{L}{R_1 + R_2 + R_3}$$

und durch Einsetzen der Ergebnisse in die Gl. (1) den gesuchten Spulenstrom

$$i_L(t) = \frac{R_1 + R_3}{R_1 + R_2 + R_3} I \left(1 - \mathrm{e}^{-\frac{t}{\tau_1}}\right) = \frac{R_1 + R_3}{R_1 + R_2 + R_3} I \left(1 - \mathrm{e}^{-\frac{R_1 + R_2 + R_3}{L}t}\right) \quad \text{für} \quad t \ge 0$$

erhalten.

Lösung zur Teilaufgabe 2:

Mit der Gleichung für den in Abb. 2 eingezeichneten Knoten K

$$I = i_L(t) + i_{R_1}(t)$$

und dem Maschenumlauf

$$u(t) + R_3 i_{R_1}(t) - R_2 i_L(t) = 0$$

folgt der Zusammenhang

$$u(t) = R_2 i_L(t) - R_3\left[I - i_L(t)\right] = (R_2 + R_3)\, i_L(t) - R_3 I.$$

Einsetzen des Spulenstromes liefert das Ergebnis

$$u(t) = \left[\frac{(R_2 + R_3)(R_1 + R_3)}{R_1 + R_2 + R_3}\left(1 - \mathrm{e}^{-\frac{R_1 + R_2 + R_3}{L}t}\right) - R_3\right] I.$$

Lösung zur Teilaufgabe 3:

Die Forderung $u(t_1) = 0$ führt mit den angegebenen Widerstandswerten auf die Beziehung

$$\frac{12R}{5}\left(1 - \mathrm{e}^{-\frac{5R}{L}t_1}\right) - 2R \stackrel{!}{=} 0. \quad \to \quad \mathrm{e}^{-\frac{5R}{L}t_1} = \frac{1}{6} \quad \to \quad t_1 = \frac{L}{5R}\ln(6).$$

Lösung zur Teilaufgabe 4:

Zum Schaltzeitpunkt t_1 nimmt der Spulenstrom den Wert

$$i_L(t_1) = \frac{3R}{5R} I \left(1 - e^{-\frac{5R}{L}\frac{L}{5R}\ln(6)}\right) = \frac{3}{5} I \left(1 - e^{-\ln(6)}\right) = \frac{3}{5} I \left(1 - \frac{1}{6}\right) = \frac{1}{2} I$$

an, der als Anfangswert für den folgenden Zeitabschnitt gilt. Bei geschlossenem Schalter S_2 liegen R_1 und L parallel, d.h., für $t \to \infty$ erhalten wir die partikuläre Lösung $i_{Lp} = I$. Mit dem parallel zu den Spulenklemmen liegenden Widerstand $R_{g2} = R_1 = R$ gilt die Zeitkonstante

$$\tau_2 = \frac{L}{R_{g2}} = \frac{L}{R}.$$

Durch Einsetzen der Ergebnisse nimmt der Spulenstrom den folgenden zeitlichen Verlauf an

$$i_L(t) = I - \left[I - \frac{1}{2} I\right] e^{-\frac{R}{L}(t-t_1)} = I\left(1 - \frac{1}{2} e^{-\frac{R}{L}(t-t_1)}\right).$$

Aufgabe 10.6 | Schaltvorgang mit Diode

Gegeben ist das in Abb. 1 dargestellte Netzwerk. Die Spannung $u(t)$ hat für $-\infty < t < 0$ den Wert -10 V. Zum Zeitpunkt $t = 0$ springt sie auf den Wert $+10$ V. Verwenden Sie für die in dem Netzwerk eingezeichnete Diode das auf der rechten Seite der Abb. 1 dargestellte vereinfachte Ersatzschaltbild mit den Daten $U_K = 0{,}7$ V und $R_D = 0{,}1\ \Omega$.

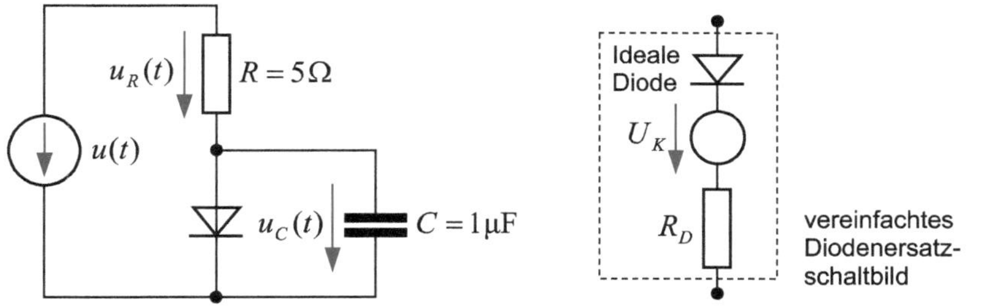

Abbildung 1: Netzwerk mit Diode

1. Welche Spannung besitzt der Kondensator unmittelbar vor dem Sprung der Quellenspannung von dem Wert -10 V auf den Wert $+10$ V?
2. Bestimmen Sie den Verlauf der Kondensatorspannung und des Kondensatorstromes für $t \geq 0$.
3. Bestimmen Sie den Zeitpunkt t_1, an dem die Diode ihren Leitzustand ändert.
4. Bestimmen Sie den Verlauf der Kondensatorspannung und des Kondensatorstromes für $t \geq t_1$.
5. Stellen Sie den Verlauf der Kondensatorspannung und des Kondensatorstromes grafisch dar.

Lösung zur Teilaufgabe 1:

Bei negativer Quellenspannung befindet sich die Diode in Sperrrichtung und kann durch einen Leerlauf ersetzt werden. Der Kondensator hat sich entsprechend einer Exponentialfunktion auf den Wert der Quellenspannung aufgeladen. Das Netzwerk ist unmittelbar vor dem Spannungssprung stromlos und es gilt $u_C(0) = -10$ V.

Lösung zur Teilaufgabe 2:

Nach dem Sprung der Quellenspannung fließt Strom durch den Widerstand und der Kondensator wird umgeladen. Zu beachten ist jetzt das Verhalten der Diode. Solange die Kondensatorspannung kleiner ist als die Knickspannung der Diode, d.h. $u_C(t) \le U_K$, kann kein Strom durch die weiterhin gesperrte Diode fließen. In dem Zeitbereich, in dem der Kondensator von −10 V auf +0,7 V umgeladen wird, kann die Diode als Leerlauf betrachtet werden. Wir können das Netzwerk also zunächst so behandeln, als sei die Diode nicht vorhanden. Die Kondensatorspannung wird durch die Gl. (10.40) beschrieben. Mit der partikulären Lösung $u_{Cp} = +10$ V nimmt diese Gleichung zunächst die Form

$$u_C(t) = u_{Cp}(t) - \left[u_{Cp}(0) - u_C(0)\right] e^{-\frac{t}{R_g C}} = 10\,\text{V} - \left[10\,\text{V} - (-10\,\text{V})\right] e^{-\frac{t}{R_g C}}$$

an. Wird die Spannungsquelle durch einen Kurzschluss ersetzt, dann erhalten wir den an den Kondensatorklemmen liegenden Innenwiderstand $R_g = R$ und damit die Zeitkonstante

$$\tau = RC = 5\,\Omega \cdot 1\,\mu\text{F} = 5\,\mu\text{s}.$$

Resultierend gilt für die zeitabhängige Kondensatorspannung

$$u_C(t) = 10\,\text{V} - 20\,\text{V}\, e^{-\frac{t}{5\mu\text{s}}}.$$

Der Kondensatorstrom ergibt sich aus der zeitlichen Ableitung der Spannung:

$$i_C(t) = C\frac{\mathrm{d}u_C(t)}{\mathrm{d}t} = \frac{1\,\mu\text{F} \cdot 20\,\text{V}}{5\,\mu\text{s}} e^{-\frac{t}{5\mu\text{s}}} = 4\,\text{A}\, e^{-\frac{t}{5\mu\text{s}}}.$$

Lösung zur Teilaufgabe 3:

Die Lösungen aus Teilaufgabe 2 gelten nur für den Zeitbereich, in dem die Diode sperrt. Im nächsten Schritt müssen wir den Zeitpunkt t_1 bestimmen, bei dem die Diode leitend wird. Diesen finden wir aus der Forderung

$$u_C(t_1) = 10\,\text{V} - 20\,\text{V}\, e^{-\frac{t_1}{5\mu\text{s}}} \overset{!}{=} U_K = 0{,}7\,\text{V}.$$

Die Auflösung nach t_1 liefert

$$e^{+\frac{t_1}{5\mu\text{s}}} = \frac{20}{9{,}3} \quad \rightarrow \quad t_1 = 5\,\mu\text{s} \cdot \ln\frac{20}{9{,}3} \approx 3{,}829\,\mu\text{s}.$$

Lösung zur Teilaufgabe 4:

Im Zeitbereich $t \geq t_1$ kann die ideale Diode durch einen Kurzschluss ersetzt werden. Das Netzwerk nimmt dann die in Abb. 2 dargestellte Form an.

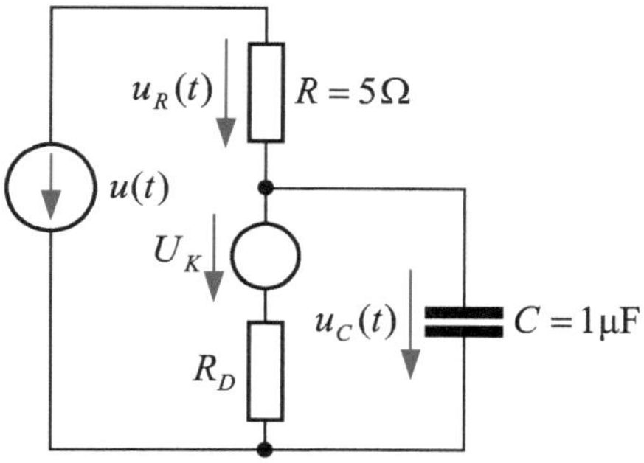

Abbildung 2: Netzwerk mit leitender Diode

Die Kondensatorspannung kann wieder mit Gl. (10.40) beschrieben werden. Nachdem der Schaltzeitpunkt t_1 und der Anfangswert $u_{C0} = u_C(t_1) = U_K$ bereits bekannt sind, müssen noch die partikuläre Lösung $u_{Cp} = u_C(t \to \infty)$ und der Innenwiderstand R_g bestimmt werden. Ersetzen wir den Kondensator durch einen Leerlauf, dann erhalten wir die partikuläre Lösung

$$u_{Cp} = U_K + i R_D = U_K + \frac{u(t) - U_K}{R + R_D} R_D = 0{,}7\ \text{V} + 9{,}3\,\text{V} \frac{0{,}1}{5{,}1} = 0{,}882\ \text{V}.$$

Zur Bestimmung des Innenwiderstands werden die Quellenspannung und auch die Knickspannung zu null gesetzt. Die beiden Widerstände R und R_D liegen als Parallelschaltung an den Kondensatorklemmen, sodass wir den Zusammenhang

$$R_g = \frac{R_D R}{R_D + R} = 0{,}098\,\Omega$$

und damit insgesamt die Kondensatorspannung

$$u_C(t) = U_K + \frac{u(t) - U_K}{R + R_D} R_D - \left[\frac{u(t) - U_K}{R + R_D} R_D\right] \mathrm{e}^{-\frac{R_D + R}{R_D R C}(t - t_1)} = 0{,}882\,\text{V} - 0{,}182\,\text{V}\,\mathrm{e}^{-\frac{t - t_1}{0{,}098\,\mu\text{s}}}$$

erhalten. Für den Kondensatorstrom erhalten wir das Ergebnis

$$i_C(t) = C \frac{\mathrm{d}u_C(t)}{\mathrm{d}t} = \frac{u(t) - U_K}{R} \mathrm{e}^{-\frac{R_D + R}{R_D R C}(t - t_1)} = \frac{9{,}3\,\text{V}}{5\Omega} \mathrm{e}^{-\frac{t - t_1}{0{,}098\,\mu\text{s}}}.$$

Lösung zur Teilaufgabe 5:

Die Abb. 3 zeigt den Verlauf von Kondensatorspannung und Kondensatorstrom als Funktion der Zeit. Der Übergang zwischen den beiden Diodenzuständen findet im Diagramm an der Stelle $t/t_1 = 1$ statt.

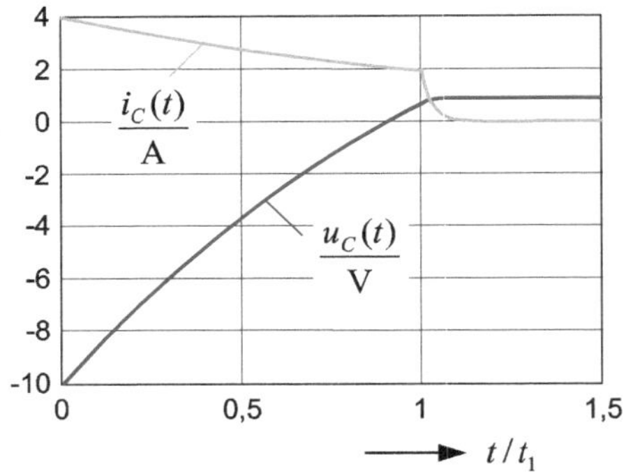

Abbildung 3: Zeitlicher Verlauf von Spannung und Strom am Kondensator

Aufgabe 10.7 Schaltung mit einem Übertrager

Für die in Abb. 1 angegebene Schaltung mit der erregenden Gleichspannungsquelle U ist für $t \geq t_1$ die Sekundärspannung $u_2(t)$ des festgekoppelten Übertragers, der durch die Induktivität L_{11} und den idealen Übertrager mit dem Übersetzungsverhältnis $ü$ dargestellt wird, zu ermitteln. Zum Zeitpunkt t_1, wenn der Schalter S geschlossen wird, ist der Übertrager stromlos, d.h., es gilt die Anfangsbedingung $i_L(t_1) = 0$. Zu einem späteren Zeitpunkt $t_2 > t_1$ wird der Schalter wieder geöffnet.

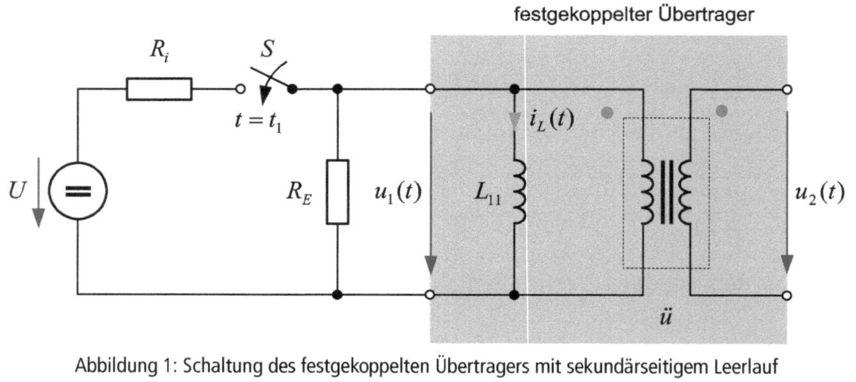

Abbildung 1: Schaltung des festgekoppelten Übertragers mit sekundärseitigem Leerlauf

1. Bestimmen Sie bei geschlossenem Schalter S den Zeitverlauf des Stromes $i_L(t)$ sowie der Sekundärspannung $u_2(t)$ für das Zeitintervall $t_1 \leq t < t_2$.
2. Ermitteln Sie bei offenem Schalter S den Zeitverlauf des Stromes $i_L(t)$ sowie der Sekundärspannung $u_2(t)$ für den Zeitbereich $t \geq t_2$.
3. Geben Sie die im Zeitraum $t_2 \leq t < \infty$ im Widerstand R_E in Wärme umgewandelte Energie W_{R_E} an.

Lösung zur Teilaufgabe 1:

Für den geschlossenen Schalter erhalten wir das Ersatzschaltbild in Abb. 2. Infolge der offenen Klemmen an der Ausgangsseite des idealen Übertragers gelten nach Gl. (6.99) die beiden Beziehungen

$$i_0(t) = \frac{1}{\ddot{u}} i_2(t) = 0 \qquad \text{und} \qquad u_1(t) = \ddot{u}\, u_2(t)\,. \tag{1}$$

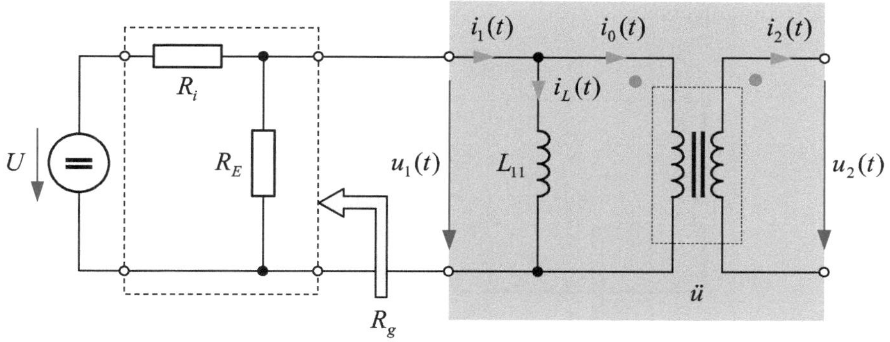

Abbildung 2: Ersatzschaltbild bei geschlossenem Schalter

Wegen Gl. (1) sind die beiden Ströme $i_1(t)$ und $i_L(t)$ gleich. In die Eingangsklemmen des idealen Übertragers fließt kein Strom, er transformiert lediglich die Spannung $u_1(t)$ in die Spannung $u_2(t)$ an seinen Ausgangsklemmen. Für die weitere Berechnung sind also nur die Spannungsquelle, das Widerstandsnetzwerk und die Induktivität L_{11} zu berücksichtigen. Der zeitabhängige Verlauf des Spulenstromes kann mit Gl. (10.43) berechnet werden, wobei der Schaltzeitpunkt jetzt mit t_1 bezeichnet wird:

$$i_L(t) = i_{Lp}(t) - \left[i_{Lp}(t_1) - i_{L0} \right] e^{-\frac{R_g}{L}(t-t_1)}.$$

Zur Berechnung der partikulären Lösung i_{Lp} für $t \to \infty$ wird die Spule durch einen Kurzschluss ersetzt und der Strom durch L_{11} berechnet:

$$i_{Lp} = \frac{U}{R_i}.$$

Zur Bestimmung der Zeitkonstanten τ_1 muss entsprechend Abb. 2 der von der Spule aus gesehene Gesamtwiderstand R_g der Schaltung ermittelt werden, wobei die Spannungsquelle durch einen Kurzschluss ersetzt wird:

$$R_g = \frac{R_i R_E}{R_i + R_E} \qquad \to \qquad \tau_1 = \frac{L_{11}}{R_g} = \frac{R_i + R_E}{R_i R_E} L_{11}.$$

Mit dem Anfangswert $i_L(t_1) = i_{L0} = 0$ erhalten wir schließlich den resultierenden Spulenstrom

$$i_L(t) = i_{Lp} - \left[i_{Lp} - 0 \right] e^{-\frac{R_g}{L_{11}}(t-t_1)} = \frac{U}{R_i}\left(1 - e^{-\frac{t-t_1}{\tau_1}}\right) \qquad \text{für} \quad t_1 \le t < t_2. \tag{2}$$

Für die Ausgangsspannung gilt schließlich

$$u_2(t) = \frac{1}{ü} u_1(t) \overset{(7.4)}{=} \frac{1}{ü} L_{11} \frac{di_L(t)}{dt} = \frac{1}{ü} L_{11} \frac{U}{R_i} \frac{R_g}{L_{11}} e^{-\frac{R_g}{L_{11}}(t-t_1)}$$

$$u_2(t) = \frac{1}{ü} \frac{R_E}{R_i + R_E} U e^{-\frac{R_g}{L_{11}}(t-t_1)} \qquad \text{für} \qquad t_1 \le t < t_2.$$

Lösung zur Teilaufgabe 2:

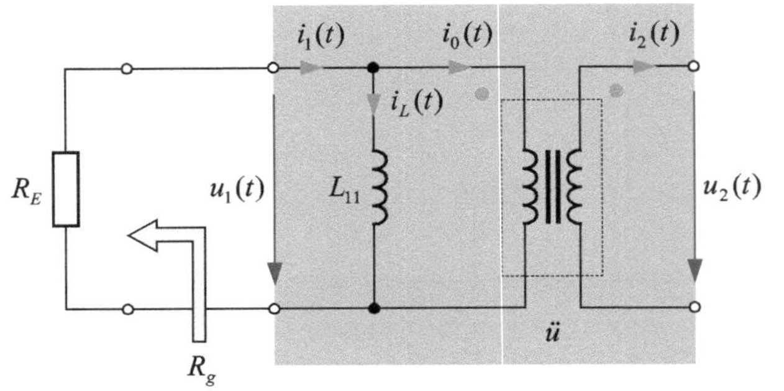

Abbildung 3: Ersatzschaltbild bei offenem Schalter

Bei geöffnetem Schalter gilt das Ersatzschaltbild in Abb. 3. Für $t \to \infty$ verschwindet der Spulenstrom, sodass wir die partikuläre Lösung $i_{Lp}(t) = 0$ erhalten. Wegen $R_g = R_E$ ergibt sich die Zeitkonstante

$$\tau_2 = \frac{L_{11}}{R_g} = \frac{L_{11}}{R_E}.$$

Für dieses Netzwerk muss noch der Anfangswert des Spulenstromes zum Schaltzeitpunkt t_2 aus der Beziehung (2) bestimmt werden:

$$i_L(t_2) = \frac{U}{R_i}\left(1 - e^{-\frac{t_2-t_1}{\tau_1}}\right).$$

Nach Einsetzen dieser Ergebnisse erhalten wir resultierend den Strom

$$i_L(t) = 0 - \left[0 - i_L(t_2)\right] e^{-\frac{R_E}{L_{11}}(t-t_2)} = \frac{U}{R_i}\left(1 - e^{-\frac{t_2-t_1}{\tau_1}}\right) e^{-\frac{t-t_2}{\tau_2}} \qquad \text{für} \qquad t \ge t_2$$

und daraus die Ausgangsspannung

$$u_2(t) = \frac{1}{ü} u_1(t) = \frac{1}{ü} L_{11} \frac{di_L(t)}{dt} = \frac{1}{ü} L_{11} \frac{U}{R_i}\left(1 - e^{-\frac{t_2-t_1}{\tau_1}}\right)\left(\frac{-1}{\tau_2}\right) e^{-\frac{t-t_2}{\tau_2}}$$

$$u_2(t) = -\frac{1}{ü} \frac{R_E}{R_i} U \left(1 - e^{-\frac{t_2-t_1}{\tau_1}}\right) e^{-\frac{R_E}{L_{11}}(t-t_2)} \qquad \text{für} \qquad t \ge t_2.$$

Lösung zur Teilaufgabe 3:

Zum Zeitpunkt t_2 ist in der Spule nach Gl. (6.51) die Energie

$$W_m(t_2) = \frac{1}{2} L_{11}\, i_L^{\,2}(t_2)$$

gespeichert. Wie aus Abb. 3 zu erkennen ist, kann diese Energie im Laufe der Zeit nur in R_E in Wärme umgewandelt werden. Für $t \to \infty$ wird der Strom $i_L(t)$ durch die Induktivität zu null, d.h., die gesamte in L_{11} zum Zeitpunkt t_2 gespeicherte Energie wird in R_E in Wärme umgewandelt. Es muss also gelten

$$W_{R_E} = W_m(t_2) = \frac{1}{2} L_{11} \left[\frac{U}{R_i} \left(1 - \mathrm{e}^{-\frac{t_2 - t_1}{\tau_1}} \right) \right]^2 .$$

10.4 Level 3

Aufgabe 10.8 | *RC*-Reihenschaltung an Rechteckspannung

Die RC-Reihenschaltung in Abb. 1 ist über ein aus zwei Schaltern S_1 und S_2 bestehendes Netzwerk an eine Gleichspannungsquelle U angeschlossen. Die beiden Schalter sollen im Gegentakt betrieben werden, d.h., einer der beiden Schalter ist jeweils geschlossen und der andere Schalter ist geöffnet. Wir wollen annehmen, dass sich die Abfolge der Schaltzustände mit der Periodendauer T wiederholt. Im Zeitbereich $0 \le t < \delta T$ ist der Schalter S_1 geschlossen, im Zeitbereich $\delta T \le t < T$ der Schalter S_2.

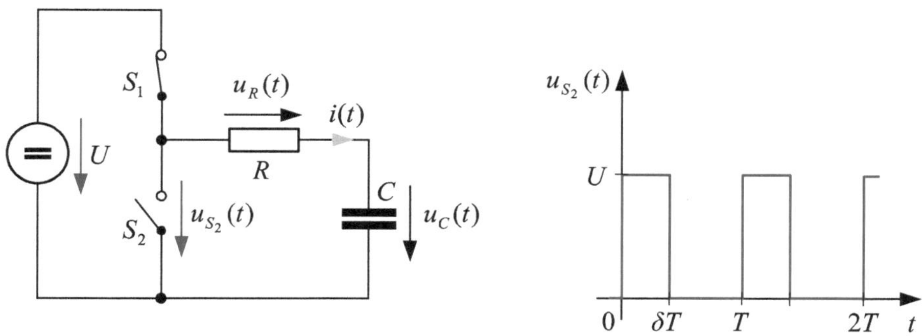

Abbildung 1: RC-Reihenschaltung an Rechteckspannung

1. Berechnen Sie für einen beliebigen Tastgrad $0 \le \delta \le 1$ den zeitlichen Verlauf der Kondensatorspannung $u_C(t)$ und des Stromes $i(t)$ für die beiden folgenden Fälle:
   a. Anlaufverhalten des Netzwerks, wenn es erstmalig an die Rechteckspannung angeschlossen wird,
   b. eingeschwungener Zustand, bei dem alle Signalverläufe periodisch sind mit der Periodendauer T. Dieser Fall tritt ein, nachdem die Rechteckspannung $u_{S_2}(t)$ schon hinreichend lange an dem RC-Netzwerk anliegt und die Anlaufphase beendet ist.
2. Vergleichen Sie die Lösung aus Teilaufgabe 1b mit der Lösung in Aufgabe 9.3.

Lösung zur Teilaufgabe 1:

Die Eingangsspannung für die *RC*-Reihenschaltung entspricht der in Abb. 1 eingetragenen, auch an dem Schalter S_2 anliegenden Spannung $u_{S_2}(t)$. Im Zeitbereich $0 \le t < \delta T$ ist S_1 geschlossen und die Spannung $u_{S_2}(t)$ entspricht der Gleichspannung U (Netzwerk 1 in Abb. 2). Im Zeitbereich $\delta T \le t < T$ ist S_2 geschlossen und die Spannung $u_{S_2}(t)$ wird dann null (Netzwerk 2). Insgesamt liegt über dem Schalter S_2 die auf der rechten Seite der Abb. 1 dargestellte periodische Rechteckspannung. Der Parameter δ wird Tastgrad oder Tastverhältnis genannt und kann zwischen den Grenzwerten 0 und 1 liegen. In dem Grenzfall $\delta = 0$ ist S_1 immer offen, S_2 immer geschlossen und es gilt $u_{S_2}(t) = 0$. Es existiert nur das Netzwerk 2. Im anderen Grenzfall $\delta = 1$ ist S_1 immer geschlossen und S_2 immer offen, d.h., es gilt $u_{S_2}(t) = U$. Es existiert nur das Netzwerk 1.

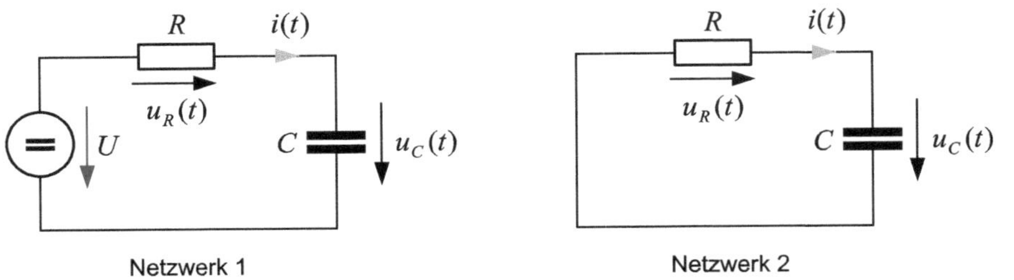

Abbildung 2: Netzwerke in Abhängigkeit vom Schalterzustand

In beiden Fällen treten die Netzwerke 1 und 2 aus der Abb. 2 auf, sodass wir zunächst die allgemeinen Gleichungen für diese beiden Netzwerke angeben. Ausgangspunkt für das Netzwerk 1 ist die Gl. (10.40) mit der partikulären Lösung $u_{Cp} = U$. Für den Eingangswiderstand erhalten wir aus Abb. 10.15 den Wert $R_g = R$ und für die Zeitkonstante gilt $\tau = RC$. Zusammengefasst gilt die Beziehung

$$u_C(t) = U - \left[U - u_C(t_0)\right] e^{-\frac{t-t_0}{\tau}} \tag{1}$$

für das Netzwerk 1.

Für das Netzwerk 2 kann ebenfalls von der Gl. (10.40) ausgegangen werden, wobei jetzt aber für die partikuläre Lösung $u_{Cp} = 0$ gilt. Die zugehörige Gleichung nimmt daher mit der gleichen Zeitkonstanten $\tau = RC$ die einfachere Form

$$u_C(t) = u_C(t_0)\, e^{-\frac{t-t_0}{\tau}} \tag{2}$$

an. In beiden Gleichungen (1) und (2) ist jeweils nur noch der Schaltzeitpunkt t_0 und die zugehörige Kondensatorspannung $u_C(t_0)$ unmittelbar vor dem Schaltvorgang einzusetzen.

Das Anlaufverhalten

Wir beginnen die Betrachtung zum Zeitpunkt $t = 0$, an dem die *RC*-Reihenschaltung mit dem anfangs ungeladenen Kondensator erstmalig mit der Rechteckspannung verbunden wird. Es gilt die Gleichung für das Netzwerk 1 mit $t_0 = 0$ und $u_C(0) = 0$, sodass wir das Ergebnis

$$u_C(t) \overset{(1)}{=} U - [U - 0]\,\mathrm{e}^{-\frac{t}{\tau}} \qquad \text{für} \quad 0 \le t < \delta T$$

erhalten. Dieser zeitabhängige Spannungsverlauf gilt bis zu dem Zeitpunkt $t = \delta T$, an dem die Kondensatorspannung den Endwert

$$u_C(\delta T) = U - U\,\mathrm{e}^{-\frac{\delta T}{\tau}} \tag{3}$$

annimmt. Zum Zeitpunkt $t = \delta T$ wird auf das Netzwerk 2 umgeschaltet. Wegen der Stetigkeit der Kondensatorspannung entspricht der Endwert (3) aus dem ersten Netzwerk dem Anfangswert für das zweite Netzwerk. Mit Gl. (2) gilt für das zweite Zeitintervall $\delta T \le t < T$ die Gleichung

$$u_C(t) = u_C(\delta T)\,\mathrm{e}^{-\frac{t-\delta T}{\tau}} \qquad \text{für} \quad \delta T \le t < T. \tag{4}$$

Am Ende dieser Schaltperiode hat die Kondensatorspannung den Wert

$$u_C(T) = u_C(\delta T)\,\mathrm{e}^{-\frac{(1-\delta)T}{\tau}}.$$

Diese Spannung bildet jetzt wieder den Anfangswert für das erste Netzwerk, für das mit dem Schaltzeitpunkt $t_0 = T$ nach Gl. (1) das Ergebnis

$$u_C(t) \overset{(1)}{=} U - \left[U - u_C(T)\right]\mathrm{e}^{-\frac{t-T}{\tau}} \qquad \text{für} \quad T \le t < T + \delta T$$

gilt. Beim folgenden Schaltzeitpunkt $t = T + \delta T$ weist die Kondensatorspannung den Wert

$$u_C(T + \delta T) = U - \left[U - u_C(T)\right]\mathrm{e}^{-\frac{\delta T}{\tau}}$$

auf. Diese Spannung dient jetzt wieder als Anfangswert für den zweiten Netzwerkzustand, für den wir analog zur Gl. (4) das Ergebnis

$$u_C(t) = u_C(T + \delta T)\,\mathrm{e}^{-\frac{t-(T+\delta T)}{\tau}} \qquad \text{für} \quad T + \delta T \le t < 2T$$

erhalten. Resultierend muss eine Folge von sich abwechselnden Netzwerkzuständen betrachtet werden, wobei die Spannung $u_C(t)$ am Ende eines Schaltzustandes den Anfangswert für den folgenden Schaltzustand bildet. Aus den bisherigen Ergebnissen lässt sich die Kondensatorspannung nach der n-ten Schaltperiode allgemein angeben:

$$u_C(t) = U - \left[U - u_C(nT)\right]\mathrm{e}^{-\frac{t-nT}{\tau}} \qquad \text{für} \quad nT \le t < nT + \delta T$$

$$u_C(t) = u_C(nT + \delta T)\,\mathrm{e}^{-\frac{t-(nT+\delta T)}{\tau}} \qquad \text{für} \quad nT + \delta T \le t < (n+1)T.$$

Durch Einsetzen in die Gl. (7.5) ist dann auch der Kondensatorstrom nach der n-ten Schaltperiode bekannt:

$$i(t) = \frac{U - u_C(nT)}{R} e^{-\frac{t-nT}{\tau}} \qquad \text{für} \qquad nT \le t < nT + \delta T$$

$$i(t) = -\frac{u_C(nT + \delta T)}{R} e^{-\frac{t-(nT+\delta T)}{\tau}} \qquad \text{für} \qquad nT + \delta T \le t < (n+1)T.$$

Eine Auswertung dieser Gleichungen ist für das Zahlenbeispiel R = 1 kΩ, C = 1 µF und δ = 0,5 in Abb. 3 dargestellt. Die linke Seite des Bildes zeigt den Zeitbereich $0 \le t \le 3T$ mit den ersten drei Schaltperioden für eine Schaltfrequenz $f = 1/T$ = 1 kHz. Auf der rechten Seite sind sechs Schaltperioden bei der doppelten Schaltfrequenz f = 2 kHz dargestellt. Die gesamte dargestellte Zeitspanne beträgt in beiden Bildern jeweils 3 ms und entspricht beim vorliegenden Zahlenbeispiel dem Dreifachen der Zeitkonstanten τ = 1 ms.

In den ersten Schaltzyklen nimmt die Kondensatorspannung während einer Periodendauer stark zu $u(t+T) > u(t)$. Der Mittelwert von $i(t)$ ist in dieser Anlaufphase größer als null. Bereits nach wenigen Schaltperioden stellt sich ein Zustand ein, bei dem die Kondensatorspannung nur noch um ihren Mittelwert schwankt und der Mittelwert des Stromes pro Schaltperiode verschwindet.

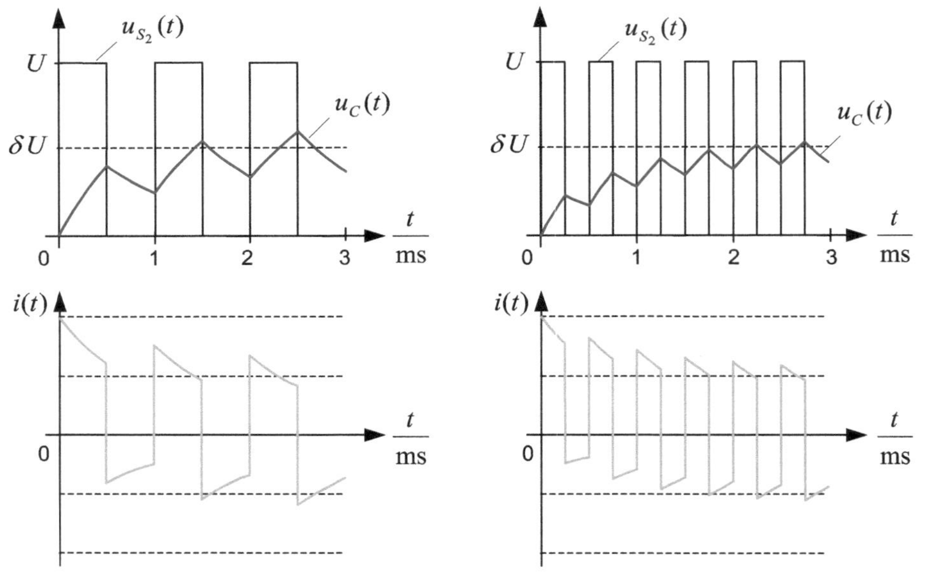

Abbildung 3: RC-Reihenschaltung an Rechteckspannung, Anlaufverhalten

Betrachten wir den mittleren Verlauf der Kondensatorspannung ohne den überlagerten dreieckförmigen Anteil, dann erkennen wir wieder den exponentiellen Anstieg mit der Zeitkonstanten τ. Im eingeschwungenen Zustand nimmt die Kondensatorspannung den gleichen Mittelwert an wie die an die RC-Schaltung angelegte Eingangsspannung, d.h., es gilt $\overline{u_C} = \overline{u_{S_2}} = \delta U$. Ein Vergleich der beiden Teilbilder zeigt außerdem, dass die Amplituden der überlagerten dreieckförmigen Spannung umso geringer werden, je kleiner die Periodendauer T verglichen mit der Zeitkonstanten τ wird. Mit steigender Schaltfrequenz f oder mit größer werdenden Bauelementewerten RC lässt sich eine immer besser geglättete Kondensatorspannung erreichen, deren Mittelwert im stationären Zustand durch den gewählten Tastgrad eingestellt werden kann.

Der eingeschwungene Zustand

Eine erste Möglichkeit der Berechnung besteht darin, wie im vorangegangenen Abschnitt mit dem Anlaufverhalten zu beginnen, die Rechnung aber nicht nach drei Schaltperioden abzubrechen, sondern so viele Schaltperioden aneinanderzuhängen, bis der Unterschied zwischen den Spannungen am Anfang und am Ende einer Schaltperiode vernachlässigbar gering wird.

Etwas einfacher und vor allem weniger aufwändig ist eine modifizierte Vorgehensweise, bei der lediglich eine einzelne Schaltperiode betrachtet wird. Nehmen wir einen zunächst unbekannten Wert der Kondensatorspannung als Anfangswert $u_C(t_0)$ an, dann lässt sich damit eine komplette Schaltperiode als Abfolge der beiden Netzwerkzustände berechnen und wir erhalten eine Kondensatorspannung $u_C(t_0+T)$ am Ende der Schaltperiode, die von dem Anfangswert $u_C(t_0)$ abhängt. Beim eingeschwungenen Zustand muss aber die Spannung am Ende einer Schaltperiode identisch sein zur Spannung am Anfang der Schaltperiode. Die Forderung $u_C(t_0+T) = u_C(t_0)$ stellt somit eine Bestimmungsgleichung für den Anfangswert $u_C(t_0)$ dar, nach dessen Berechnung die Kondensatorspannung während der kompletten Periodendauer eindeutig bestimmt ist.

Diese Methode wollen wir uns jetzt im Detail anschauen. Im ersten Schritt legen wir den Zeitpunkt $t = 0$ bzw. $t_0 = 0$ willkürlich so fest, wie es auf der rechten Seite der Abb. 1 dargestellt ist. Wir beginnen also mit dem Netzwerk 1, für das wir wegen $t_0 = 0$ aus der Gl. (1) die Beziehung

$$u_C(t) \overset{(1)}{=} U - \left[U - u_C(0)\right] e^{-\frac{t}{\tau}} \qquad \text{für} \qquad 0 \le t < \delta T \tag{5}$$

mit dem unbekannten Anfangswert $u_C(0)$ erhalten.

Wir betrachten jetzt das zweite Zeitintervall $\delta T \le t < T$ mit dem Netzwerk 2. Die Lösung für diesen Zeitbereich folgt aus der Gl. (2), wobei der Anfangswert $u_C(\delta T)$ wegen der Stetigkeit der Kondensatorspannung dem Endwert aus dem ersten Schaltintervall entsprechen muss:

$$u_C(t) \overset{(2)}{=} u_C(\delta T)\, e^{-\frac{t-\delta T}{\tau}} \overset{(5)}{=} \left[U - \left[U - u_C(0)\right] e^{-\frac{\delta T}{\tau}}\right] e^{-\frac{t-\delta T}{\tau}}$$

$$= \left[U e^{\frac{\delta T}{\tau}} - \left[U - u_C(0)\right]\right] e^{-\frac{t}{\tau}} \qquad \text{für} \qquad \delta T \le t < T. \tag{6}$$

Aus der Stetigkeitsforderung $u_C(0) = u_C(T)$ finden wir den bisher noch nicht bestimmten Anfangswert

$$u_C(0) = u_C(T) \overset{(6)}{=} U e^{-\frac{(1-\delta)T}{\tau}} - \left[U - u_C(0)\right] e^{-\frac{T}{\tau}}.$$

Die Auflösung dieser Beziehung nach $u_C(0)$ liefert das Ergebnis

$$u_C(0) = U\,\frac{e^{-\frac{(1-\delta)T}{\tau}} - e^{-\frac{T}{\tau}}}{1-e^{-\frac{T}{\tau}}}.$$

Durch Einsetzen in die Gln. (5) und (6) ist die Kondensatorspannung in den beiden Zeitbereichen

$$u_C(t) \overset{(5)}{=} U - U\,\frac{1-e^{-\frac{(1-\delta)T}{\tau}}}{1-e^{-\frac{T}{\tau}}}\,e^{-\frac{t}{\tau}} \quad \text{für} \quad 0 \le t < \delta T \tag{7}$$

und

$$u_C(t) = -U\,\frac{1-e^{\frac{\delta T}{\tau}}}{1-e^{-\frac{T}{\tau}}}\,e^{-\frac{t}{\tau}} \quad \text{für} \quad \delta T \le t < T \tag{8}$$

vollständig bestimmt. Für den Strom gilt mit Gl. (7.5)

$$i(t) \overset{(7)}{=} \frac{U}{R}\,\frac{1-e^{-\frac{(1-\delta)T}{\tau}}}{1-e^{-\frac{T}{\tau}}}\,e^{-\frac{t}{\tau}} \quad \text{für} \quad 0 \le t < \delta T \tag{9}$$

und

$$i(t) \overset{(8)}{=} \frac{U}{R}\,\frac{1-e^{\frac{\delta T}{\tau}}}{1-e^{-\frac{T}{\tau}}}\,e^{-\frac{t}{\tau}} \quad \text{für} \quad \delta T \le t < T. \tag{10}$$

Eine Auswertung dieser Gleichungen für eine Schaltfrequenz $f = 1/T = 1/(2RC)$ und für die beiden Tastgrade $\delta = 0{,}5$ bzw. $\delta = 0{,}8$ zeigt die Abb. 4. Je länger der Schalter S_1 im Verhältnis zum Schalter S_2 geschlossen ist, d.h., je größer das Tastverhältnis δ ist, desto größer ist auch der Mittelwert der Kondensatorspannung $u_C(t)$. Eine Berechnung des Mittelwertes mit der Gl. (7.8) zeigt, dass dieser proportional zum Tastgrad ist und dass der Zusammenhang $\overline{u_C} = \delta U$ gilt (vgl. die Fourier-Reihe in Aufgabe 9.3).

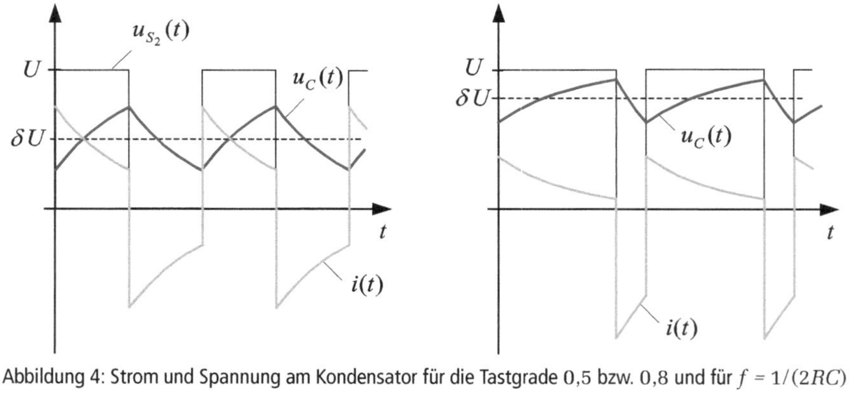

Abbildung 4: Strom und Spannung am Kondensator für die Tastgrade 0,5 bzw. 0,8 und für $f = 1/(2RC)$

Die Skalierung für den in der Abb. 4 ebenfalls eingetragenen Strom ergibt sich aus der Beziehung

$$i(t)=\frac{1}{R}\left[u_{S_2}(t)-u_C(t)\right].$$

Für R = 1 kΩ erhalten wir mit der gleichen Skalierung auf der vertikalen Achse den Strom in mA.

Lösung zur Teilaufgabe 2:

In Aufgabe 9.3 wurde der eingeschwungene Zustand mithilfe der Fourier-Entwicklung berechnet. Im Gegensatz zu den immer nur abschnittsweise geltenden Lösungen (7) bis (10) ergibt sich bei der Fourier-Entwicklung eine einzige innerhalb der gesamten Periodendauer gültige Darstellung. Der Nachteil besteht aber in der unendlichen Summe von trigonometrischen Funktionen. Eine hinreichend genaue Berechnung insbesondere an den Sprungstellen beim Kondensatorstrom erfordert einerseits wegen der schlechten Konvergenz einen erhöhten Rechenaufwand und führt andererseits zu einem Überschwingen infolge des Gibbs'schen Phänomens (vgl. Anhang G.2), sodass die *geschlossene* Lösung mithilfe der Exponentialfunktionen (7) bis (10) in diesem Fall vorzuziehen ist.

Aufgabe 10.9 Brückengleichrichter

Eine einfache Schaltung zur Umwandlung einer Wechselspannung in eine Gleichspannung besteht aus einem Brückengleichrichter und einem Speicherkondensator. Der Widerstand R in Abb. 1 bildet den Verbraucher, der mit einer möglichst konstanten Gleichspannung versorgt werden soll. Die Spannung $u_N(t)$ entspricht der Netzwechselspannung $u_N(t)=\hat{u}_N \sin(\omega t)$ mit $\hat{u}_N=\sqrt{2}\cdot 230\text{V}$ und $\omega = 2\pi f = 2\pi\, 50$ Hz. Zur Vereinfachung der Rechnung werden die Dioden als ideal angesehen. Bei einer Diodenspannung in Vorwärtsrichtung bilden sie einen Kurzschluss, bei einer Spannung in Sperrrichtung dagegen einen Leerlauf.

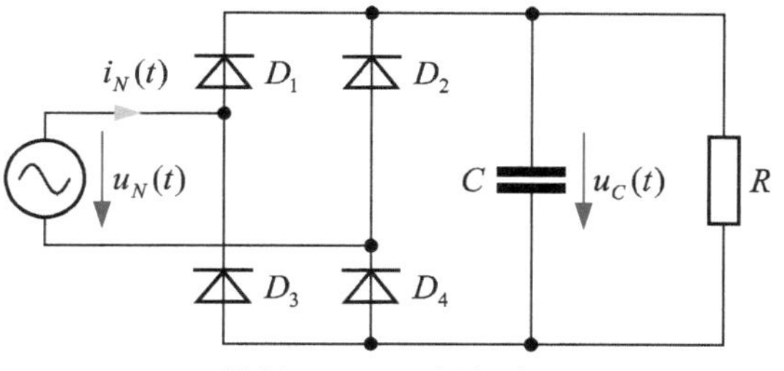

Abbildung 1: Netzgleichrichter

1. Beschreiben Sie die Funktionsweise der Schaltung.
2. Berechnen Sie den zeitlichen Verlauf von Eingangsstrom $i_N(t)$ und Ausgangsspannung $u_C(t)$ in Abhängigkeit von den Werten C und R.
3. Berechnen Sie die Ausgangsleistung.
4. Der Kondensator besitzt jetzt eine Kapazität von C = 100 µF. Stellen Sie die Zeitverläufe von $i_N(t)$ und $u_C(t)$ für die Ausgangsleistungen P = 100 W, 500 W, 1 kW und 2 kW dar.

Lösung zur Teilaufgabe 1:

Während der positiven Halbwelle der Netzspannung $u_N(t) = \hat{u}_N \left|\sin(\omega t)\right|$ gilt $i_N(t) \geq 0$, d.h., die Dioden D_2 und D_3 können nicht leiten. Die beiden Dioden D_1 und D_4 liegen in Reihe und können zu einer Diode D zusammengefasst werden, sodass das Ausgangsnetzwerk gemäß Abb. 2 schrittweise vereinfacht werden kann.

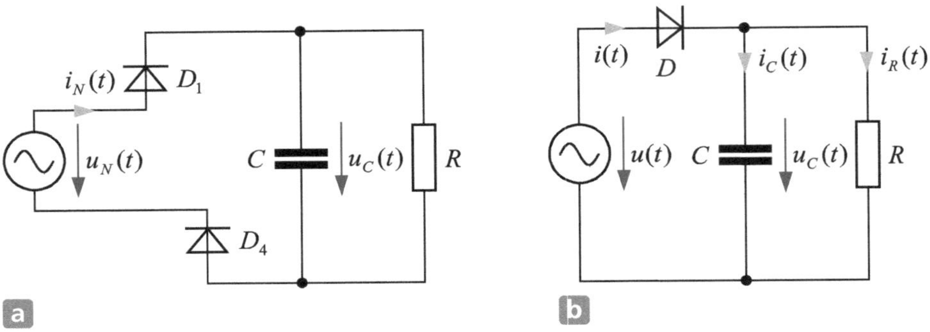

Abbildung 2: a: Netzwerk ohne D_2, D_3, b: Zusammenfassung von D_1 und D_4 zu D

Die in Abb. 2b eingetragene Eingangsspannung entspricht in diesem Fall der Netzspannung $u(t) = u_N(t) = \hat{u}_N \left|\sin(\omega t)\right|$ und der Eingangsstrom entspricht dem Netzstrom $i(t) = i_N(t)$.

Bei dem Netzwerk in Abb. 2b müssen zwei Fälle unterschieden werden, je nachdem, ob die Diode leitet oder sperrt. Bei leitender Diode liegt die Spannungsquelle parallel zur *RC*-Schaltung und es gilt $u(t) = u_C(t)$. Ist die Kondensatorspannung größer als die Netzspannung, dann sperrt die Diode und das zu betrachtende Netzwerk besteht nur aus der Parallelschaltung von Kondensator und Widerstand.

Betrachten wir jetzt die negative Halbwelle der Netzspannung, d.h. $u_N(t) = -\hat{u}_N \left|\sin(\omega t)\right|$, dann fließt der Netzstrom $i_N(t)$ in die entgegengesetzte Richtung und die beiden Dioden D_1 und D_4 können nicht leiten. Ersetzen wir die beiden in Reihe liegenden Dioden D_2 und D_3 wieder durch eine einzige Diode D, dann erhalten wir das Netzwerk in Abb. 3b.

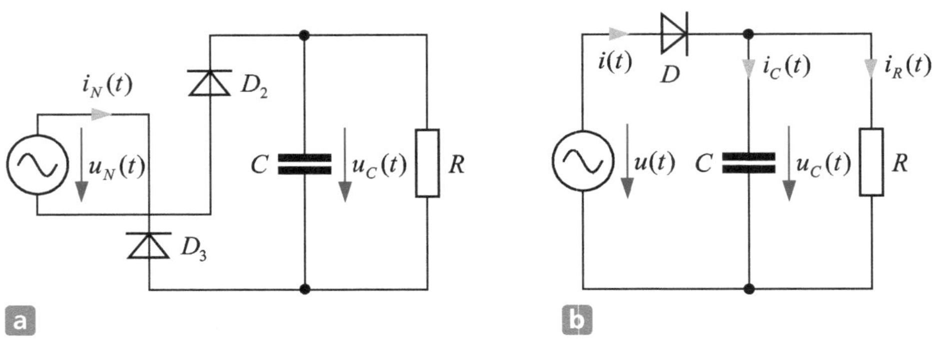

Abbildung 3: a: Netzwerk ohne D_1, D_4, b: Zusammenfassung von D_2 und D_3 zu D

Für die in den beiden Teilbildern eingetragenen Ströme und Spannungen gelten jetzt die Zusammenhänge $u(t) = -u_N(t) = \hat{u}_N \left|\sin(\omega t)\right|$ und $i(t) = -i_N(t)$. Da bei den unterschiedlichen Halbwellen der Netzspannung jeweils unterschiedliche Brückenzweige leiten, sind die Eingangsspannungen $u(t)$ und damit auch die Ströme $i(t)$ in den beiden Teilbildern b identisch. Zur Analyse der Schaltung genügt offenbar die Betrachtung einer einzigen Netzhalbwelle, z.B. der Schaltung nach Abb. 2b mit der Eingangsspannung $u(t) = \hat{u}_N \left|\sin(\omega t)\right|$.

Lösung zur Teilaufgabe 2:

Wir betrachten zunächst die beiden Netzwerkzustände mit leitender bzw. gesperrter Diode. Bei leitender Diode gilt

$$u_C(t) = \hat{u}_N \sin(\omega t) \qquad \text{mit} \qquad 0 \le \omega t \le \pi \tag{1a}$$

$$i_C(t) = C\frac{\mathrm{d}u_C(t)}{\mathrm{d}t} = \omega C\,\hat{u}_N \cos(\omega t)\,, \qquad i_R(t) = \frac{u_C(t)}{R} = \frac{\hat{u}_N}{R}\sin(\omega t)\,. \tag{1b}$$

Bei gesperrter Diode wird der Kondensator über den Widerstand entladen. Bezeichnet t_1 den Zeitpunkt, bei dem die Diode von dem leitenden in den gesperrten Zustand wechselt, dann gilt:

$$u_C(t) = u_C(t_1)\,\mathrm{e}^{-\frac{t-t_1}{RC}} \tag{2a}$$

$$i_C(t) = C\frac{\mathrm{d}u_C(t)}{\mathrm{d}t} = -\frac{1}{R}u_C(t_1)\,\mathrm{e}^{-\frac{t-t_1}{RC}}\,, \qquad i_R(t) = \frac{u_C(t)}{R} = u_C(t_1)\,\mathrm{e}^{-\frac{t-t_1}{RC}} = -i_C(t)\,. \tag{2b}$$

Mit diesen Gleichungen sind zwar alle Zeitverläufe bekannt, es fehlen aber noch der Zeitpunkt t_1 und auch der Zeitpunkt t_2, bei dem die Diode wieder in den leitenden Zustand übergeht. Im Gegensatz zu den bisher betrachteten Beispielen werden diese Schaltzeitpunkte nicht von außen vorgegeben, sondern sie stellen sich in Abhängigkeit von den Spannungsverläufen von selbst ein. Aus diesem Grund lässt sich auch der Zeitpunkt, zu dem die Rechnung beginnen soll, nicht mit einem Schaltzeitpunkt zusammenlegen. Um dennoch direkt mit dem stationären Zustand beginnen zu können, können wir von folgender Überlegung ausgehen: die sinusförmig ansteigende Eingangsspannung muss zu einem bestimmten Zeitpunkt größer werden als die Spannung an dem sich entladenden Kondensator. Die dann leitende Diode bleibt zumindest bis zum Maximalwert der Eingangsspannung leitend, sodass wir die Betrachtung bei $\omega t = \pi/2$ mit dem Anfangswert $u_C(\pi/2) = \hat{u}$ beginnen können.

Der nächste Schritt besteht darin, den Zeitpunkt t_1 zu bestimmen. Bei nicht vorhandenem Kondensator $C = 0$ bleibt die Diode während der gesamten Zeit leitend und es gilt $\omega t_1 = \pi$. Im anderen Grenzfall einer unendlich großen Kapazität würde die an den Widerstand abgegebene Leistung nicht zu einer Abnahme der Kondensatorspannung führen, d.h., die Diode würde unmittelbar bei $\omega t_1 = \pi/2$ in den gesperrten Zustand übergehen. Für jeden endlichen nicht verschwindenden Wert C muss der gesuchte Zeitpunkt zwischen diesen beiden Grenzen liegen. Er kann aus der Forderung bestimmt werden, dass der Strom $i(t)$ negativ werden will.

Die Bedingung

$$i(t_1) = i_C(t_1) + i_R(t_1) = \omega C\, \hat{u}_N \cos(\omega t_1) + \frac{\hat{u}_N}{R}\sin(\omega t_1) \overset{!}{=} 0$$

kann zusammengefasst werden zu

$$\omega CR\cos(\omega t_1) + \sin(\omega t_1) = \sqrt{1+(\omega CR)^2}\,\sin\left[\omega t_1 + \arctan(\omega CR)\right] = 0$$

und liefert die Bestimmungsgleichung

$$\omega t_1 = \pi - \arctan(\omega CR)\,. \tag{3}$$

Nach Auflösung dieser Beziehung ist die Anfangsspannung $u_C(t_1) = \hat{u}_N \sin(\omega t_1)$ für den sich anschließenden Zeitabschnitt mit gesperrter Diode bekannt. Den Zeitpunkt t_2 finden wir jetzt aus der Forderung, dass die in der folgenden Halbwelle wieder ansteigende Eingangsspannung in dem Bereich $\pi \le \omega t \le 3\pi/2$ genauso groß wird wie die durch den Entladevorgang abnehmende Kondensatorspannung:

$$u_C(t_2) = u_C(t_1)\,\mathrm{e}^{-\frac{t_2-t_1}{RC}} \overset{!}{=} u(t_2) = \hat{u}_N\left|\sin(\omega t_2)\right| = \hat{u}_N \sin(\omega t_2 + \pi)\,. \tag{4}$$

Aus der resultierenden Forderung

$$\sin(\omega t_1)\,\mathrm{e}^{-\frac{\omega t_2-\omega t_1}{\omega RC}} \overset{!}{=} \sin(\omega t_2 + \pi) \qquad \text{mit} \qquad \pi \le \omega t_2 \le 3\pi/2 \tag{5}$$

erhalten wir z.B. durch Nullstellensuche mithilfe numerischer Rechnungen den Zeitpunkt t_2. Mit dem sich daran anschließenden Zeitbereich $\omega t_2 \le \omega t \le 3\pi/2$ mit leitender Diode ist bei $\omega t = 3\pi/2$ der Ausgangszustand wieder erreicht und die bisher berechneten Zeitverläufe setzen sich periodisch fort.

Lösung zur Teilaufgabe 3:

Der zeitliche Mittelwert der Ausgangsleistung ist gegeben durch

$$P = \frac{1}{\pi}\int_{\pi/2}^{3\pi/2} \frac{{u_C}^2(\omega t)}{R}\mathrm{d}(\omega t) = \frac{{u_C}^2(t_1)}{\pi R}\int_{\omega t_1}^{\omega t_2} \mathrm{e}^{-2\frac{\omega t-\omega t_1}{\omega RC}}\,\mathrm{d}(\omega t) + \frac{{\hat{u}_N}^2}{\pi R}\int_{\omega t_2}^{\pi+\omega t_1} \sin^2(\omega t)\,\mathrm{d}(\omega t)$$

$$P = \frac{{u_C}^2(t_1)}{\pi R}\,\mathrm{e}^{\frac{2\omega t_1}{\omega RC}}\,\frac{\omega RC}{-2}\left[\mathrm{e}^{-2\frac{\omega t}{\omega RC}}\right]\Bigg|_{\omega t_1}^{\omega t_2} + \frac{{\hat{u}_N}^2}{\pi R}\frac{1}{2}\left[\omega t - \frac{1}{2}\sin(2\omega t)\right]\Bigg|_{\omega t_2}^{\pi+\omega t_1} \tag{6}$$

$$= \frac{{u_C}^2(t_1)}{2\pi}\omega C\left[1 - \mathrm{e}^{-2\frac{\omega t_2-\omega t_1}{\omega RC}}\right] + \frac{{\hat{u}_N}^2}{2\pi R}\left[\pi + \omega t_1 - \omega t_2 - \frac{1}{2}\sin(2\omega t_1) + \frac{1}{2}\sin(2\omega t_2)\right].$$

Da die mittlere Ausgangsleistung wegen der als verlustlos angenommenen Schaltung der mittleren Eingangsleistung entspricht, kann das Ergebnis auch aus der Beziehung

$$P = \frac{1}{\pi}\int_{\pi/2}^{3\pi/2} u(\omega t)\,i(\omega t)\,\mathrm{d}(\omega t) = \frac{{\hat{u}_N}^2}{\pi}\int_{\omega t_2}^{\pi+\omega t_1} \sin(\omega t)\left[\omega C\cos(\omega t) + \frac{1}{R}\sin(\omega t)\right]\mathrm{d}(\omega t)$$

berechnet werden:

$$P=\frac{\hat{u}_N^{\ 2}}{\pi}\omega C\int\limits_{\omega t_2}^{\pi+\omega t_1}\sin(\omega t)\cos(\omega t)\,\mathrm{d}(\omega t)+\frac{\hat{u}_N^{\ 2}}{\pi R}\int\limits_{\omega t_2}^{\pi+\omega t_1}\sin^2(\omega t)\,\mathrm{d}(\omega t) \tag{7}$$

$$=\frac{\hat{u}_N^{\ 2}}{\pi}\omega C\frac{1}{2}\Big[\sin^2(\omega t)\Big]\Big|_{\omega t_2}^{\pi+\omega t_1}+\frac{\hat{u}_N^{\ 2}}{\pi R}\frac{1}{2}\Big[\omega t-\frac{1}{2}\sin(2\omega t)\Big]\Big|_{\omega t_2}^{\pi+\omega t_1}$$

$$=\frac{\hat{u}_N^{\ 2}}{2\pi}\omega C\Big[\sin^2(\omega t_1)-\sin^2(\omega t_2)\Big]+\frac{\hat{u}_N^{\ 2}}{2\pi R}\Big[\pi+\omega t_1-\omega t_2-\frac{1}{2}\sin(2\omega t_1)+\frac{1}{2}\sin(2\omega t_2)\Big].$$

Die beiden Ergebnisse (6) und (7) sind identisch, wie sich leicht mithilfe der Gln. (3) und (5) nachweisen lässt.

Lösung zur Teilaufgabe 4:

Das obere Teilbild in Abb. 4 zeigt die Kondensatorspannung $u_C(t)$ für die Dauer von zwei Netzhalbwellen. Mit zunehmender Ausgangsleistung wird der Kondensator in den Bereichen mit sperrender Diode $\omega t_1 \leq \omega t \leq \omega t_2$ wesentlich stärker entladen. Einen akzeptablen Kompromiss zwischen Kondensatorgröße und Ausgangsspannungsschwankung erhalten wir bei dem Verhältnis C/P = 1 µF/W. Der Strom durch die Dioden ist im unteren Teilbild dargestellt. Mit größer werdender Leistung nimmt nicht nur die Amplitude des Stromes zu, sondern der Zeitbereich mit leitender Diode wird ebenfalls größer. In der Abbildung sind für die Kurve 4, d.h. für den Fall P = 2 kW, die beiden Phasenwinkel ωt_1 und ωt_2 eingetragen. Wir erkennen, dass der Zeitpunkt t_2 des Übergangs von der sperrenden zur leitenden Diode wegen der stärkeren Kondensatorentladung früher einsetzt als bei den Kurven mit kleinerer Leistung. Aus dem gleichen Grund bleibt die Diode länger leitend, da der Zeitpunkt des Übergangs zur sperrenden Diode t_1 später eintritt.

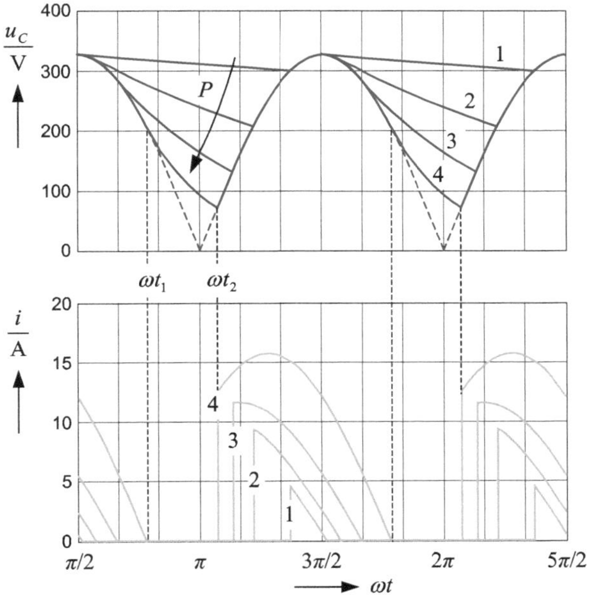

Abbildung 4: Oberes Teilbild: zeitlicher Verlauf der Kondensatorspannung
unteres Teilbild: zeitlicher Verlauf des Diodenstromes
Kurven: 1: 100 W (R = 976 Ω),2: 500 W (R = 147,9 Ω)
3: 1 kW (R = 60,7 Ω),4: 2 kW (R = 27,3 Ω)

Bemerkung:
Aus den Ergebnissen lässt sich eine weitere Erkenntnis gewinnen. In den Gln. (2a), (3) und (5) treten die Werte der Netzwerkelemente nur als Produkt RC auf. Für gleiche Zeitkonstanten $\tau = RC$ sind also die Umschaltzeitpunkte gleich und damit auch der Verlauf der Ausgangsspannung, und zwar unabhängig von der Ausgangsleistung. Die maximale Ausgangsspannung entspricht der Amplitude der Netzspannung $u_{C\max} = \hat{u}_N$. Die minimale Ausgangsspannung tritt zum Zeitpunkt t_2 auf, sodass die Spannungsdifferenz am Kondensator unter Verwendung der Gl. (4) durch die Beziehung

$$\Delta u_C = \hat{u}_N - u_C(t_2) = \hat{u}_N\left[1 - \sin(\omega t_2 + \pi)\right]$$

gegeben ist. Die prozentuale Spannungsschwankung $(\Delta u_C / \hat{u}_N) \cdot 100\ \%$ ist als Funktion der Zeitkonstanten $\tau = RC$ in Abb. 5 dargestellt. Die Zahlen 1 bis 4 korrespondieren mit den entsprechenden Kurven in Abb. 4.

Die Spannungsschwankungen bleiben unterhalb von 10 %, wenn die Zeitkonstanten im Bereich größer 100 ms liegen.

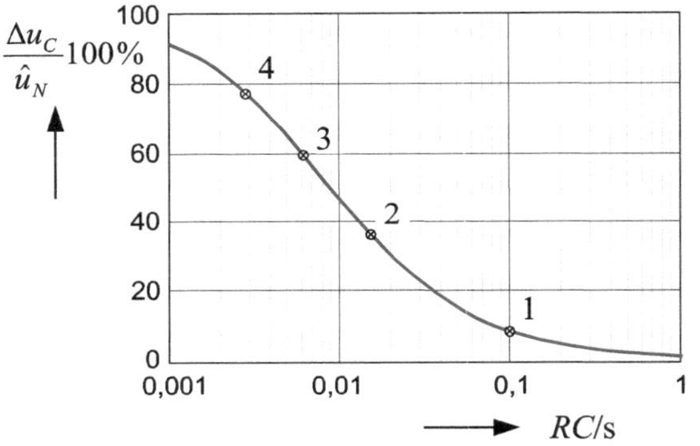

Abbildung 5: Prozentuale Schwankung der Kondensatorspannung

Aufgabe 10.10 Spannungswandlerschaltung mit galvanischer Trennung zwischen Eingang und Ausgang

Die Abb. 1 zeigt eine Schaltung zur Umwandlung einer Eingangsgleichspannung U in eine galvanisch getrennte Ausgangsgleichspannung U_0. Der Schalter wird in der Praxis durch einen Hochfrequenztransistor, z.B. einen MOSFET, realisiert und arbeitet üblicherweise mit einer Schaltfrequenz im Bereich > 20 kHz. Innerhalb einer Schaltperiode ist der Schalter im Zeitbereich $0 \le t < \delta T$ geschlossen und im Zeitbereich $\delta T \le t < T$ geöffnet. Die Primärseite des Transformators besitzt die Induktivität $L_1 = N_1^2 A_L$, auf der Sekundärseite gilt $L_2 = N_2^2 A_L$. Das Übersetzungsverhältnis $\ddot{u} = N_1/N_2$ ist durch das Verhältnis der Windungszahlen gegeben. Der Ausgangskondensator ist so bemessen, dass die Spannung U_0 als konstant angesehen werden kann. Zur Vereinfachung der Berechnung werden der Transformator, der Schalter und auch die Diode als verlustfrei angenommen.

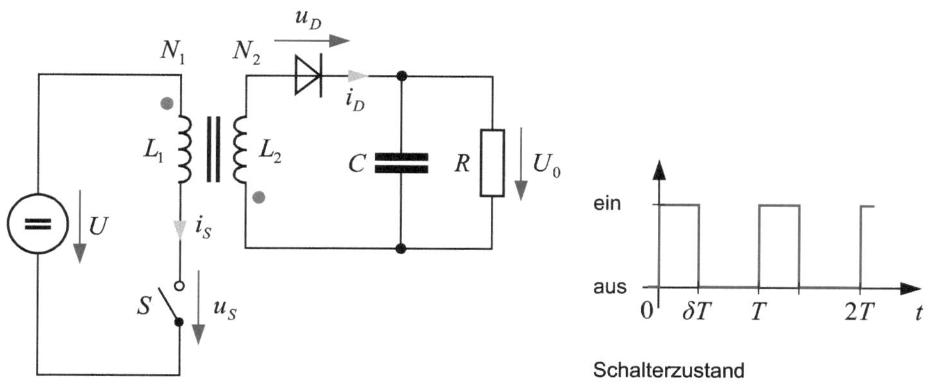

Abbildung 1: Sperrwandler

1. Welche Netzwerkzustände können auftreten und welche Strom- und Spannungsbeziehungen gelten in diesen Fällen?
2. Welche Bedingungen müssen für die Ströme bzw. Spannungen gelten, wenn der Schalter öffnet bzw. schließt?
3. Bestimmen Sie in Abhängigkeit der Spannungen U und U_0 sowie der zu übertragenden Leistung P die Spannungen $u_S(t)$, $u_D(t)$ und die Ströme $i_S(t)$, $i_D(t)$ als Funktion der Zeit für eine komplette Schaltperiode, und zwar sowohl für den kontinuierlichen als auch für den diskontinuierlichen Betrieb.
4. Bestimmen Sie den zeitlichen Mittelwert der aufgenommenen Leistung.

Lösung zur Teilaufgabe 1:

Diese Schaltung soll unter den gleichen vereinfachenden Annahmen wie die Schaltung in Kap. 10.9 behandelt werden, d.h., die beiden Schaltelemente Transistor und Diode stellen je nach Schaltzustand einen Kurzschluss bzw. einen Leerlauf dar.

1. Zustand: Der Schalter S ist geschlossen
Das zugehörige Netzwerk ist in Abb. 2 dargestellt. Die Spannung an der Primärseite des Transformators entspricht der Eingangsspannung $u_1 = U$ und für die eingezeichnete Sekundärspannung gilt

$$u_2 = \frac{N_2}{N_1} u_1 = \frac{1}{ü} U .$$

Der Maschenumlauf auf der Sekundärseite liefert eine negative Diodenspannung

$$u_D = -u_2 - U_0 = -\frac{U}{ü} - U_0 < 0 .$$

Die Diode sperrt, d.h., $i_D = 0$ und die Sekundärseite des Transformators befindet sich im Leerlauf. Der Fall, dass Schalter und Diode gleichzeitig leiten, kann also nicht auftreten. Das Netzwerk zerfällt bei leitendem Transistor in zwei getrennte Teilnetzwerke. Auf der Ausgangsseite wird die dem Lastwiderstand R zugeführte Leistung aus dem

Kondensator entnommen (die geringfügige Abnahme der Kondensatorspannung während dieser Zeitspanne wird vernachlässigt).

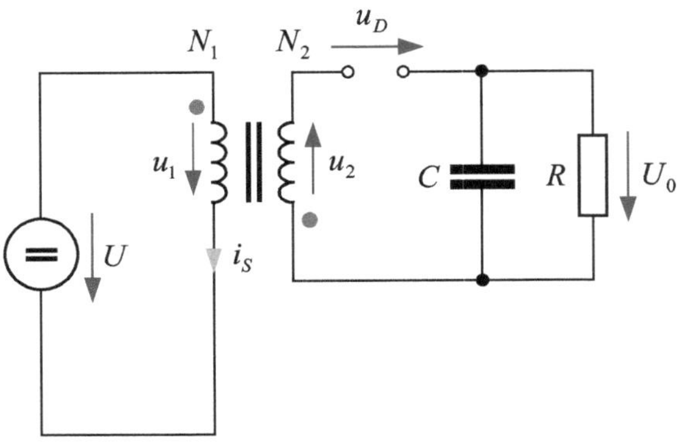

Abbildung 2: Netzwerk bei eingeschaltetem Transistor

Für den Eingangskreis gilt die Beziehung

$$u_1 = U = L_1 \frac{\mathrm{d}i_S}{\mathrm{d}t} \quad \rightarrow \quad \int_{i_S(t_0)}^{i_S(t)} \mathrm{d}i_S = \frac{U}{L_1} \int_{t_0}^{t} \mathrm{d}t \quad \rightarrow \quad i_S(t) = i_S(t_0) + \frac{U}{L_1}(t - t_0) \,. \tag{1}$$

Der Strom durch die primärseitige Spule steigt linear an. Wegen $i_D = 0$ wird die dem Transformator eingangsseitig zugeführte Energie im Magnetfeld gespeichert.

2. Zustand: Der Schalter S ist geöffnet, die Diode ist leitend
In diesem Fall gilt

$$u_D = 0 \quad \rightarrow \quad u_2 = -U_0 \quad \rightarrow \quad u_1 = \ddot{u}u_2 = -\ddot{u}U_0 \,.$$

Der Maschenumlauf auf der Eingangsseite liefert eine Sperrspannung am Transistor

$$u_S = -u_1 + U = U + \ddot{u}U_0 \,,$$

die unter Umständen wesentlich größer als die Eingangsspannung ist. Der Schalttransistor muss also entsprechend dimensioniert sein.

Während der Strom i_S auf der Primärseite verschwindet, gilt für die Sekundärseite

$$u_2 = -U_0 = L_2 \frac{\mathrm{d}i_D}{\mathrm{d}t} \quad \rightarrow \quad i_D(t) = i_D(t_0) - \frac{U_0}{L_2}(t - t_0) \,. \tag{2}$$

Der Diodenstrom nimmt linear mit der Zeit ab, d.h., die während der Einschaltphase des Transistors im Magnetfeld gespeicherte Energie wird jetzt an den Ausgangskondensator und den Lastwiderstand abgegeben.

3. Zustand: Der Schalter S ist geöffnet, die Diode ist nicht leitend
Da beide Schaltelemente jetzt gesperrt sind, gilt $i_S = i_D = 0$ und wegen $u_1 = L_1 \mathrm{d}i_S/\mathrm{d}t$ bzw. $u_2 = L_2 \mathrm{d}i_D/\mathrm{d}t$ gilt für die beiden Transformatorspannungen $u_1 = u_2 = 0$. Daraus folgt unmittelbar $u_S = U$ und $u_D = -U_0$. Damit sind alle Netzwerkzustände beschrieben.

Lösung zur Teilaufgabe 2:

Bei allen Schaltvorgängen muss die physikalische Forderung erfüllt sein, dass die Energie in den induktiven und kapazitiven Netzwerkelementen stetig ist. Während der Kondensator nicht weiter betrachtet werden muss, da wir die Spannung U_0 bereits als konstant angenommen haben, liefert uns diese Forderung am Transformator die Werte für die Anfangsströme i_S und i_D unmittelbar nach dem Schaltvorgang.

Lösung zur Teilaufgabe 3:

Wir beginnen die Analyse mit dem Einschalten des Transistors zum Zeitpunkt $t = 0$. Der Strom durch den Schalter war vorher null. Den Strom durch die Diode unmittelbar vor dem Schaltvorgang, d.h. am Ende der vorhergehenden Schaltperiode, bezeichnen wir mit $i_D(T)$. Bei dem oben beschriebenen 2. Zustand gilt $i_D(T) > 0$, beim 3. Zustand gilt $i_D(T) = 0$. Das Einschalten des Transistors bedeutet entsprechend dem Zustand 1, dass der Diodenstrom null werden muss und damit gegebenenfalls von einem Wert $i_D(T) > 0$ auf den Wert $i_D(0) = 0$ springt. Die geforderte Stetigkeit der magnetischen Energie im Transformator führt auf die Bedingung

$$\frac{1}{2} L_1 i_S^2(0) = \frac{1}{2} L_2 i_D^2(T) \quad \rightarrow \quad i_S(0) = \sqrt{\frac{L_2}{L_1}}\, i_D(T) = \frac{1}{\ddot{u}} i_D(T)\,.$$

Der Transistorstrom springt also im Schaltaugenblick auf den Anfangswert $i_S(0)$ und nimmt in dem Zeitbereich $0 \le t < \delta T$ nach Gl. (1) den folgenden Verlauf an:

$$i_S(t) = i_S(0) + \frac{U}{L_1} t\,.$$

Wird der Transistor zum Zeitpunkt δT ausgeschaltet, dann muss der Strom i_S von dem Wert

$$i_S(\delta T) = i_S(0) + \frac{U}{L_1} \delta T = i_{S\max}$$

auf den Wert null springen. Die Stetigkeit der Energie erfordert jetzt einen Sprung des Diodenstromes vom Wert null auf den Wert

$$i_D(\delta T) = \ddot{u}\, i_{S\max}\,.$$

In dem jetzt vorliegenden 2. Zustand nimmt der Diodenstrom gemäß Gl. (2) linear ab

$$i_D(t) = i_D(\delta T) - \frac{U_0}{L_2}(t - \delta T)\,.$$

Das Ende dieses Netzwerkzustands kann zwei unterschiedliche Ursachen haben. Falls der Diodenstrom noch innerhalb der Schaltperiode zu einem Zeitpunkt $t = \varepsilon T < T$ null wird, dann sperrt die Diode und der Transistor ist noch immer ausgeschaltet, d.h., das Netzwerk wird in dem Zeitbereich $\varepsilon T \le t < T$ durch den oben angegebenen 3. Zustand beschrieben. In diesem Zeitabschnitt verschwinden beide Ströme durch die Schaltelemente gleichzeitig und damit ist auch der Transformator stromlos. Diese Netzwerkabfolge wird als diskontinuierlicher Betrieb bezeichnet. Die zugehörigen Strom- und Spannungsverläufe sind in Abb. 3 dargestellt. Bei der zweiten Ursache besitzt der Diodenstrom am Ende der Schaltperiode $t = T$ noch immer einen endlichen Wert, aber der Transistor wird bereits wieder eingeschaltet. In diesem Fall geht das Netzwerk direkt von dem Zustand 2 in den Zustand 1 über. Die im Transformator gespeicherte Energie weist keine zeitlichen Lücken auf, die zugehörige Betriebsart wird als kontinuierlicher Betrieb bezeichnet. Die zugehörigen Strom- und Spannungsverläufe sind ebenfalls in Abb. 3 dargestellt.

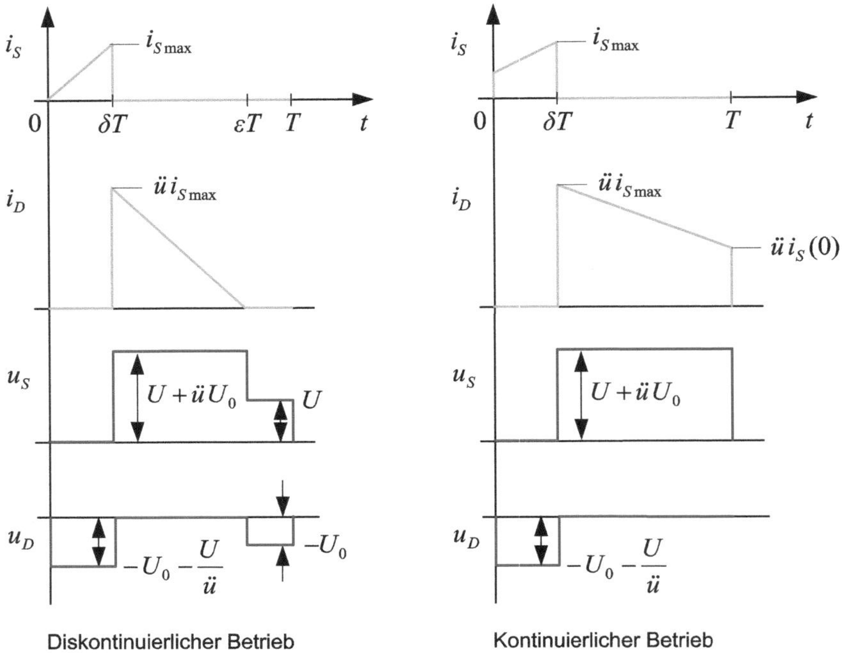

Abbildung 3: Idealisierte Strom- und Spannungsverläufe

Im Grenzfall zwischen den beiden Betriebsarten gilt $\varepsilon = 1$. Der Abfall des Diodenstromes auf den Wert null fällt exakt mit dem Ende der Schaltperiode zusammen. Die Frage, in welcher Betriebsart sich die Schaltung befindet, hängt von den Induktivitäten L_1 und L_2, der Schaltfrequenz $f = 1/T$ und der zu übertragenden Leistung P ab.

Lösung zur Teilaufgabe 4:

Die Berechnung der im zeitlichen Mittel aufgenommenen Leistung erfolgt allgemein durch Berechnung des Integrals

$$P = \frac{1}{T}\int_0^T u_i(t)\, i_i(t)\, \mathrm{d}t \,,$$

in dem $u_i(t)$ die gegebenenfalls zeitabhängige Eingangsspannung und $i_i(t)$ den zeitabhängigen Eingangsstrom bezeichnen. Für das hier betrachtete Beispiel gilt

$$P = \frac{1}{T}\int_0^T U\, i_S(t)\, \mathrm{d}t = \frac{U}{T}\int_0^{\delta T} i_S(t)\, \mathrm{d}t = \frac{U}{T}\,\frac{i_S(0) + i_{S\,max}}{2}\,\delta T = \delta U\left[i_S(0) + \frac{U}{2L_1}\,\delta T\right].$$

Der Wert des Integrals lässt sich unmittelbar an dem Kurvenverlauf von $i_S(t)$ in Abb. 3 ablesen. Im diskontinuierlichen Fall vereinfacht sich diese Formel wegen $i_S(0) = 0$.

Aufgabe 10.11 | Einschaltvorgang beim Parallelschwingkreis

Zum Zeitpunkt $t = 0$ wird der Schalter in Abb. 1 geöffnet und der Gleichstrom I auf den Parallelschwingkreis geschaltet.

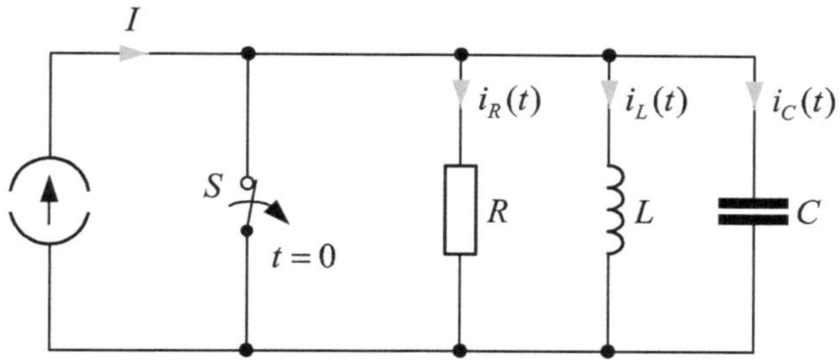

Abbildung 1: Parallelschwingkreis

1. Berechnen Sie für die Werte $L = 1$ mH und $C = 1$ nF die zeitabhängigen Ströme $i_R(t)$, $i_L(t)$ und $i_C(t)$ für die drei Fälle $R = 100\,\Omega$, $R = 500\,\Omega$ und $R = 2500\,\Omega$.
2. Wie verhält sich das Netzwerk, wenn der Widerstand nicht vorhanden ist?

Lösung zur Teilaufgabe 1:

Die Berechnung der gesuchten Größen folgt dem in Kap. 10.12 angegebenen Schema.

1. Schritt: Aufstellen der Differentialgleichungen
Die Knotengleichung

$$I = i_R(t) + i_L(t) + i_C(t)$$

wird mit den an den Komponenten geltenden Beziehungen

$$u(t) = L\frac{\mathrm{d}i_L(t)}{\mathrm{d}t}, \quad i_R(t) = \frac{u(t)}{R} \quad \text{und} \quad i_C(t) = C\frac{\mathrm{d}u(t)}{\mathrm{d}t} \tag{1}$$

auf eine der Differentialgleichung (10.73) entsprechende Form gebracht

$$\frac{L}{R}\frac{\mathrm{d}i_L(t)}{\mathrm{d}t} + i_L(t) + LC\frac{\mathrm{d}^2 i_L(t)}{\mathrm{d}t^2} = I \quad \rightarrow \quad \frac{\mathrm{d}^2 i_L(t)}{\mathrm{d}t^2} + \frac{1}{RC}\frac{\mathrm{d}i_L(t)}{\mathrm{d}t} + \frac{1}{LC}i_L(t) = \frac{1}{LC}I,$$

die zusammen mit den Anfangsbedingungen für die Kondensatorspannung und den Spulenstrom

$$u(t=0) = 0 \quad \text{und} \quad i_L(t=0) = 0 \tag{2}$$

das Problem eindeutig beschreibt.

2. Schritt: Bestimmung der partikulären Lösung
Für den zeitlich konstanten Quellenstrom kann die partikuläre Lösung für $t \to \infty$ unmittelbar angegeben werden. Wird die Spule durch einen Kurzschluss und der Kondensator durch einen Leerlauf ersetzt, dann gilt

$$i_{Lp}(t) = I \qquad \text{und} \qquad u_p(t) = 0\,.$$

3. Schritt: Bestimmung der homogenen Lösung
Mit dem Ansatz für die homogene Lösung

$$i_{Lh}(t) = k\,\mathrm{e}^{pt}$$

erhalten wir aus der Differentialgleichung

$$\frac{\mathrm{d}^2 i_{Lh}(t)}{\mathrm{d}t^2} + \frac{1}{RC}\frac{\mathrm{d}i_{Lh}(t)}{\mathrm{d}t} + \frac{1}{LC} i_{Lh}(t) = 0$$

die charakteristische Gleichung

$$kp^2\mathrm{e}^{pt} + \frac{1}{RC}kp\,\mathrm{e}^{pt} + \frac{1}{LC}k\,\mathrm{e}^{pt} = 0 \qquad \to \qquad p^2 + \frac{1}{RC}p + \frac{1}{LC} = 0$$

mit den beiden Eigenwerten

$$p_{1,2} = -\frac{1}{2RC} \pm \sqrt{\frac{1}{4R^2C^2} - \frac{1}{LC}}\,.$$

Mit den in der Aufgabenstellung angegebenen Zahlenwerten erhalten wir die Eigenwerte

$$\text{für } R = 100\,\Omega\text{:} \quad p_1 = \left(-5+\sqrt{24}\right)\cdot 10^6\,\frac{1}{\mathrm{s}}, \quad p_2 = \left(-5-\sqrt{24}\right)\cdot 10^6\,\frac{1}{\mathrm{s}} \tag{3}$$

$$\text{für } R = 500\,\Omega\text{:} \quad p_1 = p_2 = -10^6\,\frac{1}{\mathrm{s}}$$

$$\text{für } R = 2500\,\Omega\text{:} \quad p_1 = \left(-0{,}2+\mathrm{j}\sqrt{0{,}96}\right)\cdot 10^6\,\frac{1}{\mathrm{s}}, \quad p_2 = \left(-0{,}2-\mathrm{j}\sqrt{0{,}96}\right)\cdot 10^6\,\frac{1}{\mathrm{s}}\,.$$

4. Schritt: Bestimmung der unbekannten Konstanten
1. Fall: $R = 100\,\Omega$
Mit den beiden reellen Eigenwerten (3) und der homogenen Lösung für den Spulenstrom nach Gl. (10.81) gilt für die Gesamtlösung der Ansatz

$$i_L(t) = I + k_1\,\mathrm{e}^{p_1 t} + k_2\,\mathrm{e}^{p_2 t}\,.$$

Die beiden unbekannten Konstanten werden mithilfe der Randbedingungen (2) bestimmt

$$i_L(t=0) = 0 \qquad \to \qquad k_1 + k_2 = -I$$

$$u(t=0) = 0 \qquad \text{Gl. (1)} \;\to \qquad k_1 p_1 + k_2 p_2 = 0\,.$$

Nach Auflösung dieser beiden Gleichungen erhalten wir das resultierende Ergebnis

$$i_L(t) = I\left(1 - \frac{p_2\, e^{p_1 t} - p_1\, e^{p_2 t}}{p_2 - p_1}\right).$$

Für die beiden anderen Ströme gilt mit Gl. (1)

$$i_R(t) = \frac{L}{R}\frac{di_L(t)}{dt} = I\frac{L}{R}\frac{p_1 p_2}{p_2 - p_1}\left(e^{p_2 t} - e^{p_1 t}\right)$$

und

$$i_C(t) = LC\frac{d^2 i_L(t)}{dt^2} = I\,LC\frac{p_1 p_2}{p_2 - p_1}\left(p_2 e^{p_2 t} - p_1 e^{p_1 t}\right).$$

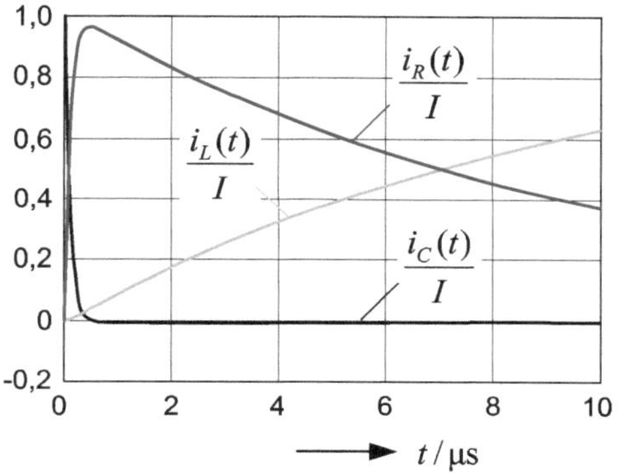

Abbildung 2: Auf I normierte Ströme für $R = 100\ \Omega$

2. Fall: $R = 500\ \Omega$
Hier liegt der aperiodische Grenzfall mit den beiden identischen Eigenwerten $p_1 = p_2$ vor. Mit der homogenen Lösung nach Gl. (10.82) gilt für die Gesamtlösung der Ansatz

$$i_L(t) = I + (k_1 + k_2 t)\, e^{p_1 t}.$$

Die Randbedingungen (2) liefern jetzt die beiden Bestimmungsgleichungen

$$i_L(t=0) = 0 \quad \rightarrow \quad k_1 = -I$$

$$u(t=0) = 0 \quad \rightarrow \quad 0 = k_1 p_1 + k_2$$

und damit die Ströme

$$i_L(t) = I\left(1 - e^{p_1 t} + p_1\, t\, e^{p_1 t}\right),$$

$$i_R(t) = \frac{L}{R}\frac{di_L(t)}{dt} = I\frac{L}{R}p_1^2\, t\, e^{p_1 t}$$

und

$$i_C(t) = LC\frac{d^2 i_L(t)}{dt^2} = I\,LC\, p_1^2\,(1 + p_1 t)\, e^{p_1 t}.$$

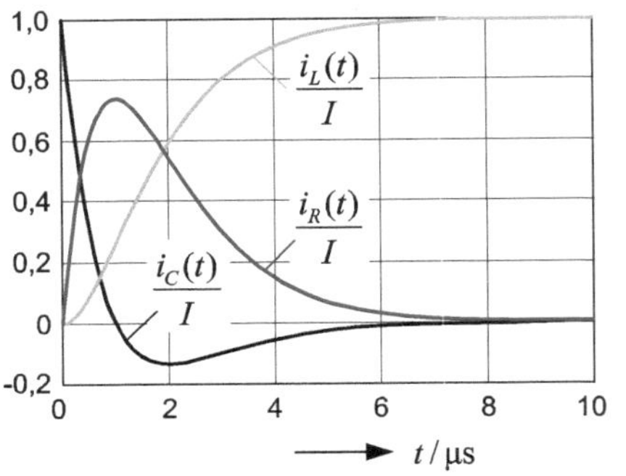

Abbildung 3: Auf I normierte Ströme für $R = 500\ \Omega$

3. Fall: $R = 2500\ \Omega$

Für die konjugiert komplexen Eigenwerte $p_1 = \alpha + \mathrm{j}\beta$ und $p_2 = \alpha - \mathrm{j}\beta$ erhalten wir mit der homogenen Lösung nach Gl. (10.83) den Ansatz für die Gesamtlösung

$$i_L(t) = I + k_1 \mathrm{e}^{\alpha t}\cos(\beta t) + k_2 \mathrm{e}^{\alpha t}\sin(\beta t)\,.$$

Nach Auflösung der beiden Bestimmungsgleichungen

$$i_L(t=0) = 0 \quad \rightarrow \quad k_1 = -I$$

$$u(t=0) = 0 \quad \rightarrow \quad 0 = \alpha k_1 + \beta k_2$$

erhalten wir die Ströme

$$i_L(t) = I\left[1 - \mathrm{e}^{\alpha t}\cos(\beta t) + \frac{\alpha}{\beta}\mathrm{e}^{\alpha t}\sin(\beta t)\right],$$

$$i_R(t) = \frac{L}{R}\frac{\mathrm{d}i_L(t)}{\mathrm{d}t} = I\frac{L}{R}\frac{\alpha^2+\beta^2}{\beta}\sin(\beta t)\,\mathrm{e}^{\alpha t}$$

und

$$i_C(t) = LC\frac{\mathrm{d}^2 i_L(t)}{\mathrm{d}t^2} = I\,LC\frac{\alpha^2+\beta^2}{\beta}\left[\alpha\sin(\beta t) + \beta\cos(\beta t)\right]\mathrm{e}^{\alpha t}\,.$$

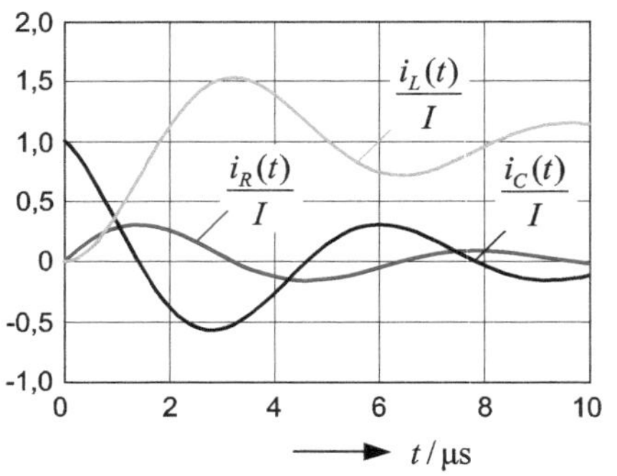

Abbildung 4: Auf I normierte Ströme für $R = 2500\ \Omega$

In allen Fällen fließt der gesamte Strom unmittelbar nach dem Schaltvorgang durch den Kondensator. Der Strom durch den Widerstand ist proportional zur Kondensatorspannung und beginnt daher immer bei null. Der Spulenstrom muss stetig sein und beginnt daher ebenfalls immer bei null.

Lösung zur Teilaufgabe 2:

Für $t \to \infty$ gilt in allen Fällen $i_L(t) = I$. Eine Ausnahme bildet der Sonderfall $R \to \infty$. Wegen der fehlenden Dämpfung schwingt der Spulenstrom mit der Amplitude I um den Mittelwert $i_{Lp}(t) = I$ und steigt daher bis auf den doppelten Quellenstrom an.

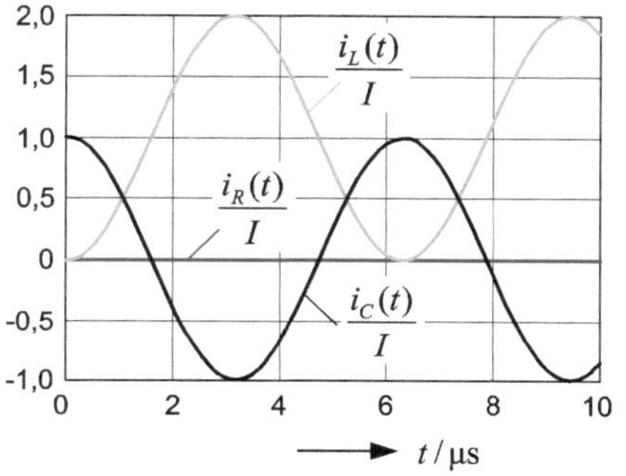

Abbildung 5: Auf I normierte Ströme für $R \to \infty$

Die Laplace-Transformation

Wichtige Formeln

11

Transformation in den Bildbereich

komplexe Frequenz: $s = \sigma + \mathrm{j}\omega, \quad \mathrm{d}\omega = \frac{1}{\mathrm{j}}\mathrm{d}s$

$$\underline{U}(s) = \mathbf{L}\{u(t)\} = \int_0^\infty u(t)\,\mathrm{e}^{-st}\,\mathrm{d}t$$

Originalfunktion $u(t)$, $u(t<0) = 0$	Bildfunktion $\underline{U}(s)$
1 (Sprungfunktion)	$\frac{1}{s}$
$t^n, \quad (n = 1,2,..)$	$\frac{n!}{s^{n+1}}$
e^{-at}	$\frac{1}{s+a}$
$t^n \mathrm{e}^{-at}, \quad (n = 1,2,..)$	$\frac{n!}{(s+a)^{n+1}}$
$\frac{1}{a}\mathrm{e}^{-\frac{t}{a}}$	$\frac{1}{as+1}$
$1-\mathrm{e}^{-\frac{t}{a}}$	$\frac{1}{s(as+1)}$
$\sin(at+\varphi)$	$\frac{s\sin\varphi + a\cos\varphi}{s^2+a^2}$
$\cos(at+\varphi)$	$\frac{s\cos\varphi - a\sin\varphi}{s^2+a^2}$
$t\sin(at)$	$\frac{2as}{(s^2+a^2)^2}$
$t\cos(at)$	$\frac{s^2-a^2}{(s^2+a^2)^2}$

Aufstellen und Lösen des Gleichungssystems

Komponente	Spannung	Strom
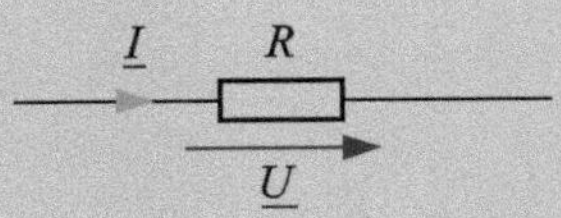	$\underline{U} = R\underline{I}$	$\underline{I} = \underline{U}/R$
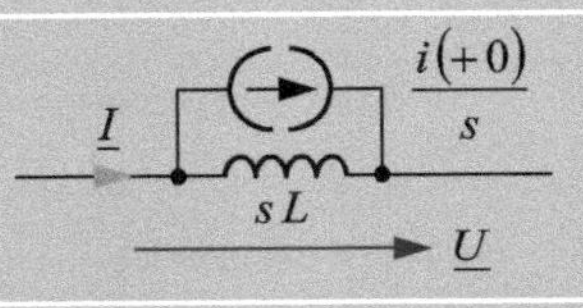	$\underline{U} = sL\underline{I} - Li(+0)$	$\underline{I} = \frac{1}{sL}\underline{U} + \frac{i(+0)}{s}$
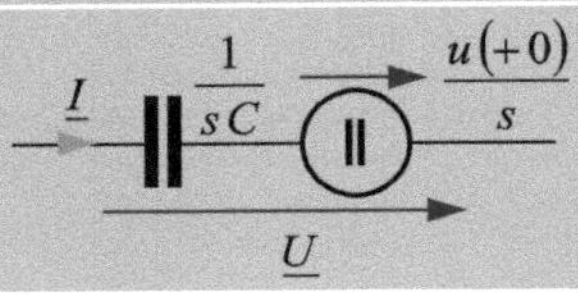	$\underline{U} = \frac{1}{sC}\underline{I} + \frac{u(+0)}{s}$	$\underline{I} = sC\underline{U} - Cu(+0)$

Rücktransformation in den Zeitbereich

$$u(t) = \mathbf{L}^{-1}\{\underline{U}(s)\} = \frac{1}{2\pi\,\mathrm{j}} \int_{\sigma-\mathrm{j}\infty}^{\sigma+\mathrm{j}\infty} \underline{U}(s)\,\mathrm{e}^{st}\,\mathrm{d}s$$

Faltungssatz

$$u(t) = \mathbf{L}^{-1}\{\underline{U}_1(s)\cdot\underline{U}_2(s)\} = \int_0^t u_1(\tau)\,u_2(t-\tau)\,\mathrm{d}\tau = \int_0^t u_1(t-\tau)\,u_2(\tau)\,\mathrm{d}\tau$$

Wichtige Formeln

Lineare Überlagerung

$$\mathbf{L}\{a_1u_1(t)+a_2u_2(t)+\ldots+a_nu_n(t)\}=a_1\mathbf{L}\{u_1(t)\}+a_2\mathbf{L}\{u_2(t)\}+\ldots+a_n\mathbf{L}\{u_n(t)\}$$

Verschiebungssatz

$$\mathbf{L}\{u(t-t_0)\}=\mathrm{e}^{-st_0}\,\mathbf{L}\{u(t)\}$$

Dämpfungssatz

$$\mathbf{L}\left\{u(t)\,\mathrm{e}^{-at}\right\}=\underline{U}(s+a)$$

Ähnlichkeitssatz

$$\mathbf{L}\{u(at)\}=\frac{1}{a}\underline{U}\left(\frac{s}{a}\right) \qquad \frac{1}{a}\mathbf{L}\left\{u\left(\frac{t}{a}\right)\right\}=\underline{U}(as)$$

Periodizität von Signalen

$$\mathbf{L}\{u(t)\}=\frac{1}{1-\mathrm{e}^{-sT}}\int_0^T u(t)\mathrm{e}^{-st}\,\mathrm{d}t$$

Differentiationssatz

$$\mathbf{L}\{u'(t)\}=s\,\mathbf{L}\{u(t)\}-u(+0)=s\underline{U}(s)-u(+0)$$

$$\mathbf{L}\left\{u^{(n)}(t)\right\}=s^n\underline{U}(s)-s^{n-1}u(+0)-s^{n-2}u'(+0)-\ldots-su^{(n-2)}(+0)-u^{(n-1)}(+0)$$

Integrationssatz

$$\mathbf{L}\left\{\int_0^t u(\tau)\,\mathrm{d}\tau\right\}=\frac{1}{s}\mathbf{L}\{u(t)\}$$

11.1 Verständnisaufgaben

1. Berechnen Sie die Laplace-Transformierte der Sprungfunktion.

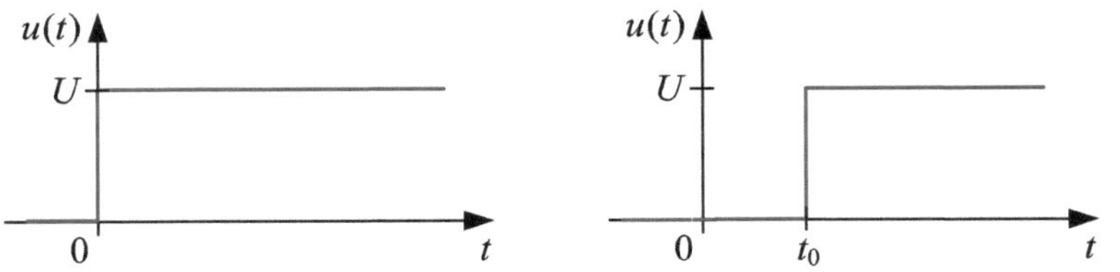

Wie wirkt sich eine zeitliche Verschiebung der Funktion um $t = t_0$ bei der Bildfunktion aus?

2. Welche Schritte sind erforderlich, um ein Netzwerk mithilfe der Laplace-Transformation zu analysieren?

3. Wie lässt sich eine Funktion $\underline{F}(s)$ in den Zeitbereich zurücktransformieren?

Lösung zur Aufgabe 1:

Einsetzen der Sprungfunktion

$$u(t) = \begin{cases} U & \text{für} \quad t > 0 \\ 0 & \quad\quad\;\; t < 0 \end{cases}$$

in die Berechnungsvorschrift führt auf das nachstehende Ergebnis:

$$\mathbf{L}\{u(t)\} = \int_0^\infty u(t)\,\mathrm{e}^{-st}\,\mathrm{d}t = \frac{U}{-s}\mathrm{e}^{-st}\Big|_0^\infty = \frac{U}{-s}(0-1) = \frac{U}{s}.$$

Bei der verschobenen Funktion liefert der Bereich $0 \le t < t_0$ keinen Beitrag zum Integral. Mit der geänderten unteren Integrationsgrenze erhalten wir in Übereinstimmung mit dem Verschiebungssatz unmittelbar das Ergebnis

$$\mathbf{L}\{u(t)\} = \int_0^\infty u(t)\,\mathrm{e}^{-st}\,\mathrm{d}t = \int_{t_0}^\infty U\,\mathrm{e}^{-st}\,\mathrm{d}t = \frac{U}{-s}\mathrm{e}^{-st}\Big|_{t_0}^\infty = \frac{U}{-s}\left(0-\mathrm{e}^{-st_0}\right) = \frac{U}{s}\mathrm{e}^{-st_0}.$$

Lösung zur Aufgabe 2:

1.a) Transformation des Netzwerks in den Bildbereich und Aufstellung der Netzwerkgleichungen

1.b) Alternativ: Aufstellung der Netzwerkgleichungen im Zeitbereich und Transformation der Differentialgleichungen in den Bildbereich

2. Lösung des algebraischen Gleichungssystems im Bildbereich

3. Rücktransformation in den Zeitbereich

Lösung zur Aufgabe 3:

Die gebräuchlichsten Methoden sind:

- Verwendung der Korrespondenztabellen
- Gegebenenfalls vorhergehende Partialbruchzerlegung
- Lösung des Integrals $f(t) = \frac{1}{2\pi \mathrm{j}} \int_{\sigma-\mathrm{j}\infty}^{\sigma+\mathrm{j}\infty} \underline{U}(s)\, \mathrm{e}^{st}\, \mathrm{d}s$

11.2 Level 1

Aufgabe 11.1 | Lösung einer Differentialgleichung

Gegeben ist die Differentialgleichung

$$\frac{\mathrm{d}^2}{\mathrm{d}t^2} u(t) + b^2 u(t) = x(t)$$

mit einer bekannten Funktion $x(t)$, der Konstanten b und mit den Anfangswerten

$$u(t=0) = u_0 \quad \text{und} \quad \left.\frac{\mathrm{d}}{\mathrm{d}t} u(t)\right|_{t=+0} = u_0{}'.$$

1. Transformieren Sie diese Differentialgleichung in den Bildbereich.
2. Berechnen Sie die zeitabhängige Funktion $u(t)$ für den Fall, dass die Funktion $x(t)$ der Sprungfunktion entspricht, zum Zeitpunkt $t = 0$ also von null auf den Wert X_0 springt.
3. Kontrollieren Sie das Ergebnis.

Lösung zur Teilaufgabe 1:

Der Differentiationssatz für die zweite Ableitung lautet

$$\mathbf{L}\left\{ u^{(2)}(t) \right\} = s^2 \underline{U}(s) - s^1\, u(+0) - u^{(1)}(+0)$$

bzw.

$$\mathbf{L}\left\{ \frac{\mathrm{d}^2 u(t)}{\mathrm{d}t^2} \right\} = s^2 \underline{U}(s) - s^1\, u(+0) - \left.\frac{\mathrm{d}u(t)}{\mathrm{d}t}\right|_{t=+0} = s^2 \underline{U}(s) - s\, u_0 - u_0{}'.$$

Die Transformation der Differentialgleichung liefert somit die Beziehung im Bildbereich

$$s^2 \underline{U}(s) - s\, u_0 - u_0{}' + b^2\, \underline{U}(s) = \underline{X}(s) \quad \text{bzw.} \quad \underline{U}(s) = \frac{1}{s^2 + b^2}\left[\underline{X}(s) + s\, u_0 + u_0{}' \right].$$

Lösung zur Teilaufgabe 2:

Die Aufgabe besteht in der Rücktransformation der Ausdrücke

$$\underline{U}(s)=\frac{1}{s^2+b^2}\left[\frac{X_0}{s}+s\,u_0+u_0{}'\right]=X_0\frac{1}{s\left(s^2+b^2\right)}+u_0\frac{s}{s^2+b^2}+u_0{}'\frac{1}{s^2+b^2}.$$

Für den Faktor bei X_0 können wir die Korrespondenz 38 in Tabelle H.2

$$\sin^2(at)\quad\leftrightarrow\quad\frac{2a^2}{s\left(s^2+4a^2\right)}$$

verwenden, allerdings folgt dann aus dem Vergleich $4a^2 = b^2$ bzw. $a = b/2$. Damit gilt

$$\frac{2}{b^2}\sin^2\left(\frac{b}{2}t\right)\quad\leftrightarrow\quad\frac{1}{s\left(s^2+b^2\right)}.$$

Für den Faktor bei u_0 kann direkt die Korrespondenz 35 mit $a = b$ übernommen werden. Mit der Originalfunktion $\sin(bt)/b$ für den Faktor bei $u_0{}'$ gemäß Korrespondenz 34 erhalten wir die Gesamtlösung

$$u(t)=X_0\frac{2}{b^2}\sin^2\left(\frac{b}{2}t\right)+u_0\cos(bt)+u_0{}'\frac{1}{b}\sin(bt).$$

Lösung zur Teilaufgabe 3:

Die erste Randbedingung lässt sich unmittelbar überprüfen: $u(0) = 0+u_0+0$. Zur Kontrolle der zweiten Randbedingung benötigen wir die zeitliche Ableitung der Funktion:

$$\begin{aligned}\frac{\mathrm{d}u(t)}{\mathrm{d}t}&=X_0\frac{2}{b^2}2\sin\left(\frac{b}{2}t\right)\frac{b}{2}\cos\left(\frac{b}{2}t\right)-u_0b\sin(bt)+u_0{}'\cos(bt)\\&=X_0\frac{2}{b}\sin\left(\frac{b}{2}t\right)\cos\left(\frac{b}{2}t\right)-u_0b\sin(bt)+u_0{}'\cos(bt)\,.\end{aligned}$$

Damit ist auch die zweite Forderung

$$\left.\frac{\mathrm{d}u(t)}{\mathrm{d}t}\right|_{t=0}=0-0+u_0{}'$$

erfüllt. Als letzte Kontrolle muss noch überprüft werden, ob auch die Differentialgleichung erfüllt ist. Mit der zweiten Ableitung

$$\begin{aligned}\frac{\mathrm{d}^2u(t)}{\mathrm{d}t^2}&=X_0\frac{2}{b}\left[\frac{b}{2}\cos^2\left(\frac{b}{2}t\right)-\frac{b}{2}\sin^2\left(\frac{b}{2}t\right)\right]-u_0b^2\cos(bt)-u_0{}'b\sin(bt)\\&=X_0\left[\cos^2\left(\frac{b}{2}t\right)-\sin^2\left(\frac{b}{2}t\right)\right]-u_0b^2\cos(bt)-u_0{}'b\sin(bt)\end{aligned}$$

liefert die linke Seite der Differentialgleichung richtig den Wert X_0:

$$X_0\left[\cos^2\left(\frac{b}{2}t\right)-\sin^2\left(\frac{b}{2}t\right)\right]-u_0b^2\cos(bt)-u_0{'}b\sin(bt)$$

$$+b^2\left[X_0\frac{2}{b^2}\sin^2\left(\frac{b}{2}t\right)+u_0\cos(bt)+u_0{'}\frac{1}{b}\sin(bt)\right]=X_0\left[\cos^2\left(\frac{b}{2}t\right)+\sin^2\left(\frac{b}{2}t\right)\right]=X_0.$$

Damit ist die nach der Rücktransformation erhaltene zeitabhängige Funktion $u(t)$ die Lösung des gestellten Problems.

Aufgabe 11.2 | Rechteckimpuls an *RC*-Schaltung

Eine *RC*-Reihenschaltung liegt an einer Spannungsquelle mit dem in der Abbildung dargestellten zeitabhängigen Spannungsverlauf. An diesem einfachen Beispiel sollen verschiedene Möglichkeiten gezeigt werden, den zeitlichen Verlauf der Kondensatorspannung zu berechnen.

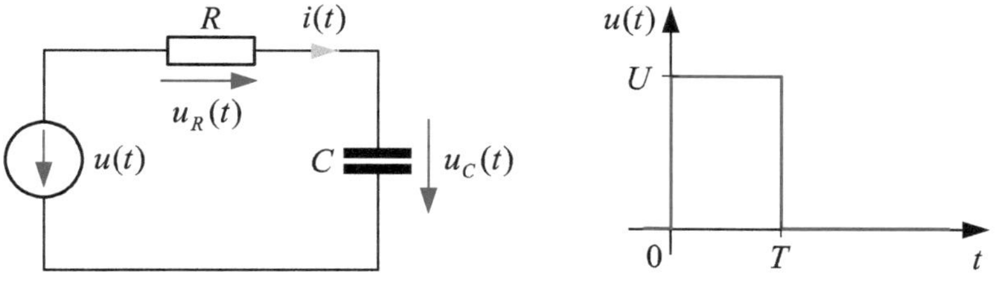

Abbildung 1: *RC*-Schaltung an impulsförmiger Spannungsquelle

1. Transformieren Sie die im Zeitbereich aufgestellte Differentialgleichung für die Kondensatorspannung $u_C(t)$ in den Bildbereich und geben Sie die Lösung für den Spannungssprung bei $t = 0$ und bei nicht verschwindender Anfangsspannung des Kondensators $u_{C0} = u_C(t=0) \neq 0$ an.
2. Berechnen Sie die Kondensatorspannung für den gesamten Zeitbereich $t > 0$, indem Sie mithilfe der Lösung aus Teilaufgabe 1 dem Spannungssprung der Höhe U zum Zeitpunkt $t = 0$ einen zweiten Spannungssprung der Höhe $-U$ zum Zeitpunkt $t = T$ überlagern.
3. Berechnen Sie die Kondensatorspannung für den Zeitbereich $t > T$, indem Sie das entsprechende Netzwerk mit $U = 0$ und mit der Kondensatorspannung $u_C(T) = u_{C0}$ als Anfangswert zugrunde legen.
4. Berechnen Sie die Kondensatorspannung für den Zeitbereich $t > T$, indem Sie das entsprechende Netzwerk mit $U = 0$ und mit dem Anfangswert der Kondensatorspannung $u_C(T) = u_{C0}$ in den Bildbereich übertragen.

Lösung zur Teilaufgabe 1:

Aus dem Maschenumlauf

$$U = Ri(t) + u_C(t) = RC\frac{\mathrm{d}u_C(t)}{\mathrm{d}t} + u_C(t)$$

folgt die Differentialgleichung für die Kondensatorspannung:

$$\frac{\mathrm{d}u_C(t)}{\mathrm{d}t} + \frac{1}{\tau}u_C(t) = \frac{U}{\tau} \quad \text{mit der Zeitkonstanten} \quad \tau = RC.$$

Mit dem Differentiationssatz erhalten wir im Bildbereich für den Spannungssprung bei $t = 0$ die Gleichung

$$s\underline{U}_C(s) - u_{C0} + \frac{1}{\tau}\underline{U}_C(s) = \frac{1}{\tau}\underline{U}(s) = \frac{1}{\tau}\frac{U}{s} \quad \rightarrow \quad \underline{U}_C(s) = \frac{U}{s(s\tau+1)} + \frac{\tau u_{C0}}{s\tau+1}.$$

Die Rücktransformation mit den Korrespondenzen 7 und 9 aus der Tabelle H.2 liefert die zeitabhängige Spannung

$$u_C(t) = U\left(1 - \mathrm{e}^{-\frac{t}{\tau}}\right) + u_{C0}\,\mathrm{e}^{-\frac{t}{\tau}}. \tag{1}$$

Lösung zur Teilaufgabe 2:

Gemäß Aufgabenstellung soll die Quellenspannung als Überlagerung von zwei Spannungssprüngen entsprechend Abb. 2 aufgefasst werden.

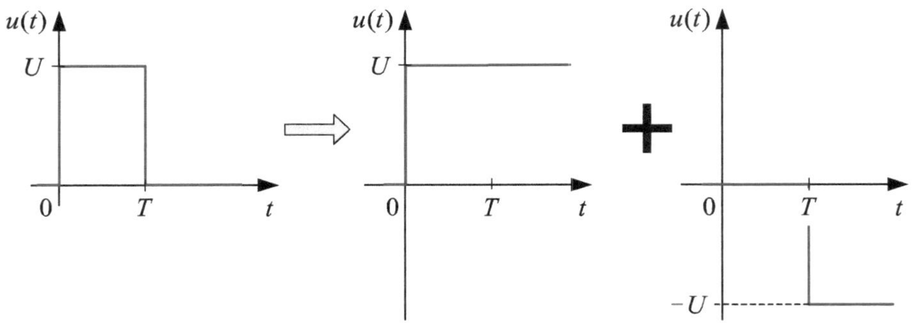

Abbildung 2: Zerlegung des Rechteckimpulses

Für den ersten Spannungssprung bei $t = 0$ erhalten wir wegen $u_{C0} = 0$ aus Gl. (1) das Ergebnis

$$u_{C,1}(t) = U\left(1 - \mathrm{e}^{-\frac{t}{\tau}}\right) \quad \text{für} \quad t > 0. \tag{2a}$$

Der zweite Spannungssprung bei $t = T$ wird völlig unabhängig von dem ersten Sprung behandelt, d.h., auch in diesem Fall gilt $u_{C0} = 0$. Unter Beachtung des geänderten Vorzeichens und mithilfe des Verschiebungssatzes folgt aus der Gl. (1) jetzt die Lösung

$$u_{C,2}(t) = -U\left(1-\mathrm{e}^{-\frac{t-T}{\tau}}\right) \qquad \text{für} \qquad t \geq T. \tag{2b}$$

Die resultierende Kondensatorspannung wird im Zeitbereich $0 \leq t < T$ ausschließlich durch die Lösung (2a) beschrieben, im Zeitbereich $T \leq t$ aus der Addition der beiden Teillösungen (2a) und (2b):

$$u_C(t) = U \cdot \begin{cases} 1-\mathrm{e}^{-\frac{t}{\tau}} & \text{für} \quad 0 \leq t < T \\ \mathrm{e}^{-\frac{t-T}{\tau}} - \mathrm{e}^{-\frac{t}{\tau}} & \phantom{\text{für}} \quad T \leq t\,. \end{cases} \tag{3}$$

Zum Zeitpunkt $t = T$ sind die beiden Lösungen wegen der Stetigkeit der Kondensatorspannung gleich.

Lösung zur Teilaufgabe 3:

Die Lösung für den Zeitbereich $0 \leq t < T$ ist identisch zur Teilaufgabe 2. Der Unterschied besteht in dem Zeitbereich $t \geq T$, in dem nicht mehr die beiden Teillösungen (2) überlagert werden, sondern es wird ein neuer Schaltvorgang betrachtet, der die Gesamtlösung für den nachfolgenden Zeitbereich liefert. Nach dem Schaltvorgang, also im Zeitbereich $t \geq T$, besitzt die Quellenspannung den Wert $U = 0$ und der zu berücksichtigende Anfangswert der Kondensatorspannung beträgt

$$u_{C0} = u_C(T) \overset{(2a)}{=} U\left(1-\mathrm{e}^{-\frac{T}{\tau}}\right). \tag{4}$$

Mit diesen Daten geht die Gl. (1) unter Berücksichtigung der Zeitverschiebung über in den Ausdruck

$$u_C(t) = 0 + u_{C0}\,\mathrm{e}^{-\frac{t-T}{\tau}} = U\left(1-\mathrm{e}^{-\frac{T}{\tau}}\right)\mathrm{e}^{-\frac{t-T}{\tau}} = U\left(\mathrm{e}^{-\frac{t-T}{\tau}} - \mathrm{e}^{-\frac{t}{\tau}}\right) \qquad \text{für} \qquad t \geq T, \tag{5}$$

der der entsprechenden Lösung in Gl. (3) entspricht.

Lösung zur Teilaufgabe 4:

In dem Zeitbereich $t \geq T$ gilt nach Tabelle 11.2 das Netzwerk in Abb. 3.

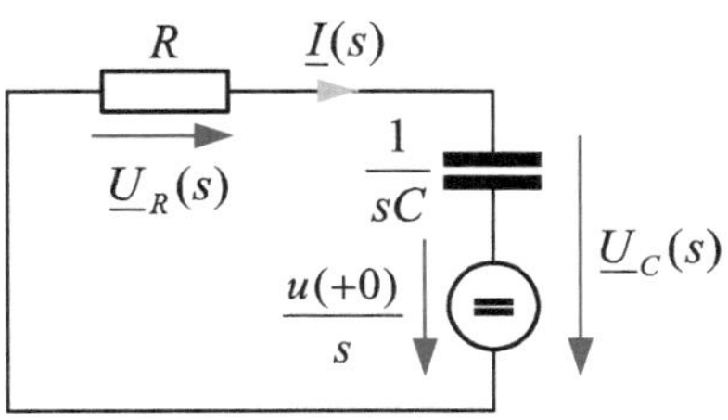

Abbildung 3: In den Bildbereich transformiertes Netzwerk für den Zeitbereich $t \geq T$

Wir können das Netzwerk so behandeln, als ob die Zeitachse bei $t = 0$ beginnen würde. Die zeitliche Verschiebung um T können wir dann nach der Rücktransformation berücksichtigen. Aus dem Maschenumlauf folgt

$$\underline{U}_C(s) = -R\underline{I}(s) = -R\left[sC\underline{U}_C(s) - Cu(+0)\right].$$

Als Anfangswert für die Kondensatorspannung $u(+0)$ muss das Ergebnis aus Gl. (4) eingesetzt werden. Damit erhalten wir mithilfe der Korrespondenz 7 die Beziehung

$$\underline{U}_C(s) = u_{C0}\frac{\tau}{s\tau+1} \quad \rightarrow \quad u_C(t) = u_{C0}\,\mathrm{e}^{-\frac{t}{\tau}} \overset{(4)}{=} U\left(1-\mathrm{e}^{-\frac{T}{\tau}}\right)\mathrm{e}^{-\frac{t}{\tau}},$$

in der wegen der zeitlichen Verschiebung noch t durch $t-T$ ersetzt werden muss:

$$u_C(t) = U\left(1-\mathrm{e}^{-\frac{T}{\tau}}\right)\mathrm{e}^{-\frac{t-T}{\tau}} = U\left(\mathrm{e}^{-\frac{t-T}{\tau}} - \mathrm{e}^{-\frac{t}{\tau}}\right) \quad \text{für} \quad t \ge T.$$

Auch diese Lösung stimmt erwartungsgemäß mit den bisherigen Lösungen überein.

11.3 Level 2

Aufgabe 11.3 | Sägezahnspannung an *RL*-Schaltung

Die Spannungsquelle in Abb. 1 liefert die im rechten Teilbild dargestellte periodische Sägezahnspannung mit der Amplitude $\hat{u}$ und der Periodendauer T. Der Schalter wird zum Zeitpunkt $t = 0$ geschlossen.

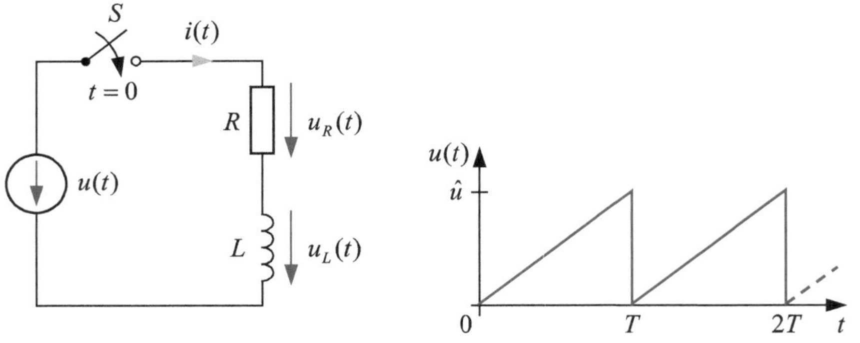

Abbildung 1: Sägezahnspannung an *RL*-Schaltung

1. Bestimmen Sie den Verlauf des Stromes $i(t)$ für den Zeitbereich $0 \le t \le 4T$. Stellen Sie den Zeitverlauf für $R = 10\ \Omega$, $L = 1$ mH, $\hat{u} = 10$ V und $T = 100$ µs dar.
2. Berechnen Sie den eingeschwungenen Zustand mithilfe der Fourier-Entwicklung und beurteilen Sie die beiden Lösungen.

Lösung zur Teilaufgabe 1:

Wir werden bei der Lösung dieser Problemstellung so vorgehen, dass wir zunächst die allgemeine Lösung für einen einzelnen dreieckförmigen Spannungsverlauf mit nicht verschwindendem Anfangsstrom in der Spule berechnen. Diese Lösung können wir dann nacheinander für jedes Spannungsdreieck verwenden, wobei der Spulenstrom am Ende des vorhergehenden Zeitabschnitts wegen seiner Stetigkeit als Anfangswert für das folgende Spannungsdreieck verwendet wird. Gleichzeitig ist natürlich die jeweilige Zeitverschiebung zu berücksichtigen.

Der Maschenumlauf für einen Zeitpunkt $t \geq 0$ liefert

$$u(t) = Ri(t) + L\frac{\mathrm{d}i(t)}{\mathrm{d}t}.$$

Im Zeitbereich $t < T$ kann die linear ansteigende Quellenspannung durch die Beziehung

$$u(t) = \hat{u}\frac{t}{T}$$

ausgedrückt werden. Damit erhalten wir die inhomogene lineare Differentialgleichung für den Strom:

$$i(t) + \frac{L}{R}\frac{\mathrm{d}i(t)}{\mathrm{d}t} = \frac{\hat{u}}{R}\frac{t}{T}.$$

Mit der Bezeichnung i_0 für den Anfangswert des Spulenstromes erhalten wir beim Übergang in den Bildbereich mit dem Differentiationssatz und mit der Korrespondenz 2 aus der Tabelle H.2

$$\underline{I}(s) + \frac{L}{R}\left[s\underline{I}(s) - i_0\right] = \frac{\hat{u}}{RT}\frac{1}{s^2}.$$

Mit der Abkürzung für die Zeitkonstante $\tau = L/R$ nach Gl. (10.18) kann diese Gleichung in der folgenden Form dargestellt werden:

$$\underline{I}(s)[1+s\tau] = \frac{\hat{u}}{RT}\frac{1}{s^2} + \tau\, i_0 \quad \rightarrow \quad \underline{I}(s) = \frac{\hat{u}}{RT}\frac{1}{s^2(1+\tau s)} + i_0\frac{1}{\left(\frac{1}{\tau}+s\right)}.$$

Zur Rücktransformation in den Zeitbereich verwenden wir die Korrespondenzen 4 und 13:

$$i(t) = \frac{\hat{u}}{RT}\left[t - \tau + \tau\,\mathrm{e}^{-\frac{t}{\tau}}\right] + i_0\,\mathrm{e}^{-\frac{t}{\tau}}. \tag{1}$$

Mit diesem Ergebnis sind wir in der Lage, den zeitabhängigen Strom für die Ausgangsanordnung durch Aneinanderfügen von Teillösungen anzugeben. Die Lösung für den Zeitbereich $0 \leq t \leq T$ mit der Anfangsbedingung $i_0 = 0$ lautet

$$i(t) = \frac{\hat{u}}{RT}\left[t - \tau + \tau\,\mathrm{e}^{-\frac{t}{\tau}}\right] \quad \text{für} \quad 0 \leq t \leq T. \tag{2}$$

Der Anfangswert des Spulenstromes für den zweiten Zeitbereich $T \le t \le 2T$ kann aus der Gl. (2) bestimmt werden:

$$i_0 = i(T) = \frac{\hat{u}}{RT}\left[T - \tau + \tau\,\mathrm{e}^{-\frac{T}{\tau}}\right].$$

Die Lösung für den Zeitbereich $T \le t \le 2T$ erhalten wir aus Gl. (1), indem wir wegen der Zeitverschiebung t durch $t-T$ ersetzen:

$$i(t) = \frac{\hat{u}}{RT}\left[t - T - \tau + \tau\,\mathrm{e}^{-\frac{t-T}{\tau}}\right] + i(T)\,\mathrm{e}^{-\frac{t-T}{\tau}} \qquad \text{für} \qquad T \le t \le 2T. \qquad (3)$$

Die Lösung für den Zeitbereich $2T \le t \le 3T$ erhalten wir mit der Anfangsbedingung

$$i_0 = i(2T) = \frac{\hat{u}}{RT}\left[T - \tau + \tau\,\mathrm{e}^{-\frac{T}{\tau}}\right] + i(T)\,\mathrm{e}^{-\frac{T}{\tau}}$$

und indem wir in Gl. (1) t durch $t-2T$ ersetzen:

$$i(t) = \frac{\hat{u}}{RT}\left[t - 2T - \tau + \tau\,\mathrm{e}^{-\frac{t-2T}{\tau}}\right] + i(2T)\,\mathrm{e}^{-\frac{t-2T}{\tau}} \qquad \text{für} \qquad 2T \le t \le 3T. \qquad (4)$$

Mit dem Anfangswert

$$i_0 = i(3T) = \frac{\hat{u}}{RT}\left[T - \tau + \tau\,\mathrm{e}^{-\frac{T}{\tau}}\right] + i(2T)\,\mathrm{e}^{-\frac{T}{\tau}}$$

gilt schließlich

$$i(t) = \frac{\hat{u}}{RT}\left[t - 3T - \tau + \tau\,\mathrm{e}^{-\frac{t-3T}{\tau}}\right] + i(3T)\,\mathrm{e}^{-\frac{t-3T}{\tau}} \qquad \text{für} \qquad 3T \le t \le 4T. \qquad (5)$$

Die Auswertung der bisherigen Gleichungen ist in Abb. 2 dargestellt. Zum Vergleich ist auch die mit der Fourier-Entwicklung berechnete stationäre Lösung aus Teilaufgabe 2 bereits in der Abbildung mit eingetragen. Bei der Auswertung wurden 40 Oberschwingungen berücksichtigt.

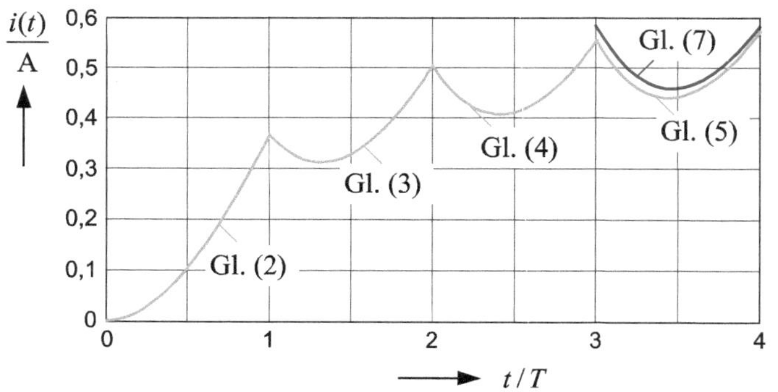

Abbildung 2: Zeitabhängiger Stromverlauf im Bereich $0 \le t \le 4T$

Lösung zur Teilaufgabe 2:

Die Lösung der Problemstellung mithilfe der Fourier-Entwicklung erfordert zunächst die Reihenentwicklung der sägezahnförmigen Spannung. Dieses Ergebnis können wir aus der Tabelle H.1 Nr. 3 übernehmen:

$$u(t) = \frac{\hat{u}}{2} - \frac{\hat{u}}{\pi}\left[\sin(\omega t) + \frac{1}{2}\sin(2\omega t) + \frac{1}{3}\sin(3\omega t) + \dots\right]. \tag{6}$$

Der Gleichanteil bei der Spannung ruft in dem Netzwerk der Abb. 1 den Strom

$$i = \frac{\hat{u}}{2R} = \frac{10\,\text{V}}{20\,\Omega} = 0{,}5\,\text{A}$$

hervor. Die Lösungen für die Oberschwingungen können wir aus dem Beispiel 8.2 übernehmen. Eine Quellenspannung $u(t) = \hat{u}\cos(\omega t + \varphi_u)$ ruft durch die *RL*-Reihenschaltung nach Gl. (8.55) einen Strom

$$i(t) = \frac{\hat{u}}{\sqrt{R^2 + (\omega L)^2}}\cos\left(\omega t + \varphi_u - \arctan\frac{\omega L}{R}\right)$$

hervor. Für ein Glied aus der Summe (6)

$$\frac{\hat{u}}{n\pi}\sin(n\omega t) = \frac{\hat{u}}{n\pi}\cos\left(n\omega t - \frac{\pi}{2}\right)$$

gilt dann

$$i_n(t) = \frac{\hat{u}}{n\pi\sqrt{R^2 + (n\omega L)^2}}\cos\left(n\omega t - \frac{\pi}{2} - \arctan\frac{n\omega L}{R}\right).$$

Die Zusammenfassung aller Teilströme führt auf den Gesamtstrom

$$i(t) = \frac{\hat{u}}{2R} - \frac{\hat{u}}{\pi}\sum_{n=1}^{\infty}\frac{1}{n\sqrt{R^2 + (n\omega L)^2}}\cos\left(n\omega t - \frac{\pi}{2} - \arctan\frac{n\omega L}{R}\right). \tag{7}$$

Durch die Aneinanderreihung der einzelnen Zeitabschnitte bei der Lösung in Teilaufgabe 1 lässt sich der transiente Übergang vom erstmaligen Einschalten bis in den stationären Zustand berechnen. Da sich die Lösung für einen Zeitabschnitt immer nach dem gleichen Schema aus der Lösung von dem vorhergehenden Zeitabschnitt berechnen lässt, kann ein allgemeines Bildungsgesetz formuliert werden. Für den Zeitbereich $(n-1)T \le t \le nT$ gilt

$$i_0 = \frac{\hat{u}}{RT}\left[T - \tau + \tau\,\mathrm{e}^{-\frac{T}{\tau}}\right] + i\big((n-2)T\big)\,\mathrm{e}^{-\frac{T}{\tau}} \quad \text{und}$$

$$i(t) = \frac{\hat{u}}{RT}\left[t - (n-1)T - \tau + \tau\,\mathrm{e}^{-\frac{t-(n-1)T}{\tau}}\right] + i_0\,\mathrm{e}^{-\frac{t-(n-1)T}{\tau}} \quad \text{für} \quad (n-1)T \le t \le nT.$$

Im Unterschied dazu setzt die Lösung mithilfe der Fourier-Reihen eine periodische Eingangsspannung voraus und liefert als Lösung daher direkt den eingeschwungenen Zustand. Problematisch kann die Konvergenz dieser Lösung sein, d.h., unter Umständen müssen viele Glieder aus der Summe berücksichtigt werden (siehe dazu Anhang G.1).

11.4 Level 3

Aufgabe 11.4 Nicht abgeglichener Spannungsteiler

Das Oszilloskop mit vorgeschaltetem Tastkopf nach Abb. 1 wird zum Zeitpunkt $t = 0$ an eine Spannungsquelle mit dem in der Abb. 1 ebenfalls dargestellten rechteckförmigen Zeitverlauf angeschlossen. In Kap. 8.4 wurden die Werte C_V und R_V berechnet unter der Bedingung, dass die Spannung u_2 unabhängig von der Frequenz dem Wert u_1/n entspricht.

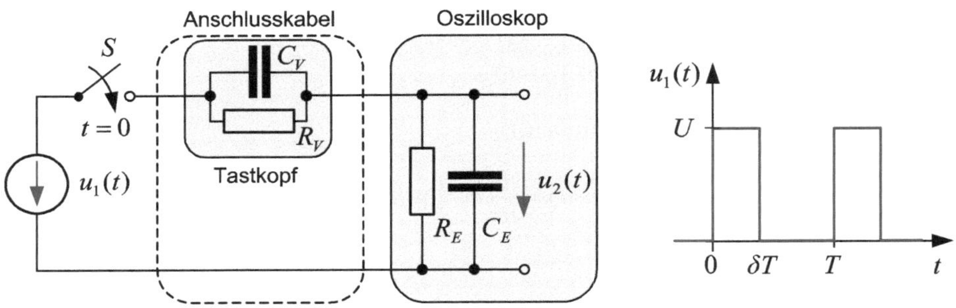

Abbildung 1: Oszilloskop mit Tastkopf

In diesem Beispiel soll untersucht werden, welchen Spannungsverlauf das Oszilloskop anzeigt für den Fall, dass der Tastkopf nicht exakt abgeglichen ist. Die Abb. 2 zeigt das zwischen zu messender Spannung und Oszilloskop einzufügende Anschlusskabel mit integriertem Tastkopf.

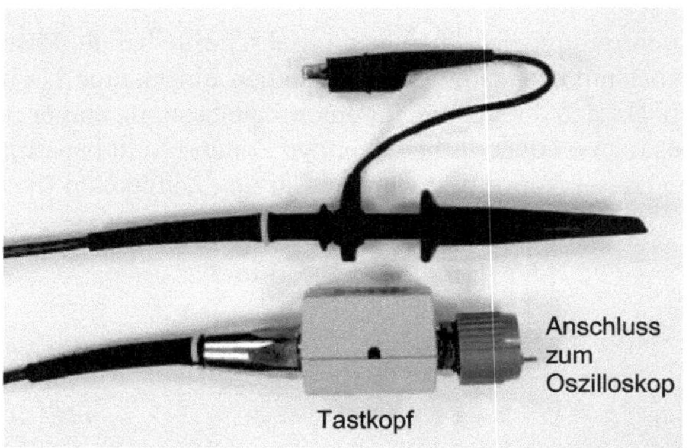

Abbildung 2: Anschlusskabel mit integriertem Tastkopf

1. Berechnen Sie die Spannung $u_2(t)$ für den Zeitbereich $0 \le t < T$.
2. Stellen Sie den zeitlichen Verlauf der Spannung $u_2(t)$ dar. Dabei sollen folgende Werte gelten: T = 100 µs, δ = 0,5, n = 10, R_E = 1 MΩ, C_E = 10 pF und R_V = 9 MΩ. Im abgeglichenen Zustand sollte der Kondensator C_V den Wert $C_E/9$ aufweisen. Für die Auswertung sollen die beiden um jeweils 10 % nach oben bzw. unten abweichenden Werte $C_{V1} = 1{,}1C_E/9$ und $C_{V2} = 0{,}9C_E/9$ verwendet werden.

Lösung zur Teilaufgabe 1:

Als ersten Schritt übertragen wir das Netzwerk in den Bildbereich.

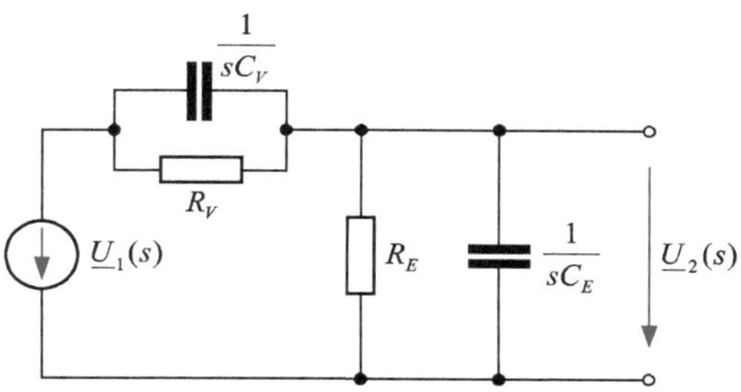

Abbildung 3: Netzwerk im Bildbereich

Das Verhältnis von Ausgangsspannung zu Eingangsspannung kann aus Gl. (8.80) übernommen werden:

$$\frac{\underline{U}_2(s)}{\underline{U}_1(s)} = \frac{R_E}{R_E + R_V \dfrac{1+sR_EC_E}{1+sR_VC_V}} = \frac{R_E(1+sR_VC_V)}{R_E + R_V + sR_ER_V(C_E+C_V)}.$$

Der Spannungssprung bei $t = 0$ wird durch die Bildfunktion $U_1(s) = U/s$ beschrieben. Mit der Abkürzung

$$a = \frac{R_ER_V(C_E+C_V)}{R_E+R_V}$$

kann die Spannung $U_2(s)$ in der übersichtlichen Form

$$\underline{U}_2(s) = \frac{R_E(1+sR_VC_V)}{R_E + R_V + sR_ER_V(C_E+C_V)}\frac{U}{s} = \frac{1}{1+s\dfrac{R_ER_V(C_E+C_V)}{R_E+R_V}}\left(\frac{1}{s}+R_VC_V\right)\frac{R_EU}{R_E+R_V}$$

$$= \left(\frac{1}{s}\frac{1}{1+sa}+\frac{R_VC_V}{1+sa}\right)\frac{R_E}{R_E+R_V}U$$

dargestellt werden. Die Rücktransformation mit den beiden Korrespondenzen 7 und 9 liefert den zeitabhängigen Spannungsverlauf

$$u_2(t) = \left(1-\mathrm{e}^{-\frac{t}{a}}+\frac{1}{a}\mathrm{e}^{-\frac{t}{a}}R_VC_V\right)\frac{R_E}{R_E+R_V}U$$

$$= \frac{R_E}{R_E+R_V}U + \left[\frac{C_V}{C_E+C_V}-\frac{R_E}{R_E+R_V}\right]\mathrm{e}^{-\frac{t}{a}}U \quad \text{für} \quad 0 \le t < \delta T. \tag{1}$$

Zum Zeitpunkt $t = 0$ springt diese Ausgangsspannung auf den Wert

$$u_2(t=0) = \frac{C_V}{C_E + C_V} U.$$

Zwischenbemerkung: Aus der Forderung $u_2(t) = u_1(t)/n$ folgt unmittelbar

$$\frac{C_V}{C_E + C_V} = \frac{1}{n} \quad \text{bzw.} \quad C_V = C_E/(n-1)$$

in Übereinstimmung mit der Gl. (8.82). Soll die Forderung $u_2(t) = u_1(t)/n$ für jeden Zeitpunkt gelten, dann muss die eckige Klammer in Gl. (1) verschwinden, d.h., es muss außerdem

$$\frac{R_E}{R_E + R_V} = \frac{C_V}{C_E + C_V} = \frac{1}{n} \quad \rightarrow \quad n-1 = \frac{R_V}{R_E} = \frac{C_E}{C_V}$$

in Übereinstimmung mit der Gl. (8.81) gelten.

Im folgenden Schritt betrachten wir den Sprung der Eingangsspannung von U auf 0 zum Zeitpunkt $t = \delta T$. Wir realisieren diesen Sprung dadurch, dass wir der bisherigen Lösung entsprechend Abb. 11.9 einen zweiten Teil überlagern, der durch einen Sprung von 0 auf $-U$ zum Zeitpunkt $t = \delta T$ zustande kommt. Die zugehörige Bildfunktion ist nach Gl. (11.54) durch

$$\underline{U}_1(s) = -\frac{U}{s} \mathrm{e}^{-s\delta T}$$

gegeben. Die Exponentialfunktion beschreibt die zeitliche Verschiebung des Spannungssprungs an die Stelle $t = \delta T$. Wir können also wieder die Lösung (1) verwenden, sofern wir den Vorzeichenwechsel bei U berücksichtigen und in der zeitabhängigen Lösung t durch $t-\delta T$ ersetzen. Für den in den Zeitbereich zurücktransformierten Spannungsverlauf gilt

$$u_2(t) = \frac{-R_E}{R_E + R_V} U - \left[\frac{C_V}{C_E + C_V} - \frac{R_E}{R_E + R_V}\right] \mathrm{e}^{-\frac{t-\delta T}{a}} U. \tag{2}$$

Die Gesamtlösung für den Zeitbereich $\delta T \le t < T$ setzt sich aus der Überlagerung der beiden Ergebnisse (1) und (2) zusammen und liefert den einfachen Zusammenhang

$$u_2(t) = \left[\frac{C_V}{C_E + C_V} - \frac{R_E}{R_E + R_V}\right]\left[\mathrm{e}^{-\frac{t}{a}} - \mathrm{e}^{-\frac{t-\delta T}{a}}\right] U \quad \text{für} \quad \delta T \le t < T. \tag{3}$$

Lösung zur Teilaufgabe 2:

Die Auswertung der Gln. (1) und (3) mit den in der Aufgabenstellung angegebenen Werten ist in Abb. 4 dargestellt. Die am Eingang des Oszilloskops anliegende Spannung $u_2(t)$ ist um den Faktor n geringer als die zu messende Spannung $u_1(t)$. Allerdings stimmen die beiden Spannungsverläufe nicht exakt überein. Bei dem um 10 % zu großen Kapazitätswert C_{V1} entsteht bei dem Spannungssprung ebenfalls eine um etwa 10 % zu große Ausgangsspannung $u_2(t)$. Bei dem um 10 % zu kleinen Kapazitätswert C_{V2} entsteht entsprechend eine um etwa 10 % zu geringe Ausgangsspannung $u_2(t)$. Mit zunehmender Zeit klingt dieser beim Spannungssprung entstehende Fehler jeweils ab und die Ausgangsspannung nähert sich dem durch das Widerstandsverhältnis vorgegebenen Sollwert.

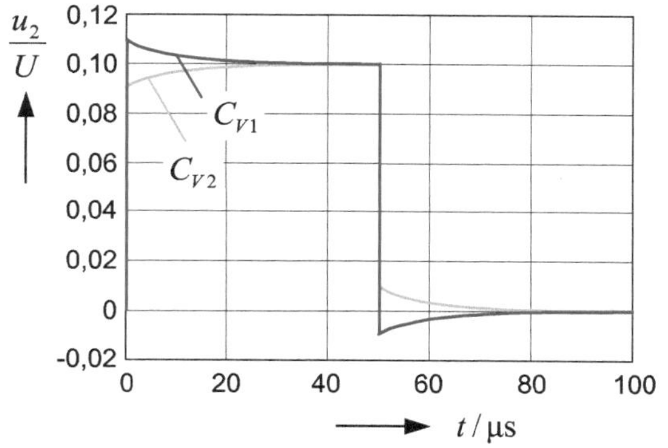

Abbildung 4: Eingangsspannung am Oszilloskop

In der Praxis wird der Kondensator im Tastkopf einstellbar ausgeführt und mithilfe eines Rechtecksignals auf den korrekten Wert abgeglichen. Auf diese Weise lassen sich die beiden in Abb. 4 dargestellten Situationen mit einer Über- bzw. Unterkompensation vermeiden.

Aufgabe 11.5 Transformator

Der Transformator in Abb. 1 wird über einen Widerstand R_1 mit einer Spannungsquelle $u_0(t)$ verbunden, deren zeitlicher Spannungsverlauf auf der rechten Seite der Abbildung dargestellt ist.

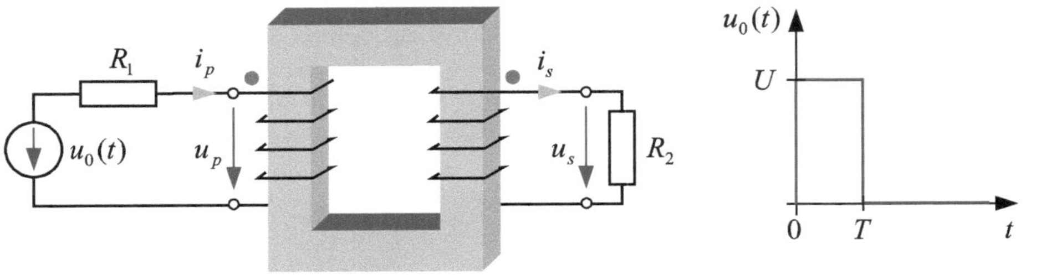

Abbildung 1: Transformator mit Rechteckimpuls am Eingang

1. Berechnen Sie den zeitlichen Verlauf der Spannung $u_s(t)$ auf der Sekundärseite des Transformators.
2. Stellen Sie die Ausgangsspannung für den Zeitbereich $0 \le t \le 3T$ dar. Dabei sollen folgende Werte gelten: $R_1 = 1\,\Omega$, $R_2 = 100\,\Omega$, $L_{11} = L_{22} = 1$ mH und $T = 500$ µs. Als Koppelfaktor sollen die beiden Werte $k = 0{,}95$ und $k = 0{,}75$ verwendet werden.
3. Welchen Einfluss hat der Widerstand R_1? Stellen Sie die Ausgangsspannung für $k = 0{,}95$ bei den Werten $R_1 = 0{,}1\,\Omega$, $R_1 = 1\,\Omega$ und $R_1 = 10\,\Omega$ zum Vergleich dar.

Lösung zur Teilaufgabe 1:

Die Anordnung ist identisch zur Anordnung in Abb. 6.49a und kann mit den Gln. (6.101) beschrieben werden:

$$\begin{aligned} u_0 &= R_1\, i_p + L_{11}\frac{\mathrm{d}i_p}{\mathrm{d}t} - M\frac{\mathrm{d}i_s}{\mathrm{d}t} \\ 0 &= R_2\, i_s - M\frac{\mathrm{d}i_p}{\mathrm{d}t} + L_{22}\frac{\mathrm{d}i_s}{\mathrm{d}t} \quad . \end{aligned}$$

Im ersten Schritt wird das Gleichungssystem in die Bildebene transformiert:

$$\begin{aligned} \underline{U}_0(s) &= R_1\,\underline{I}_p(s) + L_{11}\left[s\underline{I}_p(s) - i_p(+0)\right] - M\left[s\underline{I}_s(s) - i_s(+0)\right] \\ 0 &= R_2\,\underline{I}_s(s) - M\left[s\underline{I}_p(s) - i_p(+0)\right] + L_{22}\left[s\underline{I}_s(s) - i_s(+0)\right] \quad . \end{aligned}$$

Mit den verschwindenden Anfangswerten $i_p(+0) = i_s(+0) = 0$ und der Bildfunktion für den rechteckförmigen Spannungsverlauf nach Gl. (11.54) gilt

$$\begin{aligned}(R_1 + sL_{11})\underline{I}_p(s) - sM\,\underline{I}_s(s) &= \frac{U}{s}\left(1-\mathrm{e}^{-sT}\right)\\ -sM\,\underline{I}_p(s) + (R_2 + sL_{22})\underline{I}_s(s) &= 0\,.\end{aligned}$$

Setzen wir die zweite nach $I_p(s)$ aufgelöste Beziehung in die erste Gleichung ein, dann gilt

$$\underline{I}_p(s) = \frac{R_2 + sL_{22}}{sM}\underline{I}_s(s) \quad \rightarrow \quad \left[\frac{(R_1 + sL_{11})(R_2 + sL_{22})}{sM} - sM\right]\underline{I}_s(s) = \frac{U}{s}\left(1-\mathrm{e}^{-sT}\right)$$

bzw.

$$\underline{I}_s(s) = \frac{MU}{L_{11}L_{22} - M^2}\,\frac{1}{s^2 + s\dfrac{L_{11}R_2 + L_{22}R_1}{L_{11}L_{22} - M^2} + \dfrac{R_1R_2}{L_{11}L_{22} - M^2}}\left(1-\mathrm{e}^{-sT}\right).$$

Es gibt verschiedene Möglichkeiten, diesen Ausdruck in den Zeitbereich zurückzutransformieren. Wir formen den Nenner mithilfe der binomischen Formel um:

$$\begin{aligned}&s^2 + 2s\frac{1}{2}\frac{L_{11}R_2 + L_{22}R_1}{L_{11}L_{22} - M^2} + \frac{R_1R_2}{L_{11}L_{22} - M^2}\\ &= \left(s + \frac{1}{2}\frac{L_{11}R_2 + L_{22}R_1}{L_{11}L_{22} - M^2}\right)^2 - \left(\frac{1}{2}\frac{L_{11}R_2 + L_{22}R_1}{L_{11}L_{22} - M^2}\right)^2 + \frac{R_1R_2}{L_{11}L_{22} - M^2} = (s+a)^2 - b^2\end{aligned}$$

mit

$$a = \frac{1}{2}\frac{L_{11}R_2 + L_{22}R_1}{L_{11}L_{22} - M^2} \quad \text{und} \quad b = \sqrt{\left(\frac{1}{2}\frac{L_{11}R_2 + L_{22}R_1}{L_{11}L_{22} - M^2}\right)^2 - \frac{R_1R_2}{L_{11}L_{22} - M^2}}\,.$$

Der Ausdruck für b kann noch etwas vereinfacht werden:

$$b = \frac{1}{2}\frac{1}{L_{11}L_{22} - M^2}\sqrt{(L_{11}R_2 - L_{22}R_1)^2 + 4R_1R_2M^2}\,.$$

Mit den eingeführten Abkürzungen erhalten wir das Zwischenergebnis

$$\underline{I}_s(s) = \frac{MU}{L_{11}L_{22} - M^2} \frac{1}{(s+a)^2 - b^2}\left[1 - \mathrm{e}^{-sT}\right].$$

Wir betrachten zunächst nur den ersten Summanden in der eckigen Klammer, der den Spannungssprung bei $t = 0$ beschreibt. Die Rücktransformation dieses Ausdruckes mit dem Dämpfungssatz und der Korrespondenz 51 in Tabelle H.2 liefert das Teilergebnis

$$i_s(t) = \frac{MU}{L_{11}L_{22} - M^2} \mathrm{e}^{-at} \frac{1}{b} \sinh(bt) \qquad \text{für} \qquad 0 \le t < T$$

für den angegebenen Zeitbereich. Alternativ kann auch die zweite Lösung der Korrespondenz 44 mit $\omega_2 = b$ verwendet werden. Der zweite Summand aus der eckigen Klammer beschreibt den negativen Spannungssprung bei $t = T$ und liefert das gleiche Ergebnis, allerdings mit anderem Vorzeichen und mit der entsprechenden Zeitverschiebung. Die Überlagerung der beiden Anteile liefert für den Zeitbereich $T \le t$ das Ergebnis

$$i_s(t) = \frac{MU}{L_{11}L_{22} - M^2} \frac{1}{b}\left[\mathrm{e}^{-at} \sinh(bt) - \mathrm{e}^{-a(t-T)} \sinh(bt - bT)\right] \qquad \text{für} \qquad T \le t\,.$$

Die Spannung auf der Sekundärseite ist damit bekannt:

$$u_s(t) = \frac{R_2 MU}{L_{11}L_{22} - M^2} \frac{1}{b} \mathrm{e}^{-at} \cdot \begin{cases} \sinh(bt) \\ \sinh(bt) - \mathrm{e}^{aT} \sinh(bt - bT) \end{cases} \quad \text{für} \quad \begin{matrix} 0 \le t < T \\ T \le t \end{matrix}\,.$$

Lösung zur Teilaufgabe 2:

Aus Abb. 2 ist zu erkennen, dass der Spannungssprung jeweils auf die Sekundärseite übertragen wird, allerdings nimmt seine Amplitude mit schlechter werdender Kopplung ab. In den Zeiten mit konstanter Eingangsspannung klingt die Sekundärspannung gemäß den berechneten Exponentialfunktionen ab.

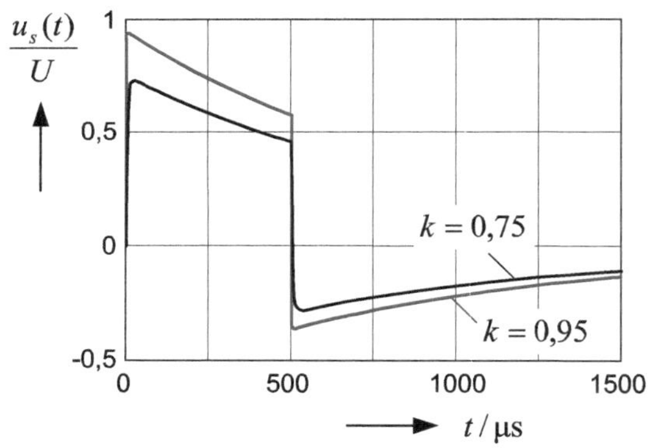

Abbildung 2: Sekundärspannung bei unterschiedlichen Koppelfaktoren

Lösung zur Teilaufgabe 3:

Abb. 3 zeigt die sekundärseitigen Spannungen für verschiedene Widerstände R_1. Je kleiner der Innenwiderstand der Spannungsquelle ist, desto besser stimmt die Spannung am Lastwiderstand mit der Quellenspannung überein.

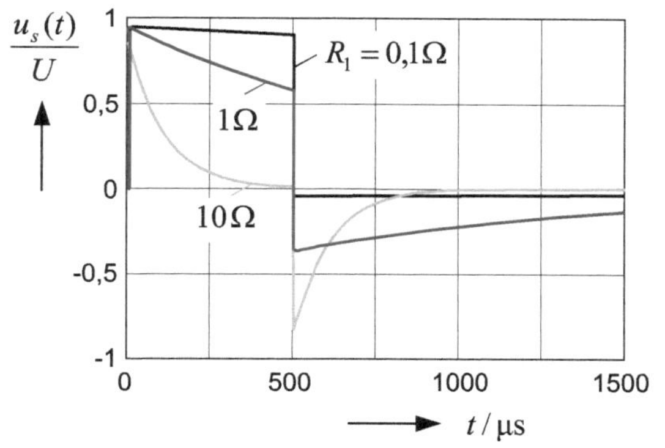

Abbildung 3: Sekundärspannung bei unterschiedlichen Widerständen R_1

	Kartesische Koordinaten
Einheitsvektoren	$\vec{\mathbf{e}}_x, \vec{\mathbf{e}}_y, \vec{\mathbf{e}}_z$
Kreuzprodukte	$\vec{\mathbf{e}}_x \times \vec{\mathbf{e}}_y = \vec{\mathbf{e}}_z, \quad \vec{\mathbf{e}}_y \times \vec{\mathbf{e}}_z = \vec{\mathbf{e}}_x, \quad \vec{\mathbf{e}}_z \times \vec{\mathbf{e}}_x = \vec{\mathbf{e}}_y$
Zusammenhang mit den kartesischen Koordinaten	
Umrechnungen	$\vec{\mathbf{e}}_x = \vec{\mathbf{e}}_\rho \cos\varphi - \vec{\mathbf{e}}_\varphi \sin\varphi$ $= \vec{\mathbf{e}}_r \sin\vartheta \cos\varphi + \vec{\mathbf{e}}_\vartheta \cos\vartheta \cos\varphi - \vec{\mathbf{e}}_\varphi \sin\varphi$ $\vec{\mathbf{e}}_y = \vec{\mathbf{e}}_\rho \sin\varphi + \vec{\mathbf{e}}_\varphi \cos\varphi$ $= \vec{\mathbf{e}}_r \sin\vartheta \sin\varphi + \vec{\mathbf{e}}_\vartheta \cos\vartheta \sin\varphi + \vec{\mathbf{e}}_\varphi \cos\varphi$ $\vec{\mathbf{e}}_z = \vec{\mathbf{e}}_r \cos\vartheta - \vec{\mathbf{e}}_\vartheta \sin\vartheta$
Ortsvektor	$\vec{\mathbf{r}} = \vec{\mathbf{e}}_x x + \vec{\mathbf{e}}_y y + \vec{\mathbf{e}}_z z$
Betrag des Ortsvektors	$r = \sqrt{x^2 + y^2 + z^2}$
vektorielles Wegelement	$d\vec{\mathbf{r}} = \vec{\mathbf{e}}_x dx + \vec{\mathbf{e}}_y dy + \vec{\mathbf{e}}_z dz$
Volumenelement	$dV = dx\,dy\,dz$
vektorielles Flächenelement	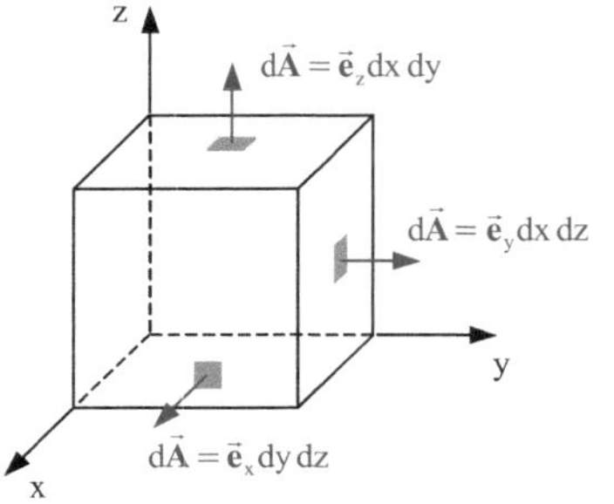

Zylinderkoordinaten	Kugelkoordinaten
$\vec{\mathbf{e}}_\rho, \vec{\mathbf{e}}_\varphi, \vec{\mathbf{e}}_z$	$\vec{\mathbf{e}}_r, \vec{\mathbf{e}}_\vartheta, \vec{\mathbf{e}}_\varphi$
$\vec{\mathbf{e}}_\rho \times \vec{\mathbf{e}}_\varphi = \vec{\mathbf{e}}_z,\quad \vec{\mathbf{e}}_\varphi \times \vec{\mathbf{e}}_z = \vec{\mathbf{e}}_\rho,\quad \vec{\mathbf{e}}_z \times \vec{\mathbf{e}}_\rho = \vec{\mathbf{e}}_\varphi$	$\vec{\mathbf{e}}_r \times \vec{\mathbf{e}}_\vartheta = \vec{\mathbf{e}}_\varphi,\quad \vec{\mathbf{e}}_\vartheta \times \vec{\mathbf{e}}_\varphi = \vec{\mathbf{e}}_r,\quad \vec{\mathbf{e}}_\varphi \times \vec{\mathbf{e}}_r = \vec{\mathbf{e}}_\vartheta$
$x = \rho \cos\varphi$ $\quad 0 \le \rho < \infty$ $y = \rho \sin\varphi$ $\quad$ mit $\quad 0 \le \varphi < 2\pi$ $z = z$	$x = r \sin\vartheta \cos\varphi$ $\quad 0 \le r < \infty$ $y = r \sin\vartheta \sin\varphi$ $\quad$ mit $\quad 0 \le \vartheta \le \pi$ $z = r \cos\vartheta$ $\quad 0 \le \varphi < 2\pi$
$\vec{\mathbf{e}}_\rho = \vec{\mathbf{e}}_x \cos\varphi + \vec{\mathbf{e}}_y \sin\varphi$ $\vec{\mathbf{e}}_\varphi = -\vec{\mathbf{e}}_x \sin\varphi + \vec{\mathbf{e}}_y \cos\varphi$ $\vec{\mathbf{e}}_z = \vec{\mathbf{e}}_z$	$\vec{\mathbf{e}}_r = \vec{\mathbf{e}}_x \sin\vartheta\cos\varphi + \vec{\mathbf{e}}_y \sin\vartheta\sin\varphi + \vec{\mathbf{e}}_z \cos\vartheta$ $\vec{\mathbf{e}}_\vartheta = \vec{\mathbf{e}}_x \cos\vartheta\cos\varphi + \vec{\mathbf{e}}_y \cos\vartheta\sin\varphi - \vec{\mathbf{e}}_z \sin\vartheta$ $\vec{\mathbf{e}}_\varphi = -\vec{\mathbf{e}}_x \sin\varphi + \vec{\mathbf{e}}_y \cos\varphi$
$\vec{\mathbf{r}} = \vec{\mathbf{e}}_\rho \rho + \vec{\mathbf{e}}_z z$	$\vec{\mathbf{r}} = \vec{\mathbf{e}}_r r$
$r = \sqrt{\rho^2 + z^2}$	$r = \sqrt{r^2}$
$d\vec{\mathbf{r}} = \vec{\mathbf{e}}_\rho d\rho + \vec{\mathbf{e}}_\varphi \rho d\varphi + \vec{\mathbf{e}}_z dz$	$d\vec{\mathbf{r}} = \vec{\mathbf{e}}_r dr + \vec{\mathbf{e}}_\vartheta r d\vartheta + \vec{\mathbf{e}}_\varphi r \sin\vartheta d\varphi$
$dV = d\rho \cdot \rho d\varphi \cdot dz = \rho\, d\rho\, d\varphi\, dz$	$dV = dr \cdot r d\vartheta \cdot r \sin\vartheta d\varphi = r^2 \sin\vartheta\, dr\, d\vartheta\, d\varphi$
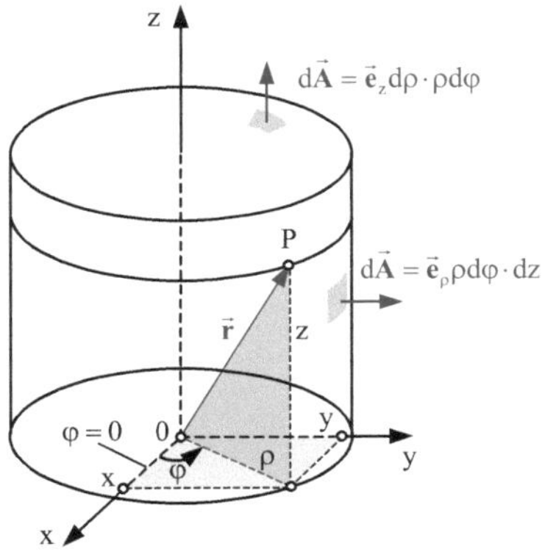	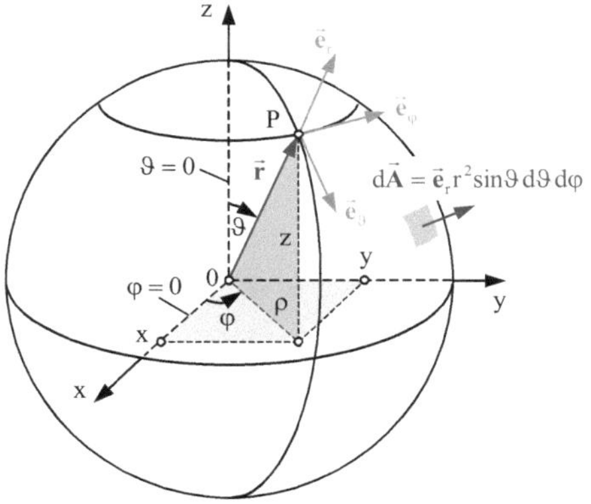

Register